ATZ/MTZ-Fachbuch

Die komplexe Technik heutiger Kraftfahrzeuge und Motoren macht einen immer größer werdenden Fundus an Informationen notwendig, um die Funktion und die Arbeitsweise von Komponenten oder Systemen zu verstehen. Den raschen und sicheren Zugriff auf diese Informationen bietet die regelmäßig aktualisierte Reihe ATZ/MTZ-Fachbuch, welche die zum Verständnis erforderlichen Grundlagen, Daten und Erklärungen anschaulich, systematisch und anwendungsorientiert zusammenstellt.
Die Reihe wendet sich an Fahrzeug- und Motoreningenieure sowie Studierende, die Nachschlagebedarf haben und im Zusammenhang Fragestellungen ihres Arbeitsfeldes verstehen müssen und an Professoren und Dozenten an Universitäten und Hochschulen mit Schwerpunkt Kraftfahrzeug- und Motorentechnik. Sie liefert gleichzeitig das theoretische Rüstzeug für das Verständnis wie auch die Anwendungen, wie sie für Gutachter, Forscher und Entwicklungsingenieure in der Automobil- und Zulieferindustrie sowie bei Dienstleistern benötigt werden.

Johannes Liebl · Matthias Lederer ·
Klaus Rohde-Brandenburger ·
Jan-Welm Biermann · Martin Roth ·
Heinz Schäfer

Energiemanagement im Kraftfahrzeug

Optimierung von CO_2-Emissionen und Verbrauch konventioneller und elektrifizierter Automobile

Johannes Liebl
Moosburg, Deutschland

Matthias Lederer
Energiemanagement Gesamtfahrzeug
Dr.-Ing. h.c. F. Porsche AG
Weissach, Deutschland

Klaus Rohde-Brandenburger
Isenbüttel, Deutschland

Jan-Welm Biermann
RWTH Aachen
Inst. für Kraftfahrzeuge
Aachen, Deutschland

Martin Roth
Vorentwicklung/Konzepte funktional
Dr.-Ing. h.c.F. Porsche AG
Weissach, Deutschland

Heinz Schäfer
hofer eds GmbH
Würzburg, Deutschland

ISBN 978-3-658-04450-3
ISBN 978-3-658-04451-0 (eBook)
DOI 10.1007/978-3-658-04451-0

Die Deutsche Nationalbibliothek verzeichnet diese Publikation in der Deutschen Nationalbibliografie; detaillierte bibliografische Daten sind im Internet über http://dnb.d-nb.de abrufbar.

Springer Vieweg

Gedruckt auf säurefreiem und chlorfrei gebleichtem Papier.

Springer Vieweg ist eine Marke von Springer DE. Springer DE ist Teil der Fachverlagsgruppe Springer Science+Business Media
www.springer-vieweg.de

Vorwort

Über viele Jahre unseres Berufslebens haben wir als Ingenieure mit allen Facetten der Themen Kraftstoffverbrauch, CO_2, Fahrleistung und Gewicht von PKW zu tun gehabt. Lange Zeit ging es dabei vorwiegend um Fahrzeuge mit konventionellen Otto- und Dieselantrieben, in den letzten Jahren kamen aber auch vermehrt reinelektrische oder elektrifizierte Antriebe hinzu. Diese gestiegene Komplexität erforderte zur Verbrauchsoptimierung zunehmend ein umfassendes Energiemanagement aller Verbraucher. Wir haben diese Verbrauchsthemen aus dem Gesamtfahrzeug-Blickwinkel bei drei verschiedenen Fahrzeugherstellern, aus dem Zulieferer-Blickwinkel und auch aus dem Blickwinkel der universitären Lehre bearbeitet. Die Stoffsammlung zu diesem Buch gleicht daher auch einem Streifzug durch die Automobilentwicklung der letzten Jahre.

Das bei Ingenieuren schon immer vorhandene Streben nach geringeren Energieverbräuchen von Kraftfahrzeugen ist durch die Themen Ressourcenknappheit, Klimaveränderung und gesetzliche Vorgaben in den letzten Jahren enorm unter Druck gesetzt worden. Die gleichzeitig gestiegene Komplexität der im Fahrzeug installierten Verbraucher macht es zwingend erforderlich, das Thema Verbrauch immer aus der Gesamtfahrzeugsicht zu betrachten. Insbesondere muss darauf geachtet werden, dass nicht singulär nur der Verbrauch optimiert wird zu Lasten anderer Ziele. Die Erfahrung hat gezeigt, dass die Kunden im Allgemeinen nicht bereit sind, auf Komfort und insbesondere auch auf Fahrleistung zugunsten von Verbrauch zu verzichten. Aufgabe der Bereiche Gesamtfahrzeugentwicklung bei den Automobilherstellern ist es deshalb, als koordinierende Stelle das Fachwissen aller beteiligten Bereiche so zusammenzuführen, dass am Ende für das Fahrzeug und damit für den Kunden das beste Ergebnis herauskommt. Das äußerst komplexe Thema Kraftstoffverbrauch ist ein gutes Beispiel dafür, wie wichtig eine gute interdisziplinäre Zusammenarbeit ist und wie wichtig vor allem die Kommunikation und Koordination sind.

Der Kraftstoff beschäftigt auf dem Weg vom Einfüllstutzen bis zum Abgasendrohr nahezu jede Fachabteilung eines Automobilunternehmens. Es beginnt bei der Tankgröße und der Kraftstoffförderung. Hier treffen schon Tankkonstrukteure auf Kollegen der Elektrik und der Aggregateentwicklung. Der Motor muss mit Hilfe dieses Kraftstoffes alle denkbaren Antriebsbedürfnisse bedienen. Das sind zum Beispiel Nebenaggregate zur Erzeugung von Strom, Kälte oder hydraulischer Leistung. Es müssen Luftwiderstand, Rollwiderstand und Massenkräfte überwunden werden. Darüber hinaus fordern auch Reibleistungen im gesamten Triebstrang vom Getriebe über Differential und Gelenkwelle bis zum Radlager als parasitäre Verbraucher ihren Anteil von der Antriebsleistung. Allein bis hier sind schon fast alle Abteilungen einer Fahrzeugentwicklung betroffen. Spätestens beim Gedanken daran, dass jedes noch so kleine Gewicht im Fahrzeug zum Verbrauch beiträgt, wird klar, dass selbst der Interieur-Designer über das Gewicht der Sitzbezugsstoffe mit dem Thema Verbrauch direkt zu tun hat.

Gegen Ende einer Entwicklung wird schließlich, neben vielen anderen Dingen, der Verbrauch typgeprüft und die zertifizierten Werte zieren das Fahrzeugdatenblatt am Fahrzeug im Verkaufsraum des Händlers. Und ab diesem Zeitpunkt haben auch Entwickler sogar direkt mit dem Kunden zu tun, denn mit Sicherheit gibt es irgendjemanden, der sich darüber beklagt, dass er im täglichen Leben mit seinem Fahrzeug mehr verbraucht, als der Hersteller angibt.

Die Mitarbeiter der Fachabteilungen und auch die Zulieferer haben in ihrem Verantwortungsbereich natürlich für die Bauteile ganz eigene Produkteigenschaften zu entwickeln. Der Verbrauch ist für die meisten verständlicherweise eher eine Störgröße, um die sich eigentlich andere zu kümmern haben. In letzten Jahren hat jedoch ein Bewusstseinswandel stattgefunden. Gewichts- und CO_2-Vorgaben werden akzeptiert und der eigene Beitrag dazu wird anerkannt. Was jedoch fehlt sind Hilfsmittel, um den eigenen Beitrag quantifizieren zu können. Insbesondere die Interaktion der immer zahlreicher werdenden Komfort- und Sicherheitseinrichtungen mit immer komplexeren Funktionen zur Ansteuerung erfordern ein intelligentes Energiemanagement im Fahrzeug, damit Kundenwünsche und gesetzliche CO_2-Vorgaben zukünftig gleichzeitig erfüllt werden können. Man kann aber nicht von allen Konstrukteuren aller Fachbereiche erwarten, dass sie zum Thema Verbrauch so geschult sind, dass sie die Auswirkung ihres Bauteils auf den Verbrauch und die CO_2-Emission des Gesamtfahrzeugs genügend genau abschätzen können.

Dieses Buch soll genau für diesen Personenkreis eine Hilfestellung geben. Dabei liegt der Fokus nicht in der tiefen wissenschaftlichen Herleitung von Verbrauchzusammenhängen für die Weiterbildung von Verbrauchsspezialisten, sondern vielmehr in der praxisgerechten Anwendung von grundlegenden physikalischen Zusammenhängen. Die Zielgruppe sind nicht nur die Techniker und Ingenieure einer Fahrzeugentwicklung, sondern alle Mitarbeiter von Automobilherstellern und Zulieferern, die in der täglichen Praxis mit dem Thema Verbrauch, CO_2 und Fahrleistung in irgendeiner Weise zu tun haben.

Nicht nur am privaten Stammtisch oder in Internetforen, sondern auch in vermeintlichen Fachdiskussionen oder in Studien von NGO's sind uns immer wieder utopische Thesen und Forderungen zum Thema Verbrauch begegnet. Unsere Motivation für dieses

Buch ist die Hoffnung, durch eine anschauliche physikalische Betrachtung von Verbrauchszusammenhängen das Fahrzeugenergiemanagement verständlicher zu machen, um damit zu einer Versachlichung solcher Diskussionen beizutragen.

Dr.-Ing. Johannes Liebl, ehemals BMW AG

Dr.-Ing. Matthias Lederer, Porsche AG

Dr.-Ing. Klaus Rohde-Brandenburger, Volkswagen AG

Prof. Dr.-Ing. Jan-Welm Biermann, RWTH Aachen

Dr.-Ing. Martin Roth, Porsche AG

Dr.-Ing. Heinz Schäfer, hofer eds GmbH

Autorenverzeichnis

Johannes Liebl Moosburg, Deutschland

Matthias Lederer Dr.-Ing. h.c. F. Porsche AG, Energiemanagement Gesamtfahrzeug, Porschestraße, 71287 Weissach, Deutschland

Klaus Rohde-Brandenburger Isenbüttel, Deutschland

Jan-Welm Biermann RWTH Aachen Inst. für Kraftfahrzeuge, Steinbachstr. 7, 52074 Aachen, Deutschland

Martin Roth Dr.-Ing. h.c. F. Porsche AG, Vorentwicklung/Konzepte funktional, Porschestraße, 71287 Weissach, Deutschland

Heinz Schäfer hofer eds GmbH Geschäftsführer, Sedanstraße 21b, 97082 Würzburg, Deutschland

Inhaltsverzeichnis

Abkürzungsverzeichnis

BEV	Batteriefahrzeug (Battery Electric Vehicle)
BN	Bordnetz
BTL	synthetische Biokraftstoffe (Biomass to Liquid)
CAFE	Corporate Average Fuel Economy
CARB	Kalifornische Kommission für Luftreinhaltung (California Air Resources Board)
CFD	Computational Fluid Dynamics
CN	Ländercode für China
CY	Ländercode für Zypern
DG CLIMA	Generaldirektorat der EU Kommission für Klimawandel
E	Ländercode für Spanien
EKI	Energie-Kosten-Indikator
EM	Elektrische Maschine (Motor-Generator)
EPA	Environmental Protection Agency
ES	Energiespeicher
ETBE	Ethyl-tert-Butylether
FCEV	Brennstoffzellenfahrzeug (Fuel Cell Electric Vehicle)
FE	Fuel Economy
FFV	Ethanoltaugliche Fahrzeuge (Flexible Fuel Vehicles)
FRV	Fuel Reduction Value
FTP75	Federal Test Procedure
GHG	Green House Gas
HFET	Highway Fuel Economy Test
HIL	Hardware-in-the-loop
HR	Ländercode für Kroatien
HV	Hochvolt
HVO	hydrierte Pflanzenöle (Hydrotreated Vegetable Oils)
JC08	Japan-Fahrzyklus
JRC	Gemeinsame Forschungsstelle der EU Kommission (Joint Research Centre)
K0	Trennkupplung im Hybridantriebstrang zwischen VKM und EM
LDT	Leichte Nutzfahrzeuge (Light Duty Trucks)

LE	Leistungselektronik zum Steuern der EM
LPV	Lastpunktverschiebung
LV	Ländercode für Lettland
MIL	Model-in-the-loop
MJ	Modelljahr
MKS	Mehrkörpersimulation
MTBE	Methyl-tert-Butylether
NEDC	New European Driving Cycle
NEFZ	Neuer Europäischer Fahrzyklus
NoVA	Normverbrauchsabgabe (Österreich)
PC	Personenkraftwagen (Passenger Cars)
PHEV	Plug-in Fahrzeug (Plug-in Electric Vehicle)
PkwEnVKV	Pkw Energieverbrauchkennzeichnungsverordnung
RBM	Restbremsmoment
ROK	Ländercode für Südkorea
SC03	US-Fahrzyklus mit Klimabetrieb
SIL	Software-in-the-loop
SoC	State of Charge, Beladungszustand des Energiespeichers
SoP	Produktionsstart (Start of Production)
TLAAS	Temporary Lead Time Allowance Alternative Standard
TTW	vom Tank zum Rad (Tank to Wheel)
US06	US-Hochgeschwindigkeitstest
VKM	Verbrennungs-Kraft-Maschine
WLTC	Woldwide harmonized Light Vehicle Test Cycle
WLTP	Woldwide harmonized Light Vehicle Test Procedure
WTT	von Quelle zum Tank (Well to Tank)
WTW	von Quelle zum Rad (Well to Wheel)

Einleitung

1

Johannes Liebl

1.1 Mobilität

Mobilität ist eine elementare Voraussetzung für den wirtschaftlichen Erfolg unserer Gesellschaft. Dieser wirtschaftliche Erfolg basiert auf der Erschließung verzweigter nationaler und internationaler Märkte und einer arbeitsteiligen Gesellschaft. Diese Wirtschaftsordnung funktioniert nur, weil die Menschen mobil sind. Mobilität ist damit ein Schlüsselfaktor für Wachstum und Beschäftigung und sichert unseren Wohlstand. Mobilität vermittelt außerdem ein Gefühl von Freiheit und Unabhängigkeit. Mobilität ermöglicht es uns, in andere Länder zu reisen und anderen Menschen zu begegnen. Mobilität öffnet Horizonte. Diese individuelle Mobilität trägt in hohem Maße zur Lebensqualität der Menschen bei. Wir verdanken diese Mobilität Kraftstoffen, Verbrennungsmotoren und Turbinen, die Fahrzeuge, Schiffe und Flugzeuge antreiben. Ein über die letzten gut hundert Jahre eingeschwungenes System, das bis auf wenige, dafür aber spürbare Störungen bei der Versorgung mit Erdöl funktionierte.

Eine dieser Störungen war die erste Ölkrise, die deutlich die Abhängigkeit der Industriestaaten von fossiler Energie zeigte. Die Organisation der erdölexportierenden Länder (OPEC) hatte im Herbst 1973 bewusst die Fördermengen gedrosselt, um auf einige erdölimportierende Staaten politischen Druck auszuüben. Die Länder reagierten daraufhin unterschiedlich. In Deutschland verhängten die Politiker im November und Dezember 1973 ein Sonntagsfahrverbot und ein vorübergehendes Tempolimit – 100 km/h auf Autobahnen und 80 km/h auf Landstraßen. Ein jahrzehntelanger wirtschaftlicher Aufschwung des deutschen Westens wurde massiv gestört. Diese Ölkrise hat sich in das Gedächtnis der Bevölkerung eingebrannt.

Johannes Liebl ✉
Moosburg, Deutschland
e-mail: kontakt@johannes-liebl.de

J. Liebl et al., *Energiemanagement im Kraftfahrzeug*, ATZ/MTZ-Fachbuch,
DOI 10.1007/978-3-658-04451-0_1,

Seit den 1990er Jahren bedrohen Diskussionen um den Klimawandel dieses Mobilitätssystem erneut. Aus Verbrennungsprozessen emittiertes Kohlendioxid (CO_2) soll die globale Erderwärmung beschleunigen und dadurch die klimatischen Verhältnisse auf der Erde derart verändern, dass es vermehrt zu Umweltkatastrophen kommen kann. Obwohl nicht alle Klimaforscher diese Meinung teilen, müssen wir dieses Umweltrisiko vermeiden und für die nachfolgenden Generationen neue Wege finden, um die Mobilität zu erhalten. Die zeitgleich geführten Diskussionen um die begrenzten fossilen Ressourcen haben zudem den Wertewandel in unserer Gesellschaft beschleunigt.

Dieser Wertewandel hat auch die Politik verändert. Die Energiewende soll unsere Gesellschaft in eine erdölunabhängige und umweltfreundliche Mobilität führen. Fahren mit elektrischem Strom hat sich zu einem Lösungsansatz entwickelt. Alle Diskussionen fokussieren sich hier auf die Personenkraftwagen, weil elektrische Antriebe bei Nutzfahrzeugen, Schiffen und Flugzeugen nur eine untergeordnete Rolle spielen können. Die deutsche Bundeskanzlerin, Angela Merkel, will Deutschland zur Nummer eins bei Elektroautos machen. Unter Elektroautos versteht sie batterieelektrisch angetriebene Fahrzeuge, Plug-In-Fahrzeuge und Brennstoffzellen-Fahrzeuge. 2011 gibt sie das Ziel von einer Million Elektrofahrzeugen in 2020 und sechs Millionen Elektrofahrzeugen in 2030 vor. Seitdem wird kein Thema so kontrovers diskutiert wie die Elektromobilität. Einerseits sind die Argumente, wie lokal emissionsfreies Fahren, Unabhängigkeit von erdölfördernden Ländern und beeindruckende Fahrerlebnisse hoch attraktiv, andererseits hemmen geringe Reichweiten, problematisches „Nachtanken“ und hohe Kosten batterieelektrisch angetriebener Fahrzeuge heute noch den Einsatz in der Breite. Das Marktwachstum für Elektromobilität ist einerseits abhängig von der technischen und betriebswirtschaftlichen Entwicklung von Energiespeichern, andererseits abhängig von der Infrastruktur mit Ladestationen, insbesondere mit Schnellladestationen.

Der Markt für Elektromobilität wird zwar wachsen, kann aber in den nächsten Jahrzehnten das Mobilitätsbedürfnis der Menschen nicht abdecken. Der Weg der Elektrifizierung ist ein evolutionärer Weg. Deshalb werden Verbrennungsmotoren noch lange ihre dominierende Stellung als Antriebsquelle behalten. Einerseits wird die Elektrifizierung die Weiterentwicklung der Verbrennungsmotoren treiben, andererseits werden die Verbrennungsmotoren die Weiterentwicklung der Elektrifizierung treiben. Erfolgversprechend ist die vernetzte Betrachtung des Systems elektrifizierter verbrennungsmotorischer Antriebe mit dem Antriebstrang und dem Fahrzeug. Erst ein funktionsorientierter integrativer Gesamtfahrzeugansatz führt unsere Gesellschaft in eine nachhaltige Mobilität.

1.2 Herausforderungen

Die Internationale Energie-Agentur (IEA) hat im Februar 2013 in Baden-Württemberg ihre neueste Prognose zum Weltenergiebedarf vorgestellt (Abb. 1.1) [1]. Dieser Agentur gehören die wesentlichen Erdöl-importierenden Staaten Europas und Nordamerikas an, sowie Australien, Neuseeland, Japan und Südkorea. Die Studie prognostiziert ein Anwachsen der

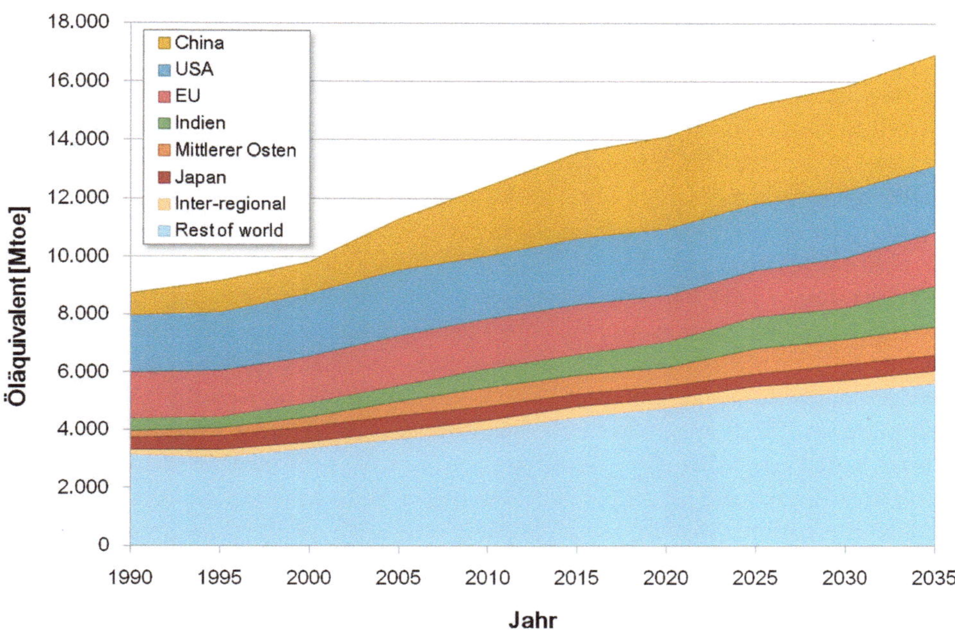

Abb. 1.1 Anteile der Regionen am Weltenergiebedarf (Quelle: IEA)

Weltbevölkerung von 6,7 Milliarden in 2008 auf 8,5 Milliarden in 2030. Bei unveränderter Politik wird dabei der Weltenergieverbrauch von etwa 12.000 Mtoe (Millionen Tonnen Öläquivalent) auf 18.000 Mtoe ansteigen. Das sind 50 %.

Unterstellt man im günstigsten Fall die Umsetzung des Ziels der Klimakonferenz von Kopenhagen, die Erwärmung des Weltklimas auf 2 °C zu begrenzen, steigt der Energiebedarf immer noch um fast 30 % auf knapp 15.000 Mtoe an. Diese Umsetzung in reale Energiepolitik gilt aber aus Gründen der Finanzierbarkeit als wenig wahrscheinlich. Berücksichtigt man die Absichten der einzelnen Regierungen, ergibt sich das aus heutiger Sicht wahrscheinlichste Szenario „New Policies" mit einem Energiebedarf von 16.500 Mtoe in 2035.

Die Zunahme des Weltenergieverbrauchs wird im Wesentlichen getrieben durch das Bevölkerungswachstum in Asien und neue aufstrebende Industrienationen wie China und Indien. Die Studie zeigt einerseits, dass bis 2035 der Energiebedarf in Europa, USA und Japan etwa konstant bleibt, zeigt aber andererseits auch, dass sich der Energiebedarf in China um etwa 75 % erhöht und in Indien sogar verdoppelt. Auch die Entwicklungsländer (Rest of world) melden deutlich steigenden Energiebedarf an.

1.3 Individuelle Mobilität

Für Deutschland zeigt das Bundesministerium für Wirtschaft und Technologie (BMWi) beispielhaft für das Jahr 2011 die Verteilung der Energiebedarfe nach Abb. 1.2 auf, [2]. Mit 30 % bzw. 29 % haben Industrie und Verkehr etwa je zur Hälfte den höchsten Anteil am Gesamtenergieverbrauch. Es folgen die Haushalte mit einem Viertel. Die noch verbleibenden 16 % verteilen sich auf Gewerbe, Handel und Dienstleistungen. Diese Verteilung verändert sich über die Jahre nur unwesentlich.

Bei der Analyse des Verkehrssektors zeigen die Zahlen der Deutschen Energieagentur dena, dass die Dominanz des Personenkraftwagens über Jahre hinweg ungebrochen ist, Abb. 1.3 [3]. Die Personenverkehrsleistung ist in den letzten 20 Jahren um ein Viertel gestiegen und wird nahezu konstant zu 80 % vom motorisierten Verkehr mit Personenkraftwagen und Kraftrad getragen. 2009 wurden fast 1,2 Billionen Personenverkehrskilometer zurückgelegt. Bei einer Bevölkerung von ca. 80 Millionen Menschen hat dazu jeder Deutsche pro Jahr knapp 15.000 km beigetragen. Wenn keine zusätzlichen politischen Maßnahmen ergriffen werden, gehen die Energieszenarien der Bundesregierung bis 2030 von einer Stagnation aus. Der Anstieg von 2000 bis 2002 beruht auf einer geänderten Abgrenzung der Datenbasis bei der dena und ist für unsere Analyse vernachlässigbar.

Damit steht der Personenkraftwagen bei Energie- und Umweltdiskussionen häufig im Mittelpunkt. Viele Menschen haben beim Energie- bzw. Kraftstoffverbrauch ihres Fahrzeugs eine individuelle Meinung. Das liegt daran, dass gerade der Kraftstoffverbrauch wie kaum eine andere Fahrzeugeigenschaft vom Fahrer und vom Umfeld abhängt. Für eine objektive Bewertung des Energieverbrauchs eines Kraftfahrzeugs definierte der Gesetzgeber ein genau beschriebenes Messverfahren auf dem Rollenprüfstand. Bis Ende 1995 wurde der Kraftstoffverbrauch im „Drittelmix" angegeben. Der durchschnittliche Kraftstoffverbrauch setzte sich damals zu gleichen Anteilen aus einem simulierten Stadtverkehr bis 50 km/h und Konstantfahrten bei 90 km/h und 120 km/h im höchsten eingelegten Gang zusammen. Ab 1996 erfolgte in der Europäischen Union die Ermittlung des Kraftstoffver-

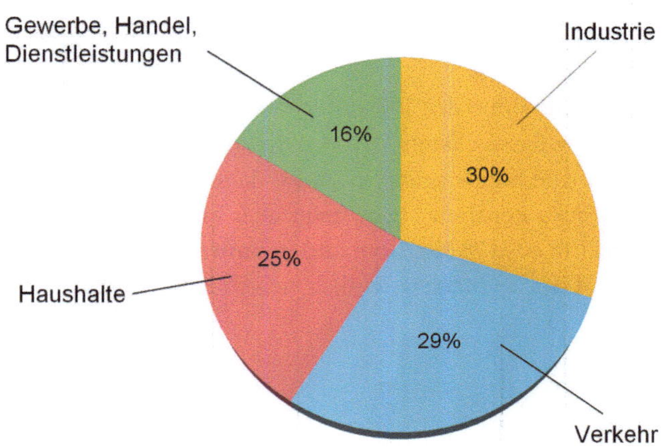

Abb. 1.2 Energieverteilung in Deutschland in 2011 (Quelle: BMWi)

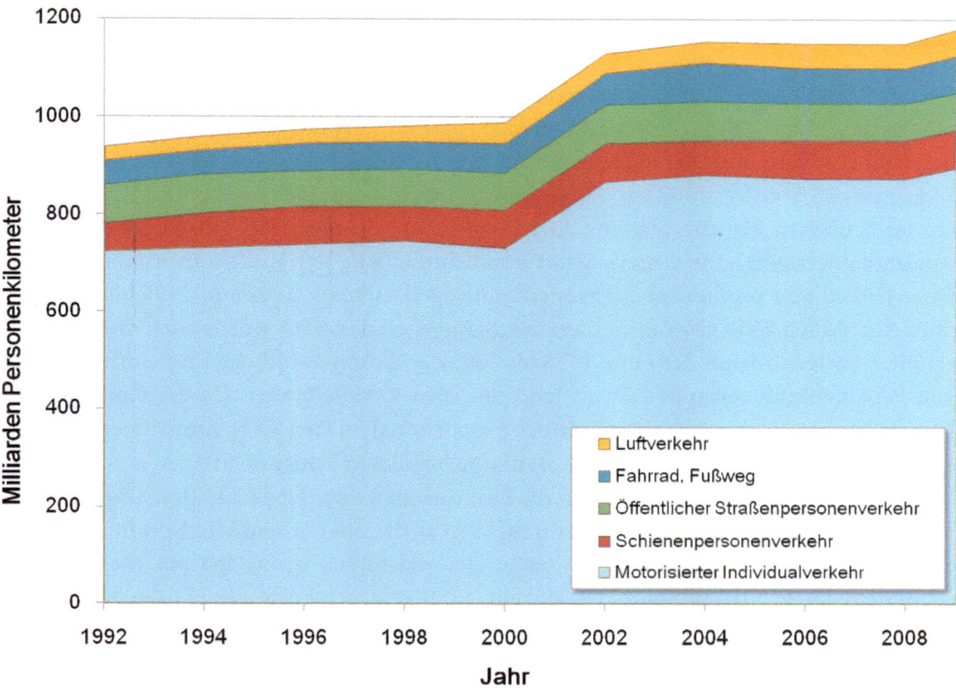

Abb. 1.3 Personenverkehrsleistung nach Verkehrsart (Quelle: dena 2011)

brauchs und der CO_2-Emissionen im „Neuen Europäischen Fahrzyklus" (NEFZ). Seitdem wird der Kraftstoffverbrauch aus der Abgasmenge errechnet. Die Messung der Abgasemissionen für die Vorgabe EURO 2 und den Kraftstoffverbrauch erfolgte in dieser Zeit erst 40 Sekunden nach dem Motorstart. Bei dieser Vorgehensweise wurde der Warmlaufanteil im Motorleerlauf ausgeblendet. Für eine praxisorientiertere Messung wurde die Vorschrift mit der Abgasemissionsstufe EURO 3 zu 2000 angepasst. Der Motorbetrieb wird seitdem ab Start berücksichtigt, siehe Kap. 7.

Das Ergebnis dieses Labortests eignet sich gut für die Bewertung zum Einsatz von Effizienzmaßnahmen innerhalb der Fahrzeugflotte eines Automobilherstellers und für Wettbewerbsvergleiche. Ungeeignet ist dieser Labortest für den Rückschluss auf den Kraftstoffverbrauch in Kundenhand, weil die Komfortverbraucher ausgeschaltet sind, die Bandbreite des realen Verkehrsbetriebs und das individuelle Fahrverhalten der Menschen nicht berücksichtigt werden. Die Gesetzgeber arbeiten deshalb an einer neuen Testprozedur mit einem neuen Fahrzyklus, der „Worldwide Harmonized Light Duty Test Procedure" (WLTP). Eine praxisorientierte Bewertung der Fahrzeugtechnik allein auf Basis der gesetzlichen Zulassungsvorschriften wird aber nicht ausreichen. Das Fahrerverhalten, die Qualität der Verkehrsabläufe und der Infrastruktur müssen in der Diskussion um den Maßnahmenkatalog zur Effizienzsteigerung mit einbezogen werden.

1.4 Freiwillige Selbstverpflichtungen der Automobilhersteller

Bei der Reduzierung des Kraftstoffverbrauchs nahm die deutsche Automobilindustrie bereits in den 1970er Jahren eine Vorreiterrolle ein. 1978 verpflichtete sie sich dazu, bis 1985 den Kraftstoffverbrauch der in Deutschland neu in den Verkehr gebrachten Personenkraftwagen um 15 % zu vermindern. Diese Zusage wurde nach dem Bericht des VDA mit einer tatsächlichen Reduzierung von 23 % deutlich übertroffen. 1995 gingen die deutschen Automobilhersteller eine weitere Selbstverpflichtung ein. Der Kraftstoffverbrauch der in Deutschland neu zugelassenen Personenkraftwagen sollte im Zeitraum 1995 bis 2005 um durchschnittlich 25 % gesenkt werden. Nach Angaben des VDA wurde auch diese Zusage erfüllt. Damit wurde im Zeitraum 1978 bis 2005 der durchschnittliche Kraftstoffverbrauch von Personenkraftwagen in Deutschland um etwa 42 % reduziert. Da der Kraftstoffverbrauch bei identischem Kraftstoff direkt proportional zu den CO_2-Emissionen ist, entspricht das in gleichem Maße einer Absenkung bei diesen Emissionen.

Auf europäischer Ebene begannen die Diskussionen über eine CO_2-Beschränkung des Verkehrssektors erst in den 1990er Jahren. 1995 stellte die Europäische Kommission ihre Strategie vor. Bis 2010 sollte die verkaufte Neuwagenflotte in Europa nur mehr durchschnittlich 120 gCO_2/km emittieren dürfen. 1998 verabschiedete die EU die sogenannte „Drei-Säulen-Strategie". Ein wesentlicher Bestandteil dieser Strategie war die freiwillige Selbstverpflichtung des Verbands der europäischen Automobilhersteller (Association des Constructeurs Européens d'Automobiles, ACEA) bis 2008 die CO_2-Emissionen der Neuwagenflotte auf durchschnittlich 140 g/km zu senken. Das entspricht einer Verminderung um 25 % gegenüber den in 1995 neu zugelassenen Personenkraftwagen. Ergänzt wurde diese Selbstverpflichtung um die Zusage der koreanischen und japanischen Automobilhersteller die CO_2-Emissionen ihrer Neuwagenflotte in Europa auf ebenfalls 140 g/km abzusenken – allerdings erst ein Jahr später. Die zweite Säule dieser Strategie war es, die Kunden beim Neuwagenkauf über Produktinformationen zu Kraftstoffverbrauch und CO_2-Emissionen, dem sogenannten Labeling, zu umweltbewusstem Handeln zu motivieren. Als dritte Säule sollte eine CO_2-basierte Besteuerung zu weiteren Kaufanreizen für effiziente Fahrzeuge führen.

Bis 2001 konnte die Automobilindustrie die CO_2-Emissionen weiter rasch absenken, Abb. 1.4, [4]. Aus der Bilanz der Folgejahre zogen die Politiker den Schluss, dass das vereinbarte Ziel zu 2008 nicht erreichbar sein wird. Schärfere gesetzliche Vorgaben bei den Abgasemissionen und der passiven Sicherheit sowie der Kundenwunsch nach mehr Komfort und Transportkapazität trieben das Fahrzeuggewicht nach oben. Obwohl die Ingenieure aufwendige Leichtbaumaßnahmen in den Fahrzeugen umsetzten, konnten diese Gewichtsmehrungen höchstens kompensiert werden. Ein Beitrag zur CO_2-Reduktion war daraus eher die Ausnahme.

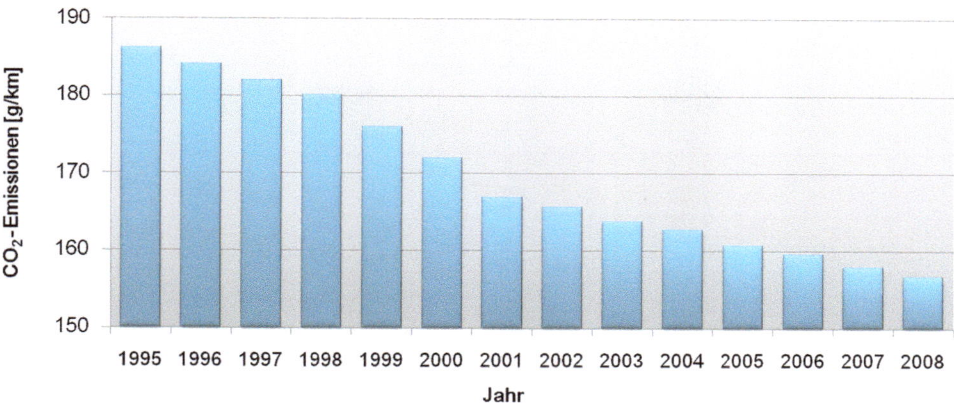

Abb. 1.4 Entwicklung der CO_2-Emissionen ab 1995 (Quelle: EU Kommission Transport and Environment)

1.5 Gesellschaftlicher und politischer Druck

Die Automobilindustrie ist schon seit Jahrzehnten im Blickfeld der Umweltpolitik. Mitte der 1980er Jahre führten die Gesetzgeber zunächst in Deutschland dann auch im Rest von Europa bleifreien Ottokraftstoff und die Katalysatorpflicht ein. Die Nachrüstung von Altfahrzeugen mit ungeregelten Katalysatoren wurde steuerlich gefördert. Die Abgasnormen verschärften sich seitdem regelmäßig. Zu den immer schärfer werdenden Beschränkungen von Kohlenmonoxid, Kohlenwasserstoffen und Stickoxiden kommen bei Otto- und Dieselmotoren Grenzen für die Partikelmasse und die Partikelanzahl dazu. Über die steuerlich geförderte Nachrüstung von Dieselpartikelfiltern griffen die Politiker unabhängig von der gesetzlichen Notwendigkeit in die Technik der Fahrzeuge ein. Im März 2007 wurde in Deutschland die Feinstaub-Plaketten-Verordnung eingeführt. Ohne entsprechende Plakette ist ein Befahren vieler Innenstädte nicht mehr erlaubt.

Der Personenkraftwagen ist deshalb wie kaum ein anderer Energieverbraucher an der Umwelt- und Energiediskussion beteiligt. Unterstützt wird diese Diskussion durch die kontinuierliche Zunahme des Mobilitätsbedürfnisses der Bevölkerung. Die beachtlichen CO_2-Erfolge in den Fahrzeugflotten der Automobilhersteller können dieses ständig wachsende Mobilitätsbedürfnis unserer Gesellschaft nicht kompensieren. Seit 1990 fallen in Europa die CO_2-Emissionen für die Energieversorgung in den Haushalten und der Industrie. Der Verkehrssektor ist aus oben genannten Gründen der einzige Bereich mit steigenden CO_2-Emissionen, Abb. 1.5, [4].

Einige Politiker und Umweltverbände nutzten dieses Zahlenmaterial, um Stimmung gegen die deutsche Automobilindustrie zu machen. Japanische Hybridfahrzeuge wurden als die Lösung angesehen. Eine Politikerin, die damals in der deutschen Regierung saß, empfahl sogar Fahrzeuge von dem japanischen Automobilhersteller Toyota zu kaufen. Deutsche

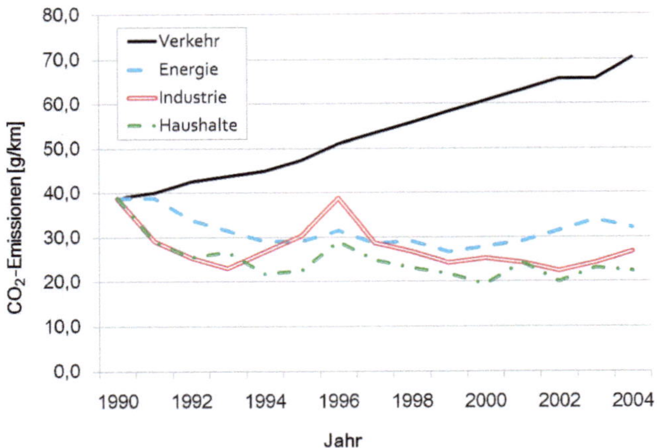

Abb. 1.5 Anstieg der CO_2-Emissionen in Europa durch wachsendes Mobilitätsbedürfnis (Quelle: auf Basis Daten Deutsche Bank)

Ingenieure wurden beschimpft, die Hybridtechnik verschlafen zu haben. Sachlich vorgebrachte ingenieurmäßige Argumente wurden von vielen Politikern und Umweltverbänden nicht gehört und scheiterten. Der Druck auf die deutschen Automobilhersteller stieg. Diese haben den Handlungsbedarf erkannt. Da Hybridfahrzeuge aber nur für spezielle Fahrprofile eine sinnvolle Lösung darstellen, sind sie nur für bestimmte Nutzergruppen sinnvoll. Für den Breiteneinsatz entwickelte die deutsche Automobilindustrie deshalb einen eigenen Weg in die CO_2-arme Mobilität.

1.6 Gesamtfahrzeugansatz als Lösung

BMW überraschte 2007 auf dem Genfer Automobilsalon bei der überarbeiteten 1er Reihe als erster Automobilhersteller mit sehr niedrigen CO_2-Angaben. Die Lösung hieß BMW EfficientDynamics [5], ein Gesamtfahrzeugansatz, der neben den klassischen Effizienzmaßnahmen im Antrieb auch die Fahrwiderstände reduzierte und die Energieströme im Fahrzeug bedarfsorientiert lenkte, Abb. 1.6. Dieser Ansatz hat sich in Folge in der Breite durchgesetzt. Weitere Automobilhersteller haben ein halbes Jahr später zur IAA 2007 nachgezogen.

Dieser Gesamtfahrzeugansatz hat die Arbeitsweise der ganzen Automobilindustrie verändert. Alle kundenwerten Funktionen werden seitdem energetisch bewertet. Mechanische, elektrische, hydraulische, pneumatische und thermische Energieflüsse werden miteinander verglichen. Für diese fundierte Bewertung mussten die Entwicklungsabteilungen zunächst ein Verständnis für das gesamte Energienetzwerk entwickeln. Dazu wurde dieses Energienetzwerk mit Unterstützung der Hochschulen simulationsfähig gemacht. Schnittstellen wurden definiert und die Teilsysteme modelliert. Simulationstools wurden geschaffen und an Prüfständen und in Fahrzeugen verifiziert.

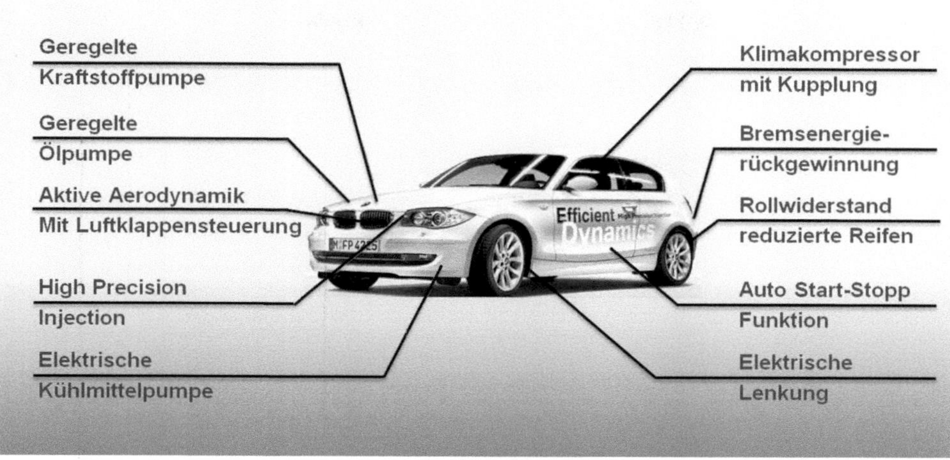

Abb. 1.6 Gesamtfahrzeugansatz am Beispiel BMW EfficientDynamics (Quelle: BMW AG)

Über eine funktionsorientierte Bewertung der Energieströme wurde es möglich, die im Gesamtfahrzeug historisch gewachsenen CO_2-Treiber zu ermitteln. In die Lastenhefte wurden bis dahin fehlende energetische Zielvorgaben aufgenommen. So wurden neue Zielsysteme geschaffen. Die Automobilhersteller erstellten individuelle CO_2-Strategien, um ihre Ziele zu erreichen. Für die Umsetzung und Integration in die Fahrzeuge wurden analog dem Kosten- und Gewichtsprozess Energiemanagementprozesse aufgesetzt.

Die in der Vergangenheit fachstellenspezifisch gewachsenen Energiebordnetze veränderten sich. Mit diesem funktionsorientierten integrativen Gesamtfahrzeugansatz konnten Fahrzeuge mit klassischen Otto- und Dieselmotorenantrieben Verbrauchs- und CO_2-Reduzierungen bis zu 20 % und mehr erreichen. Werte, die vorher ohne Hybridtechnik nicht für möglich gehalten wurden.

Literatur

[1] www.Energie-Fakten.de

[2] BMWi, Energiestatistiken 21.05.2013

[3] www.dana.de

[4] www.dbresearch.de

[5] www.bmw.de/EfficientDynamics

Anforderungen an das Energiemanagement 2

Matthias Lederer

Die Anforderungen an Automobile sind seit den ersten motorisierten Kutschen Ende des 19. Jahrhunderts stetig gestiegen. Zu Beginn gingen die Fahrzeughersteller davon aus, dass die Kunden bei besonderen Anforderungen auch selbst in der Lage waren, ihr Fahrzeug entsprechend zu modifizieren. Davon zeugt auch das Zitat von Henry Ford: „Jeder Kunde kann seinen Wagen beliebig anstreichen lassen, wenn der Wagen nur schwarz ist."

Seitdem haben sich zunehmend vielschichtige Anforderungen entwickelt, die sich aus dem Wunsch nach zunehmender Individualisierung, aufgrund verschiedenster Einsatzzwecke aber auch gesetzlicher Anforderungen sowie Markenausprägungen und vielen weiteren Einflüssen ergeben haben.

Diese Entwicklung hat dazu geführt, dass die Summe der Anforderungen an ein Fahrzeug, zusammengetragen im sogenannten Lastenheft, inzwischen mehrere hundert Seiten umfassen kann. In diesem Lastenheft werden alle Anforderungen an ein Fahrzeug üblicherweise etwa drei Jahre vor der ersten Produktion, dem „Start of Production (SoP)" fixiert. Die Aufgabe der Entwicklung ist es, diese Anforderungen dann umzusetzen und speziell auch das Energiemanagement der Fahrzeuge entsprechend zu entwickeln.

Die Anforderungen an das Energiemanagement also insbesondere an den Verbrauch der Fahrzeuge standen lange Zeit bei der Entwicklung von Automobilen im Hintergrund. Erstmals in den 70er Jahren bedingt durch die Ölkrise trat die Reduzierung des Energieverbrauchs und parallel die Suche nach alternativen Kraftstoffen aufgrund der drohenden Kraftstoffverknappung in den Vordergrund. Auswirkungen waren beispielsweise die Entwicklung von Hybridantrieben [1] oder die Entwicklung von Fahrzeugen mit Holzvergaser anstelle von Benzin als Kraftstoff [2].

Matthias Lederer ✉
Energiemanagement Gesamtfahrzeug, Dr.-Ing. h.c. F. Porsche AG, Porschestraße,
71287 Weissach, Deutschland
e-mail: matthias.lederer@porsche.de

J. Liebl et al., *Energiemanagement im Kraftfahrzeug*, ATZ/MTZ-Fachbuch,
DOI 10.1007/978-3-658-04451-0_2, © Springer Fachmedien Wiesbaden 2014

Nachdem die Ölkrise überwunden war, wurden diese kurzfristigen Trends allerdings schnell wieder vergessen. Erst zum Ende des 20. Jahrhunderts wurde durch steigende Kraftstoffpreise und die Diskussion um Ressourcenverknappung und Klimawandel die Anforderung an höhere Effizienz priorisiert. Inzwischen ist der Kraftstoffverbrauch laut aktueller Studien unter den Top 3 Kaufgründen für Pkw [3, 4].

Im Folgenden werden die wichtigsten Anforderungen an den Kraftstoffverbrauch von Pkw dargestellt. Diese Ziele sollten als Grundlage für die Auslegung von neuen Pkw dienen. Nach der Analyse von gesetzlichen Anforderungen, Kundenverbrauchsanforderungen, Wettbewerbszielen und sozialer Akzeptanz wird bei der Zieldefinition üblicherweise das schärfste dieser Ziele im Lastenheft festgelegt. Die genaue Zielstellung, also ob beispielsweise Bestwerte im Wettbewerbsumfeld angestrebt werden oder eine gewisse Bandbreite im Wettbewerbsumfeld ausreichend ist, wird je nach Fahrzeugmarke oder spezifischem Fahrzeugprojekt unterschiedlich sein. Es ist sinnvoll, für jede dieser Zielkategorien eine markenspezifische Festlegung zu treffen und diese bei der Zielableitung zu verfolgen.

Bezüglich der gesetzlichen Anforderungen muss darauf verwiesen werden, dass die dargestellte Zusammenfassung aufgrund der veränderlichen Gesetzeslage teilweise nicht mehr den aktuellsten Stand darstellen kann. Im Zweifelsfall ist deshalb der entsprechende Gesetzestext als Referenz heranzuziehen.

2.1 Gesetzliche Anforderungen

Gesetzliche Anforderungen haben sich zunehmend in verschiedenen Ausprägungen etabliert. Vermutlich die erste Flottengesetzgebung zur Verbrauchsregulierung wurde in 1975 in Kalifornien verabschiedet. Die „Corporate Average Fuel Economy (CAFE)“ Gesetzgebung legte – motiviert durch die Ölkrise – Obergrenzen für die Pkw- und Lkw-Flotten der Hersteller fest. Seit dieser Zeit haben sich eine Vielzahl von verschiedenen Gesetzen entwickelt, die sich in drei Kategorien unterteilen lassen.

- **Lokale Anforderungen für Einzelfahrzeuge mit Steuer- oder Abgabenbegünstigung**
  Aufgrund lokaler Besonderheiten oder besonderer Initiativen haben einige Städte inzwischen eigene Regulierungen aufgesetzt, die den Verbrauch beziehungsweise die CO_2-Emissionen von Fahrzeugen betreffen. Beispiel für solche Regulierungen ist die „Congestion Charge“ für London.
  Derartige Anforderungen haben üblicherweise eine geringe Bedeutung für den Gesamtabsatz und sind geprägt von hoher Volatilität. Geringe Standardisierung und kurzfristige Änderungen führen dazu, dass solche lokalen Regulierungen nur selten bei der Zielfestlegung für Fahrzeuge berücksichtigt werden.
- **Länderspezifische Anforderungen für Einzelfahrzeuge mit Steuer- oder Abgabenbegünstigung**
  In vielen Ländern hat sich aus der Kfz-Steuergesetzgebung, welche ursprünglich meist abhängig vom Hubraum der Fahrzeuge war, eine CO_2-abhängige Steuer entwickelt.

Beispiel für eine derartige Regelung ist die Bonus-/Malus-Gesetzgebung in Frankreich. Diese Anforderungen sind von mittlerer Volatilität (in Frankreich Änderung im Ein- bis Zwei-Jahresrhythmus) geprägt und haben mittlere Bedeutung für den Gesamtabsatz, was natürlich herstellerspezifisch unterschiedlich sein kann. In einigen Fällen kann es sinnvoll sein, diese Anforderungen bei der Zieldefinition zu berücksichtigen.

- **Länderspezifische Anforderungen für Fahrzeugflotten mit Strafzahlungen oder Verkaufseinschränkungen**
  Ähnlich wie in Kalifornien hat sich in mehreren Ländern inzwischen eine auf CO_2 basierende Flottengesetzgebung etabliert, die Herstellern beziehungsweise Importeuren vorschreibt, welche mittleren CO_2-Emissionen respektive Kraftstoffverbräuche durch die gesamte Neufahrzeugflotte nicht überschritten werden dürfen. Beispiel hierfür ist die in Europa im Anschluss an die freiwillige Selbstverpflichtung der Automobilhersteller umgesetzte Flottegesetzgebung, welche seit 2007 in Kraft ist und erstmals für 2012 Flottenziele festgelegt hat.
  Diese Art von Anforderungen ist üblicherweise äußerst relevant für den Gesamtabsatz und sollte deshalb bei der Zieldefinition berücksichtigt werden. Die Volatilität ist meist gering, da die Verfahren zur Verabschiedung der Gesetze meist relativ langwierig sind und die gesetzlichen Randbedingungen dementsprechend langfristig bekannt sind.

2.1.1 Lokale gesetzliche Anforderungen

Die Treiber für die Festlegung von lokalen, meist auf Städte beschränkten Regulierungen der CO_2-Emissionen von Kraftfahrzeugen sind unterschiedlich. Teilweise kommt die Motivation vom generellen Wunsch nach der Reduzierung von Verkehrsaufkommen beziehungsweise der Vermeidung von Staus. In einigen Fällen ist der Ursprung der Regulierung eine Reduzierung der Pkw-Schadstoffemissionen, welche später auf CO_2 ausgeweitet wurde.

Zur Bewertung der Verbesserung des Verkehrsflusses wird meist die Verringerung der Stauzeiten und die damit einhergehende eingesparte Fahrzeit analysiert. Ausschlaggebend ist der für die eingesparte Fahrzeit anzusetzende Gegenwert. Die Ermittlung dieses Werts ist stark von Region und Ansatz abhängig. Während für London ca. 37 € pro Stunde angesetzt wurden und die Londoner City-Maut darauf basierend 2003 erstmals in Kraft trat, hat beispielsweise Paris in einer Studie zur Untersuchung der City-Maut nur ca. 9 € pro Stunde ermittelt und deshalb aufgrund mangelnder Wirtschaftlichkeit eine Einführung der Maut abgelehnt [5]. Die Akzeptanz der Mautsysteme ist aufgrund der wirksamen Reduzierung des Verkehrsaufkommens hoch. Insofern kann angenommen werden, dass sich City-Maut Konzepte zukünftig zunehmend verbreiten [6].

Im Folgenden werden nur Mautsysteme beschrieben, die in Wechselwirkung mit den CO_2-Emissionen beziehungsweise dem Kraftstoffverbrauch der Fahrzeuge stehen. Obwohl zum Beispiel Singapur das weltweit erste Mautsystem bereits 1975 etabliert hat, ist dort die Erhebung der Maut für alle Pkw unabhängig von CO_2-Emissionen oder Antriebskonzept

Abb. 2.1 Innenstadt von London – Zone für Congestion Charge (Bildrechte: www.wikipedia.de)

gleich. Insofern ist diese City-Maut für die Festlegung von CO_2-Zielen von Fahrzeugen irrelevant.

Bedeutend sind momentan die Mautsysteme in London und Mailand. Die Konzepte in Nordeuropa (Oslo, Trondheim, Bergen, Stockholm, Göteborg) sind aufgrund der geringen Einwohnerzahlen beziehungsweise weil Sie keine CO_2-Abhängigkeit aufweisen weniger einflussreich und müssen deshalb bei der Festlegung der CO_2-Ziele nicht zwingend berücksichtigt werden.

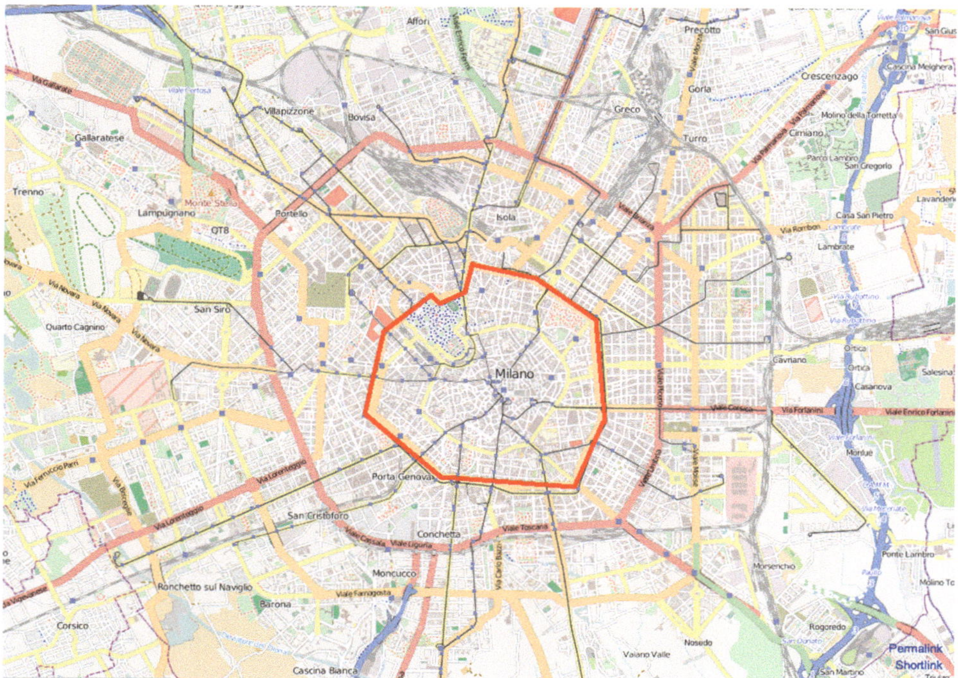

Abb. 2.2 Innenstadt Mailand – Ecopass Zone (Bildrechte: www.wikipedia.de)

2.1.1.1 London Congestion Charge

Die sogenannte „Congestion Charge" wurde in London in 2003 eingerichtet. Anlass dazu war die extreme Verkehrsdichte in der Londoner Innenstadt. Um den Verkehr stärker auf öffentliche Verkehrsmittel zu verlagern wurde eine einmalige Gebühr pro Tag für das Befahren der Innenstadt erhoben. Seit 2013 liegt die Abgabe bei neun bis zwölf Pfund pro Tag (ca. zehn bis dreizehn Euro) und wird für das Befahren der Innenstadtzone (Abb. 2.1) in der Zeit zwischen 7 Uhr und 18 Uhr Wochentags von Montags bis Freitags fällig. Die Kontrolle erfolgt über Videoüberwachung, die Abgabe muss vom Fahrzeugbetreiber überwiesen werden. Die Einnahmen werden in den Ausbau der Infrastruktur reinvestiert.

Es besteht jedoch eine Ausnahme für einige Fahrzeuggruppen. Neben Einsatzfahrzeugen und Fahrzeugen mit neun oder mehr Sitzplätzen sind insbesondere auch Fahrzeuge mit niedrigen CO_2-Emissionen von der Congestion Charge ausgenommen. Seit 01.07.2013 müssen Fahrzeuge hierfür weniger als 75 g/km CO_2 emittieren. Plug-in Hybridfahrzeuge müssen außerdem mehr als zehn Meilen (ca. 16 km) elektrischer Reichweite und eine Maximalgeschwindigkeit von mehr als 60 mph (ca. 97 km/h) aufweisen.

Abb. 2.3 Innenstadt Peking – Zone mit temporärem Fahrverbot (Bildrechte: www.openstreetmap.org)

2.1.1.2 Mailand „Eco Pass"

Der sogenannte Eco Pass für Mailand wurde 2008 eingeführt. Neben der hohen Verkehrsdichte war hier jedoch vor allem die Luftbelastung durch Schadstoffe der Auslöser für die Einrichtung der City-Maut. Für die Einfahrt in die Innenstadt (Abb. 2.2) wird wochentags Montag bis Freitag von 7:30 bis 19:30 Uhr ähnlich wie in London eine Tagesgebühr erhoben, welche vorab überwiesen werden muss. Die Tagesgebühr ist gestaffelt nach Emissionsklassen und beträgt bis zu zehn Euro. Elektro-, Hybrid und Plug-in Hybridfahrzeuge sind von der Gebühr ausgenommen. Es gibt anders als für London allerdings keine gesonderte CO_2-Grenze für diese Fahrzeuge.

2.1.1.3 Peking Zulassungsbeschränkung

Im Zusammenhang mit dem Thema Citymaut sollten auch die Einschränkungen für Pkw aufgrund des hohen Verkehrsaufkommens in Peking erwähnt werden. Einerseits besteht

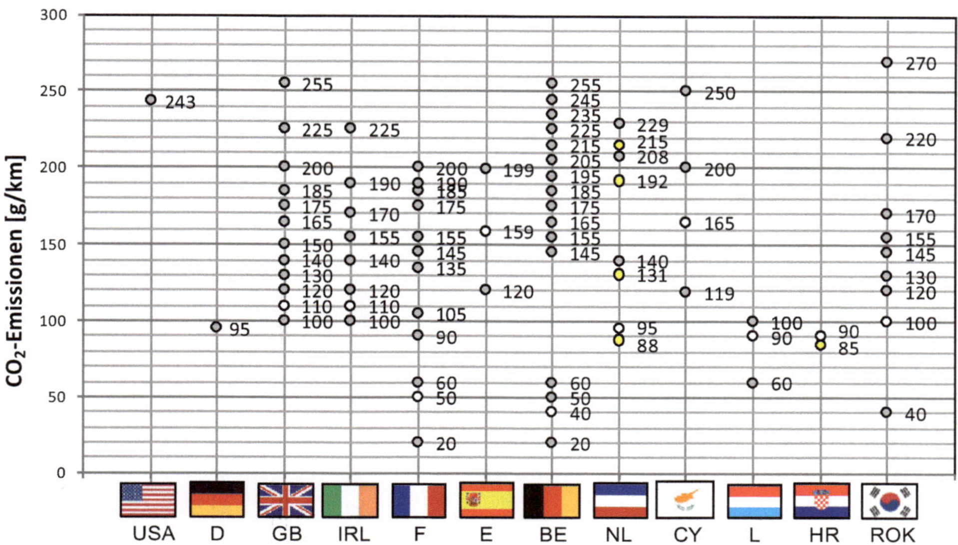

Abb. 2.4 CO_2-Schwellen verschiedener länderspezifischer Regulierungen

dort ein regelmäßiges Fahrverbot. Abhängig von der Endziffer des Fahrzeugkennzeichens darf an einem bestimmten Wochentag das Fahrzeug in der Innenstadt von Peking (Abb. 2.3) zwischen 7 Uhr und 20 Uhr lokaler Zeit nicht betrieben werden. Andererseits wird auch die Zulassung von Neufahrzeugen für die Bewohner von Peking eingeschränkt.

Um eine Genehmigung für die Zulassung eines zusätzlichen Fahrzeugs zu erhalten, muss man seit 2011 an einer Verlosung teilnehmen, die die Anzahl der Neuzulassungen auf aktuell 240.000 Fahrzeuge pro Jahr pro Tag beschränkt.

Von dieser Regelung sind lediglich Elektrofahrzeuge ausgenommen. Diese Einschränkungen gelten für einen großen Teil des Pekinger Stadtgebiets (Abb. 2.3)

2.1.2 Länderspezifische gesetzliche Anforderungen für Einzelfahrzeuge

In vielen Ländern sind inzwischen CO_2-abhängige Steuersysteme verbunden mit einmaliger oder jährlicher Kfz-Steuerabgabe in Kraft. Die einzelnen Konzepte unterscheiden sich dabei in Höhe der Steuer, Staffelung beziehungsweise Abhängigkeit von den CO_2-Emissionen und betroffenen Fahrzeuggruppen. Abbildung 2.4 zeigt ausgewählte Länder mit unterschiedlichen CO_2-Grenzen. Bei jedem der dargestellten Punkte ändert sich die CO_2-abhängige Kfz-Steuer in dem jeweiligen Land sprunghaft. Aus dieser Darstellung wird deutlich, dass eine Strategie zur Zielbildung auf Basis dieser Grenzen aufgrund der Vielfalt nur schwer gelingt. Hinzu kommt, dass sich diese Steuersysteme durchaus auch in einigen Ländern im jährlichen oder zweijährlichen Rhythmus ändern. Trotzdem kann es im

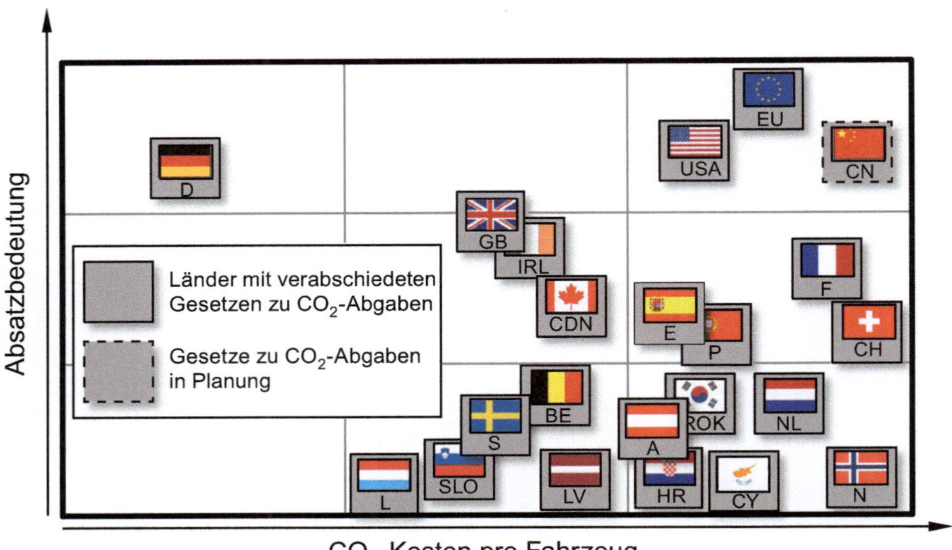

Abb. 2.5 Beispiel für Einflussanalyse von länderspezifischen CO_2-Steuersystemen

Einzelfall sinnvoll sein, die Grenzen bei der Festlegung der Verbrauchs- beziehungsweise CO_2-Emissionsangabe zu berücksichtigen und bei einzelnen Fahrzeugen Anstrengungen zu unternehmen, die Schwelle wenn möglich knapp zu unterschreiten.

Aufgrund grundsätzlich zwischen den Automobilherstellern unterschiedlichen weltweiten Absatzverteilungen muss individuell entschieden werden, auf welche länderspezifische Gesetze dabei fokussiert werden sollte. Hilfreich ist dabei der in Abb. 2.5 exemplarisch dargestellte Zusammenhang zwischen CO_2-Kostenindikation je Fahrzeug und der marken- bzw. herstellerspezifischen Absatzbedeutung. Dabei ist grundsätzlich der Aufwand für zusätzliche Verbrauchsmaßnahmen den Vorteilen im Sinne beispielsweise von Verkaufsvolumen gegenüberzustellen. Die Einordnung entsprechend Abb. 2.5 kann helfen, die zu priorisierenden Länder herauszufiltern.

Dass die Steuersysteme der einzelnen Länder durchaus spürbare Auswirkungen auf den Absatz von Elektro- und Hybridfahrzeugen haben können, zeigt Abb. 2.6. Obwohl in 2013 das BEV und PHEV Modellangebot noch überschaubar ist, sind deutliche Unterschiede im Absatz auf Länderebene erkennbar. Dies ist offensichtlich darauf zurückzuführen, dass die Länder mit hoher Absatzquote deutliche Steuerbegünstigungen für solche Fahrzeuge bieten.

Frankreich Am Beispiel Frankreich wird deutlich, wie ein solches länderspezifisches Steuersystem aussehen kann. Da viele Hersteller dort relativ hohe Absatzzahlen haben, ist die Steuergesetzgebung in Frankreich prinzipiell von größerer Bedeutung in Bezug auf CO_2-Abhängigkeit des Absatzvolumens.

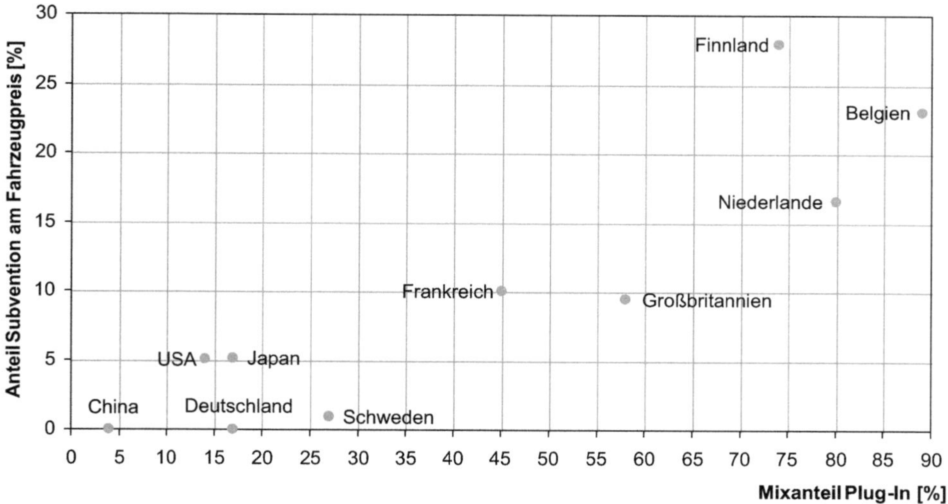

Abb. 2.6 Mixanteil Plug-in Hybridfahrzeuge in Abhängigkeit von länderspezifischen Steuerermäßigungen am Beispiel D-Segment Limousine im Vergleich zu leistungsgleichem konventionellen Modell

Die CO_2-abhängige Kfz-Besteuerung wurde in Frankreich in 2008 eingeführt. Bereits zu Beginn wurde ein Bonus-/Malus-System etabliert, bei dem überdurchschnittlich effiziente Fahrzeuge eine Steuererleichterung („Bonus") und wenig effiziente Fahrzeuge eine zusätzliche Steuererhöhung („Malus") erhalten. Dieser Bonus bzw. Malus ist wie in Abb. 2.7 dargestellt lediglich von den CO_2-Emissionen des Fahrzeugs abhängig und berücksichtigt in keiner Weise den Nutzwert, das Gewicht oder den Footprint des Fahrzeugs. Die Abgabe steigt in Stufen bei den dargestellten Grenzen über den CO_2-Emissionen an. Seit Einführung des Systems wurden diese Grenzen bereits schrittweise abgesenkt und es ist davon auszugehen, dass dies auch in Zukunft weitergeführt wird.

Der Bonus/Malus fällt bei der Neuzulassung des Fahrzeugs an und liegt Stand 2013 in der Bandbreite zwischen 6000 € Malus und 7000 € Bonus. Die Grenze, ab der Abgaben zu leisten sind, liegt aktuell bei 135 g/km. Bonus wird ab CO_2-Emissionen unterhalb von 106 g/km gewährt. Wie dargestellt wird für 2014 zum Zeitpunkt der Drucklegung eine weitere Verschärfung dieses Bonus/Malus Systems erwartet. Die Berücksichtigung der französischen CO_2-Grenzen kann bei der Festlegung der Herstellerangabe des Fahrzeugverbrauchs Sinn machen. Der Planungshorizont kann allerdings nur in der Größenordnung von einem Jahr vor SoP liegen, weil für eine langfristige Festlegung von Zielen auf Basis dieser CO_2-Schwellen die Volatilität zu hoch ist und keine Planungssicherheit besteht.

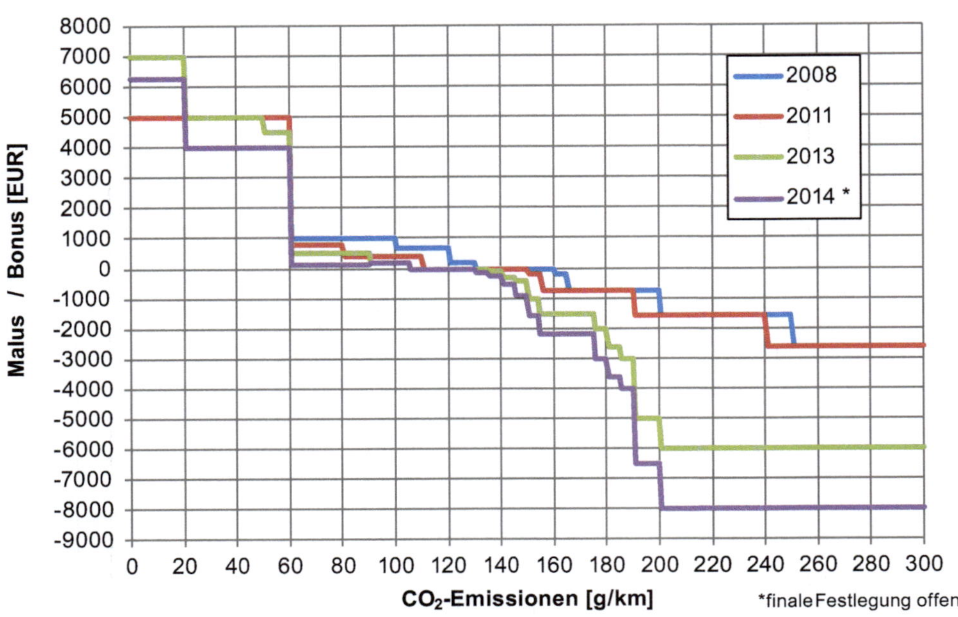

Abb. 2.7 CO_2-Ländersteuer Frankreich – Staffelung der Kfz-Steuer bei Neuzulassung

Südkorea Südkorea plant die Einführung einer CO_2-abhängigen Kfz-Steuer ab 2016. Wie in Frankreich soll dort eine einmalige Gebühr bei der Erstzulassung erfolgen. Das Bonus-/ Malussystem liegt im Bereich von −2100 bis +2100 €. Abbildung 2.8 zeigt die CO_2-Stufen der Besteuerung.

Norwegen In Norwegen wurde eine CO_2-abhängige Besteuerung bereits in 1991 etabliert. Die Steuer fällt einmalig bei der Neuzulassung an. Neben CO_2 werden zusätzlich das Fahrzeuggewicht, die Motorleistung und die NO_x-Emissionen besteuert. Dies führt zu einer in Summe hohen einmaligen Besteuerung von Premiumfahrzeugen, welche durchaus bei 100 % des Neuwagenpreises oder höher liegen kann. Die Steuervorgaben werden jährlich überprüft und gegebenenfalls angepasst. Abbildung 2.9 zeigt den Stand für 2013.

Als Beispiel ist dargestellt, welche Steuerersparnis erreicht wird, wenn anstatt eines konventionellen Premiumfahrzeugs (hier beispielhafte D-Limousine Modelljahr 2014) ein etwa leistungsgleiches Plug-in Hybridfahrzeug gekauft wird. Die Kostenersparnis liegt in diesem Beispiel bei ca. 15.000 € und übersteigt damit deutlich den Mehrpreis des Plug-in Derivats im Vergleich zum konventionellen Fahrzeug. An dieser Regulierung wird deutlich, welcher wesentliche Kaufanreiz für Plug-in Fahrzeuge beziehungsweise generell für Fahrzeuge mit niedrigen CO_2-Emissionen durch CO_2-abhängige Steuersysteme entsteht.

Österreich In Österreich besteht bereits seit 1991 eine vom Verbrauch der Fahrzeuge abhängige Luxussteuer, welche einmalig bei Erstzulassung in Österreich für ein Neufahr-

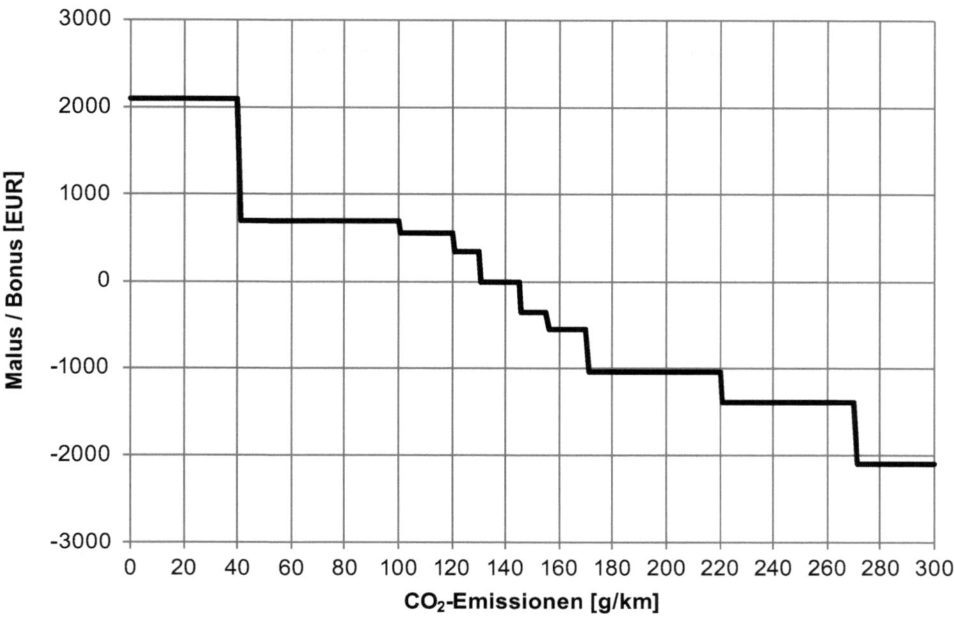

Abb. 2.8 CO_2-Ländersteuer Südkorea – Bonus/Malus bei Neuzulassung

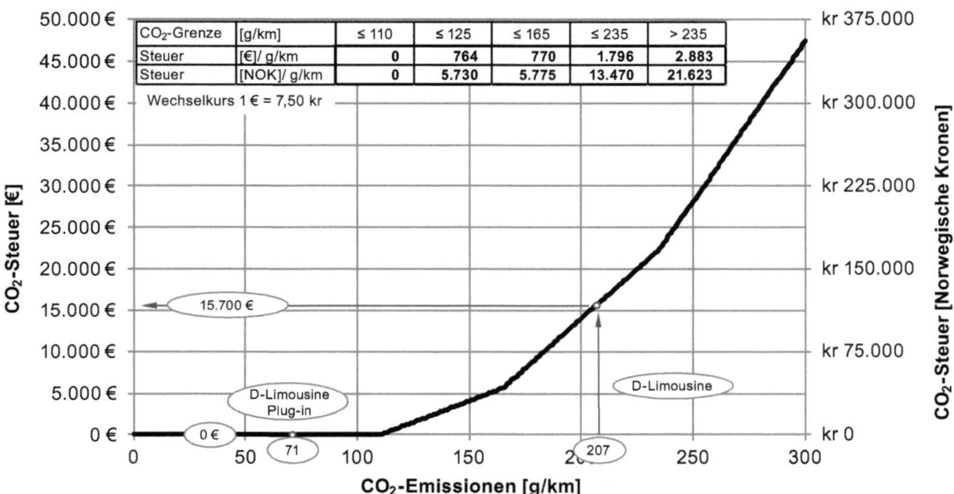

CO2-Grenze	[g/km]	≤ 110	≤ 125	≤ 165	≤ 235	> 235
Steuer	[€]/ g/km	0	764	770	1.796	2.883
Steuer	[NOK]/ g/km	0	5.730	5.775	13.470	21.623

Abb. 2.9 CO_2-Ländersteuer Norwegen – Steueranstieg bei Neuzulassung

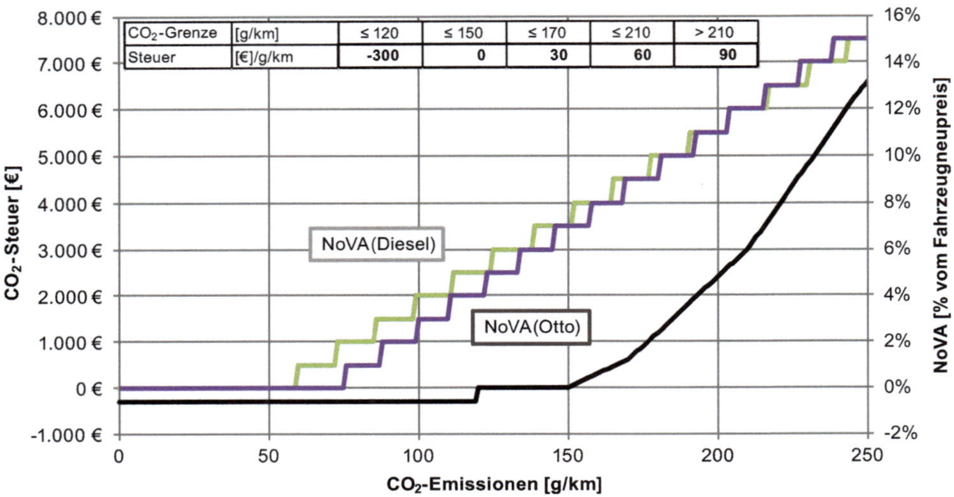

Abb. 2.10 CO_2-Ländersteuer Österreich – Normverbrauchsabgabe (NoVA) bei Neuzulassung

zeug oder importiertes Gebrauchtfahrzeug anfällt. Diese sogenannte Normverbrauchsabgabe (NoVA) wird auf den Nettolistenpreis bzw. Gebrauchtwagenwert der Fahrzeuge aufgeschlagen und kann maximal 16 % Aufschlag betragen.

Abhängig von der Kraftstoffart berechnet sich die NoVA nach (2.1) und (2.2):

$$\text{Diesel: NoVA}[\%] = \left(KV_{\text{NEFZ}} - 2\,\frac{\text{l}}{100\,\text{km}}\right) \times 2 \tag{2.1}$$

$$\text{Otto: NoVA}[\%] = \left(KV_{\text{NEFZ}} - 3\,\frac{\text{l}}{100\,\text{km}}\right) \times 2 \tag{2.2}$$

Die NoVA steigt linear von 0 % bei Verbrauch von 3 l/100 km (Diesel: 2 l/100 km) bis zum Maximalwert von 16 % bei einem Verbrauch von 11 l/100 km (Diesel: 10 l/100 km) an. Der NoVA Kalkulationswert laut Formel wird kaufmännisch auf ganze Prozent gerundet.

Seit 07/2008 wurde die NoVA erweitert um ein CO_2-abhängiges Bonus/Malus System. Zum 01.01.2013 wurden die in Abb. 2.10 dargestellten Steuerzuschläge festgelegt. Ab einem CO_2-Wert von 150 g/km steigt die Steuer von 0 linear mit 30 €/g/km (inkl. MWSt) an. Ab 170 g/km ist der Gradient auf 60 €/g/km und ab 210 g/km auf 90 €/g/km erhöht.

Auch hier ergibt sich eine deutliche Steuerersparnis für Plug-in Hybrid Fahrzeuge. Erneut am Beispiel einer D-Limousine berechnet, entsteht ein Steuervorteil beim Kauf der Plug-in Variante in Höhe von ca. 16.000 € und übersteigt damit den Mehrpreis des Plug-in Derivats im Vergleich zum etwa performancegleichen Fahrzeug mit konventionellem Antrieb.

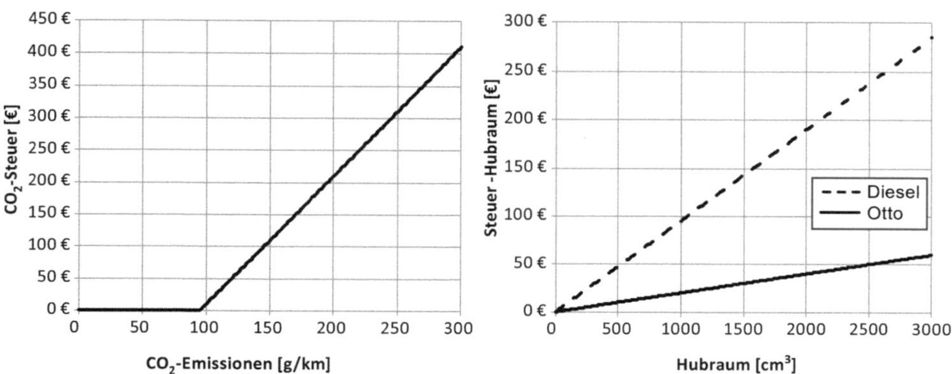

Abb. 2.11 CO_2-Ländersteuer Deutschland – Hubraum und CO_2-abhängige jährliche Steuer

Deutschland Im Juli 2009 wurde das hubraumbasierte Steuersystem in Deutschland um einen CO_2-abhängigen Steueranteil ergänzt. Im Vergleich zu den oben beschriebenen Ländergesetzgebungen ist jedoch der CO_2-Einfluss auf die Steuer relativ gering. Fahrzeuge bis 95 g/km werden nicht mit einem CO_2-Steueranteil beaufschlagt. Bei Fahrzeugen mit mehr als 95 g/km ist ein jährlicher Steueranteil von 2 € pro g/km zu entrichten. Dies führt dazu, dass ein Fahrzeug mit 200 g/km einen CO_2-Steuersatz von 210 Euro jährlich bewirkt. Darüber hinaus bleibt ein hubraumabhängiger Steueranteil von 2 Euro pro 100 cm^3 (Ottomotoren) bzw. 9,50 Euro pro 100 cm^3 (Dieselmotoren) wie in Abb. 2.11 dargestellt.

Spanien In Spanien wurde 2008 die CO_2-abhängige Kfz-Steuer eingeführt, welche einmalig bei Neuzulassung erhoben wird. Abbildung 2.12 zeigt den CO_2-abhängigen Steuersatz, der bezogen auf den Neuwagenpreis erhoben wird. In einzelnen spanischen Regionen kann ein angepasster Steuersatz zur Anwendung kommen. Beispielsweise haben die Regionen Cataluña, Andalucía, Asturias und Baleares den maximalen Steuersatz von 14,75 % auf 16 % angepasst.

Darüber hinaus gibt es regional unterschiedliche Incentives für Hybrid- und Elektrofahrzeuge. Zusammen mit den CO_2-bedingten Kostenvorteilen führt dies zu einem wesentlichen Kaufimpuls für Plug-in Hybridfahrzeuge und Elektrofahrzeuge.

Neben den dargestellten Beispielen gibt es eine Vielzahl von weiteren länderspezifischen Steuer- beziehungsweise Förderprogrammen, die nicht im Einzelnen dargestellt sind. Zum Zeitpunkt der Drucklegung waren die weiteren Steuersysteme weniger relevant, was aber wie oben beschrieben auch herstellerspezifisch differieren beziehungsweise kurzfristig geändert werden kann.

Neben monetären Anreizen gibt es auch noch nichtmonetäre Anreize, bestimmte CO_2-Ziele zu erreichen. Hierfür sind die für Deutschland im Rahmen der Pkw-Energie-Verbrauch-Kennzeichnungs-Verordnung (PkwEnVKV) seit 1.12.2011 festgelegten Effizienzklassen ein prägnantes Beispiel. Die darin beschriebenen Effizienzklassen müssen bei Werbung und Verkauf eines Neufahrzeugs ausreichend sichtbar ausgewiesen werden.

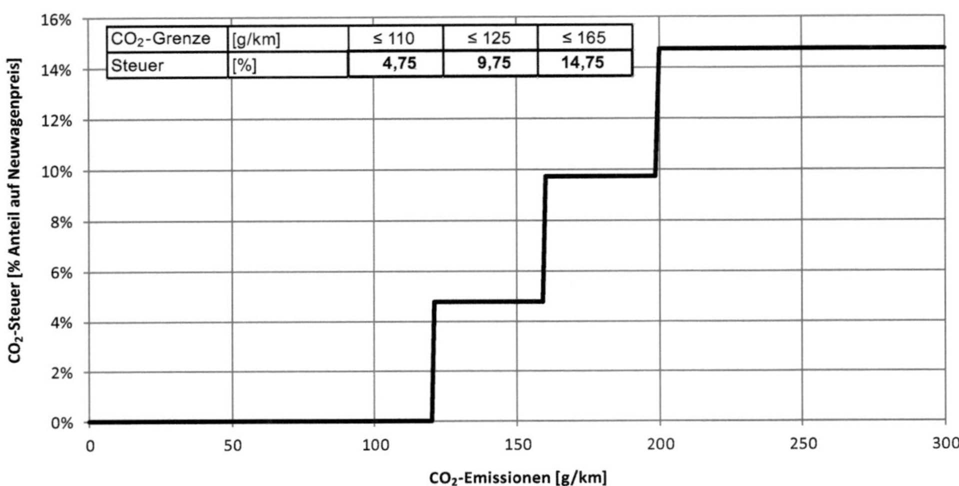

Abb. 2.12 CO_2-Ländersteuer Spanien – Steuer bei Neuzulassung

Die Effizienzklassen werden ähnlich der Angaben bei Haushaltsgeräten durch eine Gegenüberstellung von Nutzwert und Energiebedarf berechnet. Tabelle 2.1 zeigt die gewichtsabhängige Grenzen, die den Übergang zwischen den Effizienzklassen von A+ (sehr effizient) bis G (weniger effizient) darstellen. Die Grenzen errechnen sich auf Basis der Referenzlinie nach folgender Formel.

$$R_{CO_2} = 36{,}59079 + 0{,}08987 \cdot M \tag{2.3}$$

M: Fahrzeugmasse in [kg]
R_{CO_2}: CO_2-Referenzwert abgeleitet aus Marktmittelwert in [g/km]

Anschließend wird die prozentuale Abweichung von diesem Referenzwert für das Einzelfahrzeug bestimmt nach folgender Formel.

$$S_{\text{diff}} = (S - R_{CO_2})\frac{100}{R_{CO_2}} \tag{2.4}$$

S: CO_2-Emissionswert des Einzelfahrzeugs in [g/km]
S_{diff}: prozentuale Abweichung vom Referenzwert für das Einzelfahrzeugs in [%]

Abhängig von dieser prozentualen Abweichung wird dann die Effizienzklasse des Einzelfahrzeugs ermittelt.

Die Effizienzklassen können in Einzelfällen bei der Festlegung der Herstellerangaben von Verbrauch, CO_2 und Gewicht berücksichtigt werden. Insbesondere wenn die Prognosewerte von Einzelfahrzeugen dazu führen, dass die Schwelle zu einer schlechteren

Tab. 2.1 Klasseneinteilung Pkw-Effizienzklassen

CO_2-Effizienzklasse	Klassenbreite (S_{diff})
A+	≤ −37 %
A	−36,99 % bis −28 %
B	−27,99 % bis −19 %
C	−18,99 % bis −10 %
D	−9,99 % bis −1 %
E	−0,99 % bis +8 %
F	+8,01 % bis +17 %
G	≥ +17,01 %

Effizienzklasse nur knapp überschritten wird. In solchen Fällen ist es sinnvoll, einzelne Fahrzeuge geringfügig zu optimieren, um die bessere Effizienzklasse halten zu können. Die Optimierung kann entweder durch Gewichtsreduzierung oder CO_2-Emissionsreduzierung erfolgen.

2.1.3 Länderspezifische gesetzliche Flottenanforderungen mit Strafzahlungen oder Verkaufsverboten

Die zunehmende Einführung von Flottengesetzgebungen in verschiedenen Ländern stellt hohe Anforderungen an die Entwicklung von Neufahrzeugen. Mit wenigen Ausnahmen kann sich kein Automobilhersteller diesen Herausforderungen entziehen. Die Gesetze sind dadurch charakterisiert, dass nicht einzelne Fahrzeuge sondern die gesamte Neuwagenflotte des Herstellers oder Importeurs einen bestimmten CO_2-Zielwert erreichen muss. Üblicherweise wird dabei die Gesamtheit der Fahrzeuge betrachtet, welche innerhalb eines Kalenderjahres im jeweiligen Land neu zugelassen wurden. Davon abweichend wird in USA die Flotte eines Modelljahres herangezogen. Eine Zielverfehlung wird teilweise mit Strafzahlungen belegt oder wie in den USA überhaupt nicht akzeptiert sondern als Gesetzesverfehlung mit zivilrechtlicher Klage geahndet. Neben finanziellen Nachteilen birgt eine Zielverfehlung zusätzlich ein erhebliches Imagerisiko.

Abbildung 2.13 zeigt die weltweit zunehmende Anzahl von Ländern mit CO_2- oder Verbrauchs-Flottengesetzgebung. Obwohl die Gesetze prinzipiell die gleiche Zielrichtungen verfolgen – die Reduktion der klimaschädlichen CO_2-Emissionen sowie die Reduktion des Primärenergiebedarfs – unterscheiden sich doch viele in ihren Eigenschaften im Detail. Dies führt dazu, dass die Analyse der Flottenemissionen und die Ausarbeitung einer darauf basierenden CO_2-Strategie erheblichen Aufwand für Fahrzeughersteller mit sich bringt.

In allen Flottengesetzgebungen ist der Grundsatz gleich, dass die Fahrzeugflotten der Hersteller nicht den gleichen fixen Zielwert erhalten sondern abhängig von der Größe der Fahrzeuge unterschiedliche Zielwerte vorgegeben werden. Grund für diese Variabilität ist

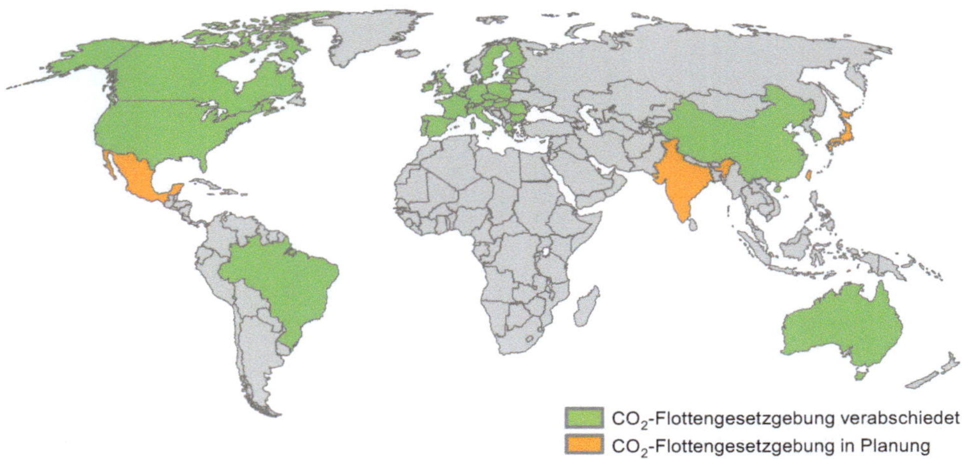

Abb. 2.13 Übersicht Gesetzliche Anforderungen zu Flottenemissionen/-verbrauch

die Tatsache, dass der Gesetzgeber einem größeren Fahrzeug auch einen höheren Nutzwert zuspricht, da mit der Größe auch höhere Passagierzahlen beziehungsweise Gepäckraumvolumen einhergehen. Da dieser Nutzwert von Pkw aber schwer objektivierbar ist, werden dazu unterschiedliche Ansätze verwendet. Aktuell werden zwei verschiedene Bezugsgrößen verwendet.

Der erste Ansatz (Europa, China) verwendet das Fahrzeuggewicht als Maß für den Nutzwert der Fahrzeuge. Pkw mit hohem Gewicht erhalten höhere CO_2-Ziele als Pkw mit niedrigem Gewicht. Prinzipiell besteht eine Korrelation zwischen Fahrzeuggewicht und Fahrzeuggröße und damit einhergehendem Nutzwert. Allerdings ist es nicht im Sinne des Gesetzgebers, die Anspannung auf die Fahrzeugflotte zu senken, indem das Gewicht der Fahrzeuge „künstlich" erhöht wird. In den Gesetzesvorgaben wurde deshalb darauf geachtet, dass die physikalisch bedingte Verbrauchsverschlechterung durch Gewichtserhöhung diese Zielentspannung überkompensiert, so dass ein derartiger Trend zur Gewichtserhöhung vermieden werden kann.

Allerdings wird so auch die Motivation der Hersteller zu Leichtbau und Gewichtsreduzierung vermindert, da Gewichtsreduzierung in geringerem als dem physikalischen Maß zur Zielentspannung beiträgt. Darüber hinaus ist die Korrelation zwischen Gewicht und Fahrzeugnutzwert nicht für alle Fahrzeugsegmente einheitlich. Bei einer Gewichtsreduzierung von 100 kg wird das CO_2-Ziel des Fahrzeugs um zusätzlich 4,6 g/km verschärft, was mehr als die Hälfte des physikalischen Vorteils der Gewichtsreduzierung wieder kompensiert.

Der zweite Ansatz (USA, Kanada) verwendet die Fahrzeugaufstandsfläche, den sogenannten „footprint" als Maß für den Nutzwert der Fahrzeuge. Diese Aufstandsfläche berechnet sich als Produkt aus Radstand und Spurweite. Fahrzeuge mit großer Aufstandsfläche erhalten höhere CO_2-Ziele als Pkw mit kleiner Aufstandsfläche. Auch hier besteht prinzipiell eine Korrelation zwischen footprint und Nutzwert des Fahrzeugs. Allerdings wird die Auslegung im Sinne von effizientem Fahrzeugpackage nicht unterstützt und eine Verlängerung beziehungsweise Verbreiterung der Fahrzeuge ohne zwangsweise Steigerung des Nutzwerts führt zu einer Zielentspannung. Die Verlängerung eines Fahrzeugs (mit beispielsweise Spurweite 1,82 m) um exemplarische zehn Zentimeter führt zu einer Zielentspannung von etwa 4–6 g/km.

Für Hersteller, die als Klein- oder Nischenhersteller nur Teilsegmente bedienen und damit weniger Handlungsoptionen zur Zielerreichung der Flottenvorgaben haben, werden in einigen Regulierungen Sonderregeln definiert.

Um Anreize für die Entwicklung von Innovationen zur Effizienzsteigerung zu geben, werden auch Technologien gefördert, welche im gesetzlichen Testzyklus nicht zum Tragen kommen. Diese sogenannten „Ökoinnovation" oder „off cycle technologies" werden mit unterschiedlichen Ansätzen bewertet und zusätzlich als CO_2-Reduktionspotenzial auf die Flotte angerechnet.

Europa (EU 28) Im April 2009 wurde die Verordnung zur Reduzierung der CO_2-Flottenemissionen von Pkw von der EU veröffentlicht [7]. Erstmalig wirksam wurde die darin beschriebene Flottenemissionsregulierung in 2012. Mit einem sogenannten Phase-in, das den Herstellern ermöglicht, in den ersten drei Jahren nur einen Teil der Flotte zu bilanzieren, soll in 2015 die europäische Gesamtflotte den CO_2-Wert von 120 g/km erreichen. Ein Anteil von pauschal 10 g/km wird durch alternative Maßnahmen erreicht, welche nicht Teil der Flottenberechnung sind. Dazu gehören der vermehrte Einsatz von Biokraftstoffen, optimierten Klimaanlagen sowie die Reduzierung der Rollwiderstände von Reifen. So bleibt für die CO_2-Flotte nach den folgenden Berechnungsvorschriften der Zielwert von 130 g/km.

Für 2020 ist eine Verschärfung der Gesetzgebung in Diskussion, welche zum Zeitpunkt der Drucklegung noch nicht verabschiedet war. Dazu wird im Folgenden ein kurzer Ausblick gegeben.

Für den Zeitraum von 2012 bis 2019 berechnet sich der CO_2-Zielwert S_{soll} nach (2.5).

$$S_{\text{soll}} = S_0 + a \cdot (M_{\text{mittel}} - M_0) \tag{2.5}$$

S_0: CO_2-Zielwert laut Gesetz. Für Zeitraum 2012 bis 2019 gilt hier 130 g/km

a: Steigung der Zielwertgerade in Abhängigkeit von Gewicht. Für Zeitraum 2012 bis 2019 gilt hier $a = 0{,}0457$ g/kg.

M_0: Bezugswert für Fahrzeugmasse. Repräsentiert den EU-Flottenmittelwert. Für Zeitraum 2012 bis 2015 gilt hier $M_0 = 1372$ kg.

Der Bezugswert der Fahrzeugmasse wird ab 2016 in dreijährigem Turnus aktualisiert. Dazu wird der Mittelwert der jeweils vorangegangenen drei Jahre von der EU ermittelt und veröffentlicht.

Tab. 2.2 Phase-in Quote in Abhängigkeit des Kalenderjahres

Kalenderjahr	2012	2013	2014	2015 ff
Phase-in Quote	65 %	75 %	80 %	100 %

Der Mittelwert der Fahrzeugmasse einer Herstellerflotte errechnet sich wie folgt.

$$M_{\text{mittel}} = \frac{1}{N} \sum_{i=1}^{N} M_i \tag{2.6}$$

N: Anzahl der Neuzulassungen im entsprechenden Kalenderjahr.
M_i: Fahrzeugmasse (EU-Leergewicht) der Einzelfahrzeuge.

Der CO_2-Flottenmittelwert errechnet sich entsprechend analog:

$$S_{\text{mittel}} = \frac{1}{N} \sum_{i=1}^{N} S_i \,. \tag{2.7}$$

N: Anzahl der Neuzulassungen im entsprechenden Kalenderjahr
S_i: CO_2-Emissionen der Einzelfahrzeuge

Während des Phase-in von 2012 bis 2014 können anteilig die vorteilhaftesten Fahrzeuge in die Berechnung einbezogen werden. In 2012 muss nur 65 % der Flotte eingerechnet werden. Die weiteren Jahre müssen die Anteile laut Tab. 2.2 berücksichtigt werden.

Sowohl in die Sollwertberechnung als auch in die Ist-Wertberechnung wird nur der Quotenanteil der Flotte eingerechnet.

Um die Auswahl der Fahrzeuge für das Phase-in zu optimieren, sortiert man die Fahrzeuge nach der Differenz zwischen S_{soll} und S_{i} für jedes Einzelfahrzeug und wählt von Listenanfang an solange Fahrzeuge aus bis die benötigte Quote nach Tab. 2.2 erreicht ist.

Abbildung 2.14 zeigt die gewichtsabhängige Zielkurve sowie die offiziell für 2011 gemeldeten Ist-Werte der Hersteller beziehungsweise Marken, die die EU ermittelt und in [8] veröffentlicht hat.

Die Berechnung der jährlichen Abgaben P_{CO_2} bei Zielverfehlung errechnen sich abhängig von der Zielwertüberschreitung und der Flottenstückzahl für die Jahre 2012 bis 2018 wie folgt.

$$\Delta S = S_{\text{mittel}} - S_{\text{soll}}$$

Für $0 \frac{\text{g}}{\text{km}} < \Delta S \leq 1 \frac{\text{g}}{\text{km}}$: $P_{CO_2} = \Delta S \cdot 5 \cdot N$
Für $1 \frac{\text{g}}{\text{km}} < \Delta S \leq 2 \frac{\text{g}}{\text{km}}$: $P_{CO_2} = ((\Delta S - 1) \cdot 15 + 5) \cdot N$
Für $2 \frac{\text{g}}{\text{km}} < \Delta S \leq 3 \frac{\text{g}}{\text{km}}$: $P_{CO_2} = ((\Delta S - 2) \cdot 25 + 15 + 5) \cdot N$
Für $3 \frac{\text{g}}{\text{km}} < \Delta S$: $P_{CO_2} = ((\Delta S - 3) \cdot 95 + 25 + 15 + 5) \cdot N$

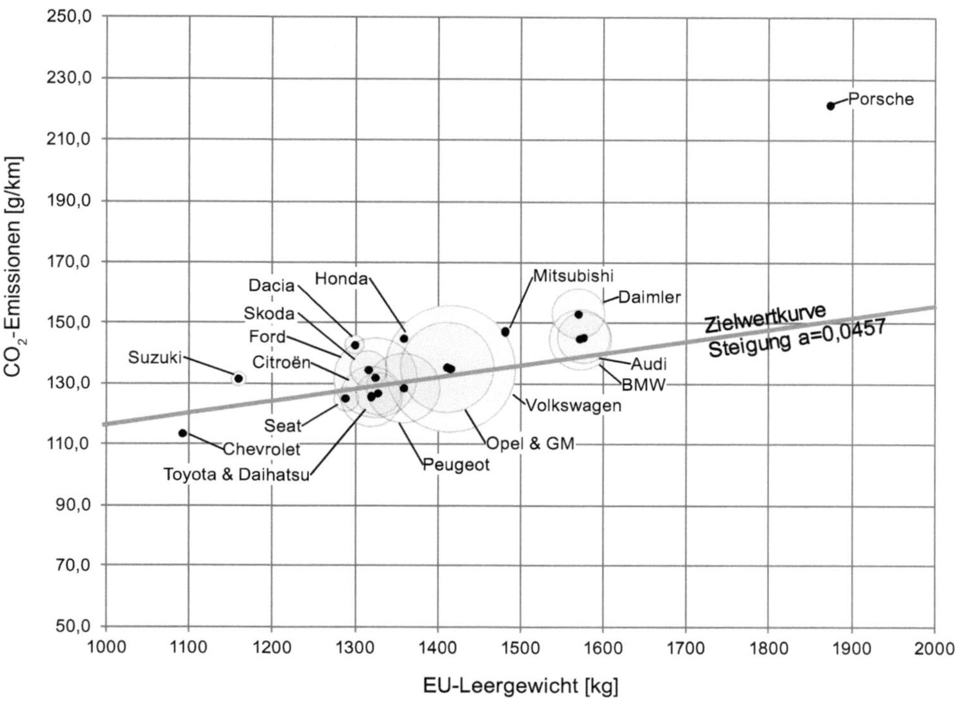

Abb. 2.14 Gewichtsabhängiges CO_2-Flottenziel, Hersteller-/Markenwerte 2011

Tab. 2.3 Supercredits – Mehrfachanrechnung von Fahrzeugen mit Niedrigstemissionen (< 50g/km)

Kalenderjahr	2012	2013	2014	2015	2016
Supercredits	3,5	3,5	2,5	1,5	1,0

Ab 2019 ist laut aktueller Verordnung keine gestaffelte Abgabe sondern bereits mit geringer Überschreitung des Ziels eine Abgabe von 95 € pro g/km und Fahrzeug vorgesehen.

Für Nischenhersteller mit einem jährlichen Fahrzeugvolumen zwischen 10.000 und 300.000 gelten Erleichterungen. Diese Hersteller müssen bis 2012 ihre CO_2-Emissionen aus dem Jahr 2007 um 25 % reduzieren. Das Phase-in wie oben beschrieben darf hier genauso angewendet werden. Kleinhersteller mit weniger als 10.000 Neufahrzeugen pro Jahr erhalten ein individuell mit der EU-Kommission vereinbartes CO_2-Ziel.

Zur Unterstützung der Einführung von Elektro- und Plug-in-Fahrzeugen werden in den ersten Jahren solche Fahrzeuge besonders begünstigt. Sogenannte „Super-Credits" führen zu Mehrfachanrechnung von Fahrzeugen in der Herstellerflotte, welche den Wert von 50 g CO_2/km unterschreiten. Diese Supercredits werden entsprechend Tab. 2.3 angerechnet und laufen im Jahr 2016 aus. Elektrofahrzeuge werden mit einem CO_2-Emissionswert von 0 g/km eingerechnet.

Um die Hersteller zu ermuntern, auch in Effizienz-Technologien zu investieren, welche zwar vor Kunde aber nicht im Testzyklus wirksam sind, werden in Europa sogenannte Ökoinnovationen begünstigt. Diese werden nicht auf die CO_2-Herstellerangabe des Einzelfahrzeugs angerechnet, sondern nur in der Flotte bis zu einem maximalen Potenzial von 7 g/km wirksam. Die Beantragung kann von einem Automobilhersteller oder Zulieferer angestoßen werden und muss von einem ausgewählten technischen Dienst in Abstimmung mit der EU-Kommission bestätigt werden.

Der Innovationsgrad einer Technologie wird an ihrer Verbreitung im Jahr 2009 gemessen. Zu diesem Zeitpunkt darf die Einbaurate der Technologie 3 % der Gesamtflotte nicht übersteigen. Das Potenzial der Technologie muss mindestens 1 g/km betragen und nicht im EU Testzyklus wirksam sein. Technologien, welche vom Fahrereinfluss abhängig sind und deshalb nicht eindeutig objektiv nachgewiesen werden können oder Komfortfunktionen wie Heizung und Klima betreffen, werden nicht anerkannt. Als Orientierung für die Bewertung von Ökoinnovationen hat die EU Kommission in Zusammenarbeit mit dem Joint Research Center (JRC) sogenannte „Technical Guidelines" verfasst, in denen die Höhe und der Bewertungsansatz von verschiedenen Bewertungsgrößen beschrieben ist [9].

Für 2020 ist die Verschärfung der Regulierung bereits seit längerem in Diskussion und in ihren Eckpunkten beschrieben. Die Steigung der Zielwertgeraden wird voraussichtlich auf $a = 0{,}0333$ g/kg angepasst. Der Zielwert liegt ab 2020 bei 95 g/km. Laut Stand Ende 2013 soll es ein Phase-in für 2020 von 90 % und 2021 von 95 % geben, ehe in 2022 der Zielwert 95 g/km mit 100 % der Fahrzeugflotte erreicht werden muss. Der Prozess zur Beantragung von Ökoinnovationen soll deutlich vereinfacht werden. Die finale Bestätigung des Gesetzesentwurfs stand zum Zeitpunkt der Drucklegung noch aus.

Vereinigte Staaten von Amerika (USA) Im Mai 2010 wurde von der amerikanischen Umweltbehörde (EPA) eine Regulierung zur Reduzierung der klimawirksamen Flottenemissionen (sogenanntes „Green House Gas" GHG) für die Jahre 2012 bis 2016 veröffentlicht [10]. In dieser Regulierung werden Zielvorgaben für die Fahrzeughersteller abhängig von der Fahrzeugaufstandsfläche, dem sogenannten „footprint", festgelegt. Die CO_2-Emission der US-Gesamtflotte soll von 295 g/mi (183 g/km) in 2012 in jährlichen Verbesserungsraten von 3–5 % auf 250 g/mi (155 g/km) in 2016 gebracht werden. Bezugsjahr ist dabei immer das jeweilige Modelljahr der Fahrzeuge.

Im Oktober 2012 wurde dann für den darauffolgenden Zeitraum bis 2025 dieses GHG Gesetz in seinen Grundzügen fortgeschrieben [10]. Das Grundprinzip blieb erhalten, lediglich einige Details wurden geändert. Im Folgenden werden diese beiden Gesetzesinhalte zusammengefasst. Auf besondere Unterschiede zwischen beiden Regulierungen wird bei Bedarf eingegangen.

Im Gegensatz zu anderen Gesetzgebungen unterscheidet das amerikanische GHG Gesetz zwischen Personenkraftwagen (Passenger Cars – PC) und leichten Nutzfahrzeugen (Light Duty Trucks – LDT). Für beide Fahrzeugklassen werden gesonderte Ziele vorgegeben. Allerdings können Zielverfehlungen beziehungsweise Übererfüllungen zwischen diesen beiden Gruppen getauscht werden.

Tab. 2.4 Parameter für die CO_2-Zielwertberechnung – Passenger Cars (PC)

Modelljahr	a [g/mi]	b [g/mi]	c [g/(mi * sqft)]	d [g/mi]
2012	244	315	4,72	50,5
2013	237	307	4,72	43,3
2014	228	299	4,72	34,8
2015	217	288	4,72	23,4
2016	206	277	4,72	12,7
2017	194,7	262,7	4,53	8,9
2018	184,9	250,1	4,35	6,5
2019	175,3	238,0	4,17	4,2
2020	166,1	226,2	4,01	1,9
2021	157,2	214,9	3,84	−0,4
2022	150,2	205,5	3,69	−1,1
2023	143,3	196,5	3,54	−1,8
2024	136,8	187,8	3,40	−3,2
2025	130,5	179,5	3,26	−3,2

Abhängig von der Aufstandsfläche steigt der fahrzeugspezifische Zielwert linear an. Allerdings werden die Zielwerte nach oben und unten bei sehr großen beziehungsweise sehr kleinen Aufstandsflächen limitiert.

Tabelle 2.4 zeigt die Parameter zur Berechnung der Fahrzeugzielwerte abhängig von deren Fahrzeugaufstandsfläche.

Die Berechnung der Zielwerte je Modelljahr erfolgt nach den unten stehenden Formeln.

Für Passenger Cars berechnet sich der Flottenzielwert nach (2.8). Da ab 2016 für LDT modifizierte Ziellinien gelten (Abb. 2.15), wurde die Berechnungsformel für LDTs ab 2016 erweitert (2.9).

$$S_{\text{soll, PC}} = \frac{1}{N}\sum_{i=1}^{N} \text{MIN}\left(b, \text{MAX}(a, c \cdot A_i + d)\right) \tag{2.8}$$

$$S_{\text{soll, LDT}} = \frac{1}{N}\sum_{i=1}^{N} \text{MIN}(\text{MIN}(b, \text{MAX}(a, c \cdot A_i + d)), \text{MIN}(f, \text{MAX}(e, g \cdot A_i + h))) \tag{2.9}$$

A_i: Fahrzeugaufstandsfläche in [ft^2]
N: Anzahl der Neuzulassungen im entsprechenden Kalenderjahr
a bis h: Parameter nach Tab. 2.4 und 2.5

Der Flottenmittelwert berechnet sich analog zur EU-Gesetzgebung nach (2.10).

$$S_{\text{mittel}} = \frac{1}{N}\sum_{i=1}^{N} S_i \,. \tag{2.10}$$

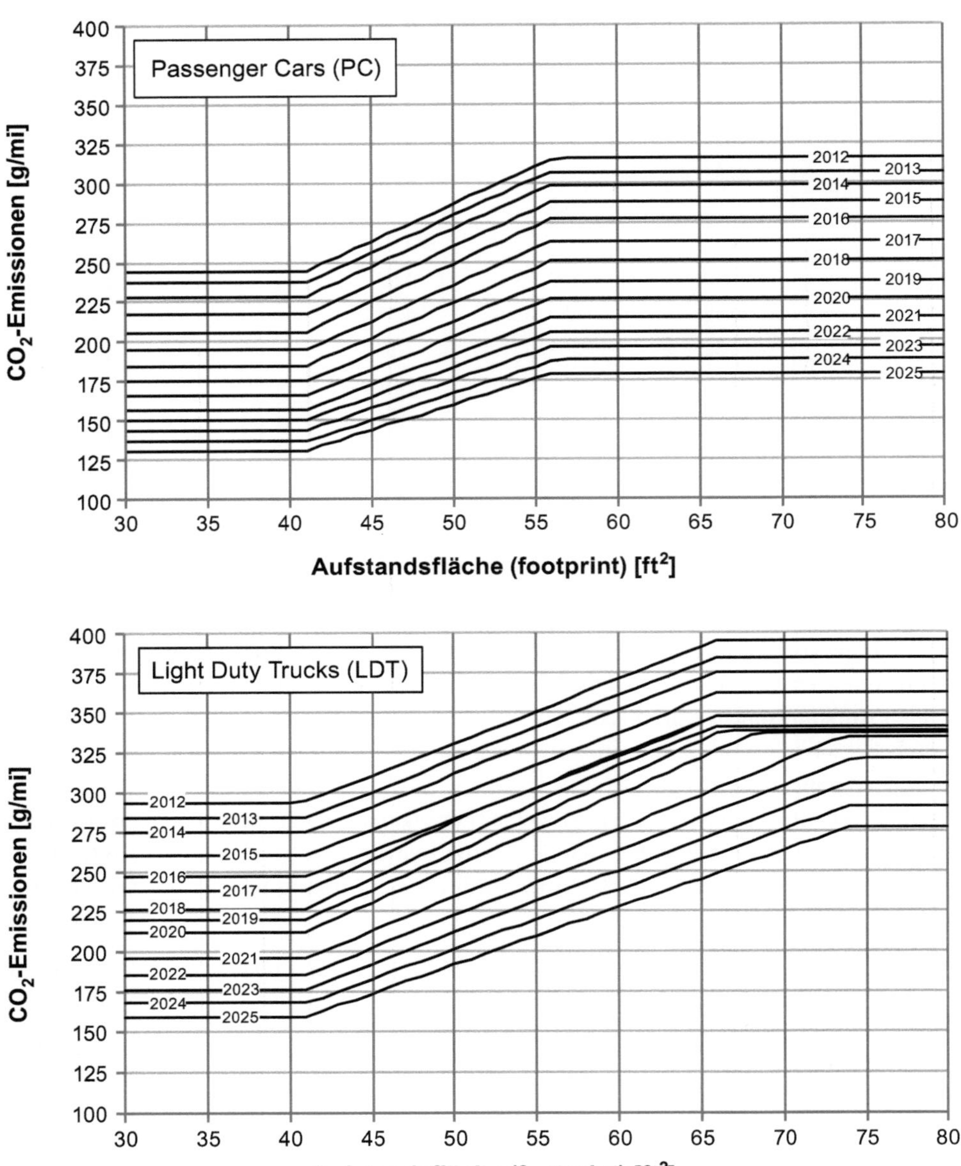

Abb. 2.15 Zielwerte je Modelljahr für Passenger Cars und Light Duty Trucks in [g/mi] [10, 11]

Tab. 2.5 Parameter für die CO_2-Zielwertberechnung – Light Duty Trucks (LDT)

Modelljahr	a [g/mi]	b [g/mi]	c [g/(mi * sqft)]	d [g/mi]	e [g/mi]	f [g/mi]	g [g/(mi * sqft)]	h [g/mi]
2012	294	395	4,04	128,6	–	–	–	–
2013	284	385	4,04	118,7	–	–	–	–
2014	275	376	4,04	109,4	–	–	–	–
2015	261	362	4,04	95,1	–	–	–	–
2016	247	348	4,04	81,1	–	–	–	–
2017	238,1	347,2	4,87	38,3	246,4	347,4	4,04	80,5
2018	226,8	341,7	4,76	31,6	240,9	341,9	4,04	75,0
2019	219,5	338,6	4,68	27,7	237,8	338,8	4,04	71,9
2020	211,9	336,7	4,57	24,6	235,9	336,9	4,04	70,0
2021	195,4	334,8	4,28	19,8	234,0	335,0	4,04	68,1
2022	185,7	320,8	4,09	17,8	234,0	335,0	4,04	68,1
2023	176,4	305,6	3,91	16,0	234,0	335,0	4,04	68,1
2024	167,6	291,0	3,74	14,2	234,0	335,0	4,04	68,1
2025	159,1	277,1	3,58	12,5	234,0	335,0	4,04	68,1

Tab. 2.6 Laufleistung zur Berechnung der Credits pro Fahrzeug in [mi]

Modelljahr	2011	2012	2013	2014	2015	2016	2017–2025
Passenger Cars	152.922	177.238	177.366	178.652	180.497	182.134	195.264
Light Duty Trucks	172.552	208.471	208.537	209.974	212.040	213.954	225.865

N: Anzahl der Neuzulassungen im entsprechenden Kalenderjahr
S_i: CO_2-Emissionen der Einzelfahrzeuge

In der US Gesetzgebung sind keine Abgaben bei Verfehlung der Ziele vorgesehen. Die Zielerreichung ist zwingend erforderlich. Im Gegensatz zur EU-Regulierung besteht aber die Möglichkeit, die Übererfüllung beziehungsweise Zielverfehlung über die Jahre auszugleichen (sogenanntes „credit – debit" System). Das Grundprinzip ist hierbei, dass die Differenz aus S_{soll} und S_{mittel} für PC und LDT multipliziert mit der genormten Laufleistung (siehe Tab. 2.6) in einem Credit-Konto geführt werden. Dieses Konto darf maximal drei Jahre in Folge negativ sein. Credits die aufgrund Übererfüllung in einem Modelljahr auf dieses Konto gebucht werden müssen spätestens nach fünf Jahren wieder aufgebraucht werden, andernfalls verfallen diese.

Zusätzlich ist es den Herstellern möglich, mit anderen Herstellern Kredite zu handeln.

Für Nischen- und Kleinhersteller ist eine zeitlich beschränkte Erleichterung der Ziele vorgesehen (sogenannte Temporary Lead-Time Allowance Alternative Standards – TLAAS). Ausschlaggebend für diese Regelung ist das Volumen der Neuzulassungen in Modelljahr 2009. Unabhängige Hersteller mit einem Fahrzeugvolumen zwischen 50.000

Tab. 2.7 Erleichterung für Nischenhersteller (TLAAS für 2017 bis 2020) – zeitlicher Versatz der Ziele

Modelljahr	2017	2018	2019	2020	2021
Volumenherstellerziel laut Modelljahr	2016	2016	2018	2019	2021 (full compl.)

Tab. 2.8 Supercredits – Mehrfachanrechnung von BEV, PHEV, FCEV

Modelljahr	2017	2018	2019	2020	2021
Multipl. BEV, FCEV	2,0	2,0	2,0	1,75	1,5
Multipl. PHEV	1,6	1,6	1,6	1,45	1,3

und 400.000 in Modelljahr 2009 dürfen in den Modelljahren 2012 bis 2015 insgesamt 100.000 Fahrzeuge in eine Sonderflotte einrechnen, deren Ziel auf 125 % der footprintabhängigen Ziele angehoben werden. In dieser Flotte dürfen keine Kredite gesammelt werden.

Für Hersteller mit weniger als 50.000 Fahrzeugen in Modelljahr 2009 wird diese Erleichterung der Ziele auf 200.000 Fahrzeuge in den Modelljahren 2012 bis 2015 erweitert. Zusätzlich wird diesen Herstellern ein weiteres Jahr in Modelljahr 2016 die Erleichterung des Ziels auf 125 % für wiederum 50.000 Fahrzeuge gewährt. Im GHGII Gesetz wurde der TLAAS Standard auf die Modelljahre 2017 bis 2020 für Hersteller erweitert, welche in MJ16 weniger als 50.000 Fahrzeuge verkaufen. Im Gegensatz zur Zielentspannung um 25 % in GHGI müssen in GHGII die Volumenherstellerziele mit einem definierten zeitlichen Versatz erreicht werden (siehe Tab. 2.7).

Von der EPA wurde bereits angekündigt, dass zukünftig dann keine weiteren Erleichterungen mehr für Nischenhersteller gewährt werden. Darüber hinaus muss der Hersteller nachweisen, dass es aufgrund fehlenden Angebots nicht möglich war, in ausreichendem Maß Kredite von anderen Herstellern zu kaufen, um die die Standard-Ziele zu erreichen.

Kleinhersteller mit weniger als 5000 Fahrzeugen in Modelljahr 2009 sind von den Regelungen ausgenommen und erhalten Sonderziele, welche mit der Behörde auszuhandeln sind.

Als Anreiz für Fahrzeuge mit alternativen Antrieben bietet die US-Gesetzgebung ähnlich wie in Europa Supercredits im Zeitraum zwischen Modelljahr 2017 und 2021. Die Multiplikatoren sind der Tab. 2.8 zu entnehmen. Elektrofahrzeuge erhalten dabei den CO_2-Emissionswert von 0 g/mi.

Weitere Kredite können in der US GHG Gesetzgebung für die Optimierung von Klimaanlagen sowie für Technologien gesammelt werden, welche nicht im Testzyklus wirksam sind.

Die Optimierung von Klimaanlagen wird in zwei Kategorien aufgeteilt. Zum einen besteht die Möglichkeit für einzelne effizienzsteigernde Maßnahmen im Klimakreislauf Kredite zu erhalten. Diese Kredite sind limitiert (siehe Tab. 2.10). Der Einsatz der jeweiligen Technologie (siehe Tab. 2.9) im Fahrzeug ist der Behörde jeweils nachzuweisen.

Tab. 2.9 Effizienzkredite für Technologien zur Effizienzsteigerung der Klimaanlage [11]

Technology description	Passenger Car (PC) A/C efficiency credit [g/mi]	Light Duty Truck (LDT) A/C efficiency credit [g/mi]
Reduced reheat, with externally-controlled, variable-displacement compressor	1,5	2,2
Reduced reheat, with externally-controlled, fixed-displacement or pneumatic variable displacement compressor	1,0	1,4
Default to recirculated air with closed-loop control of the air supply (sensor feedback to control interior air quality) whenever the outside ambient temperature is 75°F or higher (although deviations from this temperature are allowed based on additional analysis)	1,5	2,2
Default to recirculated air with open-loop control of the air supply (no sensor feedback) whenever the outside ambient temperature is 75 °F or higher (although deviations from this temperature are allowed if accompanied by an engineering analysis)	1,0	1,4
Blower motor controls that limit wasted electrical energy (e.g. pulse width modulated power controller)	0 ,8	1,1
Internal heat exchanger (or suction line heat exchanger)	1,0	1,4
Improved evaporators and condensers (with engineering analysis on each component indicating a COP improvement greater than 10%, when compared to previous design)	1,0	1,4
Oil Separator (internal or external to compressor)	0,5	0,7

Die zweite Kategorie der Klimaanlagenoptimierung bezieht sich auf die Leckage von klimaschädlichem Kältemittel. Aufgrund der im Vergleich zu CO_2 deutlich höheren Klimawirksamkeit des heute standardmäßig eingesetzten Kältemittels R134a – es ist um Faktor 1430 schädlicher als CO_2 – werden Kredite dafür vergeben, die Dichtigkeit des Klimakreises im Fahrzeug zu erhöhen und somit den schädlichen Austritt des Kältemittels zu reduzieren. Wird darüber hinaus ein Kältemittel mit niedrigerem Klimaeinfluss eingesetzt, werden weitere Kredite gewährt. Die Kredite aus Leckage-Optimierung sind ebenfalls auf einen Maximalwert limitiert (Tab. 2.10).

Mit sogenannten Off-cycle Krediten werden Technologien beschrieben, welche den Verbrauch im Kundenbetrieb senken, aber nicht im offiziellen US-Testzyklus wirksam sind. Während diese Off-cycle Kredite in GHGI noch per Einzelnachweis mit der Behörde verhandelt werden sollen, bietet das GHGII drei verschiedene Möglichkeiten der Anrechnung.

Tab. 2.10 Maximale Kredite für Klimaanlagen

Credit Limits	2012–2016	2017–2025
Direkte maximale Credits Leckage (PC)	6,3	6,3
Direkte maximale Credits Kältemittel (PC)	13,8	13,8
Direkte maximale Credits Leckage (LDT)	7,8	7,8
Direkte maximale Credits Kältemittel (LDT)	17,2	17,2
Indirekte maximale Credits (PC)	5,7	5,0
Indirekte maximale Credits (LDT)	5,7	7,2

Tab. 2.11 Effizienztechnologien mit Off-cycle Krediten

Technology	Credit (PC) [g/mi]	Credit (LDT) [g/mi]
High Efficiency Exterior Lighting (at 100W)	1	1
Waste Heat Recovery (at 100W; scalable)	0,7	0,7
Solar Roof Panels (for 75 W, battery charging only)	3,3	3,3
Solar Roof Panels (for 75 W, active cabin ventilation plus battery charging)	2,5	2,5
Active Aerodynamic Improvements (scalable)	0,6	1
Engine Idle Start-Stop w/heater circulation system	2,5	4,4
Engine Idle Start-Stop without/heater circulation system	1,5	2,9
Active Transmission Warm-Up	1,5	3,2
Active Engine Warm-Up	1,5	3,2
Solar/Thermal Control	up to 3,0	up to 4,3

Die erste Variante stellt einen sehr vereinfachten Ansatz dar. Alle Fahrzeuge, welche eine bestimmte bekannte Technologie verbaut haben, erhalten Pauschalwerte als zusätzliche Kredite (Tab. 2.11): Diese Kredite dürfen dann aufaddiert werden. Allerdings darf der Flotteneinfluss in Summe 10 g/mi nicht übersteigen.

Wenn die erste Variante nicht genutzt wird – beispielsweise weil die Technologie nicht gelistet ist, oder der Hersteller der Auffassung ist, dass das Potenzial höher als der Pauschalwert sein sollte – kann das Technologiepotenzial in Variante zwei im 5-cycle Test nachgewiesen werden. Dabei muss der Behörde der Unterschied zwischen aktivierter und deaktivierter Maßnahme in drei aufeinanderfolgenden 5-cycle Tests nachgewiesen werden.

Die dritte Variante bleibt alternativ wie in GHG I bestehen. Es ist auch weiterhin möglich, ein gesondertes Verfahren mit der Behörde zu vereinbaren, nach dem der Nachweis des Off-cycle Potenzials erfolgt.

In den beiden letztgenannten Varianten gilt die Deckelung von 10 g/mi nicht.

China Am 31.12.11 wurde in China ein Gesetz zur Regulierung des Pkw-Flottenverbrauchs verabschiedet. Die Durchführungsverordnung dazu wurde in mehreren Schleifen überarbeitet. Der finale Stand dazu war aber bei Drucklegung des Buches noch immer

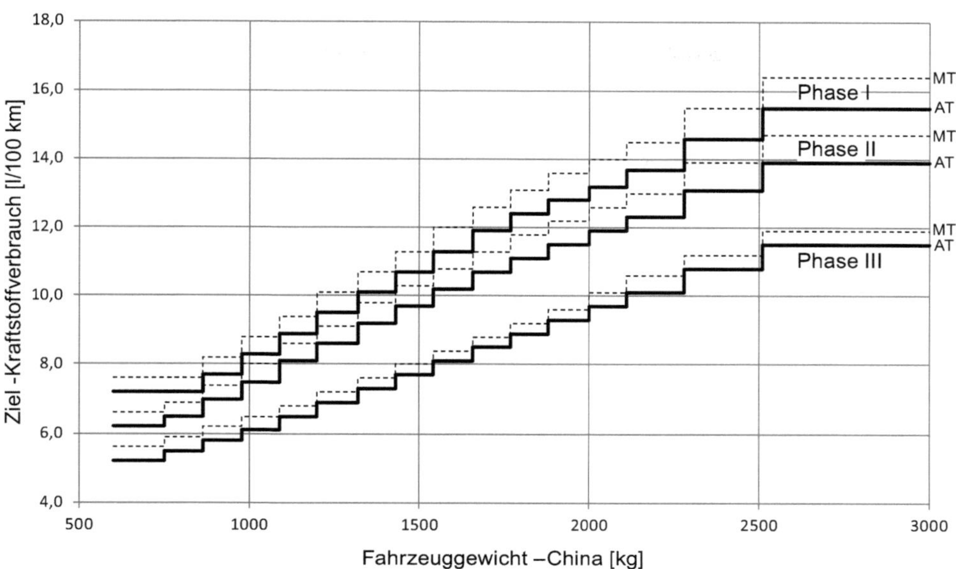

Abb. 2.16 Ziele für den Flottenverbrauch über verschiedene Phasen (I–III) in China

nicht veröffentlicht. Im Folgenden wird der letztbekannte Stand zum Oktober 2013 für die beiden relevanten Phasen der Gesetzgebung beschrieben.

Anders als bei den bisher beschriebenen Gesetzen in USA und Europa bezieht sich die chinesische Gesetzgebung nicht direkt auf CO_2-Emissionen von Fahrzeugflotten, sondern auf den Flottenverbrauch eines Herstellers in l/100 km. Aufgrund der unterschiedlichen CO_2-Faktoren für Otto- und Dieselkraftstoffen (siehe Kap. 3) ergibt sich in China ein größerer Vorteil für Dieselfahrzeuge als in anderen Ländern. Allerdings sind aktuell Pkw mit Dieselantrieb in China wenig verbreitet, was zum einen an der geringen Kraftstoffqualität in weiten Teilen des Landes sowie zum anderen an dem Zulassungsverbot von Diesel-Fahrzeugen in Peking liegt.

Die zukünftig relevanten Teile der Gesetzgebung lassen sich in Phase III und Phase IV unterteilen. Phase III bezieht sich auf die Jahre bis 2015 und Phase IV referenziert auf den darauffolgenden Zeitraum bis 2020.

Abbildung 2.16 zeigt die Historie der Zielwertkurven für die Phasen I bis III. Analog zu Europa werden in China ebenfalls gewichtsabhängige Ziele für die Einzelfahrzeuge betrachtet, welche dann volumengewichtet zum Gesamtflottenziel hochgerechnet werden. Die Zielwerte für Phase IV werden voraussichtlich flacher verlaufen, als die Phase III Kurve.

Der Sollwert für die Gesamtflotte errechnet sich nach:

$$S_{\text{soll}} = \frac{1}{N} \sum_{i=1}^{N} S_i \,. \tag{2.11}$$

S_i: gewichtsspezifisches Einzelfahrzeugziel [l/100 km]
N: Anzahl der Neuzulassungen im entsprechenden Kalenderjahr.

Im Gegensatz zu Europa sind die Zielwerte für die Einzelfahrzeuge nicht linear steigend mit dem Fahrzeuggewicht sondern werden für Gewichtsklassen vorgegeben. Ausschlaggebend für die Einordnung der Fahrzeuge ist deren in China typisiertes Fahrzeuggewicht. Die genauen Zielwerte für Phase III können Tab. 2.12 entnommen werden. Die Zielwerte für Phase IV lagen bei Drucklegung noch nicht vor. Die Ziele für die Phasen I bis III unterscheiden zwischen Fahrzeugen mit Handschaltgetrieben und Fahrzeugen mit automatisierten Getrieben, was aber voraussichtlich für Phase IV nicht mehr differenziert wird.

Aktuell sind bei Verfehlung der Flottenziele keine Strafzahlungen fällig. Die Hersteller, welche die Ziele verfehlen werden jährlich in einer sogenannten „Name & Shame-List“ veröffentlicht. Es ist jedoch davon auszugehen, dass in Zukunft Sanktionen gesetzlich verankert werden, sofern die von der chinesischen Regierung vorgegebenen Flottenziele von der gesamten Industrieflotte verfehlt werden.

Es gibt eine Reihe weiterer Länder, die ebenfalls Gesetze zur Regulierung der CO_2-Flottenemissionen verabschiedet haben oder solche Gesetze vorbereiten. Im Rahmen dieses Buches kann darauf nicht im Detail eingegangen werden. Die Gesetze sind im grundsätzlichen Aufbau, das heißt bezüglich Berechnungsgrundlagen und -formeln ähnlich. Allerdings gelten nur in wenigen Fällen die genau gleichen Randbedingungen.

Ein gutes Beispiel dafür ist die Schweiz. Auf den ersten Blick ist in der Schweiz seit 1. Januar 2013 ein Gesetz zur CO_2-Flottenemissionsreduktion in Kraft getreten, welches der europäischen Gesetzgebung gleicht. Im Detail bestehen jedoch wesentliche Unterschiede. Während der Flottenmittelwert nur mit der Phase-in Flotte berechnet wird, erfolgt die Berechnung des gewichtsbasierten Zielwerts im Gegensatz zur EU auf Basis der Gesamtflotte. Dies kann dazu führen, dass schwere Fahrzeuge, welche aufgrund des Phase-in nicht in den Flottenmittelwert verschlechternd eingerechnet werden sogar zu einer Entlastung führen, da sie aufgrund ihres hohen Gewichts den Flottenzielwert erhöhen.

Ein weiteres Beispiel ist Kanada. Dort wurde weitestgehend die Gesetzgebung nach GHG von USA übernommen. Allerdings werden im Gegensatz zu USA die Importeure mit ihrer Flotte bewertet, was dazu führt, dass Teilflotten eines Automobilkonzerns einzeln veranlagt werden, wenn sie unabhängige Importeure in Kanada haben.

Für die genaueren gesetzlichen Randbedingungen in den weiteren Ländern wird auf die entsprechenden Gesetzestexte verwiesen.

Neben aktuell verabschiedeten gesetzlichen Randbedingungen für den Zeitraum bis 2020 beziehungsweise 2025 stellt sich die grundsätzliche Frage, wie sich die CO_2-Ziele

Tab. 2.12 gewichtsabhängige Ziele in Phase 1–3 in China

China Gewicht [kg]	Phase 3		Phase 2		Phase 1	
	MT	AT	MT	AT	MT	AT
600	5,2	5,6	6,2	6,6	7,2	7,6
750	5,2	5,6	6,2	6,6	7,2	7,6
750	5,5	5,9	6,5	6,9	7,2	7,6
865	5,5	5,9	6,5	6,9	7,2	7,6
865	5,8	6,2	7,0	7,4	7,7	8,2
980	5,8	6,2	7,0	7,4	7,7	8,2
980	6,1	6,5	7,5	8,0	8,3	8,8
1090	6,1	6,5	7,5	8,0	8,3	8,8
1090	6,5	6,8	8,1	8,6	8,9	9,4
1200	6,5	6,8	8,1	8,6	8,9	9,4
1200	6,9	7,2	8,6	9,1	9,5	10,1
1320	6,9	7,2	8,6	9,1	9,5	10,1
1320	7,3	7,6	9,2	9,8	10,1	10,7
1430	7,3	7,6	9,2	9,8	10,1	10,7
1430	7,7	8,0	9,7	10,3	10,7	11,3
1540	7,7	8,0	9,7	10,3	10,7	11,3
1540	8,1	8,4	10,2	10,8	11,3	12,0
1660	8,1	8,4	10,2	10,8	11,3	12,0
1660	8,5	8,8	10,7	11,3	11,9	12,6
1770	8,5	8,8	10,7	11,3	11,9	12,6
1770	8,9	9,2	11,1	11,8	12,4	13,1
1880	8,9	9,2	11,1	11,8	12,4	13,1
1880	9,3	9,6	11,5	12,2	12,8	13,6
2000	9,3	9,6	11,5	12,2	12,8	13,6
2000	9,7	10,1	11,9	12,6	13,2	14,0
2110	9,7	10,1	11,9	12,6	13,2	14,0
2110	10,1	10,6	12,3	13,0	13,7	14,5
2280	10,1	10,6	12,3	13,0	13,7	14,5
2280	10,8	11,2	13,1	13,9	14,6	15,5
2510	10,8	11,2	13,1	13,9	14,6	15,5
2510	11,5	11,9	13,9	14,7	15,5	16,4
3000	11,5	11,9	13,9	14,7	15,5	16,4

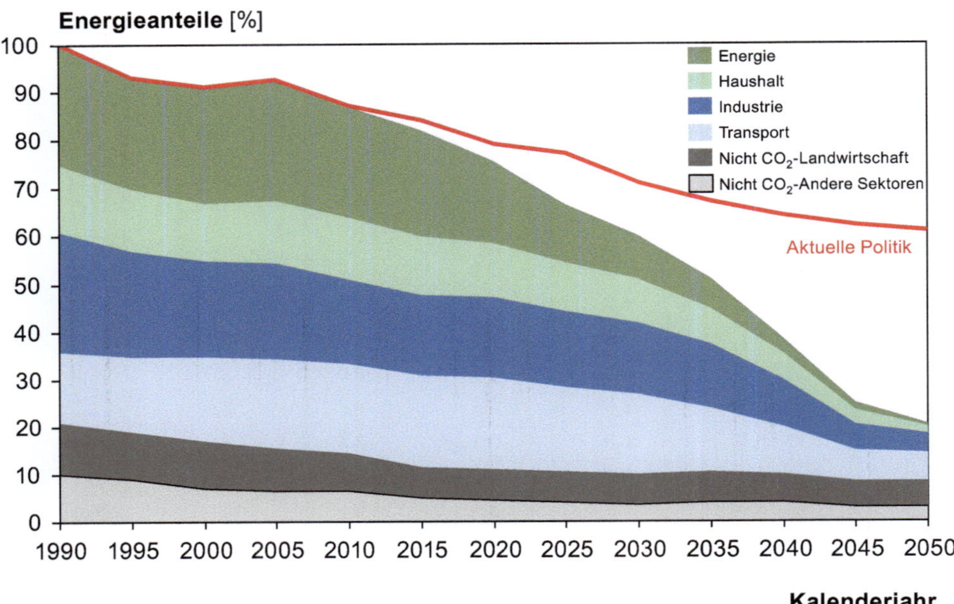

Abb. 2.17 Roadmap – Entwicklung CO_2-Emissionen in der EU bis 2050

langfristig entwickeln werden. Die politischen Signale zeigen dafür eine deutliche Richtung. Beispielhaft kann man hier die Roadmap der europäischen Kommission zitieren. Das Generaldirektorat für Klimawandel (DG CLIMA) hat die Ziele auf die Teilsektoren heruntergebrochen, um in 2050 das Ziel von 20 % der in 1990 emittierten CO_2-Emissionen zu erreichen (Abb. 2.17, [12]).

Würde man die darin geforderte Entwicklung des Transportsektors proportional auf die Pkw-Emissionsziele in der EU übertragen, würde in 2050 ein Ziel von 30 bis 40 g/km zu erreichen sein.

Dieser klare Trend in Richtung weiterer deutlicher CO_2-Reduktion wird auch durch die Forderung der US amerikanischen Behörde CARB in Kalifornien untermauert. Die CARB strebt eine 80 prozentige Reduktion der CO_2-Emissionen bis 2050 an.

2.2 Kundenanforderungen

Der Kraftstoffverbrauch nimmt eine zunehmend wichtige Rolle bei der Kaufentscheidung eines Pkw ein. Verschiedene Studien zeigen, dass der Fahrzeugverbrauch inzwischen einer der wesentlichsten Kaufgründe oder eben auch Nichtkaufgründe für Pkw ist. Abbildung 2.18 zeigt die Ergebnisse zweier Studien, die im Zeitraum von 2007 bis 2013 die

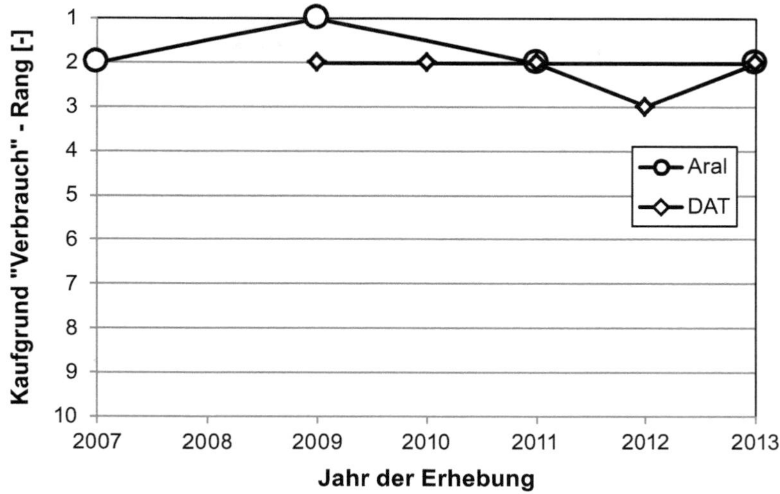

Abb. 2.18 Entwicklung des Kaufgrunds „Verbrauch" seit 2007. Aral-Studie: Neufahrzeugkäufer aller Segmente (n > 300). DAT-Studie: Neufahrzeugkäufer aller Segmente (n > 3500) [3, 4]

Priorität der Kaufgründe von Pkw Kunden abgefragt haben. Hier wird deutlich, dass der Verbrauch durchgehend einer der drei wichtigsten Kaufgründe ist.

Die Fahrzeugkunden sind dafür aber keineswegs bereit, auf Komfort, Performance oder generell Produktsubstanz zu verzichten. Insofern müssen sich Neufahrzeuge durch Verbesserung in all diesen Kriterien auszeichnen und gleichzeitig dabei weniger Kraftstoff verbrauchen als das Vorgängerfahrzeug.

Dazu werden von Fahrzeugkunden mehrere Aspekte bewertet, die bei der Fahrzeugauslegung und -entwicklung zu berücksichtigen sind.

Neben dem Testverbrauch, der unter immer gleichen Randbedingungen ermittelt wird und so die Vergleichbarkeit zwischen verschiedenen Fahrzeugen herstellt, ist für den Kunden der Realverbrauch im täglichen Fahrzeugbetrieb wesentlich.

Dieser Realverbrauch geht dann ein in die Betriebskosten für das Fahrzeug, welche entweder durch die Kunden selbst errechnet werden oder in vielen Fachzeitschriften bewertet werden. Außerdem ist die Reichweite eines Fahrzeugs ein wesentliches Ziel vor Kunde. Gerade mit Verbreitung der Dieselmotoren sind hohe Reichweiten bis in die Größenordnung von 1000 km üblich geworden und werden von den Kunden geschätzt.

Insgesamt ist es gerade für die Hersteller von Premiumfahrzeugen wichtig, die gesellschaftliche Akzeptanz ihrer Fahrzeuge und fortfolgend auch ihrer Marke zu sichern. In die soziale Akzeptanz gehen neben den offiziellen Herstellerangaben in den Katalogen auch weniger quantisierbare Effekte ein.

2.2.1 Realverbrauch

Der reale Kundenverbrauch kann deutlich vom amtlich bestätigten Testverbrauch eines Fahrzeugs abweichen. Gründe dafür sind beispielsweise die unterschiedlichen Lastkollektive mit denen ein Fahrzeug betrieben wird. Kurzstrecke und dynamische Fahrweise erhöhen den Verbrauch zum Teil erheblich. Aufgrund dieser zunehmenden Abweichung sind inzwischen die meisten Fachzeitschriften dazu übergegangen, neben der offiziellen Herstellerangabe auch einen eigens ermittelten Testverbrauch anzugeben.

Da diese Testverbräuche nach unterschiedlichen Kriterien ermittelt werden und auch die Testbedingungen wie Umgebungstemperatur, Wetter und Fahrbahnbeschaffenheit eine wesentliche Rolle spielen, ergeben sich dort selbst bei gleichen Fahrzeugen erhebliche Unterschiede. Die Testverbräuche verschiedener Zeitschriften beim gleichen Fahrzeug mit gleicher Motorisierung weichen teilweise erheblich voneinander ab. Dies ist darauf zurück zu führen, dass das Testverfahren nicht standardisiert ist und sich zwischen den Zeitschriften deutlich unterscheidet und so die Vergleichbarkeit nicht mehr gegeben ist.

Um den Realverbrauch auch im Verlauf eines Fahrzeugentwicklungsprojekts zu berücksichtigen bestehen mehrere Möglichkeiten (Tab. 2.13).

Der Autor empfiehlt, einen markenspezifischen Kundenzyklus zu definieren. Der wichtigste Vorteil dabei ist, dass analog zu Potenzialen zur Verbrauchsreduzierung im gesetzlichen Zyklus hier die Möglichkeit besteht, einzelne Potenziale mit hoher Reproduzierbarkeit während des Entwicklungszyklus zu bewerten und zur Entscheidung zu bringen. Damit ist es auch möglich, in den Fahrzeugprojekten Ziele für den Kundenverbrauch zu definieren, die dann auch überwacht und verfolgt werden können.

Die Herausforderung besteht darin, dass der Zyklus eine große Spreizung zwischen stark und schwach motorisierten Fahrzeugen abbilden muss. Während ein Fahrzeug mit hohem Leistungsgewicht bei Beschleunigungen über $4\,\mathrm{m/s^2}$ in großen Geschwindigkeitsbereichen bereits das Geschwindigkeitsziel aufgrund mangelnder Motorleistung verfehlt, ist ein derartiges Beschleunigungsniveau für einen Sportwagen durchaus üblich und kundentypisch. Dem kann man nur begegnen, indem man einen Zyklus definiert, der abhängig vom Beschleunigungspotenzial des Fahrzeugs mehr oder weniger dynamische Geschwindigkeitsverläufe vorgibt. Der Zyklus sollte zur besseren Vergleichbarkeit immer die gleiche Streckenlänge definieren und kundentypische Geschwindigkeits- und Beschleunigungsbereiche abdecken.

Wenn Verbrauchsrunden zur Bewertung des Kundenverbrauchs vermessen werden, ist es auf alle Fälle empfehlenswert, mehrere Fahrzeuge in einer Messfahrt gleichzeitig zu analysieren. Dabei muss darauf geachtet werden, dass die Fahrzeuge alle in etwa der gleichen Verkehrssituation fahren, dabei aber nicht zu dicht aufeinander in Kolonnenfahrt aufeinanderfolgen. Dies führt sonst dazu, dass die Messergebnisse aufgrund des „Ziehharmonikaeffekts“ unterschiedlich stark beschleunigen und verzögern und darüber hinaus abhängig vom Abstand die Fahrwiderstände deutlich variieren.

Verbrauchsrunden sind insbesondere gut dafür geeignet, die Betriebsstrategie verschiedener Fahrzeuge miteinander zu vergleichen. Komplexe Fahrzeugfunktionen wie Segeln,

Tab. 2.13 Ansätze zur Ermittlung von realen Kundenverbräuchen

Korrekturfaktor	Verbrauchsrunden	Kundenzyklus
In diesem Verfahren wird ein empirischer Aufschlag auf die Verbrauchswerte im Testzyklus (NEFZ, FTP, etc.) gemacht. Dieser Aufschlag kann sich für unterschiedliche Fahrzeugsegmente unterscheiden.	Der Verbrauch wird durch Messfahrten auf herstellerspezifisch definierten Rundfahrten ermittelt. Die Streckenauswahl erfolgt so, dass das Lastkollektiv ein herstellertypisches Kundenprofil wiederspiegelt.	Der Verbrauch wird üblicherweise auf einem Rollen- oder Flachbahnprüfstand mit einem herstellerspezifischen Fahrprofil ermittelt. Das Fahrprofil stammt aus kundentypischen Messfahrten oder wird über Zyklusgeneration am PC ermittelt.
Vorteile: – einfaches Verfahren – empirische Werte sind transparent – sehr günstiger Ansatz – liefert reproduzierbare Ergebnisse	Vorteile: – keine Prüfstandsmessungen notwendig – günstige Methode – alle physikalischen Wechselwirkungen inklusive Fahrwiderstände gehen in den Verbrauch ein	Vorteile: – am besten für reproduzierbare Gesamtfahrzeugsimulation geeignet – standortunabhängig auf verschiedenen Rollenprüfständen durchführbar – hohe Reproduzierbarkeit ermöglicht die Bewertung von kleinen Einzelpotenzialen – liefert reproduzierbare Ergebnisse
Nachteile: – basiert nicht auf physikalischen Modellen – Technologien zur Senkung des Kundenverbrauchs ohne Effekt im Zyklus haben zunächst keine Auswirkung	Nachteile: – Schwankungen zwischen Einzelmessungen führen zu schlechter Vergleichbarkeit – hohe Verbrauchsschwankungen durch Verkehrseinfluss – Messungen müssen am immer gleichen Standort durchgeführt werden	Nachteile: – hoher Aufwand – Fahrwiderstände müssen analog gesetzlicher Zyklen durch Ausrollversuch oder Simulation bestimmt werden – bei hohen Fahrgeschwindigkeiten können Verfälschungen durch zu hohe Bauteiltemperaturen auftreten, wenn nicht ausreichend gekühlt wird

elektrisches Fahren, Rekuperation oder dynamische beziehungsweise adaptive Schaltprogramme können in Verbrauchsrunden besser bewertet werden als auf dem Rollenprüfstand.

2.2.2 Soziale Akzeptanz

Die Sensitivität der Öffentlichkeit bezüglich Fahrzeugen mit hohen Verbräuchen unterscheidet sich in verschiedenen Ländern deutlich. In Deutschland werden Fahrzeuge mit

Tab. 2.14 Beispiele für Verbrauchsmaßnahmen mit positiver Auswirkung auf soziale Akzeptanz

Maßnahmen	Rationale
Start-Stopp Automatik	Dass der Motor bei stehendem Fahrzeug gestoppt wird und so keinen Kraftstoff im Leerlauf verbraucht ist sofort nachvollziehbar. Kunde kann Funktionalität Freunden & Bekannten im Betrieb vorführen.
Solardach	Dass Sonnenenergie im 12V Bordnetz oder zum Antrieb bei Hybridfahrzeugen genutzt werden kann ist leicht nachvollziehbar. Solarenergie ist als regenerative Energiequelle in der Öffentlichkeit positiv belegt.
Eco-Fahrhinweise	Fahrempfehlungen im Kombi-Instrument können vom Fahrer direkt eingesehen werden. Bei vielen Systemen erhält der Fahrer direkt Rückmeldung wie effizient seine Fahrstrategie ist, nimmt den Vorteil direkt wahr.
Hybrid (insbesondere Plug-in)	Elektrisches Fahren ohne Betrieb des Verbrennungsmotors ist als Verbrauchsreduzierungsmaßnahme direkt wahrnehmbar. Nullverbrauch bei stehendem Motor ist leicht nachvollziehbar.
Segeln	Das Abkoppeln des Verbrennungsmotors vom Triebstrang führt zu deutlich leichterem und längeren Ausrollen des Fahreugs. Dieses geänderte Verhalten nimmt der Kunde direkt wahr.

Verbräuchen größer 10 l/100 km häufig in der Presse kritisiert. Oft gelten solche Autos als wenig fortschrittlich und die damit verbundene Umweltverschmutzung beziehungsweise hohen CO_2-Emissionen gelten zunehmend als nicht gesellschaftsfähig.

Dies führt dazu, dass insbesondere die topmotorisierten Fahrzeuge Ziele erhalten sollten, die einen gewissen Maximalwert nicht überschreiten. Neben dem reinen Absolutwert ist es hier auch wichtig, Maßnahmen in die Fahrzeuge zu bringen, welche als Verbrauchsmaßnahmen auch wahrnehmbar sind. Das heißt hier sollten Maßnahmen priorisiert werden, deren Funktion vom Kunden nachvollzogen werden kann.

Gute Beispiele für Verbrauchsmaßnahmen, die die soziale Akzeptanz von Fahrzeugen besonders unterstützen können, sind in Tab. 2.14 mit ihren Rationalen aufgeführt.

Dabei kann die Form der Darstellung im Anzeige- und Bedienkonzept die Nachvollziehbarkeit vor Kunde noch weiter unterstützen.

2.2.3 Wettbewerbsfähigkeit

Zur Ableitung von Zielen für neue Projekte ist es wichtig, die Wettbewerbsfähigkeit zu bewerten. Je nach Marken- und Unternehmenszielsetzung können unterschiedliche Anforderungen gegenüber den Kernwettbewerbern im Vordergrund stehen. Während bei Sportwagen eher die Überlegenheit in der Performance im Vordergrund stehen mag, ist bei Kleinwagen meist ein wettbewerbsüberlegener Verbrauch das Ziel.

Zur Zielableitung sollte nicht nur der aktuelle Wettbewerb betrachtet werden. Durch eine Technologieprognose der Wettbewerber verbunden mit einer damit gekoppelten Verbrauchsabschätzung kann man die Wettbewerber rund um den Ziel SoP des Neufahrzeugprojekts prognostizieren und so eine exaktere Festlegung des angestrebten Verbrauchsziels treffen.

Wie oben dargestellt bestehen mehrere Möglichkeiten, die Verbrauchsziele von Fahrzeugen abzuleiten. Wichtig ist eine gesamthafte Konsolidierung aller Anforderungen. Bis zur Festlegung des Lastenhefts sollten diese Anforderungen dann zielkonfliktfrei und verbindlich mit Maßnahmen hinterlegt sein.

Literatur

[1] Biermann, J.-W.: Untersuchungen zum Einsatz von Schwungradspeichern als Antriebselemente für Kraftfahrzeuge (1981). Dissertation an der RWTH Aachen

[2] Reed, T., Das, A.: Handbook of Biomass Downdraft Gasifier Engine Systems. The Biomass Energy Foundation Press, Golden (CO) (1988)

[3] Aral Studie: „Trends beim Autokauf", 2007, 2009, 2011, 2013.

[4] DAT-Studie: „DAT Report", 2009, 2010, 2011, 2012.

[5] Prud'homme, R.: Les coûts de la congestion dans la région parisienne. Revue d'Economie Politique, Paris (1999)

[6] Gehlert, T.: Straßenbenutzungsgebühren in Städten: Akzeptanz und Mobilitätsverhalten, Verkehrspsychologie. VS Research, Wiesbaden (2009)

[7] Amtsblatt EU – Verordnung Nr. 443/2009: Verordnung zur Festsetzung von Emissionsnormen für neue Pkw im Rahmen des Gesamtkonzepts der Gemeinschaft zur Verringerung der CO_2-Emissionen von Pkw und leichten Nfz. Brüssel (2009)

[8] Amtsblatt EU – L 338/29: Bestätigung der durchschnittlichen spezifischen CO_2-Emissionen und der Zielvorgaben für die Hersteller von Personenkraftwagen für das Kalenderjahr 2011 gemäß der Verordnung (EG) Nr. 443/2009. Brüssel (2012)

[9] EU Komission – DG CLIMA: Technical Guidelines for the preparation of applications for the approval of innovative technologies pursuant to Regulation (EC) No 443/2009 of the European Parliament and of the Council. Brüssel (2013)

[10] Environmental Protection Agency (EPA): Part II: Light-Duty Vehicle Greenhouse Gas Emissions and Corporate Average Fuel Economy Standards; Final Rule. Waschington (2010)

[11] Environmental Protection Agency (EPA): 2017 and Later Model Year Light-Duty Vehicle Greenhouse Gas Emissions and Corporate Average Fuel Economy Standards; Final Rule. Washington (2012)

[12] EU Komission: Fahrplan für den Übergang zu einer wettbewerbsfähigen CO2-armen Wirtschaft bis 2050. Brüssel (2011)

Energieträger

Matthias Lederer

3

Energieträger sind die Grundlage für die Fortbewegung aller Kraftfahrzeuge. In der Energiebilanz bei der Fahrzeuganalyse und -entwicklung wird meistens nur die Systemgrenze um das Fahrzeug gezogen und somit die Erzeugung des Energieträgers nicht betrachtet. Hier wächst allerdings zunehmend der Druck, alternative Energieträger mitzubetrachten aufgrund der Verknappung und Verteuerung fossiler Energieträger. Um regenerative Energieträger gesamthaft bewerten zu können, ist es wichtig, auch die gesamte Kette der Entstehung und Verwertung zu analysieren. Im folgenden werden die wichtigsten konventionellen und alternativen Energieträger gegenübergestellt.

3.1 Grundlagen

Grundsätzlich lassen sich alle in Kraftfahrzeugen eingesetzten Energieträger auf die durch die Sonne zur Verfügung gestellte Strahlungsenergie zurückführen. Abbildung 3.1 zeigt, dass sich die Energieträger beziehungsweise Energieformen dadurch unterscheiden, dass sie eine unterschiedliche Speicherdauer aufweisen, grundsätzlich aber alle ihren Ursprung in der Energie der Sonne haben.

Fossile Kraftstoffe, die heute noch immer den Hauptanteil der im Transport eingesetzten Energie ausmachen, stellen im Prinzip Sonnenenergie zur Verfügung, welche vor Millionen Jahren in Form von pflanzlichen oder tierischen Kohlenwasserstoffen ins Erdreich gelangte und dort unter hohem Druck zu Erdöl oder Erdgas gewandelt wurde.

Dieser Prozess kann industriell mit dann geringerer Speicherdauer über die Kraftstoffsynthese nachgebildet werden. Grundlage dafür kann entweder reines CO_2 und Wasser oder ähnlich der Entstehung von fossilen Energieträgern Biomasse aus nachwachsenden

Matthias Lederer ✉
Energiemanagement Gesamtfahrzeug, Dr.-Ing. h.c. F. Porsche AG, Porschestraße,
71287 Weissach, Deutschland

J. Liebl et al., *Energiemanagement im Kraftfahrzeug*, ATZ/MTZ-Fachbuch,
DOI 10.1007/978-3-658-04451-0_3, © Springer Fachmedien Wiesbaden 2014

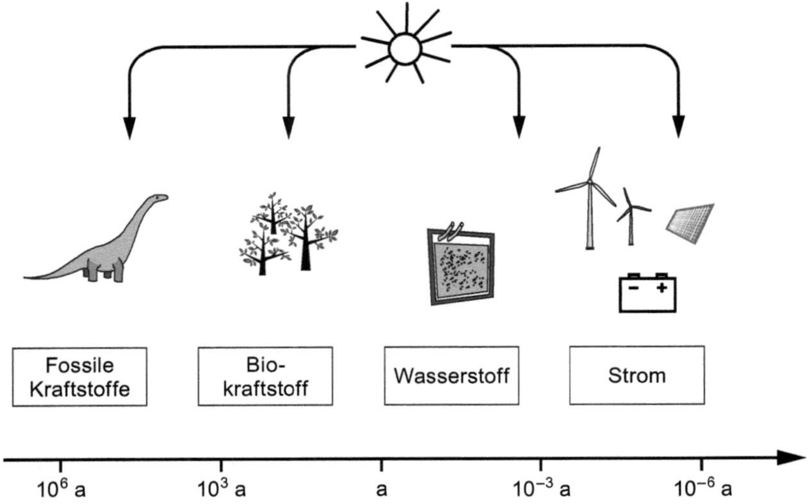

Abb. 3.1 Übersicht – Speicherdauer bei der Synthese von Kraftstoffen zum Antrieb von Pkw

Rohstoffen sein. Die dabei eingesetzten Verfahren müssen dabei erheblich Energie in verfahrenstechnischen Anlagen zuführen, weil damit der langwierige fossile Prozess mit Druck und Einlagerung beschleunigt wird. [1].

Eine weitere Möglichkeit, die Syntheseprozesse fossiler Kraftstoffe zu Verkürzen besteht darin, mit Hilfe von Algen die Sonnenenergie zur Spaltung von Wasser in Wasserstoff und Sauerstoff zu nutzen und den Wasserstoff entweder direkt als Energieträger oder in der weiteren Synthese zu Kohlenwasserstoffen einzusetzen.

Während die genannten Verfahren chemische Bindungsenergie als Grundlage für die Energiefreisetzung im Pkw verwenden, ist als weitere Alternative die Nutzung von elektrischer Energie zum Antrieb von Kraftfahrzeugen möglich. Die Wandlung von elektrischer Energie aus fossilen Energieträgern führt zwar zu einer energetisch ungünstigen Gesamtwirkungsgradkette, stellt allerdings aktuell immer noch bei weitem den größten Anteil der weltweiten Stromerzeugung dar. Nachdem die Atomkraftenergie zunehmend unter gesellschaftlichen Druck gerät, bleibt als CO_2-neutrale Möglichkeit die Wandlung elektrischer Energie aus Sonnenenergie über Wind- oder Solarkraftwerke.

Da der aktuelle weltweite Energiebedarf um etwa den Faktor 2850 kleiner ist, als das Angebot an Sonnenenergie auf der Erde, ist auch ohne die Nutzung fossiler Energiespeicher die Abdeckung der weltweiten Energienachfrage möglich [2].

Der Großteil der Emissionen von Treibhausgasen basiert auf fossilen Energieträgern. Wie aus Abb. 3.2 ersichtlich wird, sind Erdöl und Erdgas zu 21 % bzw. 19 % beteiligt, während ein Viertel von Kohle beigetragen wird. Der Transportsektor macht insgesamt 15 % der gesamten Treibhausgasemissionen aus.

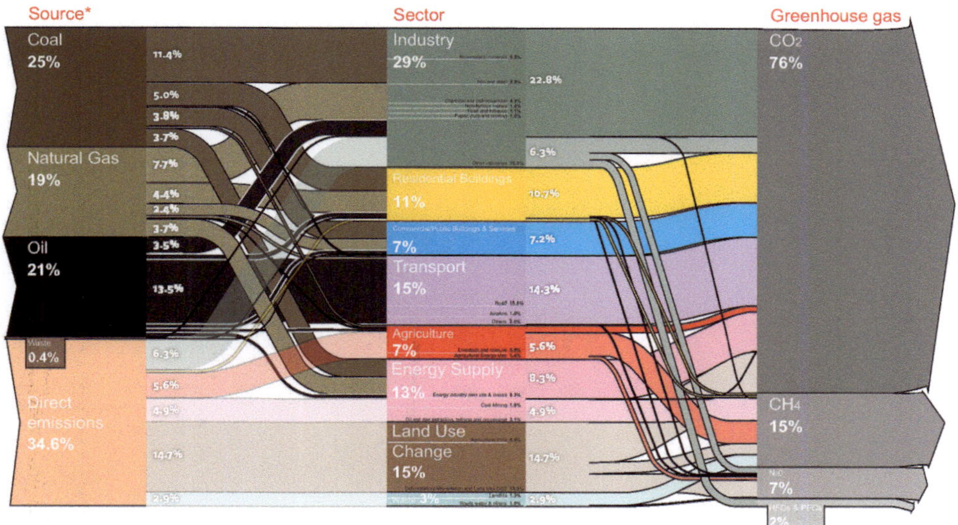

Abb. 3.2 CO_2-Quellen Analyse (Bildrechte: www.asnbank.nl)

Neben der Klimabelastung durch CO_2 ist auch die Ressourcenverknappung ein wesentlicher Treiber für die Verbrauchsreduzierung von Kraftfahrzeugen. Da die weltweiten Ölvorkommen zur Neige gehen und durch die immer aufwändigere Ölförderung die Preise steigen, erhöht sich der Druck auf die Erschließung alternativer Energieträger sowie die Steigerung der Energieeffizienz. In der Literatur besteht keine Einigkeit über den Zeitpunkt der maximalen weltweiten Ölförderung, dem sogenannten „Peak Oil". Während einige Quellen davon ausgehen, dass dieser Punkt bereits überschritten ist, weisen andere Literaturstellen darauf hin, dass durch alternative Förderverfahren noch umfangreiche Ölquellen verfügbar sind. Betrachtet man allerdings den Verlauf der Entdeckung von Ölfeldern, dessen Maximum („Peak Discovery") in den 1960er Jahren war, wird deutlich, dass die Erschließung beziehungsweise die Förderung von Erdölquellen dieser Kurve etwa mit 40 Jahren zeitlichem Versatz folgt (Abb. 3.3).

Um die Nachhaltigkeit von Kraftstoffen bewerten zu können, ist es sinnvoll, Kraftstoffe bezüglich ihres gebundenen Kohlenstoffs in fossilen Anteil und regenerativen Anteil aufzuteilen. Dabei wird die gesamte Prozesskette von der Förderung und Synthese des Kraftstoffs bis zu der Energieumsetzung im Fahrzeug betrachtet.

Diese Betrachtungsweise wird üblicherweise als „Well to Wheel" also „von der Quelle bis zum Rad" bezeichnet. Berücksichtigt man lediglich die Umsetzung im Fahrzeug ohne Betrachtung der Kraftstoffgewinnung verwendet man den Begriff „Tank to wheel" also vom Tank bis zum Rad.

Abbildung 3.4 zeigt verschiedene Kraftstoffe in ihrer Well-to-Wheel Bilanz. Dabei ist der Energieaufwand zur Herstellung der Kraftstoffe über den CO_2-Emissionen, welche in

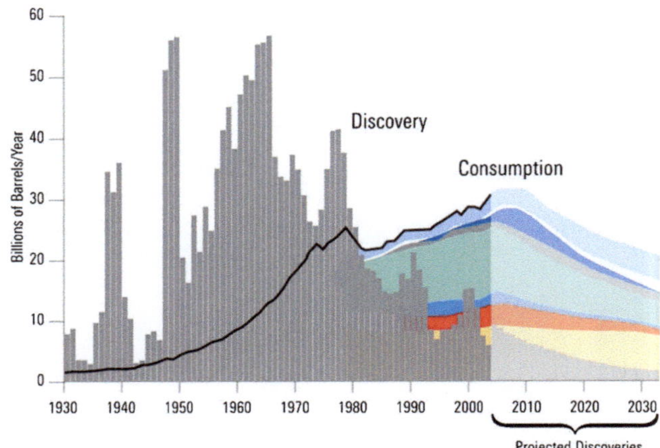

Abb. 3.3 Erdölreserven Prognose bis 2030 (Bildrechte: SIPER (www.siper.ch))

der Gesamtbilanz von Produktion und Aufbereitung über Transport und Lagerung bis zur Verbrennung beziehungsweise Energiefreisetzung auftreten. Eine negative Well-to-Tank Bilanz bedeutet dabei, dass klimawirksame Emissionen wie beispielsweise die Methanfreisetzung bei freier Lagerung von organischen Abfällen durch die Synthese von Bioerdgas vermieden werden und somit die CO_2-Bilanz verbessert wird.

Neben der Bewertung der Nachhaltigkeit macht es Sinn, die Kraftstoffe „Tank to wheel" insbesondere bezüglich ihrer Energiedichte zu unterscheiden. Da jedes Kilogramm Mehr-

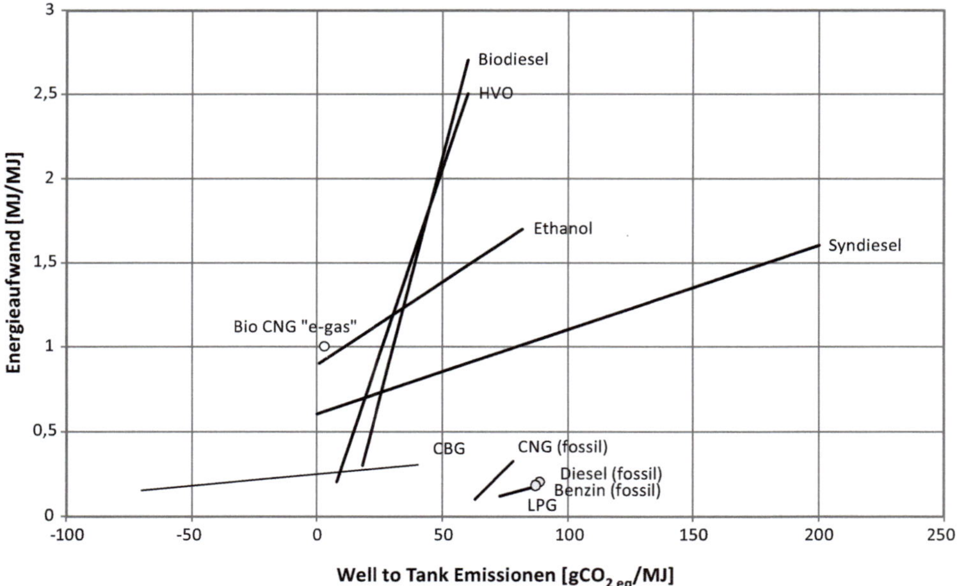

Abb. 3.4 Well to Tank Bilanz verschiedener Kraftstoffe – Bandbreiten durch *Linien* dargestellt [1]

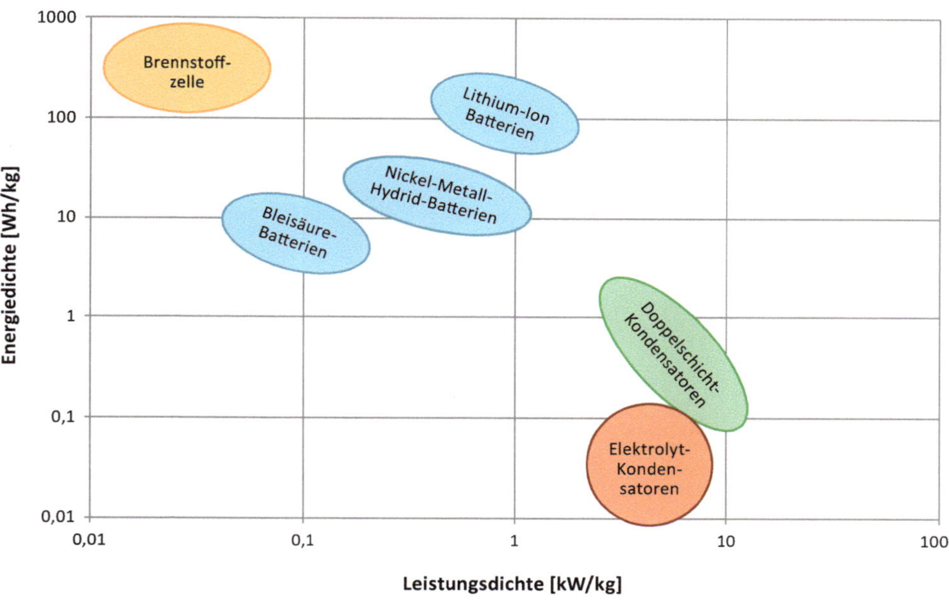

Abb. 3.5 Energiedichte und Leistungsdichte verschiedener elektrischer Energiespeicher

gewicht im Fahrzeug zu höheren Verbräuchen führt und die Unterbringung von großen Bauteilen wie beispielsweise einem größeren Energiespeicher meist nur schwer umzusetzen ist, sind sowohl die gravimetrische als auch die volumetrische Energiedichte von Bedeutung. Abbildung 3.5 zeigt unterschiedliche Energiespeicher mit deren Energiedichten.

Außerhalb der Systemgrenze Fahrzeug ist es auch noch lohnenswert im Rahmen der Kraftstoffgewinnung die Speicher- und Transportfähigkeit zu betrachten. Die gebräuchlichsten konventionellen Kraftstoffe werden als Flüssigkraftstoffe bei Umgebungsdruck in Tanks gelagert und mittels Tankwagen transportiert. Bei Berücksichtigung der Gefahrenstoffeinstufung ist der Transport und die Speicherung dieser Kraftstoffe relativ unproblematisch.

Kohlenwasserstoffe, welche bei Umgebungsdruck gasförmig sind, benötigen aufgrund der dann niedrigen Energiedichte eine Speicherung unter Druck mit höherem Aufwand aufgrund der Speicherwandmaterialien und der Pumpentechnik. Bei Wasserstoff als Energiespeicher steigt der Aufwand weiter. Die Speicherung erfolgt bei bis zu 800 bar in Druckspeichern. An das Wandmaterial der Speicher werden dabei aufgrund der hohen Zugkräfte und der bei Metallen möglichen Wasserstoffversprödung erhöhte Anforderungen gestellt.

Bei Strom als Energieträger besteht in Bezug auf Speicherung und Transport die Schwierigkeit, dass die Stromnetze nur in begrenztem Umfang zur Speicherung genutzt werden können. Die Schwankungen bei der Stromerzeugung durch erneuerbare Energien – insbesondere durch Photovoltaik und Windkraft erfordern zusätzliche Speicher im System.

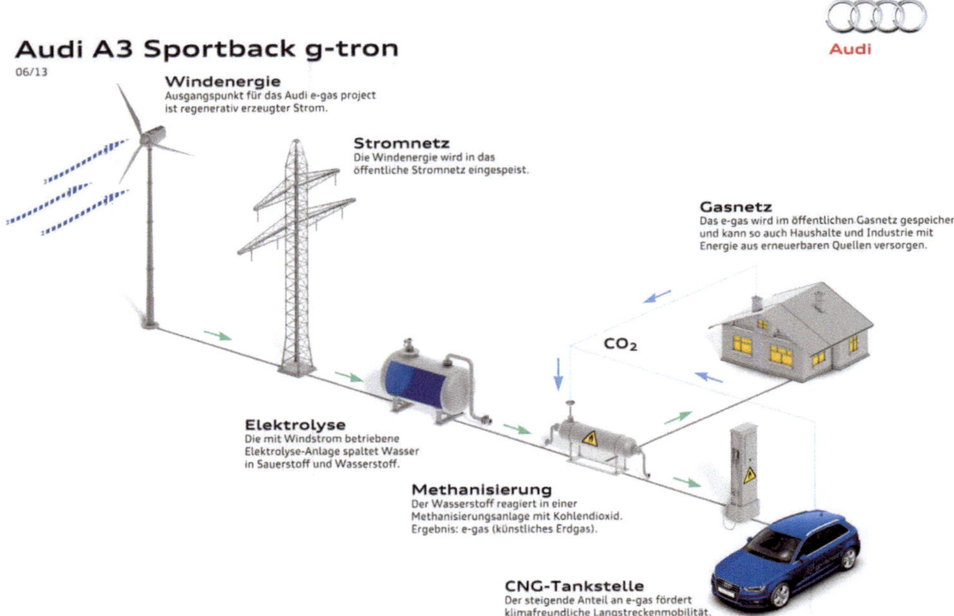

Abb. 3.6 Beispiel für Speicherung elektrischer Energie „Audi e-gas“ [3] (Bildrechte: Audi AG)

Teilweise kann diese Speicherfähigkeit durch Wasserkraftwerke abgedeckt werden, welche zwischenzeitliche Überkapazitäten speichern indem Sie hochliegende Speicherseen befüllen und später wieder entleeren. Da diese Speicher jedoch nicht beliebig vergrößert werden können, muss mit dem Ausbau erneuerbarer Energien weiter auch in Speicher investiert werden wie beispielsweise Batterien oder Schwungradspeicher. Alternativ besteht auch die Möglichkeit, mit überschüssiger Energie flüssige Kohlenwasserstoffe oder Wasserstoff zu synthetisieren, die später als Energieträger auch in Pkw verwendet werden können (Abb. 3.6). Der Vorteil besteht hier vor allem in der hohen spezifischen Speicherkapazität im Vergleich zu anderen Speichersystemen.

3.2 Konventionelle Kraftstoffe

In Kolbenmaschinen werden heute im Wesentlichen flüssige oder gasförmige Kohlenwasserstoffe eingesetzt. Die Freisetzung von Wärme erfolgt über eine chemische Reaktion, bei der durch die Reaktion aus den Kohlenwasserstoffketten verschiedene Reaktionsprodukte entstehen, welche als Abgase teilweise über nachgeschaltete Katalysatoren bzw. Filter vom Fahrzeug wieder abgegeben werden.

Die vollständige Reaktion von Kohlenwasserstoffen mit der allgemeinen Formel $C_nH_mO_p$ kann mit der nachfolgenden Formel beschrieben werden.

$$C_mH_nO_p + \left(m + \frac{n}{4} - \frac{p}{2}\right)O_2 \rightarrow mCO_2 + \frac{n}{2}H_2O \tag{3.1}$$

Die aus einem bestimmten Kraftstoffverbrauch resultierenden CO_2-Emissionen lassen sich berechnen, wenn die Kraftstoffdichte sowie der Kohlenstoffanteil und der Sauerstoffanteil im Kraftstoff bekannt ist. Der Umrechnungsfaktor berechnet sich wie folgt.

$$f_{CO_2} = \frac{44 \cdot \rho \cdot 10}{12 + p_{H/C} + p_{O/C}} \left[\frac{\frac{g}{km}}{\frac{1}{100}\,km}\right] \tag{3.2}$$

f_{CO_2}: Umrechnungsfaktor CO_2
ρ: Kraftstoffdichte
$p_{H/C}$: molares H/C Verhältnis
$p_{O/C}$: molares O/C Verhältnis

Um die Energiebilanz im Gesamtfahrzeug berechnen zu können, ist die freisetzbare Energiemenge des Kraftstoffs pro Volumen- oder Masseneinheit von Bedeutung. Dieser sogenannte Heizwert resultiert aus der Bindungsenergie der Kohlenwasserstoffe und dessen Dichte. In Tab. 3.1 sind die wesentlichen Kennwerte von relevanten Kraftstoffarten aufgeführt.

Neben den heute am weitesten verbreiteten konventionellen fossilen Kraftstoffen Benzin und Diesel könnte Erdgas zukünftig höhere Weltmarktanteile gewinnen. In Ländern mit hohem eigenen Erdgasvorkommen ist es relativ günstig verfügbar. Je nachdem, wie stark die Verbrennungsmotoren auf den Gasbetrieb optimiert werden, können die CO_2-Emissionen mit Erdgas zwischen 10 % und 25 % reduziert werden [1].

3.3 Regenerative Kraftstoffe

Flüssige Kohlenwasserstoffe eignen sich aufgrund ihrer hohen Energiedichte, der guten Transportmöglichkeit und der etablierten Infrastruktur grundsätzlich für den mobilen Einsatz und werden deshalb weiterhin im Zeitraum bis 2025 der bevorzugte Energieträger für den Einsatz in Pkw bleiben. Einen Teil der fossilen Kraftstoffe können dabei Biokraftstoffe ersetzen. In Europa wird momentan vor allem Biodiesel auf Rapsöl-Basis verwendet. Die Biodieselsynthese wird intensiv weiterentwickelt. Zunehmend werden hydrierte Pflanzenöle (hydrotreated vegetable oils, HVO) und synthetische Dieselkraftstoffe (Biomass to liquid, BTL) entwickelt. Neben direkter Beimischung von Bioethanol zum konventionellen Kraftstoff, was zur Zielerreichung der EU-CO_2-Flottenziele mit bis zu 10 % (Super E10) erforderlich wird, kann Bioethanol auch zu (Ethyl-tert-Butylether, ETBE) weiterverarbeitet werden und dann zur Veredlung der konventionellen Kraftstoffe eingesetzt werden.

Tab. 3.1 Wesentliche typische Kennwerte verschiedener Kraftstoffarten [4–6]

Kraftstoff	Formel	Dichte	Heizwert (H_u)	Heizwert (H_u)	Oktan-/ Cetanzahl	H/C	O/C
		[kg/dm³]	[MJ/kg]	[MJ/dm³]	ROZ/MOZ bzw. Ce	molar	molar
Super Kraftstoff	C_mH_n	0,738	41,9	30,9	95,8/85,1	1,87	0,021
Super Plus Kraftstoff	C_mH_n	0,736	42,0	30,9	99,0/88,4	1,88	0,020
E10	C_mH_n	0,744	41,3	30,7	96,6/85,8	1,86	0,034
Diesel EU4	C_mH_n	0,83	43,1	35,9	55	1,7	0,0
Erdgas	CH_4	$8{,}4 \times 10^{-4}$ (15°C/0,1 MPa)	45,1	0,37	120–130	4,0	0,0
Autogas (50% Propan, 50% Butan)	C_3H_8/ C_4H_{10}	0,54	46,0	24,8	94–111/ 90–96	2,6	0,0
Methanol	CH_3OH	0,792	19,9	15,8	114/95	4,0	1,0
Ethanol	C_2H_5OH	0,785	28,4	22,6	111/94	3,0	0,5
ETBE	$C_6H_{14}O$	0,75	36,3	27,2	118/105	2,33	0,17
Wasserstoff	H_2	$9{,}0 \times 10^{-4}$ (15°C/0,1 MPa)	120	0,09	k.A.	–	–
Rapsöl-Methylesther	$C_mH_nO_pR$	0,88	37,2	33,2	54	1,9	0,1
Dimethyläther	CH_3OCH_3	0,67	28,8	19,3	55–60	3,0	0,5

Mit ETBE kann aufgrund der hohen Oktanzahl die Klopffestigkeit von konventionellen Kraftstoffen gesteigert werden (Tab. 3.1). Anforderungen bezüglich Nachhaltigkeit sind in der europäischen Richtlinie [7] beschrieben. Da die Richtlinie alle zwei Jahre erneut überprüft und gegebenenfalls überarbeitet wird, ist die Planungssicherheit für Investoren eingeschränkt.

Weltweit und in Amerika wird Bioethanol als alternativer Kraftstoff eingesetzt. Auf Basis von Mais und Zellulose wird Ethanol aus nachwachsenden Rohstoffen gewonnen und den konventionellen Kraftstoffen beigemischt. Die Ethanolbeimischung variiert je nach Land zwischen 25 % (E25) und 85 % (E85). Die Kraftstoffe können in dafür ertüchtigten Fahrzeugen (flexible fuel vehicles, FFV) eingesetzt werden. Die Entwicklung konzentriert sich dabei vor allem auf die verstärkte Nutzung von Zellulose aus Stroh und Gras. Die US-amerikanische Gesetzgebung hat hohe Zielwerte für die Raten an regenerativen Kraftstoffen festgelegt, welche allerdings aktuell aufgrund von eingeschränkten Herstellkapazitäten und beschränkter Einsetzbarkeit in der bestehenden Fahrzeugflotte aktuell überarbeitet werden [8, 9].

Trotz des Preisanstiegs fossiler Kraftstoffe aufgrund des zunehmenden Energiebedarfs bei der Erdölgewinnung werden biogene Kraftstoffe auf absehbare Zeit bis 2025 weiterhin teurer bleiben. Der wesentliche Treiber, der zu höheren Nutzungsraten führen wird sind die zunehmend schärferen gesetzlichen Anforderungen.

Als Hauptalternative zu flüssigen Kohlenwasserstoffen scheint sich aktuell die direkte Nutzung von elektrischer Energie herauszukristallisieren. Dies wird vor allem durch die intensive Weiterentwicklung der Batterietechnologie in Verbindung mit dem Ausbau des bestehenden Infrastrukturnetzes unterstützt. Im Vergleich zu Wasserstoff als Energieträger hat Strom bei der direkten Nutzung im Fahrzeug den Vorteil, dass ein bereits bestehendes Versorgungsnetz für niedrige Ladeleistungen ausreicht und mit weiter steigendem Anteil an Elektrofahrzeugen stückweise erweitert werden kann. Die wesentliche Hürde liegt in der Schnellladeinfrastruktur um insbesondere für größere Reisestrecken in Europa ausreichend kurze Aufladezeiten zu ermöglichen.

Der Umstieg auf regenerative Energiequellen wird dabei automatisch über den Umstieg auf regenerative Stromquellen durch die Energieversorger erreicht. Dabei haben die Analysen des JRC gezeigt, dass Windenergie im Gegensatz zu Biokraftstoffen bis 2020 bezüglich Energiekosten wettbewerbsfähig sein könnte. Die technologische Weiterentwicklung findet in vielen Bereichen wie beispielsweise der Effizienzsteigerung und Kostensenkung von Photovoltaik-Modulen und Solarthermie statt [10].

Für den Einsatz von Wasserstoff spricht die im Vergleich zu Strom höhere Energiedichte sowie die geringeren Tankzeiten. Allerdings ist die Gesamtwirkungsgradkette „Well to wheel“ ungünstiger als bei Elektrofahrzeugen. Momentan weisen die Entwicklungsaktivitäten der Hersteller darauf hin, dass die Umwandlung des Wasserstoffs in einer Brennstoffzelle dem Einsatz eines Wasserstoff-Verbrennungsmotors vorgezogen wird. Da ein Brennstoffzellenfahrzeug (auch: fuel cell electric vehicle, FCEV) neben dem Wasserstofftank für die dynamischen Beschleunigungs- und Verzögerungsvorgänge auch noch eine Batterie benötigt, ist der Technologieeinsatz im Fahrzeug höher als bei reinen Elektrofahrzeugen. Wasserstoff ist auch als Zwischenspeicher zur Glättung von Schwankungen im Stromnetz geeignet, welche vermehrt aufgrund der weniger regelbaren regenerativen Energiequellen wie Windenergie und Photovoltaik auftreten. Damit steht er in Konkurrenz zur Synthese von Erdgas oder Biofuel aus Strom, wie in [11, 12] beschrieben. Dabei wird der mittels Elektrolyse erzeugte Wasserstoff mit Kohlenstoffträgern versetzt und über Sabatier-Prozess oder Fischer-Tropsch-Verfahren zu Erdgas oder BTL gewandelt. Dem durch die weiteren Prozessschritte verursachten Wirkungsgradnachteil steht dabei der Vorteil gegenüber, dass das bestehende Infrastrukturnetz für Erdgas und BTL weiterhin genutzt werden kann und dass Transport und Lagerung vereinfacht wird und die volumetrische Energiedichte steigt.

Literatur

[1] CONCAWE, EUCAR, JRC: Well to wheels analysis of automotive fuels and powertrains in the european context. Version 4, Luxemburg (2013)

[2] Agentur für Erneuerbare Energien e.V.: Der volle Durchblick in Sachen Erneuerbare Energien. DMP-Druck, Berlin (2013)

[3] Audi AG: http://www.audi-future-lab-mobility.de.

[4] Aral Forschung: Lieferspezifikationen Kraftstoffe. http://www.aral-heizoel.de, Bochum (2011). Produktdatenblätter

[5] BP Europe SE, Global Fuels Technology: Lieferspezifikationen Kraftstoffe. http://www.bp.com, Bochum (2011). Produktdatenblätter

[6] Braess, H.-H., Seiffert, U.: Vieweg Handbuch Kraftfahrzeugtechnik. Springer, Wiesbaden (2011)

[7] Europäischer Rat: 2009L0028 – Richtlinie 2009/28/EG zur Förderung der Nutzung von Energie aus erneuerbaren Quellen. http://eur-lex.europa.eu, Brüssel (2013)

[8] Environmental Protection Agency (EPA): Regulation of Fuels and Fuel Additives: 2013 Renewable Fuel Standards. Federal Register, Washington (2013)

[9] Environmental Protection Agency (EPA): EPA-420-F-13-048 Regulatory Announcement: EPA proposes 2014 Renewable Fuel Standards, 2015 Biomass-based Diesel volume. Federal Register, Washington (2013)

[10] Desertec Foundation: „Desertec Whitebook". http://www.desertec.org/fileadmin/downloads/DESERTEC-WhiteBook_en_small.pdf, 4. Edition, Bonn 2009.

[11] ETOGAS GmbH: http://www.etogas.com

[12] Sterner, M.: Bioenergy and renewable power methane in integrated 100% renewable energy systems. Kassel University Press, Kassel (2009)

[13] Bundesministerium für Wirtschaft und Energie, Arbeitsgemeinschaft Energiebilanzen e.V.: Bruttostromerzeugung nach Energieträgern. http://www.pdew.de, Berlin (2013)

Komponenten

4

Johannes Liebl und Heinz Schäfer

Die folgenden Kapitel beschreiben die Komponenten

- Verbrennungsmotoren,
- Getriebe,
- Nebenaggregate,
- Elektromaschinen,
- Energiespeicher,
- Leistungselektronik

von typischen Energiesystemen in heutigen Kraftfahrzeugen und gehen auf deren wesentliche Eigenschaften ein.

4.1 Verbrennungsmotoren

Eine Verbrennungskraftmaschine ist ein Energiewandler, der im Kraftstoff gebundene chemische Energie durch die Verbrennung eines zündfähigen Luft-Kraftstoff-Gemisches in mechanische Energie umwandelt, um damit Arbeit zu verrichten. Verbrennungskraftmaschinen sind entweder Strömungsmaschinen oder Kolbenmaschinen. Bei Strömungsmaschinen wie z. B. bei Fahrzeuggasturbinen oder Strahltriebwerken erfolgt die Arbeit durch Nutzung der kinetischen Energie. Bei Kolbenmaschinen erfolgt die Arbeitsleistung durch

Johannes Liebl ✉
Moosburg, Deutschland
e-mail: kontakt@johannes-liebl.de

Heinz Schäfer
hofer eds GmbH, Sedanstraße 21b, 97082 Würzburg, Deutschland
e-mail: heinz.schaefer@hofer.de

J. Liebl et al., *Energiemanagement im Kraftfahrzeug*, ATZ/MTZ-Fachbuch,
DOI 10.1007/978-3-658-04451-0_4,

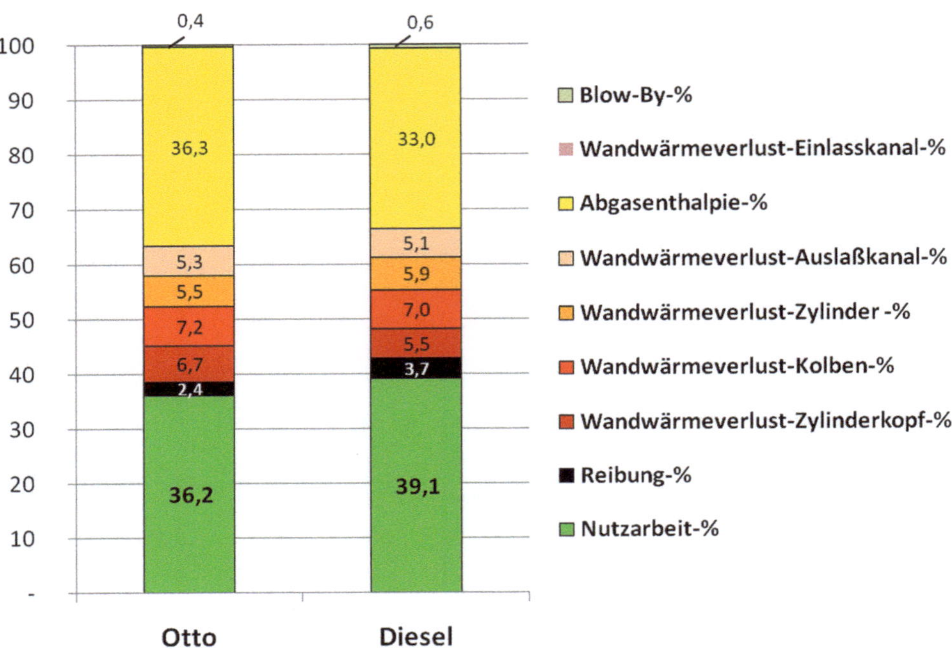

Abb. 4.1 Energiebilanzen eines Otto- und Dieselmotors bei 2000 U/min und 12 bar Mitteldruck (AVL)

die Nutzung des Gasdrucks. Diese Maschinen werden Verbrennungsmotoren genannt und in Hubkolben-, Rotationskolben-, Stirling-, oder Dampfmotoren eingeteilt.

In Kraftfahrzeugen werden derzeit überwiegend mit Benzin- oder Dieselkraftstoff betriebene Hubkolbenmotoren eingesetzt. Marktspezifisch ist zu beobachten, dass die Verwendung gasförmiger Kraftstoffe zunimmt.

4.1.1 Energiewandlung

Die Energiewandlung in Verbrennungsmotoren ist verlustbehaftet. Abbildung 4.1 zeigt beispielhaft einen Vergleich der Energiebilanzen am Beispiel eines modernen aufgeladenen Ottomotors und eines modernen aufgeladenen Dieselmotors bei mittlerer Last. Der Mitteldruck beträgt hier bei einer Drehzahl von 2000 U/min jeweils 12 bar.

Die Nutzarbeit beim Ottomotor kommt bei diesem Betriebspunkt der Nutzarbeit beim Dieselmotor sehr nahe. Sie beträgt beim Ottomotor etwa 36 % und beim Dieselmotor knapp über 39 % . Mehr mechanische Energie lässt sich bei diesen Beispielen aus der im Kraftstoff gebundenen chemischen Energie nicht umsetzen. Beim Ottomotor fließen etwas über 36 % und beim Dieselmotor 33 % dieser Energie in das Abgas. Knapp 25 % der Brennstoffenthalpie des Ottomotors werden über das Kühlmittel und die Oberflächen

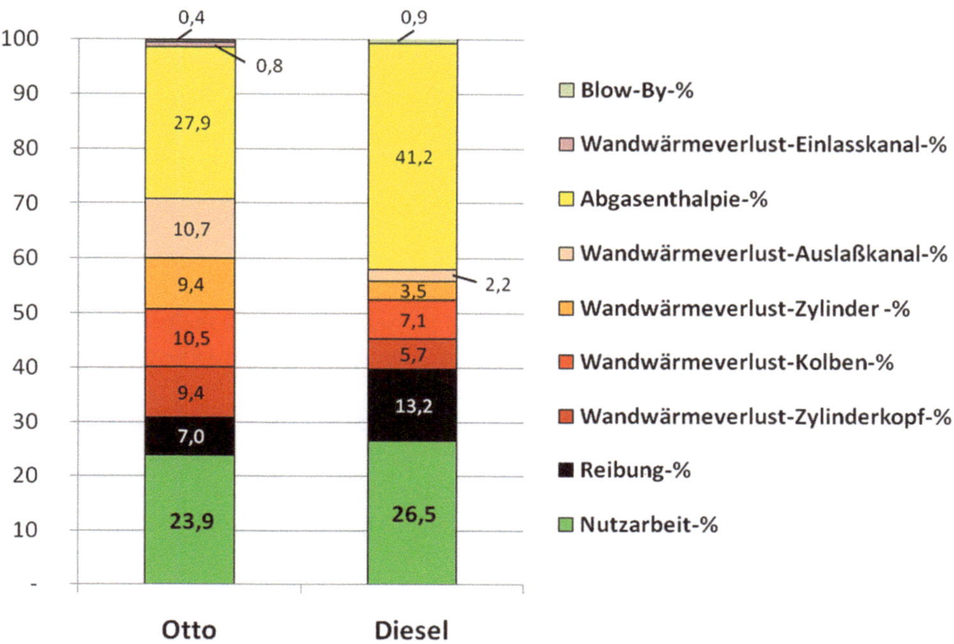

Abb. 4.2 Energiebilanzen eines Otto- und Dieselmotors bei 2000 U/min und 2 bar Mitteldruck (AVL)

als Wärme an die Umgebung abgegeben. Beim Dieselmotor liegen diese Energieflüsse mit 23,5 % geringfügig niedriger. Die Reibungsanteile sind beim Ottomotor mit 2,4 % niedriger als beim Dieselmotor mit 3,7 %.

In der Teillast nimmt die Umsetzung der im Kraftstoff gebundenen chemischen Energie sowohl beim Otto- wie beim Dieselmotor weiter ab. Abbildung 4.2 zeigt dazu beispielhaft die Energiebilanzen moderner aufgeladener Verbrennungsmotoren. Der Betriebspunkt ist beim Otto- und beim Dieselmotor wieder bei 2000 U/min aber hier bei einem niedrigen Lastpunkt von 2 bar Mitteldruck.

Die Nutzarbeit beim Ottomotor liegt mit knapp 24 % auch hier unter der Nutzarbeit beim Dieselmotor, der 26,5 % umsetzen kann. Beim Dieselmotor fällt mit 41,5 % der hohe Energieverlust über das Abgas auf. Beim Ottomotor beträgt dieser Energiefluss nur knapp 28 %. Umgekehrt verhalten sich die Motoren beim Energieverlust ins Kühlmittel und an die Umgebung. Die Verluste des Dieselmotors sind mit 18,5 % nicht einmal halb so hoch wie die des Ottomotors mit über 40 %. Auffällig sind bei diesem niedrigen Lastpunkt die hohen Reibungsverluste der Verbrennungsmotoren. Der Ottomotor verliert 7 % an nutzbarer Energie, um die Reibung zu überwinden. Beim Dieselmotor ist der Energieverlust mit 13,2 % fast doppelt so hoch wie beim Ottomotor.

In Summe zeigen diese für Ottomotoren und Dieselmotoren typischen Energiebilanzen, dass die nutzbaren Leistungen über den gesamten Betriebsbereich geringer sind als die

Verluste. Dieses Buch geht im Schwerpunkt auf den effizienten Umgang mit dieser mechanischen Energie ein. Die Erschließung der hohen Wärmeverluste wird hier nur am Rande betrachtet. Im Prinzip gibt es folgende Möglichkeiten die Verlustwärme zu nutzen oder in eine andere Energieform zu wandeln.

Die direkte Nutzung der thermischen Energie z. B. über einen Wärmetauscher kann den Motor- und/oder den Getriebewarmlauf verkürzen und so schneller die Reibungsverluste abbauen. Eine schnellere Aufheizung des Fahrgastinnenraums kann bei kalten Umgebungstemperaturen deutlich den Komfort erhöhen.

Die indirekte Nutzung der thermischen Energie über den Abgasturbolader führt zu einer Leistungserhöhung des Motors. Die Abgasturboaufladung ist deshalb ein bewährtes Mittel, um Verbrennungsmotoren kleiner auszuführen zu können und über dieses Downsizing größere Motoren zu ersetzen.

Die thermische Energie kann über den Rankine-Prozess aber auch in mechanische Energie umgewandelt werden. Um die Grenzen des elektrischen 12-Volt-Bordnetzes zu erweitern, arbeitet die Automobilindustrie über die Thermoelektrik an der Umwandlung in elektrische Energie.

4.1.2 Entwicklungstrends bei Verbrennungsmotoren

Die weltweiten gesetzlichen Vorgaben zu den CO_2 Emissionen und der Wertewandel in unserer Gesellschaft fördern die Entwicklung und Umsetzung effizienzsteigernder Maßnahmen an den Verbrennungsmotoren. In Abb. 4.3 werden dazu beispielhaft die Entwicklungstrends bei Otto- und Dieselmotoren aufgezeigt.

Die Neu- und Weiterentwicklungen von Verbrennungsmotoren sind geprägt durch gesetzgeberische Vorgaben, Kundenerwartungen und betriebswirtschaftliche Ziele. Die Zielsetzungen bei Otto- und Dieselmotoren unterscheiden sich nicht. Für die Inhalte dieses Fachbuches sind besonders die Entwicklungstrends zur Effizienzsteigerung hervorzuheben.

Motorenspezifisch sind das Optimierungen bei Gemischbildung, Brennverfahren, Zündung beim Ottomotor, Verdichtungsverhältnis, Ladungswechsel, die lastabhängige Ab- und Zuschaltung einzelner Zylindereinheiten und die Reduzierung der inneren Reibung. Das Thermomanagement und der Antrieb der Nebenaggregate sind fahrzeugbezogen und sollten im Energiemanagement des Gesamtfahrzeugs berücksichtigt werden. Auch das Geräusch- und Schwingungsverhalten des Antriebs ist ein Gesamtfahrzeugthema. Die voranschreitende Elektrifizierung der Verbrennungsmotoren im Nieder- und Hochspannungsbordnetz der Fahrzeuge eröffnet zusätzlich eine Reihe neuer Umsetzungschancen.

Zu den klassischen Entwicklungszielen zählt die Optimierung der Kosten. Ein modularer Verbrennungsmotoren-Aufbau unterstützt die betriebswirtschaftlichen Zielsetzungen. Die Entwicklung kompakter und leichter Aggregate wird durch die CO_2-Gesetzgebungen noch deutlicher unterstützt als vorher.

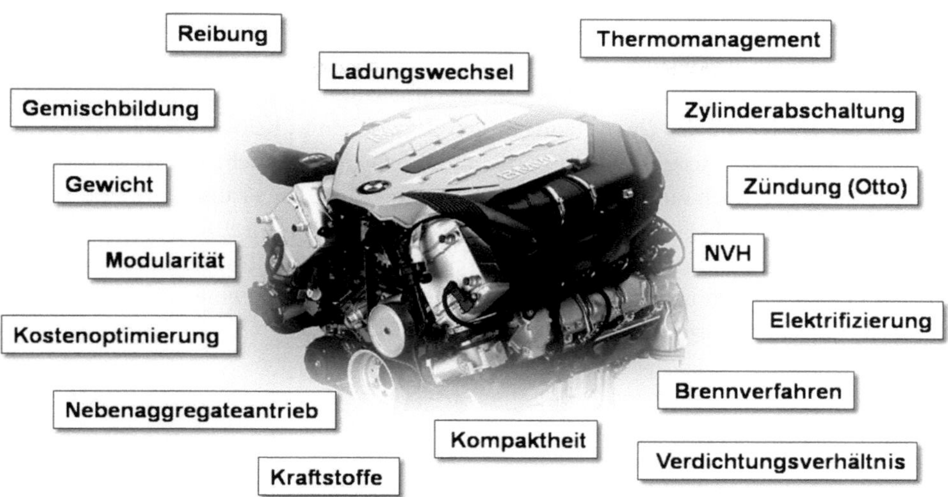

Abb. 4.3 Entwicklungstrends bei Verbrennungsmotoren (BMW AG)

4.2 Getriebe

Ein Getriebe ist ein Kennungswandler, der über einen Hebelarm z. B. einem Zahnrad oder einer Riemenscheibe Drehzahl und Drehmoment wandelt. Je größer dieser Hebelarm ist, desto geringer ist der nötige Kraftaufwand. Das am Getriebeeingang eingeleitete Drehmoment kommt in verschiedenen schaltbaren Stufen verstärkt am Getriebeausgang an. Das Produkt aus Drehmoment und Drehzahl ist korrigiert um die inneren Getriebe-Reibungsverluste auf beiden Seiten immer gleich.

Für die Kraftübertragung vom Verbrennungsmotor bis zu den Antriebsrädern ist das Getriebe als Zwischenglied notwendig. Erst damit kann die Charakteristik des Verbrennungsmotors an die Anforderungen eines Fahrzeugs angepasst werden. Der Verbrennungsmotor deckt mit seiner Leerlaufdrehzahl und seiner Höchstdrehzahl einen Drehzahlbereich ab, der nicht zu dem geforderten Geschwindigkeitsbereich eines Personenkraftwagens passt. Das verdeutlicht folgendes Beispiel. Soll mit einer Leerlaufdrehzahl von 600 U/min bei vorgegebenen Antriebsrädern eine minimale Fahrzeuggeschwindigkeit von 5 km/h erreicht werden, so ergäbe sich ohne das Zwischenglied Getriebe bei einer Höchstdrehzahl des Verbrennungsmotors von 6000 U/min nur eine Höchstgeschwindigkeit von 50 km/h. Dieser von der Motordrehzahl und den vorgegebenen Antriebsrädern abgedeckte Geschwindigkeitsbereich eignet sich somit lediglich für einen Gang zum Anfahren. Um das Fahrzeug aus dem Stillstand in Bewegung zu setzen, ist noch zusätzlich ein Anfahrelement notwendig.

Aus der maximalen Leistung des Verbrennungsmotors und dem zu überwindenden Luft- und Rollwiderstand des Fahrzeugs lässt sich die erreichbare Höchstgeschwindigkeit ableiten. Die Übersetzung dieses Ganges ergibt sich aus der dafür notwendigen Motordrehzahl, der Achsübersetzung und der Dimension der Antriebsräder. Damit liegen die wesentlichen Eckpunkte des Getriebes – die minimale Spreizung – für ein Kraftfahrzeug fest. Bei der Auslegung der Übersetzungsstufen dazwischen ist beim Wechseln der Gänge auf einen möglichst harmonischen Geschwindigkeitsverlauf zu achten. Weiter gespreizte Getriebe haben noch ein bis zwei zusätzliche Gänge, die länger übersetzt sind als der Gang für die maximale Geschwindigkeit. Mit reduzierter Motordrehzahl lässt sich damit die Energieeffizienz steigern und das Geräuschniveau drosseln. Da Verbrennungsmotoren nur eine Drehrichtung haben, wird das Getriebe außerdem für eine Umschaltung von Vorwärts- und Rückwärtsfahrt benötigt (siehe Kap. 5).

4.2.1 Handschaltgetriebe

Manuell zu betätigende Schaltgetriebe haben ihren größten Markt in Europa. Sie sind kostengünstig und haben sich über einen langen Zeitraum ein sportliches Image aufgebaut. Die Anzahl der Gänge hat sich in den letzten 30 Jahren deutlich erhöht. Seit den 1980er Jahren entwickelten sich aus den bis dahin üblichen 4-Gang-Getrieben 5-Gang-, 6-Gang, und jetzt sogar 7-Gang-Getriebe. Treiber dafür waren die Reduzierung des Luftwiderstands der Fahrzeuge und die Effizienzsteigerung durch langübersetzte Gänge.

In Abb. 4.4 ist beispielhaft ein 6-Gang-Handschaltgetriebe vom Volkswagen Konzern für den Front-/Quereinbau dargestellt. Die Grundbausteine mechanischer Getriebe sind schrägverzahnte Zahnräder, Synchronringe, Wellen, Lager und eine Betätigung für den Fahrer, um den Schaltvorgang ausführen zu können. Ineinandergreifende Zahnräder sind dabei auf zwei oder drei Wellen gelagert und übertragen Drehzahl und Drehmoment. Die Wellen haben unterschiedliche Drehzahlen. In Abhängigkeit von den Zahnraddurchmessern vergrößert oder verkleinert sich das zu übertragende Drehmoment. Als Schaltelemente dienen formschlüssige Kupplungen, die über eine Synchronisierung betätigt werden. Für den Anfahrvorgang kommt eine Trockenkupplung zum Einsatz. Mit dieser Kupplung wird auch der Kraftfluss beim Gangwechsel unterbrochen. Handschaltgetriebe lassen sich leicht und kompakt ausführen und zeichnen sich durch einen guten Wirkungsgrad aus.

Der Fahrer allein bestimmt den Gangwechsel. Zum einen begeistert das bei sehr sportlicher Fahrweise viele Menschen. Zum anderen sind aber auch viele Menschen überfordert, entsprechend der gefahrenen Geschwindigkeit den effizientesten Gang einzulegen. Die Automobilhersteller bieten deshalb bei dieser Getriebeausführung dem Fahrer Schalthinweise an. Diese Schalthinweise sind mittlerweile im Rahmen der europäischen CO_2-Gesetzgebung verpflichtend. Leider erkennen die Gesetzgeber diese Schalthinweise in den Zulassungstests nicht an. Die Gangwechsel sind hier strikt vorgegeben. In USA können die Gangwechsel bei Fahrzeugen mit Handschaltgetrieben im Zulassungstest herstellerspezifisch vorgegeben werden. Der Automobilhersteller muss dafür aber nachweisen, dass seine Kunden individuell schalten. Eine Änderung auch für Europa wird im Rahmen der Ablösung des NEFZ diskutiert.

Abb. 4.4 6-Gang-Handschaltgetriebe MQ500-6F von Volkswagen (Volkswagen AG)

4.2.2 Automatisierte Getriebe

Bei automatisierten Getrieben konnten die Automobilhersteller dagegen die Gangwechsel in den Zulassungstests weltweit schon immer frei gestalten. Automatisierte Getriebe sind automatische Getriebe, automatisierte Schaltgetriebe, Doppelkupplungsgetriebe und stufenlose Automatikgetriebe. Die Hauptmärkte für automatische Getriebe und Doppelkupplungsgetriebe sind in USA und Asien. In Japan sind stufenlose Automatikgetriebe beliebt. Automatisierte Schaltgetriebe bedienen einen Nischenmarkt. In Europa dominieren automatische Getriebe die Fahrzeugoberklasse. Auch in der Fahrzeugmittelklasse bis hinein in die Klassen darunter greifen zunehmend mehr Kunden zu automatisierten Getrieben. Hier teilen sich automatische Getriebe und Doppelkupplungsgetriebe den Markt auf.

4.2.2.1 Automatische Getriebe

Automatische Getriebe sind Stufenautomaten, die selbsttätig anfahren, wenn der Fahrer über das Fahrpedal dazu das Signal gibt und die über eine Getriebesteuerung automatisch

Abb. 4.5 Automatisches Getriebe AL-450 von Volkswagen (Volkswagen AG)

die Gänge wechseln. Anfahrelement ist eine Strömungsmaschine, ein hydrodynamischer Drehmomentwandler. Zur Reduzierung der Verluste in diesem Wandler kommt eine Überbrückungskupplung zum Einsatz. Die Drehmoment-/Drehzahlwandlung im Fahrbetrieb erfolgt über Planetenradsätze. Am bekanntesten ist der Ravigneaux-Planetenradsatz. Mit diesem vierwelligen Planetenradgetriebe lassen sich vier Vorwärtsgänge schalten. Um fünf oder mehr Vorwärtsgänge schalten zu können, hat der französische Ingenieur Lepelltier diesen Ravigneaux-Planetenradsatz um ein Vorschaltgetriebe erweitert. Automatische Getriebe schalten unter Last und werden deshalb auch Lastschaltgetriebe genannt. Die Schaltvorgänge erfolgen ohne Zugkraftunterbrechung. Automatische Getriebe benötigen eine Ölpumpe, um die Schaltelemente anzusteuern und die Schmierung sicherzustellen. Diese wurde in der Vergangenheit ausschließlich vom Verbrennungsmotor angetrieben. Bei Fahrzeugen mit Motor-Start-Stopp-Funktion und automatischem Getriebe müssen die Schaltelemente auch bei abgeschaltetem Verbrennungsmotor betätigt werden können. Treibt weiterhin der Verbrennungsmotor die Ölpumpe an, ist dafür ein Öldruckspeicher vorzusehen. Immer häufiger kommen statt diesem Öldruckspeicher aber elektrisch angetriebene Ölpumpen zum Einsatz. In Abb. 4.5 ist beispielhaft ein Automatisches Getriebe dargestellt.

4.2.2.2 Automatisierte Schaltgetriebe

Die Basis für ein automatisiertes Schaltgetriebe ist das Handschaltgetriebe. Der Gangwechsel kann hydraulisch, elektrisch oder auch pneumatisch erfolgen. Die Funktionen der Kupplung müssen dabei automatisch ausgeführt werden. Das Kupplungspedal entfällt.

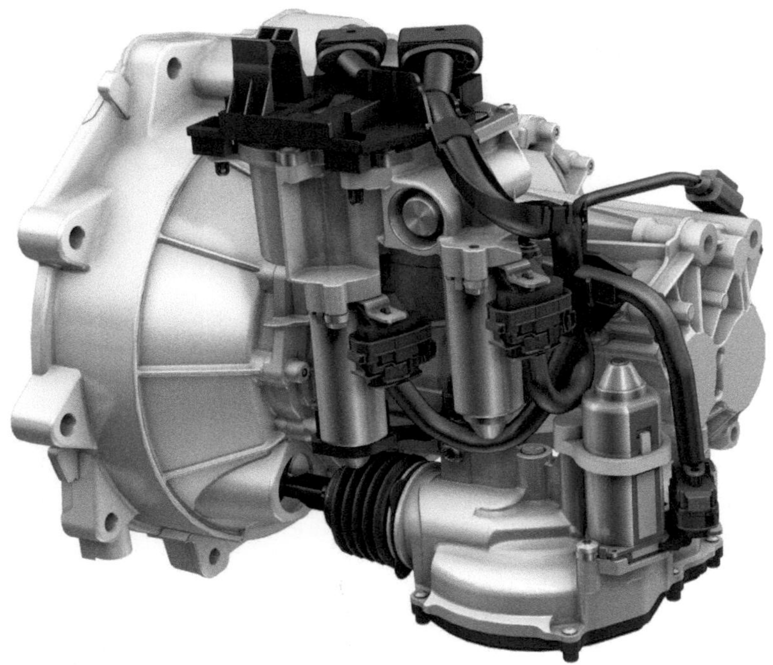

Abb. 4.6 Automatisiertes Schaltgetriebe SQ100-5F von Volkswagen (Volkswagen AG)

Der mechanische Schalthebel wird durch einen Schalthebel ersetzt, der nur mehr Signale an die Getriebesteuerung sendet.

Automatisierte Getriebe können kompakt ausgeführt werden, haben nahezu den guten Wirkungsgrad des Handschaltgetriebes und im Zulassungstest den Vorteil der freien Schaltpunktwahl. Da im Gegensatz zum automatischen Getriebe die Gangwechsel mit Zugkraftunterbrechung erfolgen, sind diese Getriebe meist eine Lösung für Kunden, die beim Wechseln der Gänge keine hohen Komfortansprüche stellen, oder eine Lösung für Kunden, die diese ruckhafte Rückmeldung als sportliches Empfinden einstufen. In Abb. 4.6 ist beispielhaft der zusätzliche Aufwand für die äußere Schaltbetätigung dargestellt. Automatisierte Schaltgetriebe können für den Hersteller eine interessante betriebswirtschaftliche Lösung sein, wenn Investitionen für eine zusätzliche Fertigungsanlage von automatischen Getrieben vermieden werden sollen.

4.2.2.3 Doppelkupplungsgetriebe

Doppelkupplungsgetriebe arbeiten ohne Zugkraftunterbrechung. Doppelkupplungsgetriebe kommen aus dem Rennsport und haben deshalb ein sportliches Image. Ab 1984 setzte Porsche derartige Getriebe in Autorennen ein. Der Porsche 962 erreichte damit 54 Siege und zahlreiche Meisterschaften. Die Serienentwicklung wurde damals nicht weiterverfolgt, da die Kapazitäten des elektronischen Steuergeräts noch nicht ausreichten, um die Kom-

Abb. 4.7 Doppelkupplungsgetriebe mit Trockenkupplung DQ200-7F von Volkswagen (Volkswagen AG)

fortansprüche für den Betrieb in einem Straßenfahrzeug zu erfüllen. Heute setzt der VW Konzern Doppelkupplungsgetriebe in der Breite seiner Serienmodelle ein und produziert diese Technik in hohen Stückzahlen. Die Anforderungen an ein Doppelkupplungsgetriebe decken sich mit den Anforderungen an ein automatisches Getriebe. Beim Doppelkupplungsgetriebe sind die Zahnräder auf drei Wellen gelagert. Für die zugkraftunterbrechungsfreien Gangschaltungen sind zwei Kupplungen notwendig, da immer zwei Gänge eingelegt sind. Die erste Kupplung ist geschlossen und sitzt auf der Welle mit dem gerade eingelegten Gang. Die zweite Kupplung ist offen und sitzt auf der Welle mit dem vorgewählten Gang. Für den Gangwechsel öffnet die erste Kupplung und schließt die zweite Kupplung. Diese Kupplungen dienen auch als Anfahrelement. Sie sind entweder als Trockenkupplungen oder als nasslaufende Kupplungen ausgeführt. Abbildungen 4.7 und 4.8 zeigen beispielhafte Ausführungen des VW Konzerns.

4.2.2.4 Stufenlose Automatikgetriebe

Stufenlose Automatikgetriebe sind bekannt unter dem Namen CVT (Continuously Variable Transmission). 1959 bis 1963 produzierte DAF in Eindhoven den Kleinwagen DAF 600 mit einem stufenlosen, mit Keilriemen betriebenen Variator und einer Fliehkraftkupplung.

Abb. 4.8 Doppelkupplungsgetriebe mit Nasskupplung DQ500-7A von Volkswagen (Volkswagen AG)

Diese Technik hat sich nicht durchgesetzt und sich deshalb bis heute deutlich verändert. Die Kraftübertragung erfolgt über zwei Wellen, die mit einem Schubgliederband verbunden sind. Auf einer Welle sitzt ein Variator. Die beweglichen Teile dieses Variators können über Öldruck verstellt werden. Dadurch ändert sich die Lage des Schubgliederbandes zwischen den beiden Wellen. Die Übersetzung verändert sich. Über diese stufenlose Anpassung der Drehzahl des Verbrennungsmotors an die Fahrgeschwindigkeit ist das gesamte Kennfeld des Verbrennungsmotors nutzbar. So kann zu jedem Fahrwunsch der effizienteste Betriebspunkt des Energiewandlers eingestellt werden. Gegenläufig ist allerdings der vom Verbrennungsmotor über eine Hochdruckpumpe bereitzustellende hohe Systemdruck, um den notwendigen Anpressdruck des Schubgliederbandes und die Verstellung des Variators

Abb. 4.9 Stufenloses Automatikgetriebe Multitronic VL381-F von Audi (Volkswagen AG)

sicherzustellen. Als Anfahrelement kommt entweder wie beim automatischen Getriebe ein Drehmomentwandler zum Einsatz oder eine Lamellenkupplung. Abbildung 4.9 zeigt mit der Multitronic ein Ausführungsbeispiel eines stufenlosen Getriebes.

Eine besondere Bauform unter den stufenlosen Automatikgetrieben stellt das Toroidgetriebe auch Reibradgetriebe genannt dar. Für die Kraftübertragung sorgen hier Torusscheiben mit Zwischenrollen. Die Übersetzungsänderung erfolgt durch eine hydraulische Winkelverstellung der Zwischenrollen. Bei der Bewertung der Effizienz von Toroidgetrieben muss auch hier die hohe Antriebsleistung für die Hochdruckpumpe berücksichtigt werden.

Das Fahrempfinden bei stufenlosen Getrieben ist gewöhnungsbedürftig. Bei kontanten Fahrgeschwindigkeiten sorgen lange Getriebeübersetzungen meistens für einen verbrennungsmotorischen Betrieb im Verbrauchsbestpunkt bei niedriger Drehzahl. Leitet der Fahrer z. B. für einen Überholvorgang eine zügige Beschleunigung ein, muss der Verbrennungsmotor schnell in den Bereich einer hohen Leistungsabgabe und damit einer hohen Drehzahl verstellt werden. Diese Drehzahl bleibt stehen bis der Beschleunigungsvorgang abgeschlossen ist. Subjektiv empfinden viele Fahrer diese Beschleunigung, die zusätzlich akustisch geprägt ist, als zäh. Deshalb konnten sich bei einem eher dynamischen Verkehrsfluss, wie er in Europa vorherrscht, stufenlose Getriebe nicht durchsetzen. In Japan – bei eher gleichmäßigem Verkehrsfluss – sind stufenlose Getriebe beliebt.

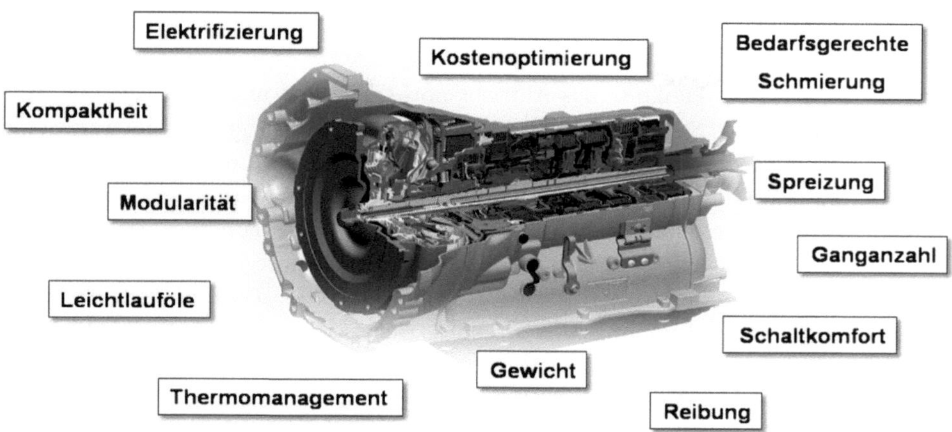

Abb. 4.10 Entwicklungstrends bei Getrieben

4.2.3 Entwicklungstrends bei Getrieben

Die Entwicklungsziele bei Getrieben werden von den gesetzlichen Vorgaben, hier primär den CO_2-Vorgaben, den Kundenwünschen, hier insbesondere dem Schaltkomfort und der spontanen Umsetzung des Fahrwunsches und der Betriebswirtschaft, hier ganz besonders der Kostenoptimierung geprägt. Abbildung 4.10 zeigt dazu die Entwicklungstrends.

Die wesentlichen Entwicklungsziele bei Handschaltgetrieben und automatisierten Getrieben sind deshalb die weitere Erhöhung der Spreizung und die weitere Steigerung des Wirkungsgrads, z. B. durch weitere Reduzierung der Reibung. Eine Erhöhung der Spreizung zieht oft die Erhöhung der Gangzahl nach sich, um die Gangsprünge nicht zu groß werden zu lassen. Handschaltgetriebe haben heute bis zu 7 Gänge, Automatikgetriebe bis zu 10.

Thermomanagement schützt das Getriebe zum einen vor Überhitzung, zum anderen kann damit der Warmlauf verkürzt werden, um so die Reibung schneller abzubauen. Ein weiterer Ansatz zur Reibungsreduzierung ist der Einsatz von Leichtlaufölen.

Die Hybridantriebe haben die Elektrifizierung der Getriebe vorangetrieben. So werden zusätzliche elektrische Maschinen in der Wandlerglocke von Automatikgetrieben platziert. Häufig ersetzen sie sogar den Drehmomentwandler.

Leichte und kompakte Getriebeaggregate zu entwickeln hatten die Ingenieure zwar schon immer auf ihrer Liste, aber die CO_2-Gesetzgebung hat dazu die Prioritäten erhöht.

Ein weiteres stabiles Kriterium im Zielkatalog stellt die Kostenoptimierung dar. Ähnlich dem Baukasten beim Verbrennungsmotor lässt sich dieses Entwicklungsziel mit einer modularen Getriebestruktur leichter erreichen. Bauteile oder Teilsysteme können dabei in verschiedenen Getriebeaggregaten mehrfach verwendet werden.

4.3 Nebenaggregate

Aggregate, die für die Funktion des Antriebs notwendig sind und Aggregate, die dem Kunden Komfort- und Sicherheitsfunktionen bieten, sind Hilfsaggregate. Sie werden als Nebenaggregate bezeichnet. In der Vergangenheit stand bei der Entwicklung die Funktion des Aggregats an erster Stelle. Der dafür notwendige Energieaufwand war für den zuständigen Ingenieur sekundär. Seine Leistung wurde an der Funktion des Aggregats und nicht am Energieverbrauch gemessen. So sind diese Aggregate historisch um den Verbrennungsmotor herum gewachsen. Es gab keine Stelle, die die Rolle eines Architekten übernahm und eine Ordnungsfunktion hatte. Heute ziehen diese Aggregate aus dem mechanischen Energiefluss so hohe Leistungen ab, dass sie damit den Kraftstoffverbrauch des Verbrennungsmotors deutlich beeinflussen.

Abbildung 4.11 zeigt schematisch die klassische Lösung des Antriebs der Nebenaggregate, der von den meisten Automobilherstellern nach 2000 noch die ersten zehn Jahre verfolgt wurde. Die Nebenaggregate werden von der mechanischen Energie des Verbrennungsmotors angetrieben – einige innerhalb des Motors direkt oder über Ketten oder Zahnriemen und einige außerhalb des Motors über den Riementrieb.

Eine funktionsorientierte Bewertung der einzelnen Energieflüsse deckt CO_2-Treiber auf und zeigt, dass ein bedarfsorientierter Betrieb der Nebenaggregate zielführend ist. Eine weitere Effizienzsteigerung lässt sich durch eine wirkungsgradoptimierte Auslegung der Nebenaggregate auf diesen neuen Betriebsbereich erreichen. Der historisch gewachsene mechanische Riementrieb erlaubt aber keinen bedarfsorientierten Betrieb, da die Dreh-

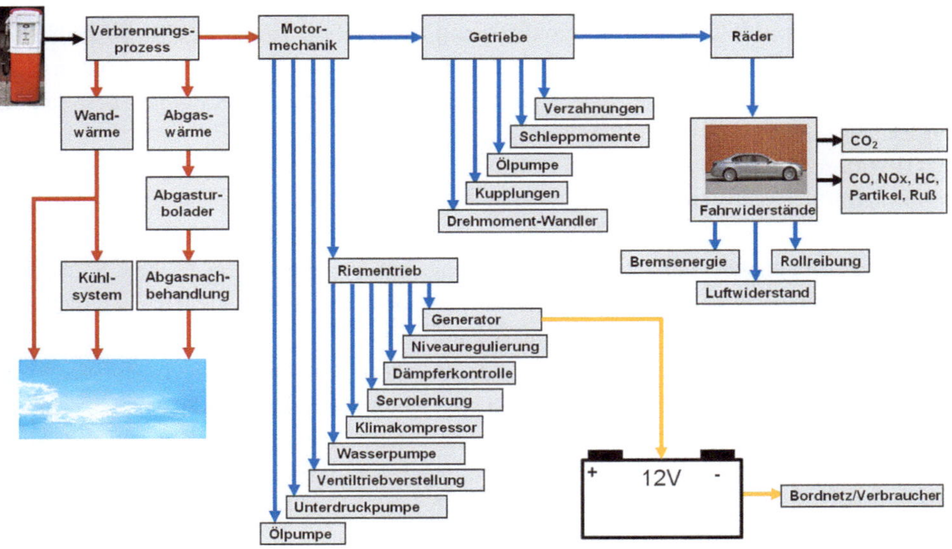

Abb. 4.11 Mechanischer Energiefluss des Verbrennungsmotors versorgt Nebenaggregate

zahlen der Nebenaggregate je nach individueller Übersetzung starr an die Drehzahl des Verbrennungsmotors gekoppelt sind. Ein Einsatz von Kupplungen und Getrieben ist zwar technisch möglich, aber betriebswirtschaftlich nicht sinnvoll.

Am Beispiel der Kühlmittelpumpe wird das Potential erkennbar. Bei Verbrennungsmotoren ist die Kühlmittelpumpe üblicherweise an der Stirnseite angeordnet und wird über den Riemen angetrieben. Die Auslegung der Antriebsübersetzung erfolgt nach dem kritischsten Betriebsfall. Dieser Fall tritt ein, wenn das Fahrzeug vollbesetzt und vollbeladen ist. Soll das Fahrzeug für Anhängerbetrieb freigegeben werden, wird noch die maximale Zuglast angehängt. Die Antriebsübersetzung der Kühlmittelpumpe wird nun so ausgelegt, dass im Hochsommer bei einer Bergfahrt hinter einem langsam vorausfahrenden Fahrzeug ausreichend Kühlmittel umgepumpt werden kann, um Motor und Getriebe nicht zu überhitzen. Wie viele Kunden werden jemals diesen Betriebsfall haben? Und wenn sie ihn haben, wie häufig wird er auftreten? Dieser Fall macht deutlich, dass hier mit einer bedarfsorientierten Auslegung Effizienzpotentiale zu heben sind. Diese Potentiale setzen sich zusammen aus einem verkürzten Warmlauf. Die Kühlmittelpumpe kann bei kaltem Verbrennungsmotor abgeschaltet werden. Außerdem aus einer Entlastung des mechanischen Energieflusses. Die Kühlmittelpumpe entzieht dem mechanischen Energiepfad über die starre Ankoppelung an den Riementrieb nicht mehr ständig Leistung. Ausgeführte Lösungen sind z. B. die mechanisch schaltbare Kühlmittelpumpe des BMW MINI und die elektrische Kühlmittelpumpe einiger BMW Verbrennungsmotoren.

Die elektrische Energieform ist für den bedarfsorientierten Betrieb der Nebenaggregate in den meisten Fällen zielführend. Viele Automobilhersteller beschreiten deshalb konsequent den Weg der Elektrifizierung der Nebenaggregate. Abbildung 4.12 zeigt dazu einen Lösungsansatz. Am Riementrieb ist nur mehr der Generator angekoppelt. Alle anderen (elektrifizierten) Nebenaggregate werden bedarfsorientiert über das elektrische Bordnetz versorgt. Da das elektrische Bordnetz jetzt höher belastet wird, muss es unterstützt werden. Lösungsansätze dazu sind die Nutzung von Bremsenergie, um der stationären höheren Belastung entgegenzuwirken, und zusätzliche Stützungsmaßnahmen im elektrischen Bordnetz, wie z. B. Superkondensatoren, um dynamische Belastungen abzufedern.

Trotz dieser Stützungsmaßnahmen wird das heute übliche elektrische 12-Volt-Bordnetz bei Fahrzeugen mit hohem Sonderausstattungsumfang an die Grenzen stoßen. Lösungsansatz ist hier ein zusätzliches zweites Niederspannungs-Bordnetz mit z. B. 48 Volt. Die Funktionen Lenken und Bremsen können damit sicher unterstützt werden. Außerdem eröffnet ein derartiges Bordnetz neue Funktionalitäten. Der Verbrennungsmotor kann wie bei einem Hybridantrieb mit Hochvolt-Bordnetz beim Segeln abgeschaltet werden. Da über das 48-Volt-Bordnetz mit bis zu 12 kW etwa vier Mal so viel elektrische Leistung transportiert werden kann als bei einem 12-Volt-Bordnetz, lassen sich kundenwerte Funktionen, wie z. B. selbsttätiges elektrisches Einparken und langsames elektrisches Nachrücken bei Stopp-and-Go-Verkehr, kostengünstiger darstellen als mit einem Hybridantrieb. Zudem ist die Bremsenergierückgewinnung in ähnlicher Größenordnung höher.

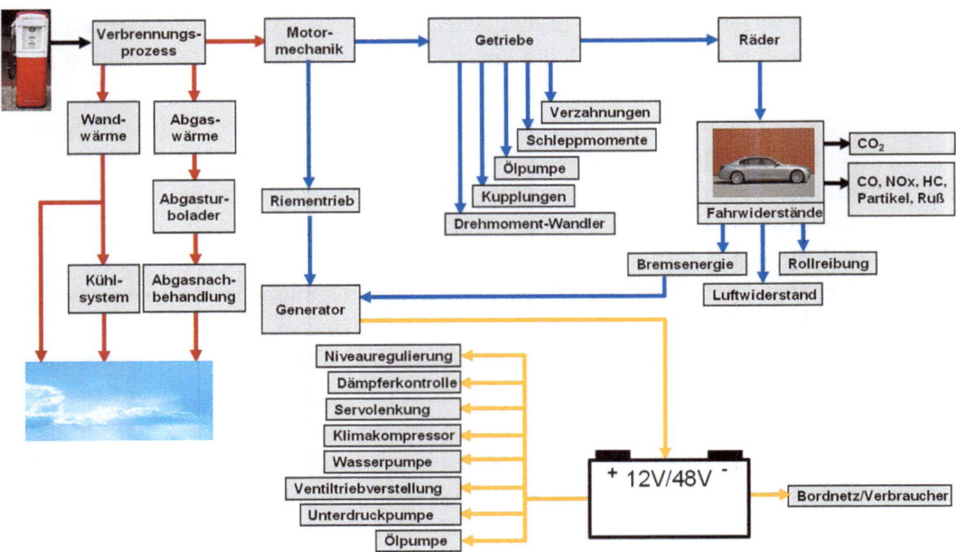

Abb. 4.12 Elektrifizierung der Nebenaggregate

4.4 Elektrische Maschinen und Antriebe

Das elektrische Antriebssystem (Abb. 4.13) beinhaltet im Wesentlichen die elektrische Maschine sowie den Umrichter inklusive der Regelungssoftware. Die Sollwerte bezüglich Drehmoment oder Drehzahl erhält der Umrichter von einem übergeordneten „Fahrzeugmanager" der HCU/VCU via CAN-Bus. Die relevanten Istwerte werden vom Umrichter via CAN-Bus an die HCU/VCU gesendet.

Ein elektrisches Antriebssystem besitzt neben dem Informations-Ein-/Ausgang (CAN-Bus) einen elektrischen Leistungs-Ein-/Ausgang zur Batterie und einen mechanischen Leistungs-Ein-/-Ausgang zum Getriebe. Das Antriebssystem kann als Drehmomentquelle bezeichnet werden, welche z. B. bei einem positiven Drehmoment und positiver Drehzahl elektrische Leistung aus der Batterie entnimmt und als mechanische Leistung, z. B. beim Beschleunigen, an der Welle der elektrischen Maschine zur Verfügung stellt (Motorbetrieb, Abb. 4.14). Umgedreht kann z. B. bei einem negativen Drehmoment und positiver Drehzahl mechanische Leistung dem Getriebe, z. B. beim Bremsen, entnommen und als elektrische Leistung in die Batterie eingespeist werden (Generatorbetrieb, Abb. 4.14).

Wie bereits erwähnt, werden relevante Istwerte wie z. B. die Drehzahl und das Drehmoment an den „Fahrzeugmanager" zurück geliefert. Da das Drehmoment aus Kostengründen nicht direkt gemessen werden kann, wird es in der Regel aus der aufgenommenen oder abgegebenen Wirkleistung der Maschine und der Drehzahl berechnet.

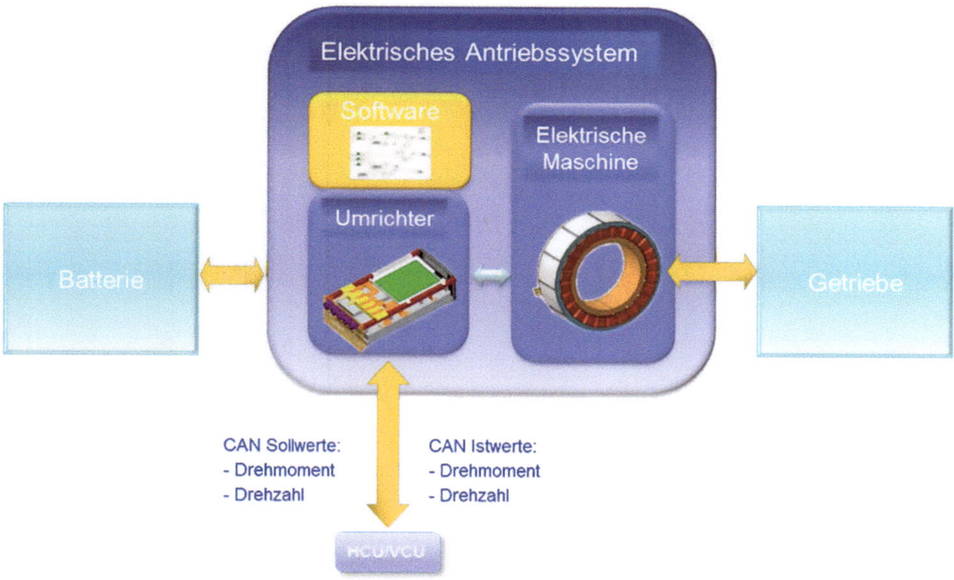

Abb. 4.13 Strukturbild eines elektrischen Antriebes mit Leistungsfluss

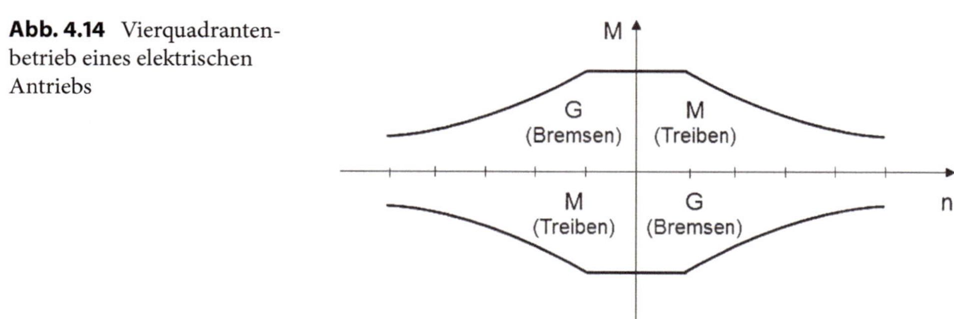

Abb. 4.14 Vierquadrantenbetrieb eines elektrischen Antriebs

Generelle Eigenschaften elektrischer Antriebe für Anwendungen im Kraftfahrzeug Im Folgenden sollen einige Eigenschaften elektrischer Antriebe näher erläutert werden, welche einen Einsatz in einem Kraftfahrzeug besonders interessant erscheinen lassen:

- **Betrieb in allen möglichen vier Antriebsquadranten**
  Mit einem elektrischen Antrieb kann sowohl im Motorbetrieb (Treiben) als auch im Generatorbetrieb (Bremsen) gearbeitet werden und dies bei unterschiedlicher Drehrichtung. Beim Bremsen ist somit eine Energierückgewinnung möglich.
- **Vergleichsweise hohe Antriebsdynamik** (Abb. 4.15)
  Die Änderung des Drehmomentes in einem elektrischen Antrieb kann über dem gesamten Drehzahlbereich sehr schnell erfolgen, typische Werte liegen bei 10 ms.

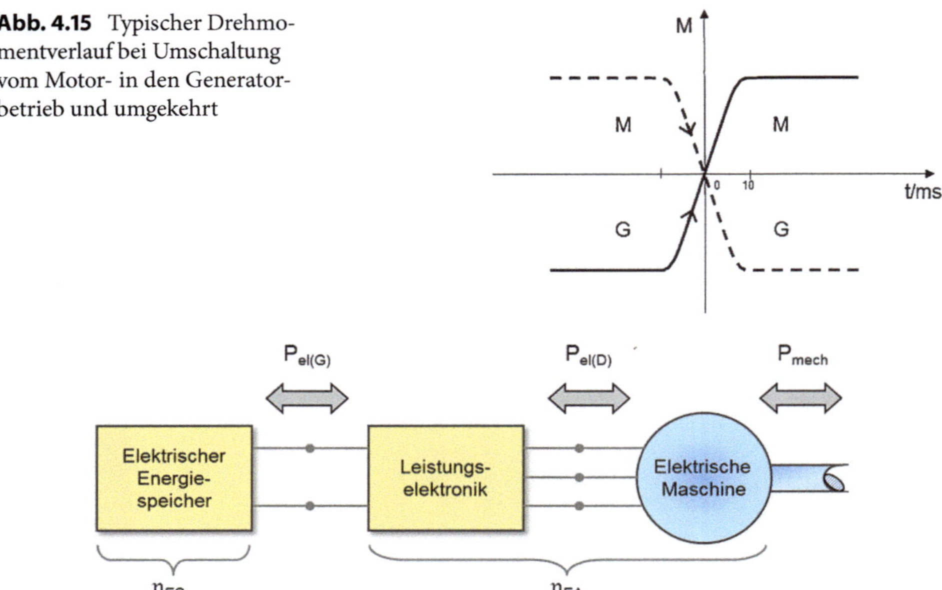

Abb. 4.15 Typischer Drehmomentverlauf bei Umschaltung vom Motor- in den Generatorbetrieb und umgekehrt

Abb. 4.16 Elektrisches Antriebssystem mit Energiespeicher

- **Maximales Drehmoment bei Drehzahl Null**
  Im Gegensatz zu einem Verbrennungsmotor, der bei Drehzahl Null kein Drehmoment entwickeln kann, kann der elektrische Antrieb hier sein maximales Drehmoment erzeugen. Das maximale Drehmoment kann in der Regel (abhängig vom Maschinentyp) bei n = 0 bis ca. 60 s anstehen. Zu Überhitzungsschäden kann es in modernen Antriebssystemen nicht kommen, da neben den Temperatursensoren in der elektrischen Maschine und der Leistungselektronik noch zusätzlich thermische Modelle sowohl der elektrischen Maschine als auch der Leistungselektronik in der Software abgebildet werden. Bei Erreichen von gemessenen oder „beobachteten" Grenztemperaturen muss gegebenenfalls das Drehmoment und damit der Strom reduziert werden. Ferner kann auch die Schaltfrequenz in der Leistungselektronik reduziert werden, um die Schaltverluste zu verringern.
  Diese Tatsache lässt bereits an eine geeignete Kombination mit einem Verbrennungsmotor denken.
- **Wirkungsgrad eines elektrischen Antriebes**
  Für die Betrachtung des Wirkungsgrades wird von dem nachfolgenden Gesamtsystem ausgegangen (Abb. 4.16).

Bei der Umwandlung der elektrischen Leistung in mechanische Leistung bzw. beim umgekehrten Vor-gang, soll zunächst nur der elektrische Antrieb, bestehend aus Maschine und Umrichter, betrachtet werden.

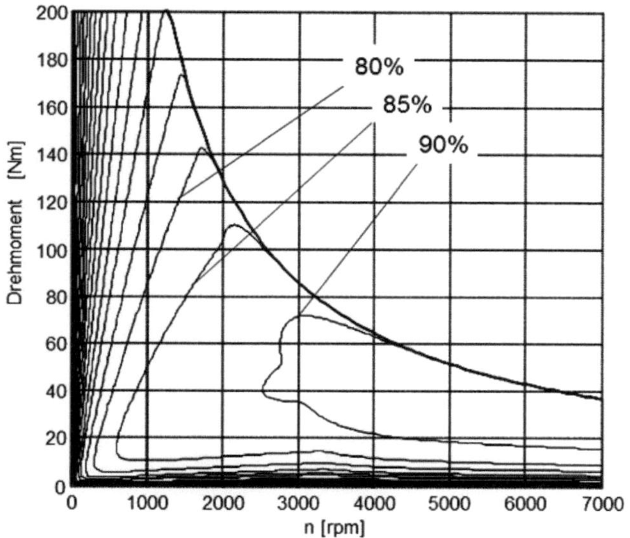

Abb. 4.17 Wirkungsgradkennfeld (η_{EA}) eines elektrischen Antriebes mit PSM im Motorbetrieb (Antriebsmoment versus Drehzahl)

Im Umrichter treten hauptsächlich stromabhängige Durchlassverluste sowie von der Schaltfrequenz abhängige Schaltverluste auf, während in der elektrischen Maschine hauptsächlich stromabhängige ohmsche Verluste („Kupferverluste") und so genannte „Eisenverluste" auftreten, welche durch die Ummagnetisierung im Eisen der elektrischen Maschine entstehen.

Abhängig von der Art der elektrischen Maschine ist die Verteilung dieser Verluste in den unterschiedlichen Arbeitspunkten bei der Umwandlung der elektrischen Leistung auch unterschiedlich.

Ferner sind natürlich die Verluste sowohl im Umrichter als auch in der elektrischen Maschine von der Temperatur abhängig. In den nachfolgenden Abbildungen sind typische Wirkungsgradkennfelder (η_{EA}) im Motor- und Generatorbetrieb eines elektrischen Antriebssystems mit einer permanentmagnet-erregten Synchronmaschine (PSM) dargestellt.

In der Regel macht es Sinn, den Wirkungsgrad an einem realistischen Fahrzyklus widerzuspiegeln, um unterschiedliche Antriebssysteme miteinander vergleichen zu können, ein punktueller Vergleich hat hier wenig Aussagekraft und führt oft zu ungünstigen Entscheidungen.

In der Abb. 4.17 ist das Wirkungsgradkennfeld einer getriebeintegrierten PSM (n_{max} ca. 7000 U/min) im Motorbetrieb angegeben. Im Motorbetrieb wird in der Regel der Wirkungsgrad hinsichtlich des Drehmoments über Drehzahl gewünscht, während im Generatorbetrieb (Abb. 4.18) in erster Linie der Wirkungsgrad der zurückgespeisten elektrischen Leistung über Drehzahl interessiert.

Im Nennpunkt liegt der Wirkungsgrad unterschiedlicher Drehstrommaschinen nahe beieinander in einem Bereich von 90–95 %. Erst im Teillastbereich sowie im unteren- oder oberen Drehzahlbereich sind signifikante Unterschiede im Wirkungsrad der unterschiedli-

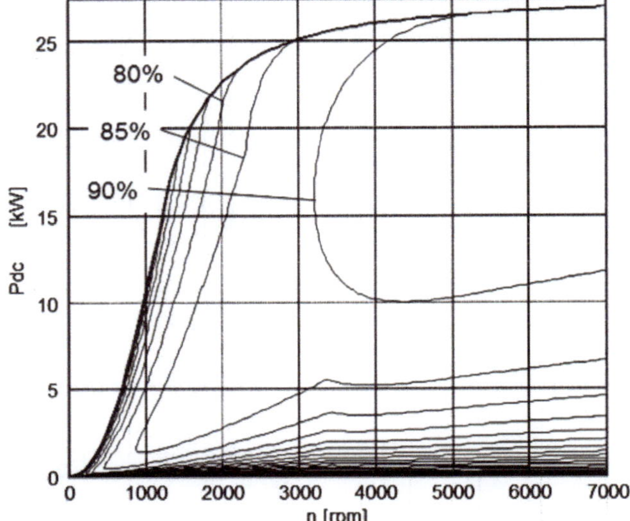

Abb. 4.18 Wirkungsgradkennfeld (η_{EA}) eines elektrischen Antriebes mit PSM im Generatorbetrieb (Rückspeiseleistung versus Drehzahl)

chen Maschinentypen festzustellen. Der Wirkungsgrad bezogen auf einen Fahrzyklus zeigt in der Regel nur marginale Unterschiede und liegt im Bereich des Wirkungsgrades im Nennpunkt.

Einen typischen Vergleich der beiden Hauptvarianten für elektrische Achsantriebe ist im nachfolgenden Bild (Abb. 4.19) wiedergegeben. Hier sind auch die Regionen eingezeichnet, in welchen Arbeitspunkten sich die Wirkungsgrade der einzelnen Maschinen unterscheiden. Ebenso ist eine typische zyklusrelevante Region eingezeichnet.

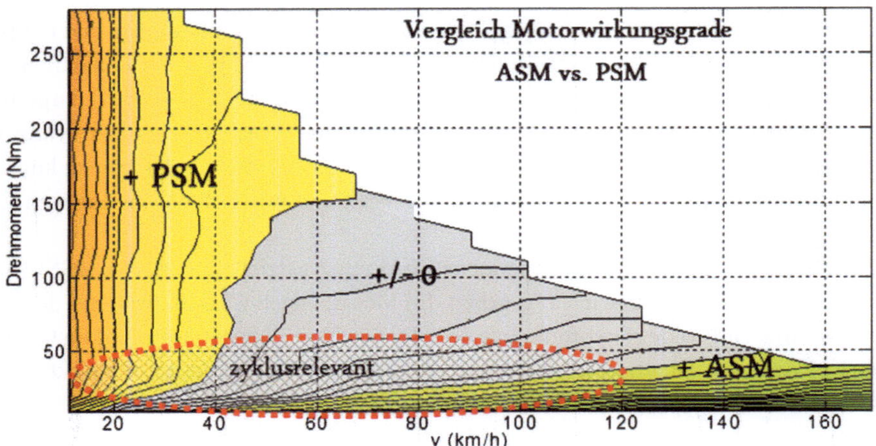

Abb. 4.19 Vergleich Motorwirkungsgrade (relativ) eines elektrischen Achsantriebes mit einer Drehzahl von ca. 12.000 U/min bei 160 km/h für eine ASM versus PSM mit einstufigem Getriebe

Wie aus der Darstellung ersichtlich, könnte durch den Einsatz eines zweistufigen Getriebes der Einsatz einer ASM weiter begünstigt werden, da sie im höheren Drehzahlbereich den besseren Wirkungsgrad besitzt.

4.4.1 Bauformen

Unabhängig von der Art der elektrischen Maschine kann man die elektrischen Maschinen einteilen in:

- **Außen- und Innenläufermaschinen**
  Unabhängig von der Maschinenvariante befindet sich im Stator (S) die Drehstromwicklung, während sich im Rotor (R) die Magnete bei einer permanentmagnet-erregten Synchronmaschine oder der Kurzschlusskäfig bei einer Asynchronmaschine befinden.

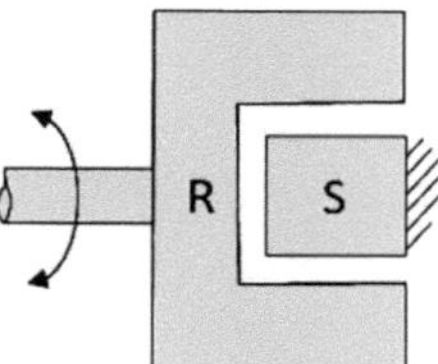

Abb. 4.20 Außenläufer Maschine

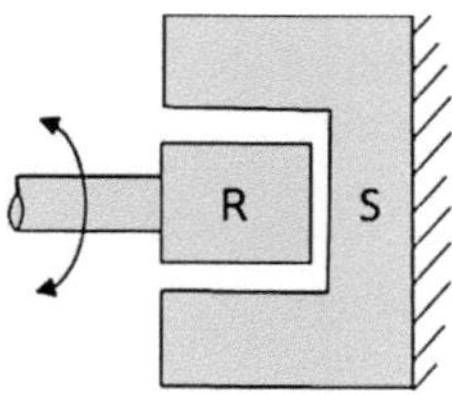

Abb. 4.21 Innenläufer Maschine

Vergleich Außen- und Innenläufer

Außenläufer	
Vorteile	Nachteile
Kürzere Baulänge für vergleichbares Drehmoment im Grunddrehzahlbereich (nicht für hohe Drehzahlen im Feldschwächbetrieb!) Einfachere Wickeltechnik (jedoch nur bei kleinen Durchmessern und geringer Nut Zahl, dann kann mit Flyerwickeltechnik gearbeitet werden)	Kühlmantelfläche ist bei Wasserkühlung geringer → reduzierte Dauerleistung Nur axialer Austritt vom Kühlwasser-Vorlauf und -Rücklauf möglich Radialer Anschluss der Phasen nur bedingt möglich Bei Luftkühlern erhebliche Entwärmungsprobleme Eingebettete Magnete nur schwer möglich → Feldschwächung schwierig bei hohen Drehzahlen → niedrigeres Moment bei hohen Drehzahlen Empfindlicher gegenüber Unwucht Lagerung komplizierter und evtl. größer dimensionierte Kugellager erforderlich Größere träge Rotormasse
Innenläufer	
Vorteile	Nachteile
Größere Kühlmantelfläche → Dauerleistung verbessert Radialer Kühlwasser Vor- und Rücklauf möglich Radialer Anschluss der Phasen möglich Rotor kann bei Luftkühlern mit zur Kühlung verwendet werden Vergrabene Magnete möglich → Feldschwächung gut realisierbar → höhere Drehzahlen und Drehmomente bei hohen Drehzahlen möglich Unwucht bei vergleichbarer Drehzahl geringer Lagersystem einfacher Geringeres Trägheitsmoment	Größere Baulänge für vergleichbares Drehmoment im Grunddrehzahlbereich (nicht für hohe Drehzahlen im Feldschwächbetrieb!) Wickeltechnik bei kleinen Maschinen schwieriger

Generell kann angemerkt werden, dass bezüglich des Wirkungsgrades die Außenläufermaschine vorteilhafter ist als die Innenläufermaschine, da sie vergleichsweise geringere „Eisen- und Kupferverluste“ aufweist. Die Unterschiede sind aber marginal.

- **Radialfluss- und Axialflussmaschinen**

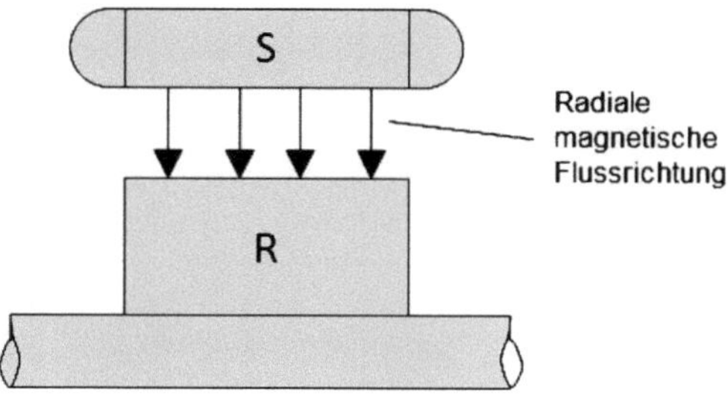

Abb. 4.22 Radialfluss Maschine (Scheibenläufer)

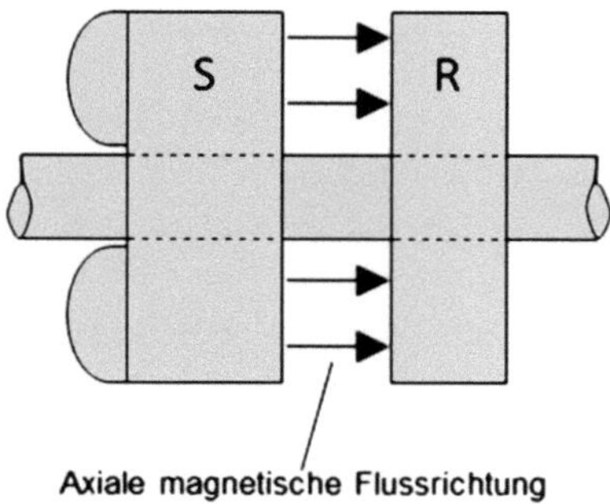

Abb. 4.23 Axialfluss Maschine

Vergleich Radialfluss – Axialflussmaschinen

Radialflussmaschine	
Vorteile	Nachteile
Schlanke Bauformen mit kleinem Trägheitsmoment möglich Nutzung des Rotorinnenraumes für zusätzliche mechanische Bauelemente Hochtourige Anwendungen in Verbindung mit einem Reduziergetriebe	Biegekritische Drehzahl
Axialflussmaschine	
Vorteile	Nachteile
Flache Bauweise Einsatz als Direktantrieb z. B. für Radnabenantriebe Wegfall der Wickelköpfe die nicht zur Drehmomenterzeugung beitragen	Axialer magnetischer Zug auf Rotor- und Stator Sehr aufwendige mechanische Konstruktion Axiale Lagerung erforderlich Rotorinnenraum kann nicht zur Integration zusätzliche mechanische Komponenten genutzt werden Eine „Blechung" des Rotors ist problematisch Vergleichsweise hohe Drehmomentwelligkeit

4.4.2 Maschinenarten

Elektrische Maschinen für Hybrid- und Elektrofahrzeuge

Tab. 4.1 Drehstrommaschinen

Drehstrommaschinen			
Asynchronmaschine	Synchronmaschinen		
Mit Kurzschlusskäfig	Mit Permanent-magneterregung	Mit Fremderregung	Reluktanz

Bei den elektrischen Maschinen für Hybrid- und Elektrofahrzeuge haben sich die Drehstrommaschinen, in unterschiedlicher Ausprägung durchgesetzt. Hierbei dominieren die sogenannten „bürstenlosen" (brushless) Maschinen, d. h. diese Maschinen benötigen keinerlei mechanischen Schleifringsysteme.

Aufgrund der vergleichsweise hohen Leistungsdichte werden die Maschinen mit einer Flüssigkeitskühlung ausgeführt. In der Regel erhält der Stator eine Wasserkühlung, während der Rotor häufig mit einer Rotorinnenkühlung oder einer Öl- oder Ölnebelkühlung ausgeführt wird.

Generell geht der Trend hin zu „Hochdrehzahlkonzepte", um in Verbindung mit einem Untersetzungsgetriebe die elektrische Maschine kleiner bauen zu können. Es gilt auch hier die bekannte Aussage „Drehmoment kostet Geld". Man kann mit solch einer Lösung teures „Aktivmaterial" einer elektrischen Maschine durch günstigeres „Passivmaterial" mit einem Getriebe ersetzen, so dass in Summe ein kostengünstigeres Antriebssystem entsteht.

Ferner müssen natürlich auch neben den Material- und Montagekosten, die Verfügbarkeit der eingesetzten Materialien, sowie deren Recycling beachtet werden.

4.4.2.1 Asynchronmaschinen

Asynchronmaschinen stellen die in der Industrie, die am weitesten verbreitete Maschinevariante dar (Abb. 4.24). In der Automobiltechnik kommt sie hauptsächlich als hochtourige Maschine in Verbindung mit einem Reduziergetriebe als Achsantrieb zum Einsatz. Eine hochtourige Maschine kann kleiner gebaut werden als eine niedertourige Maschine bei gleicher Leistung. Aufgrund der geringeren Abmessungen ist auch der Einsatz des teuren „Aktivmaterials" reduziert. Die Asynchronmaschine ist aufgrund des relativ einfachen Rotordesigns (Abb. 4.25) prädestiniert für hochtourige Anwendungen und stellt für solche Anwendungen eine kostengünstige Maschinenvariante dar. Auch bei Ausfall des Umrichters aufgrund einer Störung sind keine Überspannungen an den Klemmen und keine Bremsmomente an der Motorwelle zu befürchten. Als magnetlose Maschine ist sie auch nicht von der Verfügbarkeit von vergleichsweise teurem Magnetmaterial abhängig.

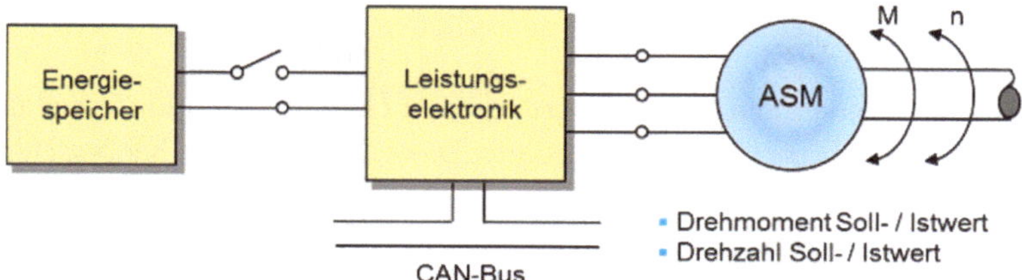

Abb. 4.24 Antrieb mit Asynchronmaschine

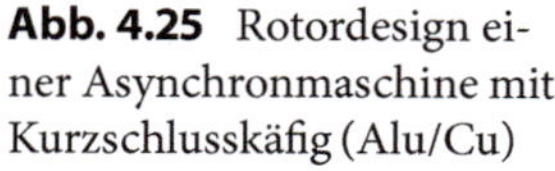

Abb. 4.25 Rotordesign einer Asynchronmaschine mit Kurzschlusskäfig (Alu/Cu)

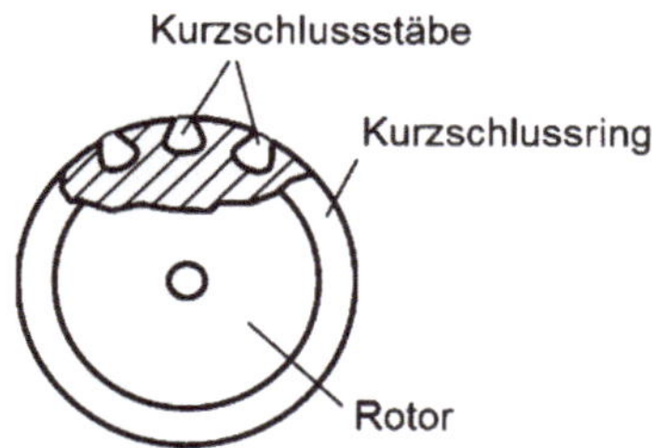

Zusammenfassend die Merkmale der Asynchronmaschine:

- robust,
- hohe Überlastfähigkeit,
- Betriebsverhalten unkritisch im Fehlerfall,
- hohe Drehzahlen möglich,
- einfache Herstellbarkeit, Montage freundlich,
- vergleichsweise kostengünstige Drehstrommaschine,
- Wirkungsgradnachteile im unteren – und Wirkungsgradvorteile im oberen Drehzahlbereich,
- keine Probleme mit der Verfügbarkeit von Magnetmaterial,
- keine Schleppverluste im Leerlauf, da keine Magnete.

4.4.2.2 Permanenterregte Synchronmaschinen (PSM, IPM)

Die permanenterregte Synchronmaschine (Abb. 4.26) auf Basis von Seltenerd-Magneten wird seit etwa Mitte der 80er Jahre sehr erfolgreich als Servoantrieb in der Automatisierungstechnik eingesetzt. Hier hat sie sich vor allen Dingen aufgrund der geringeren Rotorverluste im Stillstand bewährt, da der Rotor der elektrischen Maschine häufig direkt mit der Vorschubspindel verbunden ist und diese bei Erwärmung mit Längenänderungen reagiert, was auf die Lagegenauigkeit einen Einfluss hat.

Man unterscheidet hier zwei Ausführungsvarianten bezüglich des Rotordesigns:

- Die PSM mit sogenannten Oberflächenmagneten (Abb. 4.27a) und einer Bandage zur Absicherung der Magnete gegen Fliehkräfte. Diese Variante wird hauptsächlich in der Industrie eingesetzt.
- Die IPM (Interieur Permanent Magnet Maschine) oder auch HSM (Hybrid Synchron Maschine) genannt, mit in den Rotor eingebetteten Magnete (Abb. 4.27b). Diese Variante hat zwar von Haus aus eine geringere Drehmomentdichte, kann aber durch Nutzung des sogenannten Reluktanzmomentes in Verbindung mit einem erhöhten Statorstrom diesen Nachteil kompensieren. Zusammenfassend die Merkmale der permanenterregten Synchronmaschine:
  - vergleichsweise hoher Wirkungsgrad im unteren Drehzahlbereich aber niedriger Wirkungsgrad im oberen Drehzahlbereich,
  - Baugröße im Vergleich zur ASM ca. 15 % kleiner,
  - im Fehlerfall kritisch zu bewerten (Überspannung, Bremsmoment, Pendelmoment),
  - die Verfügbarkeit von Magnetmaterial könnte zukünftig problematisch werden,
  - Schleppverluste im Leerlauf
    bei den Schleppverlusten handelt es sich hauptsächlich um die Wirbelstromverluste in den Magneten. Sie sind am größten bei hoher Drehzahl und können im mittleren Leistungsbereich bis zu 3 kW ansteigen,
  - im Vergleich zur ASM wesentlich höhere Herstellkosten.

Antrieb mit permanenterregter Synchronmaschine

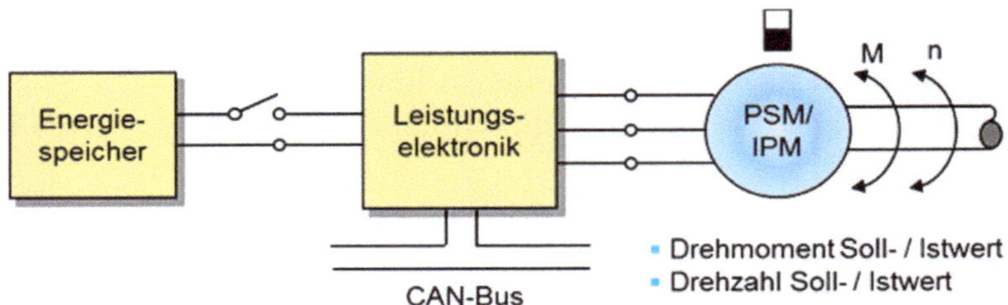

Abb. 4.26 Antrieb mit PSM/IPM

Abb. 4.27 Rotordesign einer permanenterregten Synchronmaschine, **a** PSM, **b** IPM

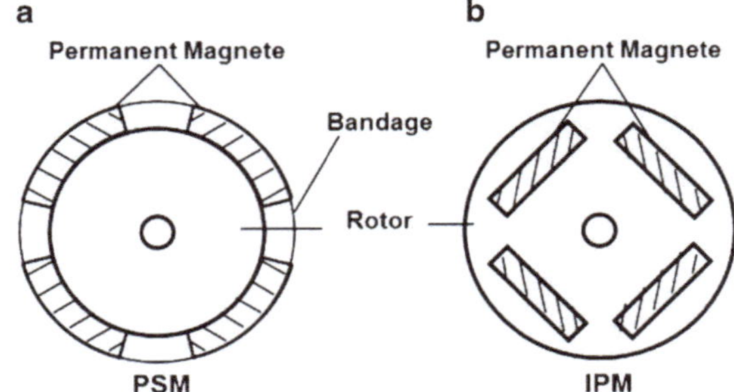

4.4.2.3 Fremderregte Synchronmaschinen

Eine bereits seit über 100 Jahren bekannte Maschinenvariante stellt die sogenannte „fremderregte Synchronmaschine“ (Abb. 4.28) dar. Sie stellt auch heute noch bei Generatoren in Kraftwerken die hauptsächliche Maschinenvariante dar. Hier ist jedoch die Drehzahl der Maschine starr an die Netzfrequenz gekoppelt.

In der Automobiltechnik ist diese Maschinenvariante allerdings nur in Verbindung mit einem Frequenzumrichter zur Speisung der Statorwicklung und einem Feldstellgerät zur Speisung der Feldwicklung des Rotors einsetzbar (Abb. 4.28).

In Abb. 4.29 ist ein Rotordesign mit einem Schleifringsystem wiedergegeben. Eine andere Möglichkeit stellt eine Maschine mit einem rotierenden Gleichrichter und einer Spuleneinheit dar, mit dem die notwendige Felderregung zunächst vom Feldstellgerät über eine Spuleneinheit transformatorisch übertragen wird und mittels eines rotierenden Gleichrichters als Gleichstrom in die Feldwicklung eingespeist wird.

Zusammenfassung der Merkmale der fremderregten Synchronmaschine:

- unkritischer im Fehlerfall als die PSM/IPM bei aktiver Entregung des Feldes,
- Entwärmung der isolierten Feldwicklung im Rotor problematisch,
- Schutz der Feldwicklung im Rotor gegenüber Fliehkräfte erforderlich,
- zusätzliches Feldstellgerät und Bürstensystem mit Schleifring oder berührungsloses Übertragungssystem mit rotierendem Gleichrichter notwendig,
- relativ hoher Wirkungsgrad (> 90 %) im unteren – und bei eingeschränkter Leistung auch im oberen – Drehzahlbereich,
- keine Schleppmomente im Leerlauf, da keine Magnete,
- die Herstellkosten entsprechen etwa denen der PSM/IPM,
- Baugröße inklusive Schleifring- und Bürstensystem (bzw. berührungslosem Übertragungssystem) vergleichbar mit ASM,
- nicht geeignet für scheibenförmige, getriebeintegrierte Maschinen.

Antrieb mit fremderregter Synchronmaschine

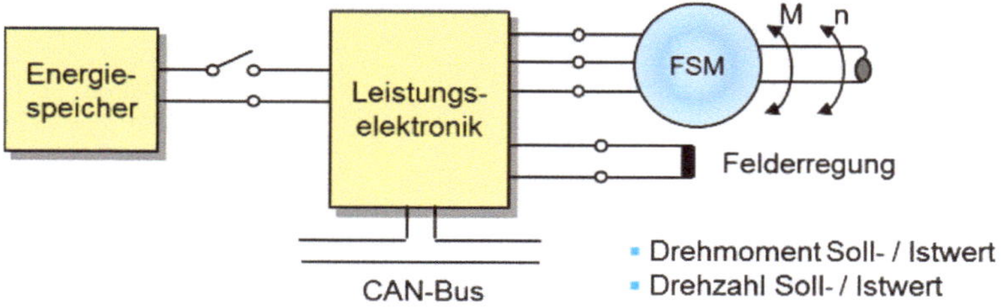

Abb. 4.28 Antrieb mit fremderregter Synchronmaschine

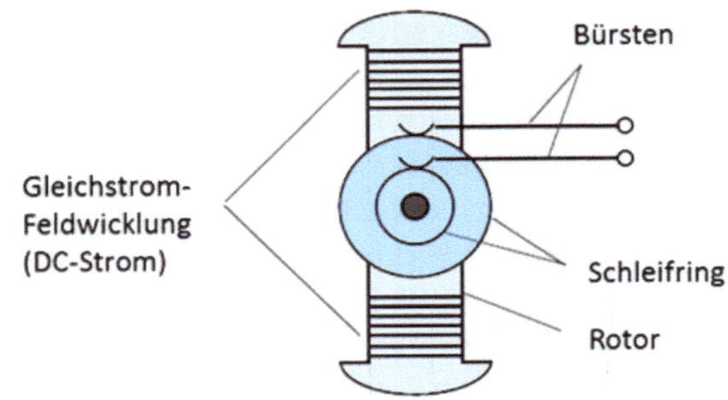

Abb. 4.29 Rotordesign für eine fremderregte Synchronmaschine (Ausführung mit Schleifringsystem)

4.4.2.4 Synchronreluktanzmaschine (SYRM)

Eine weitere, bereits bekannte Maschinenvariante stellt neuerdings die Synchronreluktanzmaschine in Verbindung mit einem Frequenzumrichter (Abb. 4.30) dar. Der prinzipielle Aufbau ähnelt der IPM mit eingebetteten Magneten allerdings ohne Magnete. Das bedeutet, die Erregung der Maschine muss komplett über den Statorstrom abgedeckt werden, dies ist gleichbedeutend mit einer vergleichsweise großen Blindstromaufnahme, was einen „schlechten" $\cos\varphi$ bedeutet. Aufgrund des typischen Rotordesigns (Abb. 4.31) kann man erkennen, dass hier viele eisenlose Bereiche vorhanden sind, das bedeutet, dass zur Aufmagnetisierung ein relativ großer Strombedarf (größer als bei der Asynchronmaschine) erforderlich ist. Ferner fehlt bei der Momentenbildung der elektromagnetische Anteil, es ist nur der Anteil durch das Reluktanzmoment vorhanden. Das bedeutet, dass bei kleinerer Drehmomentdichte auch ein größerer Statorstrom benötigt wird.

Zusammenfassung der Merkmale der Synchronreluktanzmaschine:

- unkritisch im Fehlerfall,
- relativ geringe Rotorverluste → geringe Lagererwärmung,
- keine Schleppmomente im Leerlauf, da keine Magnete,
- vergleichsweise geringe Herstellkosten, vergleichbar mit ASM,
- aufgrund der Rotorgeometrie nur bedingt geeignet für scheibenförmige, getriebeintegrierte Maschinen,
- erhöhte Statorkupferverluste durch erhöhten Magnetisierungsstrom,
- vergleichsweise hohe Phasenströme,
- Rotorlagegeber erforderlich,
- vergleichsweise niedrige Leistungsdichte.

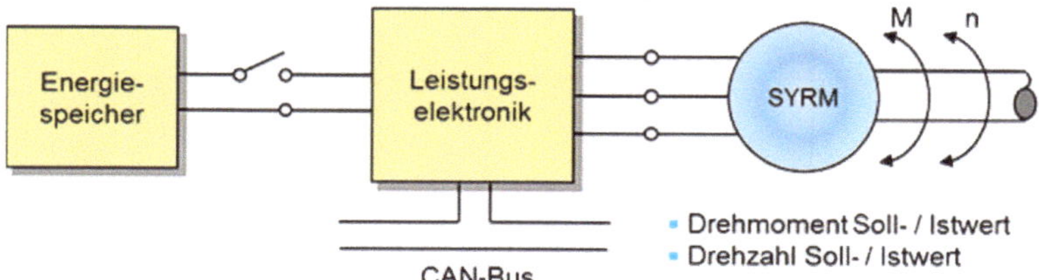

Abb. 4.30 Antrieb mit Synchronreluktanzmaschine

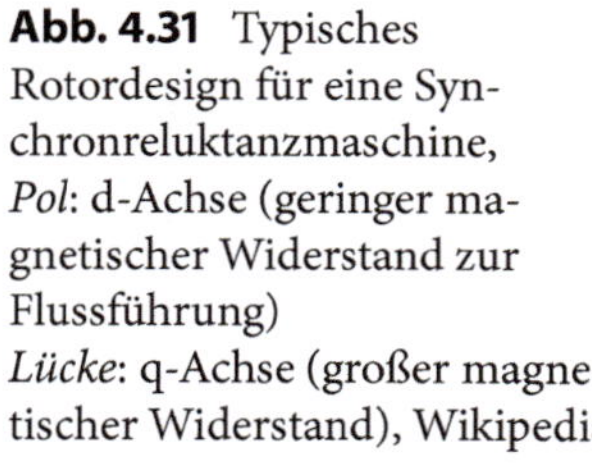

Abb. 4.31 Typisches Rotordesign für eine Synchronreluktanzmaschine, *Pol*: d-Achse (geringer magnetischer Widerstand zur Flussführung) *Lücke*: q-Achse (großer magnetischer Widerstand), Wikipedia

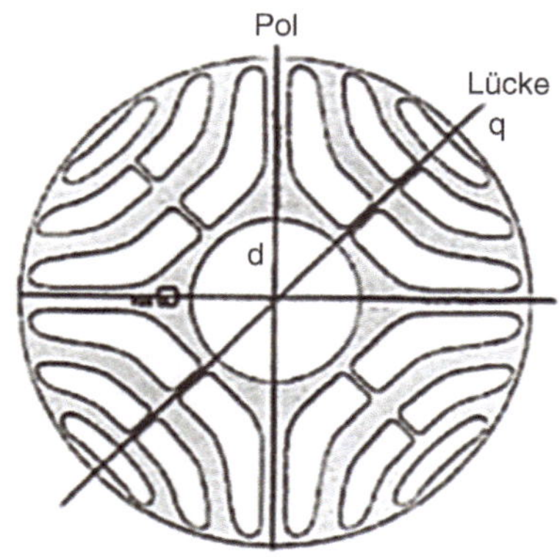

4.5 Energiespeicher

Bei den Energiespeichern handelt es derzeit hauptsächlich um elektrochemische Energiespeicher (Batterien, Akkus).

Ferner können für bestimmte Applikationen, alternative Energiespeicher zum Einsatz gelangen, hierbei wird zwischen elektrischen Energiespeichern (Superkondensatoren, Ultra- bzw. Supercaps) und mechanischen Energiespeichern (Schwungradspeicher) unterschieden (Abb. 4.32).

Hydraulische- und Druckluftspeicher spielen derzeit bei der Traktion von Fahrzeugen, wenn überhaupt, eine unbedeutende Rolle und sollen deshalb in diesem Beitrag nicht behandelt werden.

4.5.1 Begriffe und Einordnung der Systeme

Zu einem weiteren Vergleich unterschiedlicher Energiespeichertechnologien dient das Ragone Diagramm nach Abb. 4.33. In einem Koordinatensystem wird die spezifische Leistungsdichte (oder Leistung) in Abhängigkeit von der spezifischen Energiedichte (oder Energie) dargestellt. Durch Division der spezifischen Energiedichte durch die spezifische Leistungsdichte ergeben sich die Zeiten für eine vollständige Entladung. Diese Zeiten lassen sich in diagonal verlaufenden Linien darstellen.

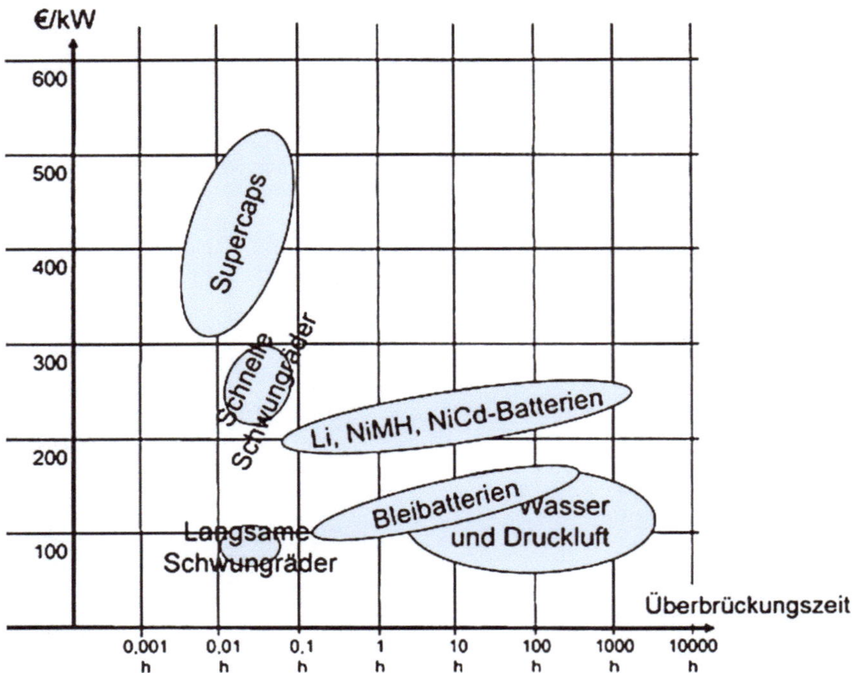

Abb. 4.32 Vergleich von Energiespeichern (Wikipedia)

4.5.2 Batterien

Batterien speichern elektrische Energie in chemischer Form.

Eine Batterie ist eine variable Spannungsquelle U_0 mit variablem Innenwiderstand R_i (Abb. 4.34), aber:

Die Spannung der Spannungsquelle und der Innenwiderstand hängen von der Vorgeschichte ab, insbesondere dem aktuellen Ladezustand = Menge an noch verfügbarer chemisch gespeicherter Energie (Abb. 4.35)!

Die Spannung der Batterie bleibt lange relativ konstant, weil sich am Anfang weder der Innenwiderstand noch die Spannung verändert. Die einzelnen Bestandteile des Innenwiderstands ändern sich unterschiedlich in Abhängigkeit von der Entladerate, dem Ladezustand und dem Alter. Die Stromverteilung in den Elektroden ist eine komplexe Funktion des Stromes, des Alterungszustands und des Ladezustands. Inhomogenitäten spielen eine große Rolle.

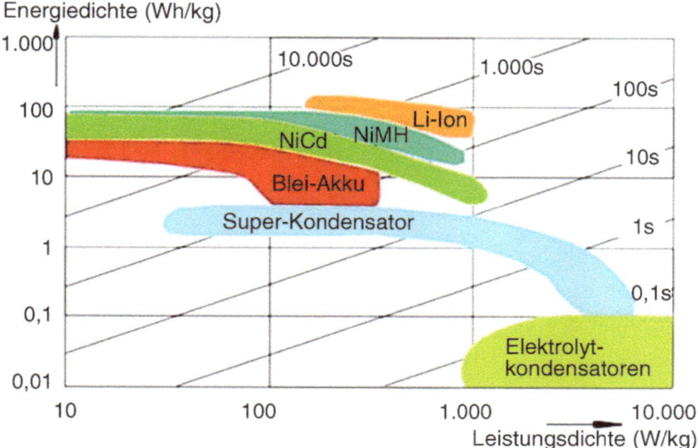

Abb. 4.33 Ragone Diagramm zum Vergleich von Energiespeichern (Wikipedia)

Abb. 4.34 Batteriemodell als variable Spannungsquelle U_0 mit variablem Innenwiderstand R_i

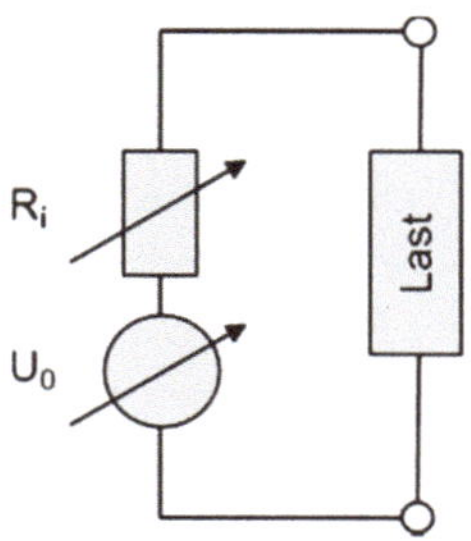

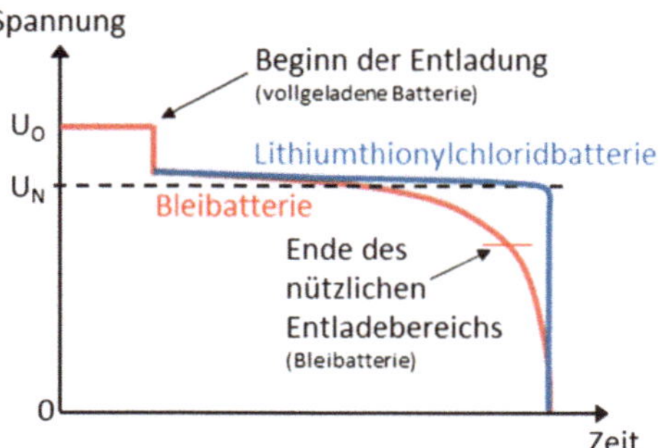

U_0: Ruhespannung oder „open circuit voltage“

Abb. 4.35 Die Nennspannung U_N ist ein „beliebig“ festgelegter Wert

4.5.3 Alternative Energiespeicher

Bei den alternativen Energiespeichern handelt es sich um Kurzzeitspeicher mit einer vergleichsweise hohen Leistungsdichte, man spricht deshalb auch häufig von Leistungsspeichern.

4.5.3.1 Superkondensatoren (Supercaps)

Elektrische Antriebe brauchen Strom und somit leistungsfähige Speichersysteme.

Erfolg versprechend ist dabei nicht nur die Lithium-Ionen-Batterie, sondern auch der Superkondensator. Der entscheidende Vorteil gegenüber selbst den neuesten Batteriesystemen, liegt in der Schnelligkeit, mit der sie Strom speichern und wieder abgeben können. Elektrochemische Doppelschichtkondensatoren zeichnen sich durch eine hohe Leistungsdichte und eine extrem große Zyklenstabilität aus. Ihre Energiedichte kann allerdings mit der von Batterien nicht konkurrieren. Superkondensatoren sind somit prädestiniert für kurzzeitige Zwischenspeicherung von Energie. Die Zeitspanne, in der Superkondensatoren sinnvoll arbeiten, liegt zwischen Sekundenbruchteilen und Minuten.

Im Antriebsstrang sind Superkondensatoren nur eine Ergänzung. Im Fahrzeug finden sich Superkondensatoren sowohl im Antriebsstrang von Hybridfahrzeugen als auch im Bordnetz. Im Antriebsstrang spielen sie meist als ergänzende Komponente zu Batterien oder Brennstoffzellen eine Rolle die Spitzenleistungen abdeckt. Im Zusammenspiel mit einer Batterie führt das dazu, das die Batterie entweder wesentlich länger lebt, oder dass die Batterie verkleinert werden kann. Hinsichtlich der Verwendung von Superkondensatoren ist zwischen Kosten, Gewicht, Volumen und Anforderung abzuwägen.

Allerdings kann ein Superkondensator kaum Energie in Größenordnungen speichern um größere Strecken rein elektrisch zu fahren.

Die Energie, welche man aus einem Energiespeicher entnehmen kann, ist definiert nach:

$$E = \int_{to}^{ta} u(t) \cdot i(t) \cdot dt \tag{4.1}$$

Aus Abb. 4.36 wird ersichtlich, dass der Superkondensator mit der steil abfallenden Spannungskennlinie in kurzer Zeit nur einen Bruchteil der Energie von Akkus speichern kann.

4.5.3.2 Schwungradspeicher

Ein Schwungradspeicher, auch e-KERS (electric Kinetic Energy Recovery System) genannt, besteht aus einem Schwungrad sowie einem Elektromotor mit zugehöriger Leistungselektronik. Bremst das Fahrzeug, wird die Schwungmasse hochgedreht und damit Energie gepuffert. Wird das Fahrzeug beschleunigt, wird die Energie im Schwungrad über den Elektroantrieb in den Antriebsstrang eingeleitet. Der Schwungradspeicher kann ähnlich wie der Superkondensator als Kurzzeitspeicher in Kombination mit einer Grundlastbatterie eingesetzt werden.

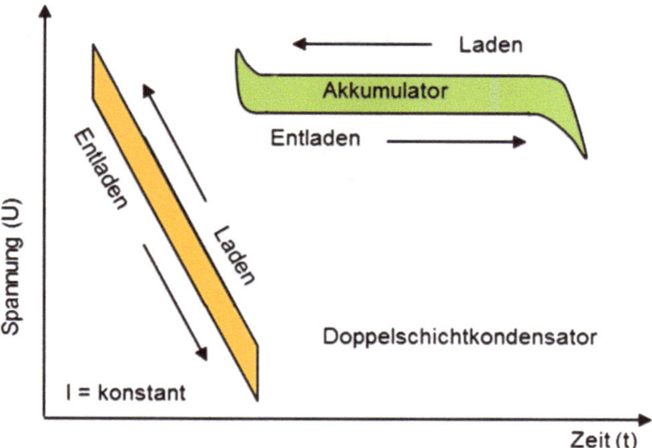

Abb. 4.36 Lade- und Entladekennlinie einer Batterie und eines Superkondensators (Wikipedia)

Der Schwungradspeicher als elektromechanischer Speicher hat gegenüber dem Superkondensator den Vorteil, dass er keine Chemikalien enthält und dank seiner hohen Einsatztemperatur kein aufwendiges Niedrigtemperatur-Kühlsystem benötigt.

Als Nachteil gegenüber dem Superkondensator sind die extrem hohen Drehzahlen (bis zu 60.000 rpm) des Schwungradspeichers sowie die größere Selbstentladung zu sehen.

Ein Vergleich der typischen Energie- und Leistungsdichte beider Systeme zeigt einen Vorteil des Schwungradspeichers bei der Energiedichte, während der Superkondensator bei der Leistungsdichte wesentlich besser abschneidet. Deshalb ist der Schwungradspeicher auch prädestiniert für Anwendungen in Bussen und Kommunalfahrzeugen. Ob sich der Schwungradspeicher auch im PKW-Bereich etablieren wird, muss sich zeigen.

4.5.4 Vergleiche von Energiespeicher

Tab. 4.2 Energiespeicher

Speichertechnologie	Schwungmassen-speicher	Kondensator	Doppelschicht-kondensator	Batterie (Li-Ion)
Spezifische Energie [Wh/kg]	5–50	< 0,1	2–5	30–200
Spezifische Leistung [W/kg]	180–1800	> 10.000	7000–18.000	100–700
Verhältnis Energie zu Leistung = Entladezeit [s]	100	< 0,1	< 1	> 1000
Zyklenzahl	10^6	$> 10^6$	$> 10^6$	1000
Wirkungsgrad [%]	< 90	> 95	> 95	80–85
Ansprechzeit [ms]	10	< 1	1–10	10–100

Da der Wirkungsgrad im Wesentlichen vom Innenwiderstand bzw. von der Reibung (Schwungmassenspeicher) des Energiespeichers abhängt, gilt der angegebene Wert annähernd sowohl für die Energieaufnahme als auch für die Energieabgabe.

4.6 Leistungselektronik

Unter einer Leistungselektronik versteht man im Allgemeinen eine elektronische Baugruppe, die z. B. aus einer zeitlich nicht konstanten Gleichspannung eine variable Ausgangsspannung stellen kann. Handelt es sich um eine variable Gleichspannung als Ausgangsspannung, dann spricht man von einem DC/DC- oder einem Gleichspannungswandler. Handelt es sich bei der Ausgangsspannung um eine spannungs- und frequenzvariable Drehspannung, so spricht man von einem Umrichter oder Inverter.

In der Regel kann der Fluss für die elektrische Leistung sowohl vom Eingang zum Ausgang als auch umgedreht erfolgen. Eine Leistungselektronik besteht im Wesentlichen aus der Leistungsbaugruppe (Power Stage) mit den Leistungshalbleitern und dem Kühler sowie aus einer Steuereinheit (Controlboard) für die Regelung der elektrischen Maschine.

4.6.1 Umrichter

In Abb. 4.37 ist symbolisch ein Umrichter als Bestandteil eines elektrischen Antriebes dargestellt.

Die Aufgabe des Umrichters besteht darin, aus einer Gleichspannung eines vorhandenen Energiespeichers eine dreiphasige Wechselspannung zu erzeugen, die in ihrer Amplitude und der Frequenz variabel ist.

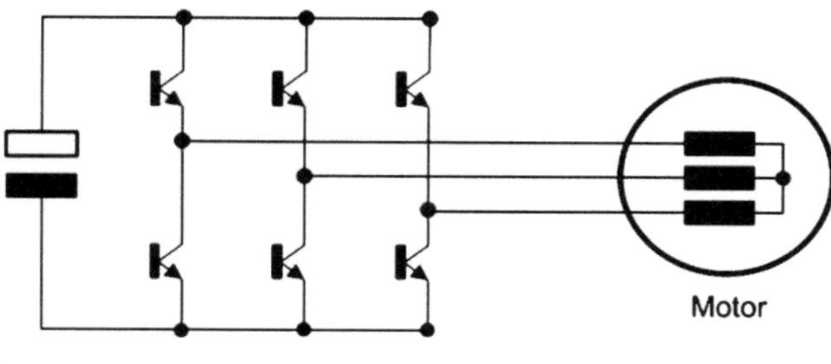

Abb. 4.37 Prinzipielle Darstellung eines Elektroantriebes

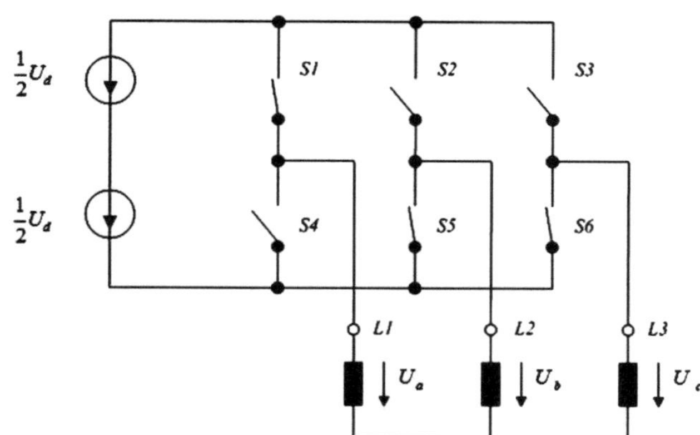

Abb. 4.38 Prinzipieller Aufbau eines Umrichters

4.6.1.1 Prinzipieller Aufbau

In der nachfolgenden Abb. 4.38 ist das Prinzipschaltbild eines Umrichters dargestellt. Die Leistungsbauelemente (IGBT's, MOSFET's) sind hier symbolisch durch Schalter (S) repräsentiert.

Im Folgenden sollen kurz die Unterschiede zwischen einem MOSFET und einem IGBT bezüglich des Einsatzes erläutert werden:

- MOSFET (Metall-Oxid-Feldeffektransistor)
  - Geeignet für hohe Schaltfrequenzen (> 200 kHz)
  - Prädestiniert für den Niedervoltbereich (< 100 V) und damit sinnvoll einsetzbar für einen Leistungsbereich < 50 kW
  - Die Durchlassverluste sind beim MOSFET in etwa quadratisch vom Strom abhängig
- IGBT (Insulated-Gate Bipolar Transistor)
  - Geeignet für Schaltfrequenzen < 20 kHz
  - Prädestiniert für den Hochspannungsbereich (< 1200 V) und damit auch im Hochleistungsbereich mit ca. 250 kW einsetzbar
  - Die Durchlassverluste sind in etwa linear vom Strom abhängig

Tab. 4.3 Schalten ($t = t_e$: schließen, $t = t_a$: öffnen)

Nullspannungsschalten (ZVS)	$u(t_e - 0) = 0$	$u(t_a + 0) = 0$
Nullstromschalten (ZCS)	$i(t_e + 0) = 0$	$i(t_a - 0) = 0$
Hartes Schalten	$u(t_e) \neq 0$ $i(t_e) \neq 0$	$u(t_a) \neq 0$ $i(t_a) \neq 0$

Generell kann gesagt werden, dass die Schaltverluste bei einem IGBT größer sind als in einem MOSFET.

Schalter sind zentrale Bauelemente des Umrichters, da sie als einzige Elemente entweder aktiv (Steuerimpuls) oder passiv (als Folge des äußeren elektrischen Verhaltens der Last) den Stromfluss oder die anliegenden Spannungen gezielt beeinflussen können.

Aus dem in der Abb. 4.38 dargestellten Schalterzustand kann beispielsweise ein augenblicklicher Stromfluss in die Drehstromwicklung des Motors dargestellt werden:

Über den Schalter S1 fließt der Strom aus der Batterie in den Wicklungsanschluss L1. Im Sternpunkt der Drehstromwicklung teilt sich der Strom auf und fließt über L2 und S5 sowie über L3 und S6 wieder zurück zur Batterie.

Durch ein schnelles Schalten der Schalter (z. B. 10 kHz) kann eine nahezu sinusförmige Spannung an der Wicklung des Motors erzeugt werden, die wiederum einen sinusförmigen Strom (geglättet durch die Induktivität der Wicklung) hervorruft. Das Verhalten der E-Maschine kann dann im Wesentlichen durch das Grundwellenverhalten mit sinusförmigen Größen beschrieben werden.

Das Schalten der Schalter kann dabei auf unterschiedliche Art und Weise vorgenommen werden.

Man unterscheidet weiches und hartes Schalten (Abb. 4.39, Tab. 4.3).

Unter *weichem Schalten* (engl. *soft switching*) versteht man das Schalten bei Nullspannung oder Nullstrom.

Genauer spricht man vom *Nullspannungsschalten* (*Zero Voltage Switching, ZVS*), wenn der Schalter in einem Moment geschlossen wird, wenn die momentan anliegende Spannung gerade Null ist, bzw. wenn nach dem Öffnen der Schalter keine Sperrspannung aufzunehmen braucht.

Unter Nullstromschalten (Zero Current Switching, ZCS) versteht man das Öffnen des Schalters in einem Moment, wenn der geführte Strom gerade Null ist, bzw. wenn nach dem Schließen des Schalters zunächst kein Strom übernommen werden muss.

Durch weiches Schalten werden reale Bauelemente in der Regel nur gering belastet und die bei realen Bauelementen auftretenden *Schaltverluste* minimiert. Weiches Schalten wird z. B. bei Resonanzumrichtern durch Umschwingvorgänge erreicht.

Das weiche Schalten wird sinnvollerweise eingesetzt, wenn die Applikation Schaltfrequenzen von $f_{SW} > 30\,\text{kHz}$ erfordert. Bei ZVS- bzw. ZCS-Umrichtern werden zusätzliche passive Bauelemente wie Induktivitäten und Kondensatoren benötigt, welche natürlich zusätzliche Kosten und Bauraum bedeuten.

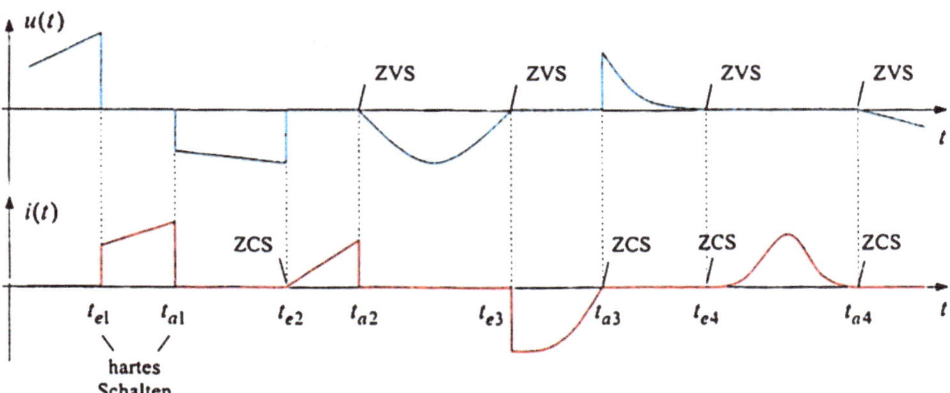

Abb. 4.39 Beispiele für hartes Schalten und Schalten bei Nullstrom und Nullspannung am Zweipolschalter

Bei derzeitigen Traktionsantrieben ist eine Schaltfrequenz von $f_{SW} \leq 10\,kHz$ ausreichend.

Der Betrieb eines Schalters ohne Rücksicht auf die Momentanwerte von Strom und Spannung wird als hartes Schalten bezeichnet.

4.6.1.2 Wirkungsgrad

Wie aus Abb. 4.39 ersichtlich, treten beim weichen Schalten während des Schaltens praktisch keine Schaltverluste auf, da zu den Schaltzeitpunkten entweder der Strom (ZCS) oder die Spannung (ZVS) gleich Null ist. Es treten lediglich die sogenannten Durchlassverluste am Schalter auf, bedingt durch den Durchlassspannungsabfall am realen Schaltelement.

Weich schaltende Systeme werden in der Regel für Umrichter eingesetzt wo eine sehr hohe Schaltfrequenz $f > 50\,kHz$ erforderlich ist, um die Baugröße der passiven Bauelemente in den Griff zu bekommen, wie z. B. bei DC/DC-Wandlern.

Bei Traktionsantrieben mit Schaltfrequenzen mit Schaltfrequenz $f_{SW} < 10\,kHz$ werden derzeit fast ausschließlich aus Kostengründen hartschaltende Systeme eingesetzt.

Eine Bestimmung der Verluste in einem Umrichter lassen sich anhand des Modells (siehe Abb. 4.40) darstellen.

Das Modell des Wechselrichters besteht aus den drei in der Abb. 4.40 schematisch dargestellten IGBT/Dioden-Halbbrücken. Die Verluste in den Leistungshalbleitern lassen sich in Schaltverluste (P_{SW}) und Durchlassverluste (P_{DC}) unterscheiden.

Die Schaltverluste der IGBT's werden nach (4.2) berechnet. Dabei ist f_{SW} die Schaltfrequenz, E_{SW} die gesamte Schaltverlustenergie (d. h. die Summe aus Ein- und Ausschaltverlustenergie) unter den Referenzbedingungen Strom $\hat{I}_0$ und Spannung U_0. Abhängig vom Scheitelwert des Motorstroms $\hat{I}$ und der anliegenden Zwischenkreisspannung (U_{ZK}) ergibt

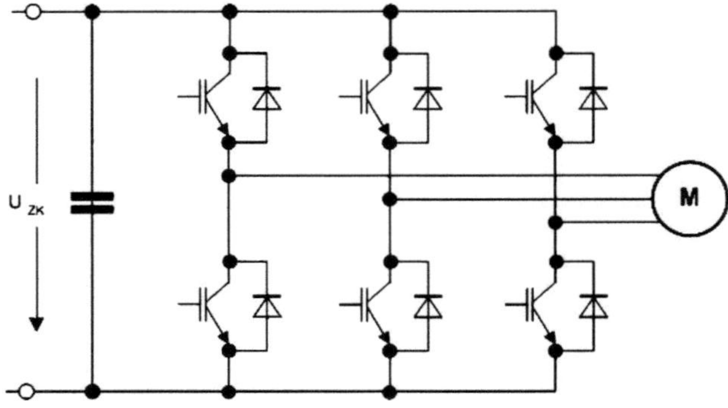

Abb. 4.40 Endstufe des Antriebsumrichters mit IGBT-Halbbrücken (Prinzipdarstellung)

sich die über eine Motorperiode gemittelte Schaltverlustleistung gemäß:

$$P_{SW} = \frac{f_{SW} \cdot E_{SW} \cdot \hat{I} \cdot U_{ZK}}{\pi \cdot \hat{I}_0 \cdot U_0} \tag{4.2}$$

Über den Modulationsgrad m bestimmt sich die Spannung am Motor ($\hat{U}_M$):

$$m = \frac{\hat{U}_M}{U_{ZK}} \tag{4.3}$$

Damit, und unter der Annahme einer abschnittsweise linearisierbaren IGBT-Ausgangskennlinie mit der Sättigungsspannung V_{CE0} und dem differentiellen Widerstand r_{I}, lassen sich die Durchlassverlust der IGBT's als über eine Motorperiode gemittelte Größe errechnen:

$$P_{DC} = V_{CE0} \cdot \hat{I} \cdot \left(\frac{1}{2\pi} + \frac{m \cdot cos\varphi}{8} \right) + r_I \cdot \hat{I}^2 \cdot \left(\frac{1}{8} + \frac{m \cdot cos\varphi}{3\pi} \right) \tag{4.4}$$

Überschlagsmäßig gilt:

$$P_{SW} \sim f_{SW} \cdot \hat{I} \cdot U_{ZK} \tag{4.5}$$

$$P_{DC} \sim V_{CEO} \cdot \hat{I} \tag{4.6}$$

Der Wirkungsgrad von „hartschaltenden“ Umrichtern liegt in Abhängigkeit von der Belastung im Bereich von 90–95 %, der von „weichschaltenden“ Umrichtern im Bereich von ≥ 95 %.

4.6.2 DC/DC-Wandler

DC/DC- oder Gleichspannungswandler werden heutzutage vorwiegend zur Spannungsanpassung im Bordnetz von Fahrzeugen eingesetzt, wenn beispielsweise ein dezentraler elektrischer Hochlastverbraucher eine höhere Spannung erfordert, damit die Ströme beherrschbar bleiben. Derartige Spannungswandler sind in der Regel „unidirektional" ausgeführt, d. h. sie können keine Energie zurückliefern. Anders verhalten sich die „bidirektionalen" Spannungswandler die sowohl Energie von der Nieder- auf die Hochspannungsseite und umgedreht liefern können. Solche Systeme kommen heutzutage zum Einsatz bei riemengetriebenen Startergeneratorsystemen oder integrierten Startergeneratorsystemen.

4.6.2.1 Allgemeines

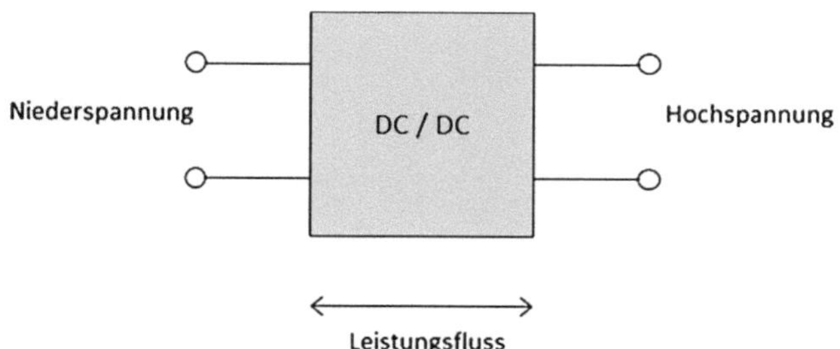

Abb. 4.41 Leistungsfluss beim DC/DC-Wandler (bidirektional)

4.6.2.2 Anwendungen in der Traktion

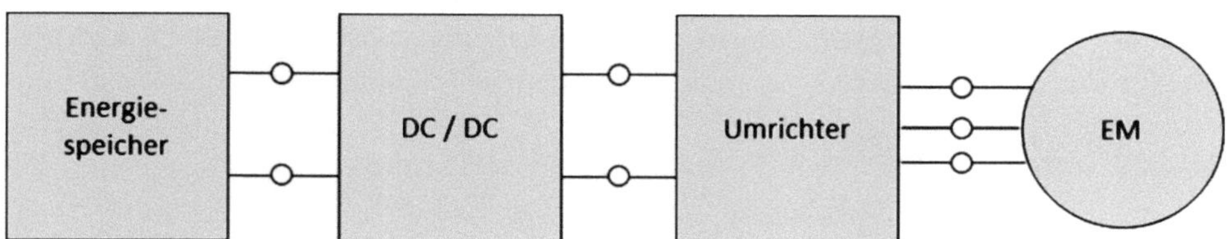

Abb. 4.42 Einsatz im Traktionsantrieb

Einfluss der Zwischenkreisspannung auf das Motorverhalten (Abb. 4.43)
Eine Variation der Zwischenkreisspannung hat direkten Einfluss auf die Effizienz von IGBT-Frequenzumrichtern durch die Möglichkeit, Schaltverluste in den Halbleiterbauteilen zu minimieren. Diese Verluste lassen sich nach für die IGBTs und die zugehörigen Freilaufdioden bei sinusförmigen Motorströmen durch die (4.2) beschreiben.

Aus der Formel ist ersichtlich, dass bei ansonsten gleichen Betriebsparametern eine reduzierte Zwischenkreisspannung eine lineare Abnahme der Schaltverluste ermöglicht. Die durch diese Maßnahme ebenfalls erreichte Reduzierung des Stromrippels auf der AC-Seite minimiert motorseitige Wirbelstromverluste sowie Kupferverluste in der Statorwicklung und in den Rotorstäben.

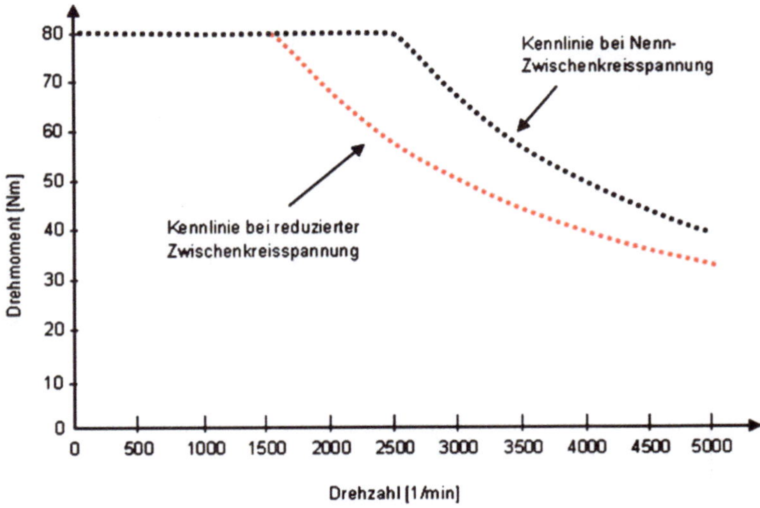

Abb. 4.43 Einfluss der Umrichter-Zwischenkreisspannung auf das Motorkennfeld

Gleichzeitig bedingt eine Reduzierung der Zwischenkreisspannung unterhalb der Nennspannung eine Verschiebung des Drehzahl-/Drehmomentkennfeldes der Antriebsmaschine. Die maximale ausgangsseitige AC-Spannung wird schon bei niedrigeren Drehzahlen erreicht, woraus ein früherer Beginn der Feldschwächung resultiert. Ebenfalls ersichtlich ist, dass mit abgesenkter Zwischenkreisspannung Belastungspunkte hoher Leistung (im Bereich rechts der rot gepunkteten Linie) nicht angefahren werden können.

Auswirkungen des DC/DC-Wandlers auf die Verlustleistungen

Wirkungsgradvorteile Im Feldschwächbereich kann durch Anhebung von U_{ZK} bei höheren Drehzahlen ($n > n_{Eck}$) darauf verzichtet werden, zusätzlich einen feldschwächenden Strom $I_{d,FS}$ in die Maschine einzuprägen. Dies führt zu sinkenden Stromwärmeverlusten, was für den Einsatz eines DC/DC-Wandlers und die damit mögliche Anpassung von U_{ZK} spricht. Allerdings muss untersucht werden, ob die sinkenden Kupferverluste nicht mit höheren Umrichter- und Eisenverlusten kompensiert werden. Zusätzlich ergibt sich aus der Anhebung von U_{ZK} der für die Fahrdynamik vorteilhafte Aspekt, dass der Motor bei größeren Drehzahlen noch das volle Drehmoment M_{max} liefern kann.

Zusätzliche Verluste Mit dem DC/DC-Wandler kommt eine weitere Komponente in den Antriebsstrang, die ihrerseits Verluste verursacht. Der Einsatz eines DC/DC-Wandlers ist daher nur sinnvoll, wenn die Summe aller Verluste (einschließlich Energiespeicher, Wechselrichter und Motor) weiter verringert werden kann. Aus (4.7) und (4.8) wird deutlich, dass eine möglichst wirkungsgradoptimale Auslegung des DC/DC-Wandlers erforderlich ist.

$$P_{V,\text{ohne DC/DC}} = P_{V,\text{Batt}} + P_{V,\text{DC/AC}} + P_{V,M} \quad (4.7)$$

$$P_{V,\text{mit DC/DC}} = P_{V,\text{Batt}} + P_{V,\text{DC/DC}} + P_{V,\text{DC/AC}} + P_{V,M} \quad (4.8)$$

4.6.2.3 Einsatz bei leistungsverzweigten Systemen

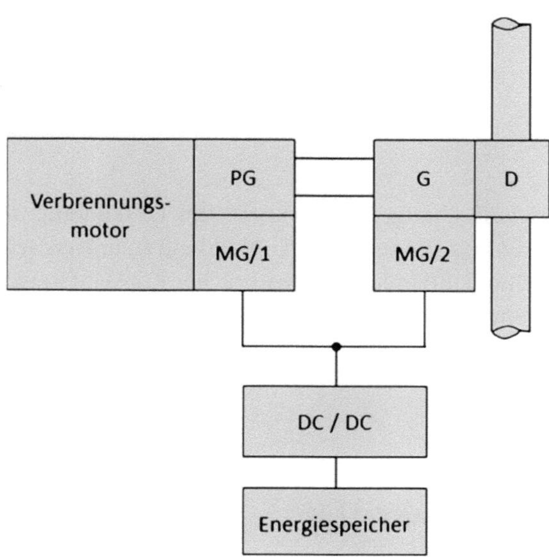

Abb. 4.44 Leistungsverzweigtes System

Vorteil: Hier muss nicht die gesamte Leistung über den DC/DC-Wandler geführt werden.

Der Wirkungsgrad von DC/DC-Wandlern liegt im Bereich von 95–98 %. Die DC/DC-Wandler arbeiten in der Regel mit einer hohen Schaltfrequenz und werden deshalb meist als „weichschaltende" Systeme ausgeführt.

4.6.3 Kühlkonzepte der Leistungselektronik

Bei der Kühlung der Leistungselektronik kommen im Wesentlichen zwei Konzepte zum Einsatz:

- die Luftkühlung (Abb. 4.45)
- die Flüssigkeitskühlung (Abb. 4.46)

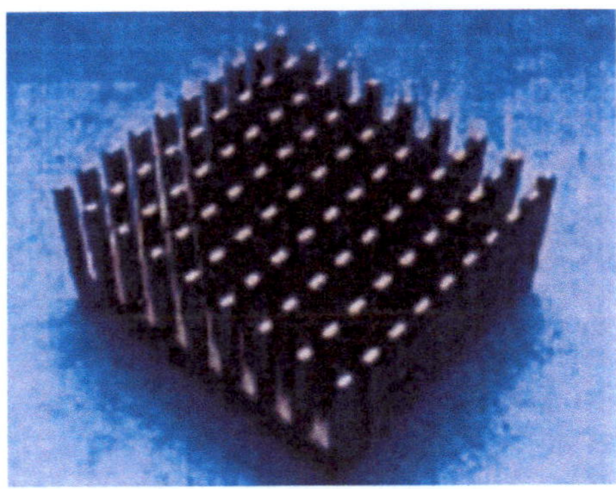

Abb. 4.45 Typischer Kühlkörper einer Leistungselektronik (Wikipedia)

Hierbei ist bei der Luftkühlung noch zwischen der Luftkühlung mit natürlicher Konvektion und der Luftkühlung mit forcierter Luftkühlung zu unterscheiden.

Hauptbestandteil einer Luftkühlung mit natürlicher Konvektion ist der Kühlkörper.

Für die Wärmeabfuhr von der Leistungselektronik über dem Kühlkörper an die umgebende Luft ist der sogenannte Wärmeübergang des Kühlkörpers entscheidend.

Der Wärmeübergang ist von folgenden Faktoren abhängig:

- der Temperaturdifferenz
- der wirksamen Oberfläche
- der Strömungsgeschwindigkeit der Luft

Der Kühlkörper muss deshalb aus einem gut wärmeleitenden Material, wie z. B. Kupfer oder Aluminium bestehen. Ferner sollte der Kühlkörper eine möglichst große Oberfläche besitzen, was durch eine möglichst hohe Anzahl an Rippen (siehe Abb. 4.45) erreicht werden kann.

Eine Erhöhung der Wärmeabfuhr kann durch eine sogenannte forcierte Luftkühlung oder Fremdbelüftung erreicht werden. Hierbei kann der thermische Kühlkörperwiderstand je nach Lüfterleistung von ca. 1/5 bis zu 1/15 verringert werden.

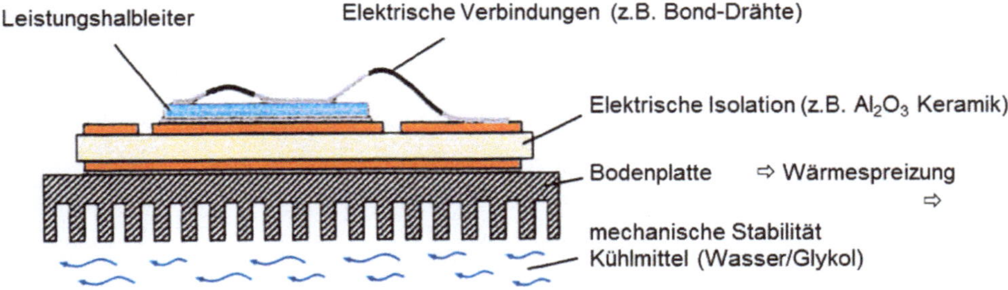

Abb. 4.46 Kühlkörper mit integrierten Kühlkanälen einer Flüssigkeitskühlung (Wikipedia)

Trotz alledem bleibt die Luftkühlung auf moderate Leistungen der Leistungselektronik bis ca. 10 kW beschränkt. Einen Ausweg schafft hier die sogenannte Flüssigkeitskühlung der Leistungselektronik.

Bei einer Flüssigkeitskühlung sind in der Regel Kühlkanäle im Kühlkörper integriert in denen ein flüssiges Kühlmedium zirkuliert und für den Wärmetransport sorgt.

Hierdurch kann ein kleineres Temperaturgefälle zwischen Kühlkörperoberfläche und Kühlmittel erreicht werden, was einen höheren Leistungsumsatz in der Leistungselektronik ermöglicht.

Als Kühlmedium ist Wasser aufgrund seines vergleichsweise großen Wärmespeichervermögens besser zur Wärmeabführung geeignet als andere Medien wie z. B. Öl oder Glykol-Gemische.

Wichtige Größen bei der Flüssigkeitskühlung sind neben der Kühlmedientemperatur auch der Druckabfall in den Kühlkanälen sowie der Durchfluss in l/min.

Ziel der Automobilindustrie ist natürlich, möglichst den vorhandenen Kühlwasserkreislauf mit einer max. Kühlwassertemperatur von 120 °C mitzubenutzen. In der Regel ist es jedoch kostengünstiger einen separaten Kühlwasserkreislauf mit einer Einlauftemperatur von ca. 60 °C in die Leistungselektronik zu installieren.

5 Fahrzeugauslegung

Jan-Welm Biermann

Vorwort Bei der Ausbildung der Studierenden wird am Institut für Kraftfahrzeuge der RWTH Aachen University (ika) traditionell nicht nur den konventionellen Verbrennungsmotorantrieben, sondern auch den alternativen Hybrid- und Elektroantrieben mit entsprechenden Lehrveranstaltungen ein besonderes Augenmerk geschenkt. Insofern war es mir eine wesentliche Hilfe bei der Erstellung dieses Buchkapitels auf die entsprechenden Vorlesungsumdrucke zurückgreifen zu können [1, 2]. Mein besonderer Dank gilt an dieser Stelle Herrn Univ.-Prof. Dr.-Ing. L. Eckstein als Leiter des ika und Vorlesungsverantwortlichen für seine diesbezügliche Unterstützung. Desweiteren möchte ich Herrn Dipl.-Ing. Chr. Renner von der Forschungsgesellschaft Kraftfahrwesen mbH Aachen (fka) für seine tatkräftige Unterstützung bei den „Alternativen Antrieben" danken.

Bei der Auslegung von Kraftfahrzeugen und deren Teilsystemen insbesondere des Antriebs ist eine Vielzahl von Anforderungen und Vorgaben zu berücksichtigen. Von besonderer Bedeutung sind hierbei zum einen die Fahrleistungen, die das Fahrzeug erreichen soll. Hierzu zählen Kriterien wie die Höchstgeschwindigkeit sowie das Beschleunigungs- und Steigvermögen. Zum anderen spielen der Energieverbrauch sowie das Emissionsverhalten eine ebenfalls wichtige Rolle bei der Auslegung eines Fahrzeugs.

Je nach Art, Größe und Einsatz des Fahrzeugs ergeben sich, wie die breite Palette vom A-Segment Fahrzeug über Sportwagen bis zum Nutzfahrzeug leicht erkennen lässt, zum Teil recht unterschiedliche Gewichtungen für die zuvor genannten Auslegungskriterien. Die Entwicklungsziele für das einzelne Fahrzeugmodell werden desweiteren entscheidend durch die zu erfüllenden gesetzlichen Vorgaben sowie die Erwartungen der Kundschaft bestimmt. Letztendlich entscheidet dann der Fahrzeughersteller im Hinblick auf die Definition und Positionierung seines Produktes im Markt über die endgültige Gewichtung der einzelnen Auslegungskriterien.

Jan-Welm Biermann ✉
RWTH Aachen, Inst. für Kraftfahrzeuge, Steinbachstraße 7, 52074 Aachen, Deutschland
e-mail: biermann@ika.rwth-aachen.de

J. Liebl et al., *Energiemanagement im Kraftfahrzeug*, ATZ/MTZ-Fachbuch,
DOI 10.1007/978-3-658-04451-0_5, © Springer Fachmedien Wiesbaden 2014

5.1 Fahrwiderstände

Der Bewegung eines Kraftfahrzeugs wirken verschiedene Widerstandskräfte entgegen. Diese lassen sich in die beiden Kategorien stationäre Widerstände und dynamische Widerstände einteilen.

Zu den stationären Widerständen zählen der Radwiderstand, der Luftwiderstand sowie der Steigungswiderstand. Sie treten bei allen Fahrsituationen inklusive Fahrten mit konstanter Geschwindigkeit und teilweise auch im Stillstand auf. Die dynamischen Widerstände entstehen ausschließlich bei der Beschleunigung eines Fahrzeugs. Sie umfassen die zu überwindenden Kräfte, die aus der Trägheitskraft bewegter Teile wie z. B. der Fahrzeugmasse und der rotierenden Radmassen resultieren.

5.1.1 Radwiderstand

Der Radwiderstand beinhaltet alle entsprechenden, am Rad auftretenden Kräfte. Diese umfassen zum einen die verschiedenen Anteile des Reifens selbst (Walk-, Reib- und Luftwiderstand). Zum anderen übt die Beschaffenheit der Fahrbahn (uneben, nass, plastisch) einen erheblichen Einfluss auf den Fahrwiderstand aus. Schließlich sind auch die durch die Radstellung (z. B. Schräglaufwinkel) und die Lagerreibung in der Radführung entstehenden Widerstände zu berücksichtigen. Letztere sind im Vergleich zu den anderen Anteilen allerdings eher vernachlässigbar gering.

Bei der leistungsbezogenen Auslegung eines Fahrzeugs wird – von Off-Road Fahrzeugen abgesehen – üblicherweise eine Geradeausfahrt des Fahrzeugs auf trockener, fester Fahrbahn zugrundegelegt. In diesem Fall entspricht der Radwiderstand F_{Rad} weitgehend dem Rollwiderstand F_{R} des Reifens. Dieser wiederum wird durch den dimensionslosen Rollwiderstandsbeiwert f_{R} und die Radlast bestimmt. Es gilt:

$$F_{\mathrm{Rad}} \approx F_{\mathrm{R}} = f_{\mathrm{R}} \cdot m \cdot g \cdot \cos\alpha \tag{5.1}$$

Mit dem Winkel α wird eine etwaige Steigung der Fahrbahn berücksichtigt.

Üblicherweise wird der Rollwiderstandsbeiwert als Konstante angegeben. Tatsächlich ist jedoch im Bereich hoher Geschwindigkeiten eine Zunahme des Rollwiderstands festzustellen.

Tabelle 5.1 zeigt einige typische Rollwiderstandsbeiwerte für verschiedene Fahrzeugreifen.

Vergleichbar hohe Rollwiderstandsbeiwerte weisen Pkw-Reifen mit kleinem Durchmesser auf. Mit Zunahme von Raddurchmesser und Materialsteifigkeit nimmt der Beiwert dann infolge der vergleichbar geringen Walkarbeit ab. Lkw-Reifen weisen im Vergleich zum Pkw deutlich geringere Rollwiderstandsbeiwerte auf, wobei die auf der Lenkachse eingesetzten Reifen etwas günstiger sind als die Reifen auf der Antriebsachse.

Tab. 5.1 Typische Rollwiderstandsbeiwerte aktueller Reifen

Pkw Reifen (Asphaltfahrbahn)	Rollwiderstandsbeiwert f_R
Handelsübliche Reifen	0,007 ÷ 0,013
Besonders rollwiderstandsreduzierte Reifen	0,006 ÷ 0,007
Lkw Reifen (Asphaltfahrbahn)	
Lenkachse	0,005 ÷ 0,009
Antriebsachse	0,006 ÷ 0,01

Was die Fahrbahn anbelangt, so steigt mit zunehmender Unebenheit (Rauigkeit) der Rollwiderstandsbeiwert an. Noch höhere Beiwerte ergeben sich auf nicht befestigten Fahrbahnen. Wird ein Fahrzeug vornehmlich im Gelände eingesetzt, ist ein entsprechend hoher Leistungsbedarf zur Überwindung des Rollwiderstands zu berücksichtigen.

Hinsichtlich der weiteren Reduktion des Rollwiderstandsbeiwertes ist allerdings zu beachten, dass teilweise Zielkonflikte mit anderen Auslegungskriterien, wie z. B. dem Bremsverhalten auftreten können, wobei dann ein ausgewogener Kompromiss in der Gestaltung des Reifens wichtig ist.

5.1.2 Luftwiderstand

Wird ein Körper durch die ihn umgebende Luft bewegt, wirken dabei verschiedene Kräfte dieser Bewegung entgegen. Einzelne Widerstände entstehen durch:

- Reibung an der umströmten Karosserie-Außenseite
- Druckaufbau an der Front und Strömungsabriss am Heck des Fahrzeugs
- Reibungs- und Verwirbelungseffekte bei der Durchströmung des Fahrzeugs (Motorraum)
- schräge Fahrzeuganströmung (zusätzlicher Anteil)

Die verschiedenen Anteile werden in der Praxis zu einem dimensionslosen Luftwiderstandsbeiwert, dem sogenannten c_W-Wert, zusammengefasst. Den Luftwiderstand F_L bestimmt neben dem c_W-Wert die Querspant-Fläche A eines Fahrzeugs, die Dichte der umgebenden Luft sowie die Relativgeschwindigkeit, mit der das Fahrzeug durch die Luft bewegt wird. Es gilt:

$$F_L = c_W \cdot A \cdot \frac{\rho_L}{2} \cdot \left(v_{Fzg} \pm v_W\right)^2 \quad (5.2)$$

In Tab. 5.2 sind für einige aktuelle Fahrzeugbeispiele aus unterschiedlichen Fahrzeugklassen die entsprechenden Luftwiderstandsbeiwerte c_W, die Querspant-Flächen A sowie die resultierenden Produkte $c_W \times A$ aufgelistet.

Zu erkennen ist, dass der Luftwiderstand bei den verschiedenen Fahrzeugkategorien insbesondere infolge der erheblichen Unterschiede bei den Stirnflächen stark variiert. Bei

Tab. 5.2 Luftwiderstände aktueller Fahrzeugbeispiele

Fahrzeug	Luftwiderstandsbeiwert c_W	Querspant-Fläche A [m²]	$c_W \times A$ Wert [m²]
VW XL1	0,19	1,50	0,28
Porsche 991 C2S	0,29	2,00	0,58
Audi A8	0,26	2,41	0,62
BMW X1	0,33	2,34	0,77
VW Transporter T5	0,35	3,25	1,15
MAN Sattelauflieger	0,6	9	5,4

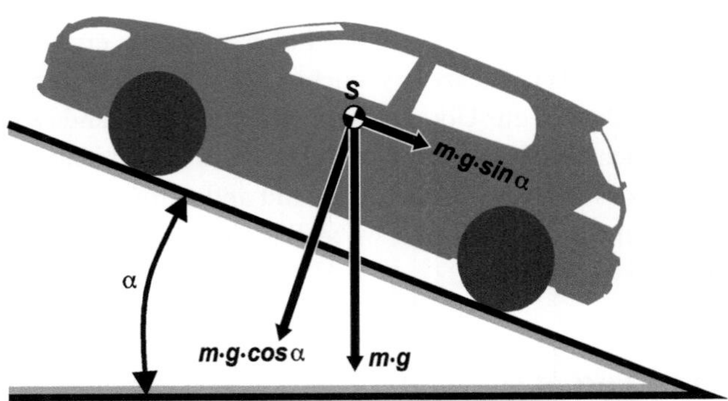

Abb. 5.1 Aufteilung der Fahrzeuggewichtskraft in einer Steigung

den aufgeführten Fahrzeugbeispielen variiert der $c_W \times A$ Wert zwischen 0,28 und 5,4 m², d. h. bis zum etwa Zwanzigfachen.

Für eine weitere Absenkung des Luftwiderstands bietet sich zukünftig beispielsweise eine zunehmende Verkleidung des Fahrzeugunterbodens an.

5.1.3 Steigungswiderstand

Bei Befahren einer Steigung ist, abgesehen von den zuvor genannten Widerständen, zudem der der Bergauf-Bewegung des Fahrzeugs entgegenwirkende Widerstand zu überwinden. Die entsprechende Widerstandskraft lässt sich bestimmen, wenn die Gewichtskraft des Fahrzeugs dem Kräfte-Parallelogramm in Abb. 5.1 entsprechend in eine parallel und eine senkrecht zur Straße verlaufende Kraftkomponente zerlegt wird.

Die Kraftkomponente parallel zur Fahrbahn stellt die Widerstandskraft F_{St} dar, die bei Befahren der Steigung zu überwinden ist. Sie wird auch als Hangabtriebskraft bezeichnet und wirkt der Fahrtrichtung entgegen. Es gilt:

$$F_{St} = m \cdot g \cdot \sin\alpha \qquad (5.3)$$

Bei Gefällefahrt zeigt die Hangabtriebskomponente in Fahrtrichtung; sie bewirkt somit dann eine Beschleunigung des Fahrzeugs.

5.1.4 Beschleunigungswiderstand

Wird die Geschwindigkeit eines Fahrzeugs verändert (Beschleunigung, Verzögerung), setzen die bewegten Massen aufgrund ihrer Trägheit der Zustandsänderung einen Widerstand entgegen. Die Widerstandskraft setzt sich zusammen aus:

- dem translatorischen Anteil (in Fahrtrichtung bewegte Fahrzeugmasse)
- sowie dem rotatorischen Anteil (drehende Komponenten des Antriebstrangs, wie z. B. Kurbeltrieb des Verbrennungsmotors, Kupplung, Getriebewellen, Fahrzeugräder).

Aufgrund der Getriebe- und Achsübersetzungen rotieren die Komponenten des Antriebstrangs mit unterschiedlichen Drehzahlen. Insofern werden die jeweiligen Trägheitsmomente auf die Radnabe bezogen und zum Trägheitsmoment $\Theta_{\text{red},i}$ zusammengefasst. Der Index i kennzeichnet die Übersetzung des aktuell geschalteten Gangs. Zu beachten ist, dass die Übersetzungen der einzelnen Gangstufen hierbei quadratisch eingehen.

Mit Hilfe des Massenfaktors e_i

$$e_i = \frac{\Theta_{\text{red},i}}{m_F} \cdot r_{\text{dyn}}^2 + 1 \tag{5.4}$$

ergibt sich schließlich der gesamte Beschleunigungswiderstand F_a zu:

$$F_\text{a} = (e_i \cdot m_F + m_{\text{Zul}}) \cdot a_x. \tag{5.5}$$

Im höchsten Gang beträgt der Massenfaktor für alle Fahrzeuge nahezu eins. Zu kleineren Gängen, d. h. höheren Übersetzungsverhältnissen hin nimmt der Massenfaktor zu und erreicht somit im niedrigsten Gang den höchsten Wert. Bei Pkw beträgt dieser Wert üblicherweise etwa 1,3. Dies besagt, dass sich der Beschleunigungswiderstand des Fahrzeugs aufgrund der rotierenden Massen um 30 % erhöht.

Bei Nutzfahrzeugen und Geländefahrzeugen kann der Massenfaktor aufgrund der hohen Gangübersetzung und Trägheitsmassen (hohe Anzahl von Rädern) Maximal-Werte von zehn und mehr erreichen. In diesem Fall wird das vom Motor abgegebene Drehmoment hauptsächlich zur Beschleunigung der drehfähigen Massen und kaum für die translatorische Bewegung des Fahrzeugs genutzt.

5.1.5 Gesamtwiderstand

Die einzelnen Widerstände können nun vereinfachend zu einem Gesamtwiderstand zusammengefasst werden, der bei Betrieb eines Fahrzeugs zu überwinden ist. Aus der entsprechenden Bedarfskraft F_{Bed} ergibt sich, wie folgt, mit Hilfe des dynamischen Reifen-

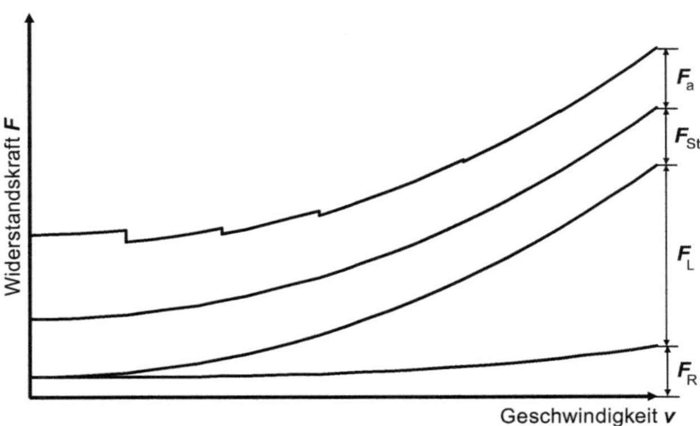

Abb. 5.2 Fahr-Widerstandskräfte, [1]

halbmessers r_{dyn} das Antriebsbedarfsmoment M_{Bed}, das an der Vorder- oder Hinterachse bzw. an beiden Achsen angreift:

$$F_{Bed} = F_R \cdot m \cdot g \cdot \cos\alpha + c_W \cdot A \cdot \frac{\rho_L}{2} \cdot v^2 + m \cdot g \cdot \sin\alpha + (e_i \cdot m_F + m_{Zul}) \cdot a_x \quad (5.6)$$

In Abb. 5.2 sind nacheinander die zuvor beschriebenen Fahrwiderstände über der Fahrgeschwindigkeit für einen Mittelklasse-Pkw mit Sechsgang-Getriebe aufsummiert.

Wie bereits erwähnt und auch dem Diagramm entnommen werden kann, sind die Steigungs- und Beschleunigungswiderstandskräfte unabhängig von der Geschwindigkeit. Die Rollwiderstandskraft F_R steigt lediglich bei sehr hohen Geschwindigkeiten infolge des zunehmenden Rollwiderstandsbeiwertes leicht an. Im Gegensatz hierzu nimmt jedoch der Luftwiderstand mit steigender Geschwindigkeit überproportional zu.

Die im Diagramm zuletzt aufaddierte Beschleunigungswiderstandskraft F_a enthält, wie bereits erwähnt, einen translatorischen und einen rotatorischen Anteil. Die im Verlauf der Widerstandskurve erkennbaren Stufen kennzeichnen die unterschiedlich hohen Widerstandsmomente (rotatorischer Anteil), die bei den jeweiligen Gangwechseln aus den unterschiedlich großen Gang-Übersetzungen resultieren. Zu höheren Gängen nimmt der Widerstand, wie bereits erwähnt, infolge der geringeren Übersetzung ab.

Für den Betrieb eines Fahrzeugs sind die in Abhängigkeit von der Fahrgeschwindigkeit auftretenden Widerstandskräfte zu überwinden. Die hierzu benötigte Leistung zeigt die sogenannte Fahrleistungskurve in Abb. 5.3.

Welchen Anteil die einzelnen Widerstände an der Gesamtwiderstandsleistung haben, wird letztendlich vom Fahrzeug und der jeweiligen Fahrbedingung bestimmt.

5.2 Konventionell angetriebene Fahrzeuge

Unter konventionell angetriebenen Fahrzeugen werden solche verstanden, die ausschließlich verbrennungsmotorisch, d. h. von einem Otto- bzw. Dieselmotor angetrieben werden.

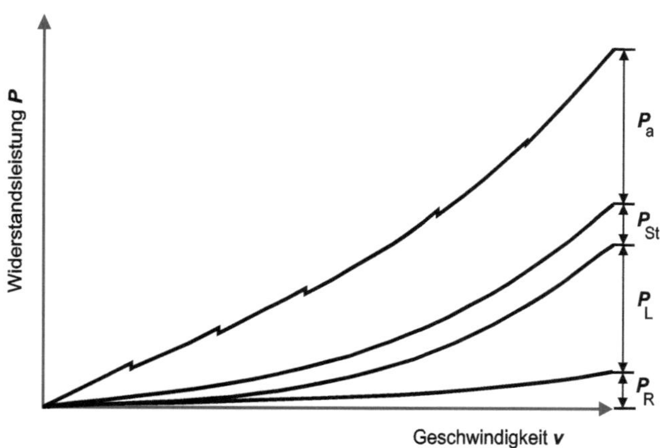

Abb. 5.3 Fahr-Widerstands-leistungen, [1]

5.2.1 Fahrleistungen

Die Fahrleistungen eines Fahrzeugs resultieren aus dem maximalen Leistungsangebot des Antriebs auf der einen Seite, sowie der Bedarfsleistung zur Überwindung der Widerstände beim Betrieb des Fahrzeugs auf der anderen Seite. Angebots- und Bedarfsleistung lassen sich anhand der physikalischen Eigenschaften des Antriebsystems und des Fahrzeugs mathematisch beschreiben und somit rechnerisch ermitteln. Die Bilanzierung der beiden Leistungen erfolgt an der Kraftkoppelung von Antriebstrang und Fahrzeug, d. h. dem Kontaktpunkt von Reifen und Straße.

5.2.1.1 Leistungsbilanz

Mit der Zugkraft F_x wird die Summe der Antriebskräfte beschrieben, die im Kontaktbereich zwischen Reifen und Straße auf das Fahrzeug übertragen werden. Mit dem dynamischen Radhalbmesser $\mathrm{r}_{\mathrm{dyn}}$ ergibt sich das Moment an der Radnabe M_{N}:

$$M_{\mathrm{N}} = F_x \cdot r_{\mathrm{dyn}} \tag{5.7}$$

Das Radnabenmoment entspricht dem vom Motor gelieferten Antriebsmoment M_{Mot} abzüglich der Übertragungsverluste im Antriebstrang M_{Verl} (Getriebe, Differential, Antriebswellen). Zu berücksichtigen sind dabei die Übersetzungen von Getriebe und Differential:

$$M_{\mathrm{N}} = (M_{\mathrm{Mot}} - M_{\mathrm{Verl}}) \cdot i_{\mathrm{G}} \cdot i_{\mathrm{Diff}} = M_{\mathrm{n}} \cdot i_{\mathrm{G}} \cdot i_{\mathrm{Diff}} \tag{5.8}$$

Das vom Motor abgegebene Drehmoment M_{Mot} abzüglich der Übertragungsverluste im Antriebstrang M_{Verl} wird als Nettomoment des Motors M_{n} bezeichnet.

Das Verlustmoment im Antriebstrang wird im Wesentlichen durch Betriebsparameter, wie z. B. Drehmoment, Drehzahl, Übersetzungsverhältnis, Öltemperatur (Viskosität des Öls) bei der Übertragung bestimmt. In Abb. 5.4 sind beispielhaft für den vierten Gang eines

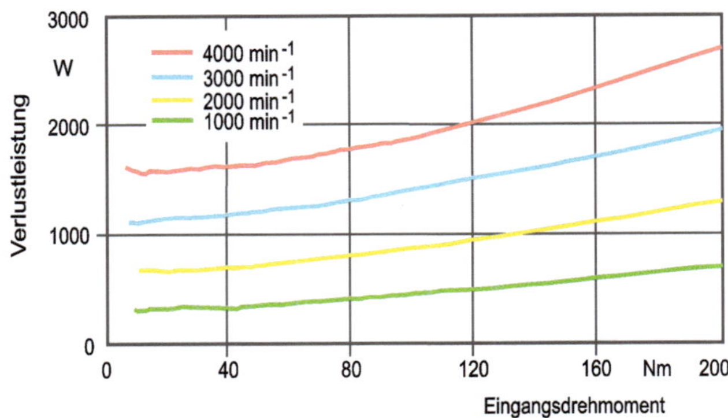

Abb. 5.4 Verlustleistungen eines Pkw-Getriebes im vierten Gang

Pkw-Getriebes die Verlustleistungen bei unterschiedlichen Eingangsdrehmomenten und -drehzahlen dargestellt. Es handelt sich hierbei um ein Fünfgang-Getriebe in Dreiwellen-Bauweise. Der vierte Gang hat keinen direkten Durchtrieb.

Deutlich zu erkennen ist, dass sich je nach Betriebspunkt die entstehenden Verlustleistungen erheblich unterscheiden. Bei dem dargestellten Getriebebeispiel variiert die Verlustleistung in einer Bandbreite von etwa drei Kilowatt. Insofern sollte bei entsprechenden Fahrzeug-Auslegungsrechnungen der Getriebewirkungsgrad nicht als ein konstanter Wert, sondern entsprechend detailliert berücksichtigt werden.

An dieser Stelle sei darauf hingewiesen, dass auch bei eher unscheinbaren Verlustquellen, wie z. B. den Gelenken der Kardan- und Seitenwellen sowie den Radlagern erhebliche Bemühungen zur Verringerung der Übertragungsverluste unternommen werden. In Abb. 5.5 sind als Beispiel die Wirkungsgrade verschiedener, in Serienfahrzeugen eingesetzter Seitenwellengelenke dargestellt.

Die in Prüfstandmessungen ermittelten Wirkungsgrade differieren um ca. 0,5 %. Verbesserungen sind weniger ausschlaggebend für den Normzyklus-Verbrauch. Die über ein Fahrzeugleben erreichbaren Verbrauchsvorteile sind hingegen schon interessant.

Nach Abzug der Übertragungsverluste ergibt sich die am Rad für den Betrieb des Fahrzeugs zur Verfügung stehende Zugkraft F_x zu:

$$F_{\mathrm{x}} = \frac{M_{\mathrm{n}} \cdot i_{\mathrm{G}} \cdot i_{\mathrm{Diff}}}{r_{\mathrm{dyn}}} \tag{5.9}$$

Für die Fahrleistungsauslegung ist entscheidend, welche Zugkraft in den einzelnen Getriebegängen maximal am Rad zur Verfügung steht. Wird mit Hilfe der Motordrehzahl, den Getriebe- und Differentialübersetzungen sowie des dynamischen Radhalbmessers die Geschwindigkeit des Fahrzeugs berechnet, so ergibt sich schließlich das in Abb. 5.6 dargestellte Zugkraftdiagramm.

Zum einen sind die bei maximaler Drehmomentabgabe des Motors am Rad zur Verfügung stehenden Zugkräfte für die einzelnen Gänge dargestellt. Zum anderen kennzeichnet die Hyperbel die daraus resultierende maximale Leistung. Diese wird in den einzelnen Gän-

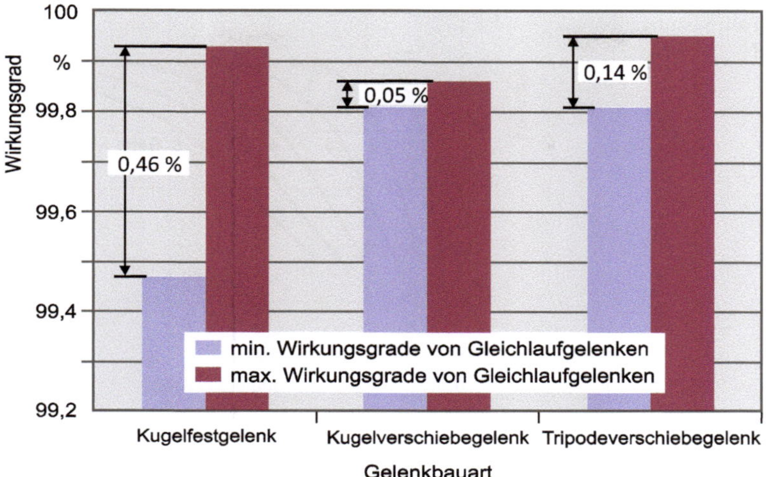

Abb. 5.5 Wirkungsgrade von Antriebswellengelenken

Abb. 5.6 Zugkraftdiagramm, [1]

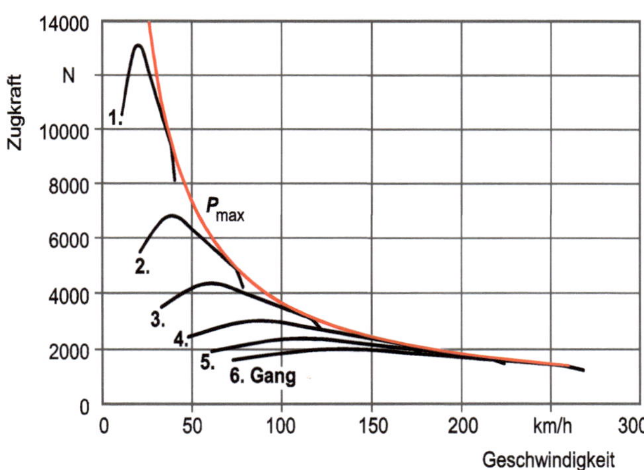

gen allerdings nur bei der Drehzahl erreicht, bei der der Verbrennungsmotor sein Nennmoment, d. h. seine maximale Leistung abgibt.

In Abb. 5.7 ist das entsprechende Fahrleistungsdiagramm dargestellt.

Abgesehen von der am Rad zur Verfügung stehenden Antriebsleistung und den zu überwindenden Fahrwiderständen ist verständlicherweise auch zu beachten, welche Leistung physikalisch am Rad überhaupt übertragbar ist. Hier kann z. B. die Beschaffenheit der Fahrbahn (niedriger Reibwert) das begrenzende Kriterium sein.

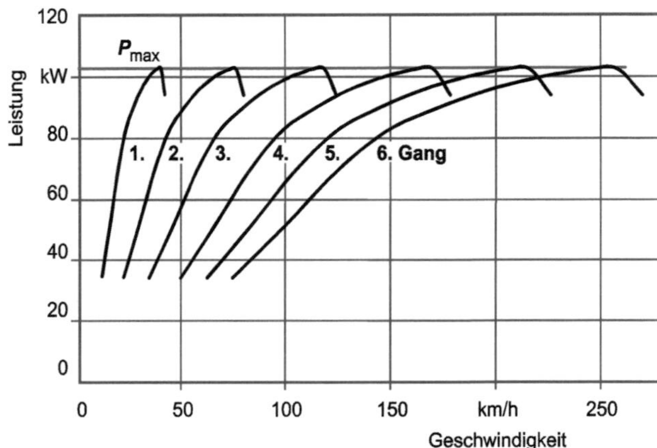

Abb. 5.7 Fahrleistungsdiagramm, [1]

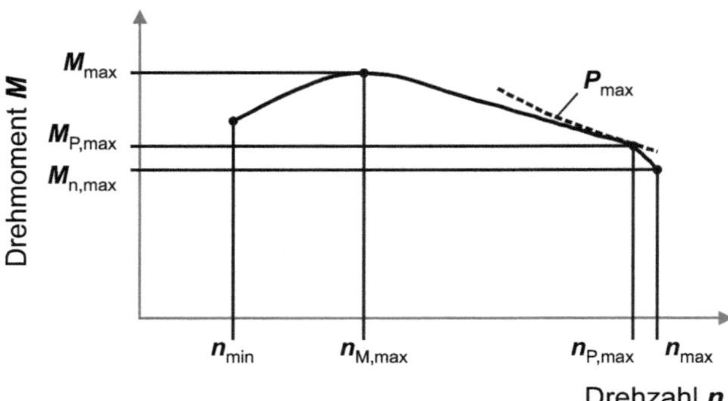

Abb. 5.8 Leistungskennfeld eines Verbrennungsmotors, [1]

5.2.1.2 Getriebeauslegung

Für die erreichbaren Fahrleistungen ist nicht nur die Höhe der vom Motor bereitgestellten Nabenleistung entscheidend. Wichtig ist ebenfalls die richtige Anpassung von Drehmoment und Drehzahl des Verbrennungsmotors (Kennungswandlung). Dies geschieht über die Dimensionierung der Übersetzungen im Antriebstrang.

Bei der Festlegung der Anzahl der Gänge sowie der Auswahl der einzelnen Gangübersetzungen (unter Berücksichtigung der Achsübersetzung) spielt eine Vielzahl von Aspekten eine Rolle. Wesentliche Kriterien sind dabei die erreichbaren Fahrleistungen, der Energieverbrauch sowie die Abgas- und Geräuschemissionen. Hier gilt es eine für das jeweilige Fahrzeug ausgewogene Abstimmung hinsichtlich dieser Kriterien zu erzielen. Ausgangsbasis dabei ist der Motor mit seinen Leistungs- und Verbrauchseigenschaften.

In Abb. 5.8 ist das Leistungskennfeld eines Verbrennungsmotors exemplarisch dargestellt. Wesentliche Kriterien sind hierbei die maximale Drehmomentkurve und der Drehzahlbereich (Leerlauf- bis Maximaldrehzahl).

Die Gegenüberstellung des vom Verbrennungsmotor bereitgestellten Leistungskennfeldes einerseits und der für den Betrieb eines Fahrzeugs vom Stillstand bis zur Höchstge-

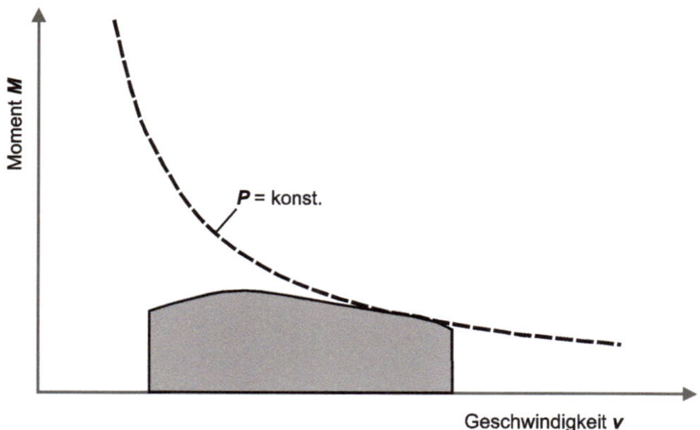

Abb. 5.9 Leistungskennfeld eines Verbrennungsmotors – Fahrleistungsanforderung, [1]

schwindigkeit benötigten Leistung andererseits zeigt, wie in Abb. 5.9 skizziert, dass eine Anpassung von Drehmoment und Drehzahl erforderlich ist. Dies geschieht bei Straßenfahrzeugen üblicherweise mithilfe eines Getriebes, d. h. auf mechanische Weise. Da in heutigen Fahrzeugen fast ausschließlich Stufengetriebe zum Einsatz kommen, wird die nachfolgende Betrachtung hierauf konzentriert.

Durch den Einsatz eines mehrstufigen Getriebes lässt sich das Leistungsangebot des Verbrennungsmotors, genauer gesagt die Betriebsparameter Drehmoment und Drehzahl, an die jeweilige Fahrsituation anpassen. In Abb. 5.10 ist dies exemplarisch für ein Sechsgang-Getriebe skizziert.

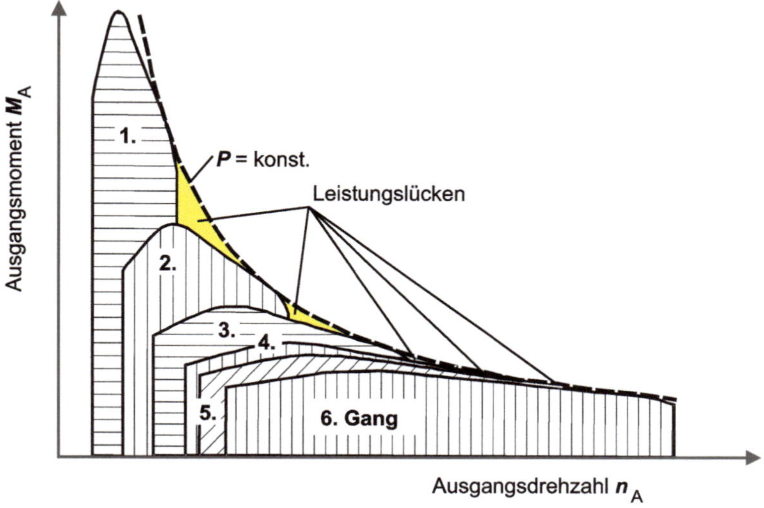

Abb. 5.10 Lieferkennfeld eines Verbrennungsmotors mit Sechsgang-Stufengetriebe, [1]

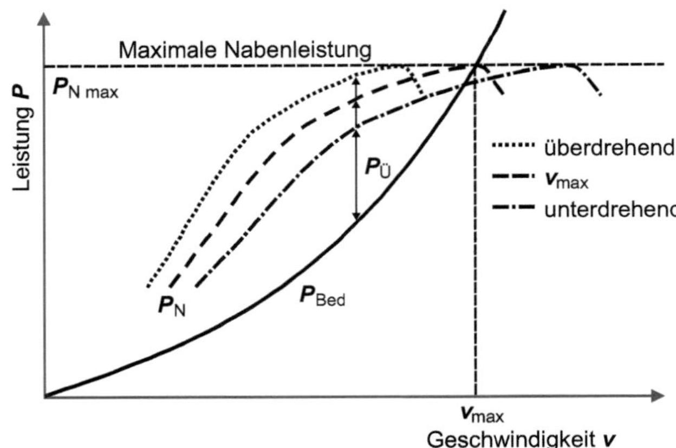

Abb. 5.11 Gangauslegung auf erreichbare Höchstgeschwindigkeit, [1]

Zu erkennen ist, dass es beim Gangwechsel zu sogenannten Lastunterbrechungen kommt. Diese stellen unter Komfort- und Fahrleistungsaspekten einen Prinzip-bedingten Nachteil dar. Bei Automatikgetrieben mit Wandler, Doppelkupplungsgetrieben sowie stufenlosverstellbaren Getrieben hingegen werden derartige Lastunterbrechungen vermieden.

Bei der Auslegung der niedrigsten Gangstufe (höchste Gangübersetzung) ist üblicherweise das maximale Anfahrdrehmoment das ausschlaggebende Kriterium. Neben der erreichbaren Anfahrbeschleunigung wird hierdurch auch die maximale Steigfähigkeit des Fahrzeugs festgelegt. Dies ist insbesondere bei Nutzfahrzeugen zu beachten, da die Fahrzeugmasse stark variieren kann (unbeladen, vollbeladen).

Ein zweites wesentliches Kriterium bei der Getriebeauslegung ist die erreichbare Höchstgeschwindigkeit. In Abb. 5.11 ist der Einfluss der Gangübersetzung zu erkennen.

Die erreichbare Höchstgeschwindigkeit ergibt sich aus dem Gleichgewicht von angebotener Motorleistung einerseits und der Fahrleistungsbedarfskurve andererseits. Die entsprechende Übersetzung des Getriebeganges (bei vorgegebener Differentialübersetzung) ist damit festgelegt. In diesem Fall wird von einer Auslegung auf v_{max} gesprochen.

Bei einer Verkleinerung der Übersetzung spricht man von einer unterdrehenden Auslegung (Schongang). Die maximal mögliche Höchstgeschwindigkeit lässt sich jetzt nicht mehr erreichen. Der Betrieb des Verbrennungsmotors bei reduzierter Drehzahl und erhöhtem Drehmoment ermöglicht aber eine Verringerung des Energieverbrauchs und eine Reduzierung der Geräuschemissionen.

Wird hingegen die Gangübersetzung erhöht, handelt es sich um eine überdrehende Auslegung. Auch hier wird die Höchstgeschwindigkeit nicht erreicht. Ausschlaggebend ist jetzt allerdings die höhere Überschussleistung, die zur Beschleunigung des Fahrzeugs oder für Steigungsfahrt genutzt werden kann.

Bei Pkw bietet sich beispielsweise an, den höchsten Gang unterdrehend (kraftstoffsparend) und den nächst tieferen Gang überdrehend (sportlich) auszulegen. Im Bereich hoher

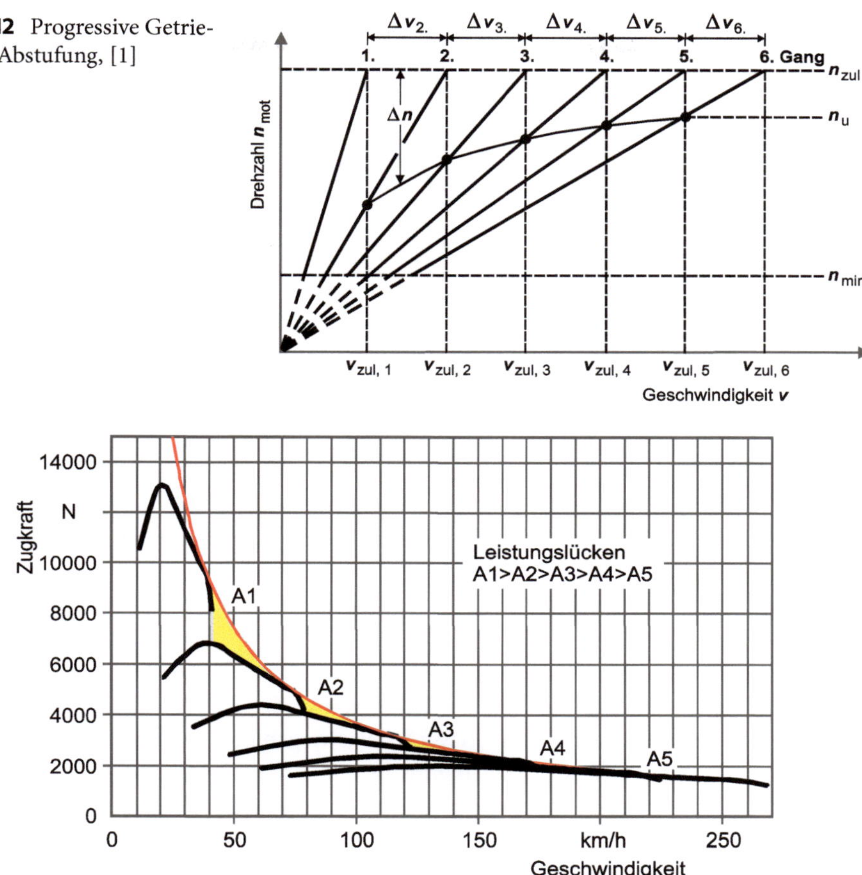

Abb. 5.12 Progressive Getriebegang-Abstufung, [1]

Abb. 5.13 Zugkraftangebot eines Verbrennungsmotors bei progressiver Getriebeabstufung, [1]

Geschwindigkeiten kann der Fahrer dann je nach Fahrwunsch den entsprechenden Gang wählen. Bei Sportfahrzeugen wie z. B. dem Porsche GT3 wird hingegen der höchste Gang aufgrund der höheren Überschussleistung, d. h. des besseren Beschleunigungsvermögens nicht als Schongang ausgelegt.

Abgesehen von den beiden Auslegungskriterien „Anfahren" und „Höchstgeschwindigkeit" bieten sich für die Auslegung der restlichen Gangübersetzungen verschiedene Abstufungsvarianten an. In Abb. 5.12 ist die sogenannte progressive Abstufung der einzelnen Gangübersetzungen dargestellt.

Kennzeichnend ist hierbei, dass nach einem Hochschaltvorgang die Startdrehzahl von Gang zu Gang progressiv ansteigt bzw. der Drehzahlsprung Δ_n degressiv abnimmt.

In Abb. 5.13 ist das Zugkraftangebot eines Verbrennungsmotors in den einzelnen Gängen bei progressiver Getriebeabstufung dargestellt.

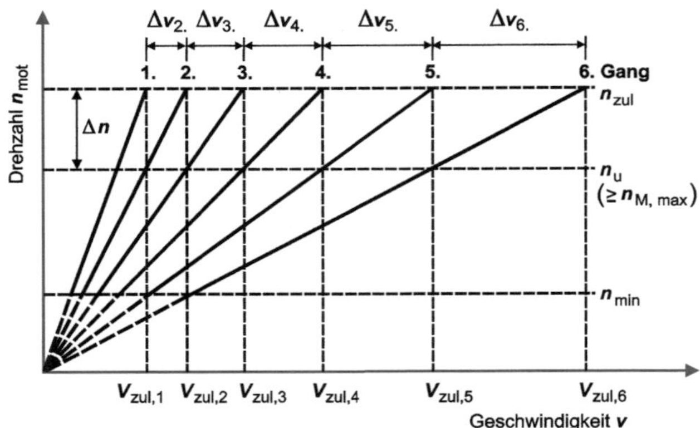

Abb. 5.14 Geometrische Getriebe-Gangabstufung, [1]

Die nicht erreichbaren Leistungsbereiche sind farbig markiert. Die entsprechenden Differenzgeschwindigkeiten zwischen den einzelnen Gängen sind bei dieser Auslegungsvariante etwa gleich groß. Diese Auslegungsvariante entspricht dem Einsatzprofil von Pkws und wird hier vorteilhaft eingesetzt.

Eine andere Gestaltungsmöglichkeit ist die geometrische Getriebeabstufung, wie in Abb. 5.14 dargestellt.

Kennzeichnend ist bei dieser Auslegungsvariante, dass die Drehzahlsprünge Δ_n zwischen den einzelnen Gangstufen jeweils gleich groß sind.

Geometrische Getriebeabstufungen werden vorwiegend bei Nutzfahrzeugen eingesetzt. Aufgrund des im Vergleich zum Pkw ungünstigeren Leistungsgewichtes sind bei Nutzfahrzeugen alle Geschwindigkeitsbereiche gleichmäßig zu berücksichtigen.

5.2.1.3 Leistungsbedingtes Steigvermögen

Beim Fahren in einer Steigung muss abgesehen vom Roll- und Luftwiderstand zudem die Hangabtriebskraft F_{St}, wie in Abschn. 5.1.3 beschrieben, überwunden werden. Ein wichtiges Kriterium bei der Auslegung eines Fahrzeugs ist die maximal befahrbare Steigung. Sie lässt sich anhand des Zugkraftdiagramms in Abb. 5.15 erkennen.

Mit $F_{x,\,ü}$ ist die Überschusskraft gekennzeichnet, die sich in den einzelnen Gängen als Differenz aus dem Angebot des Motors und dem zu überwindenden Widerstand bei Fahrt mit konstanter Geschwindigkeit in der Ebene ergibt. Es gilt:

$$F_{x,ü} = F_x - F_{\mathrm{Bed}} \tag{5.10}$$

Wird die im Diagramm dargestellte Überschusskraft für die Steigfahrt genutzt, so lässt sich die maximal befahrbare Steigung wie folgt berechnen:

$$\sin \alpha_{\mathrm{maxP}} = \frac{F_{x,ü}}{(m_F + m_{\mathrm{Zul}}) \cdot g} \tag{5.11}$$

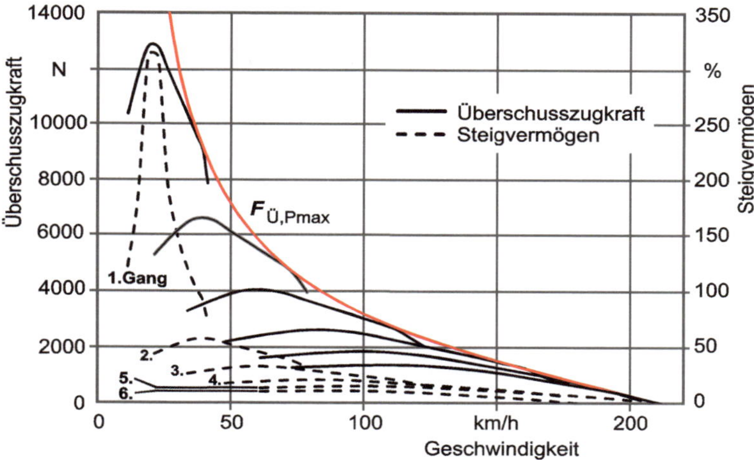

Abb. 5.15 Zugkraftdiagramm mit Überschusszugkraft und Steigvermögen, Pkw, [1]

In diesem Fall wird die gesamte Überschusskraft zur Überwindung der Steigung genutzt. Das Fahrzeug fährt mit konstanter Geschwindigkeit und kann nicht mehr beschleunigt werden.

Wie der Formel zu entnehmen ist, verläuft das leistungsbedingte Steigungsvermögen proportional zur Überschusskraft.

5.2.1.4 Leistungsbedingtes Beschleunigungsvermögen

Das Beschleunigungsvermögen eines Fahrzeugs hängt, ähnlich wie zuvor beim Steigvermögen beschrieben, von der jeweils zur Verfügung stehenden Überschusskraft $F_{x,\,ü}$ ab. Zu beachten ist, dass neben der Fahrzeugmasse auch die rotierenden Massenträgheiten beschleunigt werden müssen. Die – bei Fahrt in der Ebene – maximal erreichbare Beschleunigung a_{maxP} kann wie folgt berechnet werden:

$$a_{\mathrm{maxP}} = \frac{F_{x,\,ü}}{e_i \cdot m_F + m_{\mathrm{Zul}}} \tag{5.12}$$

Nachfolgend sei dies beispielhaft an einem 40 t Sattelzug erläutert. In Abb. 5.16 ist zum einen die Überschussleistung dargestellt, die sich bei Fahrt mit konstanter Geschwindigkeit in den einzelnen Gängen als Differenz aus dem Angebot des Dieselmotors und dem zu überwindenden Fahrwiderstand ergibt. Zum anderen ist das hieraus resultierende Beschleunigungsvermögen des Fahrzeugs dargestellt.

Bei Nutzfahrzeugen ist abgesehen von der vergleichbar hohen Trägheit der drehfähigen Massen ebenfalls die hohe Varianz der Zuladung, wie bereits erwähnt, zu beachten. Im Vergleich zum Pkw können somit im täglichen Fahreinsatz die entsprechenden Fahrwiderstände erheblich variieren. Durch entsprechende Gestaltung der Getriebeübersetzungen ist

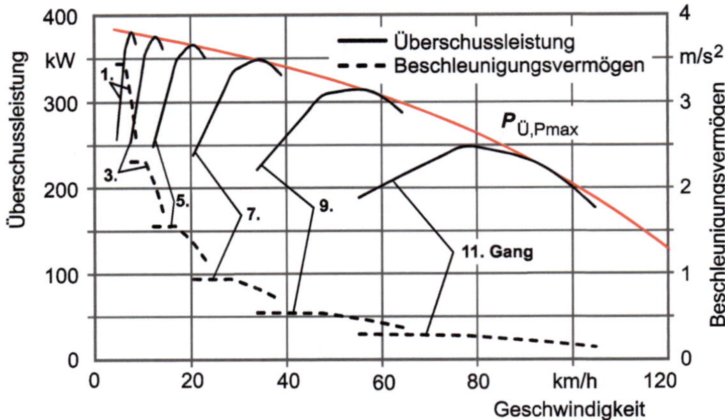

Abb. 5.16 Zugkraftdiagramm mit Überschussleistung und Beschleunigungsvermögen, 40 t Sattelzug voll beladen

sicherzustellen, dass ein Anfahren des vollbeladenen Fahrzeugs in einer definierten Mindeststeigung noch möglich ist.

5.2.2 Kraftstoff-/Energieverbrauch

Der Energieverbrauch eines Fahrzeugs wird durch eine Vielzahl von Faktoren beeinflusst. Dies sind zum ersten die eingangs bereits erwähnten Fahrwiderstände, die bei Betrieb des Fahrzeugs zu überwinden sind. Wird entsprechend einem vorgegebenen Zyklus wie z. B. dem NEDC gefahren, ist die aus den Fahrwiderständen resultierende Leistungsanforderung (Drehmoment, Drehzahl) in Verbindung mit den physikalischen Fahrzeugdaten definiert.

Zum zweiten ist entscheidend, mit welchem Wirkungsgrad die geforderte Fahrleistung vom Energiespeicher des Fahrzeugs bis zum Rad bereitgestellt wird. In diesem Zusammenhang sind zum einen der thermodynamische Wirkungsgrad des Energiewandlers (Verbrennungsmotor) sowie die Energieeffizienz der Energieübertragung zu nennen. Zum anderen ist auch der Leistungsbedarf zum Betrieb der diversen Nebenaggregate, wie z. B. Anlasser, Generator, Lenkhilfe, Klimaanlage unbedingt zu beachten.

Im realen Fahrbetrieb bestimmt dann zum dritten auch noch das Fahrverhalten des Fahrers, wie z. B. die angeforderte Leistung sowie der Zeitpunkt des Getriebegangwechsels den Energieverbrauch. Hierauf soll an dieser Stelle aber nicht näher eingegangen werden.

5.2.2.1 Reduktion Fahrwiderstände

Im Hinblick auf die Reduktion von Kraftstoffverbrauch und Abgasemissionen ist für die Fahrzeugentwicklung die Reduktion der Fahrwiderstände von besonderem Interesse. Wel-

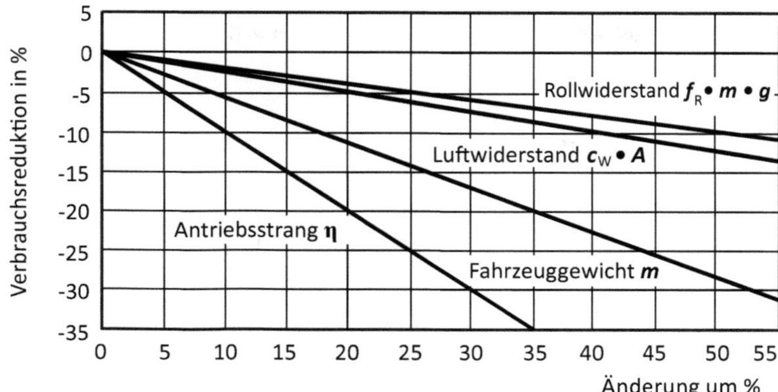

Abb. 5.17 Einfluss verschiedener Fahrzeugparameter auf den Kraftstoffverbrauch eines Pkw im NEDC, [3]

chen Einfluss eine Variation verschiedener Fahrzeugparameter auf den Kraftstoffverbrauch hat, ist beispielhaft für einen Mittelklasse-Pkw in Abb. 5.17 dargestellt [3].

Zu erkennen ist der erhebliche Einfluss des Antriebstrangwirkungsgrades. Insofern sind Wirkungsgradverbesserungen der Antriebstrangkomponenten von besonderer Bedeutung. Bei den Fahrwiderständen ist die Reduktion des Fahrzeuggewichtes erheblich effektiver als die Reduktion von Roll- und Luftwiderstand.

Insgesamt ist dabei zu beachten, dass neben der Parameteränderung selbst (primärerer Effekt) der hierdurch reduzierten Leistungsanforderung (sekundärer Effekt) durch eine entsprechende Anpassung des Antriebstrangs Rechnung zu tragen ist und somit der Kraftstoffverbrauch nochmals reduziert werden kann.

Wie sich Veränderungen der einzelnen Widerstandsparameter auf den Kraftstoffverbrauch in dem für die Fahrzeugzulassung verbindlichen Normzyklus auswirken, wird in Kap. 6 näher behandelt.

Bei Nutzfahrzeugen, wie z. B. Fernlastzügen, die hauptsächlich bei vergleichbar hohen Geschwindigkeiten betrieben werden, ergibt sich ein anderes Bild. Hier bestimmt neben dem Rollwiderstand der Luftwiderstand in erheblichem Maße den Kraftstoffverbrauch. In Abb. 5.18 sind beispielhaft die anteiligen Energieaufwendungen bzw. -verluste für einen vollbeladenen 40 t Sattelzug dargestellt, die bei realem Fahrbetrieb im Fernverkehr mit Steigungen entstehen.

Insofern sind aerodynamische Verbesserungsmaßnahmen recht effektiv. Inwieweit dann einzelne Verbesserungsmaßnahmen umgesetzt werden, ist letztendlich anhand einer Kosten/Nutzen – Betrachtung zu entscheiden.

5.2.2.2 Optimierung Betriebsweise

Die für den Fahrbetrieb eines Fahrzeugs erforderliche Leistung kann vom Motor bei unterschiedlichen Drehmomenten und Drehzahlen bereitgestellt werden. In Abb. 5.19 ist ein

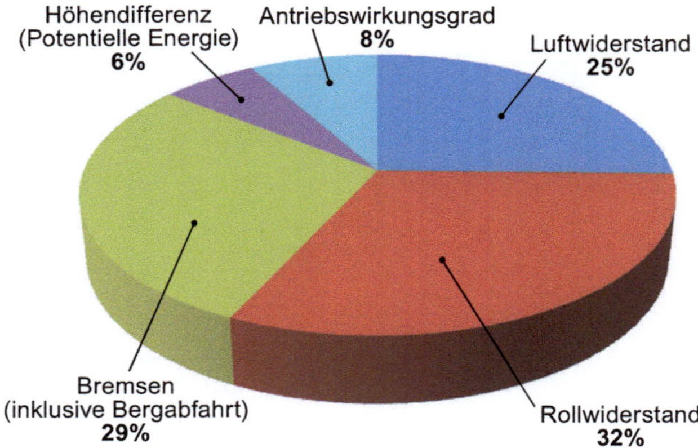

Abb. 5.18 Anteilige Energieaufwendungen/-verluste eines Sattelzuges bei realem Fahreinsatz

Kraftstoff-Verbrauchskennfeld eines Pkw-Verbrennungsmotors mit den typischen „Muschelkurven" gleichen Verbrauchs dargestellt. Wie anhand der Leistungshyperbel zu erkennen ist, ergeben sich je nach Betriebspunkt des Verbrennungsmotors in Abhängigkeit von Moment und Drehzahl recht unterschiedliche Kraftstoffverbräuche.

Aus Effizienzgründen sollte der Verbrennungsmotor soweit möglich im günstigen Kennfeldbereich betrieben werden. Dies lässt sich über das Getriebe entsprechend beeinflussen. Das gezeigte Beispiel verdeutlicht, dass durch den Wechsel vom vierten (A) in den

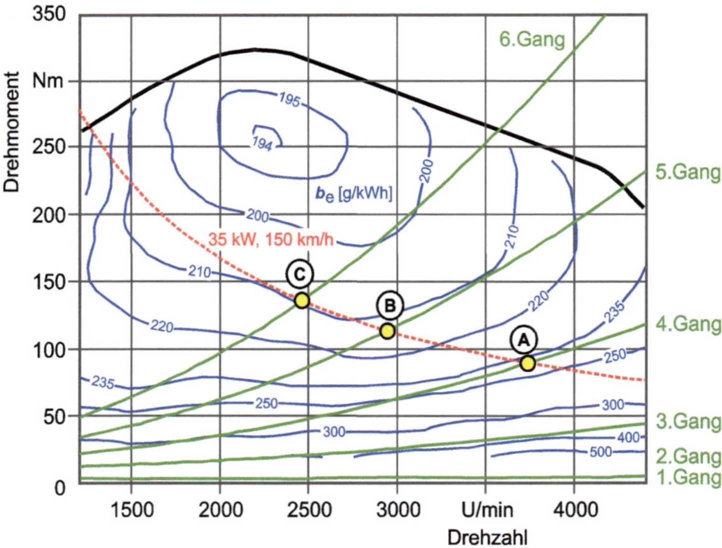

Abb. 5.19 Verbrauchskennfeld und Leistungsbedarf eines Pkw bei Konstantfahrt in der Ebene, [1]

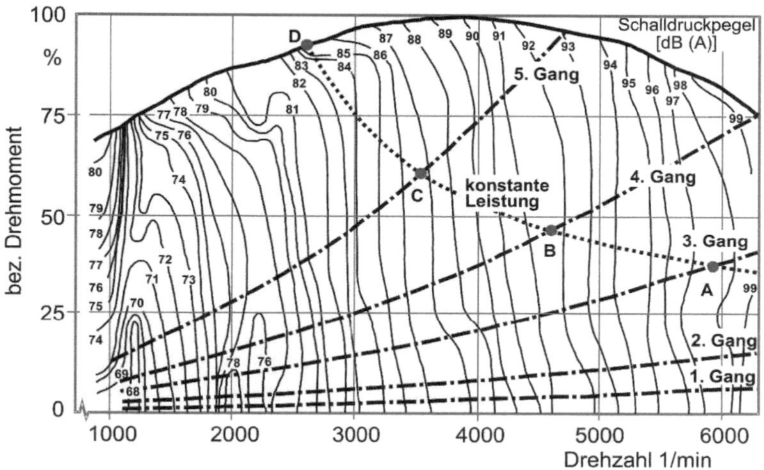

Abb. 5.20 Geräuschkennfeld und Leistungsbedarf eines Pkw bei Konstantfahrt in der Ebene, [4]

fünften (B) und dann in den sechsten (C) Gang der Kraftstoffverbrauch erheblich gesenkt werden kann.

Der besseren Übersicht wegen erfolgt die Darstellung an dieser Stelle anhand eines Verbrennungsmotor-Verbrauchskennfeldes. Für eine konkrete Energieeffizienz-Auslegung sind jedoch neben dem Verbrennungsmotor alle weiteren relevanten Einflüsse, wie z. B. die Übertragungswirkungsgrade von Getriebe und Differential zu berücksichtigen.

Ein ähnlicher Reduktionseffekt wie beim Kraftstoffverbrauch ergibt sich bei der Geräuschentwicklung eines Verbrennungsmotors, wie anhand von Abb. 5.20 zu erkennen ist [4].

Dargestellt ist das Geräuschkennfeld eines Verbrennungsmotors. Eingetragen sind die Leistungsbedarfskurven bei Fahrt mit konstanter Geschwindigkeit in der Ebene, die sich je nach gewählter Gangstufe ergeben. Für das hier gezeigte Motorbeispiel und die gewählte Leistungsabgabe ergibt sich beim Wechsel vom dritten (A) in den fünften (C) Gang eine Reduktion des Motorgeräuschpegels um beeindruckende 10 dB(A). Auch hier ist zu beachten, dass abgesehen vom gezeigten Geräuschkennfeld des Verbrennungsmotors alle anderen relevanten Geräuschemissionen, wie z. B. des Getriebes und Differentials bei der Betriebspunkt-Diskussion zu berücksichtigen sind.

Das Optimum hinsichtlich dieser beiden Kriterien wird erreicht, wenn der Verbrennungsmotor entlang der entsprechenden Regelkennlinien in Abb. 5.21 betrieben wird.

Die Regelkennlinie für den geringsten Kraftstoffverbrauch b_{emin} ergibt sich aus den Schnittpunkten der jeweiligen Leistungshyperbeln und Minimalverbräuche. Die zweite Regelkennlinie L_{min} kennzeichnet den Betrieb bei der jeweils niedrigsten Geräuschabstrahlung des Motors. Vom Verlauf her ähneln sich beide Regelkennlinien, so dass hier kein Auslegungskonflikt entsteht. Wie zu erkennen ist, setzen beide Kennlinien für den entspre-

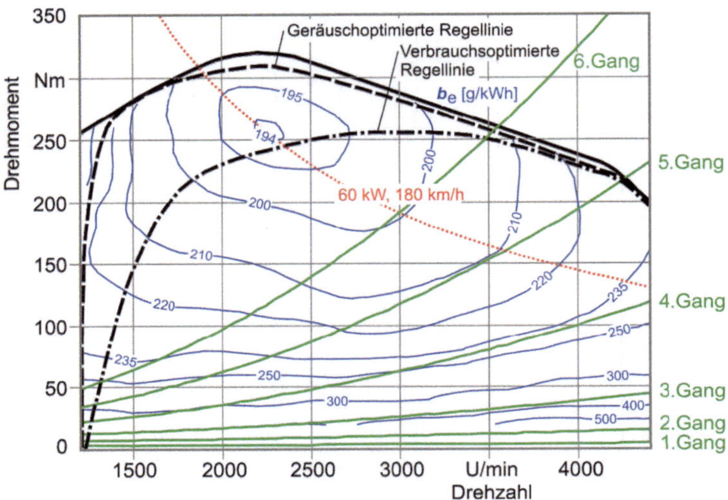

Abb. 5.21 Verbrauchskennfeld mit optimalen Regelkennlinien

chenden Betrieb des Verbrennungsmotors allerdings eine stufenlose Variation von Drehmoment und Drehzahl, d. h. ein Continuous Variable Transmission (CVT) voraus. Mit der zunehmenden Gangzahl bei modernen Getrieben erfolgt jedoch eine immer bessere Annäherung an die gezeigten optimalen Regelkennlinien.

5.2.3 Fahrzeugbeispiel

Anhand des nachfolgenden Fahrzeugs soll beispielhaft die Auslegung des Antriebstrangs sowie der Einfluss von verschiedenen verbrauchsenkenden Maßnahmen dargestellt werden. Im Rahmen des vom Umweltbundesamt geförderten Projektes „Technische Möglichkeiten zur Umsetzung einer durchschnittlichen CO_2-Emission von 120 g/km bei Pkw in Europa“ wurden für einen 1,4 l TSI Golf GT der Volkswagen AG Möglichkeiten zur Reduktion des Kraftstoffverbrauchs untersucht [5].

Zunächst wurden anhand von Simulationsuntersuchungen verschiedene Möglichkeiten zur Reduktion des Kraftstoffverbrauches hinsichtlich ihrer Wirksamkeit analysiert. Diese umfassten in einem gesamtheitlichen Ansatz die Fahrwiderstände, den Antriebstrang sowie das Fahrerverhalten. In einem zweiten Schritt wurden dann die effektivsten und in der Praxis kurzfristig umsetzbaren Maßnahmen realisiert. Nach Integration der Maßnahmen ins Fahrzeug erfolgten dann abschließend eingehende Rückmessungen mit dem Fahrzeug sowohl auf dem Rollenprüfstand als auch im Straßenversuch.

Abbildung 5.22 zeigt die im Versuchsfahrzeug umgesetzten Maßnahmen, die nachfolgend vorgestellt werden und deren Einfluss auf den Kraftstoffverbrauch kurz erläutert wird.

Abb. 5.22 Verbrauchsenkende Maßnahmen Golf Forschungsfahrzeug, [5]

Zur Reduktion des **Rollwiderstandes** wurden verschiedene Reifen untersucht. Am günstigsten schnitt hierbei im Vergleich zur Serienausstattung ein schmalerer Leichtlaufreifen ab. Durch zusätzliche Erhöhung des Reifenluftdrucks konnte schließlich der Rollwiderstandsbeiwert f_R gegenüber dem serienmäßig verbauten Reifen von etwa 0,0095 auf 0,0075 gesenkt werden.

Aerodynamische Umbauten am Versuchsfahrzeug mit dem Ziel einer Verringerung des **Luftwiderstandes** waren im Rahmen des Projektes nur bedingt möglich. Zum einen wurden die Außenspiegel durch kleine Rückfahrkameras ersetzt. Zum anderen wurden neben den auch hinsichtlich des Luftwiderstandes günstigeren, schmalen Leichtlaufreifen zudem strömungsgünstigere Radzierblenden eingesetzt. Insgesamt konnte so der $c_W \times A$ Wert von 0,74 auf 0,68 m^2 gesenkt werden.

Zur Verringerung des **Beschleunigungswiderstandes**, d. h. einer Reduktion der Fahrzeugmasse boten sich anhand nachträglicher Umbauten am Serienfahrzeug ebenfalls nur begrenzte Möglichkeiten. Durch die Verwendung von Leichtbausitzen, schmaleren Leichtlaufreifen sowie durch die Verkleinerung des Tanks und andere Maßnahmen konnte die Fahrzeugmasse um 80 kg gesenkt werden.

Im Bereich der **Antriebsoptimierung** wurde motorseitig lediglich ein neues Stopp-Start System entwickelt und eingebaut. Es sei an dieser Stelle darauf hingewiesen, dass zum damaligen Zeitpunkt diese Technologie noch nicht Serienstandard war. Das System ermöglichte auch eine Rekuperation der Bremsenergie zumindest in geringem Umfang. Das

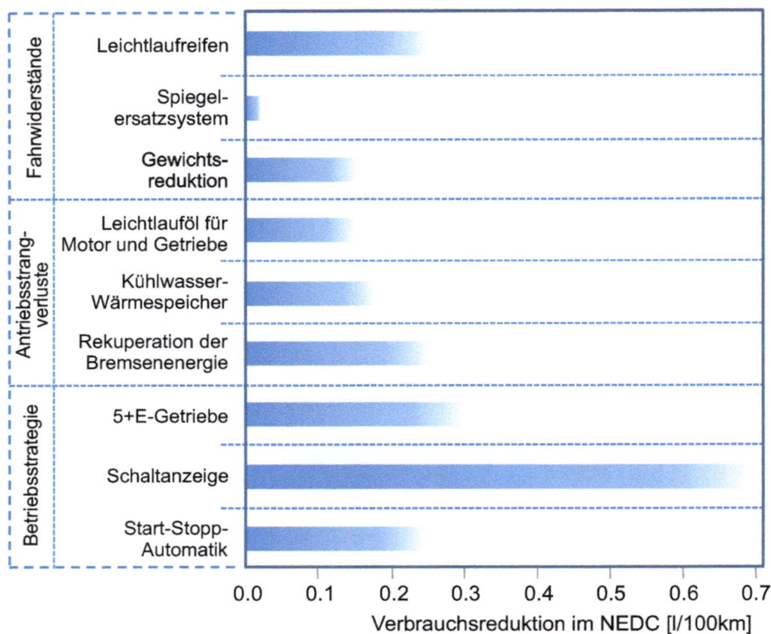

Abb. 5.23 Verbrauchsreduktionen einzelner Maßnahmen (Golf Forschungsfahrzeug, NEDC Zyklus), [5]

Fahrzeug war bereits mit einem Motorkonzept mit Doppelaufladung (Downsizing) serienmäßig ausgerüstet, so dass hier keine weiteren Maßnahmen durchgeführt wurden.

Besonderes Augenmerk wurde auf die Auslegung der **Getriebeübersetzungen** gelegt. Hierzu wurden umfangreichen Simulationsuntersuchungen unter Berücksichtigung der verringerten Fahrwiderstände mit dem Ziel möglicher Verbrauchsreduktionen unter annähernder Beibehaltung der Fahrleistungen des Serienfahrzeugs durchgeführt. Da das Antriebsaggregat bereits bei einer Drehzahl von 1000 min^{-1} ein hohes Drehmoment bereitstellt, wurde das Sechsgang-Handschaltgetriebe als „5 + E“ Konzept, d. h. mit sechstem Gang als ECO-Gang ausgelegt. Verändert wurden gegenüber dem Seriengetriebe auch die Übersetzungen der Gänge drei bis fünf im Hinblick auf eine Verbrauchsreduktion. Die Übersetzungen der ersten beiden Gänge blieben im Hinblick auf das Anfahrverhalten unverändert.

Desweiteren wurde das Fahrzeug mit einer **Gang-Schaltanzeige** ausgestattet, die den Fahrer auf den hinsichtlich des Kraftstoffverbrauches aktuell jeweils günstigsten Gang hinweist. Derartige Anzeigesysteme sind inzwischen vom Gesetzgeber als Fahrzeugausrüstung vorgeschrieben.

Die durch die einzelnen Maßnahmen erreichten Kraftstoff-Reduktionen sind in Abb. 5.23 beispielhaft für den NEDC-Zyklus dargestellt.

Die größte Reduktion wird durch die Schaltanzeige erreicht. Zu beachten ist allerdings, dass derzeit – unabhängig davon, ob ein Fahrzeug mit oder ohne Schaltanzeige ausgestattet ist – der Gangwechsel zu den in der NEDC-Prüfnorm vorgegebenen Zeitpunkten vorzunehmen ist.

Insgesamt konnte mithilfe der durchgeführten Maßnahmen eine Reduktion des Kraftstoffverbrauchs im NEDC von 23 % gegenüber dem Serienzustand des Fahrzeugs erreicht werden [5].

5.3 Hybridfahrzeuge

Neben der Reduktion von Gewicht und Fahrwiderständen sowie Effizienzsteigerungen bei herkömmlichen Diesel- oder Ottomotoren bieten alternative Antriebe eine weitere Möglichkeit, Kraftstoffverbrauch und Emissionen zu verringern. Dies sind Hybridantriebe sowie elektrische Antriebe inklusive Brennstoffzellensysteme. Auf diese Technologien wird in den folgenden Kapiteln, mit Hybridfahrzeugen beginnend, näher eingegangen.

Der Begriff „Hybrid" leitet sich vom lateinischen Wort „hybrida" ab, was Mischling oder Bastard bedeutet. Mittlerweise hat dieser Begriff auch Einzug in die Normen gefunden. So definiert zum Beispiel die Richtlinien ECE-R83 den Hybridantrieb wie folgt: „Hybridfahrzeug (HV), ein Fahrzeug mit mindestens zwei verschiedenen (fahrzeugeigenen) Energiewandlern und -speichern für den Antrieb des Fahrzeugs" [6]. Die häufigste Ausprägung ist dabei die Kombination eines Verbrennungsmotors samt Tank mit einer oder mehreren Elektromaschinen und einem Akkumulator als Speicher. Dabei spielt die in der oben aufgeführten Definition nicht enthaltene Fähigkeit, Energie über den Wandler zurück in den Speicher zu übertragen und später wieder zu nutzen, für die Auswahl des zweiten elektrischen Systems des Hybridantriebs eine entscheidende Rolle. Erst mit dieser bidirektionalen Funktion ergeben sich weitere Möglichkeiten, die den Hybridantrieb sinnvoll machen. So kann zum Beispiel Bewegungsenergie beim Bremsen zum Teil wieder zurückgewonnen und für ein späteres Fahren nutzbar gemacht werden.

Für Hybridantriebe kommen dabei eine Vielzahl von Speichern und Wandlern in Frage. Eine Übersicht hierzu gibt Abb. 5.24, in der mögliche Ketten, ausgehend vom Primärenergieträger bis hin zum Fahrzeug, dargestellt sind.

Neben der heute üblichen Kombination von Verbrennungsmotor mit Tank als Hauptantrieb und elektrischem, zweiten Zweig ergeben sich vielfältige Möglichkeiten. So sind als Speicher neben Tank und Batterien auch Schwungräder, Hydrospeicher sowie Kondensatoren möglich. Als Energiewandler kommen neben den etablierten Otto- und Dieselmotoren auch Gasturbinen, Stirlingmotoren, Hydromaschinen und Brennstoffzellen in Frage. Insofern ergibt sich eine Vielzahl von möglichen Kombinationen für den Hybridantrieb.

Die Aufgabe des Ingenieurs ist es dabei unter den gegebenen Randbedingungen wie Einsatzzweck, Kosten etc. eine geeignete Lösung zu entwickeln, die die Vorteile der einzelnen Komponenten kombiniert, Synergieeffekte nutzt und das systemimmanente Problem des doppelten Antriebs (Gewicht, Bauraum, Kosten) löst. Die Komplexität birgt allerdings

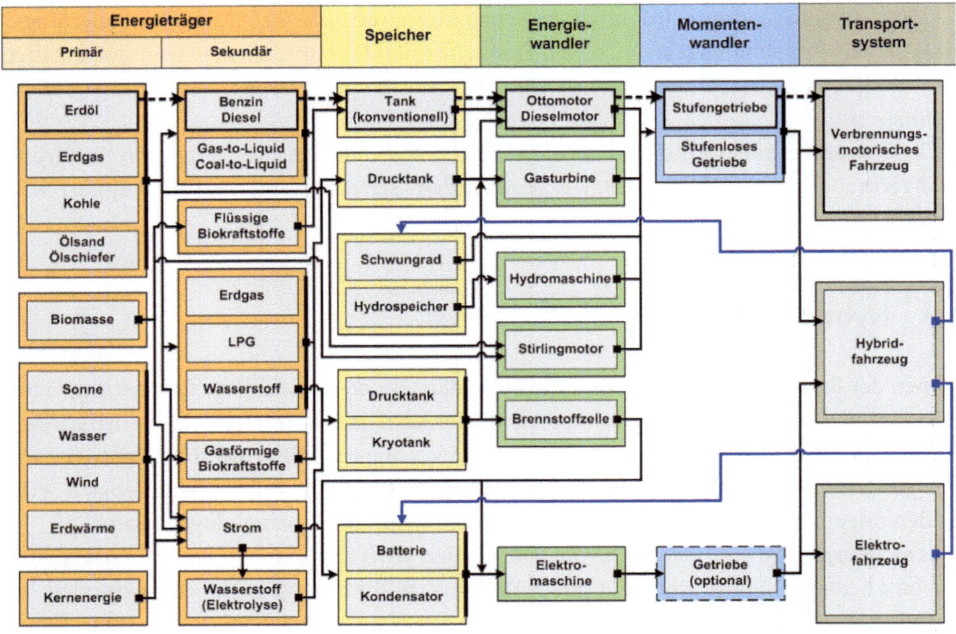

Abb. 5.24 Kette vom Primärenergieträger zum Transportsystem, [2]

auch die Gefahr in sich, dass statt der optimalen Nutzung und Kombination der Vorteile im Falle einer nicht umsichtigen Entwicklung genau das Gegenteil – die Summierung der Nachteile – erreicht werden kann [7].

Hybridantriebe finden Eingang nicht nur in Personenkraftwagen, sondern auch in anderen Fahrzeugen, wobei deren spezielle Einsatzbedingungen zu unterschiedlichen Lösungen führen. So gibt es Anwendungen für Verteiler-LKW, Stadtbusse, Müllsammel-Fahrzeuge, Gabelstapler und auch Portalhubwagen in Containerterminals. Diesen Anwendungen gemeinsam ist, dass die Fahrzeuge vorwiegend instationär, wie z. B. im Stadtverkehr, betrieben werden.

Darüber hinaus werden Hybridantriebe auch in anderen Fahrzeugen wie Schiffen oder Schienenfahrzeugen eingesetzt. So haben diesel-elektrische U-Boote je nach Ausprägung einen seriellen oder parallelen Hybridantrieb. Bei Schienenfahrzeugen gibt es sogenannte Zweikraftloks, die entweder diesel-elektrisch angetrieben werden – hier erzeugt ein Dieselmotor über einen Generator den Strom – oder, über die Oberleitung gespeist, ausschließlich elektrisch angetrieben werden. Im engeren Sinne ist dies zwar kein Hybridantrieb, da kein Elektro-Energiespeicher an Bord ist. Es gibt aber auch Anwendungen, bei der der bahntypische diesel-elektrische Antrieb um einen Batteriespeicher zum seriellen Hybrid erweitert ist. Ebenfalls existieren Straßenbahnen, die aus einer Batterie gespeist, kurze Strecken ohne Oberleitung fahren und so im weiteren Sinne auch zu den Hybridfahrzeugen gezählt werden können.

Zur Klassifizierung von Hybridfahrzeugen bieten sich neben der Art der verwendeten Speicher und Wandler noch weitere Kriterien an. Diese sind die mechanische Struktur des Antriebs, die Größe bzw. der Energieinhalt des bidirektional arbeitenden Speichers, das Verhältnis der Leistung des Nebenantriebs zum Hauptantrieb sowie die möglichen Funktionen. Im Folgenden wird näher auf die heute üblichen Hybridantriebe aus einer Kombination von Verbrennungsmotor und Elektroantrieb eingegangen. Abweichungen hiervon werden bei Bedarf gesondert erwähnt.

5.3.1 Funktionen von Hybridantrieben

Die Vorteile des Hybridantriebs ergeben sich aus der Kombination der Vorteile des Verbrennungsmotors mit denen des Elektroantriebs. Die für einen Antrieb mit Verbrennungsmotor typischen großen Reichweiten resultieren aus der hohen Energiedichte flüssiger Kraftstoffe sowie der Möglichkeit des schnellen Nachtankens. Elektroantriebe hingegen erlauben lokal emissionsfreies Fahren sowie Nutzbremsung. Im Zusammenspiel von Verbrennungsmotor und Elektroantrieb können somit verschiedene Funktionen realisiert werden, die im Folgenden, nach ihrer Komplexität geordnet, erläutert werden.

Zu beachten ist, dass die Anforderungen an die Leistungsfähigkeit des Elektroantriebs vom Konzept des Hybridantriebs abhängen. So erfordert elektrisches Fahren einschließlich Beschleunigen verständlicherweise eine stärkere Elektromaschine als es zum Beispiel nur für das Fahren mit konstanter Geschwindigkeit der Fall ist. Grundsätzlich sind diese Funktionen aber nicht fest an eine mechanische Antriebstruktur gebunden. Vielmehr ermöglichen die meisten Strukturen, diese Funktionen umzusetzen. Alle diese Funktionen zielen darauf ab, den Betrieb des Verbrennungsmotors zu verbessern. In Abb. 5.25 ist dargestellt, welche Änderungen beim Betrieb des Motors mit den verschiedenen Funktionen erreicht werden können.

Ausgangspunkt ist ein Motorbetriebspunkt mit niedriger Leistung von 5 kW und relativ hohem spezifischen Kraftstoffverbrauch, wie er z. B. in der Stadt bei Konstantfahrt typisch ist. Die mit 1, 2 und 3 nummerierten Betriebspunkte können durch die im Folgenden beschriebenen Maßnahmen erreicht werden.

5.3.1.1 Start/Stopp

Beim Start/Stopp-Betrieb wird der Verbrennungsmotor im Stand oder bei sehr niedrigen Geschwindigkeiten gestoppt und bei Bedarf dann wieder automatisch gestartet, d. h. Punkt 1 in Abb. 5.25 wird erreicht. Bei Fahrzeugen mit Schaltgetriebe erfolgt das Abschalten bei Stillstand, wenn kein Gang eingelegt ist, und der Fahrer den Fuß von der Kupplung genommen hat. Bei Fahrzeugen mit Automatikgetrieben muss der Fahrer die Bremse betätigen. Ein solches System erfordert einen Anlasser, der in der Lage ist, den Verbrennungsmotor schnell und geräuscharm zu starten. Da die Starthäufigkeit gegenüber einem

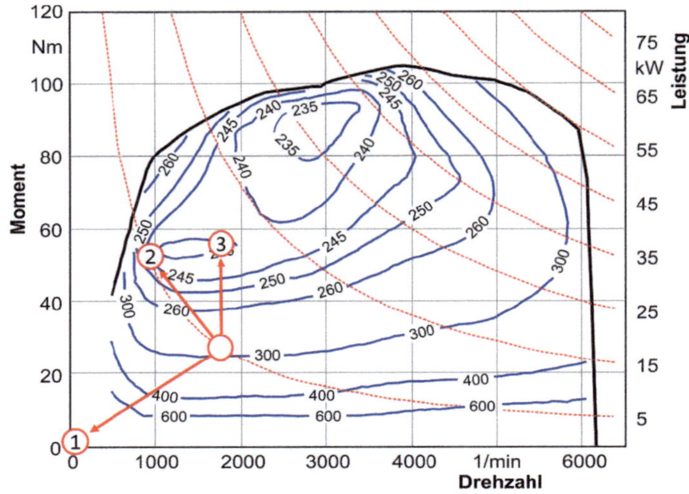

Abb. 5.25 Beeinflussung des Verbrennungsmotor-Betriebspunktes, [8]

konventionellen Fahrzeug sehr stark zunimmt, stellt dies auch besondere Anforderungen an die Lebensdauer des Starters selbst.

Dabei entscheidet eine Start-Stopp-Logik anhand einer Vielzahl von Eingangsgrößen, ob ein Stopp oder Start des Verbrennungsmotors sinnvoll und gefahrlos möglich ist. So wird bei niedrigen Außentemperaturen und einer entsprechenden Nachfrage nach großer Heizleistung oder auch bei kaltem Motor bzw. Katalysator sowie einem hohen Leistungsbedarf von elektrischen Verbrauchern der Motorstopp unterbunden. Ein weiterer Parameter ist der Ladezustand bzw. die Spannungslage der Starterbatterie. Hier darf ein unterer Grenzwert nicht unterschritten werden, damit der Wiederstart stets problemlos möglich ist. Insofern ist im Rahmen des Bordnetzmanagements ein entsprechendes Batteriemanagement vorzusehen, das den aktuellen Ladezustand der Batterie erfasst und die Startfähigkeit des Motors gewährleistet. Dazu sind entsprechende Sensoren (Strom, Spannung, Temperatur) erforderlich. Infolge der häufigen Starts und der Belastung durch elektrische Verbraucher ändert sich das Belastungsprofil für die Starterbatterie deutlich. Infolge der Energieentnahme bei abgeschaltetem Motor werden Entladungstiefen und Zyklenzahlen erreicht, denen herkömmliche Starterbatterien nicht gerecht werden. Daher werden Absorbent Glass Mat Batterien (AGM-Batterien) eingesetzt, bei denen die Batteriesäure in einem Glasmattenvlies gebunden ist und die eine entsprechende Zyklenfestigkeit aufweisen.

Bei gestopptem Motor werden auch die angekoppelten Nebenaggregate nicht mehr angetrieben. Bei stehendem Fahrzeug ist der Entfall der Servounterstützung für die Lenkung sicherlich nicht kritisch. Zudem wird der für die Bremskraftunterstützung notwendige Unterdruck nicht weiter erzeugt. Der Unterdruckvorrat im Bremssystem ist aber noch für einige Bremsbetätigungen ausreichend.

Der Klimakompressor wird ebenfalls nicht mehr angetrieben, so dass kein – über die im Klimaanlagensystem gespeicherte Kälte hinaus reichender – kontinuierlicher Betrieb möglich ist. Teilweise wird daher je nach Innenraum- und Außentemperatur sowie eingestellter Solltemperatur das Stoppen des Motors verhindert. Gestartet wird der Motor, wenn der Fahrer zum Einlegen des Gangs die Kupplung betätigt (bei Fahrzeugen mit Schaltgetriebe) oder den Fuß von der Bremse nimmt (bei Fahrzeugen mit Automatikgetriebe).

Die Kraftstoffeinsparung solcher Systeme hängt stark von der Fahrweise und der Verkehrssituation ab. Im europäischen Fahrzyklus beträgt sie für ein Mittelklassefahrzeug ca. 5 %. Wird ein Fahrzeug nur in der Stadt bewegt, können die Einsparungen je nach Häufigkeit und Dauer der Standphasen zum Beispiel vor Ampeln noch höher ausfallen. Auf der Landstraße oder Autobahn hingegen wird keine Verbrauchseinsparung erzielt.

Start/Stopp-Systeme werden zum Teil auch mit einer einfachen Form der Nutzbremsung kombiniert. Da Energie- und Batteriemanagement für einen zuverlässigen Betrieb notwendig sind, ist eine Erweiterung um zusätzliche Funktionen leicht möglich. So wird bei vielen Fahrzeugen in den Verzögerungsphasen die Ladespannung im Bordnetz erhöht, so dass der Generator mehr Moment aufnimmt, stärker bremst und dabei zusätzliche Ladeleistung erzeugt. Bei hinreichend aufgeladener Batterie wird er dann gegebenenfalls zu anderen Zeitpunkten ganz abgeschaltet. Somit ist eine zusätzliche Verbrauchseinsparung möglich.

Ein weiterer Aspekt sind die durch den Starter verursachten Schwankungen in der Bordnetzspannung beim Anlassen des Motors. Dies macht sich zum Beispiel bemerkbar durch Flackern des Abblendlichts und der Instrumentenbeleuchtung sowie Abschalten von empfindlichen Verbrauchern, wie z. B. Radio oder Navigationssystemen. Um dies zu vermeiden, werden derartige Komponenten daher teilweise mit Hilfe einer zweiten, kleinen Pufferbatterie betrieben, die die Stromversorgung für den Startvorgang übernimmt. Alternativ kommen DC/DC-Wandler zum Einsatz, die die Spannungslage für diese Komponenten stabilisieren, indem sie aus der stark fluktuierenden Spannung der Starterbatterie eine stabilisierte Spannung erzeugen.

Zusammenfassend lässt sich feststellen, dass die einfach erscheinende Maßnahme, den Verbrennungsmotor zu stoppen und so den Leerlaufverbrauch des Motors zu vermeiden, einen nicht unerheblichen Aufwand in Form einer Start/Stopp-Logik, eines Energiemanagements sowie gegebenenfalls einer zusätzlichen Hardware verursacht.

5.3.1.2 Segeln mit ausgeschaltetem Verbrennungsmotor

Beim Segeln mit ausgeschaltetem Verbrennungsmotor wird die Funktion des Start/Stopps auf den Bereich höherer Fahrgeschwindigkeiten ausgedehnt. Segeln bezeichnet das Dahinrollen mit abgekoppeltem Antrieb. Hierbei kann der Verbrennungsmotor im Leerlauf betrieben oder, wie nachfolgend näher beschrieben, ausgestellt werden. Bei Rücknahme des Gaspedals, d. h. Rollen des Fahrzeugs, erfolgt eine Abschaltung des Motors. Wird das Gaspedal wieder betätigt, erfolgt der automatisierte Wiederstart des Verbrennungsmotors. Um dies sinnvoll zu automatisieren, ohne dass der Fahrer immer den Leerlauf aktivieren muss, erfordert diese Funktion ein automatisiertes Abkoppeln des Motors, sei es durch eine automatisierte Kupplung oder durch Wahl der Neutralstellung in einem Automatikgetriebe.

Ferner muss der Problematik Rechnung getragen werden, dass nun der Verbrennungsmotor auch während der Fahrt als Energiequelle für Nebenaggregate wie Lenkunterstützung, Bremskraftverstärkung, Heizung sowie Klimatisierung für längere Phasen ausfällt. Diese Nebenaggregate müssen daher teilweise elektrisch betrieben werden. Zudem muss die Bordnetzbatterie in der Lage sein, diese Energie auch für den entsprechenden Zeitraum bereit zu stellen.

5.3.1.3 Elektrisches Fahren

Beim elektrischen Fahren wird das Fahrzeug ausschließlich vom Elektromotor angetrieben; der Verbrennungsmotor ist abgestellt. Dies entspricht Punkt 1 in Abb. 5.25. Der Kraftstoffverbrauch zur Bewältigung der jeweiligen Fahrsituation entfällt. Stattdessen wird die Traktionsbatterie entladen. Je nach Leistungsfähigkeit der Komponenten (Elektromotor und Traktionsbatterie) reicht dies nur für elektrische Konstantfahrten bei niedrigen Geschwindigkeiten und für geringe Beschleunigungen aus oder aber deckt den gesamten Fahrbetriebsbereich ab.

Die Reichweite, für die ein elektrisches Fahren möglich ist, hängt vom Energieinhalt des Speichers (Traktionsbatterie) ab. Für die Nebenaggregate gilt das, was bereits beim Segeln erwähnt worden ist. Zu ergänzen ist, dass die Zeitdauer, für die der Verbrennungsmotor abgeschaltet ist, beträchtlich sein kann. Die Nebenaggregate müssen daher völlig unabhängig vom Verbrennungsmotor betrieben werden können. Die für das elektrische Fahren benötigte Energie kann vor Beginn der Fahrt extern nachgeladen werden (Plug-In Hybrid) oder auch bei Bedarf während der Fahrt erzeugt werden, sei es durch Nutzbremsung oder Lastpunktanhebung des Verbrennungsmotors, worauf nachfolgend näher eingegangen wird.

5.3.1.4 Boosten

Unter Boosten wird die Funktion verstanden, dass die Leistung beider Antriebe gleichzeitig abgerufen werden kann. Somit steht zur Erzielung maximaler Fahrleistungen eine deutlich höhere Leistung als die des Verbrennungsmotors zur Verfügung. Dies ist allerdings nur bei ausreichend geladener Batterie für einen bestimmten Zeitraum der Fall. Eine direkte Verbrauchsreduktion geht mit dieser Maßnahme nicht einher, wohl aber indirekt über ein potenzielles Downsizing des Verbrennungsmotors verglichen mit einem konventionellen Antrieb, bei dem der Verbrennungsmotor die gesamte Spitzenleistung bereitstellen muss.

5.3.1.5 Nutzbremsung

Nutzbremsung – auch als regeneratives Bremsen oder Rekuperation bezeichnet – beschreibt die Funktion, dass der Elektroantrieb zum Verzögern des Fahrzeugs genutzt und dabei Energie in die Traktionsbatterie zurückgespeist wird. Die elektrische Maschine wandelt die kinetische Energie des Fahrzeugs in elektrische Energie um, die in der Batterie gespeichert wird. Bei einem konventionell angetriebenen Fahrzeug hingegen wird die kinetische Energie des Fahrzeugs in den Bremsen in Verlustwärme umgewandelt. Die zu-

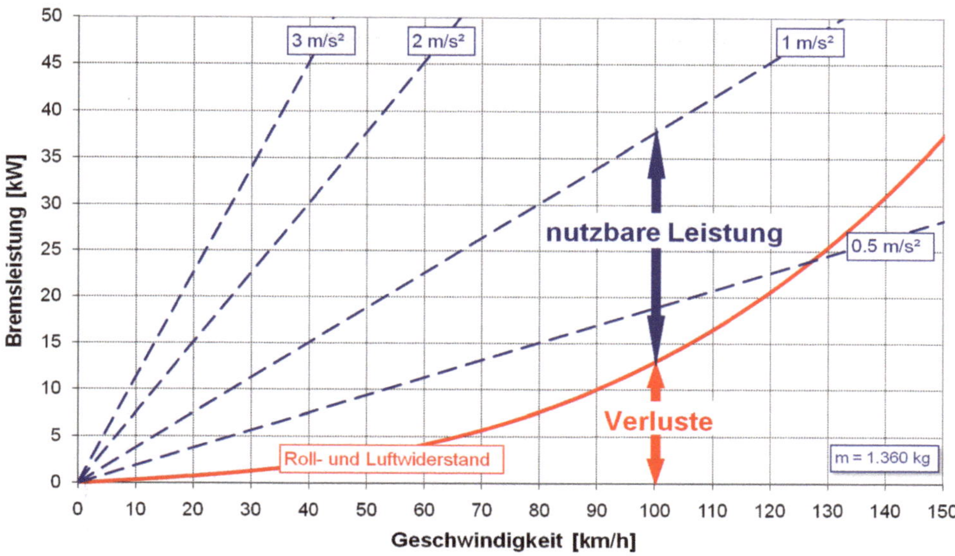

Abb. 5.26 Nutzbare Bremsenergie in Abhängigkeit der Fahrwiderstände, [2]

rückgespeiste Energie ersetzt Energie, die normalerweise vom Verbrennungsmotor erzeugt werden müsste, und führt so zu einer Kraftstoffeinsparung. Die Höhe des Einsparpotentials hängt stark vom Fahrprofil ab. Fahrverläufe im Stadtverkehr mit vielen Beschleunigungen und Verzögerungen begünstigen den positiven Effekt der Nutzbremsung. Nicht besonders auszuführen ist, dass auch bei Bergabfahrt Energie zurückgewonnen werden kann.

In Abb. 5.26 ist die Verzögerungsleistung für unterschiedlich starke Bremsvorgänge über der Geschwindigkeit aufgetragen. Für eine Geschwindigkeit von 100 km/h und einer Fahrzeugverzögerung mit 1 m/s^2 ist beispielhaft der Anteil der zum Rekuperieren nutzbaren Bremsenergie dargestellt. Eine Reduzierung des Roll- und Luftwiderstands erhöht folglich den rückgewinnbaren Anteil der Bremsenergie. Wird das Fahrzeug dagegen durch „Ausrollen", d. h. nur durch den Roll- und Luftwiderstand verzögert, kann keine Energie zurückgewonnen werden. Bei einer vorausschauenden Fahrweise bietet ein regeneratives Bremssystem folglich nur vergleichbar geringe Vorteile gegenüber einer konventionellen Bremse. Ein Ausrollen mit geringer Verzögerung ist allerdings nur dann möglich, wenn die Verkehrssituation dies zulässt. Im normalen (Stadt-)Verkehr treten jedoch deutlich höhere Verzögerungen auf.

Grenzen für die Nutzbremsung ergeben sich aus der Leistungsfähigkeit von Batterie und Elektromaschine. Ferner darf es auch nicht zu einer Überladung der Traktionsbatterie beispielsweise bei Bergabfahrt mit Nutzbremsung kommen. Dabei spielt die Art und Weise, wie das Nutzbremssystem (Generator) und die konventionellen Betriebsbremsen zusammenwirken, eine große Rolle.

Idealerweise wird das Fahrzeug nur durch den Elektroantrieb verzögert. Die ansonsten hierzu eingesetzten Reibbremsen werden erst aktiviert, wenn die erforderliche Bremsleistung die maximale Leistung der Elektromaschine oder auch die zulässige Ladeleistung der Batterie überschreitet. Dies erfordert eine Integration von Reibbremsen und elektrischer Nutzbremsung, bei der die Leistung der Reibbremsen variabel während eines Bremsvorgangs geregelt werden kann. Die vom Fahrer gewünschte Verzögerung wird als Kombination von Nutzbremsung und Reibbremsung dargestellt. Es ist somit notwendig den Druck in den hydraulischen Bremsen unabhängig von der Stellung und der Betätigungskraft des Bremspedals zu modulieren. Der Fahrer betätigt über das Bremspedal somit nicht mehr direkt die Bremsen, sondern ist von ihnen teilweise oder ganz entkoppelt. Die Regelung der Bremsen übernimmt die Aufteilung des geforderten Bremsmomentes in ein vom Elektroantrieb und ein von den Reibbremsen aufzubringendes Moment.

5.3.1.6 Lastpunktanhebung/-verschiebung

Die Funktion Lastpunktanhebung beinhaltet, dass dem in der aktuellen Fahrsituation erforderlichen Moment des Verbrennungsmotors über den Elektroantrieb ein zusätzliches Moment überlagert wird. Um die Batterie zu laden und langfristig immer wieder teilweise elektrisches Fahren zu ermöglichen (autarker Hybrid), wird die Momentenabgabe des Verbrennungsmotors angehoben. Die Elektromaschine wird mit dem so bereitgestellten Moment als Generator betrieben; die erzeugte Energie wird in der Traktionsbatterie gespeichert. Dies entspricht Betriebspunkt 3 in Abb. 5.25. Dadurch wird zum einen der Betriebspunkt des Verbrennungsmotors hin zu höheren Lasten mit besseren Wirkungsgraden verschoben. Zum anderen kann mit der so gewonnenen Energie später bei abgeschaltetem Verbrennungsmotor gefahren werden, so dass für diesen Zeitraum kein Kraftstoff verbraucht wird. Durch die kürzere Einschaltdauer des Motors und den Effekt, dass der Verbrennungsmotor mit einem höheren Wirkungsgrad arbeitet, lassen sich deutliche Verbrauchseinsparungen erzielen, obwohl die Energie im Elektromotor zweimal gewandelt und in der Batterie wirkungsgradbehaftet zwischengespeichert wird. Dabei ist es Aufgabe der Betriebsstrategie je nach Fahrsituation ein optimales, ausgewogenes Verhältnis von elektrischem Fahren und Lastpunktanhebung zu erzielen.

Auch eine Verschiebung des Betriebspunktes zu niedriger Last hin kann in gewissen Situationen sinnvoll sein. Ist die Batterie stark geladen, zum Beispiel am Ende eines Gefälles, so ist es sinnvoll, die Batterie relativ schnell soweit zu entladen, dass eine Nutzbremsung wieder möglich ist. Erlaubt die aktuelle Fahrsituation jedoch nicht den ausschließlich elektrischen Betrieb des Fahrzeugs, weil zum Beispiel die Leistung des Elektroantriebs dazu nicht ausreicht, ist ein Entladen dennoch möglich. Indem der Elektromotor ein antreibendes Moment aufbaut und der Verbrennungsmotor im selben Maße zurückgenommen wird, wird die Batterie entladen. Somit wird freie Speicherkapazität für zukünftige Nutzbremsenergie geschaffen, die sonst nicht nutzbar wäre. Gleichzeitig sinkt der aktuelle Kraftstoffverbrauch, da das Moment des Verbrennungsmotors reduziert wird.

Den Einfluss der Betriebspunktverschiebung des Verbrennungsmotors auf den Kraftstoffverbrauch lässt sich anhand des Diagramms in Abb. 5.27 beschreiben. In diesem Dia-

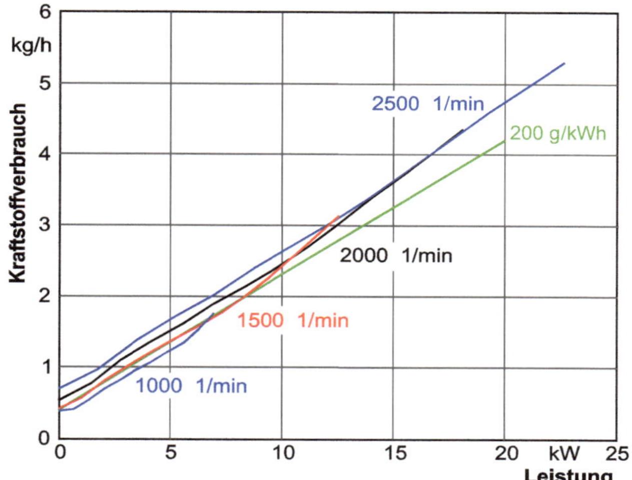

Abb. 5.27 Willanslinien: Kraftstoffverbrauch bei Lastpunktanhebung, [8]

gramm ist für verschiedene Drehzahlen der Kraftstoffverbrauch in kg/h über der Leistung aufgetragen.

Bei den Kurvenverläufen handelt es sich annähernd um Geraden mit fast identischer Steigung, unabhängig von der Drehzahl. Erst zu hohen Leistungen hin nimmt die Steigung der Kurven zu; das heißt in einem weiten Bereich kann, ausgehend vom aktuellen Betriebspunkt des Verbrennungsmotors, zusätzliche Leistung mit einem fixen Wirkungsgrad bereitgestellt werden. Dieser beträgt im vorliegenden Beispiel ca. 200 g/kWh (grüne Linie in Abb. 5.27). Bezüglich der Betriebsstrategie ist man daher relativ flexibel, was die Höhe der Lastpunktanhebung anbelangt. Bei dieser Art des Batterieladens treten in der gesamten Kette vom Verbrennungsmotor über den Generator beim Laden sowie beim Entladen der Batterie und Antreiben des Fahrzeugs mit der Elektromaschine weitere Verluste auf. Werden nun diese Verluste bestimmt, wobei für das Laden durch Lastpunktanhebung über einen Zyklus ein Durchschnittswert angenommen wird, kann für jeden Betriebspunkt beim elektrischen Fahren ein vorgelagerter, spezifischer Kraftstoffverbrauch berechnet werden. Das Ergebnis einer solchen Rechnung zeigt Abb. 5.28.

Die blauen Linien beschreiben den spezifischen Verbrauch bei ausschließlichem Betrieb mit dem Verbrennungsmotor. Rot dargestellt ist innerhalb des Elektromotor-Kennfeldes der vorgelagerte Verbrauch bei elektrischem Fahrbetrieb. Wie zu erkennen, ist bei niedrigen Momenten der Elektrobetrieb mit zeitweiser Nachladung durch Lastpunktanhebung günstiger als der Betrieb ausschließlich mit dem Verbrennungsmotor. Solche geringen Leistungsanforderungen treten bei niedrigen Geschwindigkeiten zum Beispiel im Stadtverkehr auf. Die grüne Linie, die ungefähr bei 40 Nm verläuft, stellt die Grenze dar, ab der der Betrieb mit dem Verbrennungsmotor günstiger ist. Sie ist somit eine für die Auslegung der Betriebsstrategie relevante Größe.

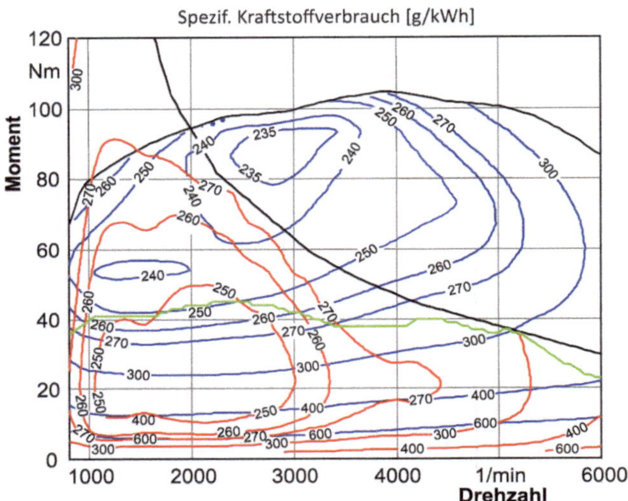

Abb. 5.28 Resultierender spez. Kraftstoffverbrauch bei Elektrobetrieb, [8]

5.3.1.7 Phlegmatisierung

Eine weitere Möglichkeit im Zusammenspiel von Elektroantrieb und Verbrennungsmotor ergibt sich aus dem unterschiedlichen dynamischen Verhalten der beiden Antriebe. Während elektrische Maschinen ohne Nachteile hinsichtlich des Energieverbrauchs in kürzester Zeit Moment auf- und abbauen können, sind dem Verbrennungsmotor dort Grenzen gesetzt. So erfolgt der Momentaufbau aufgrund der begrenzten Dynamik des Ladungswechsels nicht beliebig schnell, insbesondere bei turboaufgeladenen Motoren. Das Ansprechverhalten des Antriebs kann verbessert werden, indem bei sprunghaften Leistungsanforderungen diese zunächst mit dem Elektroantrieb abgedeckt werden und die Leistung des Verbrennungsmotors verzögert nachgeregelt, d. h. „phlegmatisiert" wird. Auch bei der Lastrücknahme ist ein entsprechendes Vorgehen möglich. Hinsichtlich der Abgasemissionen ist dies günstig, da keine Spitzen mehr in den Rohgasemissionen entstehen, die von der Abgasnachbehandlung verarbeitet werden müssen. Weiterhin besteht sogar das Potential, Auflade- und Abgasnachbehandlungssysteme einfacher auszuführen, da die Anforderungen an die Dynamik des Verbrennungsmotors gesenkt werden können.

5.3.2 Klassifizierung von Hybridantrieben

Zur Klassifizierung von Hybridantrieben haben sich verschiedene Bezeichnungen etabliert, die sich aus der Umsetzung verschiedener Funktionen ergeben und im folgenden Abschnitt näher erläutert werden. In Abb. 5.29 sind diese Bezeichnungen verschiedenen Funktionen und Leistungsklassen des Fahrzeugs sowie üblichen Spannungen der Traktionsbatterie zugeordnet.

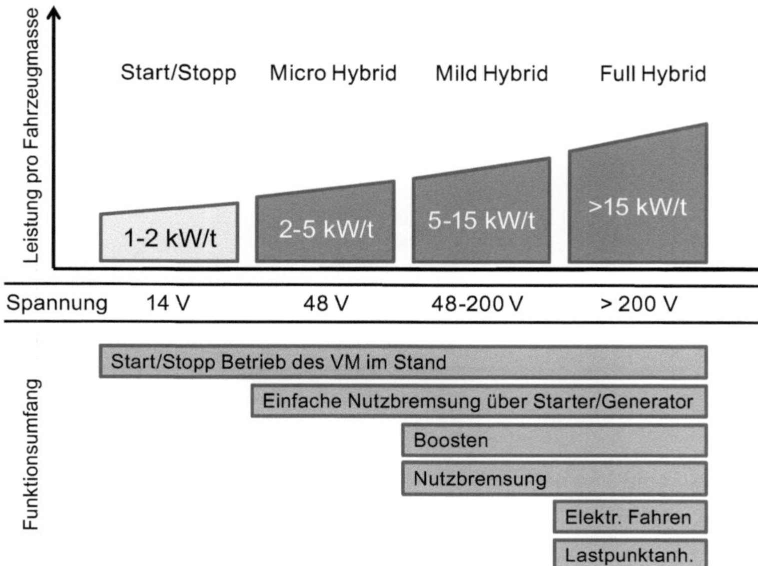

Abb. 5.29 Klassifizierung von Hybridantrieben, [2]

Start/Stopp Systeme sind inzwischen Standard bei konventionellen Fahrzeugantrieben. Unter der Bezeichnung Micro Hybrid werden Fahrzeuge eingeordnet, die neben Start/Stopp eine einfache Nutzbremsung bzw. Rekuperation über die Lichtmaschine oder den integrierten Starter-Generator ermöglichen. Neben Ausführungen, die den konventionellen Starter und die Lichtmaschine nutzen, bietet sich der Einsatz eines riemengetriebenen Starter/Generators oder eines auf die Kurbelwelle integrierten Elektromotors an. Üblicherweise nutzen solche Antriebsysteme höhere Spannungsniveaus, um die notwendige elektrische Leistung umsetzen zu können.

Mild Hybrid Antriebe erlauben sowohl Boosten als auch Nutzbremsung. Ausschließlich elektrisches Fahren ist nicht möglich, eventuell aber bereits elektrische Konstantfahrt mit niedriger Leistung. Full Hybrid Antriebe ermöglichen alle genannten Funktionen und decken zudem elektrisches Fahren ab. Je nach Leistungsfähigkeit der elektrischen Komponenten variieren hierbei Geschwindigkeitsbereich und Reichweite, in dem elektrisches Fahren möglich ist. Die Energie für elektrisches Fahren wird über eine Lastpunktanhebung erzeugt.

Ein weiterer funktionaler Aspekt ist das externe Laden der Batterie vor Fahrtantritt. Solche Systeme werden als Plug-In Hybride bezeichnet. Dabei steht die ausschließlich elektrische Betriebsart des Fahrzeugs im Vordergrund. Die Funktion der Batterie ändert sich dabei von einem relativ kleinen Zwischenspeicher in einen großen Speicher, der wie ein Tank extern geladen und während des Betriebs dann entladen wird. Solche Antriebe erlauben es, üblicherweise bis zu 20 oder gar 50 km ausschließlich elektrisch und damit lokal

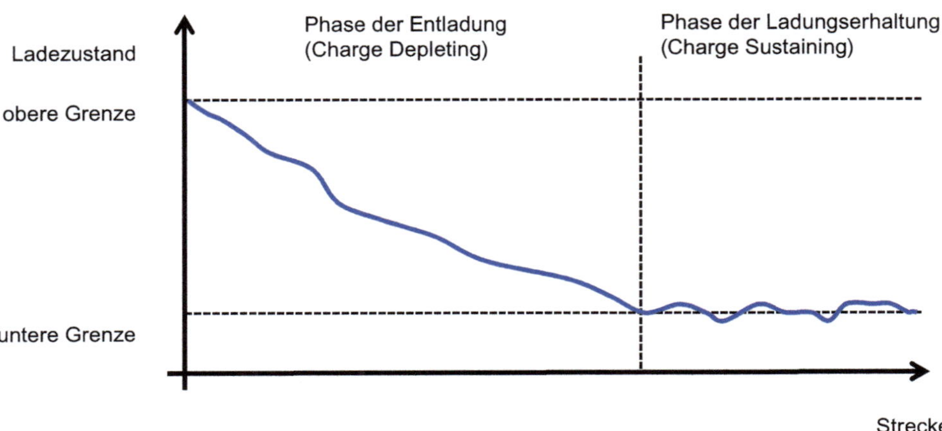

Abb. 5.30 Ladezustand über der Strecke bei einem Plug-In Hybrid, [2]

emissionsfrei zu fahren. Dies erfordert entsprechend leistungsfähige elektrische Antriebe. Einerseits muss die Leistung vorhanden sein, um ein Fahren im Stadtverkehr mit den dort notwendigen Beschleunigungen zu ermöglichen. Andererseits muss der Energieinhalt der Batterie ausreichend bemessen sein, um die Reichweite darstellen zu können.

In Abb. 5.30 sind exemplarisch die beiden Betriebsarten in Abhängigkeit vom Ladezustand und der gefahrenen Strecke dargestellt.

Ausgehend von einer vollgeladenen Batterie zu Beginn der Fahrt, wird diese zunächst kontinuierlich entladen. Das Fahrzeug befindet sich jetzt im sogenannten Charge Depleting Modus. In dieser Phase herrscht ausschließlich elektrischer Betrieb vor. Dennoch kann es sinnvoll sein, bei hohen Bedarfsleistungen auch hier bereits den Verbrennungsmotor kurzfristig zu aktivieren. Sobald die untere Grenze für den Ladezustand erreicht ist, wechselt das Fahrzeug in den Charge Sustaining Modus, in dem die Batterie lediglich als Zwischenspeicher genutzt wird. Je größer die Traktionsbatterie ausgeführt wird, um so mehr tritt das elektrische Fahren in den Vordergrund.

Vorteil eines solchen Konzeptes ist das weitgehend lokal emissionsfreie und geräuscharme Fahren. Zudem werden die Betriebskosten reduziert. Das Nachladen der Batterie aus dem Stromnetz kostet weniger als der Kraftstoff, falls dieselbe Strecke mit dem Verbrennungsmotor bewältigt würde. Die Reichweite ist im Gegensatz zum Elektrofahrzeug deutlich höher. Dem stehen folgende Nachteile gegenüber. Die Batterie des Plug-In Hybrids ist deutlich größer als bei einem autarken Hybrid, bei dem die Batterie ausschließlich über den Verbrennungsmotor geladen wird. Für den Plug-In Hybrid resultieren hieraus ein zusätzliches Gewicht und deutlich erhöhte Herstellungs- bzw. Anschaffungskosten, da die Batterie bislang noch ein vergleichbar hohes spezifisches Preisniveau aufweist. Mit zunehmender elektrischer Reichweite steigen folglich die Kosten erheblich an. Letztendlich

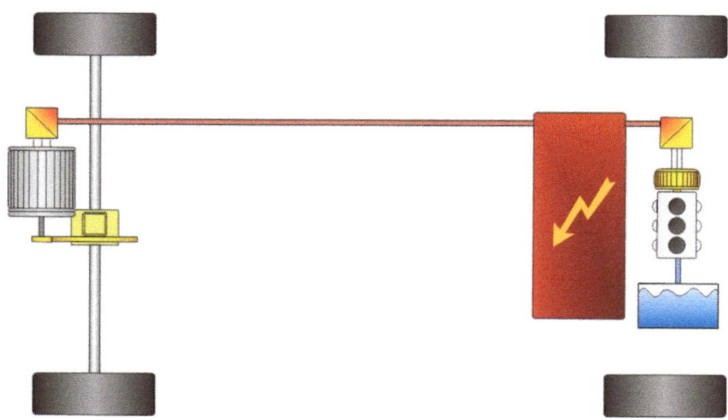

Abb. 5.31 Serieller Hybrid

müssen bei einer ganzheitlichen Betrachtung, ähnlich wie beim Elektrofahrzeug, auch die indirekten, vorgelagerten Emissionen bei der Stromerzeugung berücksichtig werden.

5.3.3 Hybridstrukturen

Neben den funktionalen Aspekten stellt die Antriebstruktur, d. h. auf welche Art und Weise der Verbrennungsmotor mit der oder den Elektromaschinen gekoppelt wird, ein weiteres Merkmal zur Klassifizierung von Hybridfahrzeugen dar. Nachfolgend werden die einzelnen Varianten vorgestellt und anhand von Beispielen erläutert.

5.3.3.1 Serieller Hybridantrieb

Bei seriellen Hybriden sind die Komponenten, wie der Name schon andeutet und in Abb. 5.31 dargestellt, in Reihe angeordnet. Der Verbrennungsmotor ist fest mit einem Generator verbunden und erzeugt elektrische Energie, die entweder direkt von dem oder den Fahrmotoren zum Antrieb genutzt oder in einem Akkumulator gespeichert wird. Als Speicher kommen neben Batterien auch Kondensatoren mit hoher Energiedichte, sogenannte Supercaps, zum Einsatz.

Der Verbrennungsmotor kann dabei der Leistungsanforderung aus dem Fahrbetrieb folgend oder von diesem entkoppelt mit einer gemittelten Leistungsabgabe, d. h. phlegmatisiert betrieben werden. Im Extremfall wird er nur im Bestpunkt bezüglich Verbrauch und Emissionen betrieben.

Dieser Betriebspunkt-Optimierung des Verbrennungsmotors steht allerdings eine mehrfache Energiewandlung gegenüber. Die mechanische Energie des Verbrennungsmotors wird im Generator zunächst in elektrische Energie gewandelt, gegebenenfalls dann in der Batterie verlustbehaftet gespeichert, und schließlich im Fahrmotor wieder in mechanische Energie zurückgewandelt. Die damit verbundenen Verluste können nur dann durch den optimierten Betrieb des Verbrennungsmotors kompensiert werden, wenn die Dynamik des Einsatzprofils sehr hoch ist und Beschleunigungen sowie Verzögerungen überwiegen, wie dies z. B. bei Stadtbussen der Fall ist.

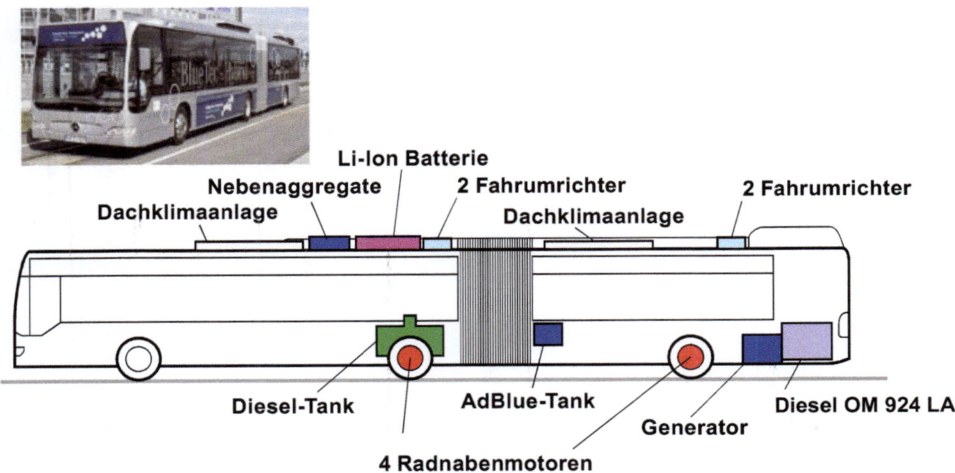

Abb. 5.32 Stadtbus mit seriellem Hybridantrieb, [9]

Insbesondere für Niederflurbusse können radnahe Einzelantriebe bzw. in die Räder integrierte Radnabenantriebe von Vorteil sein. Da die direkte Verbindung des Verbrennungsmotors mit den Rädern entfällt, ergeben sich so deutliche Vorteil für das Package. Ferner ist ein Antrieb von mehr als einer Achse vergleichbar einfach möglich, was die Traktion und Nutzbremsfähigkeit erhöht. Dem steht allerdings der Nachteil gegenüber, dass die Fahrmotoren als einziger Antrieb die gesamte Leistung bereitstellen müssen. Hiermit sind ein hoher technischer Aufwand und entsprechende Kosten verbunden.

Verbrennungsmotor und Generator müssen die Spitzendauerleistung zum Befahren von Steigungen oder zur Erzielung der Höchstgeschwindigkeit bereitstellen. Da sich die Leistung des Speichers zu der des Generators addiert, kann die Leistung der Komponenten Verbrennungsmotor und Generator niedriger sein als die des Fahrmotors. Ein Beispiel für ein serielles Hybridfahrzeug, der Mercedes Benz Stadtbus G Citaro BlueTec Hybrid, ist in Abb. 5.32 dargestellt.

Bei diesem Fahrzeug kommt statt des in der Serie verbauten 12-Liter-Dieselmotors mit 240 kW Leistung ein 5-Liter-Dieselmotor mit 160 kW zum Einsatz, der einen 140 kW Generator antreibt. Die vier Radnabenmotoren weisen eine Antriebsleistung von zusammen 320 kW auf. Als Energiespeicher wird eine Li-Ionen Batterie mit einem Energieinhalt von 17,4 kWh verwendet, die bei einer Spannung von 520 bis 750 V eine Leistung von 180 kW aufweist. Je nach Einsatzbedingungen werden mit diesem Fahrzeug Verbrauchsreduktionen von 24 bis 35 % erreicht [9].

5.3.3.2 Paralleler Hybridantrieb

Bei parallelen Hybridantrieben können sowohl der Verbrennungsmotor als auch der Elektromotor das Fahrzeug über eine direkte mechanische Verbindung zu den Rädern antrei-

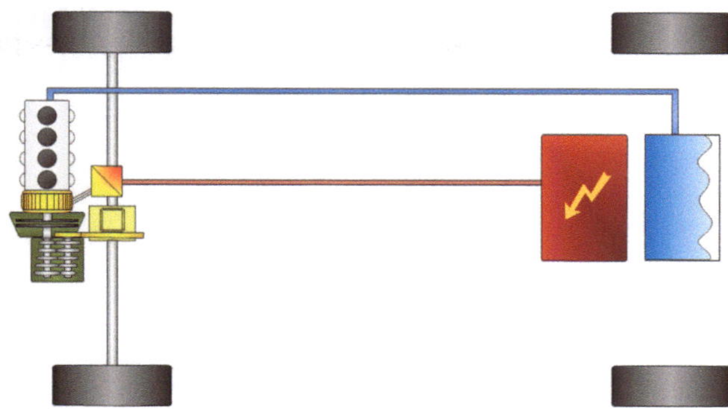

Abb. 5.33 Paralleler Hybrid

ben. Üblicherweise ist nur ein Elektromotor notwendig. Dieser kann an verschiedenen Stellen im konventionellen Antrieb integriert werden. Dabei ist es von Vorteil, dass parallele Antriebe relativ einfach von konventionellen Antrieben abgeleitet werden können.

Die Elektromaschine kann direkt mit dem Verbrennungsmotor verbunden sein und somit als integrierter Starter/Generator die Funktionen Start/Stopp, Lastpunktanhebung und Nutzbremsung gewährleisten. Ausschließlich elektrisches Fahren ist nur begrenzt möglich, da bei einer solchen Anordnung der Verbrennungsmotor immer zusammen mit der Elektromaschine dreht und so Schleppverluste des Verbrennungsmotors anfallen. Solch eine Antriebsstruktur, die in Abb. 5.33 gezeigt ist, wird typischerweise in einem Mild Hybrid Fahrzeug eingesetzt mit Elektromotor-Leistungen von etwa 20 kW bei einem PKW. Honda setzt bei seinen Fahrzeugen, wie z. B. dem Insight diese Struktur ein. Die Schleppverluste bei abgeschaltetem Verbrennungsmotor werden hier durch eine Abschaltung des Ventiltriebs minimiert, so dass elektrisches Segeln möglich ist. Ein anderes Beispiel für einen derartigen Hybrid ist der Mercedes S400 Hybrid.

Ist, wie in Abb. 5.34 gezeigt, zwischen Verbrennungsmotor und Elektromaschine eine Kupplung integriert, kann die Elektromaschine unabhängig vom Verbrennungsmotor betrieben werden. Elektrisches Fahren ist somit möglich, wobei die Übersetzungsstufen des Getriebes auch im Elektrobetrieb genutzt werden. Der Start des Verbrennungsmotors kann über einen zusätzlichen Starter oder über eine entsprechende Ansteuerung der Trennkupplung erfolgen.

Diese parallele Antriebstruktur weisen viele Full Hybrid Fahrzeuge auf, wie zum Beispiel der Porsche Cayenne Hybrid, Panamera Hybrid, Audi Q5 Hybrid, VW Touareg sowie VW Jetta Hybrid. Die Leistung des Elektromotors bestimmt dabei die Leistungsfähigkeit im elektrischen Fahrbetrieb. Da diese beim Boosten zusammen mit der Leistung des Verbrennungsmotors abgerufen werden kann, kann der Verbrennungsmotor kleiner dimensioniert werden als üblich, was dessen mittlere Auslastung im Vergleich zu einem Fahrzeug mit konventionellem Antrieb verbessert.

Eine zentrale Frage bei der Auslegung eines parallelen Hybridantriebs ist die Dimensionierung des elektrischen Zweiges im Vergleich zum Verbrennungsmotor. Mit zunehmend verfügbarer elektrischer Leistung können größere Betriebsbereiche ausschließlich

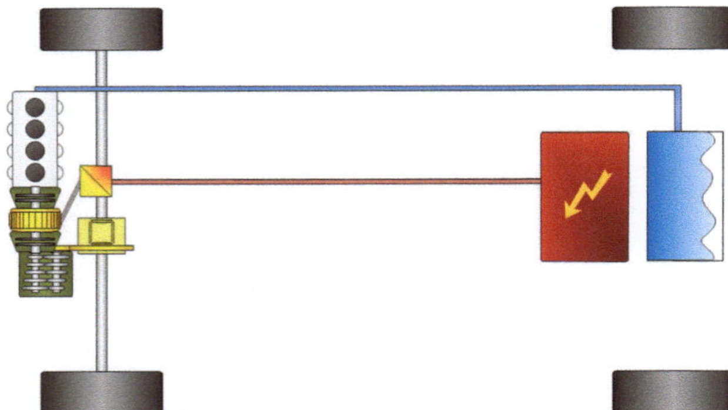

Abb. 5.34 Paralleler Hybrid mit zusätzlicher Trennkupplung

elektrisch abgedeckt werden. Dieser Betrieb ist dabei in den Bereichen sinnvoll, in denen der Verbrennungsmotor schlechte Wirkungsgrade aufweist, d. h. im Teillastbereich. Hieraus ergibt sich im Umkehrschluss die Forderung, dass der Elektromotor zumindest diesen Bereich leistungsmäßig abdecken sollte. Ein Beispiel für eine solche Überlagerung der Antriebskennfelder von Verbrennungs- und Elektromotor ist in Abb. 5.35 gezeigt.

Eine weitere Variante besteht darin, den Elektromotor am Ausgang des Getriebes in den Antriebstrang zu integrieren. Dies hat den Vorteil, dass keine Verluste im Getriebe bei elektrischer Fahrt entstehen und Zugkraftunterbrechungen beim Schalten im verbrennungs-

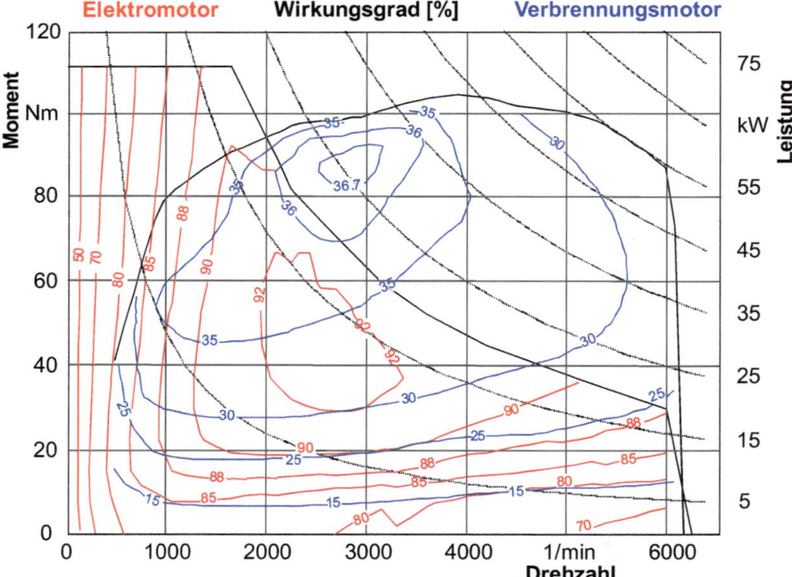

Abb. 5.35 Überlagerung von Verbrennungsmotor und Elektromaschine im parallelen Hybrid, [2]

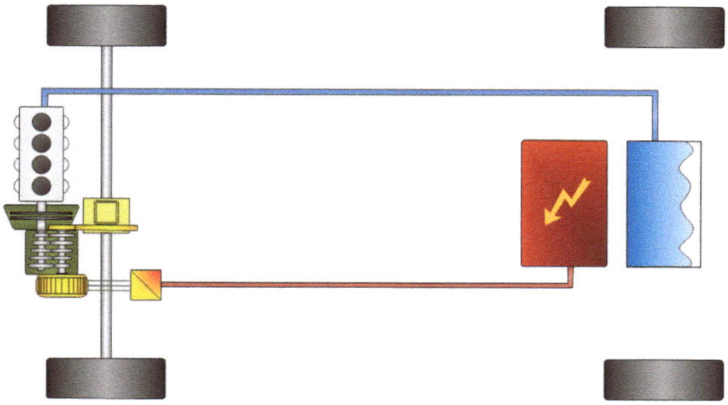

Abb. 5.36 Paralleler Hybrid mit Elektromotor am Getriebeausgang

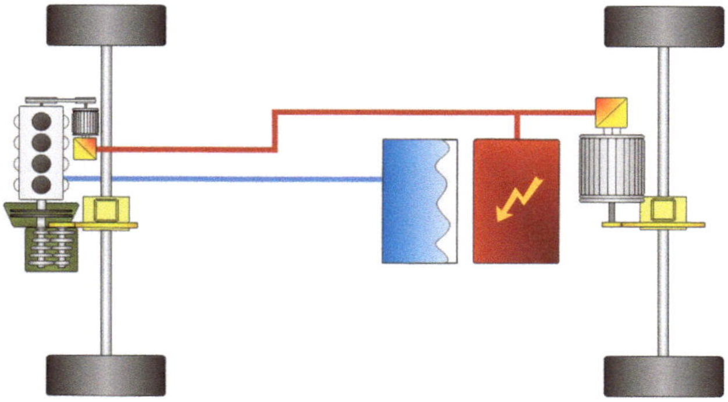

Abb. 5.37 Paralleler Hybrid mit Zugkraftaddition

motorischen Betrieb vom Elektromotor kompensiert werden können. Nachteilig ist hingegen, dass der Elektromotor in einem großen Drehzahlbereich genutzt wird. Die Übersetzung muss daher so ausgelegt sein, dass bei Höchstgeschwindigkeit die zulässige Drehzahl nicht überschritten wird. Somit kommt eher eine niedrige Übersetzung zum Einsatz, was aber beim Anfahren zu niedrigeren Momenten führt. Dies kann durch eine entsprechend drehmomentstarke Maschine kompensiert werden. Deren Leistung ist dann aber eigentlich überdimensioniert. Eine solche Anordnung zeigt das folgende Schema in Abb. 5.36.

Von der Funktion her ist dies vergleichbar mit einer Konfiguration, bei der die Vorderachse konventionell und die Hinterachse elektrisch angetrieben werden, wie in Abb. 5.37 dargestellt. Dabei werden die Leistungen beider Antriebe nicht im Getriebe, sondern über die Straße addiert. Die folgende Abbildung gibt dieses Antriebschema wieder.

Hierbei kann der konventionelle Antrieb samt Getriebe direkt übernommen werden. Der Aufwand, die zweite Achse elektrisch anzutreiben, ist vergleichbar gering. Im Stand kann über den Starter/Generator die Batterie geladen werden. Ferner ist von Vorteil, dass zumindest temporär – im Rahmen der Leistungsfähigkeit der Batterie und des Starter/Generators – ein Allradantrieb dargestellt werden kann. Beispiele für solche Fahrzeuge sind der 408 Hybrid und 3008 Hybrid von Peugeot, sowie der Volvo V60 Plug In Hybrid.

5.3.3.3 Kombinierter Hybridantrieb

Kombinierte Hybridantriebe vereinen die Eigenschaften von parallelen und seriellen Konzepten. Wird ein paralleler Hybridantrieb mit der Elektromaschine am Getriebeeingang um eine zweite Elektromaschine, die direkt mit dem Verbrennungsmotor gekoppelt ist, erweitert, entsteht ein kombinierter Hybrid. Bei geöffneter Kupplung ergibt sich eine serielle Betriebsweise. Der Verbrennungsmotor erzeugt über die direkt gekoppelte Elektromaschine elektrische Energie, die von der zweiten Elektromaschine zum Fahren oder zum Laden der Batterie genutzt werden kann. Die direkt gekoppelte Elektromaschine ermöglicht auch den schnellen Start des Verbrennungsmotors. Die serielle Betriebsweise ist zum Beispiel bei Fahrsituationen mit geringer Leistungsanforderung aber hoher Dynamik sinnvoll, wie zum Beispiel Stop and Go Situationen, die lange andauern und wegen der nicht ausreichenden Speicherkapazität der Batterie nicht ausschließlich elektrisch bewältigt werden können. Die Leistung der zweiten, direkt gekoppelten Elektromaschine muss daher nicht sehr hoch sein (ca. 5–10 kW bei einem PKW), kann aber beim Boosten zusätzlich genutzt werden.

Eine andere Variante ergibt sich, wenn ein serieller Hybrid um die Möglichkeit erweitert wird, dass der Verbrennungsmotor mechanisch mit den Rädern verbunden wird. So kann zum Beispiel über eine Kupplung und ein Getriebe mit einer festen Übersetzung etwa entsprechend der eines fünften Ganges bei Fahrten außerhalb der Stadt die verlustbehaftete zweifache Energiewandlung vermieden werden, da der Verbrennungsmotor die Räder direkt mechanisch antreibt. Dabei bleiben weiterhin Lastpunktanhebung und Boosten möglich. Der Betriebspunkt bzw. die Drehzahl des Verbrennungsmotors ist aber über die Übersetzung fest vorgegeben. Ein solches Konzept verfolgt Volkswagen mit dem Twin Drive-System.

5.3.3.4 Leistungsverzweigter Hybridantrieb

Leistungsverzweigte Hybridantriebe zeichnen sich dadurch aus, dass die mechanische Leistung des Verbrennungsmotors über zwei Pfade zum Rad übertragen wird. Während ein Teil der Leistung im Hauptzweig direkt mechanisch übertragen wird, besteht der Nebenzweig aus zwei Elektromaschinen, die als Generator und Motor arbeiten und so ein stufenloses Getriebe darstellen. Alternativ kann im Nebenzweig auch ein mechanisches oder hydraulisches, stufenloses Getriebe eingesetzt werden. Da üblicherweise nur ein Teil der Leistung über den Nebenzweig übertragen wird, sind die Verluste deutlich niedriger als bei einer elektrischen Energieübertragung wie bei einem seriellen Hybrid. Um die Leistungen zu verzweigen oder zusammenzuführen, kommen Planetengetriebe zum Einsatz. Insgesamt ergibt sich so ein stufenloses Getriebe, mit dem der Betriebspunkt des Verbrennungsmotors flexibel eingestellt werden kann. Die Traktionsbatterie wird zur Leistungsübertragung nicht benötigt, ermöglicht aber die Funktionen Nutzbremsung und elektrisches Fahren.

Abbildung 5.38 zeigt, wie die Leistungen in einem leistungsverzweigten Hybrid übertragen werden. Die Leistung im Nebenzweig kann in beide Richtungen fließen. In der oberen Hälfte des Bildes ist die übliche Betriebssituation dargestellt, in der unteren Hälfte die mit Blindleistung.

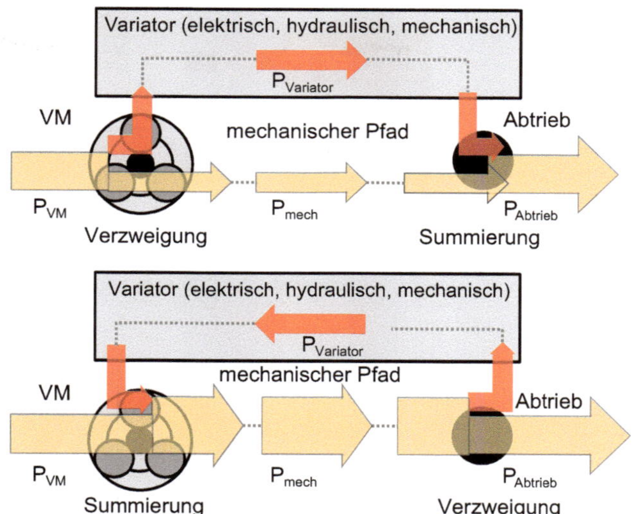

Abb. 5.38 Leistungsflüsse im leistungsverzweigten Hybrid ohne und mit Blindleistung

Bei rückwärts gerichteter Flussrichtung wird Leistung vom Nebenzweig am Abtrieb aufgenommen und zum Getriebeeingang übertragen, dort wieder addiert und über den mechanischen Hauptzweig zu den Rädern übertragen. Die Leistung im mechanischen Hauptzweig ist somit größer als die Leistung, die vom Getriebe übertragen wird. Die Leistung im Nebenzweig zirkuliert verlustbehaftet im System, ohne zum Antrieb beizutragen. Sie wird auch als Blindleistung bezeichnet. Aufgrund der höheren Verluste sollte dieser Betriebszustand möglichst vermieden werden.

Der mechanische Aufbau eines leistungsverzweigten Hybridantriebs ist in Abb. 5.39 dargestellt. Der Verbrennungsmotor ist an den Steg des Planetengetriebes gekoppelt. Die erste Elektromaschine ist mit dem Sonnenrad verbunden und fungiert vornehmlich als Generator, während die zweite Elektromaschine mit dem Hohlrad gekoppelt ist, über das der Abtrieb zu den Rädern erfolgt.

Anhand des Nomogramms in Abb. 5.40 kann die Funktionsweise erläutert werden. Im Planetengetriebe stehen die Momente immer in einem festen Verhältnis zueinander, während für die Drehzahlen der im Nomogramm gezeigte Zusammenhang gilt. Einzelne Betriebszustände sind durch eine Gerade beschrieben. Die Punkte links, in der Mitte und rechts beschreiben die Drehzahlen des Generators am Sonnenrad, die des Verbrennungsmotors am Steg und die des Fahrmotors am Hohlrad bzw. Abtrieb.

Im Stillstand dreht keine der Komponenten (Gerade 1). Zum Start des Verbrennungsmotors bei stehendem Fahrzeug arbeitet die Elektromaschine A (Generator) als Motor und schleppt dabei den Verbrennungsmotor hoch (Gerade 2). Soll mit laufendem Motor angefahren werden, müssen die Drehzahlen von Hohlrad sowie Verbrennungsmotor ansteigen, um mehr Leistung abgeben zu können. Es ergeben sich die durch Gerade 3 beschriebenen Verhältnisse. Die Generatordrehzahl sinkt. Der Verbrennungsmotor treibt mit positivem

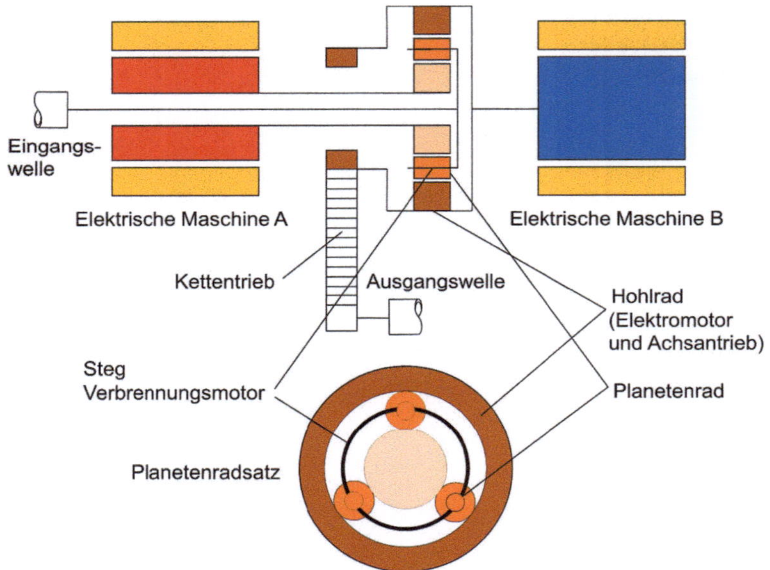

Abb. 5.39 Mechanischer Aufbau eines leistungsverzweigten Hybridantriebs, [2]

Moment an, während der Generator vorwärts dreht. Er wird mit negativem Moment betrieben und erzeugt Strom, der vom Fahrmotor zum Antreiben des Fahrzeugs verwendet wird.

Soll bei gleicher Geschwindigkeit stärker beschleunigt werden, wozu die Drehzahl am Verbrennungsmotor weiter anzuheben ist, muss die Drehzahl am Generator weiter steigen (Gerade 4).

Für einen Betrieb des Verbrennungsmotors mit reduzierter Drehzahl (Overdrive) muss die Drehzahl des Generators weiter abgesenkt werden. Dies kann bis zur Umkehr der Drehrichtung des Generators führen (Gerade 5). Da das Moment des Verbrennungsmotors weiterhin durch das negative Moment des Generators abgestützt werden muss, kehrt sich nun die Funktion des Generators um. Er arbeitet jetzt als Motor und bezieht seine Leistung vom Fahrmotor, der seinerseits für einen dauerhaften Betrieb als Generator die elektrische Leistung erzeugen muss. Nun fließt Blindleistung im System, wodurch der Wirkungsgrad des Systems verringert wird. Dies kann dennoch sinnvoll sein, da durch den so realisierten „langen" Gang ein Overdrive-Effekt und damit ein günstigerer Wirkungsgrad des Verbrennungsmotors erreicht wird.

Ebenso führt ein Stoppen des Verbrennungsmotors während der Fahrt zu negativen Drehzahlen des Generators. Bei sehr hohen Geschwindigkeiten kann der Verbrennungsmotor gegebenenfalls nicht mehr gestoppt werden, da sonst die Drehzahlgrenze des Generators überschritten würden.

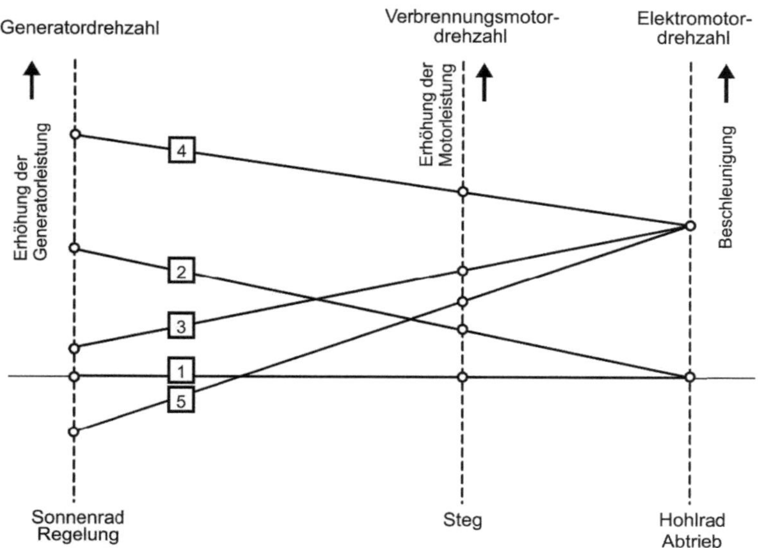

Abb. 5.40 Nomogramm mit den Drehzahlverhältnissen im Planetengetriebe, [2]

Eine solche Antriebstruktur ermöglicht alle Funktionen eines Full Hybrids. Bei elektrischer Fahrt einschließlich Nutzbremsen ist nur der Fahrmotor aktiv.

Starten und Stoppen des Verbrennungsmotors erfolgen mit Hilfe des Generators. Bei laufendem Motor kann dessen Leistungsabgabe angehoben und ein Teil der elektrischen Leistung des Generators zum Laden der Batterie genutzt werden (Lastpunktanhebung). Anders als bei einem parallelen Hybrid mit festen Gängen kann die Drehzahl des Verbrennungsmotors frei eingestellt werden, so dass ein Betrieb in verbrauchsgünstigeren Bereichen möglich ist. Die Leistung des Fahrmotors muss ausreichend sein, um mit einer festen Übersetzung ausschließlich elektrisches Fahren zu ermöglichen. Dies erfordert einen vergleichsweise leistungsstarken Motor. Die Leistung des Generators ist niedriger als die des Verbrennungsmotors, da ja nur ein Teil der Leistung über den Generator übertragen wird. Im Vergleich zu einem parallelen Hybridantrieb erhöht sich aufgrund der Notwendigkeit zweier Elektromaschinen der Aufwand. Demgegenüber entfallen das Getriebe und etwaige zusätzliche Kupplungen.

Entsprechende Antriebe setzt Toyota im Prius, Auris und Yaris Hybrid, sowie in einigen Lexus Hybridfahrzeugen ein. Ford wählte für seinen Escape Hybrid und die aktuellen Modelle Ford Fusion und Cmax Hybrid ebenfalls eine leistungsverzweigte Struktur.

Im Lexus LX 400 und LX 600 Hybrid wird dieses Antriebskonzept um eine nachgeschaltete Planetenstufe ergänzt, die zwei Übersetzungen für den Achsantrieb ermöglicht und so einen großen Geschwindigkeitsbereich abdeckt, ohne im Overdrive-Betrieb in den Bereich der Blindleistung zu geraten.

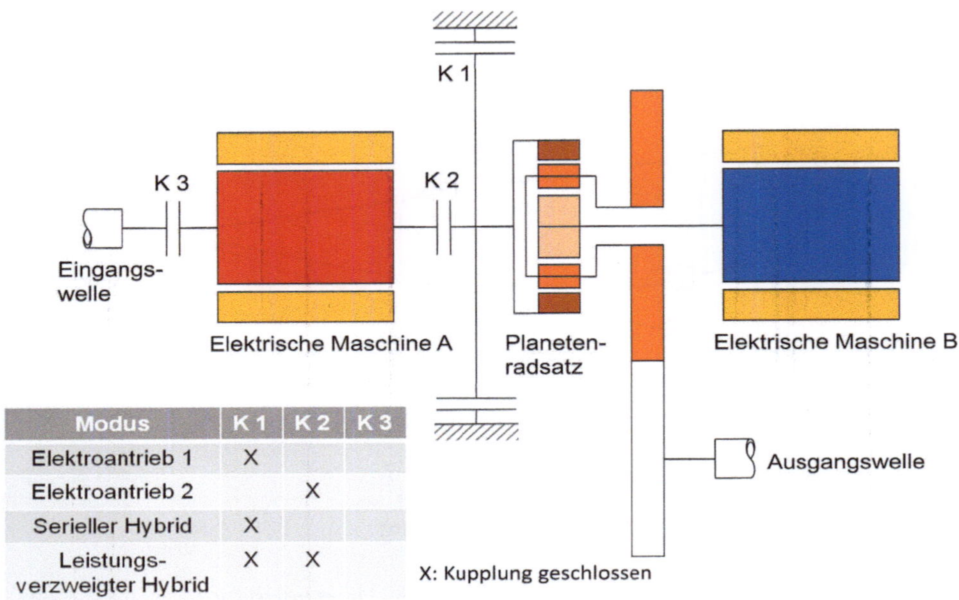

Modus	K 1	K 2	K 3
Elektroantrieb 1	X		
Elektroantrieb 2		X	
Serieller Hybrid	X		
Leistungs-verzweigter Hybrid	X	X	

Abb. 5.41 Antriebstruktur Opel Ampera, [10]

Eine weitere Variante findet sich im SUV GS 450 h Hybridfahrzeug. Hier ist die Vorderachse mit einem leistungsverzweigten Hybridantrieb gekoppelt, während die Hinterräder bei Bedarf von einem dritten Elektromotor angetrieben werden. Es findet also zusätzlich eine Momentenaddition über die Straße statt wie bei einem parallelen Hybrid mit Zugkraftaddition. Der Antrieb der Hinterräder wird nicht nur zur Verbesserung der Traktion im Gelände aktiviert, sondern auch zur Verbesserung der Fahrstabilität bei dynamischen Kurvenmanövern.

Bei leistungsverzweigten Hybridantrieben werden entsprechend dem Ort der Leistungsaufteilung zwei Varianten unterschieden. Beim Inputsplit wird die Leistung des Verbrennungsmotors über ein Planetengetriebe auf Haupt- und Nebenzweig aufgeteilt und am Abtrieb wieder zusammengeführt, indem das Moment des Fahrmotors wieder in das Getriebe eingespeist wird. Beim Outputsplit hingegen verzweigt der Generator, der an den Verbrennungsmotor angekoppelt ist, einen Teil der Leistung in den elektrischen Nebenzweig. Am Getriebeausgang werden die Leistungen dann über einen Planetensatz, an den der zweite Elektromotor angekoppelt ist, wieder zusammengeführt. Eine solche Antriebsanordnung zeigt die folgende Abb. 5.41. Diese Variante kommt beim Opel Ampera bzw. Chevrolet Volt zum Einsatz [10].

Bei dieser Struktur werden zusätzlich Bremsen und Kupplungen verwendet, die neben dem leistungsverzweigten Betrieb weitere Betriebsarten ermöglichen.

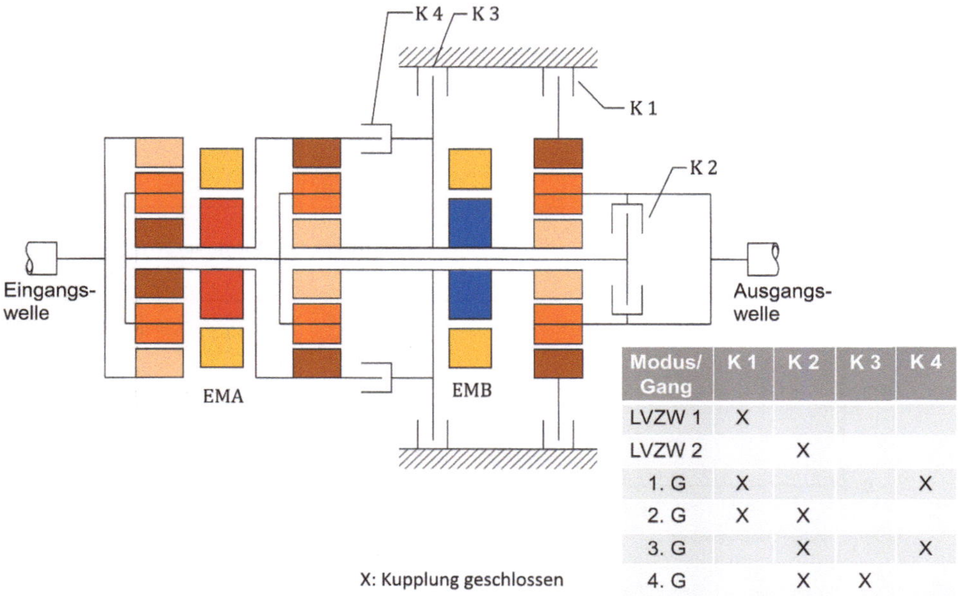

Modus/ Gang	K 1	K 2	K 3	K 4
LVZW 1	X			
LVZW 2		X		
1. G	X			X
2. G	X	X		
3. G		X		X
4. G		X	X	

Abb. 5.42 Aufbau des Two-Mode Hybrid Getriebes, [11]

Bei den beiden genannten Fahrzeugen handelt es sich um Plug-In Hybridfahrzeuge. Die Standardbetriebsart ist zunächst der elektrische Fahrmodus, wobei die elektrische Maschine B zum Antreiben genutzt wird (Modus: Elektroantrieb 1). Bei hohen Leistungsanforderungen kann auch der zweite Elektromotor (Elektromaschine A) zum Fahren genutzt werden (Modus: Elektroantrieb 2). Eine weitere Betriebsart ist der serielle Modus. Hierzu wird der Verbrennungsmotor gestartet und über die Elektromaschine A, betrieben als Generator, wie in einem seriellen Hybrid elektrische Energie erzeugt. Kupplung 1 ist geschlossen und Elektromaschine B treibt das Fahrzeug an. Erst bei hohen Geschwindigkeiten und den damit verbundenen hohen Antriebsleistungen und entladener Batterie wechselt das System in die leistungsverzweigte Betriebsart.

Eine weitere Antriebstruktur, der sogenannte Two-mode Hybrid, nutzt drei Planetengetriebestufen, zwei Elektromotoren, sowie mehrere Kupplungen und Bremsen, wie in Abb. 5.42 zu erkennen ist. Dieses System wurde in einer Kooperation von Daimler, Chrysler, GM und BMW weiterentwickelt [11].

Dieselbe Struktur wird in einem Hybridgetriebe der Firma Allison Transmission für Busse eingesetzt. Dieses System bietet zwei Betriebsarten mit Leistungsverzweigung, in denen der Betriebspunkt des Verbrennungsmotors über die Drehzahl des Generators gesteuert wird, sowie vier feste Gänge, in denen die Leistung des Verbrennungsmotors ausschließlich mechanisch übertragen wird.

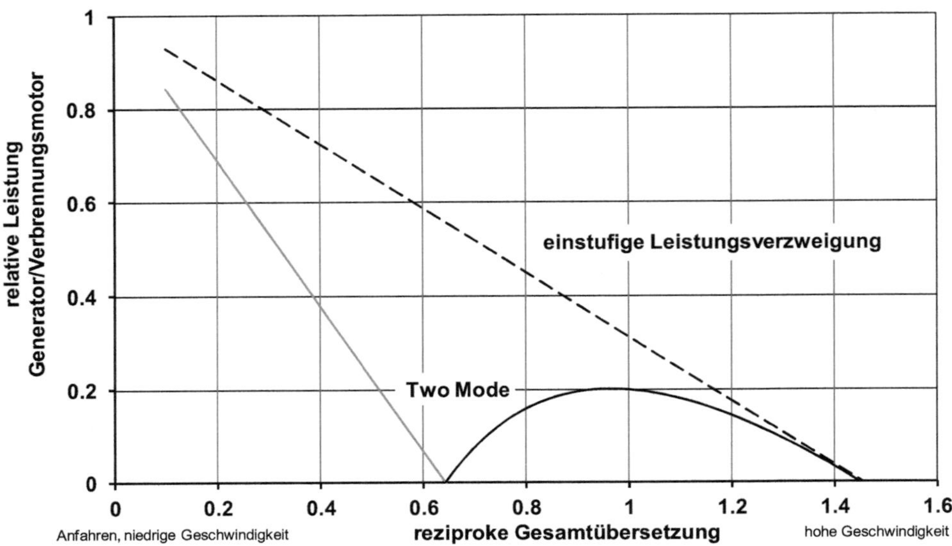

Abb. 5.43 Leistungsverhältnis Two-Mode Hybrid im Vergleich zur einstufigen Leistungsverzweigung, [11]

Die zwei Betriebsarten sind ein Input-Split im unteren Geschwindigkeitsbereich entsprechend der in Abb. 5.39 gezeigten Struktur. Im oberen Geschwindigkeitsbereich kommt ein sogenannter Compound-Split zum Einsatz, bei dem die Leistungen über eine erste Planetengetriebestufe auf einen direkten mechanischen Zweig und einen elektrischen Zweig zur Elektromaschine A aufgeteilt werden. In einer zweiten Planetengetriebestufe erfolgt dann wieder die Addition der über Elektromaschine A und B übertragenen Leistung zur mechanischen Leistung. Beim Compound-Split kommt sowohl beim Verzweigen als auch Zusammenführen jeweils eine Planetenstufe zum Einsatz.

Dadurch, dass zur Erzielung der gewünschten Getriebespreizung zwei Betriebsmodi genutzt werden – im unteren Bereich der Input-Split und im oberen der Compound-Split wie Abb. 5.43 zeigt –, kann im Vergleich zu einem einstufigen leistungsverzweigten System mit gleicher Getriebespreizung die Leistung im Nebenzweig reduziert werden. Somit werden die zu installierende elektrische Leistung und der notwendige Drehzahlbereich für die elektrischen Maschinen deutlich verringert.

Dadurch, dass die Leistungen im elektrischen Nebenzweig niedriger ausfallen, entstehen auch geringere Verluste bei der zweifachen Wandlung mechanisch – elektrisch sowie elektrisch – mechanisch. Der Gesamtwirkungsgrad ist somit höher. Demgegenüber ist die Bauweise infolge der drei Planetensätze und zusätzlichen Schaltelemente aufwendiger. Zum Einsatz kommt/kam diese Antriebstruktur in den Fahrzeugen Mercedes ML 450 Hybrid, BMW X6 ActiveHybrid, verschiedenen Modellen von Dodge, Chrysler und Chevrolet sowie diversen Stadtbussen.

Abb. 5.44 Anordnung der Antriebskomponenten im Porsche Panamera S E-Hybrid (Quelle: Porsche)

5.3.4 Fahrzeugbeispiel Porsche Panamera S E-Hybrid

Nachfolgend wird anhand eines Fahrzeugbeispiels die spezifische Auslegung eines Hybridantriebs erläutert. Bei dem Fahrzeug handelt es sich um den Porsche Panamera S E-Hybrid, in dem ein paralleler Hybridantrieb mit Nachlademöglichkeit zum Einsatz kommt. Die Anordnung der Komponenten im Fahrzeug zeigt Abb. 5.44.

Bei diesem Fahrzeug ist der Elektromotor zwischen Verbrennungsmotor und Getriebe angeordnet und über eine Trennkupplung mit dem Verbrennungsmotor verbunden. Die Batterie befindet sich im Fahrzeugheck. Das Antriebschema ist in Abb. 5.45 wiedergegeben. Die technischen Daten sind in Tab. 5.3 zusammengefasst.

Die Auslegung als Plug-In Hybrid – resultierend in einer Leistung der Elektromaschine von 70 kW und einer entsprechenden Dimensionierung der Batterie – ermöglicht elektrisches Fahren bei mäßigen Leistungsanforderungen. Zum Beispiel ist im Stadtverkehr weitgehend elektrisches Fahren möglich, ohne dass bei Beschleunigungen immer wieder der Verbrennungsmotor gestartet werden muss. Die Höchstgeschwindigkeit im elektrischen Betrieb beträgt 135 km/h, die Reichweite 36 km im NEFZ-Zyklus. Die Beschleunigung von 0 auf 50 km/h erfolgt im Elektromodus in 6,1 s; 60 km/h werden aus dem Stand nach 8,4 s erreicht.

Tab. 5.3 Technische Daten

Eigenschaft	Daten	Einheit
Verbrennungsmotor:		
Aufgeladener Dreiliter-V6 mit Direkteinspritzung		
Leistung	245	kW
Drehmoment	440	Nm (3000 bis 5200 1/min)
Elektromotor		
Permanent erregte Synchronmaschine		
Leistung	70	kW
Drehmoment	310	Nm (> 1700 1/min)
Traktionsbatterie		
Wassergekühlte Li-Ionen Technologie		
Nennspannung	384	V
Nennkapazität	24,5	Ah
Energieinhalt	9,4	kWh
Getriebe		
Tiptronic S		
Anzahl Gänge	8	
Fahrzeuggewicht	2095	kg

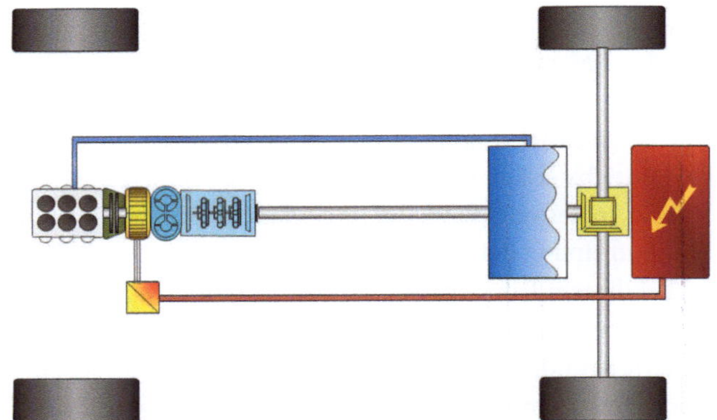

Abb. 5.45 Antriebstruktur Panamera S E-Hybrid

Den Verbrennungsmotor bei elektrischer Fahrt schnell und komfortabel zu starten, stellt dabei eine besondere Herausforderung dar. Bei diesem Fahrzeug wird dies durch ein entsprechendes Zusammenspiel von Elektromotor und Trennkupplung erreicht.

Im Fahrbetrieb kann auf die Verwendung eines herkömmlichen Anlassers verzichtet werden. Prinzipiell kommen zwei Varianten für den Wiederstart in Frage, die je nach Fahrsituation ausgewählt werden. Die erste Variante ist der sogenannte „Schlupfstart", bei dem der Verbrennungsmotor zunächst auf die Drehzahl der Getriebeeingangswelle gebracht

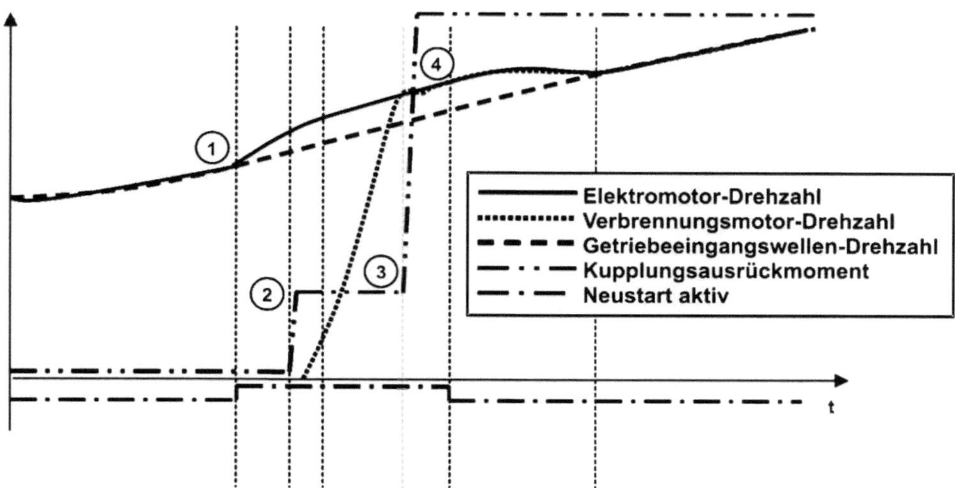

Abb. 5.46 Schematischer Ablauf des Schlupfstarts, [12] (Quelle: Porsche)

wird, bevor die Zündung freigegeben wird. Die zweite Variante, der sogenannte „Anreiß-Start", unterscheidet sich darin, dass die Zündung freigegeben wird, sobald der Motor sich dreht.

5.3.4.1 Schlupfstart

Wird ein Wiederstart des Verbrennungsmotors als Schlupfstart ausgeführt, wird prinzipiell der in Abb. 5.46 dargestellte Prozess durchlaufen [12]:

Der Start erfolgt dabei in den folgenden Schritten:

- Wandler-Überbrückungs-Kupplung in Schlupf bringen (1):
  Zuerst wird der Wiederstart-Wunsch an das Getriebesteuergerät übermittelt, das daraufhin beginnt, den Druck an der Wandler-Überbrückungs-Kupplung zu reduzieren. Durch die Absenkung des Drucks an der Wandler-Überbrückungs-Kupplung stellt sich ein entsprechender Schlupf an dieser Kupplung ein. Ist dieser Schlupf ausreichend, sendet das Getriebesteuergerät die Freigabe zum Schließen der Trennkupplung.
- Trennkupplung in Schlupf bringen (2):
  Mit Hilfe des Spindelaktuators wird an der Trennkupplung gerade so viel Drehmoment eingestellt, dass die Kurbelwelle in Rotation versetzt wird. Damit sich das Antriebsmoment für den Fahrer nicht ändert, wird das aufgenommene Drehmoment der Trennkupplung durch die E-Maschine kompensiert.
- Trennkupplung vollständig schließen (3):
  Sobald sich Verbrennungsmotor und E-Maschine auf Synchron-Drehzahl befinden, wird die Trennkupplung vollständig geschlossen.

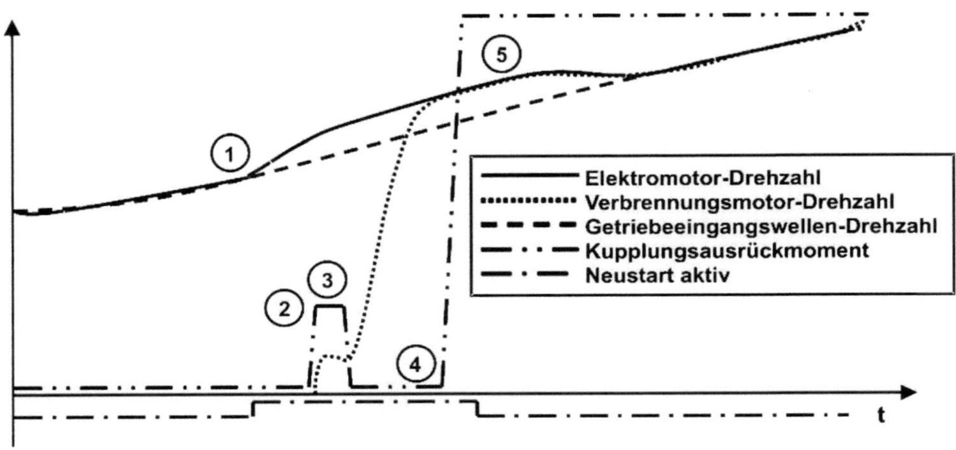

Abb. 5.47 Schematischer Ablauf des Anreiß-Starts, [12] (Quelle: Porsche)

- Freigabe der Einspritzung/Zündung und Momenten-Übergabe (4):
  Üblicherweise wird nach dem vollständigen Schließen der Trennkupplung die Einspritzung freigegeben und das Fahrerwunschmoment von der E-Maschine an den Verbrennungsmotor übergeben. Der Zeitpunkt von Einspritz-Freigabe und Momenten-Übergabe kann abhängig von der Startart variieren.

5.3.4.2 Anreiß-Start

Wird ein Wiederstart als Anreiß-Start ausgeführt, geschieht dies gemäß Abb. 5.47.

- Wandler-Überbrückungs-Kupplung in Schlupf bringen (entsprechend Schlupfstart), (1)
- Trennkupplung in Schlupf bringen (entsprechend Schlupfstart), (2)
- Freigabe der Einspritzung und Zündung (3):
  Sobald der Verbrennungsmotor in Drehung versetzt ist, wird in den ersten zündfähigen Zylinder eingespritzt und gezündet. Dadurch kann der Verbrennungsmotor aus eigener Kraft mit Hilfe einer Drehzahlregelung auf die Zieldrehzahl gebracht werden. Parallel wird die Trennkupplung wieder vollständig geöffnet.
- Trennkupplung vollständig schließen (entsprechend Schlupfstart), (4)
- Momenten-Übergabe (entsprechend Schlupfstart), (5)

Auf diese beiden Arten ist ein schneller und komfortabler Start des Motors möglich. Im Zusammenspiel von elektrischem Fahren und Antrieb mit dem Verbrennungsmotor erreicht dieses Fahrzeug schließlich einen Normverbrauch (kombiniert) von durchschnittlich 3,1 l/100 km (entsprechend 72 g CO_2/km) zuzüglich eines Stromverbrauchs von 16,2 kWh/100 km. Hat der Ladezustand der Batterie eine untere Grenze erreicht, wird der Verbrennungsmotor häufiger aktiviert und durch Nachladen der Batterie wie bei einem autarken Hybridantrieb ein weiteres Entladen vermieden. Der Verbrauch steigt dann in diesem sogenannten „charge-sustaining" Modus auf 7,4 l/100 km (entsprechend 172 g CO_2/km) an, wobei kein weiterer Stromverbrauch entsteht.

5.4 Elektrofahrzeuge

Unter dem Begriff Elektrofahrzeuge werden batterieelektrische Fahrzeuge, Elektrofahrzeuge mit Range-Extender sowie Brennstoffzellenfahrzeuge zusammengefasst. Gemeinsam ist diesen Antriebstrukturen, dass ein Elektromotor das Fahrzeug antreibt. Im batterieelektrischen Fahrzeug wird diese Energie von einer Traktionsbatterie bereitgestellt, die aus dem Stromnetz geladen wird. Beim Range-Extender Elektrofahrzeug ermöglicht ein Stromerzeuger, bestehend aus einer kompakten Einheit von Verbrennungsmotor und Generator, eine Vergrößerung der Reichweite. Beim Brennstoffzellenfahrzeug stellt ein Brennstoffzellensystem, das mit Wasserstoff oder auch Methanol gespeist wird, die elektrische Energie für den Fahrbetrieb zur Verfügung.

5.4.1 Batterieelektrischer Antrieb

Beim batterieelektrischen Fahrzeug wird die zum Fahren benötigte Energie aus dem Netz in die Traktionsbatterie geladen und aus dieser dann im Fahrbetrieb entladen. Im Vergleich zu anderen alternativen Antriebsystemen weist das batteriegetriebene Elektrofahrzeug aufgrund der überschaubaren Anzahl an eingesetzten Komponenten eine vergleichbar einfache Struktur auf, die aus der oder den Elektromaschine(n) und der Traktionsbatterie besteht. Da bei einem Elektrofahrzeug der Verbrennungsmotor zum Antrieb der Nebenaggregate entfällt, müssen diese durch elektrisch betriebene Nebenaggregate ersetzt werden. Dies betrifft die Heizung und Klimatisierung sowie die Lenk- und Bremsunterstützung. Insbesondere der Leistungsbedarf einer aktiven Heizung oder der Betrieb der Klimaanlage kann die Reichweite eines batterieelektrischen Fahrzeugs deutlich reduzieren. Die Dauerleistung des oder der Motoren muss der gewünschten Höchstgeschwindigkeit bzw. Dauersteigfähigkeit entsprechen. Aus der kurzfristig abrufbaren Spitzenleistung bestimmt sich das Beschleunigungsvermögen.

Aus der geforderten Reichweite resultiert der benötigte Energieinhalt der Batterie und somit auch die zur Verfügung stehende maximale Batterieleistung. Anders als bei einem Kraftstofftank ist die Leistungsfähigkeit einer Batterie von der Temperatur und dem Ladezustand abhängig. Zu hohe oder zu niedrige Temperaturen reduzieren die Leistungsfähigkeit. Daher muss die Batterie gegebenenfalls aktiv beheizt oder gekühlt werden, wobei die dafür notwendige Energie auch aus der Batterie entnommen wird und sich somit die Reichweite weiter reduziert. Ebenso nimmt bei niedrigen Ladegraden die Entladeleistung ab, so dass beim Erreichen des Entladeschlusses die Fahrleistungen bereits reduziert sein können.

Während Elektromaschinen im Bezug auf Leistungsdichte und Wirkungsgrad einen hohen Stand erreicht haben, ist bei der Traktionsbatterie noch weitere Entwicklungsarbeit zu leisten. Dies betrifft zum einen die begrenzte Reichweite, die bei Elektrofahrzeugen oftmals etwa 200 km oder auch mehr pro Batterieladung betragen kann. Zum anderen ist dies die durch die notwendige Ladezeit eingeschränkte Verfügbarkeit. Die Ladezeit wird weniger durch die Fähigkeit der Batterie, Energie aufzunehmen, begrenzt, als vielmehr durch die Infrastruktur zum Laden. 230 V Steckdosen sind europaweit mit 16 A oder 10 A Sicherungen abgesichert, das bei ausschließlicher Nutzung zum Laden des Fahrzeugs einer Leistung von ca. 3,6 kW oder 2,3 kW entspricht. Die Ladezeit für eine völlig entladene 30 kWh Batterie beträgt somit 8–9 h bzw. ca. 13 h.

Höhere Ladeleistungen erfordern einen Drehstromanschluss. Mittels Schnellladung lassen sich so ca. 80 % der Energie in 30 min nachladen. Die dazu notwendige Ladeleistung beträgt ca. 50 kW und überschreitet die Leistungsfähigkeit üblicher Hausanschlüsse. Die entsprechende Ladestation lässt sich aufgrund ihrer Größe und des Gewichts nicht sinnvoll in das Fahrzeug integrieren, zumal eine entsprechende Anschlussmöglichkeit ans Stromnetz selten gegeben ist. Öffentliche Schnellladestationen, ähnlich wie Tankstellen, können hier eine Option sein. Dazu ist aber noch Entwicklungsbedarf in Bezug auf genormte Ladeverfahren und Schnittstellen (inklusive Ladestecker) notwendig, um herstellerübergreifend ein sicheres und effektives Schnellladen zu gewährleisten. Trotz dieser Schwierigkeiten bietet das Nachladen an öffentlichen Ladestationen, wenn das Fahrzeug zum Beispiel während des Einkaufs oder der Arbeitszeit geparkt ist, die Möglichkeit, die tägliche Fahrleistung und Reichweite zu erhöhen.

Bei der Auslegung eines Elektrofahrzeugs kommt es aufgrund des beschränkten Energieinhalts der Batterie darauf an, ein möglichst effizientes (kleines und leichtes) Fahrzeug darzustellen und bei der Größe der Batterie einen unter Kosten- und Packageaspekten sinnvollen Kompromiss zu finden, der der typischen Nutzung eines PKW's Rechnung trägt.

Die Fahrleistungs- und Reichweitenanforderungen bei einem Einsatz im Stadtverkehr entsprechen der Charakteristik eines batterieelektrischen Fahrzeugs. Hier hat es zudem aufgrund seiner lokalen Emissionsfreiheit und Geräuscharmut Vorteile gegenüber Fahrzeugen mit konventionellen Verbrennungsmotoren. Wie Abb. 5.48 zu entnehmen ist, wird ein Pkw im Durchschnitt für 3,4 bis 4,3 Fahrten pro Tag genutzt. Die mittlere Strecke pro Fahrt beträgt zwischen 16 km und 26 km mit mittleren Fahrgeschwindigkeiten zwischen 35,7 km/h und 51,5 km/h [13].

Interessant sind auch die mittleren Standzeiten zwischen zwei einzelnen Fahrten. Sie betragen drei Stunden und können für Zwischenladungen genutzt werden. Über Nacht stehen im Mittel sogar neun Stunden für Batterieladungen zur Verfügung. Zudem sind die Antriebsleistungen, die im Stadtverkehr benötigt werden, vergleichbar gering.

Hierzu zeigt Abb. 5.49 die Betriebspunkte eines Mittelklasse-Pkw im Stadtverkehr in Abhängigkeit von Geschwindigkeit und Beschleunigung.

Der Verteilung der Punktewolke lässt sich entnehmen, dass mit geringen Spitzenleistungen von 10 bis 15 kW ein Großteil der anfallenden Betriebszustände abgedeckt wird.

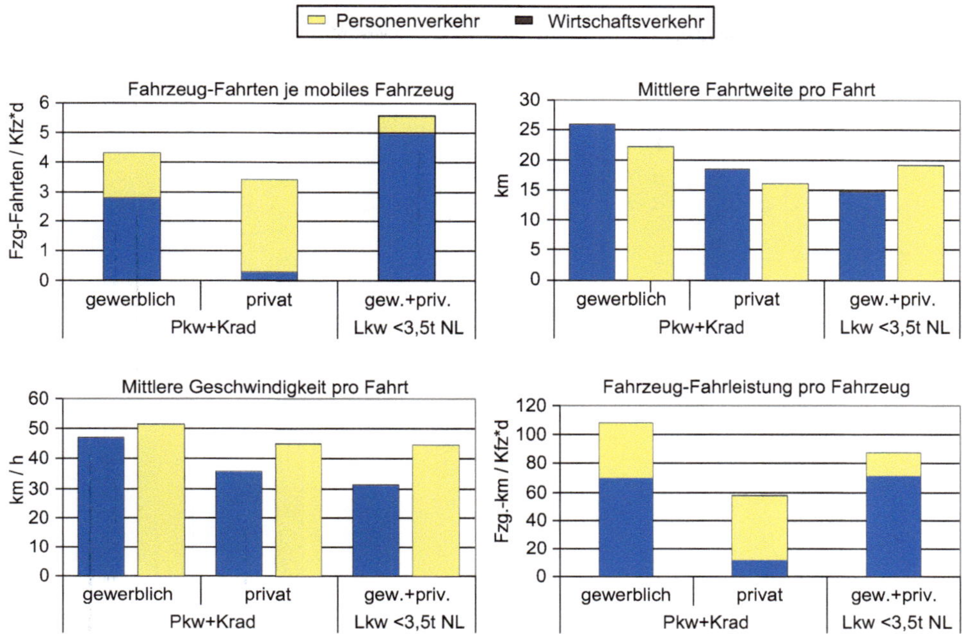

Abb. 5.48 Verkehrsstatistik, [13]

Bei Elektrofahrzeugen, die für den Stadtverkehr konzipiert werden, lassen sich die entsprechenden Leistungs- und Reichweitenanforderungen schon mit den heute verfügbaren Antriebs- und Speicherkomponenten gut erfüllen.

5.4.2 Range Extender

Einen Ansatz, die Batteriegrößen und Reichweitenproblematik zu entschärfen sowie den Einsatzbereich eines Elektrofahrzeugs zu erweitern, bieten Range-Extender Fahrzeuge. Anstatt immer größere Batterien im Fahrzeug zu verwenden, um große Reichweiten zu erzielen, wird die Reichweite durch die Integration eines Stromerzeugeraggregats erhöht. Dabei treibt z. B. ein kompakter Verbrennungsmotor einen Generator an. Erreicht der Ladegrad der Batterie eine untere Grenze oder sind die Leistungsanforderungen dauerhaft sehr hoch, wird das Range-Extender Aggregat gestartet und erzeugt Strom für den Fahrmotor bzw. lädt mit überschüssiger Leistung die Batterie nach. Somit kann der Energieinhalt der Batterie gemäß einer durchschnittlichen Reichweitenanforderung ausgelegt werden, so dass sich relativ kleine und kostengünstige Batterien ergeben. In der Summe kann so ein Antrieb, bestehend aus einer kleinen Batterie und einem Stromerzeuger, kos-

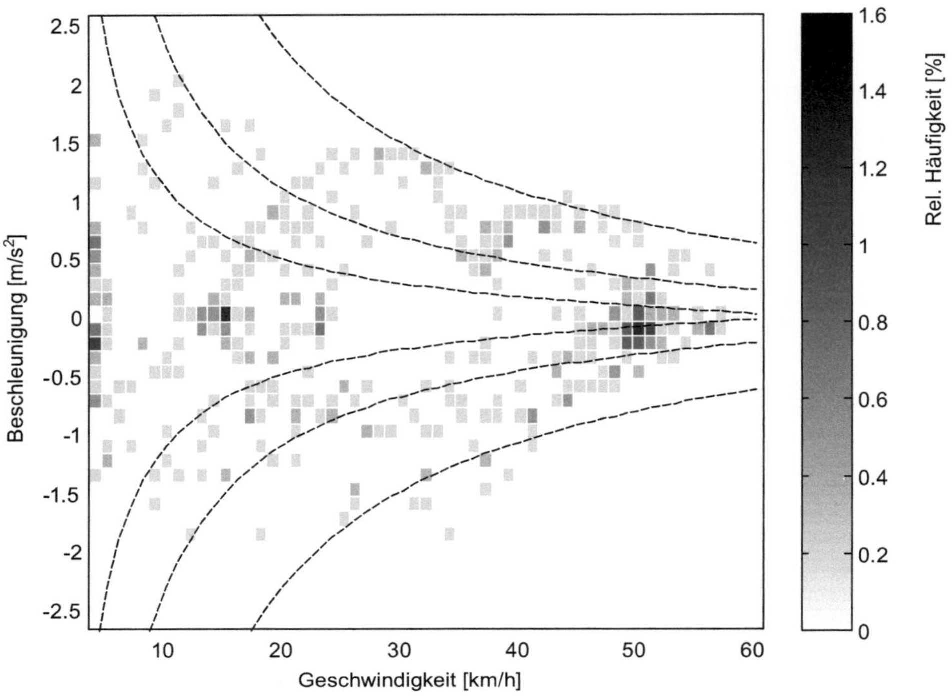

Abb. 5.49 Punktwolke der Betriebspunkte eines Mittelklasse-Pkw im Stadtverkehr, [2]

tengünstiger sein als ein Fahrzeug mit ausschließlich batterieelektrischem Antrieb mit entsprechend großer Batterie.

Die Leistung des Stromerzeugeraggregats ist üblicherweise nicht so hoch, dass die Höchstgeschwindigkeit des Fahrzeugs dauerhaft gewährleistet ist. Sie orientiert sich vielmehr an einer durchschnittlichen niedrigen Bedarfsleistung. (Eine Auslegung gemäß der Dauerhöchstleistung führt zu einem seriellen Hybridfahrzeug).

5.4.3 Brennstoffzellenfahrzeug

Brennstoffzellenfahrzeuge nutzen anstelle einer Batterie eine Brennstoffzelle, um den Strom für den elektrischen Fahrantrieb zu erzeugen. Die Brennstoffzelle ist ein elektrochemischer Wandler, der die chemische Energie eines Kraftstoffes direkt in Elektrizität umwandelt. Für den Betrieb einer Brennstoffzelle sind eine Reihe von Nebenaggregaten erforderlich. In Abb. 5.50 ist beispielhaft ein einfaches Brennstoffzellensystem dargestellt.

Dieses System nutzt reinen Wasserstoff als Kraftstoff in der Anode. Die Umgebungsluft liefert auf der Kathodenseite den zur Umsetzung zu Wasser notwendigen Sauerstoff. Der Wasserstoff wird in einem Tank mitgeführt. Hierbei kann es sich um Druckflaschen

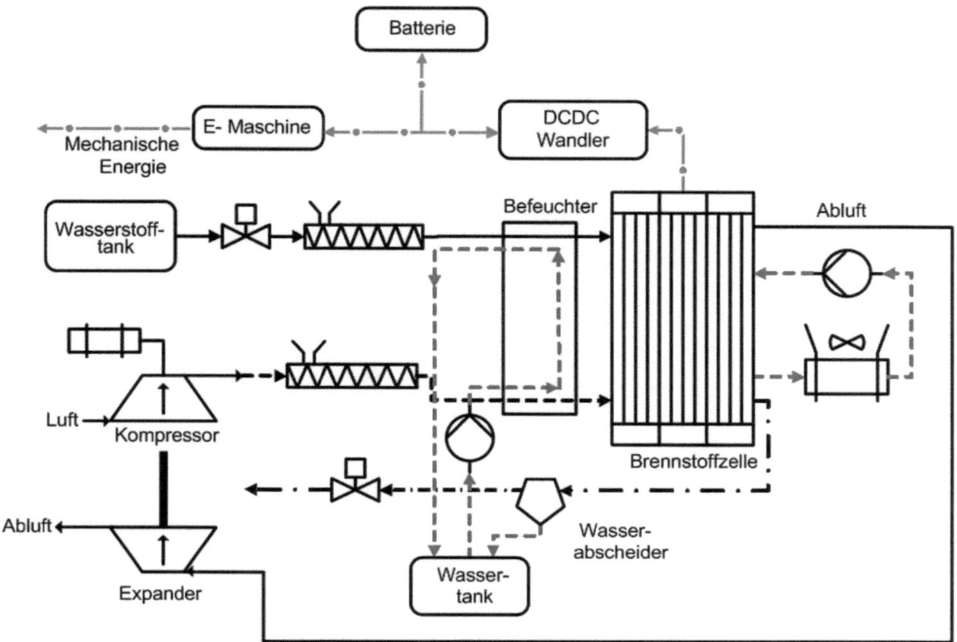

Abb. 5.50 Schematischer Aufbau eines Brennstoffzellensystems, [2]

oder einen Speicher für tiefkalten, verflüssigten Wasserstoff handeln. Der Wasserstoff wird befeuchtet und der Anode unter leichtem Überdruck zugeführt.

Für die Kathode wird Umgebungsluft angesaugt, über einen Kompressor auf das Druckniveau der Anode verdichtet und ebenfalls befeuchtet. Nach der elektrochemischen Reaktion in der Brennstoffzelle wird das Kathodenabgas einem Kondensator zugeführt, der das im Abgas enthaltene Wasser verflüssigt. Dieses wird in den Befeuchtern wieder genutzt. In einigen Fällen wird die Anode als „Dead-End" betrieben, d. h. die Wasserstoffzufuhr wird so geregelt, dass der gesamte Brennstoff der Reaktion zugeführt und komplett verbraucht wird. Da das Abgas sich noch auf dem höheren Druckniveau befindet, kann es im sogenannten Expander mechanische Arbeit verrichten, die den Leistungsbedarf des Kompressors teilweise deckt. Zusätzlich wird ein Teil der von der Brennstoffzelle produzierten Leistung verwendet, um den Kompressor über einen Elektromotor anzutreiben. Die restliche Leistung wird von einem Umrichter so umgewandelt, dass sie den Strom-Spannungsansprüchen der jeweiligen Applikation entspricht, und wird dann dem Verbraucher zugeführt.

Ein Großteil der derzeit aufgebauten Brennstoffzellen-Fahrzeugantriebe verfolgt einen hybriden Ansatz und verfügt zur Abdeckung von Leistungsspitzen über einen Energiespeicher, meistens in Form einer Batterie. Diese ermöglicht einerseits die Rückgewinnung eines Teils der Bremsenergie (Rekuperation), hat aber je nach Auslegung ein hohes Gewicht und benötigt zusätzlichen Bauraum. Ein Problem beim Einsatz eines Antriebstrangs ohne Zwischenspeicher ist die Dynamik des Gesamtsystems, also die Reaktion des Systems auf eine Änderung der Fahrpedalstellung.

Bei der Auslegung von Brennstoffzellenleistung, Batterieleistung und -energieinhalt gelten ähnliche Zusammenhänge wie bei einem seriellen Hybrid. Das Brennstoffzellensystem muss die notwendige Dauerleistung zur Erzielung von Höchstgeschwindigkeit und Dauersteigfähigkeit bereitstellen, während die Batterie als Zwischenspeicher gemäß den Leistungsspitzen bei Nutzbremsung oder Volllastbeschleunigung ausgelegt wird. Somit kann das Brennstoffzellensystem mit einer geringeren Leistung ausgeführt werden als in einem System ohne Batterie. Die Batterie stellt auch sicher, dass der Antrieb spontan auf plötzliche Leistungsanforderungen reagieren kann, ohne dass die begrenzte Dynamik des Brennstoffzellensystems limitierend wirkt. Ferner kann die Batterie bei einem Kaltstart des Systems sofort Leistung abgeben, während das Brennstoffzellensystem seine volle Leistungsfähigkeit noch nicht erreicht hat.

5.4.4 Fahrzeugbeispiel City Bus ika

Nachfolgend wird beispielhaft die Auslegung des Elektroantriebs für einen kleinen Citybus erläutert. Das Fahrzeug wurde im Rahmen des Forschungsprojektes SmartWheels aufgebaut, das vom BMWi finanziell gefördert wurde [14, 15]. Ziel der Entwicklung war es, ein Antriebsystem für den Einsatz in Innenstädten auszulegen, in das Fahrzeug zu implementieren und zu erproben. Der Bus ist vornehmlich für zentrale Stadtbereiche vorgesehen, in denen herkömmliche Linienbusse aufgrund ihrer Fahrzeuggröße nicht zum Einsatz kommen können. Dies betrifft beispielsweise historische Altstädte mit engen Gassen sowie für den normalen Straßenverkehr gesperrte Fußgängerzonen.

Anders als beim Pkw sind bei einem Bus im städtischen Nahverkehr sehr spezifische Einsatzbedingungen gegeben. Stadtbuslinien weisen typischerweise geringe Durchschnittsgeschwindigkeiten sowie niedrige Tagesfahrleistungen auf.

Abbildung 5.51 zeigt die mittleren Bewegungsgeschwindigkeiten in verschiedenen Bus-Testzyklen sowie einigen ausgesuchten Buslinien in Aachen und Umgebung. Die mittlere Bewegungsgeschwindigkeit betrifft die Zeiträume, in denen das Fahrzeug rollt. Die Standzeiten gehen nicht in die Berechnung ein.

Mit Hilfe eines detaillierten Simulationsmodells des Stadtbusses mit elektrischem Antrieb wurden zunächst die Fahrleistungen sowie Reichweiten und Energieverbräuche in verschiedenen Fahrzyklen berechnet. Dabei wurden unterschiedliche Antriebskonfigurationen und Batteriegrößen analysiert. Ein zentrales Ergebnis war, dass die Tagesfahrleistung bei nur einmaliger Ladung der Traktionsbatterie impraktikable Batteriegrößen erfordert. Neben den hohen Kosten reduziert ihr Gewicht zudem die Anzahl der beförderbaren Passagiere. Ganz abgesehen davon steht der erforderliche Bauraum auch nicht zur Verfügung.

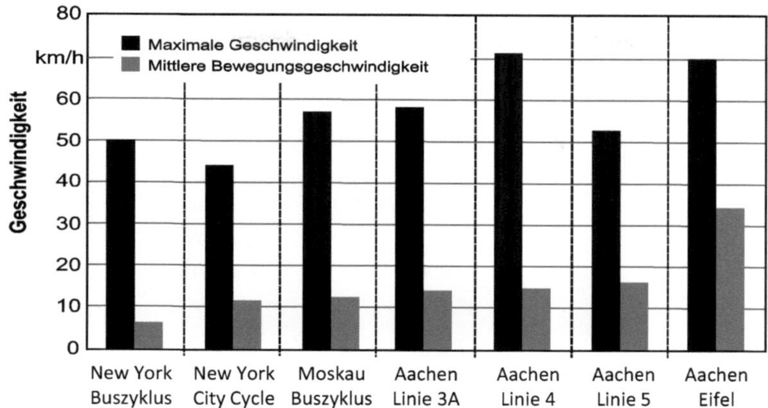

Abb. 5.51 Beispiele von Buszyklen und Buslinien, [14]

Da Stadtbusse typischerweise in einem örtlich begrenzten Raum auf weitgehend festen Routen eingesetzt werden, schafft dies die Möglichkeit mit einigen wenigen Ladestationen zur Schnellladung der Traktionsbatterie diese über den Tag verteilt mehrfach nachzuladen. So lässt sich eine einem konventionellen Bus entsprechende Tagesfahrleistung erreichen.

Mit Hilfe des Simulationsmodells konnte so die optimale Batteriegröße bestimmt werden und die endgültige Auslegung des Antriebs erfolgen.

Als Versuchsfahrzeug wurde ein Mercedes Sprinter City 65 mit einer Kapazität von 25 Fahrgästen umgerüstet. Der Dieselmotor des Serienfahrzeugs sowie das Automatikgetriebe wurden durch einen Hybridsynchronmotor mit 150 kW Maximalleistung sowie ein einstufiges Planetengetriebe mit einer Übersetzung von 4,5 ersetzt. Der Elektroantrieb wurde direkt mit der Serienachse im Heck des Fahrzeugs verbunden. Der Antriebstrang wurde dabei so ausgelegt, dass die maximale Zugkraft beim Anfahren dem Serienfahrzeug im ersten Gang entspricht. Somit ist auch bei 20 % Steigung und voller Beladung ein Anfahren möglich. Ausgehend vom maximalen Moment des Elektromotors beim Anfahren aus dem Stand, wurde die Übersetzung des Planetengetriebes bestimmt.

Die Höchstgeschwindigkeit ist durch die maximal zulässige Drehzahl des Elektromotors begrenzt und beträgt 74 km/h. Diese gegenüber dem Serienfahrzeug niedrigere Höchstgeschwindigkeit ist bei einem Einsatz als Stadtbus jedoch nicht relevant. Die Anordnung der Antriebskomponenten im Fahrzeug zeigt Abb. 5.52; die technischen Daten fasst Tab. 5.4 zusammen.

Der Austausch des Antriebs, d. h. der Einbau des Elektroantriebs erforderte geringe Modifikationen an der Karosserie des Minibusses, wobei der Innenraum unverändert blieb. Die Batterie besteht aus zwei gleich großen Batterietrögen, die elektrisch parallel geschaltet und flüssigkeitsgekühlt sind.

Die Batterie mit einer Kapazität von 45 kWh kann über ein im Fahrzeug installiertes Ladegerät grundsätzlich an einer üblichen 230 V Haushaltssteckdose mit 3 kW Ladeleistung

Tab. 5.4 Technische Daten

Eigenschaft	Daten	Einheit
Sitzplätze	12 + 1	–
Stehplätze	10 bis 15	–
Maximales Gesamtgewicht	5650	kg
Länge × Breite × Höhe	7700 × 1993 × 2845	mm
Motorleistung	150	kW
Maximale Drehzahl	12.000	1/min
Batteriekapazität	45	kWh
Nutzbarer SOC Bereich	15 bis 95	%
Maximaler Entladestrom	400	A
Maximaler Ladestrom	160	A
Ladedauer bei 230 V AC	12	h
Ladedauer bei 400 V DC	< 1	h
Höchstgeschwindigkeit	74	km/h

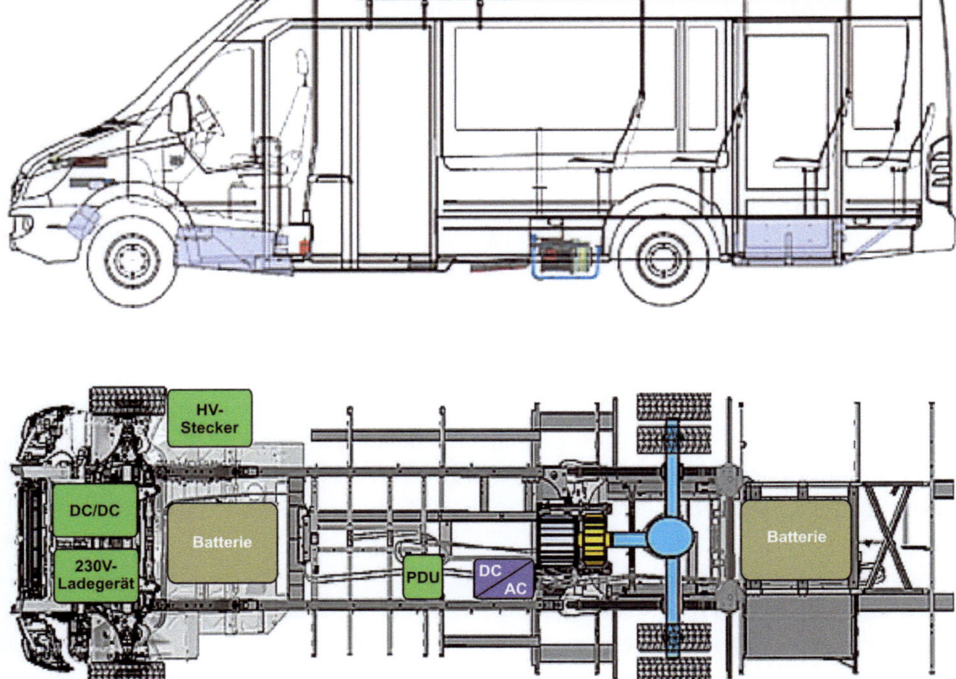

Abb. 5.52 Anordnung der Komponenten im Minibus, [14]

Tab. 5.5 Ergebnisse der Testfahrten

Zyklus	Streckenlänge; Fahrtdauer	Höhenmeter	Minimaler/ Maximaler Energieverbrauch	Verhältnis Rekuperations- zu Antriebsenergie (Batterie)	Reichweite pro Ladung (35 kWh nutzbar)	Maximale Reichweite pro Tag mit Schnellladung
Linie 3 (Ringlinie)	11,2 km; 0:39 h	132 m	43 bis 56 kWh/100 km	0,19 bis 0,25	62 bis 81 km	202 km
Linie 4	12,5 km; 0:56 h	159 m	50 bis 60 kWh/100 km	0,20 bis 0,22	58 bis 70 km	180 km
Linie 5	29,6 km; 1:43 h	268 m	47 bis 52 kWh/100 km	0,16 bis 0,19	67 bis 74 km	216 km
Aachen – Eifel – Aachen	74 km; 2:00 h	1000 m	38 bis 42 kWh/100 km (51 bis 54 bergauf; 26 bis 29 bergab)	0,17 bis 0,21 (0,09 bis 0,1 bergauf; 0,25 bis 0,32 bergab)	83 bis 90 km	450 km

geladen werden. Dies führt aber zu Ladezeiten von 12 h und mehr. Um die Verfügbarkeit und die mögliche Tageskilometerleistung zu erhöhen, ist im Fahrzeug eine Anschlussmöglichkeit für ein externes Schnellladegerät integriert, die Ladeleistungen bis 64 kW bei 400 V Gleichspannung ermöglicht. Die benötigte Zeit für eine Vollladung kann so durch eine Schnellladung auf 45 min reduziert werden.

Nach der Umrüstung des Fahrzeugs sind die Aachen Buslinien in der Innenstadt sowie die Überlandstrecke in die Eifel mit ausgeprägten Höhenunterschieden mit dem Versuchsfahrzeug befahren worden. Ziel war dabei, die Leistungsfähigkeit des Antriebs zu demonstrieren und die tatsächlichen Reichweiten und notwendigen Ladezeiten unter realen Bedingungen zu bestimmen.

Die Ergebnisse der Testfahrten auf den verschiedenen Buslinien und die dabei erzielten Energieverbräuche fasst Tab. 5.5 zusammen.

Neben der Streckenlänge und den zu überwindenden Höhenmetern ist in der vierten Spalte der Tabelle der Energieverbrauch angegeben. Spalte fünf zeigt das Verhältnis der beim Fahren aus der Batterie entnommenen zu der durch Nutzbremsung zurückgespeisten Energiemenge. Bei den Buslinien im Stadtgebiet bietet die Nutzbremsung ein hohes Einsparpotential, da es infolge der Verkehrssituation und der kurzen Abstände zwischen den Haltstellen zu vielen Haltevorgängen kommt. Bei den untersuchten Strecken beträgt die durchschnittliche Entfernung zwischen zwei Haltevorgängen etwa 200 bis 300 m. Die einzelnen Haltevorgänge dauern 20 bis 30 s im Durchschnitt. Die Reichweite pro Batterieladung ist in der vorletzten Spalte angegeben. In der letzten Spalte ist schließlich die Tagesfahrleistung mit mehrfacher Nachladung jeweils während der Wartezeit an der Endhaltstelle wiedergegeben.

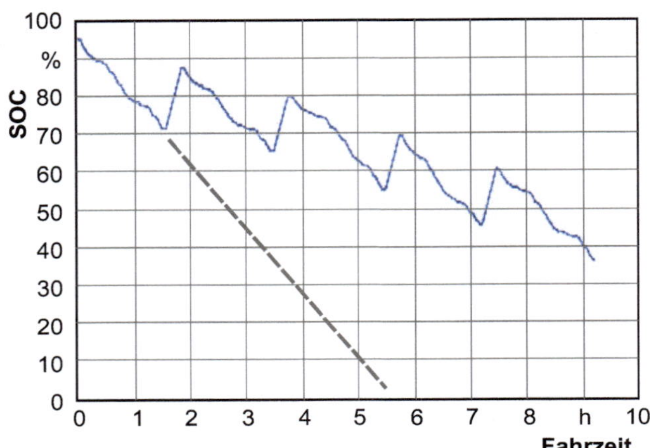

Abb. 5.53 Ladezustand (SOC) der Traktionsbatterie während des Buseinsatzes auf der Linie 3 A, [15]

In Abb. 5.53 ist hierzu beispielhaft der Verlauf des Batterie-Ladezustands aufgetragen, wie er sich beim Befahren der Linie 3 A ergibt. Würde keine Schnellladung erfolgen, wäre die Batterie nach ca. 5,5 h vollständig entladen. Mit Hilfe des Schnellladenkonzeptes an den Endhaltestellen kann dies aber vermieden werden. Dazu wird die Batterie nach zwei vollen Runden (ca. 23 km) für 15 min nachgeladen.

Die Zeit reicht zwar nicht aus, um die Batterie wieder vollständig aufzuladen. Insofern nimmt über den Tag der Ladezustand kontinuierlich ab. Durch die Schnellnachladungen wird aber immer wieder ausreichend Energie in die Batterie geladen, um schließlich mit Serienfahrzeugen vergleichbare Tagesfahrleistungen erzielen zu können. Aufgrund dieses Zwischenlade-Konzeptes kann die Größe des Batteriesystems erheblich verringert werden. Die Masse der Traktionsbatterie und auch insbesondere deren Kosten bleiben somit vergleichbar gering.

Literatur

[1] Eckstein, L.: Fahrzeugtechnik 1 Schriftenreihe Automobiltechnik. fka Forschungsgesellschaft Kraftfahrwesen mbH Aachen (2011). Vorlesungsumdruck

[2] Eckstein, L.: Alternative und elektrifizierte Antriebe Schriftenreihe Automobiltechnik. fka Forschungsgesellschaft Kraftfahrwesen mbH Aachen (2010). Vorlesungsumdruck

[3] N.N.: Audi AG Homepage, http://www.audi.de

[4] Biermann, J.W.: Kraftfahrzeug-Akustik Vorlesungsumdruck, Schriftenreihe Automobiltechnik. fka Forschungsgesellschaft Kraftfahrwesen mbH Aachen (2011)

[5] Espig M, Biermann J.W.: Möglichkeiten zur Reduktion der CO_2-Emissionen am Beispiel eines Kompaktfahrzeugs, 16. Aachener Kolloquium Fahrzeug- und Motorentechnik. (2007)

[6] UN-Wirtschaftskommission für Europa: Regelung Nr. 83 der Wirtschaftskommission der Vereinten Nationen für Europa (UN/ECE) – Einheitliche Bedingungen für die Genehmigung der Fahrzeuge

hinsichtlich der Emission von Schadstoffen aus dem Motor entsprechend den Kraftstofferfordernissen des Motors vom 23.06.2011

[7] Biermann, J.W., Bady, R.: Hybridantriebe – Strukturvarianten, Betriebsstrategien sowie deren Vor- und Nachteile 5. Symposium Elektrische Straßenfahrzeuge, Technische Akademie Esslingen, 26./27. März 1998.

[8] Renner, C.: Parallel, kombiniert oder leistungsverzweigt? Ein simulationsgestützter Konzeptvergleich. Institut für Kraftfahrwesen, Aachen. Tag des Hybrids 2005

[9] Sauer, B., Ruschmeyer, S.: HYBOB-Diesel-electric hybrid drive for omnibuses 6. Braunschweiger Symposium Hybridfahrzeuge und Energiemanagement, Braunschweig, 18./19. Februar 2009.

[10] Grebe U., Nitz L.: Voltec – Das Antriebssystem für Chevrolet Volt und Opel Ampera, MTZ – Ausgabe Nr. 2011-05

[11] Kaehler, B., Kersting, K., Brouwer, M., Christ, T.: Entwicklungskriterien, Analysemethoden und Beurteilung von leistungsverzweigten Hybridgetrieben, am Beispiel eines Two-Mode Hybridantriebs 16. Aachener Kolloquium Fahrzeug- und Motorentechnik. (2007)

[12] Spiegel, I., Schürmann, M., Stache, I., Göhring, M., Neußer, J.: Das Antriebskonzept des neuen Cayenne S Hybrid 19. Aachener Kolloquium Fahrzeug- und Motorentechnik. (2010)

[13] N.N.: Kraftfahrzeugverkehr in Deutschland, Bundesministerium für Verkehr, Bau und Stadtentwicklung, http://www.bmvbs.de (2002)

[14] Felix T., Eckstein L., Geulen G., Homann J.: Elektrisch angetriebener Minibus für den ÖPNV. ATZ, Ausgabe 9, (2012)

[15] Geulen G., Eckstein L., Rothgang S., Sauer D. U.: Elektro-Minibus mit Schnellladefunktion für den OPNV-Einsatz. ATZ Elektronik, Ausgabe 4 (2012)

6 Bewertungsansätze zu Verbrauch und Fahrleistung

Klaus Rohde-Brandenburger

Der Kraftstoffverbrauch und die Fahrleistung von Kraftfahrzeugen gehören zu den typischen Gesamtfahrzeugthemen einer Fahrzeugentwicklung. Wie der Name schon andeutet, können diese Eigenschaften erst am fertigen Gesamtfahrzeug simuliert und später auch gemessen und beurteilt werden. Jede einzelne beteiligte Komponente wird natürlich auch speziellen Komponentenprüfungen unterzogen. Dabei wird geprüft, ob die Lastenheftvorgaben der Konstrukteure für das Bauteil eingehalten werden. Diese Arbeiten sind notwendig für die Funktion und die Dauerhaltbarkeit, aber sie allein sind nicht hinreichend, um auch eine optimale Gesamtfahrzeugfunktion sicherzustellen. Dazu bedarf es immer einer Prüfung im Gesamtfahrzeugumfeld, denn im Zusammenspiel mit den anderen Komponenten des Fahrzeugs können sich die geplanten Eigenschaften möglicherweise verändern. Der Kraftstoffverbrauch ist ein gutes Beispiel für diese komplexen Gesamtfahrzeugzusammenhänge. So ist beispielsweise der Einbau eines Motors mit dem besten Verbrauchskennfeld keine Garantie dafür, dass auch das Fahrzeug vor Kunde den besten Verbrauch aufweist. Warum ist das so?

Bei der Erstellung der Verbrauchskennfelder steht der Motor allein auf dem Prüfstand. Über den gesamten Drehzahl- und Lastbereich wird dann ein enges Raster von Betriebspunkten vermessen. Die abgegebene Leistung wird direkt an der Kurbelwelle gemessen. Der zugehörige Kraftstoffdurchsatz wird gemessen und ins Verhältnis zur Leistung gesetzt. So ergeben sich die spezifischen Verbräuche in der Einheit g/kWh, die umgekehrt proportional zum Wirkungsgrad sind. Der geringste spezifische Verbrauch im Kennfeld kennzeichnet also den besten Gesamt-Wirkungsgrad des Motors. Dieser Bestwert wird in Veröffentlichungen gerne genutzt, um den Entwicklungsfortschritt der Motoren zu dokumentieren. Es ist aber gar nicht sicher, ob dieser Betriebspunkt mit dem Verbrauchs-Bestwert auch tatsächlich im Kunden-Fahrbetrieb eine relevante Rolle spielt.

Klaus Rohde-Brandenburger ✉
Isenbüttel, Deutschland
e-mail: klaus.rohde-brandenburger@gmx.de

J. Liebl et al., *Energiemanagement im Kraftfahrzeug*, ATZ/MTZ-Fachbuch,
DOI 10.1007/978-3-658-04451-0_6, © Springer Fachmedien Wiesbaden 2014

Eingebaut ins Fahrzeug entscheiden nämlich vorwiegend die Parameter Fahrzeugmasse, Luftwiderstand und Rollwiderstand, welche Leistung dem Motor für eine gewünschte Fortbewegung abverlangt werden muss. Die Leistungsübertragung auf die Straße erfolgt über Antriebskomponenten wie Kupplung, Getriebe, Achsübersetzung, Kardan-/Antriebswellen, Differenzialgetriebe und Räder. Viele Zahneingriffe, Lager-, Dicht- und Reibstellen sowie Restbremsmomente sorgen auf diesem Weg über den ganzen Antriebsstrang für nicht unerhebliche Verluste. Bei Vollastbetrieb können diese Verluste circa 10 bis 15 % ausmachen. Im Teillastbetrieb werden die Verluste relativ sogar noch größer, weil dann die lastunabhängigen Reibungsanteile deutlich größer sind als die lastabhängigen. Ein weiterer Parameter hat einen so großen Einfluss auf den Verbrauch, dass man ihn fast als Stellgröße bezeichnen darf: Die Übersetzung! Je nach Einsatzweck des Fahrzeugs oder nach Kundenwunsch kann sie von betont sportlich „kurz" bis betont sparsam „lang" ausgelegt werden. Die konstruktiv festgelegte Übersetzung und natürlich auch der vom Fahrer gewählte Gang bestimmen im Fahrbetrieb die verwendeten Betriebspunkte, die nur selten mit dem Bestpunkt übereinstimmen. Da ein Verbrennungsmotor für eine geforderte Leistung allgemein weniger Kraftstoff benötigt, wenn er sie bei kleinerer Drehzahl erzeugt, hat also die Übersetzungsauslegung einen deutlichen Einfluss auf den Verbrauch im Testzyklus und auch vor Kunde. Soweit zum Gesamtfahrzeugeinfluss der konstruktiven Auslegungsparameter als sogenannte „harte Faktoren".

Darüber hinaus gibt es aber noch „weiche Faktoren", die insbesondere den Verbrauch vor Kunde deutlich beeinflussen können. Diese Faktoren definiert der Mensch mit all seinen Gewohnheiten und Empfindungen. Wenn der Fahrer zum Beispiel bei einem Handschalter die langen Gänge nicht nutzt, sondern immer in zu kleinen Gängen fährt, dann kann auch das beste Potenzial eines Motors nicht richtig zur Geltung kommen. Natürlich muss ein Fahrzeug aber auch akustisch so entwickelt sein, dass die Passagiere bei der Nutzung einer langen Übersetzung nicht durch Brummen, Dröhnen oder durch Vibrationen im Fahrkomfort beeinträchtigt werden. Natürlich muss auch das Durchzugsvermögen des Fahrzeugs bei einer langen Übersetzung bestimmte Mindestanforderungen erfüllen, damit der Kunde noch ein Mindestmaß an Fahrfreude verspürt. Insbesondere diese „weichen Faktoren" stellen selbst erfahrene Beurteiler eines fertigen Gesamtfahrzeugs immer wieder auf eine harte Probe bei der Kompromissfindung für die endgültige Freigabe.

Erst nach einer erfolgreichen Gesamtfahrzeugabnahme können alle Auslegungsparameter als festgelegt gelten, und auch erst dann ist eine stabile Basis für die gesetzliche Zertifizierung des Verbrauchs gegeben. Der tatsächliche Verbrauch vor Kunde kann damit aber nicht definiert werden. Zu groß sind die individuellen Fahrgewohnheiten, Einsatzzwecke und Umwelteinflüsse.

Seit der Einführung der CO_2-Gesetzgebung in den verschiedensten Ländern der Welt hat die Bedeutung des Verbrauchs und der CO_2-Emission in den Fahrzeugentwicklungen eine völlig neue Dimension erreicht. Jede Maßnahme, ob an der Software eines Steuergerätes, an einem Bauteil oder auch am Design, ist einer CO_2-Bewertung zu unterziehen zur Beantwortung der Frage, ob und – wenn ja – um wie viel sich die CO_2-Emission im gesetzlichen Verbrauchszyklus verändert. Nur durch solch ein konsequentes CO_2-Management in der Entwicklungsphase besteht eine Chance, hohe Strafzahlungen infolge Gesetzesverfehlung zu vermeiden (siehe Kap. 2).

In der Praxis einer Fahrzeugentwicklung gibt es deshalb viele Fragen der verschiedensten Fachabteilungen zu Verbrauchsauswirkungen von Maßnahmen. Viele dieser Fachabteilungen brauchten in ihrem Aufgabengebiet ursprünglich keine Verbrauchskompetenz und sind daher verständlicherweise mit der CO_2-Bewertung von Maßnahmen überfordert. Gewisse Grundkenntnisse zum Thema Verbrauch sollten jedoch zukünftig weiter verbreitet vorhanden sein, damit schon bei der Entwicklung erster neuer Ideen die Weichen für geringen Verbrauch gestellt werden können. Genau dieses Ziel verfolgt dieses Kapitel, in dem die wesentlichen Verbrauchseinflüsse sowohl im Typprüfzyklus als auch in Kundenhand vermittelt werden.

Besonderer Wert wird auf die verursachergerechte Aufteilung des Verbrauchs gelegt. Daraus leiten sich mit den sog. Fuel Reduction Values (FRV) Verbrauchskennzahlen ab, die möglichst allgemein gültig eine Aussage darüber machen, welche Verbrauchsdifferenz durch eine Widerstandsänderung (zum Beispiel durch Masse, Luftwiderstand, Rollwiderstand u.a.) verursacht wird.

Auch das Thema Benchmark gewinnt in der heutigen Zeit an Bedeutung. Für den theoretischen Verbrauchsvergleich von verschiedenen Fahrzeugen untereinander anhand der bekannten oder gemessenen Fahrzeuggrunddaten werden Wirkungs- beziehungsweise Gütegrade für Verbrauch und Fahrleistung des Gesamtfahrzeugs definiert. Diese Kennwerte unterstützen zum Beispiel die Beantwortung der Frage, ob ein Wettbewerbsfahrzeug nur absolut sehr sparsam auf Grund seiner Fahrwiderstände ist oder ob es darüber hinaus auch noch relativ sparsamer ist nach Einrechnung all seiner bekannten Differenzen beziehungsweise Differenzmaßnahmen. Das kann helfen, sich beim Benchmark mit den wirklich interessanten Wettbewerbern zu beschäftigen, anstatt mit den vermeintlich Besten, bei denen man erst nach Ende der Vergleichsmessungen feststellt, dass man von diesem Fahrzeug nichts lernen konnte.

6.1 Basis für verursachergerechte Aufteilung des Verbrauchs

Die verursachergerechte Aufteilung des Kraftstoffverbrauchs ist ein Schlüsselthema für die Beantwortung der Fragen nach dem Verbrauchseinfluss von Widerstandsoptimierungen am Fahrzeug. In vielen Veröffentlichungen (wie zum Beispiel in [1]) wird davon ausgegangen, dass sich der Gesamt-Kraftstoffverbrauch für eine Fahrt in der Ebene hauptsächlich auf die drei Fahrwiderstände Roll-, Luft- und Beschleunigungswiderstand aufteilt. Ein fiktives Fahrzeug, bei dem die drei Fahrwiderstände zu Null gesetzt sind bei sonst unverändertem Antriebsstrang, müsste gemäß diesem Ansatz auch einen Verbrauch von annähernd Null aufweisen. In der Realität hat der Antriebsstrang vom Motor bis zum Rad allein aber schon einen Eigenverbrauch von circa 40 bis 50 % des Gesamtverbrauchs im NEFZ. Die Ursache liegt in der zu überwindenden Reibleistung aller Komponenten des Antriebsstrangs, die allein für das lastlose Einhalten der Drehzahlvorgabe erforderlich ist. Dabei ist der Anteil für das lastlose Drehen der Komponenten vom Getriebe bis zum Rad eher klein. Den weitaus größten Anteil am Eigenverbrauch des Triebstrangs hat der Motor selbst. Dieser Eigenverbrauch wird mit Nullleistungsverbrauch bezeichnet. Das ist derjenige Verbrauch, der benötigt wird, um den Motor auf einer gewünschten Drehzahl zu halten, ohne dass Leistung abgegeben wird. Die Fahrwiderstände führen zu einem Zusatzverbrauch, der über den Eigenverbrauch hinausgeht. Und nur dieser Zusatzverbrauch ist es, der sich auf die Fahrwiderstände aufteilen kann.

Der Leerlaufverbrauch eines Motors stellt ebenfalls einen Nullleistungsverbrauch dar, nämlich genau den bei der applizierten Leerlaufdrehzahl. Am Beispiel eines Ottomotors von circa 1,4 Liter Hubraum mit einem angenommenen Warm-Leerlaufverbrauch von 0,6 l/h und einer Leerlaufdrehzahl von 700 1/min soll die Bedeutung des Nullleistungsverbrauchs im NEFZ einmal veranschaulicht werden. Die Durchschnittsgeschwindigkeit im NEFZ beträgt circa 33,6 km/h. Um also eine Strecke von 100 km zu fahren ist eine Betriebszeit von circa drei Stunden notwendig. Läuft der genannte Beispielmotor in dieser Betriebszeit ständig im reinen Leerlauf, so verbraucht er in diesem Zeitraum 1,8 Liter Kraftstoff. Das entspricht also einem streckenbezogenen Verbrauch von 1,8 l/100 km. Dabei verrichtet der Motor keinerlei externe Arbeit, sondern der Kraftstoff bedient nur die motoreigene Reibarbeit für die niedrige Leerlaufdrehzahl. Im Fahrzeug muss der Motor beim Durchfahren des NEFZ aber einem Drehzahlprofil folgen, das maximale Drehzahlen von 2500 1/min und mehr erfordert. Je nach Getriebeübersetzung liegt die mittlere Drehzahl im NEFZ im Bereich von 1200 bis 2000 1/min. Unter weiterer Berücksichtigung des höheren Kaltlaufverbrauchs aufgrund des Kaltstarts bei 20 °C steigt der mittlere Nullleistungsverbrauch durchaus von 0,6 auf 1,0 l/h oder mehr, was dann einem Streckenverbrauch von 3 l/100 km oder mehr entspricht. Und immer noch hat dieser Motor keine Antriebsleistung abgegeben, sondern diesen Kraftstoff nur für die eigene Drehzahleinhaltung verbraucht. Bei einem angenommenen kombinierten NEFZ-Verbrauch von 6 l/100 km entspricht das einem Anteil von 50 %. So wird deutlich, dass nur die weiteren 50 % von den Fahrwiderständen verursacht werden können. Im Umkehrschluss kann man auch folgern, dass der Motor selbst den größten Fahrwiderstand darstellt.

Für übliche Otto- und Dieselmotoren wird im Folgenden ein vereinfachtes Verbrauchsmodell vorgestellt, das der Berücksichtigung des Nullleistungsverbrauchs Rechnung trägt. Für die wichtigsten Fahrwiderstände werden die erforderlichen Einzel-Antriebsenergien berechnet. Die Verknüpfung des Verbrauchsmodells mit den Einzelenergien ist die Basis für die Verbrauchskennzahlen, mit denen Differenzverbräuche für Fahrwiderstandsdifferenzen auf einfache Weise abgeschätzt werden können.

6.1.1 Verbrauchsmodell für Otto- und Dieselmotoren, Willans-Ansatz

Die Effizienz von Verbrennungsmotoren wird üblicherweise in Verbrauchskennfeldern dargestellt Abb. 6.1. Die Linien konstanten spezifischen Verbrauchs beziehungsweise Wirkungsgrades bilden die typischen Muschelkurven mit einem ausgeprägten Minimalbereich

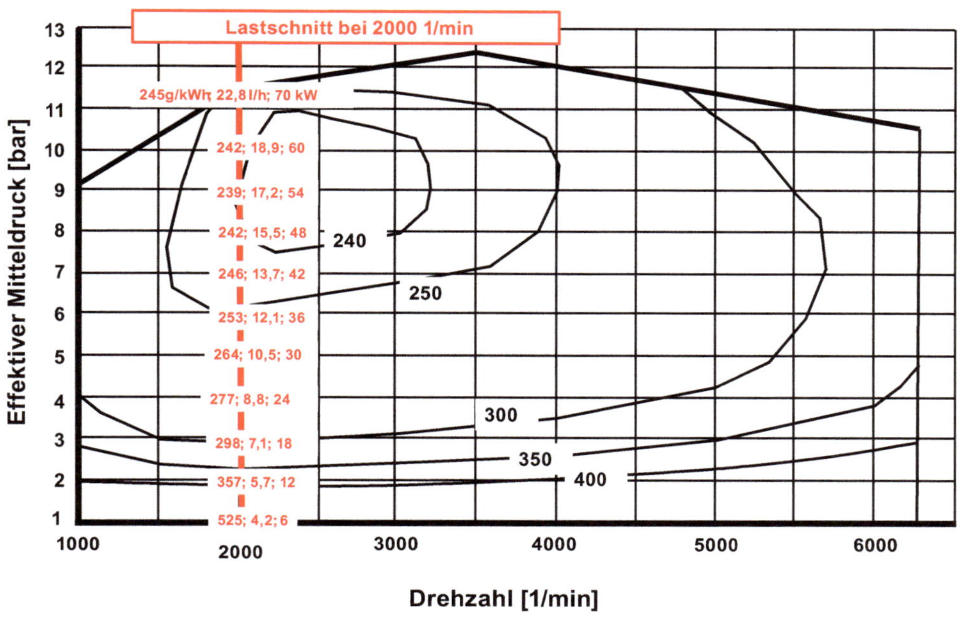

Abb. 6.1 Verbrauchskennfeld eines 3,6 l 6-Zylinder Otto-Saugmotors

bei mittlerer Drehzahl etwas unterhalb der Volllast. In dieser Darstellung wird die mit sinkender Last sehr stark abnehmende Effizienz des Verbrennungsmotors deutlich.

Verschiedene Motoren haben aufgrund ihrer individuellen Konstruktionsmerkmale auch ein individuelles Verbrauchskennfeld. Selbst gleiche Motoren haben aufgrund von Fertigungsstreuungen oder unterschiedlichen Laufleistungen Unterschiede in der Reibleistung, die zu unterschiedlichen Verbrauchskennfeldern führen. In der Motorenentwicklung ist es üblich, mit verschiedenen Baustufen von Versuchsaggregaten zu arbeiten, die sich natürlich auch im Verbrauchskennfeld unterscheiden können. Berechnungsingenieure haben deshalb das Problem, für die frühe Phase der Entwicklung an belastbare Verbrauchskennfelder zu kommen. Absolute Verbrauchsergebnisse werden üblicherweise erst auf Basis von Kennfeldern der seriennahen Baustufen anerkannt.

Für die Entwicklung und Entscheidung von Verbrauchsmaßnahmen in der frühen Projektphase stellt sich aber häufig nur die Frage nach einem Differenzverbrauch für eine Differenzarbeit. Dafür wurde bereits in [2] ein pragmatischer Ansatz entwickelt, der die Frage beantwortet, mit welchem Mehrverbrauch ein bereits laufender Motor auf eine Änderung der Leistungsanforderung reagiert.

Wird der Antriebsmotor als Leistungswandler betrachtet, der eine zugeführte chemische Leistung (in Form des Kraftstoffvolumenstroms) in eine mechanische Leistung umwandelt, so bietet sich die Verbrauchsdarstellung in Form der Willans-Linien an, siehe Abb. 6.2.

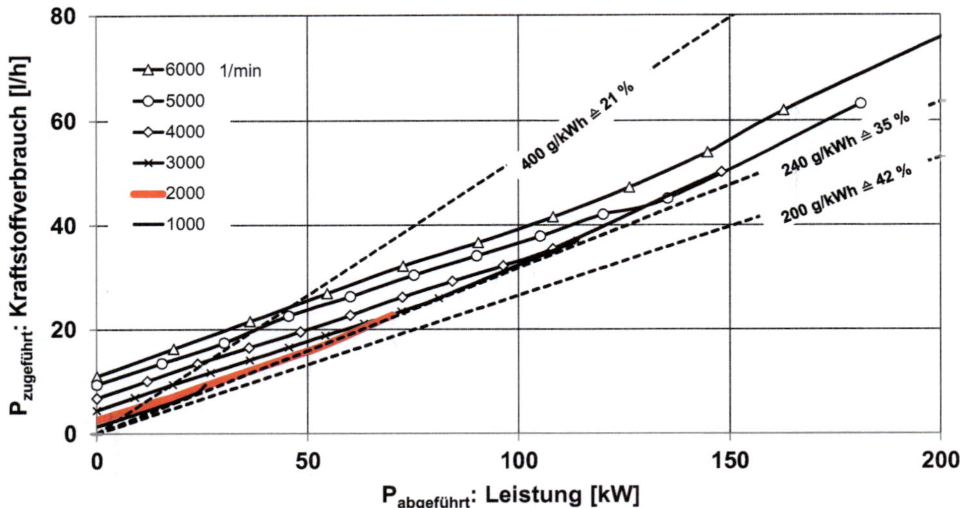

Abb. 6.2 Willans-Linien des 3,6 l 6-Zylinder Ottomotors

Diese Darstellung wurde früher von Willans zur Ermittlung der Reibleistung gewählt. Dazu wurden die Graphen für jede Drehzahl nach links in den negativen Leistungsbereich zeichnerisch verlängert. Am jeweiligen Schnittpunkt mit der Abszisse wurde dann die negative Leistung als Reibleistung abgelesen.

Für das Verbrauchsmodell ist im positiven Leistungsbereich der parallele Verlauf der Kurvenschar von besonderer Bedeutung. Zur Darstellung des Zusammenhanges zwischen dem Verbrauchskennfeld aus Abb. 6.1 und den Willans-Linien in Abb. 6.2 ist der Lastschnitt bei 2000 1/min in beiden Bildern in Rot dargestellt. Die beispielhaften Linien für spezifische Verbräuche beziehungsweise Wirkungsgrade sollen den Unterschied zwischen dem Gesamtwirkungsgrad und dem relativen Wirkungsgrad (auch Differenzwirkungsgrad) verdeutlichen. Die Linien für den Gesamtwirkungsgrad gehen durch den Ursprung. Bei einer Lasterhöhung werden zunehmend Linien besserer Gesamtwirkungsgrade geschnitten bis bei etwa 240 g/kWh der beste Gesamtwirkungsgrad erreicht ist. Die Steigung der Willans-Linien verläuft jedoch im unteren Leistungsbereich ungefähr parallel zu der 200 g/kWh-Linie, was einen konstanten Differenzwirkungsgrad von circa 42 % bedeutet.

Nicht nur im NEFZ, sondern auch im üblichen Straßenverkehr wird vorwiegend im unteren Lastbereich gefahren. Ein realer PKW mit diesem 6-Zyl.-Ottomotor fährt beispielsweise mit einem mittleren Verbrauch von 3,5 l/h (≙ 10,5 l/100 km) durch den NEFZ. Die Erfahrung bei der Auswertung von Verbrauchsmessungen hat gezeigt, dass sich der Motor sowohl im Testzyklus als auch vor Kunde vorwiegend im unteren Lastbereich bis 50 % gefahren wird. Von wenigen Autobahn-Schnellfahrern abgesehen ist also dieser Bereich bezüglich Verbrauch besonders relevant. Schneidet man die Willans-Linien bei circa 50 % Last ab und ergänzt die Regressionsgeraden der Form $y = m \times x + b$, so erhält man das Bild Abb. 6.3.

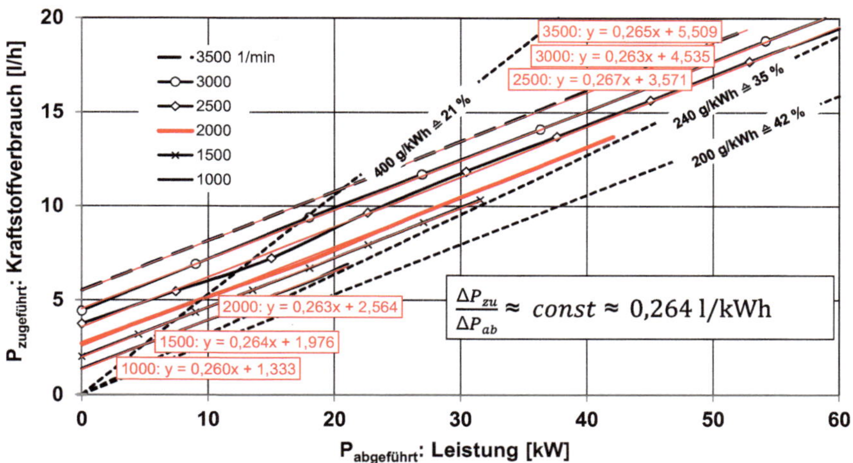

Abb. 6.3 Willans-Linien im unteren Lastbereich mit Regressionsgeraden

Wie bereits im Jahr 1996 in [2] an damals aktuellen Otto-Saugmotoren gezeigt, hat auch dieser moderne Saugmotor mit Direkteinspritzung im unteren Lastbereich einen näherungsweise konstanten Differenzwirkungsgrad, der nur wenig um den Mittelwert von 0,264 l/kWh (≙ 200 g/kWh oder 42 %) streut. Dieser Wert ist die spezifische Proportionalitätskonstante v_{Pe} (für Otto-Saugmotoren), mit der bei laufendem Motor jeder Differenzverbrauch durch einfache Multiplikation mit der effektiven Differenzleistung errechnet werden kann. So führt beispielsweise eine Differenzleistung von 2 kW bei einem Otto-Saugmotor zu einem Differenzverbrauch von $\Delta V = 2\,\mathrm{kW} \times 0{,}264\,\mathrm{l/kWh} = 0{,}528\,\mathrm{l/h}$ und zwar unabhängig von der gefahrenen Drehzahl. Wäre diese Differenzleistung zum Beispiel während eines NEFZ permanent wirksam, so müsste der Antriebsmotor (ohne Start/Stopp-Einrichtung) diese Leistung für 100 km über circa drei Stunden erzeugen (v_{Mittel} im NEFZ ist circa 33,6 km/h), woraus sich dann leicht ein streckenbezogener Mehrverbrauch von $\Delta V_{100} = 3\,\mathrm{h} \times 0{,}528\,\mathrm{l/h} = 1{,}584$ Liter pro 100 km errechnen lässt.

Der Verbrauch bei $P_{\mathrm{e}} = 0\,\mathrm{kW}$ wird als Nullleistungsverbrauch bezeichnet. Diesen Kraftstoff benötigt der Motor, um sich ohne Leistungsabgabe zu drehen. Bei der typischen Leerlaufdrehzahl entspricht er dem Leerlaufverbrauch. Die Höhe des Nullleistungsverbrauchs wird vorwiegend bestimmt von den Parametern Hubraum, Zylinderzahl und den reibungsbeeinflussenden Konstruktionsparametern. Er lässt sich bei allen bisher untersuchten Motoren gut durch ein Polynom 2. Grades darstellen. Die Unterschiede zwischen den Messwerten und den Polynomwerten sind vernachlässigbar gering. Den absoluten und den auf 1 Liter Hubraum bezogenen Nullleistungsverbrauch über der Drehzahl für diesen Beispielmotor zeigt Abb. 6.4 .

Mit der Proportionalitätskonstanten v_{Pe} und dem bekannten Nullleistungsverbrauch lässt sich für den unteren Lastbereich ein vereinfachtes Motor-Verbrauchsmodell aufstel-

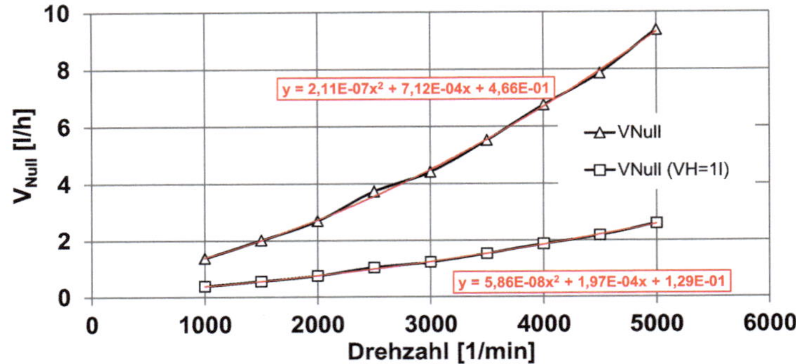

Abb. 6.4 Nullleistungsverbrauch eines 3,6 l 6-Zylinder Otto-Saugmotors, Messwerte und Polynom

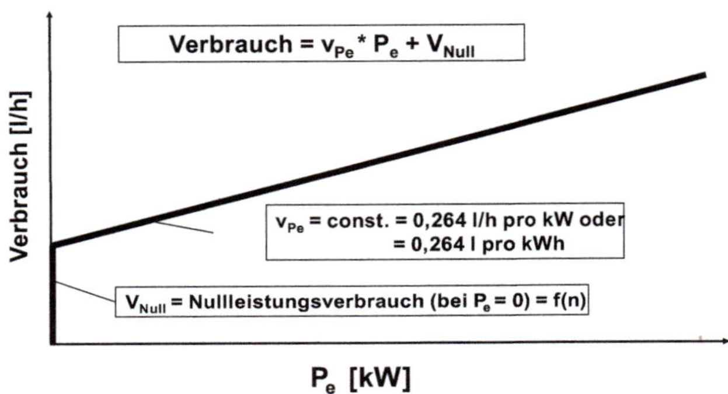

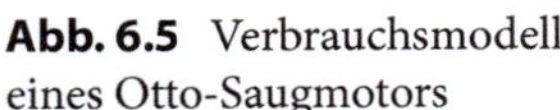
Abb. 6.5 Verbrauchsmodell eines Otto-Saugmotors

len, das einer Geradengleichung der Form $y = m \times x + b$ gehorcht Abb. 6.5. Die Steigung m entspricht der Proportionalitätskonstanten v_{Pe} und das absolute Glied b entspricht dem Nullleistungsverbrauch V_{Null}, der sich für die gegebene Drehzahl aus dem Polynom für die gewählte Motorart errechnen lässt. Damit lässt sich auch der absolute Verbrauch des betriebswarmen Motors für jeden Betriebspunkt im unteren Lastbereich relativ genau beschreiben. Für neue Motoren ist der Nullleistungsverbrauch üblicherweise nicht bekannt. In diesem Fall kann mit Werten eines Vorgängermotors gerechnet werden. Bereits bekannte Reibungsminderungsmaßnahmen können in die Nullleistungskurve des Vorgängermotors eingerechnet werden. Damit können in der frühen Projektphase bereits überschlägige Parametervariationen gerechnet werden, ohne dass ein Kennfeld vorliegt. Da der dominante Parameter für den Nullleistungsverbrauch der Hubraum ist, können andere Hubräume aus dem Polynom des auf 1 Liter Hubraum bezogenen Nullleistungsverbrauchs durch einfache Multiplikation mit dem Hubraum hochgerechnet werden.

Der Anteil des Nullleistungsverbrauchs am Gesamtverbrauch im NEFZ beträgt für 4-Zyl.-Motoren bis zu 50 %. Unabhängig von Parameteränderungen bei den Fahrzeugdaten bleibt dieser Nullleistungsverbrauch für eine gegebene Motor-/Getriebekombination gleich. Mit Hilfe dieses Motormodells wird auf anschauliche Weise deutlich, dass selbst eine

Reduktion der typischen Fahrwiderstände auf den Wert Null ($m = 0$, $c_W \times A = 0$) bei unverändertem Motor und Getriebe den Verbrauch nicht auf null reduzieren kann, sondern nur auf den verbleibenden Nullleistungsverbrauch. Und wenn dieser Nullleistungsverbrauch im NEFZ circa 50 % des Ausgangsverbrauchs ausmacht, dann können die Fahrwiderstände auch nur für die restlichen circa 50 % des Verbrauchs verantwortlich sein.

Dieses Verbrauchsmodell erklärt auch den wahren Grund für den Verbrauchsvorteil des Downsizings. Er liegt eben nicht in der gern zitierten Behauptung, dass die Verbrennung bei höherer Last eines kleineren Hubraums bei besserem Wirkungsgrad abläuft, sondern im geringeren Nullleistungsverbrauch des kleineren Hubraums. Die eigentliche Verbrennung läuft bei höheren Ladedrücken von Turbomotoren sogar schlechter ab, weil die pro kW erforderliche Zusatzkraftstoffmenge mehr und mehr steigt. Der Differenzwirkungsgrad wird also kleiner. Im Mittel kompensieren die geringeren Nullleistungsverbräuche diesen Nachteil aber und sorgen im praktischen Betrieb doch für eine bessere Gesamteffizienz des kleineren Hubraums.

Wie die Konstante v_{Pe} zeigt, wird jedes Differenz-Kilowatt an Antriebsleistung im unteren Lastbereich mit ungefähr gleichem Wirkungsgrad erzeugt. Der mit steigender Last zunehmende Gesamtwirkungsgrad ist lediglich eine Folge seiner physikalischen Definition als Quotient von effektiver Gesamtleistung zu Gesamt-Verbrauch.

$$\eta_{\text{ges}} = \frac{P_{\text{ab}}}{P_{\text{zu}}} \sim \frac{P_{\text{e}}}{\dot{m}_{\text{Kraftstoff}}} \tag{6.1}$$

Läuft der Motor ohne Abgabe einer Leistung ($P_{\text{ab}} = P_{\text{e}} = 0$) nur mit seinem Nullleistungsverbrauch, so ist der Gesamtwirkungsgrad definitionsgemäß Null. Erst mit steigender effektiver Leistung sorgt der hohe Differenzwirkungsgrad von $\eta_{\text{Diff}} = 42$ % mit jedem zusätzlich erzeugten Kilowatt für ein Ansteigen des Gesamtwirkungsgrads. Das ist vergleichbar mit der Wirtschaftlichkeitsrechnung eines Bauteils. Trotz gleicher Entwicklungs-Fixkosten (Nullleistungsverbrauch) und konstanter Teilepreise (η_{Diff}) steigt die Wirtschaftlichkeit (η_{ges}) mit jeder Stückzahlerhöhung.

Der Nullleistungsverbrauch und der im oberen Lastbereich wieder schlechter werdende Differenzwirkungsgrad sind die Ursache dafür, dass auch moderne Ottomotoren im Gesamtwirkungsgrad kaum über 36 % kommen. Nur der Differenzwirkungsgrad erreicht die 42 % und zwar vor allem im unteren Lastbereich. Die Unterscheidung zwischen Differenzwirkungsgrad und Gesamtwirkungsgrad macht deutlich, dass es nicht zulässig ist, vom Bestpunkt im Verbrauchskennfeld direkt auf die effizienteste Verbrennung zu schließen. Der Wirkungsgrad, mit dem eine eingespritzte Zusatzkraftstoffmenge in Leistung umgewandelt wird, ist im untersten Kennfeldbereich mindestens genauso gut wie im Bestpunktbereich des Kennfelds.

Die Erfahrung hat gezeigt, dass eingefleischte Aggregateentwickler sich mit diesem Motormodell sehr schwer tun. Zu ungewohnt ist die Vorstellung, dass die Energieumsetzung bei der Verbrennung einer Zusatzkraftstoffmasse bei niedrigster Last mit gleichem oder besserem Wirkungsgrad ablaufen soll als in der oberen Kennfeldhälfte. Der beim Ottomotor steigende Gesamtwirkungsgrad bei sich weiter öffnender Drosselklappe ist eine so alte und fundamentale – und für den Gesamtwirkungsgrad auch richtige – Erkenntnis für alle Ingenieure, dass allein schon die Vorstellung des völlig anderen Verhaltens beim Differenzwirkungsgrad sehr schwer fällt. Eine mögliche Erklärung für den konstanten Differenzwirkungsgrad trotz steigender Last bei sinkender Ladungswechselarbeit durch die sich öffnende Drosselklappe könnte darin liegen, dass die steigenden Gaskräfte über die höhere Kolbenring- und Lagerreibung den Vorteil der geringeren Ladungswechselarbeit zumindest teilweise kompensieren. Das ist aber zunächst nur eine Vermutung. Möglicherweise trägt auch ein veränderlicher Verbrennungswirkungsgrad zum konstanten Differenzwirkungsgrad bei. Ein Indiz dafür, dass die Ladungswechselarbeit nicht die dominante Rolle für den konstanten Differenzwirkungsgrad spielt, liegt in der Tatsache, dass auch der Dieselmotor im unteren Kennfeldbereich einen hinreichend konstanten Differenzwirkungsgrad aufweist, allerdings mit einem niedrigeren Wert für ν_{Pe}, s. u.. Diese Fragen nach dem physikalischen Hintergrund für den relativ konstanten Differenzwirkungsgrad bieten Stoff für intensive Prüfstandsuntersuchungen mit einem Indiziermotor.

Mit Hilfe der Proportionalitätskonstanten ν_{Pe} lassen sich viele Fragen nach Differenzverbräuchen für Differenzwiderstände auf einfache Art mit genügender Genauigkeit beantworten. Der Wert $\nu_{Pe} = 0{,}264$ l/kWh für Otto-Saugmotoren wurde an verschiedensten Ottomotoren mit kleinen und großen Hubräumen, mit 2- und 4-Ventiltrieben und mit 4- oder 6-Zyl.-Motoren bestätigt. So lassen sich mit diesem Modell selbst kleinste Mehrleistungen oder Mehrarbeiten mit relativ hoher Genauigkeit in einen Mehrverbrauch umrechnen. Die unvermeidlich messfehlerbehafteten Kennfelddaten sind für Verbrauchsberechnungen von kleinen Differenzwiderständen sogar eher ungeeignet. Gesamtfahrzeug-Verbrauchsmessungen auf Rollenprüfständen sind für kleine Widerstandsänderungen gar nicht geeignet, da die Reproduzierbarkeit aufgrund der komplexen Fahrer/Fahrzeug/Prüfstand-Interaktion relativ schlecht ist. Die Erfahrung hat gezeigt, dass bereits für reproduzierbare Verbrauchsdifferenzen von 0,2 l/100 km sehr erfahrenes Personal und mindestens drei Messdurchläufe erforderlich sind.

Modellabweichungen bei anderen Motoren Die Proportionalitätskonstante $\nu_{Pe} = 0{,}264$ l/kWh gilt für alle Otto-Saugmotoren mit $\lambda = 1$ Betrieb und üblichen Nockenwellensteuerungen. Abweichungen ergeben sich bei Magerbetrieb oder bei speziellen Nockenwellensteuerungen, die zum Beispiel einzelne Zylinder abschalten können. Diese Besonderheiten wirken vornehmlich im untersten Lastbereich. Mit steigender Last nähert sich das Verfahren wieder dem herkömmlichen Betrieb an. In diesem Übergangsbereich kann die Proportionalitätskonstante von 0,264 l/kWh stärker nach oben abweichen.

Aufgeladene Ottomotoren mit $\lambda = 1$ Betrieb unterscheiden sich vom Saugmotor dadurch, dass die Proportionalitätskonstante im unteren Lastbereich auf circa 0,27 bis 0,28 l/kWh ansteigt. Eine der möglichen Ursachen dafür ist sicherlich der mit steigender Last ebenfalls steigende Abgasgegendruck. Bei höheren Lasten als sie im NEFZ gefahren werden treten dagegen deutlichere Unterschiede zum Saugmotor auf. Die Willans-Linien weichen bei hohen Ladedrücken deutlich stärker nach oben aus. Das heißt, der Differenzverbrauchswert weicht mit steigender Last früher und stärker von dem Konstantwert im

Differenzverbrauchs-Konstanten für überschlägige Verbrauchsberechnungen in Testzyklen						
		Ottomotor			Dieselmotor	
Größe	Einheit	Sauger	aufgeladen		EU2 aufgeladen	EU5 aufgeladen
v_{Pe}	l/kWh	0,264	0,27 -	0,28	0,208	0,22
$b_{e,Diff}$	g/kWh	199	204	211	175	185
η_{Diff}	%	41,5	40,6	39,1	48,5	45,8
Verwendete Kennwerte						
Hu	kJ/kg	43500	43500	43500	42500	42500
ρ	kg/l	0,755	0,755	0,755	0,840	0,840

Abb. 6.6 Zusammenfassung der v_{Pe}-Werte für verschiedene Motoren

unteren Lastbereich nach oben ab. Bei Kompressormotoren tritt dieses Verhalten nochmals stärker auf. Insbesondere für die aufgeladenen Ottomotoren muss deshalb streng darauf geachtet werden, dass dieses vereinfachte Motormodell nur im NEFZ-relevanten Lastbereich verwendet wird.

Für aufgeladene, direkt einspritzende Dieselmotoren wurde in der Untersuchung von 1996 ein Wert von $v_{Pe} = 0{,}208$ l/kWh für EU2-Dieselmotoren ermittelt. Aufgrund der steigenden Abgas- und Akustikanforderungen liegen heutige EU5-Dieselmotoren eher bei $v_{Pe} = 0{,}22$ l/kWh.

Das prinzipielle Verbrauchsverhalten der aufgeladenen Motoren entspricht weiterhin dem Modell in Abb. 6.5. Eine Zusammenfassung der üblichen v_{Pe}-Werte zeigt die Abb. 6.6.

Mit den genannten Differenzverbrauchs-Konstanten steht ein Werkzeug zur Verfügung, mit dem sich für die Mehrheit der herkömmlichen Motoren die verschiedensten Differenzwiderstände und Differenzarbeiten sehr einfach in Differenzverbräuche umrechnen lassen. Für den Fall, dass man jedoch die Absolutverbräuche abschätzen möchte, muss man für den jeweiligen Betriebspunkt den Nullleistungsverbrauch kennen. In [2] wurde gezeigt, dass die Nullleistungsverbräuche über der Drehzahl sehr gut durch ein Polynom 2. Ordnung abgebildet werden können. Diese Erkenntnis folgte aus der Untersuchung von einer Vielzahl von verschiedensten Motoren im Jahr 1996. Bei den Ottomotoren wurden 4- und 6-Zylinder-Motoren mit 2- und 4-Ventiltechnik und Hubräumen von 1,0 bis 3,0 Liter untersucht. Da der Hubraum sich als dominanter Parameter für den Nullleistungsverbrauch herausstellte, wurden die jeweiligen individuellen Werte auf einen Liter Hubraum normiert. Für diesen normierten Nullleistungsverbrauch ergab sich damals das in Abb. 6.7 gezeigte Streuband. Zusätzlich eingetragen wurde ein moderner aktueller Serien-Saugmotor, der den Fortschritt von circa 15 Jahren Entwicklungsarbeit dokumentiert. Die Kurve für den Dieselmotor steht für einen Beispielmotor. Ein Streuband liegt dem Autor leider nicht vor. Von der niedrigen Nullleistungsverbrauchskurve des Dieselmotors darf nicht auf eine geringere Reibung gegenüber dem Ottomotor geschlossen werden, da in diesem Verbrauch natürlich auch der Minderverbrauch aufgrund des Verfahrensvorteils enthalten ist. Nur bei Motoren mit gleichem Verbrennungsverfahren ist ein geringerer Nullleistungsverbrauch auch ein Indiz für geringere Motorreibung.

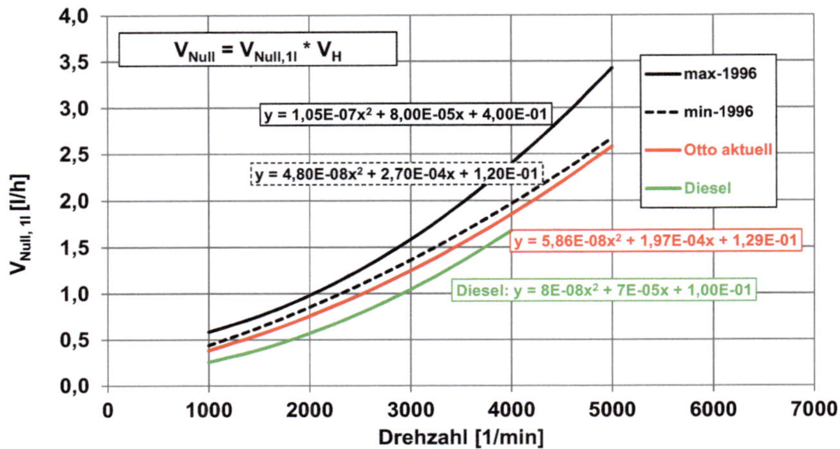

Abb. 6.7 Nullleistungsverbrauch von Otto- und Dieselmotoren

Im Differenzverbrauch unterscheidet sich dieser aktuelle Serien-Motor nicht von den Motoren aus dem Jahr 1996. Das legt den Schluss nahe, dass die Verbrauchsverbesserungen vorwiegend aus dem verringerten Nullleistungsverbrauch resultieren und weniger aus einer weiterentwickelten „Verbrauchs-Thermodynamik" der Verbrennung. Zweifellos hat es in der Thermodynamik auch wesentliche Fortschritte gegeben, die sich aber eher auf das Thema Schadstoffreduktion auswirken und weniger auf den Verbrauch. Ein geringerer Nullleistungsverbrauch bedeutet nichts weiter als eine geringere Motorreibung. Wie gezeigt, sind also bei der Reibungsoptimierung in der Vergangenheit große Fortschritte gemacht worden. Das Ende ist hier aber sicher dennoch nicht erreicht, so dass zukünftig noch mit weiteren Verbesserungen auf diesem Gebiet zu rechnen ist.

Für überschlägige Verbrauchsberechnungen zu Änderungen an der Getriebeübersetzung muss mit einer angenommenen Nullleistungsverbrauchskurve gerechnet werden. Die Differenzverbrauchs-Konstante hilft hierbei nicht weiter, da der Motor bei Änderung einer Übersetzung keine unterschiedliche Arbeit für den Fahrzeugantrieb im gleichen Fahrzyklus verrichten muss. Aufgrund der veränderten Drehzahl gibt es lediglich eine Änderung im Nullleistungsverbrauch. Aber auch bei Parametervariationen von Widerstandsdaten kann die Verwendung einer Nullleistungsverbrauchskurve nützlich sein, wenn man eine überschlägige Aussage zum Absolutverbrauch machen möchte.

In der Tabelle in Abb. 6.8 werden die Koeffizienten für drei Gleichungen des normierten Nullleistungsverbrauchs von Ottomotoren angegeben. Die erste Koeffizientenreihe gilt für die Maximalkurve aus Abb. 6.7 als Beispiel für einen Motor mit hoher Reibung. Die zweite Koeffizientenreihe entspricht dem Mittelwert aus der ersten und dritten Zeile für hohe und geringe Reibung. Die dritte Koeffizientenreihe entspricht der neuen Minimalkurve des Nullleistungsverbrauchs, hergeleitet aus dem aktuellen Motor in Abb. 6.4. Damit stehen für Berechnungen drei mögliche normierte Nullleistungsverbrauchskurven zur Verfügung, die

Abb. 6.8 Gleichungen für den Nullleistungsverbrauch

Nullleistungsverbrauch als Polynom: $y = a \cdot x^2 + b \cdot x + c$

$V_{Null,\,1l} = a \cdot n^2 + b \cdot n + c$ (n = Drehzahl in 1/min)

$V_{Null} = V_{Null,\,1l} \cdot V_H$

	a	b	c
Ottomotor, hohe Reibung	1,05E-07	8,00E-05	4,00E-01
Ottomotor, mittlere Reibung	8,18E-08	1,39E-04	2,65E-01
Ottomotor, geringe Reibung	5,86E-08	1,97E-04	1,29E-01
Beispiel für Dieselmotor	8,00E-08	7,50E-05	1,00E-01

einen Motor mit hoher, mittlerer und geringer Reibung beschreiben. Für den Dieselmotor liegen dem Autor keine umfangreichen Messungen vor, so dass nur eine Beispielkurve angegeben wird.

6.1.2 Verbrauchsauswirkung der Übersetzung

Im Abschn. 5.2.1.2 wurde bereits darauf eingegangen, dass das Getriebe mit den verschiedenen Übersetzungen einen Kennungswandler darstellt, der die Motorkennlinie der Bedarfskennlinie des Fahrzeugs anpasst. Damit wird sichergestellt, dass das Fahrzeug in allen Situationen sicher anfahren kann und dass auch die mögliche Höchstgeschwindigkeit möglichst erreicht wird. Aber auch für den Kraftstoffverbrauch sind die einzelnen Übersetzungen wichtige Stellgrößen. Dabei gibt es einen primären und einen sekundären Effekt auf den Verbrauch.

6.1.2.1 Primärer Verbrauchseinfluss des Getriebes

Der primäre Verbrauchseinfluss des Getriebes wird durch seinen Wirkungsgrad beschrieben. Anhand eines Beispielgetriebes im Beispielfahrzeug 2 soll die Größenordnung dieser Verluste herausgearbeitet werden. Bei dem Getriebe handelt es sich um ein Drei-Wellen-6-Gang-Getriebe für den Front-Quer-Einbau mit integriertem Achsgetriebe. Wie beim Verbrennungsmotor gibt es auch beim Getriebe nicht einen typischen Wirkungsgrad. Je nach Gang, Drehzahl und übertragenem Moment stellen sich Wirkungsgrade von 0 bis circa 97 % ein. Die komplexen Zusammenhänge für alle Gänge, Drehzahlen und Lasten lassen sich nicht in einem Diagramm darstellen. Für das bessere Verständnis der Verbrauchszusammenhänge im Getriebe soll auch hier versucht werden, mit einfachen Modellbildungen zu arbeiten. Der grundsätzliche Zusammenhang zwischen der zugeführten und der abgeführten Leistung wird in Abb. 6.9 für drei Drehzahlen erläutert.

Am Beispiel des sechsten Ganges wird deutlich, dass – wie auch beim Verbrennungsmotor – beim Getriebe der Wirkungsgrad bei kleinen Drehzahlen besser ist als bei hohen Drehzahlen. Sollen beispielsweise 20 kW Abtriebsleistung übertragen werden, so geschieht das bei einer Eingangs-Drehzahl von 1000 1/min mit einem Wirkungsgrad von über 95 %. Bei 6000 1/min geht der Wirkungsgrad bereits auf 80 % zurück. Die Messwerte zeigen bei allen drei Drehzahlen einen linearen Verlauf, so dass sich als Näherung eine Geraden-

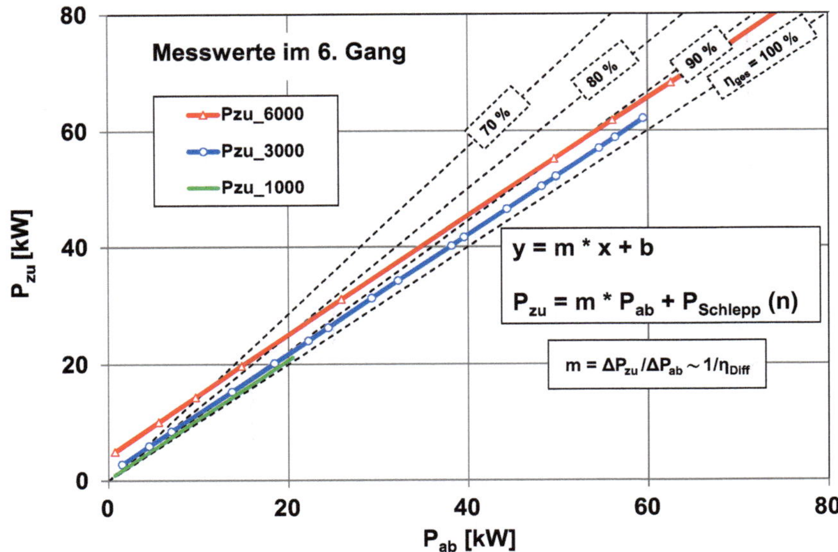

Abb. 6.9 Wirkungsgrad im 6. Gang für 3-Wellen-Beispielgetriebe

gleichung der Form $y = m \times x + b$ anbietet. Der Steigungsfaktor m berechnet sich aus dem Verhältnis von zu- und abgeführter Differenzleistung. Er ist offensichtlich sehr ähnlich für die verschiedenen Drehzahlen. Das absolute Glied b entspricht der Schleppleistung des Getriebes bei $P_{ab} = 0$. Hier liegt eine deutliche Abhängigkeit von der Drehzahl vor, die im Folgenden weiter analysiert wird.

Die Schleppleistung eines Getriebes ist das Produkt aus Schleppmoment und Kreisfrequenz der Antriebsdrehzahl. Das Schleppmoment wird durch die Summe der Reibstellen im Getriebe verursacht. Je nach Bauart enthält ein Getriebe zwei oder auch mehr Getriebewellen, auf denen die Zahnräder angeordnet sind. Die Zahnräder und Wellen sind gelagert und abgedichtet und selbst im Leerlauf sind mehrere Zahnräder stets im Eingriff. Die Schmierung erfolgt bei Handschaltgetrieben im Allgemeinen durch Schleuderschmierung von drehenden Teilen, die ins Öl eintauchen und somit ebenfalls zum Schleppmoment beitragen.

Die resultierenden Schleppmomente in Abhängigkeit der Antriebsdrehzahl für alle sechs Gänge zeigt die Abb. 6.10. Da es sich um ein Getriebe für den Front-Quer-Einbau handelt, ist das Achsbetriebe in den Werten enthalten. Die Werte gelten für den betriebswarmen Zustand mit einer Öltemperatur von 80 °C. In den Fahrzyklen, die üblicherweise bei circa 20 °C gestartet werden, stellen sich natürlich höhere Schleppmomente ein. Vor Kunde erhöhen sich die Schleppmomente nochmals, da die mittlere jährliche Durchschnittstemperatur beim Start sicherlich eher bei 10 °C liegt. Leider liegen über diese Einflüsse aber kaum veröffentlichte Daten vor.

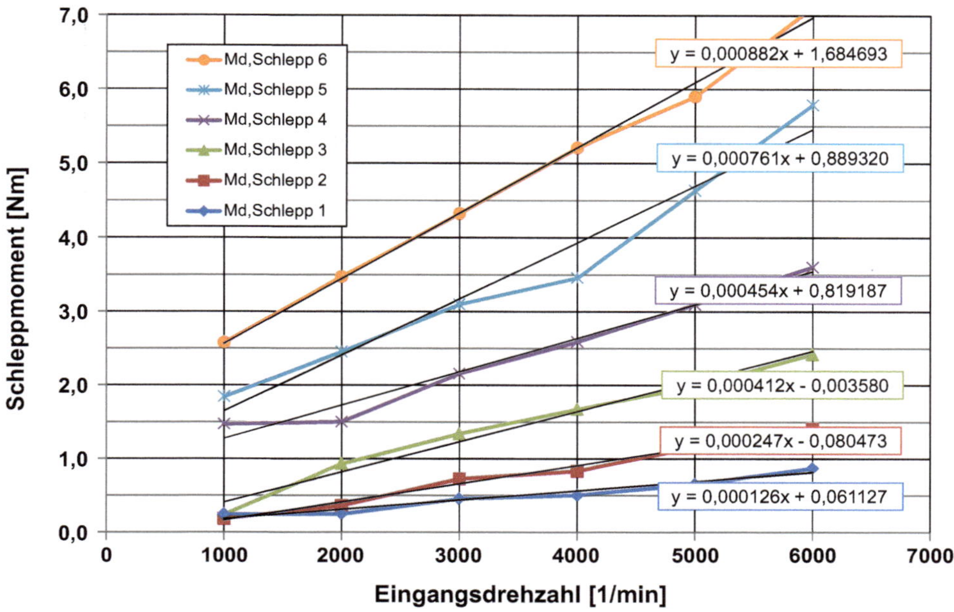

Abb. 6.10 Schleppmoment eines 3-Wellen-6-Gang-Getriebes (inkl. Achsantrieb), T,Öl = 80 °C

Die gute Übereinstimmung der in Abb. 6.10 eingezeichneten Regressionsgeraden der Form $y = m \cdot x + b$ mit den Messwerten zeigt, dass die Geradengleichungen durchaus als Modell für eine rechnerische Simulation des Schleppmomentes für dieses Getriebe geeignet sind.

Die Darstellung als Schleppleistung in Abhängigkeit der Drehzahl zeigt die Abb. 6.11. Der lineare Anstieg des Schleppmoments über der Drehzahl führt dazu, dass die Schleppleistung einem Polynom der 2. Ordnung gehorcht. Die Abweichung zwischen den Messwertkurven und den Polynomkurven ist vernachlässigbar gering, so dass bei Verwendung der Polynom-Gleichungen für Simulationen eine sehr hohe Ergebnisqualität erwartet werden darf.

Das Getriebe selbst stellt mit dem Schleppmoment einen nicht zu vernachlässigenden Fahrwiderstand dar, der von der Antriebsmaschine zu überwinden ist. Die dafür erforderliche Antriebsleistung beträgt circa 4,5 kW im größten Gang bei 6000 1/min, ohne dass Drehmoment übertragen wird. Die Schleppleistung steigt mit höheren Gängen aufgrund der höheren Drehzahl der Getriebeausgangswelle. Das darf nun aber nicht zu dem Schluss führen, dass möglichst viel in kleinen Gängen gefahren werden sollte, um Kraftstoff zu sparen. Das würde dazu führen, dass der Antriebsmotor die geforderte Leistung mit einer entsprechend höheren Drehzahl erzeugen müsste. Wie in Abschn. 6.1.1 gezeigt, würde der Motor dann bei niedrigerer Last mit schlechterem Gesamtwirkungsgrad arbeiten, oder anders gesagt würde der Motor mit seinem erhöhten Nullleistungsverbrauch für die ho-

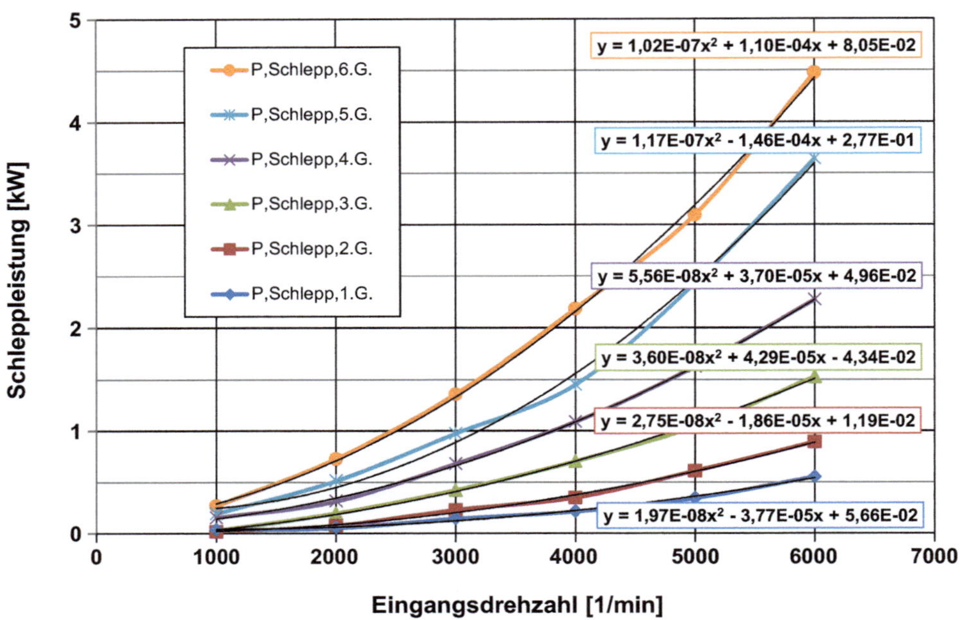

Abb. 6.11 Schleppleistung eines 3-Wellen-6-Gang-Getriebes, T,Öl = 80 °C

he Drehzahl den Verbrauchsvorteil für das Getriebe völlig ins Gegenteil verkehren. Die Schleppleistungsdarstellung soll vielmehr die Getriebekonstrukteure motivieren, diese hohen Reibleistungen durch optimierte Lager, Vorspannungen und Abdichtungen stetig zu minimieren.

Der prinzipielle Verlauf des Schleppmoments und der Schleppleistung über der Drehzahl ist bei anderen Bauarten von Handschaltgetrieben ähnlich. Die Höhe der Werte kann jedoch stärker variieren. Insbesondere wenn es sich zum Beispiel um 2-Wellen-Getriebe ohne integrierten Achsantrieb für den Längseinbau handelt, sind die Werte deutlich geringer. Für das Gesamtschleppmoment muss dann der Achsantrieb mit seinem Winkelgetriebe gesondert betrachtet und addiert werden. Die gezeigten Kennlinien haben deshalb keinen Anspruch auf quantitative Allgemeingültigkeit, sondern kennzeichnen dieses individuelle Beispielgetriebe.

Mit den Polynomen 2. Ordnung in Abb. 6.11 lässt sich für die in Abb. 6.9 aufgestellte Geradengleichung das absolute Glied b nun für jeden Gang als Funktion der Drehzahl berechnen. Es ist nun noch der Steigungskoeffizient m für die lastabhängigen Verluste als weiterer Bestandteil des Wirkungsgrads zu ermitteln. Während die Schleppverluste bereits anfallen, ohne dass ein einziges Newtonmeter an Drehmoment übertragen wird, sorgen die lastabhängigen Verluste dafür, dass von jedem übertragenen Newtonmeter ein bestimmter Anteil durch Reibung verloren geht beziehungsweise in Wärme umgewandelt wird. Dieser Verlust entsteht hauptsächlich direkt in den Zahneingriffsbereichen der miteinander ar-

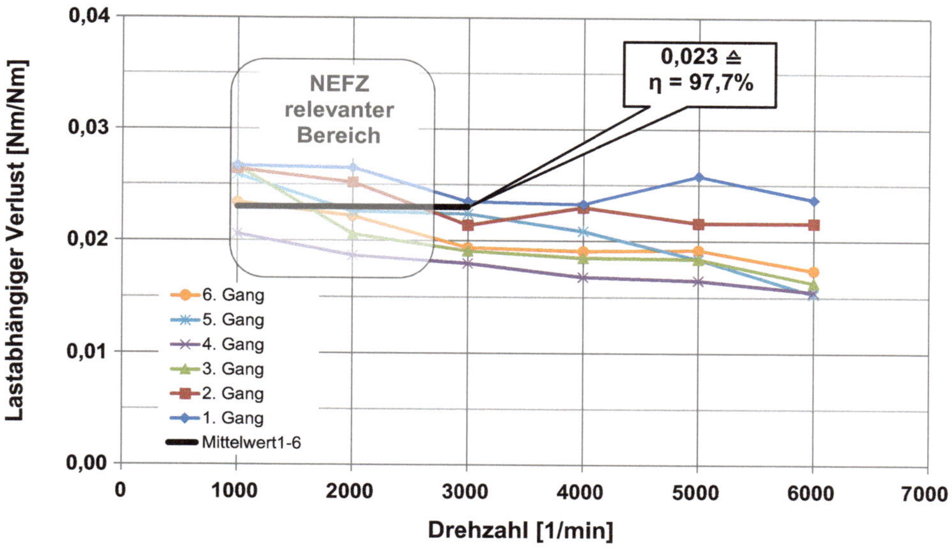

Abb. 6.12 Lastverluste eines 3-Wellen-6-Gang-Getriebes, $T_{Öl} = 80\,°C$

beitenden Zahnräder. Für alle sechs Gänge und alle gemessenen Drehzahlen wurde das Verlustmoment pro übertragenem Newtonmeter ermittelt und in Abb. 6.12 dargestellt. Bei diesem Beispiel-Getriebe liegen die Lastverluste im Bereich von circa 0,016 bis circa 0,027 Nm pro Nm, also von 1,6 bis 2,7 %.

Im NEFZ-relevanten Betriebsbereich liegen die Drehzahlen üblicherweise deutlich unter 3000 1/min. Der arithmetische Mittelwert der Last-Verluste in diesem Drehzahlbereich liegt bei circa 0,023 Nm/Nm oder circa 2,3 %. Das entspricht einem Wirkungsgrad für Differenzmomente beziehungsweise Differenzleistungen von $\eta_{\mathrm{Diff}} = 0{,}977 \mathrel{\hat{=}} 97{,}7\,\%$. Der gesuchte Steigungskoeffizient m aus Abb. 6.9 ergibt sich folglich zu:

$$m = \frac{\Delta P_{\mathrm{zu}}}{\Delta P_{\mathrm{ab}}} = \frac{1}{\eta_{\mathrm{Diff}}} = 1{,}023 \tag{6.2}$$

Um die realistische Größenordnung der Verlustleistung für dieses Getriebe abzuschätzen, ist die Verwendung des Mittelwertes als Konstante ausreichend. Mit dieser Vereinfachung für die Lastverluste und den Polynomen 2. Ordnung für die Schleppleistungen aus Abb. 6.11 lässt sich nun für jede abgegebene Leistung die zugehörige Antriebsleistung bestimmen und aus der Differenz die jeweilige Verlustleistung. In Analogie zum Verbrauchsmodell von Verbrennungsmotoren in Abschn. 6.1.1 erhält man so ein vereinfachtes Modell für die Berechnung des Getriebewirkungsgrades.

Für den Verbrennungsmotor wurde in Abschn. 6.1.1 hergeleitet, dass der Verbrauch für eine effektive Leistung sich als Summe aus dem drehzahlabhängigen Nullleistungsverbrauch und dem Verbrauch für die effektive Leistung darstellen lässt. Bei $P_e = 0\,\mathrm{kW}$ wird

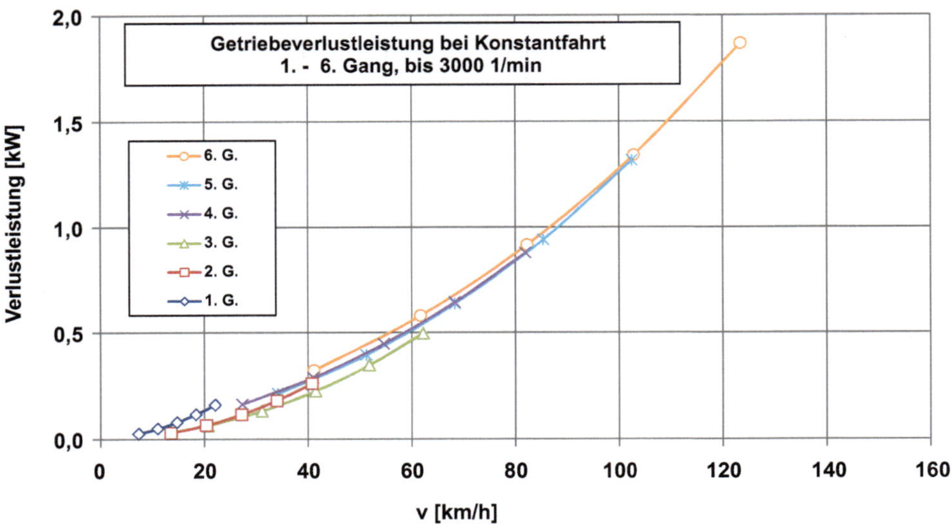

Abb. 6.13 Verlustleistung eines 6-Gang 3-Wellen-Getriebes bei Konstantfahrt (Beispielfahrzeug 2)

nur Kraftstoff für das Halten der Drehzahl verbraucht und der Gesamtwirkungsgrad ist Null. Mit steigender Leistungsabgabe führt der hohe Differenzwirkungsgrad (circa 42 % beim Otto-Saugmotor) dazu, dass der Gesamtwirkungsgrad steigt und bei circa 36 % sein Maximum erreicht.

Beim Getriebe führt das Schleppmoment ebenfalls dazu, dass ohne Abgabe eines effektiven Moments sich ein Gesamtwirkungsgrad von Null einstellt. Mit steigender Leistungsabgabe führt auch hier der hohe Differenzwirkungsgrad von $\eta_{\mathrm{Diff}} = 97{,}7\ \%$ dazu, dass der Gesamtwirkungsgrad steigt. Da beim Getriebe der Anteil der Schleppleistung an den Gesamtverlusten deutlich kleiner ist als der Anteil des Nullleistungsverbrauchs am Gesamtverbrauch des Verbrennungsmotors, können in kleinen Gängen durchaus noch Gesamtwirkungsgrade von 97 % erreicht werden.

Eine anschauliche Darstellung der vom Getriebe verursachten primären Verlustleistung über der Fahrgeschwindigkeit zeigt die Abb. 6.13. Mit Hilfe dieses vereinfachten Getriebemodells wurde die Gesamtverlustleistung als Summe aus der Schleppleistung und der Last-Verlustleistung für alle Gänge im Bereich bis 3000 1/min Antriebsdrehzahl berechnet.

Bei circa 90 km/h wird eine Verlustleistung von circa 1 kW erzeugt. In Relation zu der Antriebsleistung für die Fahrwiderstände Luft- und Rollwiderstand bei 90 km/h entspricht das immerhin einem Verlustanteil in der Größenordnung von 10 %. Aufgrund der deutlich kleineren Verlustleistungen im unteren Geschwindigkeitsbereich ergibt die Berechnung der Getriebeverlustleistung im NEFZ etwa 7 %.

Wie bereits in Abschn. 6.1 ausgeführt ist es nicht zulässig, von diesen Anteilen am Fahrwiderstand direkt auf einen gleich hohen Anteil am Verbrauch zu schließen. Aufgrund des hohen Nullleistungsverbrauchs des Motors entsteht für das Getriebe aus dem Anteil von

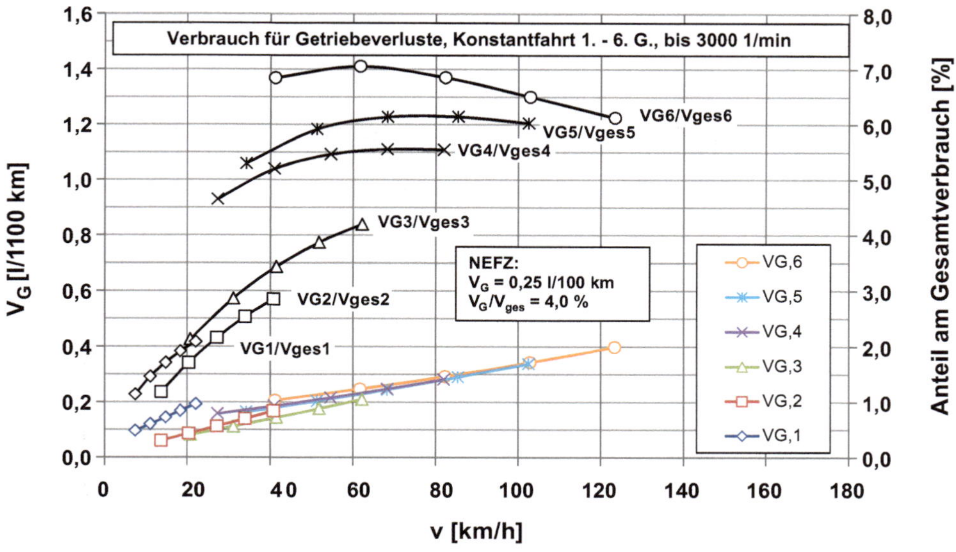

Abb. 6.14 Verbrauch (Ottomotor) für die Getriebeverluste des Beispielgetriebes

circa 10 % am Fahrwiderstand bei 90 km/h ein Verbrauchsanteil von circa 6,7 % und aus den 7 % Fahrwiderstandsanteil im NEFZ wird ein Verbrauchsanteil von circa 4 %, siehe Abb. 6.14.

Für die Konstantfahrt wurde mit den Gleichungen für das betriebswarme Getriebe mit einer Öltemperatur von 80 °C gerechnet. Für den NEFZ mit einer Starttemperatur von 20 °C wurden empirische Kaltaufschläge verwendet. In der täglichen Fahrpraxis beim Kunden treten jedoch häufig auch Kurzstreckenfahrten bei deutlich niedrigeren Temperaturen auf. Dabei steigen insbesondere die Schleppverluste stark an, so dass die Summen-Getriebeverluste dann durchaus um den Faktor zwei oder mehr höher liegen können als in den hier gezeigten Beispielen. Leider sind zum Temperatureinfluss auf die Getriebeverluste kaum Fachaufsätze mit belastbaren Daten zu finden.

Alle Ausführungen bezogen sich bis hier auf Handschaltgetriebe, die sich in Europa immer noch überwiegend behaupten, wenn auch der Automatenanteil stetig wächst. Prinzipiell sind die Zusammenhänge bei Handschaltgetrieben und Automatikgetrieben ähnlich, aber quantitativ gibt es doch deutliche Unterschiede. Die Schleppverluste sind aufgrund der erhöhten Anzahl an drehenden Teilen und wegen der Hydraulikpumpen höher als beim Handschaltgetriebe. Ebenfalls die Last-Verluste sind insbesondere bei Wandler-Stufenautomaten höher, lediglich die Gangstufe mit direktem Durchgang kommt dem Handschalterniveau nahe. Auch modernste Automatikgetriebe sind im Wirkungsgrad den Handschaltgetrieben deshalb immer unterlegen. Scheinbar ist das ein Widerspruch zu den offiziellen Verbrauchsangaben von Automatikfahrzeugen, die heute oftmals geringere Verbräuche ausweisen als beim gleichen Fahrzeug mit Handschaltgetriebe. Die Ursache dafür liegt in der europäischen Zulassungsrichtlinie, die im NEFZ für den Handschalter die Gangwahl fest vorschreibt. So muss beispielsweise der komplette städtische Anteil (innerorts) immer in den Gängen eins bis drei gefahren werden, unabhängig von der Übersetzungsauslegung. Die Automatikgetriebe dürfen dagegen im Automatikmode fahren und somit die Gänge gemäß Schaltprogramm auswählen. Dadurch läuft der Motor bei viel niedrigeren Drehzahlen und vermeidet unnötigen Nullleistungsverbrauch. Dieser Verbrauchsvorteil überkompensiert die höheren Getriebeverluste, so dass im gesetzlichen Fahrzyklus ein geringerer Verbrauch zertifiziert wird. Würde das Handschalter-Fahrzeug ebenfalls die höheren Gänge frei nach Fahrbarkeit wählen dürfen, würde es auf jeden Fall aber die Automatikversion im Verbrauch unterbieten.

Der primäre Verbrauchseinfluss des Getriebes liegt in der Reibleistung durch Schlepp- und Übertragungsverluste. Die Optimierung dieser Verluste zur Verbrauchs- und CO_2-Reduktion liegt in der Hand des Konstrukteurs. Sobald ein Getriebe in Serie geht, sind Änderungen zur Verlustminimierung kaum mehr möglich. Die einzelnen Gangübersetzungen und auch die Achsübersetzung können jedoch im Rahmen der Fahrzeugapplikation durchaus noch verändert werden. Aufgrund der großen Auswirkung auf den Betriebspunkt des Verbrennungsmotors eröffnet sich damit ein relativ großes Feld für den sekundären Verbrauchseinfluss des Getriebes.

6.1.2.2 Sekundärer Verbrauchseinfluss des Getriebes

Der gewählte Gang mit seiner definierten Übersetzung legt fest, mit welcher Drehzahl der Motor bei gegebener Geschwindigkeit läuft. Damit wird auch der Nullleistungsverbrauch definiert, also derjenige Verbrauch, der ohne Abgabe einer effektiven Leistung nur dafür nötig ist, dass der Motor seine eigene Drehzahl konstant hält. Am Beispielfahrzeug 2 soll der dominierende Einfluss des Nullleistungsverbrauchs aufgezeigt werden. Unter Verwendung des Nullleistungspolynoms mit den Koeffizienten aus Abb. 6.8 ergeben sich für einen 1,4 Liter-Ottomotor die möglichen Nullleistungsverbräuche gemäß Abb. 6.15.

Der Nullleistungsverbrauch für die Konstantfahrt wird mit der Kurve für $V_{\mathrm{NL,min}}$ als Indikator für einen sehr reibungsarmen Motor berechnet. Unter Berücksichtigung der individuellen Antriebsübersetzungen und des Reifenhalbmessers lässt sich so aus dem stündlichen Nullleistungsverbrauch der streckenbezogene Nullleistungsverbrauch in l/100 km für jeden Gang berechnen, siehe Abb. 6.16. Zusätzlich ist der relative Anteil am Gesamtkraftstoffverbrauch angegeben.

Der Bereich des Nullleistungsverbrauchs liegt für dieses Beispielfahrzeug zwischen 1,4 und 10,5 l/100 km je nach Gang und Geschwindigkeit. Der relative Anteil am Gesamtverbrauch beträgt im ersten Gang bis zu 85 % bei Schrittgeschwindigkeit und im sechsten Gang minimal circa 15 % bei 180 km/h. Hier kann man das Potenzial von Hybridfahrzeugen erahnen, wenn der elektrische Antrieb den ungünstigen Betrieb des Verbrennungsmotors in kleinen Gängen im unteren Geschwindigkeitsbereich vermeidet.

In der Abb. 6.17 sind sowohl der Gesamtverbrauch als auch der Nullleistungsverbrauch dargestellt. Hier wird nochmals anschaulich deutlich, dass der Verbrennungsmotor selbst mit seiner Reibleistung bei Fahrt in den unteren Gängen den höchsten Fahrwiderstand

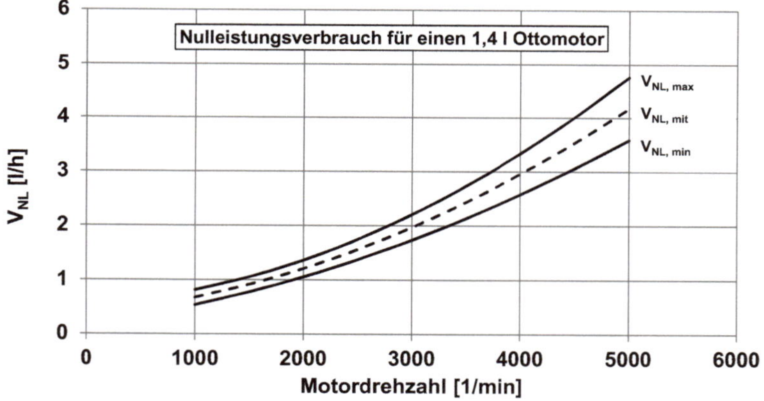

Abb. 6.15 Nullleistungsverbrauchsbereich für einen 1,39 Liter-Ottomotor

darstellt und damit den höchsten Verbrauchsanteil für sich selbst benötigt. Bei einer Geschwindigkeit von 20 km/h im ersten Gang beträgt der Gesamtverbrauch des Fahrzeugs circa 9 l/100 km, wovon der Motor circa 7,6 l/100 km für das Halten seiner Drehzahl benötigt. Lediglich die Differenz von circa 1,4 l/100 km wird für die Überwindung der Fahrwiderstände verbraucht. Die gleiche Geschwindigkeit kann auch im zweiten Gang gefahren werden, wodurch der Gesamtverbrauch um 43 % zurückgeht auf circa 5,1 l/100 km. Die

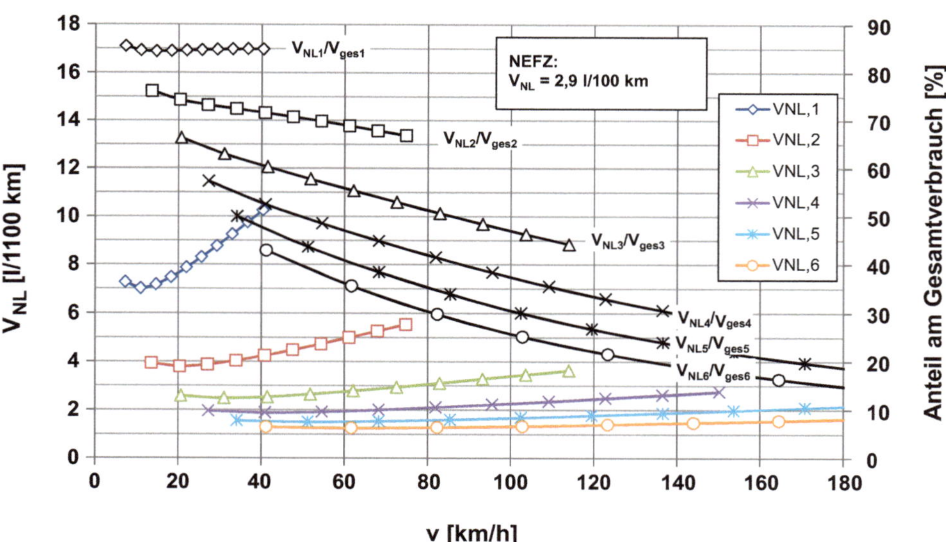

Abb. 6.16 Nullleistungsverbrauch (absolut und relativ) des Beispielfahrzeugs 2 mit 1,4 Liter-Ottomotor

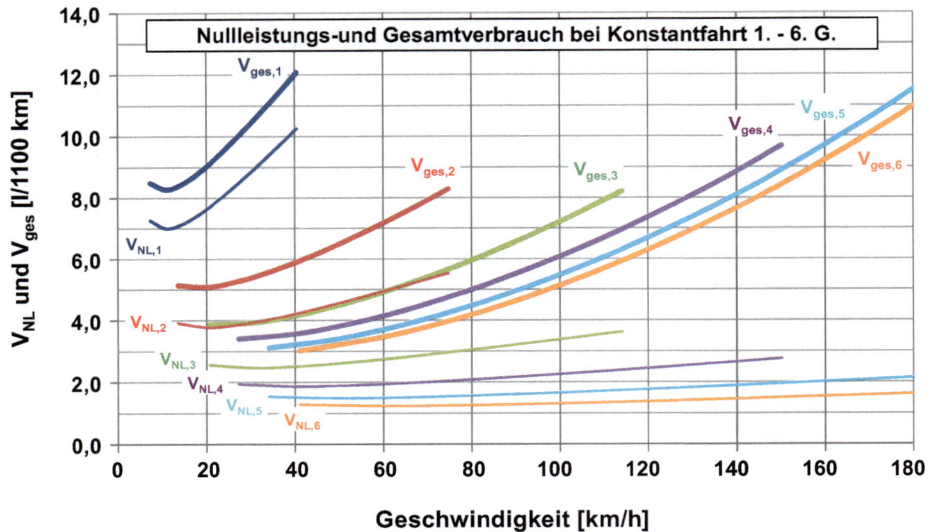

Abb. 6.17 Nullleistungsverbrauch und Gesamtverbrauch des Beispielfahrzeugs 2 mit 1,4 Liter-Ottomotor

Ursache liegt im fast halbierten Nullleistungsverbrauch aufgrund der niedrigeren Drehzahl. Bei der hier verwendeten Getriebeübersetzung läuft der Motor bei 20 km/h im ersten Gang mit einer Drehzahl von 2721 1/min. Auf einer Strecke von 100 km muss der Motor fünf Stunden laufen und macht folglich $5 \times 60 \times 2721 = 816.300$ Umdrehungen (8,2 Umdrehungen pro Meter). Im zweiten Gang ergibt sich aus der Übersetzung eine Drehzahl von 1471 1/min, so dass der Motor auf 100 km nur $5 \times 60 \times 1471 = 441.300$ Umdrehungen machen muss (4,4 Umdrehungen pro Meter). Bei der kleineren Übersetzung muss der Motor sich auf gleicher Wegstrecke weniger oft drehen und folglich entsprechend weniger Kraftstoff für die Reibarbeit aufwenden. Motorfachleute drücken das gerne durch den besseren Motorwirkungsgrad bei kleinerer Drehzahl und gleichzeitig höherer Last aus, was natürlich physikalisch auch richtig ist. Diese Aussage suggeriert jedoch eine scheinbar effizientere Verbrennung als Ursache für den geringeren Verbrauch. Das ist aber genau nicht der Fall, sondern die wahre Ursache für den Minderverbrauch ist die vermiedene Reibarbeit auf gleicher Fahrstrecke durch die geringere Anzahl von Motorumdrehungen.

Für einen minimalen Kraftstoffverbrauch sollte man also bestrebt sein, die Drehzahl des Motors immer so niedrig wie möglich zu halten, damit man die Fahrstrecke mit der geringstmöglichen Anzahl an Motorumdrehungen bewältigt. Dazu kann man die einzelnen Gänge sehr lang übersetzen oder aber einfach sehr früh hochschalten. Es lassen sich aber die einzelnen Übersetzungen nicht beliebig lang machen, weil die Getriebeauslegung eine Vielzahl von Anforderungen zu berücksichtigen hat, siehe auch Kap. 5. Insbesondere der Anfahrvorgang mit hoher Beladung an einer Steigung und das Erreichen der maximalen

Höchstgeschwindigkeit sind zwei Kriterien, die die Freiheiten bei der Übersetzungswahl deutlich einschränken. Außerdem erwartet der Kunde auch in den höheren Gängen, dass eine Mindest-Überschussleistung vorhanden ist, die das Fahrzeug nicht zu träge erscheinen lässt. Natürlich könnte man bei Bedarf einen Gang zurückschalten, um die Zugkraft zu erhöhen, aber das wird im Allgemeinen nicht akzeptiert, wenn es schon bei kleinsten Steigungen in relativ flacher Landschaft erforderlich ist. Ständig erforderliche Rückschaltungen beim Handschaltgetriebe stören den Bedienkomfort erheblich. Anders dagegen beim Automatikgetriebe, das die Rückschaltungen automatisch erledigt. Im Gegensatz zu älteren Generationen von Automatikgetrieben, die noch deutliche Schaltrucke verspüren ließen, ist der Schaltkomfort heute auf so hohem Niveau, dass Rückschaltungen häufig nur an der Bewegung des Drehzahlmessers spürbar sind. Zusammen mit der stetig steigenden Anzahl an Gangstufen hat ein Automatikgetriebe daher die besseren Voraussetzungen für optimal niedrige Konstantfahrverbräuche in der Hand von Durchschnittskunden.

Der Verbrauch von Handschalt-Fahrzeugen reagiert besonders stark auf die Übersetzungsauslegung wegen der bereits angesprochenen Zulassungsrichtlinie, die eine einheitliche Gang-Vorgabe für den NEFZ vorschreibt. Besonders im innerorts-Anteil wird der Verbrauch durch die zwingenden Gänge eins bis drei unnötig nach oben getrieben. Das führt natürlich dazu, dass die Fahrzeughersteller auch die unteren Gänge gerne etwas länger auslegen, um hier Verbrauchs- und CO_2-Potenzial zu heben. Manchmal geht das auf Kosten einer guten Anfahrbarkeit insbesondere in bergiger Region. Deutlich kürzer ausgelegte untere Gänge würden dem Fahrer in der Praxis oftmals ermöglichen, schon früher einen Gang höher zu fahren. Neben einem besseren Anfahrverhalten hätte er so auch noch einen geringeren Kraftstoffverbrauch im täglichen Betrieb. Für die NEFZ-Verbrauchsangabe wäre das aber aus den genannten Gründen schädlich. Aufgrund des heute enorm hohen Druckes zu kleinsten CO_2-Emissionsangaben kann sich daher kein Hersteller erlauben, nicht die Grenze einer möglichst langen Übersetzungsauslegung auszuloten. Dieser Problempunkt wird mit dem geplanten Nachfolge-Fahrzyklus „WLTP“ hoffentlich ausgeräumt, siehe Kap. 7.

Das Potenzial einer Übersetzungsänderung von 10 % bezüglich Verbrauch bei Konstantfahrt und im NEFZ soll am Beispielfahrzeug 2 aufgezeigt werden. Für dieses Beispiel wird die Standardübersetzung theoretisch für alle Gänge um 10 % verlängert, wie man es in der Praxis beispielsweise auch über eine geänderte Achsübersetzung verwirklichen kann. Bei der Konstantfahrt sind es insbesondere die kleinen Gänge, in denen der Verbrauch durch diese Maßnahme stark verringert wird, Abb. 6.18.

Für den NEFZ stellt sich ein den Fahranteilen entsprechender gewichteter Mittelwert für die Verbrauchseinsparung ein, Abb. 6.19. Der kombinierte Verbrauch sinkt durch diese Maßnahme um absolut 0,3 l/100 km und relativ um 4,7 %. Das entspricht einer Reduktion der zertifizierten CO_2-Emission um 7 g/km. Setzt man das in Relation zu den angedrohten Strafzahlungen von 95 € pro g/km CO_2 bei Verfehlung der europäischen CO_2-Ziele, so hat diese Maßnahme für den Hersteller einen theoretischen Geldwert von circa 644 € pro Fahrzeug. Das unterstreicht die große Bedeutung dieses sekundären Verbrauchseinflusses von Getrieben auf den Verbrauch und die CO_2-Emission. Bei einem entsprechend vorhan-

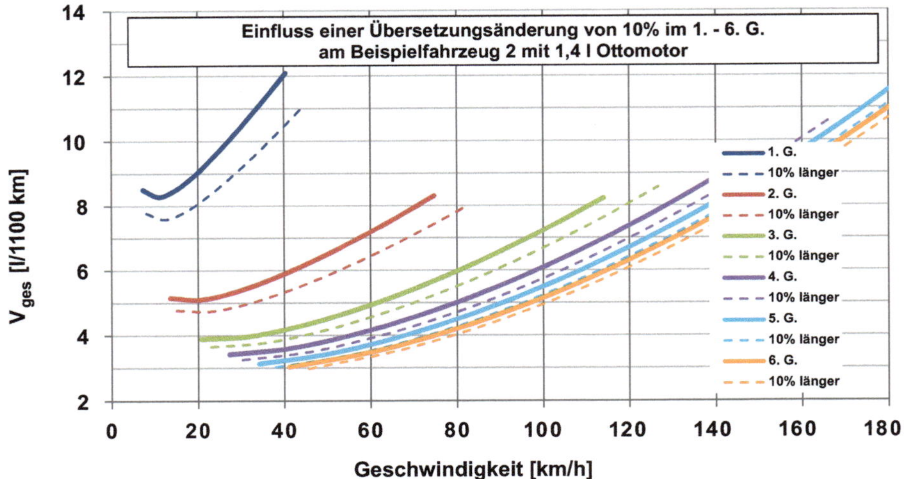

Abb. 6.18 Auswirkung einer um 10 % verlängerten Getriebeübersetzung am Beispielfahrzeug 2

denen Baukasten für die Zahnräder des Getriebes ist diese Maßnahme wohl die einzige fast kostenlose CO_2-Massnahme in einer Fahrzeugentwicklung. Daher kann man sich gut vorstellen, welches Potenzial für Diskussionen dieses Thema über alle an der Entwicklung beteiligten Fachbereiche hinweg bietet.

Wie dieses Beispiel zeigt, ist der sekundäre Verbrauchseinfluss des Getriebes deutlich höher als der primäre. Die Einsparung von 0,3 l/100 km im NEFZ nur durch eine 10 %-ige Verlängerung der Übersetzung ist höher als der gesamte primäre Getriebeverlust, der in diesem Beispiel 0,25 l/100 km beträgt.

6.1.3 Energiebedarf für Fahrwiderstände und Verbraucher

Für die Bestimmung einer Verbrauchsdifferenz infolge einer Änderung der Fahrwiderstandsparameter oder der Antriebsleistung von Verbrauchern ist es zunächst erforderlich, die zugehörigen Arbeiten zu ermitteln, die für die Überwindung der Fahrwiderstände oder

	Absolutverbrauch		Verbrauchs-Delta		CO_2-Emissionen absolut*		CO_2-Delta	
NEFZ	Serie [l/100 km]	10 % länger [l/100 km]	absolut [l/100 km]	relativ [%]	Serie [g/km]	10 % länger [g/km]	absolut [g/km]	relativ [%]
innerorts	7,99	7,53	-0,46	-5,8%	186,2	175,4	-10,7	-5,8%
außerorts	5,35	5,14	-0,21	-3,9%	124,7	119,8	-4,9	-3,9%
kombiniert	6,32	6,02	-0,30	-4,7%	147,3	140,3	-7,0	-4,7%

*1 l/100 km ≙ 23,3 g/km CO_2

Abb. 6.19 Verbrauchseinsparung durch eine 10 % längere Übersetzung am Beispielfahrzeug 2

den Antrieb der Verbraucher von einer Antriebsmaschine zu verrichten sind. Mit dem vorgestellten vereinfachten Motormodell aus Abschn. 6.1.1 lassen sich diese Differenzarbeiten später in Differenzverbräuche umrechnen, siehe Abschn. 6.1.1.

Das Fahrprofil spielt bei diesen Berechnungen eine wichtige Rolle, insbesondere für die Beschleunigungsarbeit und den Luftwiderstand. Aber auch bei konstanten Verbraucherleistungen legt das Fahrprofil über seine Durchschnittsgeschwindigkeit fest, wie lange die Wirkdauer einer Leistung für eine Strecke von 100 km ist. In der Praxis ist es durchaus realistisch, dass zwei verschiedene Fahrer mit dem gleichen Fahrzeug aufgrund unterschiedlicher Fahrprofile und Fahrweisen in ihrem individuellen Durchschnittsverbrauch um den Faktor zwei auseinander liegen können [3]. Für vergleichende Betrachtungen ist es deshalb zwingend erforderlich, ein definiertes Fahrprofil zu Grunde zu legen. Auch die anderen Randbedingungen wie Temperatur und Luftdichte sind gleich zu halten. Für die folgenden Berechnungen des Energiebedarfs wird der NEFZ (Neuer Europäischer Fahr-Zyklus, siehe Abschn. 7.3.1) zu Grunde gelegt.

Um dem Leser ein Gefühl für die absoluten Größenordnungen der Energien zu vermitteln, werden die Fahrwiderstandsberechnungen anhand des Beispielfahrzeugs 2 durchgeführt, das durch folgende Kenndaten definiert ist:

$$m = 1300\,\text{kg Fahrzeugmasse (Bezugsmasse = DIN-Leergewicht + 100 kg)}$$
$$f_{\text{Rot}} = 1{,}03 \text{ Faktor zur Berücksichtigung der rotierenden Massen im Antriebsstrang}$$
$$f_{\text{R}} = 0{,}01 \text{ Rollwiderstandsbeiwert}$$
$$c_{\text{W}} \cdot A = 0{,}7\,\text{m}^2 \text{ Wirksame Luftwiderstandsfläche (Querspantfläche)}$$

Für weitere Berechnungen werden auch die Beispielfahrzeuge 1 und 3 verwendet, deren Kenndaten aus Abschn. 11.1 zu entnehmen sind.

Zunächst werden die Energiebedarfe für die klassischen drei Fahrwiderstände für eine Fahrt in der Ebene nach NEFZ-Fahrprofil berechnet und den Energiebedarfen für die Konstantfahrt gegenüber gestellt. Dabei wird das Fahrzeug theoretisch so betrachtet, als gäbe es nur den Rollwiderstand, den Luftwiderstand und den Beschleunigungswiderstand. Im Fahrzeug sind jedoch viele weitere Komponenten verbaut, die es einer Antriebsmaschine überhaupt ermöglichen, ihre Antriebsenergie an die Räder weiterzuleiten. Und alle diese Komponenten verfügen über drehende Teile, die gelagert und abgedichtet sind. Es beginnt beim Getriebe, bei dem die Ausgangswelle selbst beim ausrollenden Fahrzeug stets mitdreht. Diverse Lager, Wellendichtringe und lastlos ineinandergreifende Zahnräder sorgen für ein nicht zu vernachlässigendes Schleppmoment. Es folgt das Achsgetriebe mit weiteren Lager- und Dichtstellen und Zahneingriffen. Beim Fronttriebler mit Queraggregat wird das Achsgetriebe durch eine Schrägverzahnung angetrieben. Beim Hecktriebler mit Frontmotor erfolgt die Kraftübertragung über eine mehrfach gelagerte Kardanwelle und es kommt ein Winkelgetriebe im Achsgetriebe hinzu. Weiter geht es über die Gelenkwellen, deren Anbindung am Achsgetriebe und am Rad wieder Lager- und Dichtstellen aufweist. Die Beugewinkel in den Gelenken erzeugen ebenfalls ein Verlustmoment. Und selbst die Bremse weist ein Restbremsmoment im nicht betätigten Betrieb auf, das den Fahrwiderstand erhöht. Viele dieser genannten Widerstände weisen Schleppmomente im lastlosen Zustand auf, zu denen bei der Kraftübertragung weitere lastabhängige Verluste hinzukommen. Für die wichtigsten Widerstände im Antriebsstrang wird die Größenordnung der Verlust-Energien im NEFZ aufgezeigt. Es folgen die Energiebedarfe für elektrische Verbraucher und für den Klimabetrieb.

Neben den bisher genannten Widerständen und Verbrauchern im Fahrzeug gibt es noch verschiedene weitere Reibstellen wie Radlager, Differenzialsperren, Kardanwellen oder bei Allradfahrzeugen zusätzliche Ausgleichskupplungen zwischen Vorder- und Hinterachse. Diese Widerstände sind beim Radlager so klein, dass sie von untergeordneter Bedeutung sind und die übrigen sind konstruktiv so individuell, dass sie sich hier nicht allgemein gültig behandeln lassen.

6.1.3.1 Energiebedarf für Roll-, Luft- und Beschleunigungswiderstand

Die Fahrt nach einem gesetzlich vorgeschriebenen Fahrzyklus auf dem Rollenprüfstand entspricht immer einer Fahrt in der Ebene. Die Formeln für die dabei wirksamen drei Fahrwiderstandskräfte lauten:

$$F_R = m \cdot g \cdot f_\mathrm{R} \text{ Rollwiderstand} \tag{6.3}$$

$$F_\mathrm{L} = \frac{\rho}{2} \cdot v^2 \cdot c_\mathrm{W} \cdot A \text{ Luftwiderstand} \tag{6.4}$$

$$F_\mathrm{a} = m \cdot f_\mathrm{Rot} \cdot a \text{ Beschleunigungswiderstand} \tag{6.5}$$

Der Rollwiderstandsbeiwert f_R wird als konstant über der Geschwindigkeit angenommen. In der Realität steigt der Rollwiderstand insbesondere im hohen Geschwindigkeitsbereich an, für den Bereich bis 120 km/h ist diese Vereinfachung jedoch vertretbar. Der Rollwiderstandbeiwert wird in diesem Beispiel mit 0,01 oder 10 ‰ angenommen. Als typischer Reifenkennwert wird dieser Wert von vielen modernen Reifen mit Werten von 6 bis 8 ‰ zwar bereits unterboten, allerdings gelten die typischen Herstellerangaben für den Rollwiderstand betriebswarmer Reifen. Betriebswarm bedeutet dabei, dass der Reifen auf einem Reifenprüfstand 30 min unter einer definierten Radlast betrieben wird. Wird für einen Fahrzyklus bei 20 °C konditioniert, so ist der Rollwiderstand zu Beginn des Tests deutlich höher als der Nennwert. Insofern beinhaltet der gewählte Wert einen gewissen Kaltaufschlag, der mangels belastbarer Daten in der Literatur quantitativ nicht näher zu bestimmen ist.

Für die Berechnung des Luftwiderstandes wird eine Luftdichte von 1,19 kg/m^3 verwendet.

Für den Beschleunigungswiderstand werden nur die positiven Beschleunigungskräfte berechnet und dargestellt, weil konventionelle Fahrzeuge nicht in der Lage sind, kinetische Energie zurück zu gewinnen und wieder für den Vortrieb zu nutzen. Auf die Besonderheiten der Energierückgewinnung durch „natürliche Rekuperation“ auch im NEFZ wird später eingegangen. Der Faktor f_Rot berücksichtigt die rotatorischen Massen von der Getriebeausgangswelle über Differenzial, Antriebswellen, Bremsscheiben bis zum kompletten

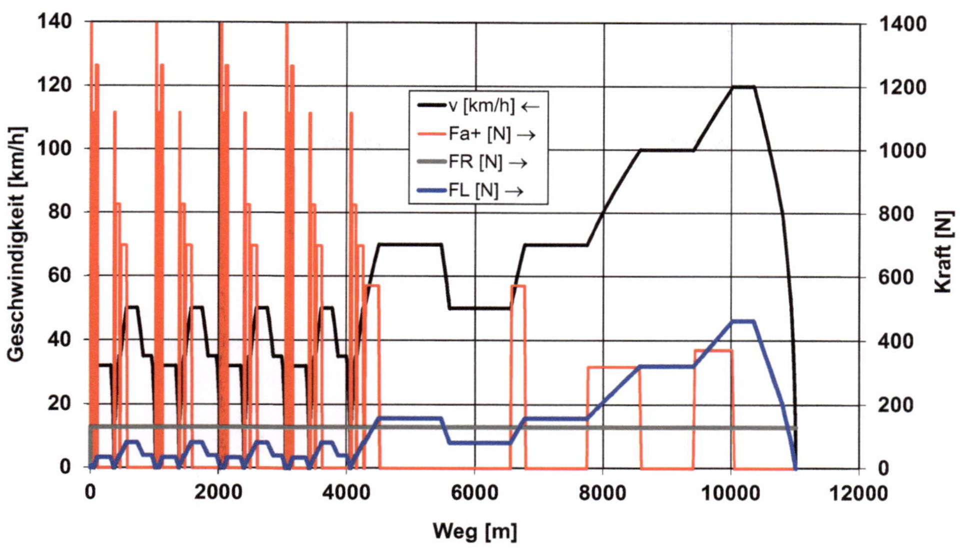

Abb. 6.20 Fahrwiderstandskräfte des Beispielfahrzeugs 2 im NEFZ (über dem Weg)

Rad. Der Motor ist also ausgenommen. Für übliche PKW liegt dieser Wert in der Größenordnung von $f_{\text{Rot}} = 1{,}03$. Mit diesen Parametern wird die mechanische Antriebsarbeit des Fahrzeugs berechnet, die eine beliebige Antriebsmaschine für das Durchfahren des Fahrprofils aufzubringen hat, unabhängig von ihrer Konstruktion. Im theoretischen Sonderfall könnte das auch ein Zugkraftgenerator sein, der das Fahrzeug über eine Seilkraft bewegt.

Den Verlauf der drei relevanten Zugkräfte im NEFZ über dem Weg zeigt Abb. 6.20. Auf den ersten Blick erscheint in diesem Diagramm der Geschwindigkeitsverlauf ungewohnt. Das liegt daran, dass der NEFZ üblicherweise in einer „Geschwindigkeit über Zeit"-Darstellung gezeigt wird. Für die Berechnung von Arbeiten ist jedoch die Darstellung über dem Weg sinnvoller, da sich mechanische Arbeit aus dem Produkt aus Kraft mal Weg errechnet. Es wird deutlich, dass selbst im NEFZ die Beschleunigungskräfte die höchsten Kraftspitzen aufweisen, während Roll- und Luftwiderstand kleinere, aber wesentlich konstantere Zugkräfte erfordern.

Der Flächeninhalt unter den Kraftverlaufskurven entspricht der erforderlichen mechanischen Antriebsarbeit im Fahrzyklus. Diese wird über die Integration der Kräfte über dem Weg berechnet:

$$W_{\text{R}} = \int F_{\text{R}} \cdot ds = \int m \cdot g \cdot f_{\text{R}} \cdot ds \tag{6.6}$$

$$W_{\text{L}} = \int F_{\text{L}} \cdot ds = \int \frac{\rho}{2} \cdot v^2 \cdot c_W \cdot A \cdot ds \tag{6.7}$$

$$W_{\text{a}} = \int F_{\text{a}} \cdot ds = \int m \cdot f_{\text{Rot}} \cdot a \cdot ds \tag{6.8}$$

Werden in (6.6) bis (6.8) alle konstanten Größen vor das Integral geschrieben, so vereinfachen sich die Gleichungen wie folgt:

$$W_R = m \cdot g \cdot f_R \cdot \int ds \tag{6.9}$$

$$W_L = \frac{\rho}{2} \cdot c_W \cdot A \cdot \int v^2 \cdot ds \tag{6.10}$$

$$W_a = m \cdot f_{Rot} \cdot \int a \cdot ds \tag{6.11}$$

Aufgrund des für alle Fahrzeuge gleichen Geschwindigkeitsprofils sind die Ergebnisse der verbleibenden Integrale Fahrzyklus-spezifische Konstanten, die mit C_{WR} für die Rollwiderstandsarbeit, C_{WL} für die Luftwiderstandsarbeit und C_{Wa} für die Beschleunigungsarbeit bezeichnet werden:

$$C_{WR} = \int ds = \text{const.} \tag{6.12}$$

$$C_{WL} = \int v^2 \cdot ds = \text{const.} \tag{6.13}$$

$$C_{Wa} = \int a \cdot ds = \text{const.} \tag{6.14}$$

Diese Konstanten müssen also nur einmal für jeden Fahrzyklus bestimmt werden. Das Integral des Weges ist die Wegstreckenlänge des Fahrprofils. Die Konstante C_{WR} beträgt daher für den NEFZ 11013 m. Für die Bestimmung von C_{WL} und C_{Wa} muss das Verfahren der numerischen Integration über alle 1180 Ein-Sekunden-Intervalle des NEFZ angewendet werden, weil sich der Geschwindigkeitsverlauf nicht als geschlossene Funktion darstellen lässt. Die Ergebnisse lauten:

$$C_{WR} = \sum_{i=0}^{1180} ds_i = 11.013\,\text{m (für den NEFZ)} \tag{6.15}$$

$$C_{WL} = \sum_{i=0}^{1180} v_i^2 \cdot ds_i = 3.989.641\,\text{m}^3/\text{s}^2 \text{ (für den NEFZ)} \tag{6.16}$$

$$C_{Wa} = \sum_{i=0}^{1180} a_i \cdot ds_i = 1226{,}7\text{m}^2/\text{s}^2 \text{ (für den NEFZ)} \tag{6.17}$$

Mit Hilfe dieser drei Konstanten lassen sich für jedes individuelle Fahrzeug die für die Überwindung der Fahrwiderstände aufzubringenden Arbeiten oder Energien im NEFZ auf einfache Weise berechnen. Für das gewählte Beispielfahrzeug gelten folgende Werte:

$$W_{R,\,\text{NEFZ}} = m \cdot g \cdot f_R \cdot C_{WR} = 1300\,\text{kg} \cdot 9{,}81\,\frac{\text{m}}{\text{s}^2} \cdot 0{,}01 \cdot 11.013\,\text{m} = 1404{,}5\,\text{kJ} = 0{,}390\,\text{kWh} \tag{6.18}$$

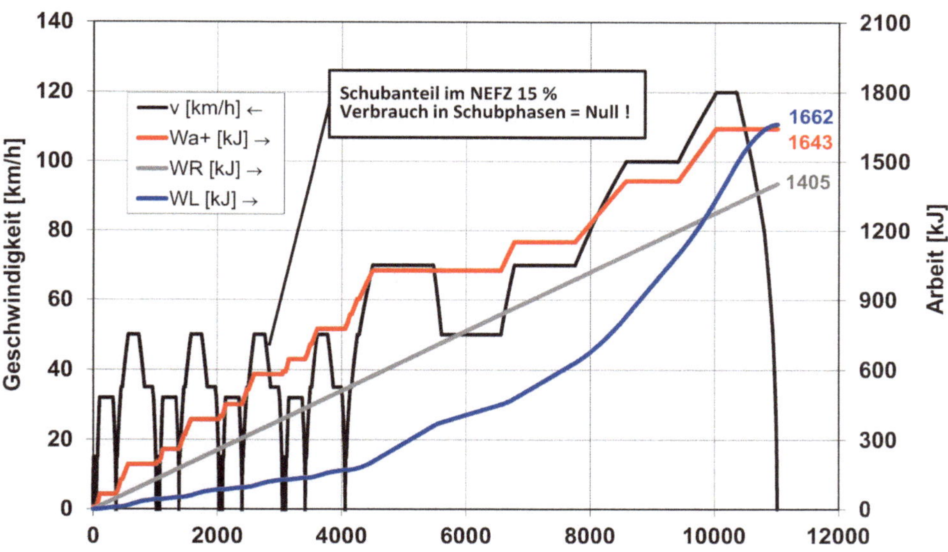

Abb. 6.21 Verlauf der Fahrwiderstandsarbeiten des Beispielfahrzeugs 2 im NEFZ

$$W_{\mathrm{L,\,NEFZ}} = \frac{\rho}{2} \cdot c_{\mathrm{W}} \cdot A \cdot C_{\mathrm{WL}} = \frac{1{,}19}{2} \frac{\mathrm{kg}}{\mathrm{m}^3} \cdot 0{,}7\,\mathrm{m}^2 \cdot 3.989.641\,\mathrm{m}^3/\mathrm{s}^2 = 1661{,}7\,\mathrm{kJ} = 0{,}462\,\mathrm{kWh} \tag{6.19}$$

$$W_{\mathrm{a,\,NEFZ}} = m \cdot f_{\mathrm{Rot}} \cdot C_{\mathrm{Wa}} = 1300\,\mathrm{kg} \cdot 1{,}03 \cdot 1226{,}7\,\mathrm{m}^2/\mathrm{s}^2 = 1642{,}6\,\mathrm{kJ} = 0{,}456\,\mathrm{kWh} \tag{6.20}$$

Den Verlauf dieser Arbeiten über den NEFZ zeigt Abb. 6.21. Hier wird anschaulich deutlich, dass der Stadtverkehr vom Roll- und Beschleunigungswiderstand geprägt ist, während im Überlandverkehr der Luftwiderstand den größten Zuwachs aufweist.

Eine genauere Quantifizierung der errechneten Fahrwiderstandsarbeiten im NEFZ für innerorts und außerorts im Vergleich zum kombinierten Wert zeigt Abb. 6.22. Die absoluten Arbeiten für die Fahrwiderstände sind innerorts deutlich geringer als außerorts, was primär durch die unterschiedlichen Streckenlängen von circa vier km für innerorts und circa sieben km für außerorts verursacht wird.

Für diese und alle folgenden Darstellungen von Arbeiten in der Einheit Kilojoule wird die Skalierung der Diagrammachsen so gewählt, dass die Teilstriche immer die Zahl 3600 oder ein Vielfaches davon zeigen. Das hat den Vorteil der einfachen Umrechnung in die Einheit Kilowattstunden (1 kWh = 3600 kJ). So fällt es leicht, den Heizwert von Kraftstoffen (circa 8,9 kWh/l Super) und die vom Elektrofahrzeug bekannten Batteriekapazitäten (in kWh) oder Verbräuche (in Wh/km) ins Verhältnis zu den Fahrwiderstandsarbeiten zu setzen.

Die Prozentuale Aufteilung der Fahrwiderstandsarbeiten im NEFZ, Abb. 6.23, verdeutlicht die typischen Unterschiede im Fahrprofil zwischen innerorts und außerorts. Insbe-

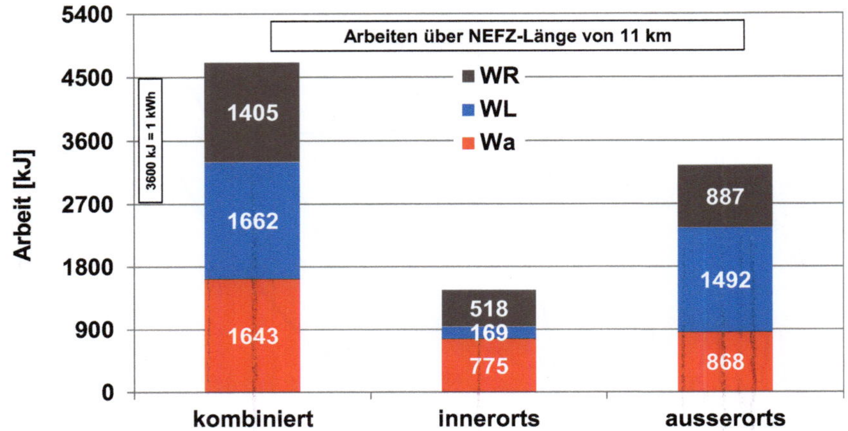

Abb. 6.22 Fahrwiderstandsarbeiten des Beispielfahrzeugs 2 im NEFZ

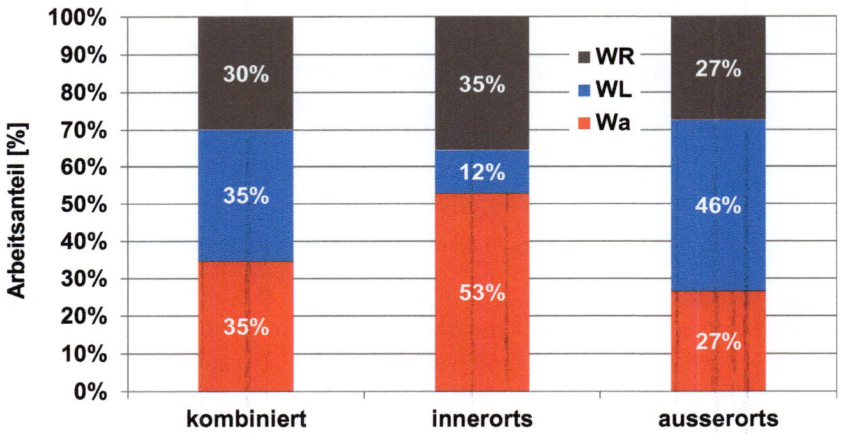

Abb. 6.23 Relative Anteile der Fahrwiderstandsarbeiten für das Beispielfahrzeug 2 im NEFZ

sondere die Anteile der Arbeiten für Luft- und Beschleunigungswiderstand sind außerorts um den Faktor 4 und 0,5 verschieden zu innerorts.

Die Fahrzeugmasse verursacht in allen drei Angaben die höchsten Fahrwiderstandsanteile. Sowohl der Rollwiderstand als auch der Beschleunigungswiderstand sind direkt proportional zur Fahrzeugmasse. Folglich kennzeichnet die Summe der Anteile aus Roll- und Beschleunigungswiderstand den masseinduzierten Widerstand. So werden innerorts 88 %, außerorts 54 % und kombiniert 65 % der Fahrwiderstände durch die Masse verantwortet.

Wie bereits in Abschn. 6.1 erwähnt, wird von manchen Autoren der Fehler begangen, von den relativen Anteilen an den Fahrwiderständen direkt auf die relativen Verbrauchsan-

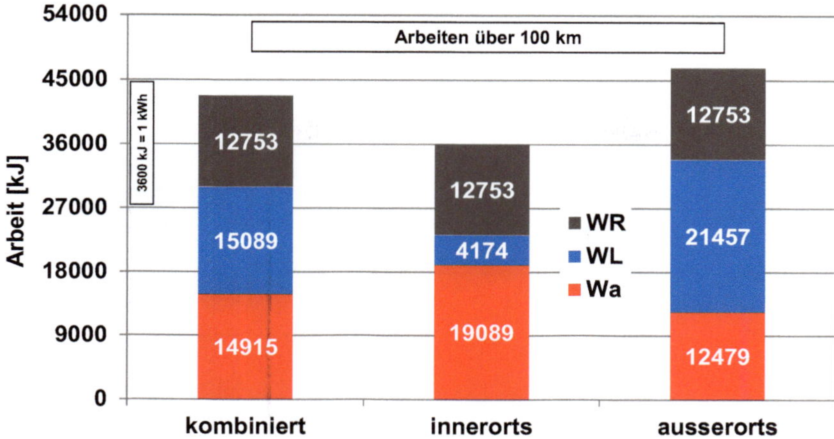

Abb. 6.24 Fahrwiderstandsarbeiten des Beispielfahrzeugs 2 im NEFZ (hochgerechnet auf 100 km)

teile zu schließen. Das ist nicht zulässig, weil neben den Fahrwiderständen der Nullleistungsverbrauch des Motors als ein weiterer fahrwiderstandsunabhängiger, aber sehr dominanter Verbraucher existiert (vergl. Abschn. 6.1.1). Natürlich gibt es den Zusammenhang, dass geringere Fahrwiderstände den Verbrauch grundsätzlich verringern. Es besteht aber keine direkt proportionale Abhängigkeit zwischen den Fahrwiderständen und dem Verbrauch, sondern Verbesserungen kommen nur in der Größenordnung von 50 % an, wie sich später noch zeigen wird.

Diese bislang errechneten Arbeiten gelten für die NEFZ-Wegstrecke von 11,013 km. Da in Europa der Verbrauch auf eine Strecke von 100 km bezogen wird, macht es auch Sinn, die erforderlichen Arbeiten auf dieselbe Strecke zu beziehen. Die obigen Werte werden dazu alle mit dem Faktor 100/11,013 multipliziert:

$$W_{\mathrm{R,\,NEFZ,\,100}} = 1404{,}5\,\mathrm{kJ} \cdot \frac{100}{11{,}013} = 12.753\,\mathrm{kJ} = 3{,}543\,\mathrm{kWh} \tag{6.21}$$

$$W_{\mathrm{L,\,NEFZ,\,100}} = 1661{,}7\,\mathrm{kJ} \cdot \frac{100}{11{,}013} = 15089\,\mathrm{kJ} = 4{,}191\,\mathrm{kWh} \tag{6.22}$$

$$W_{\mathrm{a\,,\,NEFZ,\,100}} = 1642{,}6\,\mathrm{kJ} \cdot \frac{100}{11{,}013} = 14.915\,\mathrm{kJ} = 4{,}143\,\mathrm{kWh} \tag{6.23}$$

Die Summe aller Arbeiten über 100 km, siehe Abb. 6.24, ist auch gut geeignet für eine überschlägige Fahrzeug-Wirkungsgradbetrachtung, in dem sie ins Verhältnis zum verbrauchten Heizwert des Kraftstoffes gesetzt wird. Darauf wird in Abschn. 6.4.1 noch näher eingegangen.

Die aus der Integration berechneten mechanischen Fahrwiderstandsarbeiten können dem Produkt aus einer äquivalenten mittleren Zugkraft mal dem Gesamtweg gleichgesetzt

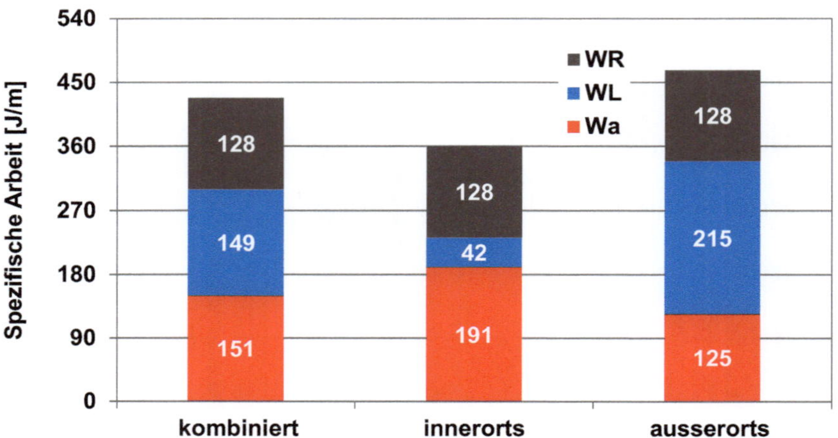

Abb. 6.25 Spezifische Fahrwiderstandsarbeiten für das Beispielfahrzeug 2 im NEFZ

werden.

$$W = \int F \cdot ds = F_{\text{mittel}} \cdot s \tag{6.24}$$

Wurde eine Arbeit in der Dimension [kJ] für eine Wegstrecke von 100 km bestimmt, so lässt sich durch eine Division durch 100 km die mittlere spezifische Arbeit in der Einheit kJ/km = J/m beziehungsweise die mittlere Zugkraft in der Einheit N bestimmen. Die mittlere Zugkraft als Äquivalent für eine Arbeit von 1 kJ über 100 km errechnet sich wie folgt:

$$\text{Für } W = 1\,\text{kJ gilt: } F_{\text{mittel}} = \frac{W}{s} = \frac{1\,\text{kJ}}{100\,\text{km}} = \frac{0{,}01\,\text{kJ}}{\text{km}} = \frac{0{,}01\,\text{J}}{\text{m}} = \frac{0{,}01\,\text{Nm}}{\text{m}} = 0{,}01\,\text{N} \tag{6.25}$$

Der Zahlenwert in Kilojoule muss also lediglich durch 100 geteilt werden um die Zugkraft zu erhalten. Mit dieser Umrechnung werden aus den Arbeiten in Abb. 6.24 die äquivalenten erforderlichen spezifischen Arbeiten beziehungsweise Zugkräfte, wie sie in Abb. 6.25 dargestellt sind. Hier wird nochmals deutlich, dass innerorts die erforderlichen Summenzugkräfte deutlich kleiner sind als außerorts, da der Luftwiderstand innerorts nur eine untergeordnete Rolle spielt.

Bei allen konventionellen PKW ist der Kraftstoffverbrauch innerorts immer höher als außerorts, selbst bei Fahrzeugen mit Start/Stopp-Systemen, die einen großen Teil des Leerlaufverbrauchs vermeiden. Wäre der Verbrauch proportional zu den Fahrwiderständen, so müsste das aber genau umgekehrt sein. So ist diese Grafik ein weiterer Beweis dafür, dass nicht von den Fahrwiderständen allein auf den absoluten Gesamtverbrauch eines Fahrzeugs geschlossen werden darf. Von veränderten Fahrwiderständen darf unter Verwendung des Motormodells in Abschn. 6.1.1 lediglich auf Verbrauchsdifferenzen geschlossen werden, wie später in Abschn. 6.3 näher ausgeführt wird.

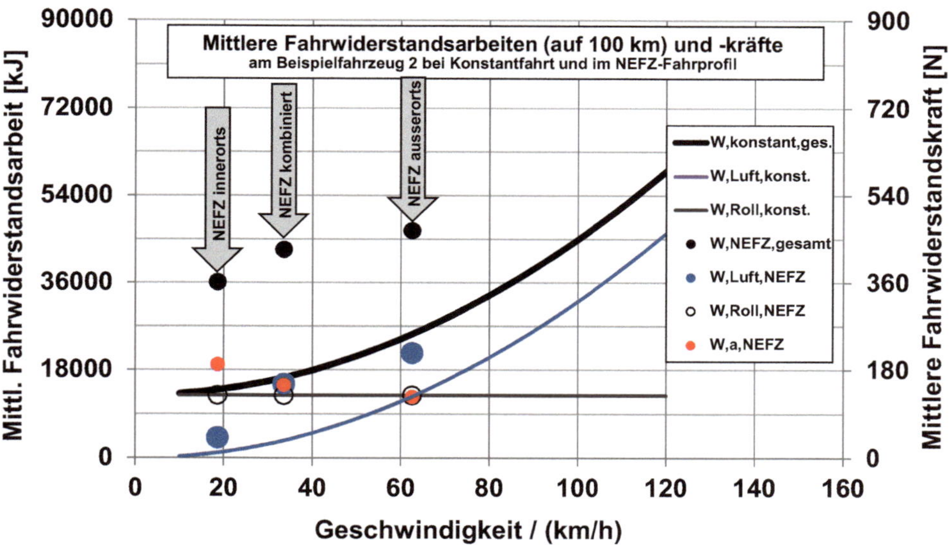

Abb. 6.26 Mittlere Fahrwiderstandsarbeiten und -kräfte bei Konstantfahrt und im NEFZ

Die direkte Gegenüberstellung der mittleren Fahrwiderstandsarbeiten und -kräfte aus dem NEFZ und aus der Konstantfahrt zeigt die Abb. 6.26. Die Werte für den NEFZ sind bei der jeweiligen Durchschnittsgeschwindigkeit der NEFZ-Teilzyklen eingetragen. Das Fahrprofil mit dem geringstmöglichen Energiebedarf für eine gewünschte Geschwindigkeit ist immer die Konstantfahrt, bei der keine Beschleunigungsarbeit erforderlich ist. Außerdem ist dabei die Luftwiderstandsarbeit immer minimal, weil in einem dynamischen Fahrprofil mit gleicher Durchschnittsgeschwindigkeit zwangsläufig höhere Momentangeschwindigkeiten gefahren werden müssen. Der quadratische Anstieg des Luftwiderstands über der Geschwindigkeit führt dann dazu, dass sein Mittelwert immer höher sein muss als bei der Konstantfahrt. In diesem Beispiel führen die dynamischen Beschleunigungs- und Luftwiderstandskräfte dazu, dass die Antriebsenergie für NEFZ kombiniert mehr als doppelt so groß sein muss wie bei der Konstantfahrt mit der gleichen mittleren Geschwindigkeit.

In diesem Kapitel wurde gezeigt, wie man mit den Angaben Rollwiderstandsbeiwert (f_R), Luftwiderstand ($c_W \times A$) und Fahrzeugmasse (m) für jedes Fahrzeug die erforderlichen mechanischen Antriebsenergien für die drei wesentlichen Fahrwiderstände berechnen kann (Reibungsverluste im Antriebsstrang hier vernachlässigt). Für ein Beispielfahrzeug wurde der Rechengang exemplarisch gezeigt. Es liegt nun der Schluss nahe, dass eine Antriebsmaschine auch genau die Summe dieser drei Einzelarbeiten zu verrichten hat, um dieses Beispielfahrzeug durch den NEFZ zu bewegen. Dieser Schluss ist wiederum nicht erlaubt. Das liegt an der Verschiedenartigkeit dieser Arbeiten. So sind die Arbeiten für den Roll- und Luftwiderstand Verlustarbeiten, die direkt in Wärme umgewandelt werden und für eine weitere Nutzung verloren sind. Ganz anders dagegen die Beschleunigungsarbeit, die als kinetische Energie im Fahrzeug gespeichert wird und für eine weitere Nutzung zur Verfügung steht. Bei jedem Verzögerungsvorgang – ob Ausrollen oder Bremsen – im NEFZ auf dem Rollenprüfstand oder auch real auf der Straße wird ein Teil dieser kinetischen Energie zurückgewonnen und zwar für die Überwindung des Roll- und Luftwiderstandes. Während der Verzögerung muss der Antriebsmotor keine Energie für diese zwei Fahrwiderstände aufbringen und verbraucht dafür auch keinen Kraftstoff. Das gilt für jedes Fahrzeug, also auch für konventionelle Fahrzeuge ohne eine spezielle Rekuperationseinrichtung über eine elektrische Maschine. Diese Art der Energierückgewinnung wird als „natürliche Rekuperation" bezeichnet. Wie die natürliche Rekuperation im NEFZ wirkt und um wie viel sich dadurch die erforderliche Summen-Antriebsenergie verringert, wird im zugehörigen Abschn. 6.1.4 näher erläutert und berechnet.

6.1.3.2 Energiebedarf für Getriebeverluste

Im Abschn. 6.1.2 wurde der primäre Verbrauchseinfluss des Handschalt-Beispielgetriebes im Beispielfahrzeug 2 (Ottomotor) mit 0,25 l/100 km bestimmt. Da dieser Verbrauch mit Hilfe des Motormodells in Abschn. 6.1.1 errechnet wurde, lässt sich der zugehörige Energiebedarf für die Getriebeverluste dieses Beispiels wie folgt berechnen:

$$W_{\mathrm{G,\,NEFZ,\,100}} = \frac{V}{v_{\mathrm{Pe}}\,(\mathrm{Otto})} = \frac{0{,}25\,\mathrm{l}}{0{,}264\,\mathrm{l/kWh}} = 0{,}957\,\mathrm{kWh} = 3409\,\mathrm{kJ} \tag{6.26}$$

Bestimmende Hauptparameter für die Dimensionierung eines Getriebes sind das maximale Fahrzeuggewicht, das maximale Motormoment und die Maximale Motorleistung. Mit steigenden Gewichten und Antriebsleistungen müssen Bauteile, Lagerungen und Abdichtungen angepasst werden. Daher erhöht sich bei größeren und leistungsstärkeren Fahrzeugen auch die Verlustleistung, die für das Getriebe im Fahrzyklus aufgewendet werden muss. Bei Wandler-Automatikgetrieben kann erfahrungsgemäß ungefähr mit einer Verdopplung der Verlustenergien gegenüber einem Handschaltgetriebe gerechnet werden. Die Darstellung in Abb. 6.27 ist ein Versuch, aus Erfahrungswerten den wahrscheinlichen Bereich der Getriebeverlustenergien für die drei Beispielfahrzeuge mit Frontantrieb abzubilden (H = Handschalter, A = Automatikgetriebe).

Die eingezeichneten Linien stellen keine Grenzen dar, sondern kennzeichnen nur den Bereich der größten Wahrscheinlichkeit. Top-Motorisierungen in Fahrzeugen der Luxusklasse in Verbindung mit Allradantrieb gehen sicherlich weit über den angezeigten Bereich hinaus.

6.1.3.3 Energiebedarf für Gelenkwellen

Die Gelenkwellen übertragen die Antriebsleistung vom Achsgetriebe zu den Antriebsrädern. Dabei ist jede Welle mit zwei Gelenken versehen, die in der Lage sind, die Winkel- und Längenveränderung beim Ein- und Ausfedern auszugleichen. Die Drehmomente werden üblicherweise über Wälzkörper übertragen, die je nach Bauart verschieden hohe Verlustleistungen erzeugen.

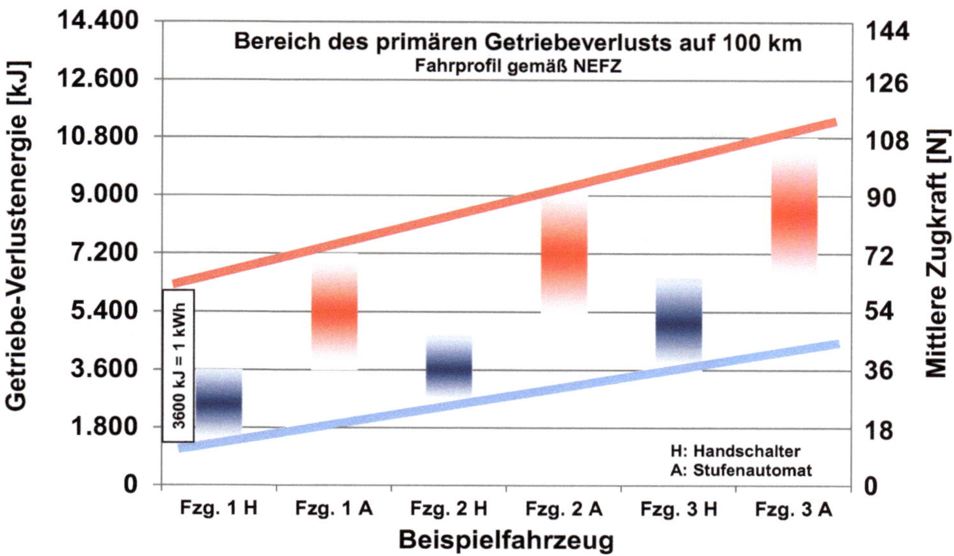

Abb. 6.27 Bereich der primären Getriebeverlustenergien im NEFZ

Bei Beugewinkeln von null Grad arbeiten die Gelenke verlustfrei, da die Wälzkörper keine Bewegung ausführen. Mit steigendem Beugewinkel nehmen die Verluste näherungsweise linear zu. Ideal wäre eine Einbaulage mit null Grad, so dass Beugewinkel nur beim dynamischen Ein- und Ausfedern erforderlich wären. Leider ist das wegen der Einhaltung einer Mindestbodenfreiheit nur sehr selten möglich. So liegen die Beugewinkel häufig im Bereich von circa drei bis acht Grad. Bei Fahrzeugen mit besonderen Anforderungen an die Geländegängigkeit müssen auch 10° manchmal überschritten werden. Den wahrscheinlichen Bereich der Gelenkwellenverluste für ein einzelnes Gelenk zeigt Abb. 6.28. Leider gehen die Gelenkwellen mit den geringen Verlusten gleichzeitig mit sehr hohem Fertigungsaufwand und entsprechend hohen Kosten einher, so dass in den unteren Fahrzeugklassen überwiegend die Gelenke mit den höheren Verlusten verbaut werden.

Eine Abschätzung der von den Gelenkwellen verursachten Verlustenergie kann mit Hilfe der Fahrwiderstandsarbeiten erfolgen. Die Antriebskräfte für den Roll-, Luft- und Beschleunigungswiderstand sind von den Gelenkwellen zu übertragen. Die Getriebeverluste müssen nicht berücksichtigt werden, da sie bereits vor den Gelenkwellen anfallen und lediglich die verfügbare Motorleistung verringern, aber keine Auswirkung mehr auf die Übertragungsleistung der Gelenkwellen haben. Die Radlagerreibung und die Restbremsmomente werden an dieser Stelle vernachlässigt, da sie im Vergleich zu den Fahrwiderständen relativ gering sind. Für die Bestimmung der Größenordnung der Verluste wird ebenfalls vernachlässigt, dass in den Schubphasen des NEFZ die Antriebskräfte für Luft- und Rollwiderstand aus der kinetischen Energie des Fahrzeugs bereitgestellt werden (siehe Abschn. 6.1.4).

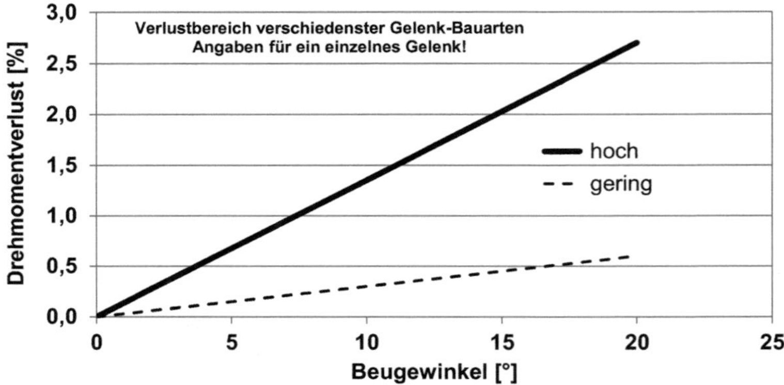

Abb. 6.28 Verlustbereich von Antriebs-Gelenken

		Fzg. 1	Fzg. 2	Fzg. 3
		Arbeiten über 11,013 km		
$W_{R,NEFZ}$	kJ	972	1405	2269
$W_{L,NEFZ}$	kJ	1567	1662	2730
$W_{a,NEFZ}$	kJ	1264	1643	2653
$Summe_{NEFZ}$:	kJ	3803	4710	7652
$Summe_{NEFZ}$:	kWh	1,06	1,31	2,13
		Arbeiten über 100 km		
$W_{R,100}$	kJ	8829	12753	20601
$W_{L,100}$	kJ	14226	15089	24788
$W_{a,100}$	kJ	11473	14915	24093
$Summe_{100}$:	**kJ**	**34528**	**42757**	**69482**
$Summe_{100}$:	kWh	9,59	11,88	19,30

Abb. 6.29 Fahrwiderstandsarbeiten der drei Beispielfahrzeuge im NEFZ-Fahrprofil

Die Fahrwiderstandsenergien für den NEFZ über 11,013 km und daraus hochgerechnet über eine Strecke von 100 km werden für die drei Beispielfahrzeuge ermittelt. Dazu werden (6.18) bis (6.20) herangezogen. Mit den Fahrzeugdaten aus Abschn. 11.1 ergeben sich die Werte in Abb. 6.29.

Die in Abb. 6.28 gezeigten Verlustangaben beziehen sich auf ein einzelnes Gelenk. In jeder Antriebswelle sind jedoch zwei Gelenke „in Reihe geschaltet", so dass die Verlustbeiwerte verdoppelt werden müssen. Die zweite Gelenkwelle ist „parallel" geschaltet und führt daher zu keiner weiteren Erhöhung der Verluste. Für einen angenommenen Drehmomentverlust von 0,5 % pro Gelenk berechnet sich die Gesamtverlustenergie für das Beispielfahrzeug 2 folglich zu:

$$W_{\mathrm{GW,\,NEFZ,\,100}} = 2 \cdot 0{,}005 \cdot 42.757\,\mathrm{kJ} = 427{,}6\,\mathrm{kJ} = 0{,}119\,\mathrm{kWh} \tag{6.27}$$

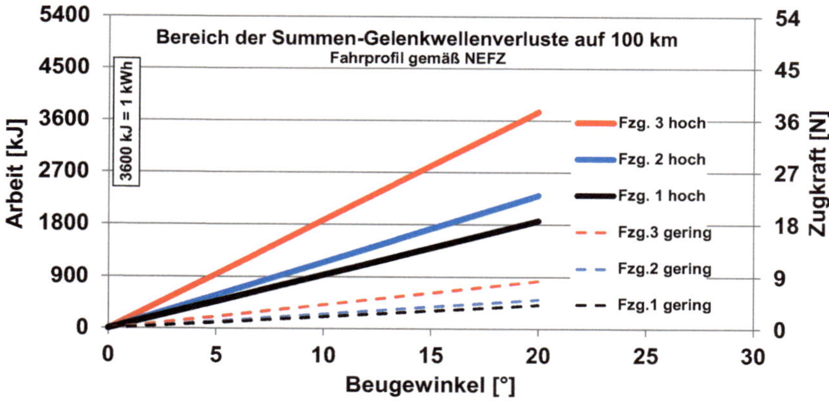

Abb. 6.30 Gelenkwellen-Verlustbereich für die Beispielfahrzeuge 1 bis 3

Die Verlustenergie für die Gelenkwellen liegt damit etwa eine Größenordnung unter den Verlusten des Getriebes. Wie beim Getriebe gelten die berechneten Werte ebenfalls für den betriebswarmen Zustand. Im Fall des Kaltstarts bei tieferen Temperaturen werden auch hier deutlich höhere Werte auftreten, die aus Mangel an Daten nicht weiter quantifiziert werden können. Eine Optimierung der Gelenkwellenverluste wird sich daher ebenfalls im Verbrauch vor Kunde stärker auswirken als im Typprüfzyklus. Den Bereich der Verlustarbeit für Gelenkbauarten mit hohen und geringen Verlusten für alle drei Beispielfahrzeuge zeigt Abb. 6.30.

Die Optimierung des Kraftstoffverbrauchs ist nur einer von zwei Gründen zur Reduzierung der Verluste an den Gelenken. Ein weiterer Grund besteht insbesondere bei Geländefahrzeugen mit sehr großen Beugewinkeln darin, dass die Wärmeentwicklung durch die Verlustleistung bei hoher Geschwindigkeit zu Temperaturproblemen führt. Wird beispielsweise eine Gelenkwelle mit einem hohem Verlustfaktor von 1,5 % bei 12° Beugewinkel verbaut, so werden bei Höchstgeschwindigkeit mit einem angenommenen 150 kW-Antrieb circa 135 kW ($\eta_{\text{Antriebsstrang}} = 0{,}9$) über die Antriebswellen geleitet. Die Verlustleistung würde somit circa $2 \times 0{,}015 \times 135\,\text{kW} = 4{,}05\,\text{kW}$ betragen. Aufgeteilt auf vier Gelenke würde jedes Gelenk mit einer Heizleistung von 1 kW erwärmt. Das könnte dazu führen, dass in Heißländern eine Begrenzung der Höchstgeschwindigkeit notwendig wird, um eine Überhitzung der Gelenke zu vermeiden.

6.1.3.4 Energiebedarf für Restbremsmomente

In heutigen Kraftfahrzeugen werden bis auf wenige Ausnahmen Scheibenbremsen eingesetzt. Nach dem Lösen der Bremse verbleibt ein so geringes Lüftspiel, dass auch im nicht betätigten Zustand ein geringes Bremsmoment verbleibt. Dieses sogenannte Restbremsmoment hat seine Ursache in zwei Anforderungen des Lastenheftes für eine gute Bremse. Die erste Anforderung ist das schnelle Ansprechverhalten nicht nur bei trockener, sondern

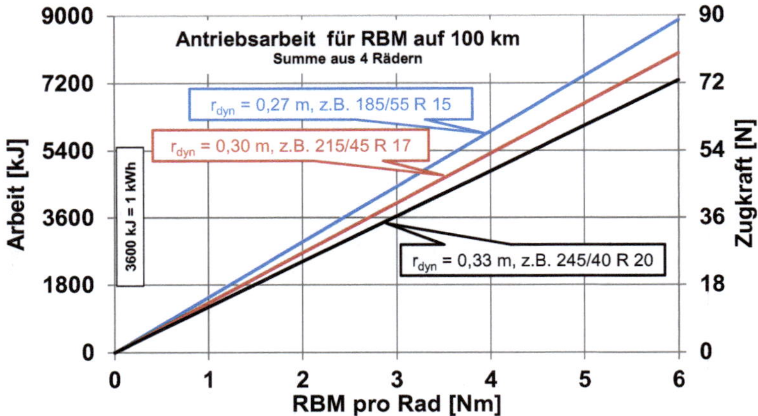

Abb. 6.31 Energiebedarf für Restbremsmomente (RBM) auf 100 km

auch bei nasser Straße. Dazu ist es notwendig, dass im normalen Fahrbetrieb die Feuchtigkeit durch leichtes Bremsenschleifen von der Bremsscheibe ferngehalten wird. Die zweite Anforderung ist das komfortable und sichere Pedalgefühl mit möglichst geringem Pedal-Leerweg. Beide Anforderungen zusammen führen dazu, dass im Allgemeinen ein stetes Restbremsmoment wirkt. Je nach Konstruktion der Bremse variiert die Höhe des Restbremsmomentes. Auch im Betrieb des Fahrzeugs können die Restbremsmomente stark variieren. Fährt man stets im Bereich normaler Bremsungen, so stellt sich allgemein ein relativ gleiches und relativ geringes Restbremsmoment nach dem Lösen der Bremse ein. Die O-Ringe auf den Bremskolben werden beim Betätigen der Bremse leicht elastisch verformt. Während der Kolben sich bewegt, verbleibt die O-Ring-Kontaktfläche auf der Zylinderoberfläche an der gleichen Stelle. Die im O-Ring entstehende Spannung führt dazu, dass sich der Kolben nach dem Lösen der Bremse wieder in die Ausgangslage zurückzieht.

Besonders hohe Restbremsmomente können nach einer sehr starken Bremsung auftreten. Durch den enorm hohen Druck im Bremszylinder kann die O-Ring-Kontaktfläche auf der Zylinderoberfläche „durchrutschen". Dadurch verliert der O-Ring die innere Spannung und er ist nicht mehr in der Lage, den Kolben in gewohnter Weise zurückzuziehen. Nach einer solchen Bremsung dauert es eine Weile bis sich wieder der ursprüngliche Normalzustand einstellt. In den weiteren Ausführungen wird nur noch der Fall der „normalen Bremsungen" betrachtet.

Restbremsmomente wirken direkt am Rad und können über den dynamischen Reifenhalbmesser in die entsprechende Zugkraft umgerechnet werden:

$$F_{\mathrm{RBM}} = \frac{\text{Restbremsmoment}}{\text{dyn. Reifenhalbmesser}} \tag{6.28}$$

Für die quantitative Abschätzung des möglichen Energiebedarfs für Restbremsmomente wird von einem wahrscheinlichen Bereich von 2 bis 5 Nm pro Rad ausgegangen. Für verschiedene Reifenhalbmesser von 0,27 bis 0,33 m, die das Spektrum der PKW-Reifen ausreichend abdecken, ergeben sich die Arbeiten für das Gesamtfahrzeug mit vier Rädern über 100 km gemäß Abb. 6.31.

Der Energiebedarf für die Überwindung der Restbremsmomente liegt damit deutlich über den Gelenkwellenverlusten. Die konstruktive Optimierung der Bremsen auf minimal mögliches Restbremsmoment ist deshalb aus Verbrauchsgründen äußerst wichtig. Zu stark reibende Bremsen können durchaus einen Anteil von circa 10 % am Gesamtfahrwiderstand haben. Damit spielen die Bremsen eine nicht mehr zu vernachlässigende Rolle bei der Verbrauchsentwicklung zur Einhaltung der CO_2-Vorgaben. Darüber hinaus ergeben sich deutliche Kundenvorteile durch geringere Restbremsmomente, weil Belagverschleiß und Felgenverschmutzung reduziert werden.

6.1.3.5 Energiebedarf für elektrische Verbraucher

Die Ansprüche der Kunden an die Ausstattung, den Komfort und die Sicherheit moderner Fahrzeuge sind im Laufe der Fahrzeuggeschichte ständig gestiegen. Der Antriebsmotor muss nicht nur die Fahrwiderstände überwinden, sondern auch eine Vielzahl von Zusatzverbrauchern bedienen. Eine stetig steigende Anzahl an Komfortverbrauchern, Sicherheitseinrichtungen, Sensoren und Steuergeräten treiben den Verbrauch von elektrischer Energie in die Höhe. Die vom Antriebsmotor zu verrichtende Arbeit für die Versorgung der elektrischen Verbraucher wird im Folgenden allgemein gültig abgeschätzt.

Der Energiebedarf für elektrische Energie unterscheidet sich grundlegend vom Energiebedarf für die Fahrwiderstände. Die Fahrwiderstände haben erst dann einen Energiebedarf, wenn das Fahrzeug bewegt wird. Der Energiebedarf ist also abhängig vom Weg und – insbesondere beim Luftwiderstand – auch noch von der Geschwindigkeit. Beim elektrischen Energiebedarf gibt es dagegen vorwiegend eine zeitliche Abhängigkeit. So würde es eigentlich genügen, wenn man die elektrische Leistung angibt, die dann multipliziert mit der individuellen Einschaltdauer den Energiebetrag liefert. Das würde jedoch zu Angaben führen, die man nicht in gewohnter Weise in Relation zum Kraftstoffverbrauch auf 100 km bringen könnte. Die Antriebsarbeiten für die elektrischen Energieverbräuche werden daher – wie auch bei den Fahrwiderstandsarbeiten – für die Konstantfahrt und für ein dynamisches Fahrprofil (gemäß NEFZ) ermittelt, um so die Zeitbasis für eine Fahrstrecke von 100 km definieren zu können.

Die mittlere elektrische Leistung aller Verbraucher im Fahrzeug variiert je nach Fahrzeugklasse. Eine grobe Abschätzung der im Mittel wirksamen Leistungen gibt Abb. 6.32. Die untere Grenze entspricht der elektrischen Minimalleistung, bei der alle Zusatzverbraucher ausgeschaltet sind. In diesem Zustand wird auch die Typprüfung gefahren. Auf den ersten Blick erscheint dieses Vorgehen seltsam und praxisfremd und natürlich ist diese Vorgabe ein wenig mitverantwortlich für die häufig beklagte Abweichung zwischen Prospektverbrauch und Realverbrauch vor Kunde. Auf den zweiten Blick ist dieser Zustand jedoch der einzig exakt definierte und auch leicht einzustellende Zustand. Bei der Fülle von möglichen einzuschaltenden Zusatzverbrauchern wäre es unmöglich, für alle Fahrzeuge

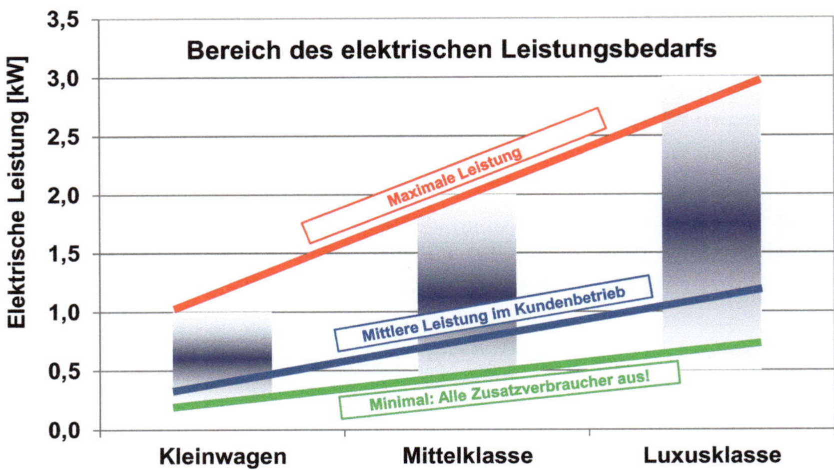

Abb. 6.32 Elektrischer Leistungsbedarf

eine einheitliche und plausible Einschaltvorgabe zu entwickeln. Das Ausschalten aller Verbraucher ist ein vernünftiger und pragmatischer Ansatz, um die Typprüfprozedur für alle Hersteller unter gleichen, einfachen und praktikablen Randbedingungen sicherzustellen.

Die mittlere Linie definiert Erfahrungswerte für eine mittlere elektrische Leistung im Kundenbetrieb. Die maximale Leistung wird lediglich in klimatischen Extremsituationen abgefordert. Das kann im Heißland auftreten, wenn alle Lüfter für Kühlung und Innenraumklimatisierung auf höchster Leistung betrieben werden. Es kann aber auch eine winterliche Extremsituation sein, bei der alle elektrischen Heizfunktionen eingeschaltet werden. Diese Darstellung hat lediglich den Anspruch, eine qualitative Abschätzung des mittleren Leistungsbedarfs von PKW zu geben. Das stete Streben nach Innovationen kann zukünftig dazu führen, dass der elektrische Leistungsbedarf weiter ansteigen wird. Aufgrund der großen Varianz in der möglichen elektrischen Leistung für verschiedene Fahrzeuge und Ausstattungen wird die folgende Abschätzung des elektrischen Energieverbrauchs für eine konstante elektrische Leistung von 100 W vorgenommen. Ist von einem speziellen Fahrzeug die mittlere Leistungsaufnahme bekannt, so kann auf den individuellen Energieverbrauch durch lineare Extrapolation geschlossen werden.

Bevor eine Leistung von 100 W von elektrischen Verbrauchern „verzehrt" werden kann, muss sie bereitgestellt werden. Im Fahrzeug geschieht das über den Generator, der fast ausschließlich über einen Riementrieb vom Verbrennungsmotor angetrieben wird. Die Umwandlung der mechanischen Leistung des Motors zur elektrischen Leistung des Generators ist natürlich verlustbehaftet. Es stellt sich zunächst die Frage, wie groß diese Verluste sind. Anhand eines 140 A-Beispielgenerators soll diese Frage beantwortet werden.

Die Leistungskennlinien für diesen Generator geben Auskunft darüber, welche mechanische Antriebsleistung der Generator für eine geforderte elektrische Abgabeleistung benö-

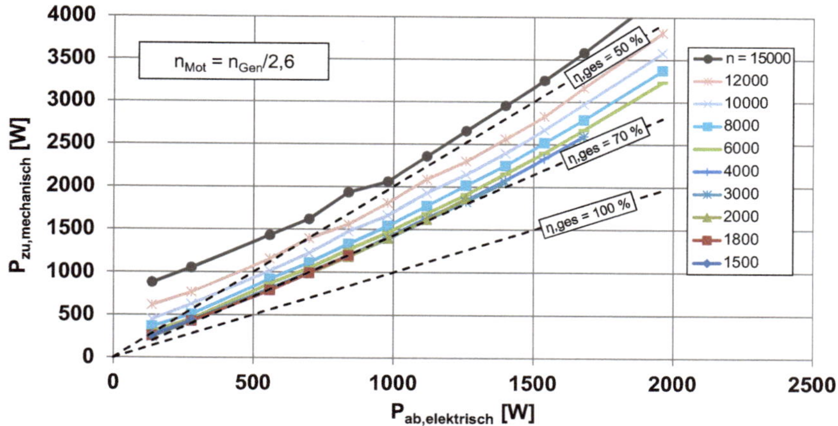

Abb. 6.33 Leistungskennlinien eines 140 A Beispielgenerators

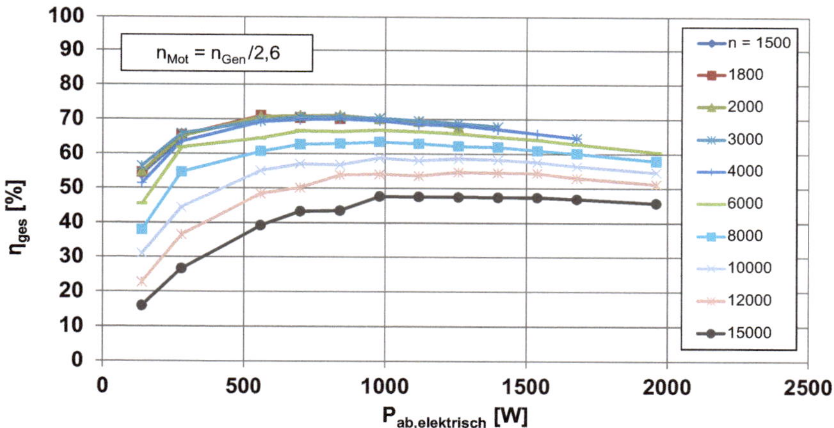

Abb. 6.34 Wirkungsgradkennlinien eines 140 A-Beispielgenerators

tigt, Abb. 6.33. Ähnlich wie bei der Willans-Linien-Darstellung des Verbrennungsmotors macht diese Darstellung deutlich, dass die Gesamtwirkungsgrade von Generatoren bei kleinen Leistungen und hohen Drehzahlen sehr schlecht sind. Nur bei kleinen Drehzahlen und mittleren Leistungen werden 70 % knapp überschritten. Im übrigen Betriebsbereich liegt der Gesamtwirkungsgrad deutlich darunter.

Ähnlich wie Verbrennungsmotoren haben auch Generatoren einen „Nullleistungsverbrauch" in der Form, dass eine Antriebsleistung erforderlich ist, ohne dass elektrische Leistung abgegeben wird. Das ist die Ursache für die sehr stark variierenden Gesamtwirkungsgrade in Abb. 6.34.

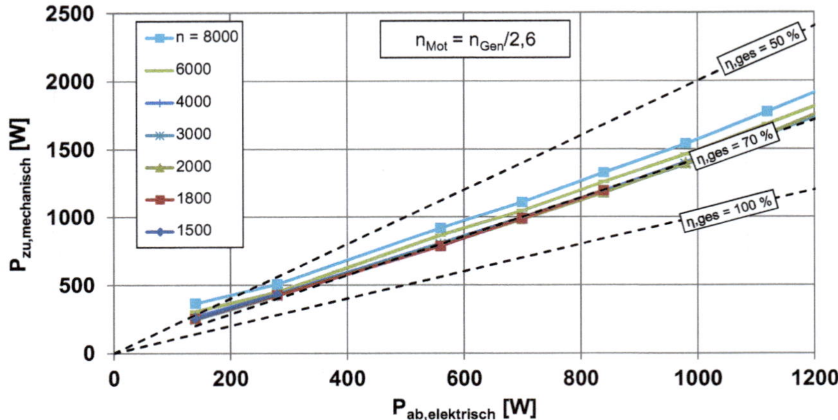

Abb. 6.35 Reduziertes Kennlinienfeld eines 140 A-Beispielgenerators

Auf den ersten Blick lassen es diese unterschiedlichen Gesamtwirkungsgrade wieder schwierig erscheinen, ohne eine genaue Kenntnis des Wirkungsgradkennfeldes für den Generator elektrische Differenzverbräuche in den zugehörigen Differenzenergiebedarf umrechnen zu können. Wie beim Verbrennungsmotor ist der Gesamtwirkungsgrad auch beim Generator gar nicht die geeignete Kenngröße zur Abschätzung eines Differenzenergiebedarfs. Wird bei einem Fahrzeug mit laufendem Motor ein elektrischer Verbraucher zugeschaltet, so ist vielmehr der Differenzwirkungsgrad von Bedeutung. Der Generator läuft dabei sowieso schon auf seiner Betriebsdrehzahl und muss nun lediglich eine höhere Differenzleistung liefern, das heißt, der Betriebspunkt wandert auf den Leistungskennlinien konstanter Drehzahl aus Abb. 6.33 weiter nach oben. Was das für den Wirkungsgrad bedeutet, soll anhand eines reduzierten Kennlinienfelds in Abb. 6.35 erläutert werden.

Das Kennlinienfeld wurde auf eine maximale Motordrehzahl von circa 3000 1/min (8000/2,6 = 3077) und auf eine maximale elektrische Abgabeleistung von 1200 W beschnitten. Damit ist nicht nur der NEFZ-Bereich abgedeckt, sondern auch ein mittlerer Kundenbetrieb. Die Kennlinienschar verläuft in erster Näherung parallel zur 70 %-Wirkungsgradkennlinie. Für überschlägige Energiebetrachtungen an diesem Generator ist es daher völlig ausreichend, mit einem konstanten Differenz-Wirkungsgrad von circa 70 % zu rechnen. Es ist davon auszugehen, dass die Mehrheit aller riemengetriebenen Drehstromgeneratoren sich ähnlich verhält. Der Fehler, den man durch die Verwendung eines konstanten 70 %-Differenzwirkungsrades bei Abschätzungen und Sensitivitätsbetrachtungen macht, dürfte vernachlässigbar sein. Für andere Bauarten von Generatoren gilt das nicht. So hat beispielsweise eine permanent erregte Starter/Generator-Maschine einen deutlich höheren Wirkungsgrad.

Mit diesem vereinfachten Ansatz des konstanten Differenzwirkungsgrades von $\eta_{\text{Diff}} =$ 70 % muss für die Erzeugung einer elektrischen Abgabeleistung das 1,43-fache an mechani-

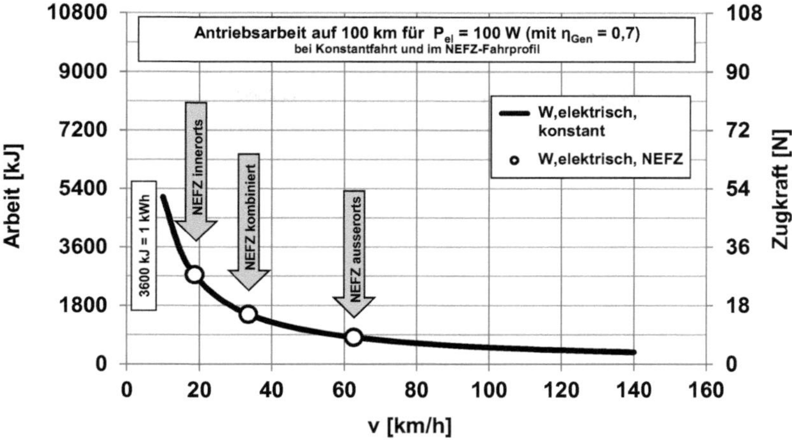

Abb. 6.36 Energiebedarf für 100 W elektrische Leistung auf 100 km

scher Antriebsleistung aufgebracht werden. Die geschwindigkeitsabhängige mechanische Antriebsarbeit auf 100 km für die Erzeugung einer elektrischen Leistung errechnet sich wie folgt:

$$W_{\mathrm{El},\,100}\,[\mathrm{kJ}] = P_{\mathrm{el}}\,[\mathrm{kW}] \cdot \frac{1}{0{,}7} \cdot \frac{100\,\mathrm{km}}{v\left[\frac{\mathrm{km}}{\mathrm{h}}\right]} \cdot \frac{3600\,[\mathrm{kJ}]}{1\,[\mathrm{kWh}]} \tag{6.29}$$

Die erforderlichen Antriebsarbeiten für 100 km bei Konstantfahrt und für ein Fahrprofil nach NEFZ-Fahrprofil sind in Abb. 6.36 dargestellt. Aufgrund der konstanten elektrischen Leistung wird der Antriebsenergiebedarf für 100 km mit sinkender Geschwindigkeit stetig höher.

6.1.3.6 Energiebedarf für Klimaanlage

Obwohl in Deutschland ein gemäßigtes Klima herrscht, gilt heute ein Fahrzeug ohne Klimaanlage als praktisch unverkäuflich. Die Einbauraten haben nahezu in allen Fahrzeugklassen 100 % erreicht. In Hybridfahrzeugen gibt es schon länger elektrische Klimakompressoren, aber bei der großen Mehrheit der konventionellen Fahrzeuge ist der riemengetriebene Klimakompressor weiterhin Standard. Aufgrund seiner Leistungsfähigkeit gehört er in Verbindung mit dem zugehörigen Stromverbrauch des ganzen Klimasystems zu den größten Nebenverbrauchern im Fahrzeug.

Die Ermittlung des Energiebedarfs einer Klimaanlage im Kraftfahrzeug gehört zu den wenigen Aufgaben, an denen auch ein erfahrener Verbrauchsfachmann verzweifeln kann. Es gibt kaum einen weiteren Verbraucher, dessen Energiebedarf so variabel und so schlecht vorhersagbar ist wie der einer Klimaautomatik im Fahrzeug. Die Leistungsaufnahme von modernen Kompressoren mit variablem Verdichtungsverhältnis ist abhängig von vielen Parametern wie beispielsweise Antriebsdrehzahl, Außentemperatur, Wunsch-Innenraum-Temperatur, Luftfeuchte und Sonneneinstrahlung. Und zusätzlich ist – wie beim Strom-

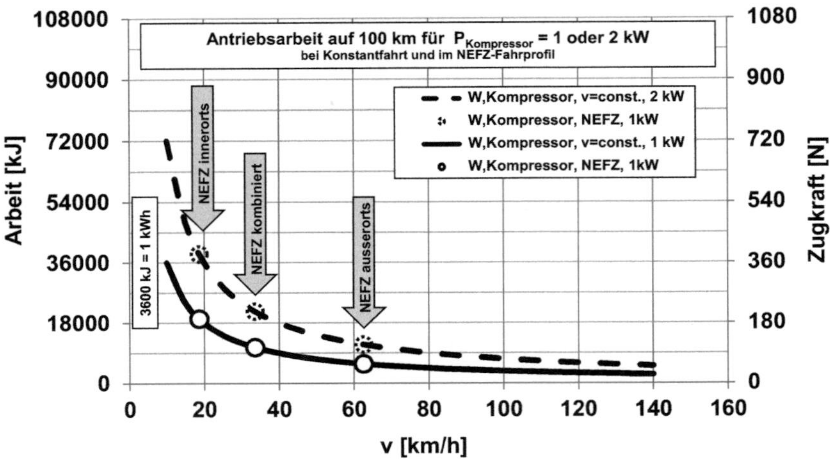

Abb. 6.37 Energiebedarf für Klimakompressor

verbrauch – der Energieverbrauch für eine Strecke von 100 km auch noch abhängig von der individuellen Durchschnittsgeschwindigkeit des Fahrzeugs. Um überhaupt eine Abschätzung von Energiebedarfen zu ermöglichen, wird ein pragmatischer Ansatz mit zwei möglichen Antriebsleistungen des Klimakompressors in Anlehnung an [4] gewählt. Für die Klimatisierung bei einer Außentemperatur von circa 25 °C wird von einer Antriebsleistung von 1 kW ausgegangen und für 35 °C von 2 kW. Der geschwindigkeitsabhängige Energiebedarf für mechanische Leistungen berechnet sich wie folgt:

$$W_{\text{mech, 100}}\,[\text{kJ}] = P_{\text{mech}}\,[\text{kW}] \cdot \frac{100\,\text{km}}{v\left[\frac{\text{km}}{\text{h}}\right]} \cdot \frac{3600\,[\text{kJ}]}{1\,[\text{kWh}]} \tag{6.30}$$

Extreme Temperaturen und Sonneneinstrahlungen, bei denen die Antriebsleistungen deutlich höher sein können, werden hier nicht betrachtet. Auch auf eine Unterscheidung zwischen den Fahrzeugklassen wird hier verzichtet wegen der großen Unsicherheit bei den Leistungsangaben. Sicherlich darf man aber davon ausgehen, dass Kleinwagen eher etwas weniger und Fahrzeuge der Luxusklasse mehr Energiebedarf für die Klimatisierung haben, als hier im Mittel in Abb. 6.37 angegeben wird.

Insbesondere bei kleinen Geschwindigkeiten hat eine Klimaanlage einen sehr hohen streckenbezogenen Energiebedarf, der für den Betrieb in Kundenhand von großer Bedeutung ist. In den Verbrauchsangaben der Hersteller ist der Klima-Mehrverbrauch nicht enthalten, da die Verbrauchsermittlung ohne Klimabetrieb gefahren wird. Für die Fahrzeughersteller ist die Optimierung des Klima-Mehrverbrauchs dennoch ein anerkannt wichtiges Entwicklungsziel, um die Kundenzufriedenheit bezüglich Verbrauch zu steigern. Sehr verbrauchsorientierte Fahrer dürfen aus diesem Diagramm im heißen Sommer die Lehre ziehen, in der Stadt lieber mit ausgeschalteter Klimaanlage und offenen Fenstern zu fahren. Das reduziert den Verbrauch deutlich und der Luftwiderstand wird bei städtischen Geschwindigkeiten nur vernachlässigbar erhöht.

Zusätzlich zum mechanischen Energiebedarf des Kompressors muss natürlich auch der elektrische Energieverbrauch betrachtet werden. Während der Innenraumlüfter an heißen Tagen sicher auch bei einem Fahrzeug ohne Klimaanlage auf höherer Leistung laufen würde, verursacht die eingeschaltete Klimaanlage auf jeden Fall erhöhte elektrische Kühler-Lüfter-Leistungen. Das können durchaus mehrere hundert Watt sein, deren Energiebedarf gemäß (6.29) zu berechnen und zu addieren ist.

6.1.4 Natürliche Rekuperation

Der Begriff Rekuperation steht für technische Verfahren zur Energierückgewinnung. Im Kraftfahrzeug gibt es verschiedene Möglichkeiten Energie zurückzugewinnen. Die wohl bekannteste Art der Energierückgewinnung ist die Rekuperation während des Bremsens, also die Rückgewinnung der kinetischen Energie des Fahrzeugs. Elektro- und Hybridfahrzeuge können über die Funktionsumkehr der Antriebsmaschinen elektrisch Bremsen und aus der kinetischen Energie wieder elektrische Energie erzeugen, die in die Batterie zurückgespeist wird. Mittlerweile sind auch die Generatoren in nicht elektrifizierten Antrieben schon in der Lage, während des Bremsens die generatorische Leistung anzuheben. Die zurückgespeisten Energien können dabei aufgrund des begrenzten Leistungsvermögens von Generator und Batterie zwar nur klein sein, aber im Rahmen der Gesamtoptimierung des Fahrzeugs in Richtung geringer CO_2-Emission ist das eine sinnvolle Maßnahme. Weitere Rekuperation ist denkbar für die Rückgewinnung von Energie aus dem heißen Kühlwasser oder aus dem heißen Abgas. Diese Verfahren stecken aber noch in den Kinderschuhen und sind heute noch nicht genügend effizient und kostengünstig für eine Serienanwendung. Im weiteren Verlauf dieses Kapitels wird daher unter Rekuperation ausschließlich die Energierückgewinnung aus der kinetischen Energie des Fahrzeugs verstanden.

Im Allgemeinen wird von Rekuperation immer im Zusammenhang mit Fahrzeugen gesprochen, die die die Rückgewinnung der kinetischen Energie über einen elektrischen Pfad realisieren. Rekuperation ist aber auch mit jedem konventionellen Fahrzeug ohne Elektrifizierung möglich und sie findet bei jedem Fahrer und bei jeder Fahrt im täglichen Verkehr statt und zwar bei jeder Verzögerung. Bei einer Verzögerung stellt die kinetische Energie des Fahrzeugs eine Schubkraft der Größe $F = m \times a$ zur Verfügung, die zur Überwindung des Luft- und Rollwiderstandes genutzt wird. Wäre keine kinetische Energie aus der Fahrzeugmasse vorhanden, so müsste für Luft- und Rollwiderstand während des Verzögerns weiterhin eine Antriebskraft aufgebracht werden. Durch Luft- und Rollwiderstand wird das Fahrzeug auf natürliche Weise abgebremst und im eingekuppelten Zustand stellt der Antriebsmotor weitere Reibleistung zur Abbremsung zur Verfügung. Erst wenn die Verzögerung stärker sein muss als diese natürliche Verzögerung durch die genannten drei Widerstände, muss zusätzlich auf die Bremse getreten werden. Nur diese Bremsenergie steht für ein „künstliches" Rekuperationssystem zur Verfügung. Der Anteil der kinetischen Energie,

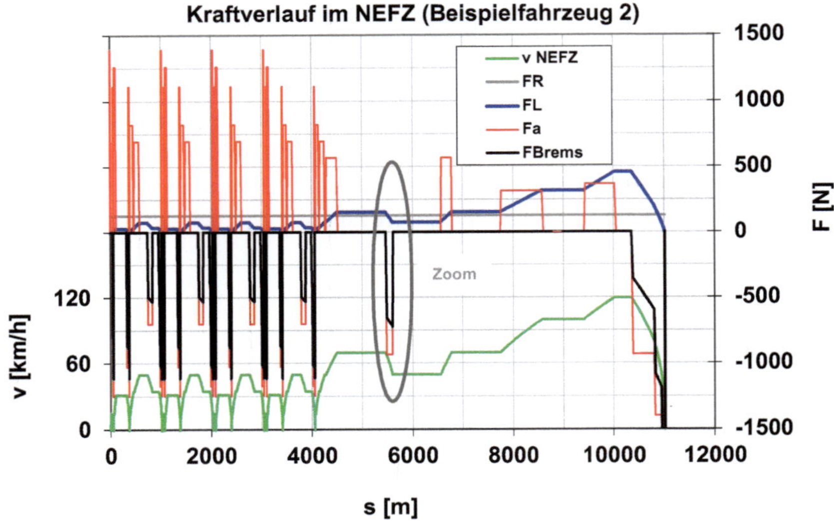

Abb. 6.38 Kraftverlauf im NEFZ am Beispielfahrzeug 2

der für die Überwindung des Luft- und Rollwiderstands bei der Verzögerung aufgewendet wurde, wird als **natürliche Rekuperation** bezeichnet. Die Definition als „natürlich" liegt darin begründet, weil diese Rekuperation ohne weitere technische Einrichtungen bei jeder Fahrt im normalen Straßenverkehr und selbst auf dem Rollenprüfstand vorkommt. Natürliche Rekuperation erfolgt mit einem Wirkungsgrad von 100 %, da die kinetische Energie ohne Übertragungsverluste in Vortrieb umgesetzt wird. Das Ausrollen eines Fahrzeugs ohne Bremsbetätigung und mit ausgekuppeltem Motor ist daher die effektivste Art der Rekuperation. Dabei verbleibt kein Rest mehr für ein Rekuperationssystem. Leider lässt das reale Verkehrsgeschehen diese Art der vollständigen natürlichen Rekuperation nur sehr selten zu, ohne dass man ein rollendes Verkehrshindernis darstellt.

Die natürliche Rekuperation verringert in jedem Fahrprofil die notwendige Antriebsarbeit für Luft- und Rollwiderstand. Sie verringert nicht die eigentliche Luft- und Rollwiderstandsarbeit, sondern nur, dass in den Verzögerungsphasen dafür auch noch Antriebsarbeit vom Motor verrichtet werden muss. Anhand des bekannten konventionellen Beispielfahrzeugs 2 ($m = 1300$ kg, $c_W \times A = 0{,}7\ \text{m}^2, f_R = 0{,}01$) soll die natürliche Rekuperation im NEFZ-Betrieb näher erläutert und quantifiziert werden.

Den Verlauf der im NEFZ auf das Fahrzeug einwirkenden Kräfte zum Einhalten der Geschwindigkeitsvorgabe stellt Abb. 6.38 dar. Das Fahrzeug ist reduziert auf seine Hauptfahrwiderstände ohne Berücksichtigung eines Antriebsaggregats, welches real in den Verzögerungsphasen im eingekuppelten Zustand eine zusätzliche Bremskraft erzeugt. Die positiven Kräfte stellen die Fahrwiderstandskräfte für Roll-, Luft- und positiven Beschleunigungswi-

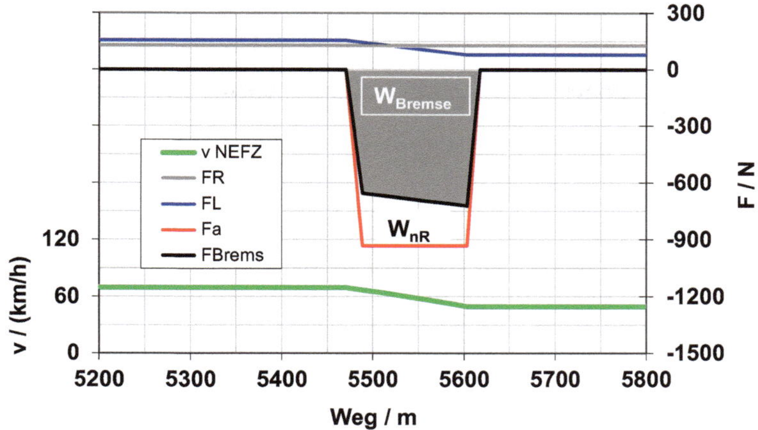

Abb. 6.39 Kraftverlauf im NEFZ am Beispielfahrzeug 2 (vergrößerter Ausschnitt)

derstand dar. Die negative Beschleunigungskraft ist erforderlich, um in den Verzögerungsphasen die Geschwindigkeitsvorgabe einzuhalten.

Wären keine weiteren Fahrwiderstände vorhanden, so entspräche die negative Beschleunigungskraft exakt der Bremskraft. Es wirken jedoch auch in der Verzögerung Roll- und Luftwiderstand weiter und bremsen das Fahrzeug auf natürliche Weise ab. Zur Verdeutlichung dieser Vorgänge wird die Verzögerung außerorts von 70 auf 50 km/h bei circa 5500 m vergrößert dargestellt, Abb. 6.39.

Der Flächeninhalt zwischen der Verzögerungskraft (rote Linie) und der Nulllinie entspricht der äußeren Verzögerungsarbeit, die an dem Fahrzeug verrichtet werden muss, damit es der Fahrkurve folgt. Mit dem Roll- und dem Luftwiderstand wirken bereits zwei natürliche Bremskräfte, deren Bremsarbeit der Fläche zwischen den jeweiligen Kurven und der Nulllinie im Verzögerungsfenster entspricht. Diese natürliche Bremsarbeit muss nicht durch die Betriebsbremse aufgebracht werden, wodurch sich die von der Bremse zu verrichtende Arbeit auf den verbleibenden grauen Flächenanteil reduziert. Die Differenzfläche zwischen der roten Linie der Verzögerungskraft und der grauen Fläche der Bremsarbeit entspricht der Arbeit der natürlichen Rekuperation. Nur die Bremsarbeit stellt das Potenzial dar, das von einer Rekuperationseinrichtung genutzt werden könnte. Die natürliche Rekuperationsarbeit W_{nR} reduziert also das Potenzial für die technischen Systeme zur Energierückgewinnung.

$$W_{\mathrm{Rekup.}} = W_{\mathrm{a}} - W_{\mathrm{nR}} \tag{6.31}$$

Die Fahrwiderstände selbst profitieren nicht von der natürlichen Rekuperation, denn sie sind physikalisch vorhanden und müssen für die gewünschte Fortbewegung von einer Energiequelle bedient werden. Während einer Verzögerung übernimmt aber die kinetische Energie die Bereitstellung der Antriebskraft für Roll- und Luftwiderstand. Je nach Stär-

NEFZ	Weg [m]	Schubweg [m]	Anteil [%]	Anteil W_R [%]	Anteil W_L [%]
innerorts	4058	880	21,7	21,7	18,8
ausserorts	6955	792	11,4	11,4	12,6
kombiniert	**11013**	**1672**	**15,2**	15,2	13,2

Abb. 6.40 Weg- und Arbeitsanteile während der Verzögerung im NEFZ

ke der Verzögerung geschieht die Übernahme zu 100 % oder zumindest teilweise. Positiv beeinflusst wird deshalb der Kraftstoffverbrauch, weil der Antriebsmotor genau um den Betrag der rekuperierten Energie entlastet wird. Es stellt sich nun die Frage, wie groß diese Entlastung im NEFZ ist.

Im NEFZ wird innerorts auf 21,7 %, außerorts auf 11,4 % und kombiniert auf 15,2 % der Wegstrecke verzögert, Abb. 6.40 . Alle diese Verzögerungen sind so stark, dass auch die Bremse benutzt werden muss, um der Geschwindigkeitsvorgabe zu folgen. Diese Streckenanteile werden im Schub zurückgelegt und es muss daher für die Fahrwiderstände kein Kraftstoff verbraucht werden. Da der Rollwiderstand als konstant angenommen wurde, reduziert sich auch der Verbrauch für den Rollwiderstand genau um den Anteil des Schubwegs von 15,2 % für NEFZ kombiniert.

Beim Luftwiderstand deckt sich die anteilige Verbrauchsreduktion nicht mit den Schubanteilen. Der Grund dafür liegt in der quadratischen Abhängigkeit des Luftwiderstands von der Geschwindigkeit. Die Berechnung ergibt eine Reduktion des Verbrauchs für den Luftwiderstand um 13,2 % für den NEFZ kombiniert.

In Abschn. 6.1.3.1 wurde der Energiebedarf für den Roll- und Luftwiderstand berechnet. Die in Abb. 6.40 quantifizierte natürliche Rekuperation reduziert diese Arbeiten auf die verbrauchsrelevanten Beträge $W_{R,eff}$ und $W_{L,eff}$ gemäß folgender Gleichungen, wobei auf ganze Prozentzahlen gerundet wurde (hier für NEFZ kombiniert):

$$W_{R,\,eff} = 0{,}85\;W_R \tag{6.32}$$

$$W_{L,\,eff} = 0{,}87\;W_L \tag{6.33}$$

Eine Zusammenfassung der Auswirkung der natürlichen Rekuperation auf die Fahrwiderstandsarbeiten und auf den Verbrauch für diese Arbeiten zeigt die Abb. 6.41. Das linke Tortendiagramm zeigt die Fahrwiderstandsarbeiten in der Dimension [kJ], wie sie sich aus der Integration der Kräfte im NEFZ ergeben, siehe Abb. 6.22. Die positive Beschleunigungsarbeit W_a muss zu 100 % von der Antriebsmaschine bereitgestellt werden, aber sie wird vollständig als kinetische Energie im Fahrzeug gespeichert, während W_R und W_L in Wärme umgewandelt werden und daher für die weitere Nutzung verloren sind.

Das mittlere Tortendiagramm veranschaulicht, wieviel von der kinetischen Energie beim Durchfahren des NEFZ-Profils für den Antriebsbedarf von Luft- und Rollwiderstand in den Verzögerungsphasen wieder genutzt wird. Der genutzte Anteil entspricht 15 % der gesamten Rollwiderstandsarbeit und 13 % der gesamten Luftwiderstandsarbeit. In Summe ist das eine Einsparung von circa 9 % der gesamten Fahrwiderstandsarbeit aller drei

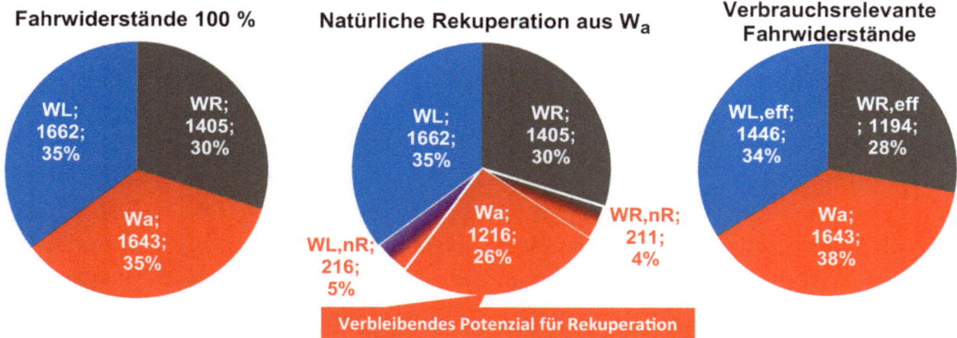

Abb. 6.41 Zusammenfassung der natürlichen Rekuperation im NEFZ am Beispielfahrzeug 2

Widerstände. Das mögliche Rekuperationspotenzial für eine eletrische Rekuperationseinrichtung wurde entsprechend verkleinert. Eine vollständige elektrische Rekuperation der ins Fahrzeug investierten Beschleunigungsarbeit ist somit theoretisch gar nicht möglich. Praktisch wird das verbleibende Rekuperationspotenzial noch weiter reduziert durch Elektrische Verbraucher oder durch eine Klimaanlage, deren Antriebsleistung im Schubbetrieb ebenfalls von der kinetischen Energie bereitgestellt wird.

Im rechten Tortendiagramm sind nur noch die verbrauchswirksamen Antriebsarbeiten dargestellt. Die positive Beschleunigungsarbeit ist zu 100 % verbrauchsrelevant, während sich Roll- und Luftwiderstand nur reduziert um die Faktoren 0,85 und 0,87 auf den Verbrauch auswirken. Im Vergleich zur Aufteilung der 100 % Fahrwiderstände führt die natürliche Rekuperation dazu, dass in der verbrauchsrelevanten Aufteilung der Anteil des Luftwiderstandes leicht von 35 auf 34 % zurückgeht, während der Anteil der masseinduzierten Fahrwiderstände leicht ansteigt von 65 auf 66 %.

Gemäß dem rechten Tortendiagramm teilt sich der Teil-Kraftstoffverbrauch für die Fahrwiderstände auf. Es zeigt nicht die Aufteilung des Gesamtkraftstoffverbrauchs, auf die in Abschn. 6.3 noch genauer eingegangen wird.

Für Fahrzeuge mit extrem geringem Gewicht, sehr hohem Luftwiderstand oder sehr hohen Rollwiderstandsbeiwerten können sich diese Zahlenwerte ändern, weil dann die Verzögerung durch die Fahrwiderstände größer sein kann als es das Fahrprofil erfordert. In diesen Fällen müsste auch bei Verzögerung eine Antriebskraft wirken, wodurch die natürliche Rekuperation anteilsmäßig geringer würde. Eine entsprechend durchgeführte Parametervariation hat jedoch gezeigt, dass beim NEFZ dieser Fall erst eintritt, wenn die Parameter weit über die üblichen Größenordnungen hinaus verändert werden. Für alle üblichen Fahrzeuge vom PKW über den SUV bis zu den leichten Nutzfahrzeugen kann daher mit den festen Faktoren von 0,85 und 0,87 für Roll- und Luftwiderstand gerechnet werden.

Von der natürlichen Rekuperation profitieren auch Verbraucher, die vom Motor angetrieben werden, wie zum Beispiel mechanisch angetriebene Lenkhilfepumpen oder Generatoren. Für sie ist der Zeitanteil zu ermitteln, in dem das Fahrzeug verzögert und gleichzeitig der Motor in der Schubabschaltung läuft. Dieser Zeitanteil ist nicht äquivalent zum Schubweg beim Roll- und Luftwiderstand. Sobald am Ende einer Verzögerung im NEFZ eine Mindestgeschwindigkeit erreicht wird, muss der Fahrer die Kupplung treten und der Motor läuft bis zum endgültigen Fahrzeugstillstand mit Leerlaufdrehzahl weiter. In diesem Zeitraum muss also Kraftstoff für den Antrieb der Verbraucher aufgewendet werden, obwohl das Fahrzeug noch bremsend verzögert. Die Analyse des NEFZ ergibt einen Zeitanteil für die Verzögerung bei gleichzeitiger Schubabschaltung von circa 11 %, so dass für motorgetriebene Verbraucher mit einem Faktor von 0,89 für die natürliche Rekuperation zu rechnen ist. Diese Angabe gilt für konventionelle Fahrzeuge ohne Start/Stopp-Systeme. Der Motorstopp bewirkt, dass Verbraucher aus der Batterie bedient werden müssen, die später wieder aufgeladene werden muss. Das führt zu Wirkungsgradverlusten, die den Vorteil der natürlichen Rekuperation reduzieren. Der mögliche Fehler bei Anwendung des Faktors 0,89 auch für Fahrzeuge mit Start/Stopp-System wird eher klein sein.

Die Faktoren für die Berücksichtigung der natürlichen Rekuperation in den anderen bekannten gesetzlichen Fahrzyklen werden in Abschn. 7.3.5 genannt.

6.2 Verbrauchskennzahlen, Fuel Reduction Value

Die zunehmenden gesetzlichen Regelungen zur Begrenzung der CO_2-Emission beeinflussen immer mehr jede einzelne Produktentscheidung in der Fahrzeugentwicklung. Jedes neue Bauteil, jede Komfortausstattung, jede Designänderung an der Karosse und jede Funktion muss schon in der frühen Phase auf ihre CO_2-Relevanz geprüft werden. Vorbei sind die Zeiten, in denen ein neues Fahrzeug über Jahre entwickelt wurde und am Ende der Verbrauch und die CO_2-Emission als gegeben hingenommen wurden. Um heute als Hersteller im Wettbewerb überhaupt bestehen zu können, ist eine akribische CO_2-Entwicklung über den gesamten Entwicklungsprozess erforderlich. Das erfordert auch, dass immer mehr Beteiligte die entsprechenden Kenntnisse über die CO_2-Relevanz ihrer Bauteile, Funktionen und Tätigkeiten haben müssen. Da nicht alle Mitarbeiter zu Verbrauchsexperten ausgebildet werden können, ist die Verwendung von möglichst allgemein gültigen Verbrauchskennzahlen sehr hilfreich.

In der Literatur zum Thema „Life Cycle Assessment" ist der Begriff Fuel Reduction Value (FRV) gebräuchlich [5, 6]. Er beschreibt beispielsweise die Wirksamkeit einer Gewichtsminderungsmaßnahme auf den Verbrauch in der Dimension „l/100 km pro 100 kg" im Fahrzyklus. Im Folgenden wird der FRV für die drei wesentlichen Fahrwiderstandsparameter Rollwiderstand, Luftwiderstand und Masse im NEFZ berechnet und darüber hinaus auch für allgemeine Verbraucher mit elektrischem oder mechanischem Leistungsbedarf. Damit lassen sich die verschiedensten Widerstände sehr einfach in einen Differenzverbrauch im NEFZ umrechnen. So ist es beispielsweise möglich, eine Liste mit vielen Verbrauchsmaßnahmen vom Motor bis zum Restbremsmoment nach den geringsten Kosten pro eingespartem Gramm CO_2-Emission pro km zu sortieren, so dass Entscheidungen nach wirtschaftlichen Kriterien gefällt werden können.

Abb. 6.42 Definition des Rollwiderstandsbeiwerts

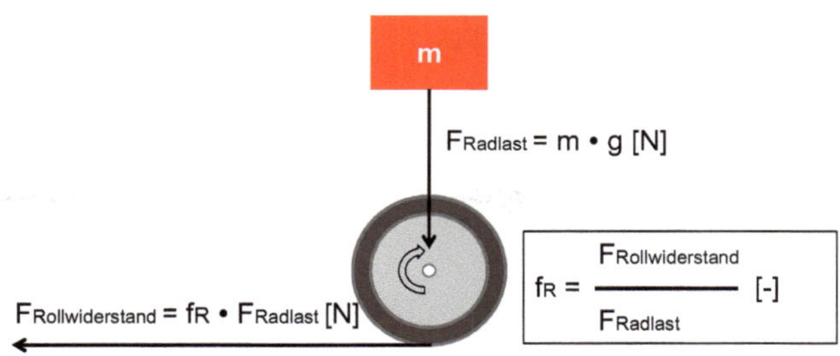

Die Unterscheidung der FRV-Werte erfolgt mit individuellen Indizes. Bei allen Widerständen, die über den Antriebsstrang geleitet werden, wird mit einem Differenz-Verlustfaktor für das Getriebe ($F_{GV} = 1{,}02$) die Antriebsarbeit erhöht.

6.2.1 Verbrauchskennzahl für Rollwiderstand, FRV_R

Fahrzeugreifen setzen der Fahrzeugbewegung eine Widerstandskraft entgegen, die mit Rollwiderstand bezeichnet wird. Innerhalb der zulässigen Radlasten ist die Widerstandskraft proportional zur Radlast. Die zugehörige Proportionalitätskonstante ist der Rollwiderstandsbeiwert f_R. Die Definition des Rollwiderstandsbeiwertes zeigt Abb. 6.42.

In der Literatur findet man auch die Bezeichnung Rollwiderstandskoeffizient c_R. Beide stellen das Verhältnis von zwei Kräften dar und sind daher dimensionslos. Insbesondere bei Reifenherstellern findet man heute auch noch die veraltete Dimension [kg/t], die denselben physikalischen Zusammenhang beschreibt, allerdings mit Zahlenwerten, die um den Faktor 10^3 größer sind. Da es sich beim Rollwiderstandsbeiwert jedoch um ein Verhältnis von Kräften und nicht von Massen handelt, sollte im Sinne einer korrekten Anwendung der SI-Einheiten auf die veraltete Dimension verzichtet werden. Möchte man bei den gleichen Zahlenwerten bleiben, sollte zumindest die Einheit [N/kN] gewählt werden. Unter Praktikern ist es weit verbreitet, den Rollwiderstandsbeiwert in Promille anzugeben. Beispiel: $f_R = 0{,}01$ entspricht 10 ‰.

Je nach Bauart und Materialien der Reifen sind die Rollwiderstandsbeiwerte verschieden. Eine Übersicht der heute üblichen Rollwiderstandsbeiwerte findet sich in Kap. 5.

Der FRV_R soll alle Beteiligten an einer Fahrzeugentwicklung in die Lage versetzen, eine schnelle und dennoch genügend genaue Aussage zu der Verbrauchs-und CO_2-Auswirkung einer Rollwiderstandsoptimierung der Reifen zu bekommen.

Die Berechnung des FRV_R wird wieder anhand des Beispielfahrzeugs 2 mit $m = 1300$ kg und $f_R = 0{,}01$ für den NEFZ durchgeführt. Da der Rollwiderstand nicht nur proportional zum Rollwiderstandsbeiwert, sondern auch proportional zum Fahrzeuggewicht steigt, kann auch der FRV_R für abweichende Fahrzeuggewichte auf einfache Weise proportional hochgerechnet werden.

In (6.21) wurde die Rollwiderstandsarbeit für das Beispielfahrzeug auf 100 km zu $W_{R,NEFZ,100} = 12753\,kJ = 3{,}543\,kWh$ berechnet. Auf 15 % der Wegstrecke der Wegstrecke wird verzögert, so dass dafür die Antriebsenergie über natürliche Rekuperation (vergl. Abschn. 6.1.4) bereitgestellt wird. Somit sind nur noch 85 % Rollwiderstandsarbeit verbrauchsrelevant, weil 15 % aus der kinetischen Fahrzeugenergie gespeist werden:

$$W_{R,\,NEFZ,\,100,\,eff} = 0{,}85 \cdot 12.753\,kJ = 10.840\,kJ = 3{,}011\,kWh \tag{6.34}$$

In Abschn. 6.1.1 wurde hergeleitet, dass man bei konventionellen Verbrennungsmotoren mit einem konstanten Differenzverbrauchswirkungsgrad für Differenzwiderstände und Differenzarbeiten rechnen kann. Der Rollwiderstand stellt einen solchen Differenzwiderstand dar. Wird ein Rollwiderstand verändert, so folgt die Laständerung des Motors den Willans-Linien mit ihrer konstanten Steigung, während der Motor im Fahrzeug exakt das gleiche NEFZ-Drehzahlprofil fährt wie vor der Veränderung. Der Teilverbrauch für den Rollwiderstand $V_{R,NEFZ,100}$ errechnet sich mit den Differenzverbrauchs-Konstanten aus Abb. 6.6 und dem Getriebeverlustfaktor $F_{GV} = 1{,}02$ daher wie folgt:

$$V_{R,\,NEFZ,\,100} = 3{,}011\,\frac{kWh}{100\,km} \cdot 1{,}02 \cdot 0{,}264\,\frac{l}{kWh} = 0{,}811\,\frac{l}{100\,km} \quad \text{für Otto-Saugmotor} \tag{6.35}$$

$$V_{R,\,NEFZ,\,100} = 3{,}011\,\frac{kWh}{100\,km} \cdot 1{,}02 \cdot 0{,}220\,\frac{l}{kWh} = 0{,}676\,\frac{l}{100\,km} \quad \text{für Dieselmotor} \tag{6.36}$$

Eine sinnvolle Dimension für den FRV_R ist der Verbrauchs- oder CO_2-Einfluss für eine Änderung des Rollwiderstandsbeiwertes von 0,001 oder 1 ‰. Für das gewählte Beispielfahrzeug 2, das mit einer Bezugsmasse von $m = 1300$ kg und einem Rollwiderstandsbeiwert von $f_R = 0{,}01$ gerechnet wurde, ergeben sich somit folgende FRV_R-Werte (die CO_2-Angaben in Klammern wurden mit 23,3 und 26,3 g/km pro 1 l/100 km für Otto und Diesel umgerechnet):

$$FRV_R = 0{,}811\,\frac{l}{100\,km} \cdot \frac{0{,}001}{0{,}01} = 0{,}081\,\frac{l}{100\,km}\ \text{pro}\ 1\,‰\ \left(1{,}9\,\frac{g}{km}\,CO_2\right)\ \text{Otto-Saugmotor} \tag{6.37}$$

$$FRV_R = 0{,}676\,\frac{l}{100\,km} \cdot \frac{0{,}001}{0{,}01} = 0{,}068\,\frac{l}{100\,km}\ \text{pro}\ 1\,‰\ \left(1{,}8\,\frac{g}{km}\,CO_2\right)\ \text{Dieselmotor} \tag{6.38}$$

Das Beispielfahrzeug 2 steht hier für einen Vertreter der „Golf-Klasse" mit einem Bezugsgewicht von 1300 kg. Die FRV_R-Werte für abweichende Fahrzeuggewichte können der Abb. 6.43 entnommen werden.

6.2.2 Verbrauchskennzahl für Luftwiderstand, FRV_L

In Diskussionen oder auch Presseartikeln wird der Luftwiderstand von Fahrzeugen manchmal nur auf den c_W-Wert reduziert. Dieser dimensionslose Kennwert ist jedoch lediglich

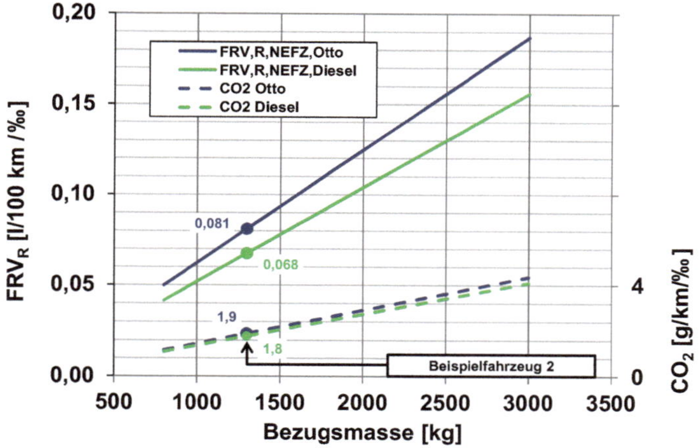

Abb. 6.43 FRV_R-Wertebereich in Anhängigkeit der Bezugsmasse

ein Maß für die „Windschlüpfigkeit" des Fahrzeugs. Der effektiv wirkende Luftwiderstand berechnet sich aus dem Produkt des c_W-Wertes und der projizierten Querschnittsfläche des Fahrzeugs (Querspantfläche). Dieses Produkt entspricht der „wirksamen Luftwiderstandsfläche", auf die der Staudruck der strömenden Luft einwirkt und eine Fahrwiderstandskraft erzeugt, die mit dem Quadrat der Geschwindigkeit ansteigt, siehe (6.4). Die Flächen und die c_W-Werte aller Fahrzeuge variieren stark, je nach Anforderung an das Fahrzeug und nach Aufwand für die aerodynamische Qualität. Einen groben Überblick über den Wertebereich der Luftwiderstandskenngrößen c_W und A für Großserienfahrzeuge zeigt Abb. 6.44. Den Werten liegen circa 350 Fahrzeuge verschiedener Fahrzeugklassen des internationalen Wettbewerbs zugrunde. Von der Fahrzeugklasse 1 bis zur Fahrzeugklasse 6 werden die Fahrzeuge größer. Die Klasse 1 beinhaltet die kleinsten Fahrzeuge, also die sogenannten Kleinwagen oder Stadtfahrzeuge. Die Fahrzeugklasse 3 steht für die Golf-Klasse und die Fahrzeugklasse 6 repräsentiert die großen Luxusfahrzeuge. Es wurden nur die typischen PKW, Coupés, Cabrios und MPV (keine SUV) ausgewertet. Die großen Einzelsymbole markieren den jeweiligen Mittelwert der zugehörigen Punktwolken.

Anhand der Mittelwerte wird eine alte Ingenieursweisheit deutlich, die besagt, dass ein guter c_W-Wert einfacher zu verwirklichen ist, wenn das Fahrzeug größer und auch länger ist. Im Mittel sind die c_W-Werte der kleinsten Fahrzeuge circa 18 % schlechter als bei den Fahrzeugen der Luxusklasse. Die Querspantflächen sind dagegen nur circa 12 % kleiner. Die wirksame Luftwiderstandsfläche ist damit bei den kleinen Fahrzeugen deutlich größer als bei den Fahrzeugen der Luxusklasse, Abb. 6.45.

Diese geschilderten Zusammenhänge führen im Mittel dazu, dass ein Kleinwagen für die Überwindung des Luftwiderstandes mehr Kraftstoff verbraucht als ein Fahrzeug der Luxusklasse. Was für den Laien ein scheinbares Kuriosum darstellt, ist einer der Gründe,

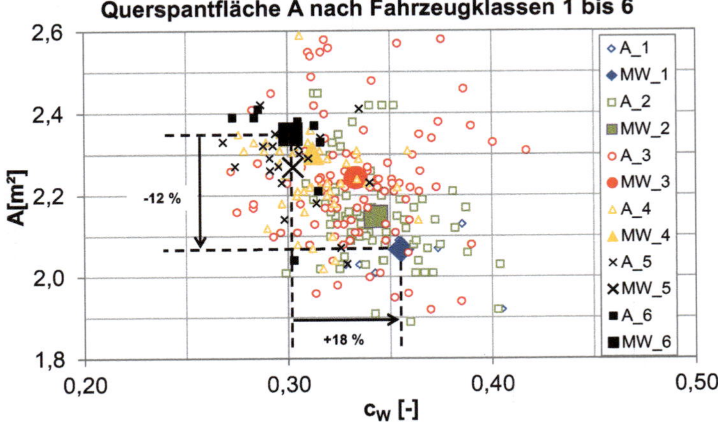

Abb. 6.44 Luftwiderstandskenngrößen von Fahrzeugen verschiedener Fahrzeugklassen

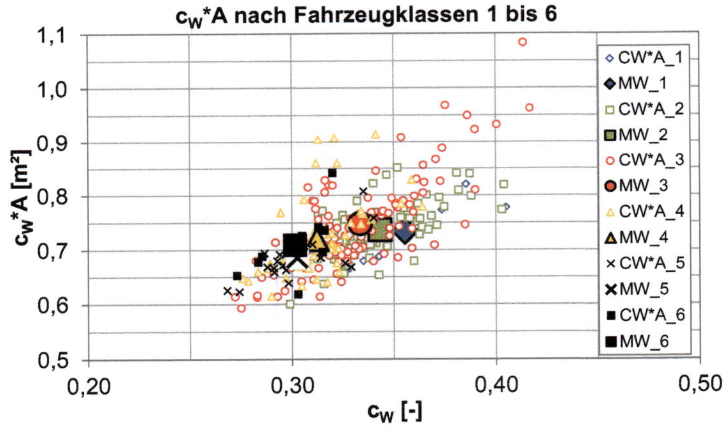

Abb. 6.45 Wirksame Luftwiderstandsfläche für verschiedene Fahrzeugklassen

warum vor Kunde die Kleinwagenverbräuche oftmals nicht in dem Maße geringer ausfallen, wie der Kunde es erwartet.

Insbesondere bei Kleinwagen ist die Fläche daher mindestens genauso wichtig für einen geringen Luftwiderstand wie ein guter c_W-Wert. Bei der Konzeptauslegung eines Fahrzeugs sollte es daher Ziel sein, die geforderten Eigenschaften immer mit der geringstmöglichen Querspantfläche zu verwirklichen. Die aus der wirksamen Luftwiderstandsfläche resultierenden Widerstandskräfte und die zugehörigen Leistungen für die drei Beispielfahrzeuge zeigt Abb. 6.46.

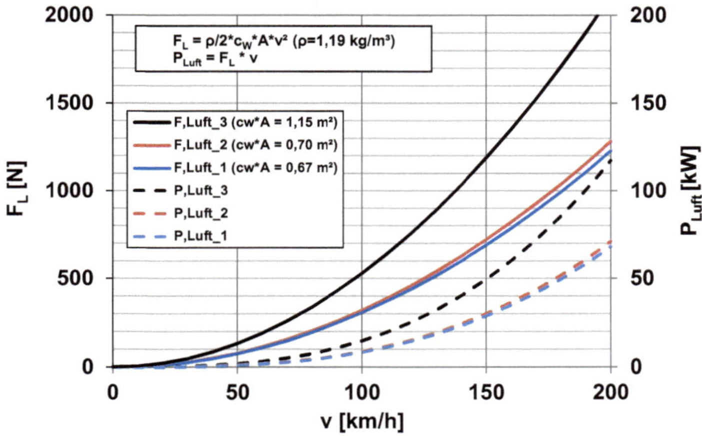

Abb. 6.46 Luftwiderstandskräfte und -leistungen der drei Beispielfahrzeuge

Die Berechnung des FRV_L wird anhand des Beispielfahrzeugs 2 mit $c_W \times A = 0{,}7\ m^2$ für den NEFZ durchgeführt. Da der Luftwiderstand keine weitere Abhängigkeit zu einem anderen Fahrwiderstandsparameter hat, gilt der FRV_L eindeutig für alle Fahrzeuggrößen.

In (6.22) wurde die Luftwiderstandsarbeit für das Beispielfahrzeug auf 100 km zu $W_{L,NEFZ,100} = 15.089\ kJ = 4{,}191\ kWh$ berechnet. Für den $FRV_{L,NEFZ}$ sind davon unter Berücksichtigung der natürlichen Rekuperation in den Verzögerungsphasen (siehe Abschn. 6.1.4) nur 87 % verbrauchsrelevant:

$$W_{L,\,NEFZ,\,100,\,eff} = 0{,}87 \cdot 15.089\ kJ = 13.127\ kJ = 3{,}646\ kWh \tag{6.39}$$

In Abschn. 6.1.1 wurde hergeleitet, dass man bei konventionellen Verbrennungsmotoren mit einem konstanten Differenzverbrauchswirkungsgrad für Differenzwiderstände rechnen kann. Der Luftwiderstand stellt ebenfalls einen solchen Differenzwiderstand dar. Wird der Luftwiderstand verändert, so folgt die Laständerung des Motors den Willans-Linien mit ihrer konstanten Steigung, während der Motor im Fahrzeug exakt das gleiche NEFZ-Drehzahlprofil fährt wie vor der Veränderung. Der Teilverbrauch für den Luftwiderstand $V_{L,NEFZ,100}$ errechnet sich mit den Differenzverbrauchs-Konstanten aus Abb. 6.6 und dem Getriebeverlustfaktor $F_{GV} = 1{,}02$ daher wie folgt:

$$V_{L,\,NEFZ,\,100} = 3{,}646\,\frac{kWh}{100\,km} \cdot 1{,}02 \cdot 0{,}264\,\frac{l}{kWh} = 0{,}982\,\frac{l}{100\,km}\ \text{für Otto-Saugmotor} \tag{6.40}$$

$$V_{L,\,NEFZ,\,100} = 3{,}646\,\frac{kWh}{100\,km} \cdot 1{,}02 \cdot 0{,}220\,\frac{l}{kWh} = 0{,}818\,\frac{l}{100\,km}\ \text{für Dieselmotor} \tag{6.41}$$

Eine sinnvolle Dimension für den FRV_L ist der Verbrauchs- oder CO_2-Einfluss für eine Änderung der wirksamen Luftwiderstandsfläche von $0{,}1\ m^2$. Für das gewählte Beispielfahrzeug 2, das mit $c_W \times A = 0{,}7\ m^2$ gerechnet wurde, ergeben sich somit folgende FRV_L-Werte (die CO_2-Angaben in Klammern wurden mit 23,3 und 26,3 g/km pro 1 l/100 km für Otto und Diesel umgerechnet):

$$\mathrm{FRV_L} = 0{,}982\,\frac{\mathrm{l}}{100\,\mathrm{km}} \cdot \frac{0{,}1}{0{,}7} = 0{,}140\,\frac{\mathrm{l}}{100\,\mathrm{km}}\ \text{pro}\ 0{,}1\,\mathrm{m}^2 \left(3{,}3\,\frac{\mathrm{g}}{\mathrm{km}}\,\mathrm{CO_2}\right)\ \text{Otto-Saugmotor} \tag{6.42}$$

$$\mathrm{FRV_L} = 0{,}818\,\frac{\mathrm{l}}{100\,\mathrm{km}} \cdot \frac{0{,}1}{0{,}7} = 0{,}117\,\frac{\mathrm{l}}{100\,\mathrm{km}}\ \text{pro}\ 0{,}1\,\mathrm{m}^2 \left(3{,}1\,\frac{\mathrm{g}}{\mathrm{km}}\,\mathrm{CO_2}\right)\ \text{Dieselmotor} \tag{6.43}$$

Wegen der eindeutigen und alleinigen Abhängigkeit des $\mathrm{FRV_L}$ von dem Produkt $c_W \times A$ gelten diese Werte für alle Fahrzeuggrößen.

6.2.3 Verbrauchskennzahl für Masse, $\mathrm{FRV_m}$

Die Auswirkung des Gewichts auf den Kraftstoffverbrauch ist in der Fahrzeugentwicklung von ganz besonderer Bedeutung. Der Ruf nach Leichtbau ist sicherlich gerechtfertigt angesichts der in den letzten Jahrzehnten kontinuierlich gestiegenen Fahrzeuggewichte. Zusätzliche Bedeutung hat das Thema Fahrzeuggewicht auch dadurch bekommen, dass die europäische CO_2-Gesetzgebung für Kraftfahrzeuge massebasierte Grenzwerte vorschreibt. Die Frage nach einer eindeutigen Verbrauchskennzahl ist somit aktueller denn je. In der Literatur findet man unterschiedlichste Aussagen zum Minderverbrauch. Auch Automobilclubs und Umweltverbände nennen Zahlenwerte, die einen Bereich von circa 0,3 bis 0,7 l/100 km [7, 8] überstreichen. Dabei handelt es sich vorwiegend um geschätzte Werte ohne physikalische Herleitung und ohne Angabe eines Fahrprofils.

Die Bestimmung des $\mathrm{FRV_m}$ ist relativ komplex, weil sich eine Gewichtsänderung nicht nur auf die Beschleunigungsarbeit, sondern auch gleichzeitig auf die Rollwiderstandsarbeit auswirkt. Die Masse verursacht über die Beschleunigungs- und Rollwiderstandsarbeit circa 65 % der Fahrwiderstandsarbeit im NEFZ. Dadurch werden auch die Fahrleistungen von der Masse sehr stark beeinflusst. Das kann dazu führen, dass bei einer Massenveränderung die Getriebeübersetzung angepasst werden muss, um die Fahrleistungen wieder auf das gewünschte Niveau zu bringen. Im Extremfall kann es auch dazu führen, dass der Antriebsmotor in seiner Größe (Hubraum) angepasst werden muss. Mit einer Übersetzungsänderung oder einer Motoränderung kommen jedoch weitere nichtlineare Einflussgrößen auf den Verbrauch ins Spiel, die nur schwer eindeutig und allgemein gültig zu berechnen sind. Dennoch ist ein belastbarer $\mathrm{FRV_m}$ in der Fahrzeugentwicklung notwendig, um bei Kosten-/Nutzen-Abwägungen in den Projekten sichere Entscheidungen treffen zu können. Nur so besteht eine reelle Chance zur Einhaltung der Zielvorgaben der Gesetzgebung bei gleichzeitiger Erfüllung der Kostenvorgaben. Der $\mathrm{FRV_m}$ für den Fall, dass die Gewichtsänderungen keine Änderungen am Motor und an der Übersetzung erfordern, lässt sich relativ genau ermitteln, ähnlich wie beim Roll- und Luftwiderstand. Aber auch für den Fall, dass Anpassungen notwendig werden, wird im Folgenden eine $\mathrm{FRV_m}$-Abschätzung vorgenommen.

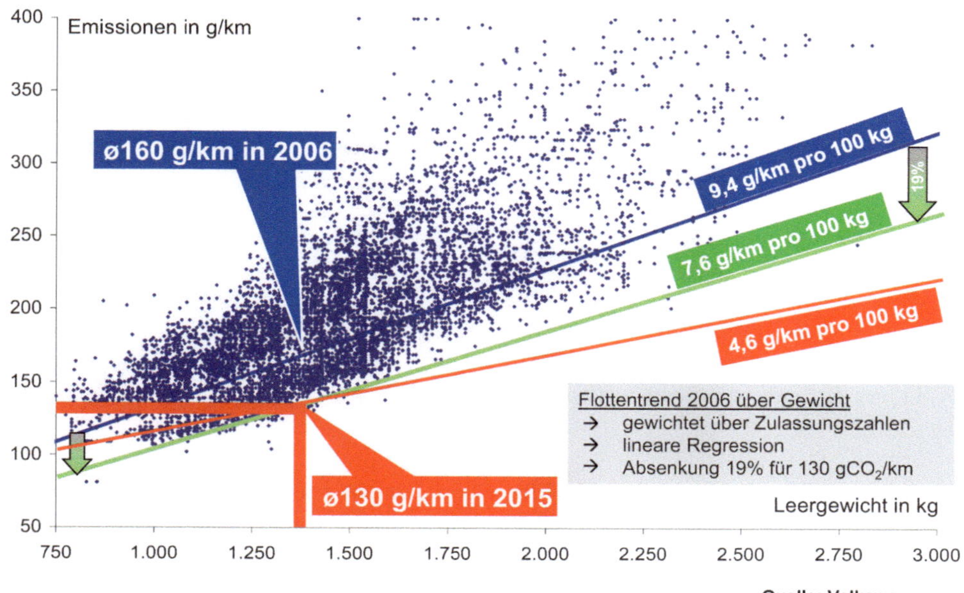

Abb. 6.47 Herleitung der EU-CO_2-Emissionsvorgabe

Europäische CO_2-Vorgaben Die europäische Gesetzgebung schreibt vor, dass beginnend ab 2012 mit einem Phase-In bis 2015 ein CO_2-Flottenmittelwert von 130 g/km einzuhalten ist. Für die einzelnen Hersteller leiten sich die Zielwerte von einer gewichtsbasierten Geradengleichung ab. Die Basis der Herleitung ist die Neufahrzeugflotte aus 2006, deren Mittelwert bei circa 160 g/km lag. Zur Ermittlung der gewichtsbasierten Geradengleichung wurde durch die verkaufsgewichtete Punktwolke der Wertepaare für CO_2-Emission über Fahrzeuggewicht eine Ausgleichsgerade gelegt, Abb. 6.47.

Die Steigung dieser Geraden beträgt circa 9,4 g/km pro 100 kg Fahrzeuggewicht. Eine gleiche und proportionale Lastenverteilung hätte dazu geführt, dass die neue Zielgerade um 19 % (130/160) tiefer gelegen hätte und die Steigung ebenfalls um 19 % geringer gewesen wäre (7,6 g/km pro 100 kg). Am Ende der politischen Diskussionen wurde sich aber darauf geeinigt, dass die Geradensteigung der neuen Zielgeraden nochmals um 60 % reduziert wird. Somit wurden aus den 7,6 jetzt circa 4,6 g/km pro 100 kg. Damit wurde der Forderung nachgegeben, dass große Fahrzeuge einen größeren Beitrag zur CO_2-Reduktion leisten sollten als kleinere Fahrzeuge.

Der Gewichtsmittelwert der Flotte wurde auf 1372 kg festgelegt, so dass die offizielle gesetzliche Geradengleichung wie folgt lautet:

$$\varnothing CO_2, KJ = 130\,g/km + 0{,}0457\,(g/km)/kg \cdot (\varnothing mKJ - 1372\,kg)\ (KJ = \text{Kalenderjahr}).$$

Mit Hilfe der CO_2-Umrechnungsfaktoren 23,3 g/km pro 1 l/100 km (für EU5-Ottokraftstoff) und 26,3 g/km pro 1 l/100 km (für EU5-Dieselkraftstoff) würden sich aus den drei Geradensteigungen folgende FRV_m-Werte ergeben:

9,4 g/km pro 100 kg → FRV_m = 0,40 l/100 km pro 100 kg, Ottomotor (0,36 für Diesel)
7,6 g/km pro 100 kg → FRV_m = 0,33 l/100 km pro 100 kg, Ottomotor (0,29 für Diesel)
4,6 g/km pro 100 kg → FRV_m = 0,20 l/100 km pro 100 kg, Ottomotor (0,17 für Diesel).

Zur Einhaltung der gesetzlichen Vorgaben dürfen die Verbräuche der PKW zukünftig nur noch ungefähr halb so stark über dem Gewicht ansteigen wie es in 2006 noch der Fall war. Durch die Gesetzgebung wurde hier implizit ein zukünftig zulässiger FRV_m definiert. Es gilt nun die Frage zu klären, wie hoch der tatsächliche Mehrverbrauch für 100 kg Mehrgewicht ist.

Bestimmung des $FRV_{m,K}$ und FRV_m (ohne Änderungen am Motor oder am Getriebe)
Die Berechnung des FRV_m wird wieder anhand des Beispielfahrzeugs 2 mit $m = 1300$ kg und $f_R = 0{,}01$ für den NEFZ durchgeführt. In (6.21) und (6.23) wurde die Rollwiderstandsarbeit für das Beispielfahrzeug 2 auf 100 km zu $W_{R,NEFZ,100} = 12.753$ kJ = 3,543 kWh berechnet und die Beschleunigungsarbeit zu $W_{a,NEFZ,100} = 14.915$ kJ = 4,143 kWh. Aus diesen Arbeiten werden die Verbrauchskennzahlen $FRV_{m,K}$ für die Konstantfahrt und die Verbrauchskennzahl FRV_m für den dynamischen Betrieb gemäß NEFZ berechnet.

In Abschn. 6.1.1 wurde hergeleitet, dass man bei konventionellen Verbrennungsmotoren mit einem konstanten Differenzverbrauchswirkungsgrad für Differenzwiderstände oder Differenzarbeiten rechnen kann. Der bei der Konstantfahrt wirkende Rollwiderstand stellt einen solchen Differenzwiderstand dar. Wird die Masse verändert, so folgt die Laständerung des Motors den Willans-Linien mit ihrer konstanten Steigung, während die Motordrehzahl konstant bleibt. Der Teilverbrauch für den massebedingten Widerstand bei der Konstantfahrt (= Rollwiderstand) errechnet sich mit den Differenzverbrauchs-Konstanten aus Abb. 6.6 und dem Getriebeverlustfaktor $F_{GV} = 1{,}02$ wie folgt:

$$V_{m,K} = 3{,}543\,\frac{\text{kWh}}{100\,\text{km}} \cdot 1{,}02 \cdot 0{,}264\,\frac{\text{l}}{\text{kWh}} = 0{,}954\,\frac{\text{l}}{100\,\text{km}} \text{ für Otto-Saugmotor} \tag{6.44}$$

$$V_{m,K} = 3{,}543\,\frac{\text{kWh}}{100\,\text{km}} \cdot 1{,}02 \cdot 0{,}220\,\frac{\text{l}}{\text{kWh}} = 0{,}795\,\frac{\text{l}}{100\,\text{km}} \text{ für Dieselmotor} \tag{6.45}$$

Die Dimension für den $FRV_{m,K}$ ist der Verbrauchs- oder CO_2-Einfluss für eine Masseänderung um 100 kg. Für das gewählte Beispielfahrzeug 2, das mit $m = 1300$ kg gerechnet wurde, ergeben sich somit folgende $FRV_{m,K}$-Werte (die CO_2-Angaben in Klammern wurden mit 23,3 und 26,3 g/km pro 1 l/100 km für Otto und Diesel umgerechnet):

$$FRV_{m,K} = 0{,}954\,\frac{\text{l}}{100\,\text{km}} \cdot \frac{100}{1300} = 0{,}073\,\frac{\text{l}}{100\,\text{km}} \text{pro 100 kg} \left(1{,}7\,\frac{\text{g}}{\text{km}}\,CO_2\right) \text{ Otto-Saugmotor} \tag{6.46}$$

$$FRV_{m,\,K} = 0{,}795\,\frac{l}{100\,km}\cdot\frac{100}{1300} = 0{,}061\,\frac{l}{100\,km}\text{pro }100\,kg\left(1{,}6\,\frac{g}{km}\,CO_2\right)\text{ Dieselmotor} \tag{6.47}$$

Bei der Konstantfahrt ist der massebedingte Teilverbrauch am geringsten, weil keine Beschleunigungsarbeit verrichtet werden muss.

Der Betrieb im NEFZ und auch vor Kunde ist von Beschleunigungen und Verzögerungen geprägt. Im NEFZ reduziert sich die Rollwiderstandsarbeit aufgrund der natürlichen Rekuperation (siehe Abschn. 6.1.4) um 15 %. Die massebedingte Gesamtarbeit im NEFZ auf 100 km beträgt folglich:

$$W_{m,\,NEFZ,\,100} = W_{a\,,\,NEFZ,\,100} + 0{,}85\cdot W_{R,\,NEFZ,\,100} \tag{6.48}$$

$$W_{m,\,NEFZ,\,100} = 4{,}143\,kWh + 0{,}85\cdot 3{,}543\,kWh = 4{,}143\,kWh + 3{,}011\,kWh = 7{,}154\,kWh \tag{6.49}$$

Zur Berechnung der Arbeit für 100 kg muss beachtet werden, dass der Rotationsfaktor (angenommen mit 1,03) nur in der Beschleunigungsarbeit wirkt. Auf den Rollwiderstand hat er keinen Einfluss. Deshalb müssen die Anteile für 100 kg für Roll- und Beschleunigungswiderstand separat berechnet und anschließend addiert werden:

$$W_{R,NEFZ,\,100\,kg} = 3{,}011\,\frac{kWh}{100\,km}\cdot\frac{100}{1300} = 0{,}2316\,kWh \tag{6.50}$$

$$W_{a,\,NEFZ,\,100\,kg} = 4{,}143\,\frac{kWh}{100\,km}\cdot\frac{100}{1300\cdot 1{,}03} = 0{,}3094\,kWh \tag{6.51}$$

$$W_{m,\,NEFZ,\,100\,kg} = W_{R,\,NEFZ,\,100\,kg} + W_{a,\,NEFZ,\,100\,kg} = 0{,}2316\,kWh + 0{,}3094\,kWh = 0{,}541\,kWh \tag{6.52}$$

In Abschn. 6.1.1 wurde hergeleitet, dass man bei konventionellen Verbrennungsmotoren mit einem konstanten Differenzverbrauchswirkungsgrad für Differenzwiderstände und Differenzarbeiten rechnen kann. Der massebehaftete Gesamtwiderstand stellt ebenfalls einen solchen Differenzwiderstand dar. Wird die Masse verändert, so folgt die Laständerung des Motors den Willans-Linien mit ihrer konstanten Steigung, während der Motor im Fahrzeug exakt das gleiche NEFZ-Drehzahlprofil fährt wie vor der Veränderung. Der FRV_m für eine Masseänderung um 100 kg errechnet sich mit den Differenzverbrauchs-Konstanten aus Abb. 6.6 und dem Getriebeverlustfaktor $F_{GV} = 1{,}02$ wie folgt:

$$V_{m,\,NEFZ,\,100\,kg} = 0{,}541\,\frac{kWh}{100\,km}\cdot 1{,}02\cdot 0{,}264\,\frac{l}{kWh} = 0{,}146\,\frac{l}{100\,km}\text{ für Otto-Saugmotor} \tag{6.53}$$

$$V_{m,\,NEFZ,\,100\,kg} = 0{,}541\,\frac{kWh}{100\,km}\cdot 1{,}02\cdot 0{,}220\,\frac{l}{kWh} = 0{,}121\,\frac{l}{100\,km}\text{für Dieselmotor} \tag{6.54}$$

Da diese Werte schon für 100 kg berechnet sind, entsprechen sie bereits den FRV_m-Werten. In der gleichen Systematik wie bei den vorigen FRV-Werten lauten die FRVm-Werte

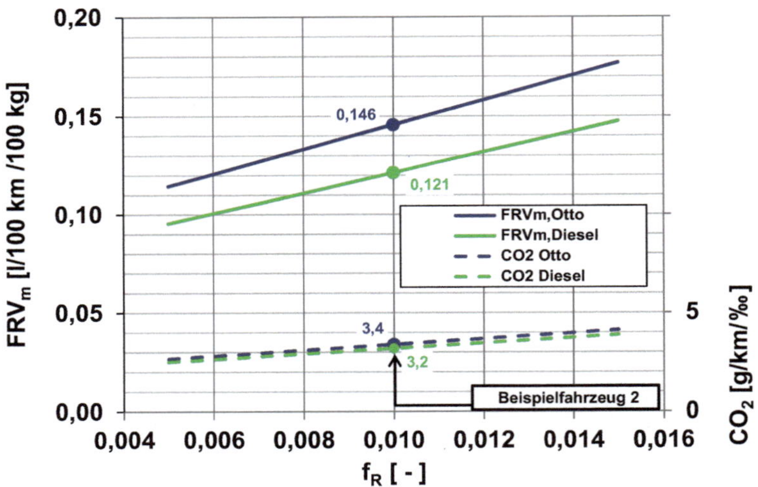

Abb. 6.48 FRVm in Abhängigkeit vom Rollwiderstandsbeiwert

für eine Gewichtsänderung von 100 kg (**ohne Änderung am Motor oder an der Übersetzung**) mit den zugehörigen CO_2-Angaben (die CO_2-Angaben in Klammern wurden mit 23,3 und 26,3 g/km pro 1 l/100 km für Otto und Diesel umgerechnet):

$$\mathrm{FRV_m} = 0{,}146\,\frac{\mathrm{l}}{100\,\mathrm{km}}\,\mathrm{pro}\ 100\,\mathrm{kg}\left(3{,}4\,\frac{\mathrm{g}}{\mathrm{km}}\mathrm{CO_2}\right)\ \text{Otto-Saugmotor} \tag{6.55}$$

$$\mathrm{FRV_m} = 0{,}121\,\frac{\mathrm{l}}{100\,\mathrm{km}}\,\mathrm{pro}\ 100\,\mathrm{kg}\left(3{,}2\,\frac{\mathrm{g}}{\mathrm{km}}\,\mathrm{CO_2}\right)\ \text{Dieselmotor} \tag{6.56}$$

Diese FRV_m-Werte basieren auf einem angenommenen Rollwiderstandsbeiwert von $f_R = 0{,}01$. Moderne Reifen liegen in ihrem typischen Rollwiderstandsbeiwert heute schon deutlich unter 10 ‰. Diese Herstellerangaben gelten für einen betriebswarmen Reifen. Im NEFZ wird jedoch bei Raumtemperatur gestartet, so dass anfänglich deutlich höhere Widerstände wirken. Insofern enthält der gewählte f_R-Wert einen gewissen realistischen Kaltaufschlag. Diese Annahme hat sich in der Praxis für durchschnittliche PKW-Reifen bewährt. Die theoretische Abhängigkeit des FRVm vom Rollwiderstandsbeiwert zeigt Abb. 6.48.

Beide FRV_m für Otto- und Dieselmotor sind kleiner als der in Abb. 6.47 hergeleitete zulässige FRV_m für die europäische Gesetzgebung von 4,6 g/km pro 100 kg. Im Falle einer Gewichtsverringerung um 100 kg wäre die CO_2-Einsparung geringer als vom Gesetzgeber gefordert. Im Falle einer Gewichtserhöhung um 100 kg wäre die CO_2-Mehremission dagegen geringer als vom Gesetzgeber zugelassen. Deshalb gab es zu diesem Gesetz bereits Stimmen in den Medien, die befürchteten, dass die Hersteller zukünftig immer schwerere Autos bauen würden, um die Vorgaben leichter einhalten zu können. Dieser Weg verbietet sich jedoch für die Hersteller aus zwei Gründen. Erstens führt dieser Weg zu geringeren Fahrleistungen durch das gestiegene Gewicht. Zweitens wird das mittlere Fahrzeuggewicht aller neu zugelassenen Fahrzeuge durch den Gesetzgeber jährlichen Prüfungen unterzogen. Sollte sich dabei ein Trend nach oben zeigen, ist eine Anpassung der Grenzwerte vorgesehen.

Bezüglich der Masse ist der einzig erfolgreiche und nachhaltige Weg zur Einhaltung der CO_2-Gesetzgebung die Gewichtsverringerung. Ein leichteres Fahrzeug hat bei gleichem Antriebsstrang entsprechend bessere Fahrleistungen. Kann man auf die Verbesserung der Fahrleistung verzichten, so werden Anpassungen am Motor oder an der Übersetzung möglich, die den FRVm deutlich steigern und die Gewichtsverringerung nochmals CO_2-effizienter machen.

Bestimmung des $FRV_{m,AA}$ (mit angepasstem Antriebsstrang über Motor/Getriebe)
Das Fahrzeuggewicht ist insbesondere im unteren und mittleren Geschwindigkeitsbereich die dominante Größe für den Fahrleistungseindruck und den Fahrspaß. Auch wenn sich aufgrund der Klimaproblematik die Prioritäten zwischen Fahrleistung und Effizienz verschieben sollten und könnten, kann sich allein aus Wettbewerbsgründen kein Hersteller erlauben, neue Fahrzeuge stetig in den Fahrleistungen zu verschlechtern.

Zur Erfüllung der Forderung nach unveränderten Fahrleistungen bei Gewichtsveränderungen werden zwei Maßnahmen simuliert. Die erste Maßnahme besteht in der Änderung der Gesamtübersetzung, so dass bei einer Gewichtszunahme oder -abnahme eine gleiche Elastizität von 80–120 km/h erreicht wird. Diese Maßnahme ist in der Praxis relativ einfach und kostengünstig umzusetzen, in dem die Achsübersetzung entsprechend geändert wird. Die zweite Maßnahme ist die Vergrößerung des Hubraums, so dass bei einer Gewichtszunahme oder -abnahme eine gleiche Beschleunigung von 0–100 km/h erzielt wird. Für diese Maßnahmen wird im Folgenden die Abkürzung AA (Angepasster Antriebsstrang) verwendet. Die Motorveränderung wurde derart simuliert, dass dasselbe spezifische Ausgangskennfeld linear auf den veränderten Hubraum hochgerechnet wurde. Diese Berechnungen wurden für Fahrzeuge verschiedenster Fahrzeugklassen und Motorisierungen durchgeführt. Die Veränderung des Hubraums führt im Mittel zu etwas größeren Verbrauchsveränderungen als die Übersetzungsänderung. Erwartungsgemäß ergibt sich bei beiden Maßnahmen auch jeweils eine Bandbreite. In der Praxis wird bei größeren Gewichtsveränderungen wahrscheinlich eine Kombination aus beiden Maßnahmen vorgenommen. Um für die frühe Phase einer Entwicklung dennoch eine belastbare Verbrauchskennzahl zu erhalten wird aus der Bandbreite ein pragmatischer Mittelwert gebildet.

Die aus der Simulation errechneten mittleren $FRV_{m,AA}$-Werte für eine Gewichtsänderung von 100 kg **mit angepasstem Antriebsstrang (AA)** mit den zugehörigen CO_2-Angaben lauten (die CO_2-Angaben in Klammern wurden mit 23,3 und 26,3 g/km pro 1 l/100 km für Otto und Diesel umgerechnet):

$$FRV_{m,\,AA} = 0{,}35\,\frac{1}{100\,\text{km}}\ \text{pro}\ 100\,\text{kg}\ \left(8{,}2\,\frac{\text{g}}{\text{km}}\,CO_2\right)\ \text{Otto-Motor} \tag{6.57}$$

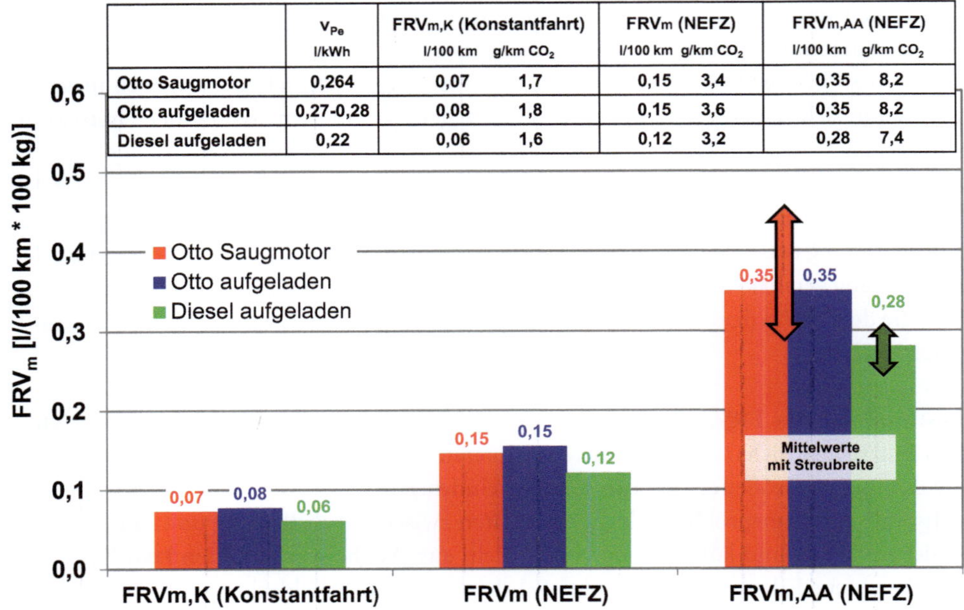

	v_{Pe} l/kWh	FRVm,K (Konstantfahrt) l/100 km	g/km CO_2	FRVm (NEFZ) l/100 km	g/km CO_2	FRVm,AA (NEFZ) l/100 km	g/km CO_2
Otto Saugmotor	0,264	0,07	1,7	0,15	3,4	0,35	8,2
Otto aufgeladen	0,27-0,28	0,08	1,8	0,15	3,6	0,35	8,2
Diesel aufgeladen	0,22	0,06	1,6	0,12	3,2	0,28	7,4

Abb. 6.49 FRVm-Wertebereich

$$FRV_{m,\,AA} = 0{,}28\,\frac{l}{100\,km}\ \text{pro}\ 100\,kg\ \left(7{,}4\,\frac{g}{km}\,CO_2\right)\ \text{Dieselmotor} \tag{6.58}$$

Eine Zusammenfassung der FRV_m-Werte für die Konstantfahrt, für den NEFZ und für den NEFZ mit angepasstem Antriebsstrang zeigt die Abb. 6.49. Wegen der höheren Unsicherheiten beim angepassten Antriebsstrang wurde auf eine Differenzierung beim Ottomotor zwischen Sauger und aufgeladen verzichtet. Im Einzelfall sind hier individuelle Berechnungen erforderlich. Als Richtgröße für Entscheidungen in frühen Projektphasen, in denen noch keine genaueren Fahrzeug- und Motordaten vorliegen, ist dieser Wert jedoch genügend genau.

Beim angepassten Antriebsstrang liegen beide $FRV_{m,AA}$ für Otto- und Dieselmotor mit 8,2 und 7,4 g/km deutlich höher als der in Abb. 6.47 hergeleitete zulässige FRV_m für die europäische Gesetzgebung von 4,6 g/km pro 100 kg. Im Falle einer Gewichtsverringerung um 100 kg wäre nun die CO_2-Einsparung deutlich größer als vom Gesetzgeber gefordert. Im Falle einer Gewichtserhöhung um 100 kg wäre die CO_2-Mehremission dagegen deutlich höher als vom Gesetzgeber zugelassen. Die Einhaltung der CO_2-Gesetzgebung bei gleichzeitiger Beibehaltung der gewohnten Fahrleistungen ist daher zukünftig für alle Fahrzeughersteller nur mit reduzierten Fahrzeuggewichten erfolgreich. Der gewichtsbasierte Ansatz des Gesetzgebers ist somit aus Klimaschutzgründen richtig und sinnvoll.

Die Wirksamkeit einer Gewichtsminderung ist bei Anwendung dieser hohen $FRV_{m,AA}$-Werte mehr als doppelt so hoch wie bei der Anwendung des FRV_m ohne Anpassungen. Allerdings können diese hohen FRV_m-Werte tatsächlich auch nur angewendet werden, wenn die Summe aller Gewichtsminderungsmaßnahmen in der Größenordnung von 100 kg liegt, denn nur dann sind Anpassungen am Motor oder Getriebe wahrscheinlich und sinnvoll. Daher sollte bei einer Fahrzeug-Neuentwicklung von Beginn an ein detailliertes und konsequentes Gewichtsmanagement betrieben werden, bei dem auch viele kleine Gewichtsmaßnahmen entwickelt, beurteilt und möglichst entschieden werden, damit am Ende der Entwicklung tatsächlich ein Maßnahmen-Paket von circa 100 kg zur Verfügung steht.

Modellpflegen an Serienfahrzeugen führen im Allgemeinen eher nur zu kleineren Gewichtsänderungen. Für diese Fälle ist lediglich der FRV_m ohne Anpassung zu verwenden.

Die angegebenen FRV_m-Zahlenwerte stehen alle für eine Gewichtsänderung von 100 kg. Rein theoretisch kann man die Auswirkungen auch kleinster Gewichtsänderungen damit linear extrapolieren. Beim $FRV_{m,AA}$ sprechen lediglich die Erfahrungen aus der Praxis dagegen, die für kleine Gewichtsänderungen allein wegen der vorhandenen Komponenten-Baukästen keine geringen Änderungen an Motoren oder Getrieben erlauben. Beim FRV_m sind auch kleinste Gewichtsänderungen in ihrer Auswirkung extrapolierbar und auch im Fahrversuch nachweisbar, wenn der NEFZ im realen Fahrzeug auf der Straße gefahren würde.

Bei der Zulassungsprozedur werden die Fahrzeuge jedoch einer bestimmten Schwungmasse zugeordnet. Die Schwungmassen decken einen Gewichtsbereich von circa 100 kg ab. Innerhalb dieses Bereichs wird lediglich der Rollwiderstandsanteil der Gewichtsveränderung wirksam. Erst wenn die nächste Schwungmasse erreicht wird, gibt es einen sprunghaften Anstieg in der Wirksamkeit einer Gewichtsmaßnahme durch den veränderten Beschleunigungsanteil. Auf die Besonderheiten dieser Schwungmasseneinteilung bei der Typprüfprozedur soll hier aufgrund der Komplexität nicht näher eingegangen werden. Man sollte aber beachten, dass dadurch bei einem individuellen Fahrzeugtyp der wirksame FRV_m dramatisch steigen kann, wenn aufgrund eines einzelnen Kilogramms die volle Differenz der Schwungmasse von zum Beispiel 110 kg in der Beschleunigungsarbeit wirksam wird.

Im Sinne einer konsequenten und Fahrzeugklassen und Baukästen übergreifenden Gewichtsentwicklung sollten diese Sonderfälle aber nicht von der allgemeinen Anwendung der genannten FRV_m-Werte ablenken. Die Empfehlung kann daher nur lauten, dass für Modellpflegen mit kleineren Gewichtsänderungen mit dem FRV_m gearbeitet wird. Bei Neuentwicklungen mit dem Potenzial für größere Gewichtsänderungen sollte der $FRV_{m,AA}$ verwendet werden.

6.2.4 Verbrauchskennzahl für elektrische Verbraucher, FRV_E

Die Anzahl der elektrischen Verbraucher im Fahrzeug ist in den letzten Jahren stetig gewachsen. Dabei ist zu unterscheiden zwischen zusätzlichen Verbrauchern, wie zum Beispiel einer Unterdruckpumpe, und bekannten Verbrauchern, die nicht mehr mechanisch, sondern elektrisch angetrieben werden, wie zum Beispiel einer Wasserpumpe. Einige davon laufen auch bei der CO_2-Zertifizierung auf dem Rollenprüfstand und andere sind nur im Kundenbetrieb aktiv. Der Verbrauch an elektrischer Energie ist aufgrund der gesetzlichen CO_2-Vorgaben heute nicht mehr zu vernachlässigen. Daher ist auch für den elektrischen Verbrauch eine pragmatische Kennzahl erforderlich, die in der frühen Entwicklung den Entscheidungsprozess für das Verbrauchscontrolling unterstützt.

Die Berechnung des FRV_E erfolgt anhand der Annahmen in Abschn. 6.1.3.5. Es wird der Mehrverbrauch im NEFZ für eine elektrische Differenz-Leistung von 100 W berechnet. Dabei wird ein Differenzwirkungsgrad von 70 % für die Umwandlung von mechanischer in elektrische Energie angesetzt. Um den elektrisch verursachten Kraftstoffverbrauch in der Dimension l/100 km angeben zu können, ist die Durchschnittsgeschwindigkeit von Bedeutung. Sie legt fest, wie viele Stunden der Verbrauch ansteht, um eine Strecke von 100 km zu fahren. Der NEFZ wird mit einer Durchschnittsgeschwindigkeit von 33,6 km/h gefahren. Daraus folgt, dass eine Fahrt über 100 km 2,98 h dauert. Aufbauend auf (6.29) ergibt sich für die Bereitstellung von 100 W elektrischer Leistung ein Energiebedarf auf 100 km von:

$$W_{\mathrm{El,\,100\,W}} = 0{,}1\,[\mathrm{kW}] \cdot \frac{1}{0{,}7} \cdot \frac{100\,\mathrm{km}}{33{,}6\left[\frac{\mathrm{km}}{\mathrm{h}}\right]} \cdot \frac{3600\,[\mathrm{kJ}]}{1\,[\mathrm{kWh}]} = 1530{,}6\,\mathrm{kJ} \tag{6.59}$$

Für den FRV_E sind davon unter Berücksichtigung der natürlichen Rekuperation in den Verzögerungsphasen (siehe Abschn. 6.1.4) nur 89 % verbrauchsrelevant:

$$W_{\mathrm{El,\,100\,W,\,eff}} = 0{,}89 \cdot 1530{,}6\,\mathrm{kJ} = 1362{,}2\,\mathrm{kJ} = 0{,}378\,\mathrm{kWh} \tag{6.60}$$

In Abschn. 6.1.1 wurde hergeleitet, dass man bei konventionellen Verbrennungsmotoren mit einem konstanten Differenzverbrauchswirkungsgrad für Differenzwiderstände und Differenzarbeiten rechnen kann. Der elektrische Energieverbrauch stellt eine solche Differenzarbeit dar. Wird die elektrische Leistungsaufnahme verändert, so folgt die Laständerung des Motors den Willans-Linien mit ihrer konstanten Steigung, während der Motor im Fahrzeug exakt das gleiche NEFZ-Drehzahlprofil fährt wie vor der Veränderung. Der Teilverbrauch für die elektrische Energie $V_{\mathrm{E,NEFZ,100}}$ errechnet sich mit den Differenzverbrauchs-Konstanten aus Abb. 6.6 wie folgt:

$$V_{\mathrm{E,\,NEFZ,\,100}} = 0{,}378\,\frac{\mathrm{kWh}}{100\,\mathrm{km}} \cdot 0{,}264\,\frac{1}{\mathrm{kWh}} = 0{,}100\,\frac{1}{100\,\mathrm{km}}\ \text{für Otto-Saugmotor} \tag{6.61}$$

$$V_{\mathrm{E,\,NEFZ,\,100}} = 0{,}378\,\frac{\mathrm{kWh}}{100\,\mathrm{km}} \cdot 0{,}220\,\frac{1}{\mathrm{kWh}} = 0{,}083\,\frac{1}{100\,\mathrm{km}}\ \text{für Dieselmotor} \tag{6.62}$$

Da diese Werte schon für eine elektrische Leistung von 100 W berechnet sind, entsprechen sie bereits den FRV_E-Werten. In der gleichen Systematik wie bei den vorigen FRV-Werten lauten die FRV_E-Werte für eine Veränderung der elektrischen Leistung um 100 W mit den zugehörigen CO_2-Angaben (die CO_2-Angaben in Klammern wurden mit 23,3 und

26,3 g/km pro 1 l/100 km für Otto und Diesel umgerechnet):

$$\mathrm{FRV_E} = 0{,}100\,\frac{\mathrm{l}}{100\,\mathrm{km}}\,\text{pro } 100\,\mathrm{W}\left(2{,}3\,\frac{\mathrm{g}}{\mathrm{km}}\,\mathrm{CO_2}\right)\ \text{Otto-Saugmotor} \tag{6.63}$$

$$\mathrm{FRV_E} = 0{,}083\,\frac{\mathrm{l}}{100\,\mathrm{km}}\,\text{pro } 100\,\mathrm{W}\left(2{,}2\,\frac{\mathrm{g}}{\mathrm{km}}\,\mathrm{CO_2}\right)\ \text{Dieselmotor} \tag{6.64}$$

Die Praxis hat gezeigt, dass Elektrotechniker gerne in der Einheit Ampere denken und weniger in Leistung. Bei einer angenommenen Bordnetzspannung von 14 V fließt für eine Leistung von 100 W ein Strom von 7,14 A. Damit ergibt sich die auf 1 A bezogene Verbrauchskennzahl wie folgt:

$$\mathrm{FRV_E} = 0{,}014\,\frac{\mathrm{l}}{100\,\mathrm{km}}\,\text{pro } 1\,\mathrm{A}\left(0{,}33\,\frac{\mathrm{g}}{\mathrm{km}}\,\mathrm{CO_2}\right)\ \text{Otto-Saugmotor} \tag{6.65}$$

$$\mathrm{FRV_E} = 0{,}012\,\frac{\mathrm{l}}{100\,\mathrm{km}}\,\text{pro } 1\,\mathrm{A}\left(0{,}31\,\frac{\mathrm{g}}{\mathrm{km}}\,\mathrm{CO_2}\right)\ \text{Dieselmotor} \tag{6.66}$$

6.2.5 Verbrauchskennzahl für mechanische Verbraucher, $\mathrm{FRV_{mech.}}$

Mechanisch angetriebene Verbraucher sind nicht nur Nebenaggregate wie Lenkhilfepumpen, Klimakompressoren oder Ölpumpen, sondern alle Reibstellen im Motor. So kann es für einen Motorkonstrukteur von großem Interesse sein, den Verbrauchsvorteil eines reibungsoptimierten Wellendichtringes zu kennen, von dem er weiß, dass die mittlere Leistungsaufnahme im NEFZ zum Beispiel um 20 Watt reduziert wurde.

Die Berechnung der $\mathrm{FRV_{mech.}}$ entspricht der Berechnung der $\mathrm{FRV_E}$ ohne Berücksichtigung des Umwandlungswirkungsgrades von 70 %. Die Bezugsgröße ist ebenfalls eine mechanische Leistung von 100 W. Aufbauend auf (6.59) ergibt sich für die Bereitstellung von 100 W mechanischer Leistung ein Energiebedarf auf 100 km von:

$$W_{\mathrm{mech.,\,100}} = 0{,}1\,[\mathrm{kW}]\cdot\frac{100\,\mathrm{km}}{33{,}6\left[\frac{\mathrm{km}}{\mathrm{h}}\right]}\cdot\frac{3600\,[\mathrm{kJ}]}{1\,[\mathrm{kWh}]} = 1071{,}43\,\mathrm{kJ} \tag{6.67}$$

Für den $\mathrm{FRV_{mech.}}$ sind davon unter Berücksichtigung der natürlichen Rekuperation in den Verzögerungsphasen (siehe Abschn. 6.1.4) nur 89 % verbrauchsrelevant:

$$W_{\mathrm{mech.,\,100,\,eff}} = 0{,}89\cdot 1071{,}43\,\mathrm{kJ} = 953{,}6\,\mathrm{kJ} = 0{,}265\,\mathrm{kWh} \tag{6.68}$$

In Abschn. 6.1.1 wurde hergeleitet, dass man bei konventionellen Verbrennungsmotoren mit einem konstanten Differenzverbrauchswirkungsgrad für Differenzwiderstände und Differenzarbeiten rechnen kann. Der mechanische Energieverbrauch stellt eine solche Differenzarbeit dar. Wird die mechanische Leistungsaufnahme verändert, so folgt die Laständerung des Motors den Willans-Linien mit ihrer konstanten Steigung, während der Motor im Fahrzeug exakt das gleiche NEFZ-Drehzahlprofil fährt wie vor der Veränderung. Der Teilverbrauch für die mechanische Energie $V_{\text{mech,NEFZ,100}}$ errechnet sich mit den Differenzverbrauchs-Konstanten aus Abb. 6.6 und dem Getriebeverlustfaktor $F_{GV} = 1{,}02$ daher wie folgt:

$$V_{\text{mech., NEFZ, 100}} = 0{,}265\,\frac{\text{kWh}}{100\,\text{km}} \cdot 1{,}02 \cdot 0{,}264\,\frac{\text{l}}{\text{kWh}} = 0{,}0714\,\frac{\text{l}}{100\,\text{km}} \text{ für Otto-Saugmotor} \tag{6.69}$$

$$V_{\text{mech., NEFZ, 100}} = 0{,}265\,\frac{\text{kWh}}{100\,\text{km}} \cdot 1{,}02 \cdot 0{,}220\,\frac{\text{l}}{\text{kWh}} = 0{,}0595\,\frac{\text{l}}{100\,\text{km}} \text{ für Dieselmotor} \tag{6.70}$$

Erfolgt die Leistungsabnahme vor dem Getriebe, so entfällt $F_{GV} = 1{,}02$. Da diese Werte schon für eine mechanische Leistung von 100 W berechnet sind, entsprechen sie bereits den $FRV_{\text{mech.}}$-Werten. In der gleichen Systematik wie bei den vorigen FRV-Werten lauten die $FRV_{\text{mech.}}$-Werte für eine Veränderung der mechanischen Leistung um 100 W mit den zugehörigen CO_2-Angaben (die CO_2-Angaben in Klammern wurden mit 23,3 und 26,3 g/km pro 1 l/100 km für Otto und Diesel umgerechnet):

$$FRV_{\text{mech.}} = 0{,}071\,\frac{\text{l}}{100\,\text{km}} \text{pro } 100\,\text{W} \left(1{,}7\,\frac{\text{g}}{\text{km}}\,CO_2\right) \text{ Otto-Saugmotor} \tag{6.71}$$

$$FRV_{\text{mech.}} = 0{,}060\,\frac{\text{l}}{100\,\text{km}} \text{pro } 100\,\text{W} \left(1{,}6\,\frac{\text{g}}{\text{km}}\,CO_2\right) \text{ Dieselmotor} \tag{6.72}$$

6.2.6 Verbrauchskennzahl für Fahrwiderstand, FRV_F

Für die Aufgabe der Fahrwiderstandsoptimierung von Fahrzeugen und für die Betreiber von Rollenprüfständen kann es hilfreich sein, den Einfluss einer Fahrwiderstandsänderung um 1 N auf den Verbrauch oder die CO_2-Emission zu kennen

Die Berechnung des FRV_F entspricht prinzipiell der Berechnung des FRV_R. Die Bezugsgröße ist eine Zugkraft von 1 N. Der dafür notwendige Energiebedarf für 100 km berechnet sich wie folgt:

$$W_{\text{F, 100}} = 1\,[\text{N}] \cdot 100.000\ [\text{m}] = 100.000\,[\text{J}] = 100\,\text{kJ} \tag{6.73}$$

Für den FRV_F sind davon unter Berücksichtigung der natürlichen Rekuperation in den Verzögerungsphasen (siehe Abschn. 6.1.4) in Analogie zum Rollwiderstand nur 85 % verbrauchsrelevant:

$$W_{\text{F, 100, eff}} = 0{,}85 \cdot 100\,\text{kJ} = 85\,\text{kJ} = 0{,}0236\,\text{kWh} \tag{6.74}$$

In Abschn. 6.1.1 wurde hergeleitet, dass man bei konventionellen Verbrennungsmotoren mit einem konstanten Differenzverbrauchswirkungsgrad für Differenzwiderstände und Differenzarbeiten rechnen kann. Der Energiebedarf durch Zugkraft stellt eine solche Differenzarbeit dar. Wird die Zugkraft verändert, so folgt die Laständerung des Motors den Willans-Linien mit ihrer konstanten Steigung, während der Motor im Fahrzeug exakt das gleiche NEFZ-Drehzahlprofil fährt wie vor der Veränderung. Der Teilverbrauch für die Zugkraft von einem Newton $V_{F,NEFZ,100}$ errechnet sich mit den Differenzverbrauchs-Konstanten aus Abb. 6.6 und dem Getriebeverlustfaktor $F_{GV} = 1{,}02$ daher wie folgt:

$$V_{F,\,NEFZ,\,100} = 0{,}0236\,\frac{\text{kWh}}{100\,\text{km}} \cdot 1{,}02 \cdot 0{,}264\,\frac{\text{l}}{\text{kWh}} = 0{,}0064\,\frac{\text{l}}{100\,\text{km}} \text{ für Otto-Saugmotor} \tag{6.75}$$

$$V_{F,\,NEFZ,\,100} = 0{,}0236\,\frac{\text{kWh}}{100\,\text{km}} \cdot 1{,}02 \cdot 0{,}220\,\frac{\text{l}}{\text{kWh}} = 0{,}0053\,\frac{\text{l}}{100\,\text{km}} \text{ für Dieselmotor} \tag{6.76}$$

Da diese Werte schon für eine Zugkraft von 1 N berechnet sind, entsprechen sie bereits den FRV_F-Werten. In der gleichen Systematik wie bei den vorigen FRV-Werten lauten die FRV_F-Werte für eine Veränderung der Zugkraft um 1 N mit den zugehörigen CO_2-Angaben (die CO_2-Angaben in Klammern wurden mit 23,3 und 26,3 g/km pro 1 l/100 km für Otto und Diesel umgerechnet):

$$FRV_F = 0{,}0064\,\frac{\text{l}}{100\,\text{km}} \text{ pro 1 N} \left(0{,}15\,\frac{\text{g}}{\text{km}}\,CO_2\right) \text{ Otto-Saugmotor} \tag{6.77}$$

$$FRV_F = 0{,}0053\,\frac{\text{l}}{100\,\text{km}} \text{ pro 1 N} \left(0{,}14\,\frac{\text{g}}{\text{km}}\,CO_2\right) \text{ Dieselmotor} \tag{6.78}$$

Dieser FRV_F kann auch für die Bestimmung des Verbrauchseinflusses von Restbremsmomenten verwendet werden. Dazu muss das Moment am Rad lediglich über den Reifenhalbmesser in die zugehörige Zugkraft umgerechnet werden. So wird beispielsweise aus einem Restbremsmoment von 1 Nm pro Rad bei 0,3 m Halbmesser eine Zugkraft von 13,3 N für das Fahrzeug, was beim Ottomotor einen Mehrverbrauch von ungefähr $13{,}3 \times 0{,}0064 = 0{,}08$ l/100 km verursacht.

6.2.7 FRV_x-Sensitivitäts-Vergleich mit anderen Fahrzyklen

Die bisher vorgestellten Verbrauchskennzahlen FRV_x beziehen sich alle auf den NEFZ. Im späteren Kap. 7 werden die wichtigsten weiteren Fahrzyklen für die Weltmärkte vorgestellt. Es handelt sich dabei um die zwei Fahrzyklen FTP-75 und HFET für die Berechnung des US-combined-Verbrauchs und um die weiteren drei Fahrzyklen SC03, US06 und FTP-75 (–7 °C) für die Berechnung des US-combined-Verbrauchs gemäß 5-cycle-Test. Für den japanischen Markt gilt der JC08. Außerdem wird der erste offizielle Vorschlag für den WLTP gezeigt, der den NEFZ zukünftig ablösen soll. Vom WLTP gibt es drei Versionen, deren Bedeutung in Abschn. 7.3.4 näher erläutert wird. An dieser Stelle soll vorab eine Sensitivitätsanalyse der wichtigsten Verbrauchskennzahlen bezüglich der verschiedenen Fahrzyklen gemacht werden, Abb. 6.50. Die Verbrauchskennzahlen für den NEFZ stehen in

Beispielfahrzeug 2 **m_{Bezug} = 1300 kg** **f_R = 0,01** **NEFZ ≙ 100 %**	**FRV_R** Δf_R = 0,001 = 1 ‰		**FRV_L** Δc_W*A = 0,1 m²		**FRV_m** Δm = 100 kg		**FRV_E** Δ_{Pe} = 100 W	
	Angaben in l/100 km pro Δ_x							
NEFZ	**0,08**	**100%**	**0,14**	**100%**	**0,15**	**100%**	**0,10**	**100%**
FTP-75	0,06	80%	0,08	59%	0,18	123%	0,09	89%
HFET	0,08	96%	0,19	137%	0,11	77%	0,04	44%
US-Combined (0,55 City/0,45 HFET)	0,07	87%	0,13	94%	0,15	103%	0,07	69%
SC03	0,06	75%	0,07	49%	0,20	138%	0,08	85%
US06	0,07	84%	0,26	182%	0,21	144%	0,04	40%
5-cycle mit natürlicher Wichtung	0,07	84%	0,14	99%	0,17	118%	0,07	69%
JC08	0,06	73%	0,06	41%	0,18	122%	0,12	121%
WLTP5.3_C1	0,06	78%	0,05	34%	0,11	76%	0,11	112%
WLTP5.3_C2	0,07	85%	0,17	118%	0,14	96%	0,07	68%
WLTP5.3_C3	0,07	82%	0,18	127%	0,17	114%	0,06	63%

Abb. 6.50 FRVx-Sensitivitätsanalyse an verschiedenen Fahrzyklen (Fahrzeug mit Ottomotor)

der ersten Zeile und sind als Basiswerte fett gedruckt, sie werden zu 100 % gesetzt. Die Werte von Zyklen, deren Einzelergebnis weder für die Verbrauchsgesetzgebung noch für die Kundeninformation voll zum Tragen kommt, sind klein gedruckt. Auch der WLTP5.3_C1 wird als Niedrigst-Geschwindigkeits-Zyklus nur eine untergeordnete Rolle spielen.

Die Verbrauchskennzahl für den Rollwiderstand FRV_R ist beim JC08 am kleinsten und erreicht nur 73 % des NEFZ-Wertes. Die Ursache liegt in der wesentlich größeren natürlichen Rekuperation beim JC08. Ein sehr großer Streckenanteil wird verzögernd gefahren, wobei die Energie zur Überwindung des Rollwiderstandes aus der kinetischen Energie gedeckt wird. Der NEFZ hat den größten FRV_R, weil er sehr lange Konstantfahranteile aufweist und nur kurze Verzögerungsstrecken. Somit ist die natürliche Rekuperation am geringsten.

Die kleinste Verbrauchskennzahl für den Luftwiderstand weist erwartungsgemäß der WLTP5.3_C1 auf, weil er mit 64,4 km/h nicht nur die geringste maximale Geschwindigkeit aufweist, sondern auch eine außerordentlich geringe Durchschnittsgeschwindigkeit von nur 28,5 km/h, siehe Abschn. 7.3.5. Der JC08 liegt auf ähnlich niedrigem Niveau. Den höchsten Wert für FRV_L hat der US-Hochgeschwindigkeitszyklus US06. Das Niveau von 182 % des NEFZ-Wertes kommt jedoch nicht voll in der Herstellerangabe zum Tragen, weil dieser Zyklus nur einer von insgesamt fünf Zyklen des US-5-cycle-Tests ist. Der kombinierte 5-cycle-Test liegt (bei natürlicher Wichtung) mit 98 % fast auf NEFZ-Niveau. Sollten die WLTP-Vorschläge so umgesetzt werden, wären sie zukünftig die Zyklen, bei denen Luftwiderstandsmaßnahmen den höchsten Einfluss auf den Verbrauch hätten.

Die kleinste Verbrauchskennzahl für die Masse weist der WLTP5.2_C1 mit 76 % des NEFZ-Niveaus auf. Die höchste Gewichtsauswirkung auf den offiziellen Verbrauch gibt es in Japan beim JC08 mit 0,18 l/100 km pro 100 kg, was 22 % über NEFZ-Niveau liegt.

Einzelzyklen in den USA liegen bis zu 44 % höher als der NEFZ, sie gehen jedoch nur gewichtet in das offizielle combined-Ergebnis ein.

Die Verbrauchskennzahl für Stromverbrauch ist in erster Näherung umgekehrt proportional zur Durchschnittsgeschwindigkeit. Weiterhin hängt sie ab von der zeitlichen Dauer der Bremsphasen, in denen der Motor keine Energie zum Antrieb des Generators aufbringen muss. Den geringsten Einfluss auf den Verbrauch wird der Stromverbrauch im WLTP5.3_C3 haben. Er geht auf 63 % vom NEFZ-Wert zurück. Die höchste Stromempfindlichkeit zeigt der JC08 mit 122 % vom NEFZ-Wert.

Für die beiden relevanten WLTP-Vorschläge bleibt festzuhalten, dass sich für Rollwiderstand und Stromverbrauch eher kleinere Verbräuche einstellen werden. Das kommt dem Wunsch der Politiker nach höheren Verbrauchsangaben eher nicht entgegen. Beim Luftwiderstand ist mit einer circa 20 % höheren Verbrauchsauswirkung zu rechnen. Die Massenauswirkung auf den Verbrauch wird nur beim WLTP5.3_C3 leicht höher als beim NEFZ. Mit 0,17 l/100 km pro 100 kg liegt der FRVm auf ähnlichem Niveau wie der natürlich gewichtete US-5-cycle-Test und der JC08. Die teilweise gegenläufigen und moderaten Unterschiede in den Verbrauchskennzahlen zwischen dem NEFZ und den beiden relevanten WLTP-Vorschlägen lassen nicht erwarten, dass zukünftig völlig andere Schwerpunkte in der Fahrwiderstandsreduktiongesetzt werden.

Es sei an dieser Stelle darauf hingewiesen, dass diese Verbrauchskennzahlen für konventionelle PKW gelten. Die FRV-Werte gelten für den Ottomotor und wurden mit der Differenzverbrauchskonstante $v_{PE} = 0{,}264$ l/kWh gerechnet, siehe Abschn. 6.1.1. Für die Umrechnung auf Werte für den Dieselmotor können die Zahlen mit dem Faktor 0,22/0,264 multipliziert werden. Die verwendete Differenzverbrauchskonstante hat sich beim NEFZ mit seinen relativ schwachen Leistungsanforderungen bewährt. Bei einigen Zyklen des 5-cycle-Tests und auch bei den neuen WLPT-Vorschlägen werden jedoch höhere Leistungsanforderungen an den Motor gestellt. Das kann dazu führen, dass die Differenzverbrauchskonstante für diese Anforderungen zu klein gewählt ist. Die dadurch mögliche Abweichung bei den FRV-Werten wird mit maximal + 0,01 l/100 km abgeschätzt, was aber an der qualitativen Aussage dieser Sensitivitätsanalyse nichts ändert.

6.3 Verursachergerechte Aufteilung des Verbrauchs

Die vorgestellten Verbrauchskennzahlen sind das Werkzeug für die folgende anschauliche verursachergerechte Aufteilung des Kraftstoffverbrauchs. Wie bereits in Abschn. 6.1 erwähnt wird oftmals fälschlich davon ausgegangen, dass der Anteil eines Fahrwiderstands am Gesamtfahrwiderstand auch seinen Verbrauchsanteil am Gesamtverbrauch definiert. Dass diese Annahme nicht zutrifft, lässt sich an einem Fahrzeug auf einem Rollenprüfstand anschaulich erläutern. Die elektrischen Maschinen des Prüfstands sind üblicherweise so programmiert, dass der Antriebsmotor für jeden Punkt auf der Fahrkurve dieselbe Antriebsleistung zur Verfügung stellen muss wie für eine reale Fahrt auf der Straße (siehe auch Abschn. 7.2.3). Über einen Eingriff in die Prüfstandssteuerung kann man nun die

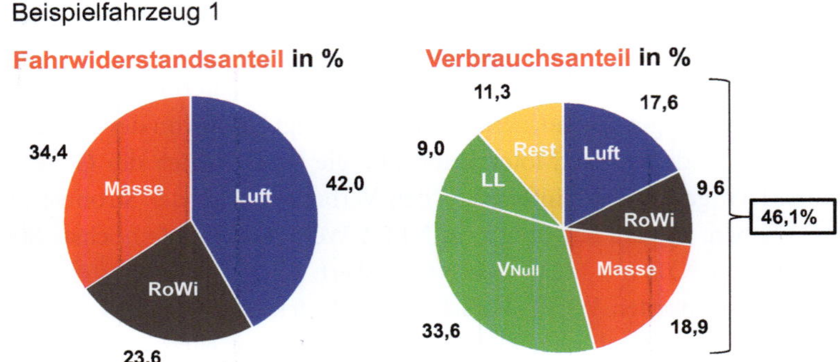

Abb. 6.51 Fahrwiderstands- und Verbrauchsanteile für Beispielfahrzeug 1 (1,0 l Ottomotor)

vorgegebenen Fahrwiderstände für den Luftwiderstand, den Rollwiderstand und auch für den Beschleunigungswiderstand kontinuierlich zurücknehmen bis auf den Wert Null für ein fahrwiderstandsloses Fahrzeug. Der Prüfstandsfahrer würde diese Manipulation nur daran spüren, dass er beim Beschleunigen nicht so stark auf das Gaspedal und beim Verzögern nicht so stark auf das Bremspedal treten muss. Das Getriebe würde weiterhin nach gleichen Schaltpunkten bedient und der Motor hätte weiterhin das gleiche Drehzahlprofil abzufahren, lediglich mit geringerer Last. Der Motor hätte am Ende des Tests lediglich seinen „Nullleistungsverbrauch" konsumiert, also in den Standphasen den Leerlaufverbrauch und in den Fahrphasen den Verbrauch für das Einhalten des vom Fahrzyklus und den Übersetzungen vorgegebenen Drehzahlverlaufs. Daran wird schon deutlich, dass der Verbrauch eines fahrwiderstandslosen Fahrzeugs ganz und gar nicht zu Null werden kann. Der Anteil dieses Aggregate-Nullleistungsverbrauchs beträgt im Mittel noch circa 40 bis über 50 % des Gesamtverbrauchs.

Mit Hilfe der vorgestellten Verbrauchskennzahlen FRV_x kann die Frage nach dem Verbrauchsanteil der Fahrwiderstände relativ genau beantwortet werden. In einer rechnerischen NEFZ-Simulation für alle drei Beispielfahrzeuge wurden alle Widerstände mit den zugehörigen FRV_x in Verbrauch umgerechnet. Der Nullleistungsverbrauch wurde mit Hilfe des vereinfachten Motormodells aus Abschn. 6.1.1. ermittelt. Unter Berücksichtigung von bewährten Kaltverbrauchszuschlägen für die reibungsbehafteten Widerstände ergibt sich die Verbrauchsaufteilung beim Beispielfahrzeug 1 mit 1,0-Liter-Ottomotor gemäß Abb. 6.51.

Unter dem Anteil „Rest" wurden die Verbräuche für Strom, Getriebe- und Antriebswellen-Verluste und Restbremsmomente zusammengefasst. Die Summe aller drei Hauptfahrwiderstände für Roll-, Luft- und Beschleunigungswiderstand haben nur einen Anteil von 46,1 % am Verbrauch. Darin enthalten ist auch der Verbrauchsvorteil durch die natürliche Rekuperation (siehe Abschn. 6.1.4). Selbst unter Berücksichtigung, dass ein gewisser Anteil vom „Rest" (zum Beispiel Getriebeverluste) auch lastabhängig ist, wird der Anteil

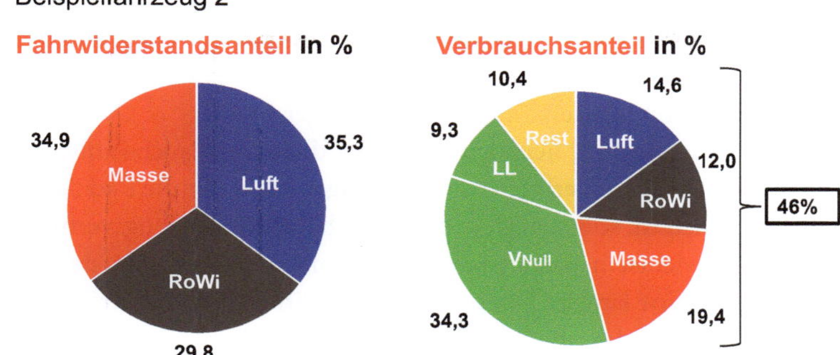

Abb. 6.52 Fahrwiderstands- und Verbrauchsanteile für Beispielfahrzeug 2 (1,4 l Ottomotor)

der Hauptfahrwiderstände die 50 %-Marke bei einem konventionellen PKW nicht deutlich überschreiten können. Es ist folglich immer streng zu unterscheiden zwischen einem Fahrwiderstandsanteil und dem zugehörigen Verbrauchsanteil, denn beide unterscheiden sich ungefähr um den Faktor 2.

Die Verhältnisse am Beispielfahrzeug 2 mit 1,4 l Ottomotor zeigt die Abb. 6.52. Dieses Fahrzeug hat einen nur wenig schlechteren Luftwiderstand als das Beispielfahrtzeug 1 bei deutlich höherem Gewicht. Das führt dazu, dass der Anteil des Luftwiderstandes am Gesamt-Fahrwiderstand kleiner wird. Dennoch haben alle drei Hauptfahrwiderstände auch hier einen Anteil von 46 % am Gesamtverbrauch.

Die Verhältnisse am Beispielfahrzeug 3 zeigt Abb. 6.53. Bei dieser Großraumlimousine steigen sowohl der Luftwiderstand als auch die Fahrzeugmasse um circa 60 % im Vergleich zum Beispielfahrzeug 2, so dass die Fahrwiderstandsanteile nahezu gleich bleiben. Der An-

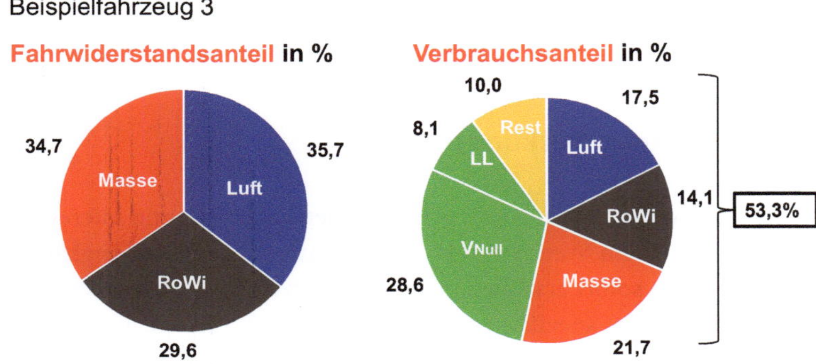

Abb. 6.53 Fahrwiderstands- und Verbrauchsanteile für Beispielfahrzeug 3 (2,0 l Dieselmotor)

teil der drei Hauptfahrwiderstände am Gesamtverbrauch ist hier jedoch mit 53,3 % deutlich größer. Der Grund dafür ist der gerechnete 2,0 l Dieselmotor in Verbindung mit einer relativ langen Übersetzung. Beides führt dazu, dass der Eigenverbrauch des Motors für das lastlose Einhalten des Drehzahlverlaufs deutlich geringer ist.

Wie in Abschn. 6.2.3 und [6] hergeleitet machen diese Verbrauchsaufteilungen nochmals deutlich, dass für größere Verbrauchseinsparungen nicht nur die Reduktion der Fahrwiderstände erforderlich ist, sondern gleichzeitig auch der Nullleistungsverbrauch gesenkt werden muss. Die Gewichtseinsparung sollte daher immer so groß sein, dass auch sekundäre Maßnahmen wie eine längere Übersetzung oder ein kleinerer Antriebsmotor eingesetzt werden können, ohne dass die Fahrleistung leiden wird.

6.4 Gesamtfahrzeug-Vergleichs-Methoden

Wie bei jeder anderen Produktentwicklung gehört auch bei einer Fahrzeugentwicklung ein intensives Benchmarking zum täglichen Geschäft. Dabei sollte der Blick insbesondere auf die herausragend positiven Eigenschaften der Wettbewerber gerichtet werden und nicht auf die negativen. Bei neuen Funktionen oder Bauteilen kann die Auswahl von interessanten Wettbewerbern leicht getroffen werden, denn sie sind einfach vorhanden oder nicht. Bei der Suche nach Wettbewerbern mit herausragenden Verbräuchen oder Fahrleistungen ist das schon nicht mehr so einfach. Ist ein Wettbewerber zum Beispiel deutlich leichter und kleiner, so ist es durchaus plausibel, wenn er einen geringeren Verbrauch aufweist. Hier stellt sich die Frage, ob er nur in dem Maße weniger verbraucht wie die technischen Daten es physikalisch plausibel erscheinen lassen oder ob er darüber hinaus noch einmal spezifisch besser ist. Für solche Fragestellungen bietet sich die Verwendung Gesamtfahrzeug-Wirkungsgraden oder von Gütegraden für Fahrleistungsdaten an, die im Folgenden für den Kraftstoffverbrauch und für die Höchstgeschwindigkeit hergeleitet werden. Mit diesen Hilfsmitteln kann die Vorauswahl für zu untersuchende Wettbewerbsfahrzeuge effizienter und kostengünstiger ausgeführt werden, weil so möglicherweise unnötige Messungen vermieden werden können.

6.4.1 Gesamtfahrzeug-Wirkungsgrad

Der Kraftstoffverbrauch von Fahrzeugen gehört zu den wichtigen und interessanten Fahrzeug-Kennwerten bei einem Wettbewerbsvergleich. Aus dem reinen Vergleich von Katalogdaten lässt sich nicht sofort erschließen, ob ein Fahrzeug nur über einen absolut niedrigen oder auch über einen spezifisch niedrigen Verbrauch verfügt. Ein erstes Indiz zur Klärung dieser Frage kann die Berechnung des Gesamtfahrzeug-Wirkungsgrads geben. Dabei wird das Verhältnis von erforderlicher Antriebsenergie für die drei klassischen Fahrwiderstände zur zugeführten Kraftstoffenergie gebildet. Die erforderliche Antriebsenergie des zu untersuchenden Fahrzeugs wird vereinfacht anhand der Fahrzeugdaten für Gewicht, Luftwiderstand und Rollwiderstand berechnet, wie in Abschn. 6.1.3.1 hergeleitet. Das Ergebnis ist nicht die tatsächliche Antriebsenergie, sondern nur ein theoretischer Vergleichswert, der aber für alle Vergleichsfahrzeuge auf gleicher Basis ermittelt wird.

Die Angabe des EU-Leergewichts für das Fahrzeug wird dem Fahrzeugschein entnommen. Dieses Gewicht entspricht dem DIN-Leergewicht (fahrbereites Basisfahrzeug) plus 75 kg für Fahrer und Gepäck. Für die Berechnung des Gesamtfahrzeug-Wirkungsgrades wird vorgeschlagen, das Bezugsgewicht für die Typprüfung (DIN-Leergewicht + 100 kg) zu verwenden, so dass zum Wert des Fahrzeugscheins 25 kg zu addieren sind.

Für den Luftwiderstand liegen nicht immer Daten vor. Hier muss das Fahrzeug im Windkanal vermessen werden. Sollte das nicht möglich sein, kann mit Schätzwerten gearbeitet werden oder man weist diesem Fahrzeug zunächst den gleichen Luftwiderstand zu wie dem Vergleichsfahrzeug.

Beim Rollwiderstand ist die Datenbeschaffung noch schwieriger, da Fahrzeughersteller dazu keine Angaben machen und zwischen den verschiedenen Reifenfabrikaten große Unterschiede bestehen. Ein pragmatischer Vorschlag ist daher, die Verwendung eines konstanten Rollwiderstands von zum Beispiel $f_R = 0{,}01$.

Die Berechnung des Gesamtfahrzeug-Wirkungsgrads wird am Beispiel des in Europa gültigen NEFZ für das Beispielfahrzeug 2 vorgestellt. Er ist natürlich auch für jeden anderen Fahrzyklus anwendbar unter Berücksichtigung der geänderten Zyklendaten, siehe Abschn. 7.3.

Gemäß der allgemeinen Definition eines Wirkungsgrades:

$$\eta = \frac{P_{\text{abgeführt}}}{P_{\text{zugeführt}}} = \frac{W_{\text{abgeführt}}}{W_{\text{zugeführt}}} \tag{6.79}$$

wird der Gesamtfahrzeug-Wirkungsgrad wie folgt definiert:

$$\eta_{\text{GF}} = \frac{W_{\text{NEFZ}}}{W_{\text{Kraftstoff}}} \tag{6.80}$$

Die abgeführte Energie ist die vom Fahrzeug benötigte Antriebsenergie, die sich gemäß Abschn. 6.1.3.1 aus den drei Zyklenkonstanten C_{WR}, C_{WL}, C_{Wa} und den Fahrzeugdaten berechnet:

$$C_{\text{WR}} = 11.013\,\text{m}$$
$$C_{\text{WL}} = 3.989.639\,\text{m}^3/\text{s}^2$$
$$C_{\text{Wa}} = 1226{,}7\,\text{m}^2/\text{s}^2$$

$$m_{\text{Bezug}} = 1200\,\text{kg} + 100\,\text{kg} = 1300\,\text{kg}; \quad c_W \cdot A = 0{,}7\,\text{m}^2; \quad f_R = 0{,}01; \quad V_{\text{NEFZ}} = 6{,}0\,\frac{1}{100\,\text{km}}$$

Mit den Faktoren zur Berücksichtigung der natürlichen Rekuperation von $F_{\text{nR}} = 0{,}85$ für den Rollwiderstand und $F_{\text{nR}} = 0{,}87$ für den Luftwiderstand ergibt sich folgende theoretische Antriebsenergie im NEFZ für das Beispielfahrzeug 2:

$$W_\mathrm{R} = m \cdot g \cdot f_\mathrm{R} \cdot C_\mathrm{WR} \cdot F_\mathrm{nR} = 1300\,\mathrm{kg} \cdot 9{,}81\,\frac{\mathrm{m}}{\mathrm{s}^2} \cdot 0{,}01 \cdot 11.013\,\mathrm{m} \cdot 0{,}85 = 1193{,}8\,\mathrm{kJ} \quad (6.81)$$

$$W_\mathrm{L} = \frac{\rho}{2} \cdot c_\mathrm{W} \cdot A \cdot C_\mathrm{WL} \cdot F_\mathrm{nR} = \frac{1{,}19}{2}\,\frac{\mathrm{kg}}{\mathrm{m}^3} \cdot 0{,}7\,\mathrm{m}^2 \cdot 3.989.639\,\mathrm{m}^3/\mathrm{s}^2 \cdot 0{,}87 = 1445{,}7\,\mathrm{kJ} \quad (6.82)$$

$$W_\mathrm{a} = m \cdot f_\mathrm{Rot} \cdot C_\mathrm{Wa} = 1300\,\mathrm{kg} \cdot 1{,}03 \cdot 1226{,}7\,\mathrm{m}^2/\mathrm{s}^2 = 1642{,}6\,\mathrm{kJ} \quad (6.83)$$

$$W_\mathrm{gesamt,\,NEFZ} = W_\mathrm{R} + W_\mathrm{L} + W_\mathrm{a} = 4282{,}1\,\mathrm{kJ} \quad (6.84)$$

$$W_\mathrm{gesamt,100\,km} = W_\mathrm{gesamt,\,NEFZ} \cdot \frac{100}{11{,}013}\,\frac{\mathrm{km}}{\mathrm{km}} = 38.882{,}2\,\mathrm{kJ} \quad (6.85)$$

Die zugeführte Energie wird durch die Verbrauchsangabe für den NEFZ kombiniert definiert. Der Kraftstoffverbrauch für 100 km wird über den unteren Heizwert von Liter in Kilojoule umgerechnet. Für den Heizwert werden folgende Annahmen getroffen: $H_\mathrm{u} = 32.000\,\frac{\mathrm{kJ}}{\mathrm{l}}$ Otto-Kraftstoff, $H_\mathrm{u} = 35.000\,\frac{\mathrm{kJ}}{\mathrm{l}}$ Diesel-Kraftstoff.

Der Gesamtfahrzeug-Wirkungsgrad für dieses Beispielfahrzeug ergibt sich somit zu:

$$\eta_\mathrm{GF} = \frac{W_\mathrm{gesamt,100\,km}}{W_\mathrm{Kraftstoff}} = \frac{38.882{,}2\,\mathrm{kJ}}{6 \cdot 32.000\,\mathrm{kJ}} = 0{,}2025 \mathrel{\hat{=}} 20{,}25\% \quad (6.86)$$

Dieser Wert darf nicht verwechselt werden mit dem mittleren Motorwirkungsgrad im NEFZ. Alle Wirkungsgrade des Triebstrangs vom Getriebe über die Achsübersetzung und die Gelenkwellen bis zum Radlager sind hier mit enthalten. Es handelt sich hier nur um einen reinen Vergleichswert, der lediglich ein erstes Indiz für die Verbrauchsqualitäten eines Wettbewerbers darstellen kann.

Eine Datenbank-Auswertung von 728 Einzelfahrzeugen bis Modelljahr 2012 mit Ottomotor zeigt die Abb. 6.54. Der Wertebereich des Gesamtfahrzeug-Wirkungsgrads hat eine Streubreite von circa 12 % bis 33 % bei einem Mittelwert von 18,7 %. Die untersten Werte stammen vorwiegend von Fahrzeugen mit relativ großvolumigen Motoren, während die höchsten Werte von Hybridfahrzeugen erzielt werden.

Die gleiche Datenbank-Auswertung von 565 Einzelfahrzeugen bis Modelljahr 2012 mit Dieselmotor zeigt die Abb. 6.55. Der Wertebereich hat eine Streubreite von circa 18 % bis 38 % bei einem Mittelwert von 24,8 %. Die untersten Werte stammen vorwiegend von Fahrzeugen mit relativ großvolumigen Motoren und allradgetriebenen SUV, während die höchsten Werte zu den ersten Hybridfahrzeugen mit Dieselmotor gehören.

Die Qualität des Gesamtfahrzeugwirkungsgrades hängt naturgemäß von der Güte der verwendeten Fahrzeugparameter ab. Die genauen Fahrzeugdaten für Roll- und Luftwiderstand, die bei der Typprüfprozedur eines Wettbewerbers zugrunde lagen, stehen nicht immer allgemein zur Verfügung. Während die Luftwiderstandsdaten auf Nachfrage unter den Herstellern oftmals ausgetauscht werden, gibt es zum Rollwiderstand keine Informationen. Wenn keine veröffentlichten Werte vorliegen ist man also auf fundierte Annahmen

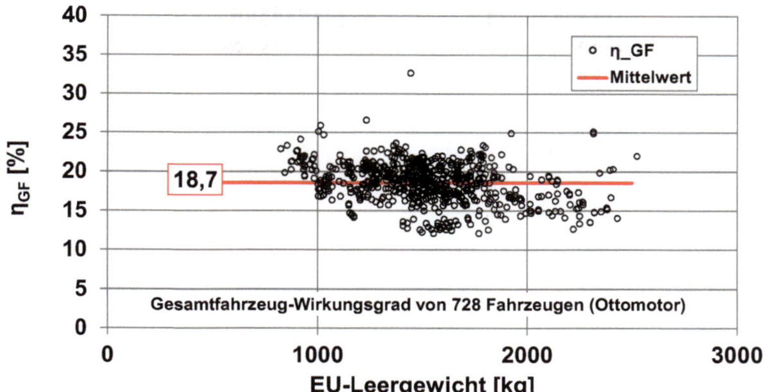

Abb. 6.54 Gesamtfahrzeugwirkungsgrad von PKW (inkl. SUV) mit Ottomotor

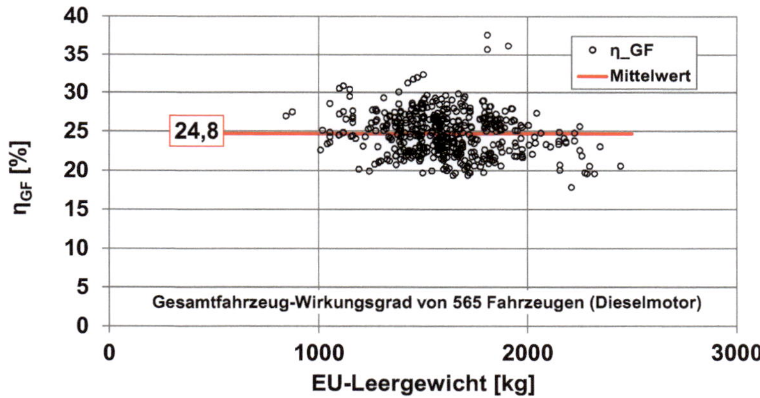

Abb. 6.55 Gesamtfahrzeugwirkungsgrad von PKW (inkl. SUV) mit Dieselmotor

angewiesen. Für das Beispielfahrzeug 2 wurde eine Sensitivitätsrechnung durchgeführt, um eine Aussage darüber zu erhalten, wie sich eine 10 %-ige Einzel-Parameteränderung auf das Ergebnis auswirkt, Abb. 6.56.

Das Ergebnis zeigt, dass man bei einer Abweichung von mehr als zwei Prozentpunkten im Gesamtfahrzeug-Wirkungsgrad (zum Beispiel 20 % zu 22 %) davon ausgehen kann, dass tatsächlich ein spezifischer Verbrauchsvorteil vorliegt. Den letztendlichen Beweis bringt nur eine exakte Fahrzeugvermessung. Sollte sich der spezifische Verbrauchsvorteil bestätigen, kann anschließend die Detailanalyse durchgeführt werden, um die Ursache dafür zu finden. Es kann sich dabei allerdings auch herausstellen, dass ein Wettbewerber mit seinen Verbrauchsangaben die erlaubten Toleranzen verlassen hat. Das ist im Jahr 2012 bei einem koreanischen Fahrzeughersteller im nordamerikanischen Markt aufgefallen [9], der anschließend eine Vielzahl von Fahrzeugen neu zertifizieren musste.

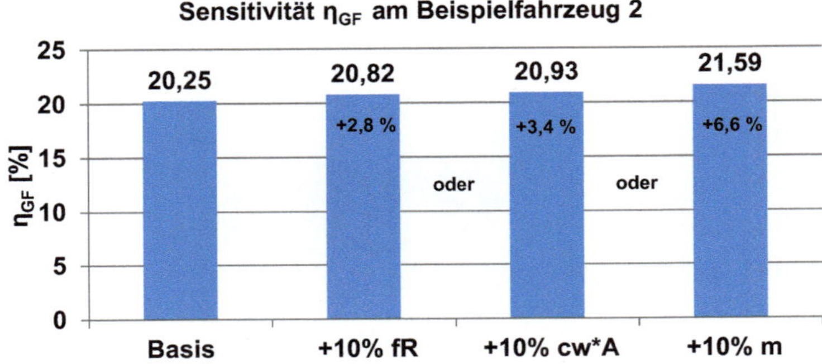

Abb. 6.56 Sensitivität des Gesamtfahrzeugwirkungsgrades auf Parameteränderungen

Unter Beachtung der üblichen Parameterstreuungen kann die konsequente Anwendung des Gesamtfahrzeug-Wirkungsgrades den Fachleuten in der Wettbewerbsanalyse helfen, die wirklich interessanten Wettbewerber zum Thema Verbrauch einfach und schnell herauszufinden.

6.4.2 Höchstgeschwindigkeits-Gütegrad (GGv_{max})

Die Höchstgeschwindigkeit eines Fahrzeugs ist eine der klassischen Fahrleistungsangaben, die jeder Hersteller (mit Ausnahme weniger Exoten) für seine Fahrzeuge ausweist. Allein aus dem Vergleich von Motorleistung und Höchstgeschwindigkeitsangabe ist nicht erkennbar, ob aus der gegebenen maximalen Motorleistung auch die theoretisch maximale Höchstgeschwindigkeit herausgeholt wurde. Neben dem Luftwiderstand beeinflussen weitere Parameter die erzielbare Höchstgeschwindigkeit wie zum Beispiel der Rollwiderstand, die Getriebeauslegung und der Wirkungsgrad des Triebstrangs.

Eine erste Aussage darüber, ob ein Wettbewerber die Motorleistung in Relation zu anderen besonders gut in Höchstgeschwindigkeit umsetzt, kann über den v_{max}-Gütegrad getroffen werden. Dazu wird mit den Daten für den Luftwiderstand ($c_W \times A$) und mit einem Basiswert für den Rollwiderstand (f_R) eine theoretische Bedarfsleistung P_{th} für die angegebene Höchstgeschwindigkeit v_{max} errechnet. Diese wird ins Verhältnis zur angegebenen Motorleistung P_{Mot} gesetzt.

$$GG_{v,\,max} = \frac{P_{th}}{P_{Mot}} \tag{6.87}$$

Für die Berechnung der theoretisch erforderlichen Motorleistung werden Annahmen für den Rollwiderstandsbeiwert und die Mess-Masse des Fahrzeugs getroffen. Für den Rollwiderstand hat sich die Annahme von $f_R = 0{,}01$ bewährt. Bei extremen Reifenformaten oder sehr hohen Geschwindigkeiten kann auch mit Werten von circa 0,12 bis 0,14 gerechnet werden. Für die Messmasse des Fahrzeugs wird auf die Definition in der DIN 70020-3 zurückgegriffen, die für übliche PKW eine Zuladung von 200 kg auf Basis des DIN-Leergewichts vorgibt. Da die EU-Leergewichtsangabe im Fahrzeugschein bereits 75 kg für Fahrer und Gepäck beinhaltet, müssen zu diesem Wert 125 kg addiert werden: Annahmen: f_R = 0,01; $m_{\text{Mess}} = m_{\text{DIN-leer}} + 200\,\text{kg} = m_{\text{EU-leer}} + 125\,\text{kg}$

Die theoretisch erforderliche Leistung P_{th} wird wie folgt berechnet ($\rho_{\text{Luft}} = 1{,}19\,\text{kg/m}^3$):

$$P_{\text{th}} = P_{\text{Luft}} + P_{\text{Roll}} = \frac{\rho}{2} \cdot v^3 \cdot c_W \cdot A + m \cdot g \cdot f_R \cdot v \tag{6.88}$$

In dieser theoretischen Leistung ist keine Triebstrangreibung enthalten, so dass sie immer geringer sein muss als die angegebene zertifizierte Motorleistung P_{Mot}, die dem Fahrzeugschein entnommen werden kann.

In der Praxis findet man mittlere Triebstrangwirkungsgrade von circa $\eta_T = 0{,}9$ für Handschaltfahrzeuge mit einer angetriebenen Achse. Bei Automat- oder Allrad-Fahrzeugen ist dieser Wirkungsgrad geringer und erreicht bei Kombinationen von beiden Werte von bis zu $\eta_T = 0{,}8$. Darin enthalten ist noch eine Unsicherheit bezüglich des konstant angenommenen Rollwiderstandsbeiwertes. Im Bereich der Höchstgeschwindigkeit wird bei vielen Fabrikaten der Rollwiderstand tatsächlich etwas höher liegen. Man kann davon ausgehen, dass der echte Triebstrangwirkungsgrad von der Schwungscheibe bis zum Rad bei Fahrzeugen mit einer angetriebenen Achse höchstens 0,93 beträgt. Für den aus P_{th} und P_{Mot} zu berechnenden Quotienten $GG_{v,\max}$ sind folglich immer Werte von circa 0,8 bis 0,9 (80 bis 90 %) zu erwarten. Eine Datenbankauswertung zum Höchstgeschwindigkeits-Gütegrad $GG_{v,\max}$ von 1390 Fahrzeugen des Modelljahrs 2012 zeigt Abb. 6.57. Die Streubreite von circa 38 bis 100 % ist deutlich größer als die zu erwartende Spanne.

Fahrzeuge mit Werten über 90 % verfügen möglicherweise über einen außergewöhnlich guten Antriebsstrang-Wirkungsgrad, es liegt aber der Verdacht nahe, dass dafür auch folgende Ursachen verantwortlich sein können:

- eine zu ambitionierte $v_{\max}$-Angabe des Herstellers,
- eine höhere Ist-Motorleistung als die angegebene Soll-Leistung,
- fehlerhafte Datenbank-Eingabeparameter.

Fahrzeuge mit Werten unter 80 % verfügen möglicherweise über einen außergewöhnlich schlechten Antriebsstrang-Wirkungsgrad, aber auch hier liegt der Verdacht nahe, dass dafür auch andere Ursachen verantwortlich sein können:

- eine zu wenig ambitionierte $v_{\max}$-Angabe des Herstellers,
- Getriebeübersetzung im $v_{\max}$-Gang deutlich zu lang ausgelegt,
- eine geringere Ist-Motorleistung als die angegebene Soll-Leistung,
- eine freiwillige $v_{\max}$-Abregelung (auffällig vorhanden bei 250 km/h),
- eine $v_{\max}$-Abregelung aufgrund der verbauten Reifen-Geschwindigkeitsklasse,
- Reifen, deren Rollwiderstand im $v_{\max}$-Bereich übermäßig stark ansteigt,
- fehlerhafte Datenbank-Eingabeparameter.

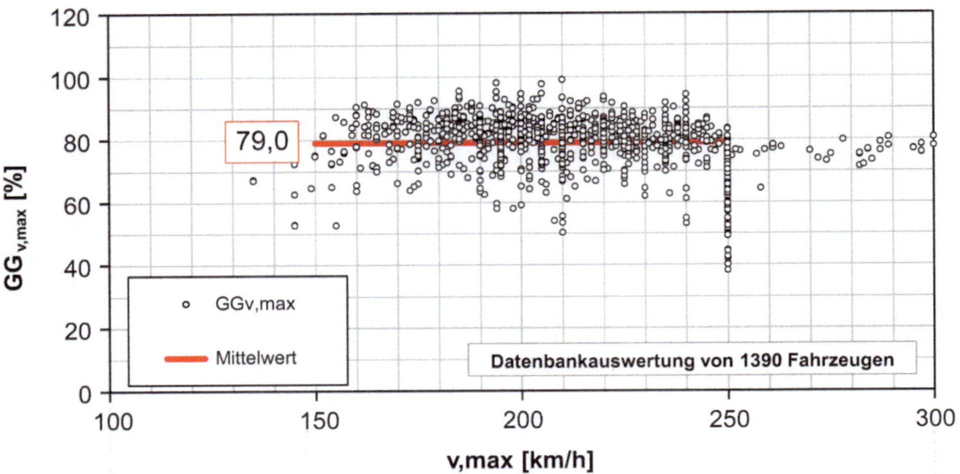

Abb. 6.57 Höchstgeschwindigkeits-Gütegrad von Fahrzeugen

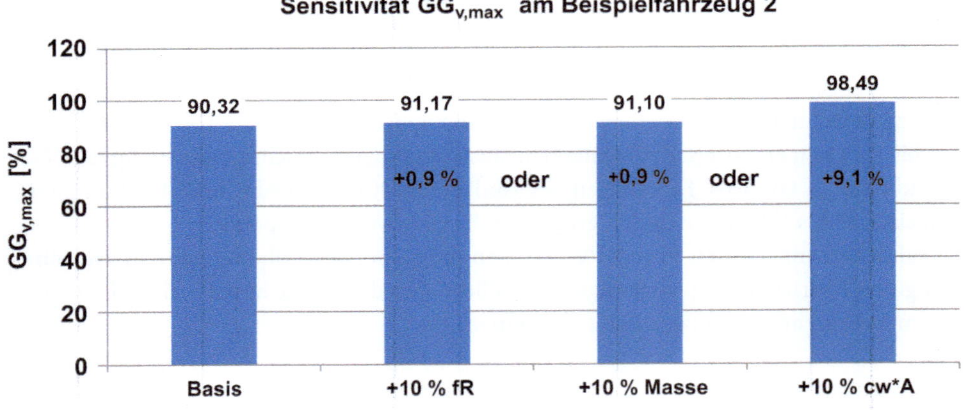

Abb. 6.58 Sensitivität des Höchstgeschwindigkeits-Gütegrades

Die Fahrzeuge mit abgeregelter Höchstgeschwindigkeit sind einer der wesentlichen Gründe dafür, dass der Mittelwert aller Fahrzeuge bei nur 79 % liegt.

Eine Parametervariation am Beispielfahrzeug 2 zeigt, mit welchen Änderungen im Gütegrad zu rechnen ist, wenn die jeweiligen Parameter um 10 % variiert werden, Abb. 6.58.

Insbesondere der Luftwiderstand $c_W \times A$ beeinflusst den Gütegrad sehr stark. Wenn dieser Wert jedoch vertrauenswürdig zur Verfügung steht, sollte der $GG_{v,max}$ bei Fahrzeugen mit einer angetriebenen Achse in der Nähe von 90 % liegen. Bei Fahrzeugen mit Allradantrieb und Automatikgetriebe sollten 80 % nicht unterschritten werden. Sollte das nicht der Fall sein, so könnte die Ursache darin liegen, dass die für die Zertifizierung verwendeten Reifen im v_{max}-Bereich einen Rollwiderstandsbeiwert aufweisen, der sehr stark von der Annahme $f_R = 0{,}01$ nach oben abweicht. In diesen Fällen kann nur eine Nachmessung Klarheit geben, bei der der Luftwiderstand gemessen und ggfs. ein Reifentausch auf bekannte Reifenfabrikate durchgeführt wird.

Mit diesem Gütegrad lässt sich mit etwas Erfahrung sehr schnell die Qualität der Fahrleistungsdaten (P_{Mot}, Gewicht, $c_W \times A$ und v_{max}) von Wettbewerbern relativ zu bekannten Fahrzeugen überprüfen. Ebenso kann mit Hilfe dieses Gütegrades in der frühen Entwicklungsphase relativ schnell ein v_{max}-Zielwert plausibel abgeschätzt werden.

Literatur

[1] Wiedemann, J.: Leichtbau bei Elektrofahrzeugen – Wieviel ist er uns (noch) wert? ATZ **06**, 462–463 (2009)

[2] Rohde-Brandenburger, Klaus: Verfahren zur einfachen und sicheren Abschätzung von Kraftstoffverbrauchspotenzialen, Tagung Einfluss von Gesamtfahrzeug-Parametern auf Fahrverhalten/Fahrleistung und Kraftstoffverbrauch, Haus der Technik Essen, November 1996

[3] Rohde-Brandenburger, Klaus: Typprüfverbrauch vs. Verbrauch vor Kunde – Spannungsfeld zwischen Theorie und Praxis, ATZ/MTZ-Konferenz CO_2 – Die Herausforderung für unsere Zukunft. München, 26./27. Januar 2010

[4] Lunanova, M.: Optimierung von Nebenaggregaten, 1. Aufl. Vieweg + Teubner, Wiesbaden (2009)

[5] Koffler, C., Rohde-Brandenburger, K.: On the Calculation of fuel savings through lightweight design in automotive LCIRCA. The International Journal of Life Cycle Assessment **15**(1), 128–135 (2009). Published online at http://dx.doi.org/10.1007/s11367-009-0127-z

[6] Rohde-Brandenburger, Klaus: Gewichtseinfluss auf die CO_2-Emission von PKW, ATZ/MTZ-Konferenz „Karosseriebautage Hamburg". Hamburg, 10./11. Mai 2012

[7] N.N.: Ober-Österreichischer Energiesparverband, Broschüre zum Thema Verkehr

[8] N.N.: ADAC-Internet-Homepage

[9] https://hyundaifuelconsumption.ca/faq/, Link zur Herstellerseite im Internet

[10] http://www.fueleconomy.gov, offizielle Quelle der Behörden in den USA für die Kundeninformation zu Kraftstoffverbräuchen

Verbrauch in Fahrzyklen und im Realverkehr

7

Klaus Rohde-Brandenburger

Mit steigender Verkehrsdichte in den 50er Jahren gab es in den Großstädten der USA die ersten massiven Probleme mit der Luftverschmutzung durch die Abgase der Verbrennungsmotoren. Auf die ersten Messungen der Abgasemission von Fahrzeugen folgte die Entwicklung von Fahrzyklen in Form einer Geschwindigkeitsvorgabe über der Zeit. Mit Aufkommen der ersten Verbrauchsgesetze wurden diese Fahrzyklen gleichzeitig auch für die Ermittlung des Kraftstoffverbrauchs herangezogen.

In diesem Kapitel werden die wichtigsten weltweit gültigen Fahrzyklen und die zugehörigen Randbedingungen für die Messung an PKW vorgestellt. Die Unterschiede zwischen den aus den Fahrzyklen resultierenden Verbrauchsangaben und dem Realverbrauch vor Kunde werden anhand von eigenen Messungen zu Verbrauchseinflüssen im Realverkehr aufgezeigt und erklärt.

Im Rahmen des Themas Energiemanagement wird bei den Fahrzyklen vorwiegend der Schwerpunkt auf die zyklenbedingten Verbrauchseinflüsse gelegt und nicht auf die Abgasemissionseinflüsse, deren Behandlung den gesteckten Rahmen dieses Buches sprengen würden.

7.1 Historie zur Entwicklung von Fahrzyklen

Fahrzyklen in Form von genau festgeschriebenen Geschwindigkeits-/Zeitverläufen für Rollenprüfstände gehen auf die Einführung der ersten Abgas-Emissionsgrenzwerte im US-Bundesstaat California im Jahr 1959 zurück [1]. Die Verkehrsdichte war schon damals so hoch geworden, dass die Luftverschmutzung durch die Abgase der Fahrzeuge ein nicht mehr vertretbares Ausmaß angenommen hatte. Die ersten Messungen der Abgasemissionen wurden damals noch auf der Straße gefahren. Man erkannte aber schon bald, dass

Klaus Rohde-Brandenburger ✉
Isenbüttel, Deutschland
e-mail: klaus.rohde-brandenburger@gmx.de

J. Liebl et al., *Energiemanagement im Kraftfahrzeug*, ATZ/MTZ-Fachbuch,
DOI 10.1007/978-3-658-04451-0_7, © Springer Fachmedien Wiesbaden 2014

dabei keine reproduzierbaren Messungen möglich waren. Naturgemäß führt der reale Straßenverkehr zu enormen Schwankungen in den Messergebnissen, denn keine Fahrt gleicht einer zweiten. Nur mit einer einheitlichen Fahrvorschrift und auch einer einheitlichen Konditionierungsvorschrift der Fahrzeuge vor dem Test gelang es dem Gesetzgeber schließlich, eine Basis für die zulässigen Grenzwerte zu erarbeiten und gleichzeitig eine verlässliche Methode zur Überprüfung der Fahrzeuge zu haben. Schon bei der Entwicklung der ersten Fahrzyklen war es das Ziel, einen möglichst repräsentativen Fahrzyklus zu bekommen. Es sollten die im Realverkehr vorkommenden Geschwindigkeiten, Beschleunigungen und Leerlaufphasen möglichst gut getroffen werden. Dieses Ansinnen hatten alle Länder, in denen bisher Fahrzyklen entwickelt und gesetzlich verabschiedet wurden. So ist es denn kein Wunder, dass es viele verschiedene Fahrzyklen auf der Welt gibt, die angeblich immer die jeweiligen besonderen Verkehrsgeschehen und Fahrgewohnheiten in dem jeweiligen Land berücksichtigen.

7.2 Gesetzliche Randbedingungen

In Medien und in Diskussionen unter Laien kommt es immer wieder vor, dass Verbrauchsmessungen auf Rollenprüfständen als unrealistisch bezeichnet werden. Das wird manchmal sogar „scheinbar schlüssig" damit begründet, dass auf dem Prüfstand schließlich kein Luftwiderstand vorhanden sei. Diese laienhafte Vorstellung trifft selbstverständlich nicht zu. Ein Rollenprüfstand ist immer mit einer elektrischen Belastungsmaschine versehen, die in der Lage ist, alle Fahrwiderstände so zu simulieren, dass der Antriebsmotor das identische Drehzahl-Lastprofil abfährt wie bei einer Straßenfahrt mit demselben Geschwindigkeitsprofil. Zur Simulation des Fahrzeuggewichts und der Fahrwiderstände müssen entsprechende Eingabeparameter für den Prüfstand erzeugt werden. Für das gesamte Messverfahren wurden Vorschriften erlassen, von denen die wichtigsten im Folgenden beschrieben werden. Insbesondere geht es dabei um Festlegung der zu verwendenden Schwungmasse, um die Ermittlung der Fahrwiderstände, um die Prüfbedingungen zur Konditionierung des Messfahrzeugs und weitere Vorgaben zur Sicherstellung einer möglichst realitätsnahen Abbildung der Fahrt auf dem Prüfstand.

7.2.1 Definitionen zur Fahrzeugmasse

Die Fahrzeugmasse ist eine der wesentlichen Einflussgrößen auf den Kraftstoffverbrauch. Sie muss über das Trägheitsmoment der Antriebsrolle in Verbindung mit einem elektrischen Moment der E-Maschine möglichst reproduzierbar auf den Rollenprüfstand übertragen werden. Doch vorher gilt es, die Fahrzeugmasse nach einheitlichen Kriterien zu definieren, wofür der Gesetzgeber oder das Deutsche Institut für Normung (DIN) Vorgaben gemacht haben. Je nach Art der durchzuführenden Prüfung, gibt es verschieden definierte Fahrzeuggewichte. Die wichtigsten Definitionen, die für die Themen Verbrauch

Begriffsbestimmungen zum Fahrzeuggewicht Beispielfahrzeug 2 mit einem DIN-Leergewicht von 1200 kg und einem angenommenen maximalen Mehrausstattungsgewicht von 200 kg	
1. Leergewicht nach DIN 70020: - Fahrzeug in Basis-Serienausstattung - Ohne Fahrer, ohne Gepäck - 90 % Tankfüllung	1200 kg
2. EU-Leergewicht (Angabe im Fahrzeugschein): - DIN 70020-Leergewicht plus 75 kg (68 kg Fahrer, 7 kg Gepäck)	1275 kg
3. Maximales Leergewicht (inklusive aller Mehrausstattungen): - DIN 70020-Leergewicht plus Gewicht aller Mehraussattungen (hier 200 kg angenommen)	1400 kg
4. Bezugsmasse (zur Schwungmassenbestimmung für Rollenprüfstand): - DIN 70020-Leergewicht + 100kg	1300 kg
5. Fahrleistungsgewicht nach DIN 70030 (zur Messung der Fahrleistungen): - DIN 70020-Leergewicht + 200 kg	1400 kg
6. Ausrollgewicht (für Ausrollversuch zur Bestimmung der Fahrwiderstände) : - Leergewicht des Fahrzeugs mit Vollausstattung (hier 200 kg) + 100 kg	1500 kg
7. Zulässiges Gesamtgewicht (zGG): - Maximales Fahrzeuggewicht inklusive aller Personen und Gepäck	1800 kg
8. Zuladung:	
- Maximale Zuladung: Differenz zwischen zGG und DIN-Leergewicht	600 kg
- Minimale Zuladung: Differenz zwischen zGG und Leergewicht mit Vollausstattung	400 kg
9. Gesetzlich geforderte minimale Zuladung: - Pro Person 75 kg (68 kg + 7 kg Gepäck), bei 5-Sitzer 375 kg	375 kg

Abb. 7.1 Begriffsbestimmungen zum Fahrzeuggewicht

und Fahrleistung von Bedeutung sind, zeigt die Übersicht in Abb. 7.1 mit Zahlenbeispielen des Beispielfahrzeugs 2 (siehe Abschn. 11.1).

1. DIN-Leergewicht Das Leergewicht nach der Definition der DIN 70020 steht für das Fahrzeug in der Basis-Serienausstattung. Der Tankfüllstand ist auf 90 % festgelegt, alle übrigen Flüssigkeitsbehälter sind 100 % gefüllt. Dieses Gewicht ist das tatsächlich reine Fahrzeuggewicht ohne weitere rechnerische Veränderung. Allerdings sind in diesem Fahrzeug keinerlei Mehrausstattungen enthalten, so dass man ein solches Fahrzeug wohl nur selten im realen Verkehr vorfindet. Dem Kunden wird dieses Gewicht auch gar nicht mitgeteilt. Für den internen Fahrzeug-Entwicklungsprozess und für weitere Gewichtsdefinitionen ist das DIN-Leergewicht aber eine wichtige Basis.

Für qualitativ aussagefähige Gewichtsvergleiche verschiedener Fahrzeugtypen ist weder dieser Wert, noch irgendein anderer der offiziellen Gewichtswerte geeignet. Da im DIN-Leergewicht immer die Serienausstattung des zugehörigen Fahrzeugtyps enthalten ist, würden unterschiedliche Ausstattungsumfänge der zu vergleichenden Fahrzeuge den Vergleichswert immer verfälschen. Für aussagefähige Gewichtsvergleiche von Fahrzeugen muss daher immer der Aufwand einer Ausstattungsbereinigung getrieben werden. Unterschiedliche Ausstattungsumfänge müssen so gut wie möglich gewichtsmäßig geschätzt werden, um dem wahren Vergleichsgewicht möglichst nahe zu kommen.

Der endgültigen Bestimmung des DIN-Leergewichts geht ein langer Prozess des Rechnens und Wiegens voraus. Zu der Problematik, dass Fahrzeuge aus dem frühen Prototypenstadium aufgrund des Teilestatus gewichtsmäßig noch nicht endgültig beurteilbar sind, kommt hinzu, dass selbst identische Großserienfahrzeuge Gewichtsabweichungen von circa ± 1 % untereinander aufweisen. Die Ursache liegt in einer ganzen Kette von möglichen Toleranzen. Das beginnt mit den Toleranzen der Wiegeeinrichtungen, geht über Bauteiltoleranzen, Toleranzen von gleichen Teilen verschiedener Hersteller, Toleranzen in den Schichtdicken von Lacken, Dichtmittel und Unterbodenbeschichtungen und endet bei Toleranzen in den Füllständen der Flüssigkeiten. Man darf daher nicht erwarten, dass Fahrzeuggewichtsangaben selbst von Kleinwagen eine Genauigkeit von besser als 10 kg haben.

2. EU-Leergewicht In den Regularien für die europäische Zulassung von Kraftfahrzeugen ist das sogenannte EU-Leergewicht für das Fahrzeug in betriebsbereitem Zustand definiert. Unter betriebsbereitem Zustand versteht man ein Fahrzeug gemäß DIN-Leergewicht, bei dem aber zusätzlich ein Fahrer und ein Gepäckstück an Bord sind. Der Fahrer wird mit einer Masse von 68 kg berücksichtigt und das Gepäck mit 7 kg. Das führt zu einer um 75 kg erhöhten Gewichtsangabe gegenüber der DIN-Angabe. Und genau diese Gewichtsangabe sieht auch der Kunde in seinem Fahrzeugschein und in der Übereinstimmungsbescheinigung (auch COC genannt, Certificate of Conformity) seines Fahrzeugs. Es handelt sich also nicht um das individuelle Gewicht des Fahrzeugs, sondern immer nur um das um 75 kg erhöhte DIN-Leergewicht. Es sind allerdings Bestrebungen im Gange, zukünftig das individuelle EU-Leergewicht anzugeben. Aufgrund des hohen Mehrausstattungsumfanges von oft mehr als 200 kg bei einem Mittelklassefahrzeug würde das eine Wägung der Fahrzeuge am Bandende bedeuten oder eine exakte mathematische Berechnung der individuell verbauten Mehrausstattungsgewichte. Bislang sind nur wenige Hersteller dazu in der Lage. Die Frage nach dem tatsächlichen Nutzen aus dieser aufwendigen Individual-Gewichtsbestimmung ist noch unbeantwortet.

3. Maximales Leergewicht Beim maximalen Leergewicht handelt es sich um das DIN-Leergewicht zuzüglich dem Gewicht aller bestellbaren Mehrausstattungen. Das sind bei Fahrzeugen der Mittelklasse durchaus über 200 kg. Bei größeren Fahrzeugen wie MPV oder SUV können das auch über 300 kg sein, die zum DIN-Leergewicht addiert werden.

4. Bezugsmasse Die Bezugsmasse ist definiert als DIN-Leergewicht + 100 kg. Diese Größe ist die Basis für die Zuordnung des Fahrzeugs in die zugehörige Schwungmasse (siehe Abschn. 7.2.2) beim Betrieb auf dem Rollenprüfstand für Abgas- und Verbrauchsmessungen.

5. Fahrleistungsgewicht Das Fahrleistungsgewicht ist definiert als DIN-Leergewicht + 200 kg. Es wird in der DIN 70030 zur Messung der Fahrleistung von PKW so vorgegeben. Für die Versuchsdurchführung ist das ein sehr praktikabler Wert, da die durchschnittlichen Fahrzeuge mit einem Mehrausstattungsgewicht von 60 bis 100 kg ausgestattet sind. Für die Messung kommt noch ein Zusatzgewicht von circa 100 kg für den Fahrer und die Messtechnik hinzu, so dass bei den meisten Messfahrzeugen keine oder nur eine geringe rechnerische Korrektur der Messwerte nötig ist. Im statistischen Mittel werden auch die meisten Kunden bei Alleinfahrt mit einem Gewicht in dieser Größenordnung unterwegs sein, was sie in die Lage versetzt, die Prospektdaten für die Fahrleistung sicher erreichen zu können, wenn das Fahrkönnen denn dafür ausreicht.

6. Ausrollgewicht Das Ausrollgewicht ist für den Fahrversuch auf der Straße für die Ermittlung der Fahrwiderstände einzustellen. Da beim Ausrollen die „worst case"-Regel gilt, ist die Basis das schwerste Fahrzeug, also das Fahrzeug mit allen Sonderausstattungen. Zu diesem Gewicht wird (wie bei der Bezugsmasse auch) eine Zuladung von 100 kg addiert.

7. Zulässiges Gesamtgewicht Das zulässige Gesamtgewicht ist die obere Gewichtsgrenze des Fahrzeugs, für die es konstruktiv ausgelegt und in der Dauererprobung abgeprüft wurde. Die Einhaltung dieses maximalen Fahrzeuggewichts obliegt dem Fahrzeugnutzer, auch wenn es für die Mehrheit der Fahrzeugführer schwer sein dürfte, eine geeignete Wiegeeinrichtung zu finden.

8. Zuladung Die Zuladung entspricht der Differenz zwischen dem Leergewicht und dem zulässigen Gesamtgewicht. Die „maximale Zuladung" hat das Basisfahrzeug ohne Mehrausstattung (DIN-Leergewicht). Die „minimale Zuladung" hat das voll ausgestattete Fahrzeug. Für den Kunden ist im Allgemeinen nur die maximale Zuladung bekannt, da er das individuelle Gewicht seines Fahrzeugs nicht kennt.

9. Gesetzlich geforderte minimale Zuladung Der Gesetzgeber fordert, dass das schwerste Fahrzeug (mit allen Mehrausstattungen) noch eine Mindestzuladung von 75 kg pro zugelassenem Mitfahrer hat. Bei einem 5-Sitzer also mindestens 375 kg. Dieser Wert ist nicht sehr realitätsnah, so dass die Hersteller die Fahrzeuge im Allgemeinen für eine etwas höhere minimale Zuladung auslegen.

7.2.2 Schwungmassen

Die Simulation der Fahrzeugmasse auf dem Rollenprüfstand erfolgt über eine mit der Rolle verbundene Schwungmasse. Bei den älteren Prüfständen wurden tatsächlich definierte Schwungmassen in Form von Metall-Schwungscheiben mit der Rolle verbunden. Bei einem Fahrzeugwechsel auf ein Fahrzeug mit verändertem Gewicht musste der Prüfstandsfahrer den mechanischen Wechsel auf die erforderliche Schwungscheibe vornehmen. Bei

m_{Bezug} = DIN-Leer + 100 kg		Aquivalente Schwungmasse			Äquivalentes DIN-Leergewicht		Äquivalentes EU-Leergewicht = DIN-Leer +75 kg	
von > [kg]	bis <= [kg]	[kg]	Δ [kg]	[lb]	von > [kg]	bis <= [kg]	von > [kg]	bis <= [kg]
	480	455		1000		380		455
480	540	510	55	1125	380	440	455	515
540	595	570	60	1250	440	495	515	570
595	650	625	55	1375	495	550	570	625
650	710	680	55	1500	550	610	625	685
710	765	740	60	1625	610	665	685	740
765	850	800	60	1750	665	750	740	825
850	965	910	110	2000	750	865	825	940
965	1080	1020	110	2250	865	980	940	1055
1080	1190	1130	110	2500	980	1090	1055	1165
1190	1305	1250	120	2750	1090	1205	1165	1280
1305	1420	1360	110	3000	1205	1320	1280	1395
1420	1530	1470	110	3250	1320	1430	1395	1505
1530	1640	1590	120	3500	1430	1540	1505	1615
1640	1760	1700	110	3750	1540	1660	1615	1735
1760	1870	1810	110	4000	1660	1770	1735	1845
1870	1980	1930	120	4250	1770	1880	1845	1955
1980	2100	2040	110	4500	1880	2000	1955	2075
2100	2210	2150	110	4750	2000	2110	2075	2185
2210	2380	2270	120	5000	2110	2280	2185	2355
2380	2610	2270		5000	2280	2510	2355	2585
2610		2270		5000	2510		2585	

Abb. 7.2 Schwungmassentabelle für Europa-Zulassungen

modernen Rollenprüfständen ist die elektronische Steuerung der Elektromaschinen an den Rollen in der Lage, die geforderte äquivalente Schwungmasse über eine Drehmomentenregelung zu simulieren. Die bislang bewährte Stufung der Schwungmassen wurde beibehalten. Die für Europa gültige Schwungmassentabelle zeigt Abb. 7.2.

Da der Ursprung der Rollenprüfstände für Abgasmessungen in den USA liegt, basieren die Gewichtsangaben für die Schwungmassen auf der Einheit [lb] (1 lb = 0,4536 kg). Die Werte für Europa sind von [lb] in [kg] umgerechnet und auf 5er Werte gerundet. Bei den Schwungmassen bis circa 900 kg beträgt die Stufung 125 lb (55 bis 60 kg), darüber hinaus 250 lb (100 oder 110 kg). Ab einer Bezugsmasse von über 2270 kg bleibt die Schwungmasse konstant. Wahrscheinlich hat das seine Ursache in den ersten mechanischen Rollen, die hier begrenzt waren. Für eine schnelle Zuordnung der Schwungmasse zu bekannten Gewichtsangaben sind in der Tabelle die zugehörigen Angaben für das DIN-Leergewicht und für das EU-Leergewicht ergänzt. Für die Zukunft ist geplant, in den Zulassungspapieren das individuelle Leergewicht des Fahrzeugs anzugeben. Im Zuge dessen und auch im Zuge der Entwicklung des neuen WLTP-Fahrzyklus ist damit zu rechnen, dass die Schwungmassen-Stufung abgeschafft wird. Jeder Fahrzeugtyp würde dann entsprechend seines individuellen Gewichtswerts gemessen. Die Begrenzung auf 2210 kg würde dann sicherlich auch entfallen, da die heutigen Prüfstände höhere Massen simulieren können.

Die Schwungmassentabelle für die US-Zulassungen unterscheidet sich in der Stufung und in der Gewichtsdefinition für die Bezugsmasse des Fahrzeugs. Die 125 lb-Stufung wird erst bei circa 1800 kg auf 250 lb geändert. In die Gewichtsdefinition geht ein verkaufsge-

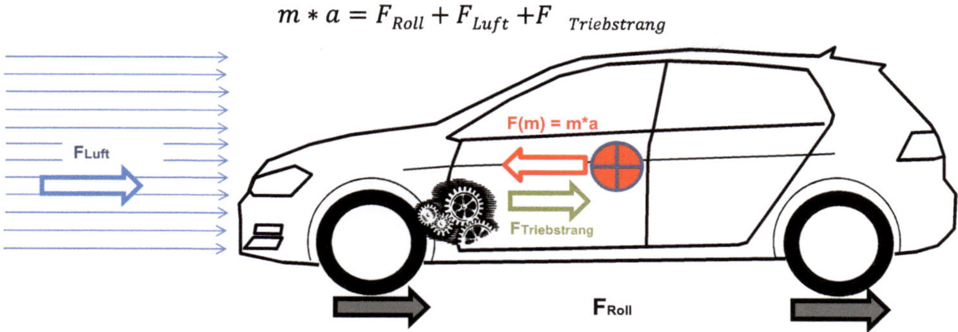

Abb. 7.3 Fahrwiderstandskräfte beim Ausrollversuch

wichteter Anteil der Mehrausstattungen ein und der Gewichtszuschlag für die Bezugsmasse beträgt 300 lb (circa 136 kg).

7.2.3 Ausrollversuch zur Fahrwiderstandsbestimmung

Für eine Messung auf einem Rollenprüfstand muss für die Prüfstandssteuerung der Fahrwiderstand des zu prüfenden Fahrzeugs bekannt sein, denn nur so wird dem Antriebsmotor auch genau die gleiche Antriebsarbeit abgefordert wie bei einer Fahrt auf der Straße. Aufgrund der vielen ineinander greifenden Widerstände im Fahrzeug ist auch heute noch keine genügend genaue Vorausberechnung des Fahrwiderstands möglich. Zu groß ist dabei die Gefahr, dass der Fahrwiderstand etwas zu hoch berechnet wird und so ein paar Gramm an CO_2-Emission pro Kilometer zu viel zertifiziert werden. Eine Messung der Fahrwiderstände direkt am Fahrzeug ist über einen aufwendigen Flachbahnprüfstand möglich, wobei dann der Luftwiderstand aus einer Windkanalmessung addiert werden muss. Solche Prüfstände gibt es derzeit nur wenige auf der Welt. Eine Messung des Gesamtwiderstandes unter realen Bedingungen kann deshalb nur in einem Ausrollversuch auf der Straße durchgeführt werden. Da die Ausrollstrecke sehr eben sein muss und der Versuch wegen der Wind-Einflüsse in Gegenrichtung wiederholt werden muss, finden diese Messungen vorwiegend auf speziellen Prüfstrecken statt. Im Hause Volkswagen bietet das Prüfgelände in Ehra-Lessien ideale Bedingungen, da die Schnellbahntrassen für beide Richtungen direkt beieinander liegen. Die während des Ausrollens am Fahrzeug angreifenden Kräfte zeigt Abb. 7.3.

Vor der Messung wird das Prüffahrzeug warm gefahren und es wird dann bei circa 135 km/h ausgekuppelt oder in Wählhebel-Stellung „N" geschaltet. Die Summe der angreifenden Kräfte bildet die Verzögerungskraft, mit der die Fahrzeugmasse abgebremst wird. Der Geschwindigkeitsabfall wird im Sekundentakt aufgezeichnet und im Geschwindigkeitsbereich von 125 bis 15 km/h ausgewertet, da im Bereich unter 15 km/h die Messwertschwankungen zu groß werden. Eine reale Fahrzeugmessung unter den idealen Bedingungen des Prüfgeländes in Ehra-Lessien zeigt die Abb. 7.4.

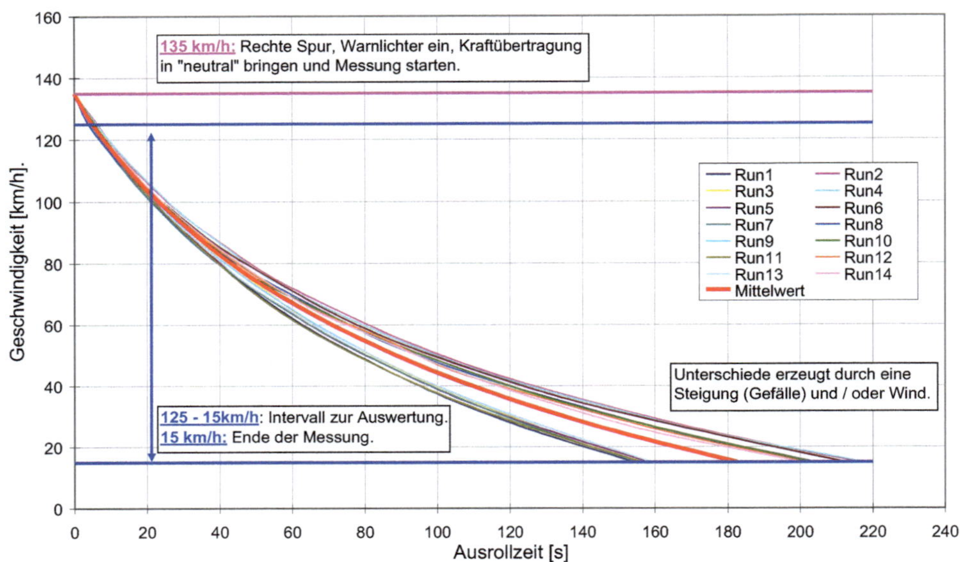

Abb. 7.4 Realer Ausrollversuch auf der Straße

Diese Messung zeigt den Geschwindigkeitsverlauf von sieben Ausroll-Messungen je Richtung. In Europa sind mindestens vier „Paare" vorgeschrieben. Die Schwankungen in den Messwerten machen deutlich, wie schwierig eine eindeutige Messung des Fahrwiderstandes selbst unter idealen Bedingungen ist. Man erkennt eine obere Kurvenschar für die eine Richtung und eine untere Kurvenschar für die andere Richtung. Die Unterschiede haben ihre Ursache in den auch unter Idealbedingungen immer noch vorhandenen Differenzen in der Straßenneigung, im Straßenbelag und in der Windrichtung. Eine Mehrfachmessung mit Mittelwertbildung ist daher unerlässlich. Der Mittelwert als Geschwindigkeitsverlauf über der Zeit bildet die Grundlage für die Erstellung der quadratischen Fahrwiderstandsgleichung.

Die Fahrzeugmasse gehorcht dem Newton'schen Gesetz „Kraft = Masse × Beschleunigung". Die negative Beschleunigung wird aus dem Geschwindigkeitsverlauf im Sekundentakt berechnet. Die daraus resultierende Fahrwiderstandskraft wird über der Geschwindigkeit aufgetragen, Abb. 7.5 (schwarze Kurve). Nun erfolgt noch eine rechnerische Korrektur, um die Messwerte auf die gleiche Bezugstemperatur umzurechnen, wie sie für den Rollenprüfstandsversuch gilt (grüne Kurve). Mit diesen korrigierten Daten kann die Fahrwiderstandskurve durch ein Polynom der 2. Ordnung angenähert werden (blaue Kurve):

$$F_{\text{Fahrwiderstand}} = \text{F2} \times v^2 + \text{F1} \times v + \text{F0} \tag{7.1}$$

Im Laufe der Entwicklung wird zunächst eine Ziel-Fahrwiderstandskurve berechnet, die später mit dem Ergebnis aus dem Ausrollversuch verglichen wird. Bei der Nachprüfung

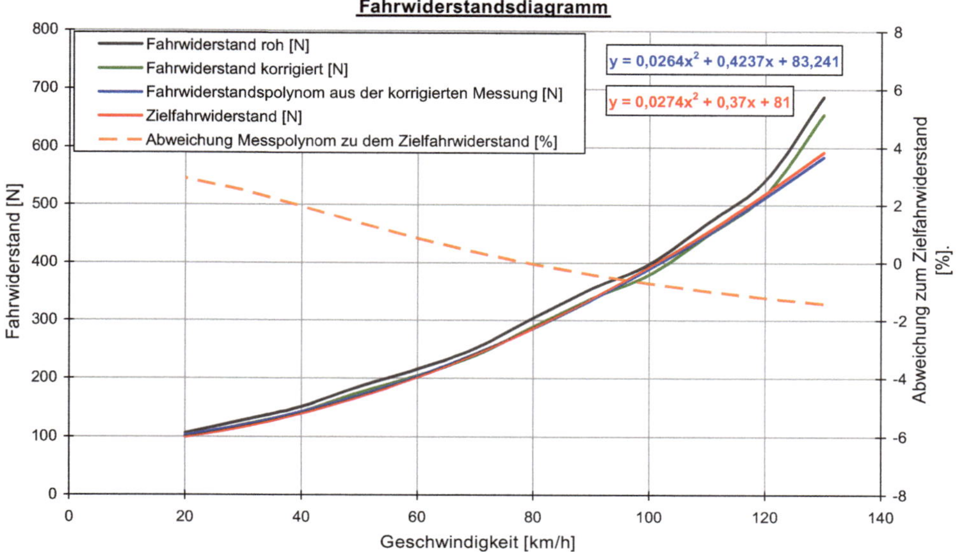

Abb. 7.5 Fahrwiderstand über der Geschwindigkeit als Polynom 2. Ordnung

durch eine Prüforganisation darf die aus der Messung bestimmte Fahrwiderstandskurve nur wenige Prozent von der Ziel-Fahrwiderstandskurve abweichen, damit die Zielfahrwiderstandskurve akzeptiert wird. Bei größeren Abweichungen muss die Ziel-Fahrwiderstandskurve entsprechend korrigiert werden.

Die so ermittelten Koeffizienten F2, F1 und F0 werden als „Straßenwerte" bezeichnet, da sie genau den Fahrwiderstand auf der Straße abbilden. Wie unter Abschn. 7.2.5 noch näher erläutert wird, sind daraus später für die Prüfstandssteuerung noch „Prüfstandswerte" zu bilden, die die besonderen Verhältnisse in der Kontaktfläche des Reifens zur Rolle berücksichtigen.

Der Koeffizient F2 bildet vorwiegend den Luftwiderstand mit seiner quadratischen Abhängigkeit von der Geschwindigkeit ab. Der Koeffizient F1 bildet die linear abhängigen Widerstände ab. Das sind insbesondere Widerstände aus dem Getriebe, dessen Schleppverluste einen ausgeprägten linearen Anstieg über der Geschwindigkeit zeigen. Aber auch von den Reifen ist ein unbekannter linearer Anteil in F1 enthalten, da die vereinfachte Annahme eines konstanten Rollwiderstandsbeiwertes im Bereich bis 120 km/h die Realität nicht 100 % richtig wiedergibt. Der Koeffizient F0 wird größtenteils durch den Rollwiderstand geprägt. Aber auch alle übrigen konstanten Reibmomente aus dem Triebstrang werden hierdurch berücksichtigt. F0 könnte man somit als Rollwiderstand des Gesamtfahrzeugs bezeichnen, zu dem der Reifen-Rollwiderstand den größten Beitrag liefert.

Prinzipiell ist das Vorgehen zur Ermittlung der Fahrwiderstände weltweit ähnlich. Es gibt aber landesspezifische Unterschiede in den Berechnungsvorgaben. Die deutlichsten

Abweichungen zu Europa gibt es Japan und Indien, wo das Fahrwiderstandspolynom mit F2 und F0 nur zwei Koeffizienten hat. Durch das Fehlen des linearen Anteils kann es zu größeren Abweichungen zwischen der Messkurve und dem Polynom kommen.

7.2.4 Prüfbedingungen

Das oberste Ziel einer Messung auf dem Rollenprüfstand ist die Sicherstellung der Reproduzierbarkeit. Im Idealfall sollte dasselbe Fahrzeug bei Messungen auf verschiedenen Rollenprüfständen weltweit auch dasselbe Emissions- und Verbrauchsergebnis liefern. In der Praxis würde dieser Versuch jedoch auch aufgrund der Fahrereinflüsse genau so viele verschiedene Ergebnisse liefern, wie es Messungen gibt. Die Aufgabe von genau definierten Prüfbedingungen ist es, die Streuungen durch Unterschiede in der Vorbereitung und Konditionierung der Fahrzeug möglichst klein zu halten oder zu vermeiden, um so wenigstens eine gute Grundlage für reproduzierbare Messungen zu schaffen. Eine vollständige Beschreibung der Prüfbedingungen würde den Rahmen dieses Kapitels sprengen, daher werden nur die wichtigsten Vorschriften kurz angesprochen.

Betankung Für offizielle Zertifizierungsmessungen ist das Fahrzeug mit einem speziellen Prüfkraftstoff zu betanken, der zwar prinzipiell einem Tankstellenkraftstoff entspricht, der aber in seiner Zusammensetzung genau beschrieben und sehr eng toleriert ist. Insbesondere für die Reproduzierbarkeit von Abgasemissionsmessungen bei den heute sehr niedrigen Grenzwerten ist das von Bedeutung. Für die überwiegenden Entwicklungs- und Überprüfungsmessungen mit geringeren Genauigkeitsansprüchen kann jedoch auch mit Tankstellenkraftstoff gefahren werden.

Raumtemperatur Die derzeitige Vorgabe für die Raumtemperatur des Rollenprüfstandes bei Verbrauchsmessungen beträgt in Europa 20 bis 30 °C. Diese Spanne ist deshalb sehr sinnvoll, weil an Arbeitsplätzen diese Temperatur die meiste Zeit des Jahres auf natürliche Weise vorhanden ist, ohne dass zusätzlich geheizt oder gekühlt werden muss. Lediglich für Sonderprüfungen werden die Prüfstände auch auf Temperaturen unter 0 °C oder bis 35 °C eingestellt.

Fahrzeugkonditionierung Bei Emissions- und Verbrauchsmessungen hat die Temperatur der verbrauchsbeeinflussenden Teile wie beispielsweise das Aggregat, der Triebstrang und die Reifen einen großen Einfluss auf das Messergebnis. Wird also ein Rollentest als sogenannter „Kalttest bei Raumtemperatur" gefahren, muss das Fahrzeug so konditioniert werden, dass es sich zum Start genügend genau an die Raumtemperatur angepasst hat. Die Konditionierungsdauer beträgt 6 bis 36 h. Die Konditionierung ist dann abgeschlossen, wenn die Motoröl-Temperatur nur noch ± 2 °C von der Raumtemperatur abweicht.

7.2.5 Rollen-Anpassung

Die Übertragung der im Ausrollversuch ermittelten Fahrwiderstandskurve auf den Prüfstand erfolgt in einer Rollenanpassung. Gemäß einer vorgegebenen Prozedur wird das Messfahrzeug auf dem Rollenprüfstand warmgefahren, um den gleichen thermischen Ausgangszustand wie beim Straßenversuch zu bekommen. Dann wird, wie auf der Straße, bei einer Geschwindigkeit oberhalb 120 km/h ausgekuppelt beziehungsweise auf Fahrstufe „N" geschaltet. Der Geschwindigkeitsverlauf während des Ausrollens wird aufgezeichnet und die benötigten Zeiten für die Geschwindigkeitsinkremente werden mit den Zeiten aus dem Straßenversuch verglichen. Je nach Differenzen wird die Prüfstandssteuerung entsprechend justiert. Dieser Vorgang wird so oft wiederholt, bis die Ausrollzeiten auf dem Prüfstand mit den Ausrollzeiten auf der Straße übereinstimmen. Der Gesamtfahrwiderstand wird dadurch auf die eine angetriebene Achse übertragen. Durch die Übereinstimmung der Ausrollzeiten ist auch die Übereinstimmung der wirksamen Fahrwiderstände zwischen dem Rollenprüfstand und dem Straßenversuch gegeben. Bei Einachs-Prüfstanden für Fahrzeuge mit einer angetriebenen Achse gilt das zumindest für den betriebswarmen Zustand. Beim Kaltstart wird der Energiebedarf für das „Warmfahren" der nicht angetriebenen Achse im Ergebnis nicht wirksam, denn deren Räder, Reifen und Radlager stehen still während der Messung. Der dadurch entstehende Fehler ist jedoch sehr klein. Der erhöhte Kaltwiderstand der angetriebenen Achse, der den größten Anteil ausmacht, wird als innerer Widerstand des Fahrzeugs auch auf dem Rollenprüfstand voll wirksam und entspricht damit dem Realverhalten im Straßenverkehr.

Bei dieser Rollenanpassung entstehen aus den o.g. Straßenwerten des Fahrwiderstandspolynoms die adäquaten Koeffizienten als „Rollenwerte", die als Einstellwerte für den Prüfstand bei allen Folgemessungen mit diesem Fahrzeug wieder verwendet werden. Die Straßenwerte und die Rollenwerte können deutlich voneinander abweichen, weil das Abrollverhalten der Reifen auf den Rollen des Prüfstands sich stark von dem auf der Straße unterscheiden kann. Insbesondere bei Prüfständen mit einer Doppelrolle werden die Reifen beim Abrollen deutlich mehr verformt als auf der Scheitelrolle oder auf der Straße, siehe Abb. 7.6.

Auf einer Doppelrolle kann die Reifenverformung so groß sein, dass der Prüfstandsantrieb im unteren Geschwindigkeitsbereich sogar Antriebskräfte und keine Bremskräfte aufbringen muss. Zum Schutz der Reifen vor zu großer Erwärmung muss auf der Doppelrolle mit stark erhöhtem Luftdruck gefahren werden. Die Rollenanpassung sorgt durch die Sicherstellung gleicher Ausrollzeiten auf dem Prüfstand wie auf der Straße dennoch dafür, dass der Fahrwiderstand der Realität auf der Straße entspricht.

7.2.6 Rollen-Auslauf

Am Ende einer Fahrzeugmessung auf dem Rollenprüfstand wird unmittelbar im Anschluss ein Rollenauslauf durchgeführt, um die Richtigkeit der gewählten Rolleneinstellkoeffizien-

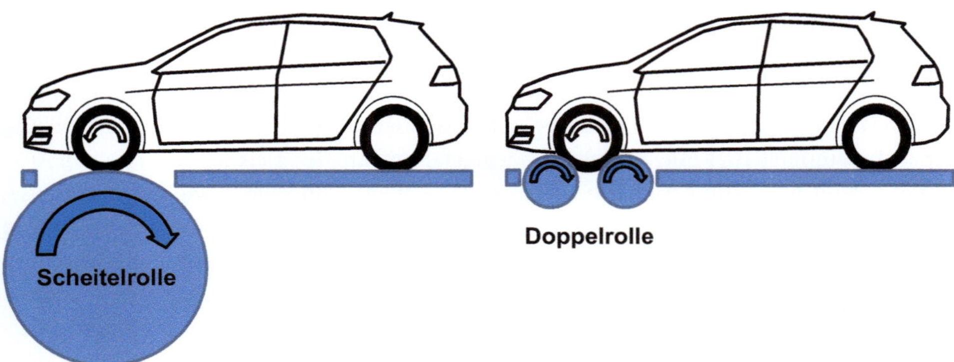

Abb. 7.6 Prinzipvergleich Scheitelrolle zu Doppelrolle

ten zu überprüfen. Beim Rollenauslauf erfolgt die Auswertung der Ausrollzeiten in gleicher Weise wie bei der Rollenanpassung. Bei kleinen Abweichungen zu den Ausroll-Sollzeiten wird das Messergebnis rechnerisch korrigiert. So vermeidet man die ständige Neujustierung der Prüfstandssteuerung. Erst bei reproduzierbar größeren Abweichungen im Rollenauslauf werden die Koeffizienten für die Rolleneinstellung neu festgelegt. Durch den Rollenauslauf wird sichergestellt, dass schleichende Fehler am Fahrzeug oder am Prüfstand schnell erkannt und abgestellt werden können.

7.2.7 Besonderheiten bei Allradfahrzeugen

Die überwiegende Mehrheit der weltweit vorhandenen Rollenprüfstände war und sind Einachs-Prüfstände für Fahrzeuge mit Front- oder Heckantrieb. Für viele Zertifizierungsstellen war es noch gegen Ende des letzten Jahrhunderts wegen fehlender Allrad-Prüfstände schlichtweg unmöglich, mit einem allradgetriebenen Fahrzeug im Serienzustand eine Zulassungsmessung durchzuführen. Und auch bei den Herstellern von Allradfahrzeugen war ein Emissions-Allradprüfstand nicht immer selbstverständlich vorhanden. So war auch der Gesetzgeber gezwungen, eine Ausnahmeregelung für Allradfahrzeuge zu erlauben. Diese besteht darin, dass das Allradfahrzeug auf Einachsbetrieb umgebaut wird, um es dann auf einem Einachs-Prüfstand messen zu können. Die Ermittlung der Fahrwiderstandskoeffizienten erfolgt selbstverständlich mit dem Serien-Allrad-Triebstrang, so dass das für das betriebswarme Fahrzeug der Fahrwiderstand auch auf dem Einachs-Prüfstand realistisch abgebildet wird. Der im Vergleich zu einer nicht angetriebenen Achse deutlich höhere Kaltwiderstand der 2. angetriebenen Achse findet jedoch auf dem Einachs-Prüfstand keinen Niederschlag in der Messung. Dieses Verfahren beinhaltet daher einen systematischen Verbrauchsvorteil für das Allradfahrzeug. In den letzten Jahren geht die Anwendung der Ausnahmeregelung aufgrund der besseren Verfügbarkeit von Allradprüfständen immer mehr zurück. In den USA ist diese Ausnahmeregelung mittlerweile nicht mehr zulässig und in Europa wird sie mit Einführung des neuen geplanten WLTP-Zyklus (siehe Abschn. 7.3.4) zukünftig abgeschafft.

7.3 Fahrzyklen und Verbrauchsangaben

Weltweit gibt es eine Vielzahl von Fahrzyklen für die verschiedensten Anwendungen. Neben den gesetzlich vorgeschriebenen Zyklen für die Emissions- und Verbrauchsmessungen gibt es auch weitere von Automobilclubs oder auch Hochschulen. Dieses Kapitel beschränkt sich auf die offiziellen Fahrzyklen für die Bestimmung des Kraftstoffverbrauchs von PKW in den Märkten Europa, USA und Japan. Damit sind alle Weltmärkte berücksichtigt, denn die Zulassungsvorschriften dieser drei Märkte werden von vielen Ländern ohne eigene Abgas-Gesetzgebung übernommen. Für alle Fahrzyklen gilt, dass die Abgasemissionen in einem Beutel aufgefangen werden, der im Anschluss an die Messfahrt ausgewertet wird. Werden einzelne Abschnitte des Zyklus separat gewertet, wie beispielsweise „innerorts" und „außerorts" beim NEFZ, so werden diese Abschnitte auch in getrennten Beuteln gemessen. Die CO_2-Emissionwerte sind das Ergebnis der Beutelanalyse. Auch der Kraftstoffverbrauch wird aus den Emissionen rechnerisch ermittelt. Auf diese Weise entfällt die Ausrüstung des Fahrzeugs mit einer Verbrauchs-Messtechnik. Das ist nicht nur weniger aufwendig, sondern vermeidet auch Fehlfunktionen in der Gemischbildung durch den Eingriff in die Kraftstoffversorgung des Motors.

Die Fahrzyklen werden üblicherweise als Geschwindigkeitsverlauf über der Zeit dargestellt. In diesem Kapitel wird von jedem Fahrzyklus auch eine Darstellung über dem Weg ergänzt. Das passt besser mit dem menschlichen Vorstellungsvermögen zusammen, da auch bei jeder realen Fahrt die Geschwindigkeit in Abhängigkeit vom Weg gewählt wird. Außerdem wird dadurch das Verständnis für einige Zyklus spezifische Eigenarten bei den Verbrauchsangaben gefördert. Wegen der besseren Vergleichbarkeit von Zyklen haben alle Diagramme eine gleiche Ordinaten- und Abszissen-Skalierung. Eine detaillierte Zusammenfassung der zahlenmäßigen Zyklus-Kennwerte ist in Abschn. 7.3.5 zu finden.

Zusätzlich zur Darstellung der Fahrzyklen wird auf die wesentlichen Unterschiede in den Vorschriften zur Ermittlung der Verbrauchswerte eingegangen. Bei Personenkraftwagen wird der Verbrauch immer in Beziehung zu einer Fahrstrecke gesetzt. Eine weit verbreitete Angabe ist der Verbrauch in Liter pro 100 km. Ebenfalls relativ weit verbreitet in der Welt ist aber auch die Angabe einer Reichweite pro Kraftstoffvolumen als Kilometer pro Liter [km/l] oder als Miles per Gallon [mpg]. Auf die Besonderheiten des amerikanischen Marktes bei der Unterscheidung zwischen den gemessenen Verbräuchen und den im Showroom öffentlich gezeigten Kundeninformationen wird gezielt eingegangen.

7.3.1 Europa: Neuer Europäischer Fahr-Zyklus (NEFZ)

Seit 1996 gilt in Europa der Neue Europäische Fahr-Zyklus als offizieller Fahrzyklus für die Emissions- und Kraftstoffverbrauchs-Messungen, Abb. 7.7. Er wird mit NEFZ abgekürzt. Er löste den bis dahin gültigen „Drittel-Mix"-Verbrauch ab, der den arithmetischen Mittelwert aus drei Einzelverbräuchen abbildete: Stadtzyklus, konstant 90 und konstant 120 km/h. Der Stadtzyklus des Drittel-Mix ist identisch mit dem NEFZ-innerorts-Teilzyklus. Alle drei Einzelverbräuche wurden mit betriebswarmem Fahrzeug bei circa 20 °C ermittelt, was zu relativ niedrigen Verbrauchsangaben führte. Der neue NEFZ wird kalt gestartet, aber die Messung der Emissionen wurde zunächst erst nach einer Vorlaufphase von 40 Sekunden gestartet. Von 1992 bis 1996 wurden noch beide Verfahren parallel angewendet, um statistische Aussagen über die Veränderung der Schadstoffemissionen und des Verbrauchs zu erhalten. Das Ergebnis beim Verbrauch betrug etwa 10 % Mehrverbrauch für den NEFZ. Seit dem Jahr 2000 ist der 40 s-Vorlauf entfallen und die Emissionen werden nun realitätsnäher direkt ab Start gemessen.

Zusatzverbraucher wie Klimaanlage oder elektrische Ausstattungen sind bei der Typprüfung auszuschalten. Das vereinfacht die Versuchsdurchführung und verbessert die Vergleichbarkeit des Grundverbrauchspotenzials von verschiedenen Fahrzeugen. Zweifellos ist es aber auch eine Ursache für die oft beklagte Differenz zwischen Katalog- und Praxisverbrauch beim NEFZ, siehe auch Abschn. 7.5.

Die vorgeschriebene Konditionierungstemperatur für den NEFZ beträgt 20 bis 30 °C und entspricht den Vorgaben in den USA. Der NEFZ besteht aus zwei Teilzyklen, dem Stadtfahrzyklus für die „innerorts"-Angaben und dem Überlandzyklus für die „außerorts"-Angaben. Der Stadtfahrzyklus selbst besteht aus vier identischen Einzelabschnitten. Der Geschwindigkeitsverlauf ist geprägt durch relativ kleine und konstante Beschleunigungen und durch viele Konstantfahrphasen. Im Stadtverkehr beträgt die maximale Geschwindigkeit 50 km/h und Höchstgeschwindigkeit außerorts beträgt 120 km/h. Während Fahrzeuge mit automatischen Getrieben die Gänge in der Fahrstufe „D" so wählen, wie es der Hersteller im Serienschaltprogramm festgelegt hat, gilt für Fahrzeuge mit Handschaltgetrieben im NEFZ eine sehr starre und wenig praxisgerechte Schaltvorschrift. Für alle Fahrzeuge unabhängig von Gewicht, Hubraum, Leistung und Getriebeauslegung gilt eine gleiche starre Gangwahl, die zum Beispiel im Stadtzyklus vorschreibt, dass bei 50 km/h immer der dritte Gang zu wählen ist. Für die Fahrer auf den Prüfständen sind die fixen Schaltpunkte eine deutliche Erleichterung, da jedes Fahrzeug gleich geschaltet werden muss. Das führt zu deutlich weniger Fahrfehlern. In Kundenhand wird dagegen manches Fahrzeug bei 50 km/h sicherlich auch schon im fünften Gang bewegt. Auch bei Fahrzeugen mit einer Hochschaltanzeige muss auf dem Prüfstand weiterhin nach den fixen Schaltpunkten gefahren werden.

NEFZ-Verbrauchsangaben Aus den Abgasemissionen der Typprüfmessung im NEFZ werden die offiziellen Angaben für die CO_2-Emission in der Einheit g/km und für den

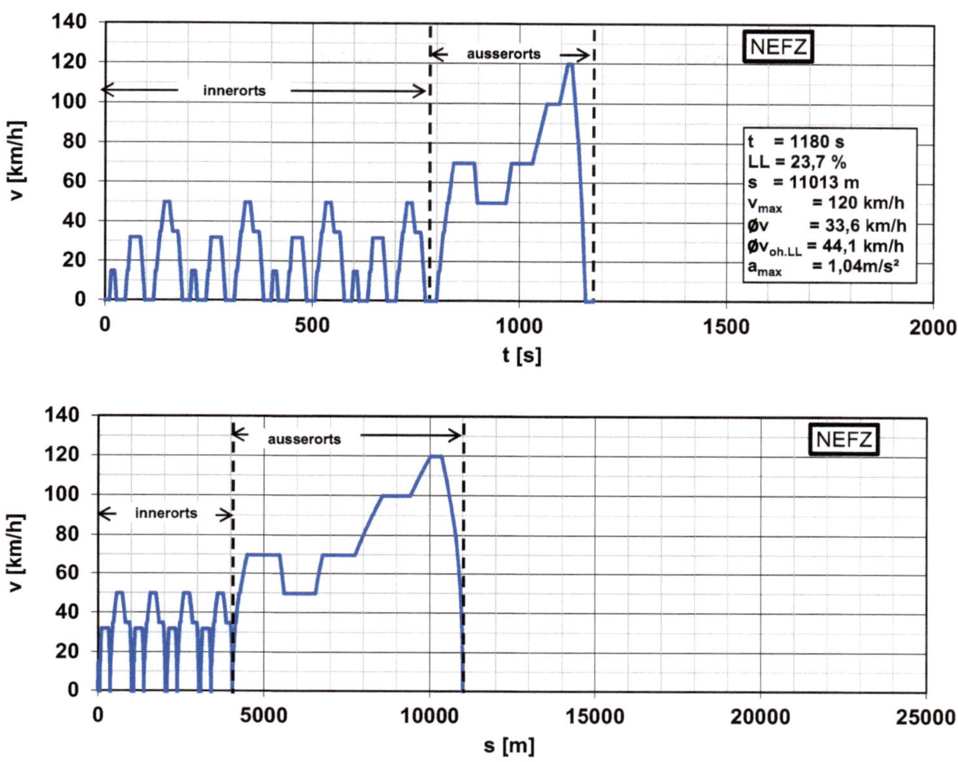

Abb. 7.7 Europäischer Fahrzyklus NEFZ (*v* über Zeit und Weg)

Verbrauch in der Einheit l/100 km berechnet. Für den Kunden werden folgende Angaben erzeugt:

- CO_2-Emission kombiniert
- Verbrauch innerorts, außerorts und kombiniert

Die CO_2-Emission ist direkt proportional zum Verbrauch und kann für EU-V-Kraftstoffe mit den folgenden überschlägigen Umrechnungsfaktoren direkt in Verbrauch umgerechnet werden:

	CO_2	Kraftstoff		CO_2	Kraftstoff
Benzin:	2330 g	≙ 1 l	oder	23,3 g/km	≙ 1 l/100 km
Diesel:	2630 g	≙ 1 l	oder	26,3 g/km	≙ 1 l/100 km

Für die Kunden ist die CO_2-Emission noch eine relativ neue und ungewohnte Messgröße, die sie in ihrer Vorstellung nur schwer mit dem Verbrauch in Verbindung bringen.

Im Gegensatz zum Verbrauch wird die CO_2-Emission in der Dimension g/km und nicht g/100 km angegeben. Die daraus resultierenden kleineren Zahlenangaben täuschen auf den ersten Blick darüber hinweg, dass die Masse des ausgestoßenen CO_2 etwa dreimal so groß ist wie die Masse des verbrauchten Kraftstoffs. Für das Beispielfahrzeug 2 (Abschn. 11.1) bedeutet das, dass bei einem angenommenen Verbrauch von 6 l/100 km (Benzin) alle 8600 km eine CO_2-Masse in der Höhe der Fahrzeugmasse (1200 kg) ausgestoßen wird.

Der CO_2-Emissionswert dient vorwiegend dem CO_2-Monitoring zur Ermittlung der Flottenemission, der Bemessung der Kraftfahrzeugsteuer und als Eingangsgröße für ordnungpolitische Instrumente wie zum Beispiel Einfahrverbote in Städte oder für weitere Bonus- und Malus-Regelungen. Deshalb wird nur eine kombinierte Angabe erzeugt.

Bei den Verbrauchsangaben in der Dimension l/100 km gibt es neben der kombinierten Angabe auch eine Angabe für „innerorts" und „außerorts". Alle drei Angaben finden direkt Eingang in die Typgenehmigungsunterlagen für das Fahrzeug. In Europa werden diese drei Verbrauchswerte auch ohne weitere Veränderung für die Kundeninformation zum Verbrauch verwendet. Sie finden Eingang in die Kataloge und Prospekte der Hersteller und in das gesetzlich vorgeschriebene Formblatt zur Energieverbrauchskennzeichnungsverordung (Abb. 7.8). Die Verbrauchswerte in der Verbrauchsinformation werden in unterschiedlicher Schriftgröße angegeben. Der kombinierte Wert wird auffällig groß geschrieben, während die Werte für „innerorts" und „außerorts" lediglich klein geschrieben werden. Diese „optische Geringschätzung" der Verbrauchsspanne in den offiziellen Verbrauchsangaben setzt sich fort beim Kunden und auch in allen Medien, die sich mit dem Thema Verbrauch befassen. Alle Verbrauchsvergleiche oder Kundenäußerungen beziehen sich nur auf die Herstellerangabe für „kombiniert" unabhängig vom Fahrprofil. Selbst in Automobil-Zeitschriften, die in ihren eigenen Tests drei verschiedene Verbräuche für unterschiedliche Testbedingungen ermitteln, werden Vergleiche zu den Herstellerangaben nur gegen die kombinierte Verbrauchsangabe gemacht.

Die wichtige Information darüber, dass der Verbrauch eines Fahrzeugs keine konstante Größe ist, geht durch die Missachtung der Verbrauchsspanne in den Verbrauchsangaben verloren. Der Verbrauch innerorts ist bei Fahrzeugen mit Verbrennungsmotor immer deutlich höher als der Verbrauch außerorts, obwohl die die Summe der streckenbezogenen Fahrwiderstände im Stadtzyklus deutlich kleiner ist als außerorts. Die Ursache dafür liegt in dem hohen Anteil des Nullleistungsverbrauchs im Stadtzyklus aufgrund der kleinen Gänge. Pro Kilometer wird so eine wesentlich größere Anzahl an Motorumdrehungen benötigt als beim Fahren im Überlandzyklus (vergl. Abschn. 6.1.1).

Der NEFZ steht bezüglich der Höhe der Verbrauchsangaben aus zwei Gründen in besonderer Kritik. Erstens ist der Verbrauch vor Kunde im Mittel zweifellos deutlich höher ist als die kombinierte Herstellerangabe. Zweitens gibt es Stimmen, die den NEFZ allein aufgrund seines optischen Erscheinungsbildes mit den kleinen und konstanten Beschleunigungen und dem hohen Anteil an Konstantfahrphasen (siehe Abb. 7.7) als praxisfern verurteilen. Gern werden dabei Vergleiche mit den Fahrzyklen in den USA gemacht, bei denen der augenscheinlich dynamischere Fahrzyklus für die höheren Verbrauchsangaben im Showroom verantwortlich gemacht wird. Diese Art von Aussagen entbehren stets ei-

Information über Kraftstoffverbrauch, CO_2-Emissionen und Stromverbrauch i. S. d. Pkw-EnVKV

Marke: Volkswagen		**Kraftstoff:** Diesel	
Modell: Passat		**andere Energieträger:** –	
Leistung: 103 kW		**Masse des Fahrzeugs:** 1.571 kg	

Kraftstoffverbrauch	**kombiniert:**	4,6 l	/100 km
	innerorts:	5,6 l	/100 km
	außerorts:	4,0 l	/100 km
CO_2-Emissionen	**kombiniert:**	120	g/km
Stromverbrauch	**kombiniert:**	–	kWh/100 km

Die angegebenen Werte wurden nach vorgeschriebenen Messverfahren (§ 2 Nrn. 5, 6, 6a PKW-EnVKV in der gegenwärtig geltenden Fassung) ermittelt. CO_2-Emissionen, die durch die Produktion und Bereitstellung des Kraftstoffes bzw. anderer Energieträger entstehen, werden bei der Ermittlung der CO_2-Emissionen gemäß der Richtlinie 1999/94/EG nicht berücksichtigt. Die Angaben beziehen sich nicht auf ein einzelnes Fahrzeug und sind nicht Bestandteil des Angebotes, sondern dienen allein Vergleichszwecken zwischen den verschiedenen Fahrzeugtypen.

Hinweise nach Richtlinie 1999/94/EG:
Der Kraftstoffverbrauch und die CO_2-Emissionen eines Fahrzeugs hängen nicht nur von der effizienten Ausnutzung des Kraftstoffs durch das Fahrzeug ab, sondern werden auch vom Fahrverhalten und anderen nichttechnischen Faktoren beeinflusst. CO_2 ist das für die Erderwärmung hauptsächlich verantwortliche Treibhausgas. Ein Leitfaden für den Kraftstoffverbrauch und die CO_2-Emissionen aller in Deutschland angebotenen Personenkraftfahrzeugmodelle ist unentgeltlich an jedem Verkaufsort in Deutschland erhältlich, an dem neue Personenkraftfahrzeugmodelle ausgestellt oder angeboten werden.

CO_2-Effizienz — **Auf der Grundlage der gemessenen CO_2-Emissionen unter Berücksichtigung der Masse des Fahrzeugs ermittelt.**

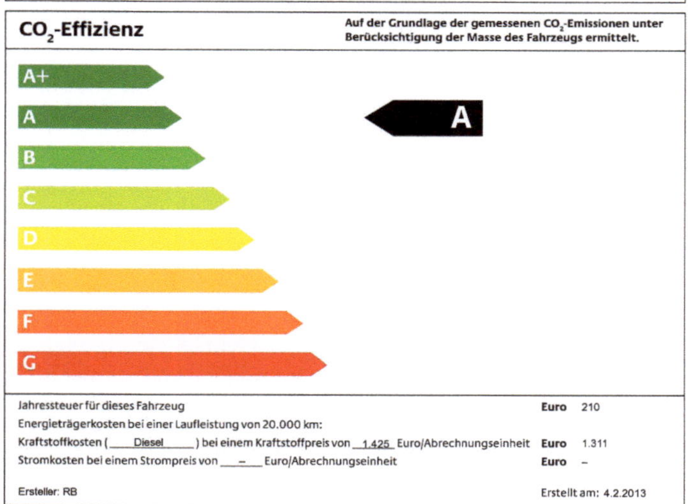

Jahressteuer für dieses Fahrzeug	**Euro** 210
Energieträgerkosten bei einer Laufleistung von 20.000 km:	
Kraftstoffkosten (Diesel) bei einem Kraftstoffpreis von 1,425 Euro/Abrechnungseinheit	**Euro** 1.311
Stromkosten bei einem Strompreis von – Euro/Abrechnungseinheit	**Euro** –
Ersteller: RB	Erstellt am: 4.2.2013

Abb. 7.8 Kundeninformation zum Verbrauch im Verkaufsraum

ner Analyse der tatsächlichen Ursachen für die Unterschiede zwischen Europa und den USA. Der ganz entscheidende Grund für die höheren Verbrauchsangaben von gleichen Fahrzeugen in den USA liegt genau **nicht** darin, dass die Zyklen verschieden sind, sondern darin, dass die in der Typprüfung gemessenen Kraftstoffverbräuche einer mathematischen Korrektur unterworfen werden. Im NEFZ werden die Verbrauchs-Messwerte aus der Typprüfung unverändert für die Kundeninformation übernommen. So geht der allgemein hohe Verbrauch „innerorts" mit der natürlichen Wichtung von nur 37 % in den Verbrauch

„kombiniert“ ein (4 km von 11 km) und der geringe Verbrauch „außerorts“ dominiert das „kombiniert“-Ergebnis mit einer Wichtung von 63 % (7 von 11 km). Das führt schon „mathematisch“ zu einem geringen kombinierten Verbrauch. Allein eine Umstellung auf die gesetzte USA-Wichtung von 55/45 % (siehe Abschn. 7.3.2) würde dazu führen, dass die Verbrauchsangabe für NEFZ-kombiniert um circa 10 % steigen würde. Vor Kunde kommen weitere geänderte Randbedingungen zum Tragen, die dazu führen, dass der kombinierte NEFZ-Verbrauch im Alltag häufig überschritten wird. Das sind insbesondere die im Mittel tieferen Temperaturen Starttemperaturen, Kurzstreckenfahrten, Hochgeschwindigkeitsfahrten usw.. Trotz dieser Abhängigkeiten beim Verbrauch, scheint es in Diskussionen zum Kraftstoffverbrauch so, als ob von jedem Fahrzeug erwartet würde, dass sich vor Kunde ein vom Einsatzfall völlig unabhängiger Kraftstoffverbrauch in Höhe der kombinierten Herstellerangabe einstellen müsste. Diese Erwartung ist physikalisch gar nicht erfüllbar. Dennoch wird auf Druck der Politik ein neuer Fahrzyklus entwickelt, dessen Verbrauchsangaben deutlich höher erwartet werden, siehe Abschn. 7.3.4.

Der NEFZ hat als Fahrzyklus die Aufgabe, ein vergleichbares Testergebnis zum Verbrauch und zu den Emissionen zu erzeugen. Kunden haben so die Chance, mehrere Fahrzeuge direkt miteinander zu vergleichen. Die Wahrscheinlichkeit ist sehr hoch, dass das Fahrzeug mit dem geringsten NEFZ-Verbrauch auch vor Kunde den geringsten Verbrauch haben wird, allerdings immer auf einem kundenspezifischen Niveau. Dabei sollte vom Kunden nicht nur die Angabe für den kombinierten Verbrauch verglichen werden. Da einige Fahrzeuge besondere Stärken speziell im Stadtbetrieb oder auch speziell im Überlandbetrieb aufweisen können, ist es wichtig, beim Verbrauchsvergleich besonders auch die Angaben für innerorts und außerorts zu vergleichen. So kann der vorwiegende Einsatzfall beim individuellen Kunden beim Vergleich verschiedener Fahrzeuge mit berücksichtigt werden.

Besonderheiten zur Verbrauchsangabe bei Plug-In-Hybrid-Fahrzeugen (PHEV) Plug-In-Hybrid-Fahrzeuge (PHEV) zeichnen sich dadurch aus, dass sie neben dem Verbrennungsmotor einen Elektroantrieb an Bord haben, der in der Lage ist, deutlich größere Strecken vollständig elektrisch zu bewältigen als es bei Hybridfahrzeugen möglich ist. Die Elektromaschine ist dabei mindestens so leistungsfähig, dass übliche Fahrleistungserwartungen im Alltagsbetrieb erfüllt werden. Die Traktionsbatterie hat einen so großen Energiegehalt, dass im Allgemeinen Reichweiten von circa 20 bis 50 km erzielt werden. So ist es durchaus möglich, dass ein Kunde dauerhaft rein elektrisch fährt, wenn er sein Fahrzeug nur auf relativ kurzen Wegen zur Arbeit und zurück benutzt. In diesem Fall würde das Fahrzeug nur elektrische Energie verbrauchen und keinen Kraftstoff. Im anderen Extremfall könnte ein Kunde dieses Fahrzeug als Langstreckenfahrzeug nutzen, um am Zielort eine Zufahrtsberechtigung für die Innenstadt zu bekommen, die für Fahrzeuge mit Verbrennungsmotor gesperrt ist. In diesem Fall würde das Fahrzeug überwiegend mit Kraftstoff betrieben und der elektrische Energieverbrauch würde eine vernachlässigbare Rolle spielen. Für diese Spannweite der möglichen Kraftstoffverbräuche ist es unmöglich, eine Verbrauchsvorschrift zu entwickeln, die für alle Kunden auch nur annähernd den individuellen

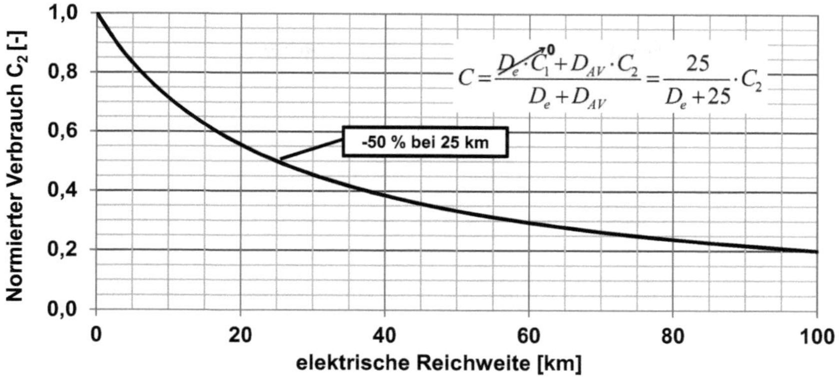

Abb. 7.9 Plug-In-Verbrauchsreduktion in Abhängigkeit von der elektrischen Reichweite

Verbrauch abbilden kann. Die Formel zur Ermittlung der offiziellen Verbrauchsangaben kann daher nur einen Versuch darstellen, sowohl den Kraftstoffverbrauch als auch die elektrische Reichweite in irgendeiner Form im Ergebnis zu berücksichtigen. Die Formel ist der ECE R101 zu entnehmen:

$$C = \frac{D_e \cdot C_1 + D_{AV} \cdot C_2}{D_e + D_{AV}} = \frac{25}{D_e + 25} \cdot C_2$$

Die Abkürzungen haben folgende Bedeutung:

C Kraftstoffverbrauch in l/100 km
C_1 Kraftstoffverbrauch in l/100 km bei voller Batterie
C_2 Kraftstoffverbrauch in l/100 km bei leerer Batterie (Mindestladung)
D_e Elektrische Reichweite
D_{AV} 25 km angenommene Fahrstrecke mit Verbrenner

Bei dieser Formel wird vorausgesetzt, dass zwischen zwei Batterieladungen eine Strecke von 25 km mit Verbrennungsmotor bei leerer Batterie gefahren wird. Für die elektrische Fahrt wird kein Kraftstoff verbraucht und es wird dafür auch kein äquivalenter Energieverbrauch berücksichtigt. Das führt dazu, dass die offizielle Verbrauchsangabe schon bei einer elektrischen Reichweite von 25 km nur noch halb so groß ist wie der Verbrauch mit Verbrennungsmotor bei leerer Batterie, Abb. 7.9. Selbst Fahrzeuge der Oberklasse erreichen auf diese Weise Katalogangaben von nur wenigen Litern pro 100 km. Über die Skalierung des Energieinhalts der Traktionsbatterie zur Steigerung der elektrischen Reichweite lässt sich auf diese Weise die offizielle Verbrauchs- und CO_2-Angabe sozusagen auf den gewünschten Wert „einstellen“.

Die Ermittlung der elektrischen Reichweite erfolgt in mehrfach hintereinander gefahrenen NEFZ. Das Ende der Reichweite ist dann erreicht, wenn der mittlere Ladezustand der

Batterie für hybridisches Fahren erreicht ist und der Verbrennungsmotor anspringt. Für die Messung des elektrischen Verbrauchs beim PHEV wird der NEFZ einmalig durchfahren. Anschließend wird das Fahrzeug über 12 Stunden ab Testbeginn am Stromnetz aufgeladen. Aus der nachgeladenen Energie und der NEFZ-Streckenlänge wird der elektrische Verbrauch in der Einheit kWh/100 km bestimmt.

Kunden, die ein Plug-In-Hybridfahrzeug nicht vorwiegend auf wenigen kurzen Strecken täglich einsetzen, werden mit einer Abweichung zwischen Realverbrauch und Katalogwert leben müssen, die deutlich größer sein wird, als es von konventionellen Fahrzeugen bekannt ist. Andererseits haben Kunden mit einem Fahrprofil ausschließlich innerhalb der elektrischen Reichweite natürlich auch die Möglichkeit, völlig ohne Kraftstoffverbrauch auszukommen. Die Tatsache, dass die anfallenden CO_2-Emissionen aus dem Strom-Mix nicht in die Berechnung eingehen, ist nicht logisch begründet, sondern eher als staatliche Förderung der Elektromobilität zu betrachten. Einen im Fahrzyklus ermittelten Verbrauchswert für Plug-In-Hybride, der den verschiedenen Kunden mit ihren individuellen Fahrgewohnheiten gerecht wird, kann es nicht geben. Es wäre aber im Sinner höherer Transparenz sicherlich von Vorteil, wenn die Hersteller dem Kunden auch den Kraftstoff-Verbrauchswert mit leerer Batterie nennen würden. Bei Kenntnis der elektrischen Reichweite und der obigen Berechnungsformel kann dieser Wert zwar berechnet werden, doch ist das den Kunden sicherlich nur schwer zuzumuten. Der kombinierte Stromverbrauch für elektrische Fahrt findet sich auch auf dem Verbrauchslabel gemäß der Energieverbrauchskennzeichnungsverordnung. Auf den Internetseiten der Hersteller ist er jedoch nicht immer sofort ersichtlich.

Besonderheiten zur Verbrauchsangabe bei Elektrofahrzeugen Bei Elektrofahrzeugen werden in der Typprüfung die Herstellerangaben für Verbrauch und Reichweite ermittelt. Wie bei konventionellen Fahrzeugen werden auch beim Elektrofahrzeug alle Nebenverbraucher ausgeschaltet. Für die Verbrauchsmessung wird das vollständig geladene Prüffahrzeug zweimal nacheinander im NEFZ gefahren. Anschließend wird die Batterie wieder voll geladen und die dafür benötigte Energie wird über einen „Stromzähler“ gemessen. In diesem Verbrauch ist der Verlust für die Umwandlung des Wechselstroms in Gleichstrom enthalten. Es handelt sich dabei also genau um die Energiemenge, die der Kunde auch beim Energieversorger bezahlen muss. Die Verbrauchsangabe erfolgt nur für den kombinierten Zyklus und nicht getrennt für innerorts und außerorts. In der Typprüfung wird der Verbrauch in der Einheit Wh/km ermittelt, die Herstellerangaben in den Prospekten erfolgt jedoch in der verständlicheren Form kWh/100 km.

Die für den Kunden wesentlich wichtigere Herstellerangabe bei Elektrofahrzeugen ist die Reichweite. Diese wird in der Typprüfung so bestimmt, dass das voll geladene Fahrzeug so viele NEFZ hintereinander fährt bis die Batterie ihre Mindestladung erreicht hat. Für die Fahrer des Prüffahrzeugs ist dies eine sehr langatmige Prozedur, denn eine 150 km-Reichweitenmessung dauert im NEFZ bei einer Durchschnittsgeschwindigkeit von 33,6 km/h circa 4,5 Stunden. Die Bedingungen bei dieser Reichweitenmessung sind mit einem einzigen „Kaltstart“ bei 20 bis 30 °C Umgebungstemperatur und abgeschalteter

Heizung/Kühlung optimal. Deshalb ist zukünftig auch beim Elektrofahrzeug mit deutlicher Kritik zu rechnen, dass die Nennreichweite in Kundenhand bei Nutzung der Heizung oder Klimatisierung nur schwer zu erreichen ist.

7.3.2 USA: 2-cycle- und 5-cycle-Test

Bis zum Jahr 2008 wurden die Verbräuche beziehungsweise Reichweiten in den USA nach einem 2-cycle-Test bestimmt. Durch eine andere Wichtung der Stadt- und Überlandwerte und durch eine mathematische Erhöhung der Verbrauchsangaben für die Kundeninformation waren die Katalogwerte für den Verbrauch deutlich höher als die NEFZ-Verbräuche mit einem gleichen Fahrzeug. Daher gab es bei konventionellen Fahrzeugen in den USA kaum Kundenbeschwerden wegen einer zu großen Abweichung zwischen Katalogwert und Realverbrauchswert, wie man sie vom NEFZ in Europa kennt.

Seit der ersten Einführung von Hybridfahrzeugen fiel jedoch immer wieder auf, dass deren sehr niedrige Katalog-Verbräuche nur schwer von den Kunden zu erreichen waren. Zwar war das Verbrauchsniveau dieser Hybridfahrzeuge für amerikanische Verhältnisse sehr niedrig, aber die Abweichung von Katalogwert zu Realverbrauch war hier deutlich größer als bei konventionellen Fahrzeugen. Das veranlasste den Gesetzgeber, eine neue Prozedur zur Verbrauchszertifizierung in Kraft zu setzen, bei der drei weitere Zyklen mit geänderten Umgebungstemperaturen, anderen Fahrprofilen oder anderen Einschaltbedingungen für Nebenverbraucher zum Einsatz kommen. Ab dem Modelljahr 2008 werden die Verbräuche nach diesem 5-cycle-Test ermittelt. Die daraus ermittelten Verbrauchswerte für die Kundeninformation sind nochmals deutlich höher als nach dem 2-cycle-Test.

Da Europa zurzeit aus ähnlichen Beweggründen mit dem WLTP (Worldwide harmonized Light duty Test Procedure) die Entwicklung eines neuen Fahrzyklus vorantreibt, wird auch der 2-cycle-Test noch vorgestellt. Damit lässt sich ein direkter Vergleich anstellen über die Veränderungen vom alten zum neuen Zyklus in den USA und in Europa.

7.3.2.1 USA bis Modelljahr 2008: FTP-75- und Highway-Zyklus, (2-Cycle-Test)

Seit 1978 wurde in den USA der der offizielle Verbrauch von PKW im 2-cycle-Test ermittelt. Der FTP-75-Zyklus (**F**ederal **T**est **P**rocedure) steht stellvertretend für einen Stadtzyklus und der Highway-Zyklus HFET (**H**ighway **F**uel **E**conomy **T**est) steht für eine Überlandfahrt.

FTP-75 Der FTP-75-Zyklus ist mit fast 18 km Länge deutlich länger als der NEFZ, Abb. 7.10. Der Start beginnt nach einer Konditionierungsphase bei 68–86 °F (20 bis 30 °C). Der Test ist in drei Phasen aufgeteilt. Die „Cold Transient Phase“ dauert 505 s. Ohne Unterbrechung folgt die 2. Phase als „Stabilized Phase“, die nach insgesamt 1372 Sekunden endet. Dann folgt eine 10-Minuten-Pause mit abgestelltem Motor, wobei die Motortemperatur nur unwesentlich abfällt. Dann beginnt die 3. Phase mit einem Warmstart als „Hot Transient Phase“ mit dem identischen Fahrprofil der 1. Phase.

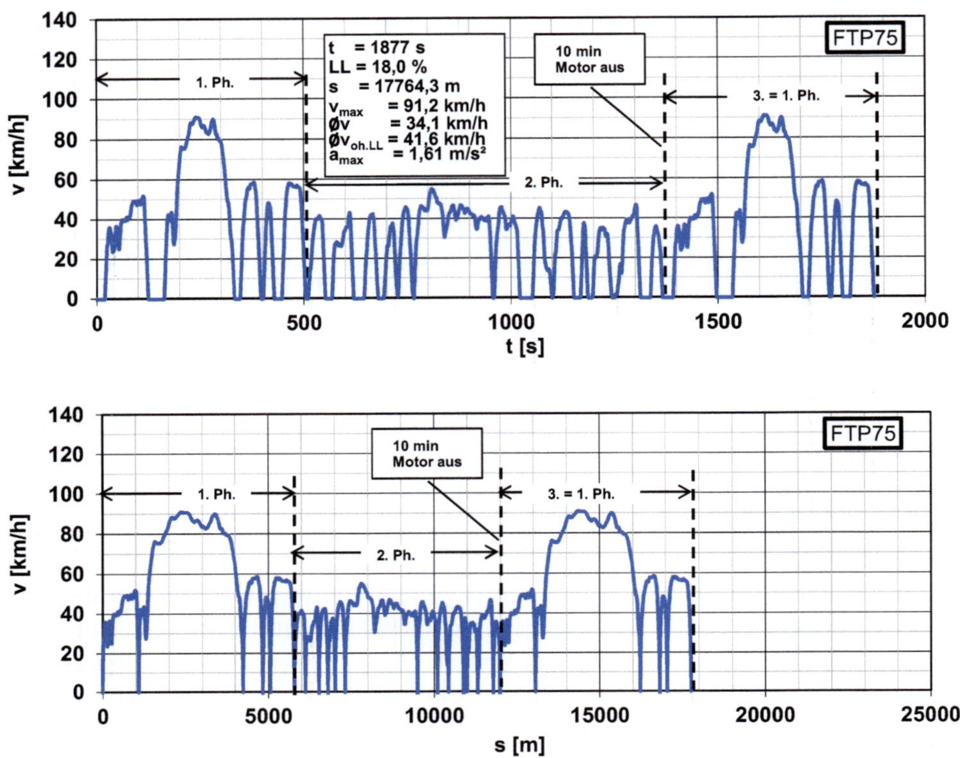

Abb. 7.10 FTP-75, US City-Test (v über Zeit und Weg)

Die Zusatzverbraucher sind bei diesem Test ausgeschaltet. Die Emissionsergebnisse der drei Abgasbeutel werden mit Wichtungsfaktoren von 0,43, 1,0 und 0,57 für die drei Phasen belegt. Dass der betriebswarmen Phase somit die höchste Bedeutung gegeben wird mag daran liegen, dass in den USA im Mittel deutlich größere Entfernungen bei den Einzelfahrten zurückgelegt werden.

Obwohl der FTP-75 ein Stadtzyklus ist, enthält er zwei Phasen von je circa drei km, in denen mit circa 80 km/h relativ gleichmäßig im hohen Gang gefahren wird. Solche Fahrprofile sorgen bei Fahrzeugen mit Verbrennungsmotor immer dafür, dass der Verbrauch eher gering ausfällt. Die große Testlänge mit circa 18 km sorgt zusätzlich dafür, dass der Anteil der Kaltstart- und Warmlaufphase an der Gesamtfahrstrecke deutlich kleiner ist als beim NEFZ. Das führt dazu, dass der gemessene und unkorrigierte Verbrauch im FTP-75 deutlich geringer ist als der Verbrauch innerorts im NEFZ und das trotz des zweifellos dynamischer und realistischer wirkenden Fahrprofils des FTP-75.

HFET Der Highway-Test beschreibt eine relativ wenig dynamische Fahrt auf einem Highway, die in vielen Bereichen einer Konstantfahrt ähnlich ist, Abb. 7.11 .

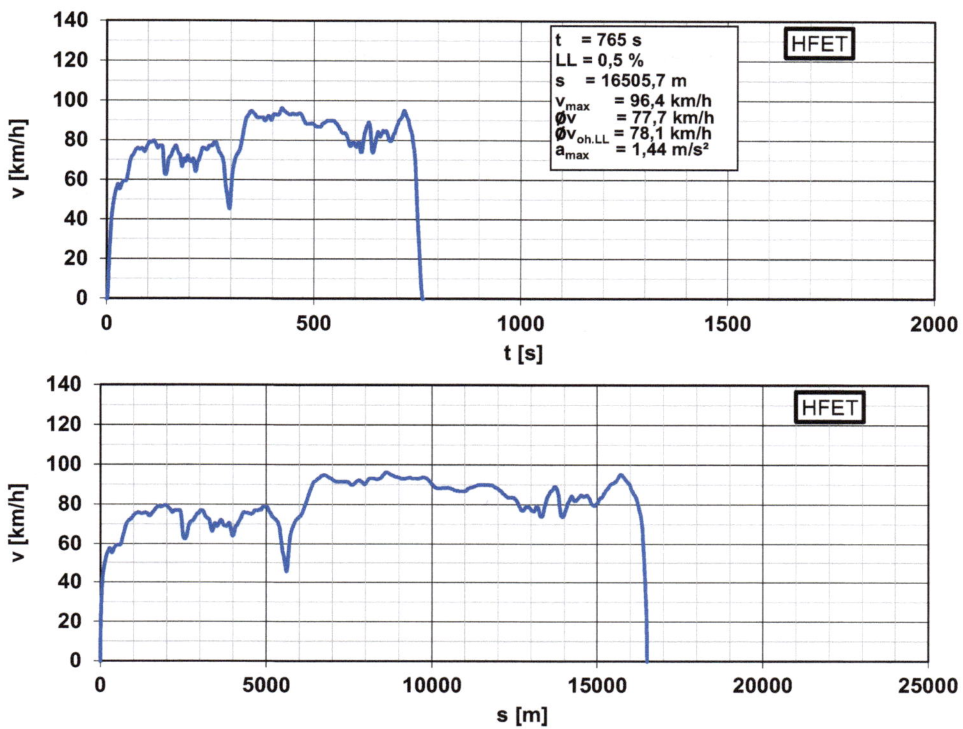

Abb. 7.11 HFET, US-Highway-Test (v über Zeit und Weg)

Der Highway-Zyklus ist mit 16,5 km Länge ebenfalls deutlich länger als der NEFZ allein. Vor der Messung wird das Fahrzeug in einer Umgebung von 68–86 °F (20 bis 30 °C) mit einem HFET konditioniert. Direkt im Anschluss beginnt nach 15 Sekunden Leerlauf die eigentliche Messung im betriebswarmen Zustand. Auch bei diesem Test sind alle Zusatzverbraucher ausgeschaltet Es gibt auf der gesamten Testlänge von 16,5 km lediglich eine Anfahrt aus dem Stand und am Ende eine Abbremsung zum Stand. Dabei wird fast ausschließlich im höchsten Gang gefahren. Dies sind wiederum Bedingungen, die auch beim HFET dazu führen, dass der gemessene und unkorrigierte Verbrauch deutlich geringer ist als der Verbrauch außerorts im NEFZ und das wiederum trotz des weniger synthetisch wirkenden Fahrprofils.

Verbrauchsangaben 2-cycle-Test Zum Thema Verbrauchsangaben in den USA muss zunächst vorangestellt werden, dass nicht ein Verbrauch pro Strecke angegeben wird, sondern die Reichweite des Fahrzeugs mit dem Kraftstoffvolumen einer Gallone. Diese Reichweite wird als Fuel Economy-Wert (FE) bezeichnet und in der Reichweitendimension [mpg] (miles per gallon) angegeben. Zum besseren Verständnis für europäische Leser wird im weiteren Text jedoch überwiegend weiter der Begriff Verbrauch benutzt, auch wenn es sich tatsächlich um die Reichweite handelt. Verbrauch und Reichweite sind umgekehrt proportional zueinander, die Umrechnung ist in Abschn. 11.2.4 beschrieben.

Aus den zwei vorgestellten Verbrauchszyklen FTP-75 und HFET werden im Gegensatz zu Europa zwei verschiedene Arten von Verbrauchsangaben erzeugt. Es wird strikt unterschieden zwischen der Verbrauchsangabe für die Verbrauchsgesetzgebung und der Verbrauchsangabe für die Kundeninformation. Für die Verbrauchsgesetzgebung wird der CAFE-Wert (Corporate Average Fuel Economy) ermittelt, mit dem die mittlere Flottenemission der Hersteller ermittelt und überwacht wird. Für die Kundeninformation im Prospekt oder im Showroom werden wie in Europa drei Verbrauchsangaben generiert für City, Highway und Combined. Mit Hilfe von Korrekturfaktoren werden diese Angaben jedoch auf ein deutlich höheres Verbrauchsniveau gebracht.

CAFE-Wert Der CAFE-Wert ist ein kombinierter Verbrauchswert auf Basis der Messergebnisse des FTP-75 und des HFET, genannt FE-combined. Neben der oben beschriebenen phasenweisen Wichtung der drei Beutelergebnisse des FTP-75 gibt es eine weitere Wichtung zwischen dem FTP-75 und dem HFET zur Berechnung des FE-combined-Wertes gemäß folgender Formel:

$$\text{FE-combined} = \frac{1}{\frac{0{,}55}{\text{City}} + \frac{0{,}45}{\text{HFET}}} \tag{7.2}$$

Die natürliche Streckengewichtung der Verbräuche für City und Highway von 51,8 zu 48,2 % wird so mathematisch auf 55 zu 45 % festgelegt, wodurch der kombinierte Verbrauch circa 1 % steigt beziehungsweise die Reichweite circa 1 % sinkt. Auch wenn diese mathematische Nachbearbeitung nur eine kleine Veränderung bringt, so bleibt festzuhalten, dass selbst beim CAFE-Wert keine unkorrigierten Messwerte zur Anwendung kommen. Das absolute Verbrauchsniveau des CAFE-FE-combined-Wertes ist sehr niedrig. Er wird dennoch voraussichtlich auch in Zukunft die Basis für die Ermittlung der Flottenemissionsdaten bleiben, um weiterhin eine stabile Vergleichsbasis sicherzustellen.

Label-Wert für die Kundeninformation gemäß 2-cycle-Test In den USA hat man sehr früh erkannt, dass die äußerst niedrigen CAFE-Verbrauchsangaben nicht geeignet sind, dem Kunden eine zufriedenstellende Auskunft über den zu erwartenden Kraftstoffverbrauch seines Fahrzeugs zu geben. Daher wurde ein pragmatischer und über viele Jahre bewährter Ansatz zur Erhöhung der Verbrauchsangaben gewählt. Der City-Reichweite gemäß FTP-75 wurde mit dem Faktor 0,9 verringert und die HFET-Reichweite mit dem Faktor 0,78. Wegen der umgekehrt proportionalen Abhängigkeit zwischen Reichweite und Verbrauch führt das zu einer Verbrauchserhöhung von 11 % für den City-Verbrauch und von 28 % für den HFET-Verbrauch. Die auf diese Weise erhöhten Verbräuche fanden Eingang in ein Verbrauchslabel zur Kundeninformation (auch Sticker genannt), das im Showroom oder auch auf offiziellen Internetseiten [2, 3] für jeden Kunden sichtbar war, Abb. 7.12.

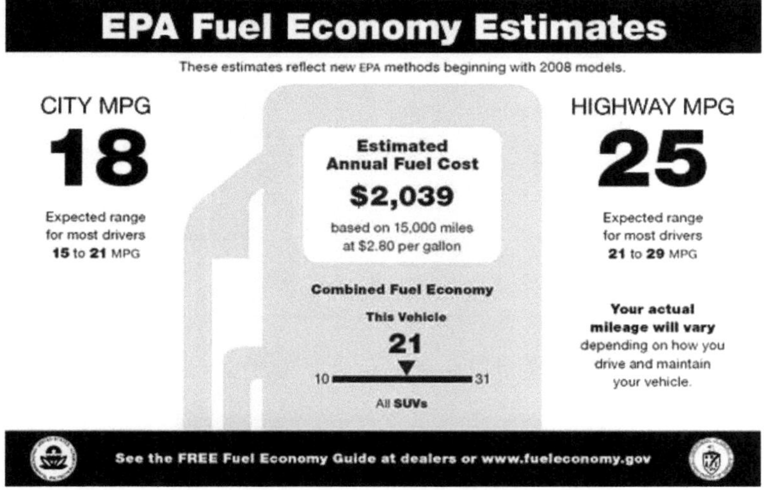

Abb. 7.12 US-Verbrauchslabel zur Kundeninformation bis Modelljahr 2008 (Quelle: Environmental Protection Agency USA)

Diese Verbrauchsinformation unterscheidet sich deutlich von der europäischen Energieverbrauchs-Kennzeichnungsverordnung. Während in Europa der kombinierte Verbrauch mit großer Schrift im Fokus steht und die Verbräuche für innerorts und außerorts nur klein geschrieben werden, stehen in diesem Label die Werte für City und Highway im Fokus und der combined-Wert wird nur klein geschrieben aufgeführt. Es wird damit ein ganz deutlicher Hinweis auf eine Verbrauchsspanne gegeben. Zusätzlich wird für die City- und Highway-Angabe noch ein „expected range for most drivers" angegeben, was den Kunden nochmals darauf hinweist, dass er nicht die exakte Übereinstimmung seines individuellen Verbrauchs mit der Herstellerangabe erwarten kann. In diesem Beispiel reicht die angegebene Gesamtspanne von der kürzesten City-Reichweite mit 15 mpg bis zur höchsten Highway-Reichweite mit 29 mpg, was grob einem Faktor zwei entspricht. Der FE-combined-Wert gibt dem Kunden auf einer Skala vom geringsten bis zum höchsten Verbrauch aller Fahrzeuge dieser Klasse Auskunft darüber, wo sich das aktuelle Fahrzeug verbrauchsmäßig einordnet.

Diese Kundeninformation zeichnet sich dadurch aus, dass konkrete Zahlen für einen Verbrauchsvergleich und auch für die Einordnung in das Wettbewerbsumfeld vorliegen. Zusätzlich wird das Bewusstsein für eine Verbrauchsspanne geweckt. Zusammen mit den pragmatisch mathematisch korrigierten Verbräuchen führte das zu einer langjährigen Zufriedenheit der Kunden.

Vergleich von 2-cycle-Verbräuchen mit dem NEFZ-Verbrauch Einen direkten zusammenfassenden Vergleich zwischen den europäischen Verbrauchsangaben und den US-Verbräuchen nach dem 2-cycle-Test zeigen Verbrauchsberechnungen am Beispielfahrzeug 2, Abb. 7.13.

Vergleich der Verbrauchsangaben in Europa und USA (2-cycle-test bis MJ 2008) Berechnungen mit Beispielfahrzeug 2 (Angaben in [l/100 km])					
	Europa		**USA**		
Zweck	Flottenemission	Label	Flottenemission CAFE		Label
Zyklen	NEFZ	NEFZ	FTP-75 + HFET	Korrekturfaktor	FTP-75 + HFET
innerorts/City	7,9		6,6	1 / 0,90	**7,3**
außerorts/Highway	5,3		4,5	1 / 0,78	**5,7**
kombiniert/combined	**6,2**		5,6		6,6
%-Anteil innerorts/außerorts	36,4 / 63,6				
%-Anteil City/Highway			55/45		55/45
NEFZ mit US-Wichtung	6,8				

Abb. 7.13 Vergleich der Verbrauchsangaben in EU und USA (vor Modelljahr 2008)

Die optisch realitätsnäher wirkenden US-Zyklen führen sowohl beim FTP-75 als auch beim HFET zu circa 15 % geringeren Verbräuchen als beim NEFZ. Auch der combined-Verbrauch ist mit 5,6 l/100 km circa10 % niedriger als beim NEFZ mit 6,2 l/100 km. Aus den oben bereits genannten Gründen wurden diese geringen Werte nur für das Verbrauchsmonitoring im Rahmen der Verbrauchsgesetzgebung verwendet, nicht aber für die Kundeninformation. Für die Information des Kunden wurden für die Label-Verbräuche Korrekturfaktoren eingeführt, um die City- und Highway-Verbräuche mathematisch nach oben zu korrigieren. Als Ergebnis sieht der Kunde in den USA die (fett gedruckten) Werte der Spanne von 5,7 bis 7,3 l/100 km, während der combined-Wert von 6,6 l/100 km eine untergeordnete Rolle spielt. Im völligen Gegensatz dazu gibt es in Europa keine Differenzierung zwischen den Angaben für die Flottenemission und der Kundeninformation. Vor Kunde wird der Fokus auf den unkorrigierten kombinierten Verbrauch von 6,2 l/100 km (fett gedruckt) gelegt, während die Spanne von 5,3 bis 7,9 l/100 km nahezu unbeachtet bleibt.

So ist es nur folgerichtig, dass in Europa ein größerer Anteil von Kunden die Erfahrung machen muss, dass der Verbrauch aus der Kundeninformation in der Praxis nur schwer zu erreichen ist. Wendet man in der Beispielrechnung die US-Wichtungsfaktoren von 55/45 % für den City/Highway-Streckenanteil auch für den NEFZ an, so würde allein dadurch der kombinierte Verbrauch auf 6,8 l/100 km steigen. Er wäre damit sogar noch leicht höher als der mit zusätzlichen Korrekturfaktoren hochgesetzte US-Label-Verbrauch. Allein diese Maßnahme hätte das Potenzial, die Beanstandungen in Europa über zu niedrige NEFZ-Verbrauchswerte deutlich zu senken.

Wie später noch in Abschn. 7.5 gezeigt wird, treten vor Kunden noch wesentlich größere Verbrauchsspreizungen auf als sie in den Zertifizierungen gemessen werden. Insofern ist es ein aussichtsloses Unterfangen, den idealen realitätsnahen Fahrzyklus zu suchen. Es gibt ihn nicht. Für eine gute Kundeninformation ist es lediglich wichtig, dass die angegebenen Verbräuche auch von einer hohen Anzahl von Kunden erreicht werden und nicht nur von einer Minderheit. Wie dieses USA-Beispiel aus der Vergangenheit zeigt, ist dieses Ziel auch mit einfachen Maßnahmen zu erreichen.

7.3.2.2 USA ab Modelljahr 2008: 5-Cycle-Test

Mit Aufkommen der ersten Hybridfahrzeuge stellte man fest, dass diese in der Praxis eine größere Abweichung von den Verbrauchs-Katalogwerten aufwiesen als konventionelle Fahrzeuge. Insbesondere bei höheren Geschwindigkeiten oder auch im Klima- oder Heizungsbetrieb nähern sich ihre Verbräuche denen der konventionellen Fahrzeuge an. Daher begann man in den 90er Jahren mit der Überarbeitung der Testprozedur für die Ermittlung der Label-Angaben für die Kundeninformation. Zusätzlich zu den bestehenden zwei Zyklen wurde jeweils eine neue Prüfung für die Fahrt mit höherer Geschwindigkeit, für die Fahrt mit Klimaanlage und für die Fahrt bei tiefen Temperaturen entwickelt. Die offiziellen Namen der fünf Zyklen lauten auf der Homepage der amerikanischen Umweltbehörde EPA wie folgt:

1. FTP-75 City (unverändert),
2. HFET Highway (unverändert),
3. US06 High Speed (neu),
4. SC03 Air Conditioning (neu),
5. FTP-75 Cold Temperature (Zyklus wie 1., aber bei −7 °C Umgebung).

Ab dem Modelljahr 2008 basieren die offiziellen Verbrauchsangaben für die Kundeninformation auf dieser neuen Prozedur. Im Folgenden werden die neuen Zyklen beschrieben.

US06-High Speed In den USA gibt es mittlerweile immer mehr Bundesstaaten, die das frühere strenge Tempolimit von 55 mph zumindest streckenweise deutlich anheben. Um den bei höheren Geschwindigkeiten überproportional steigenden Verbräuchen Rechnung zu tragen, wurde der US06-Zyklus entwickelt, der mit einer maximalen Geschwindigkeit von 129 km/h für amerikanische Verhältnisse tatsächlich einen Hochgeschwindigkeitszyklus darstellt, Abb. 7.14.

Der US06 ist mit circa 13 km Länge etwas länger als der NEFZ. Die Messung wird mit dem betriebswarmen Fahrzeug in einer 68–86 °F (20 bis 30 °C) Prüfstandsumgebung gefahren, wobei alle Verbraucher ausgeschaltet sind. Der Test ist in drei Phasen unterteilt und die Emissionen werden in getrennten Beuteln gemessen. Mit den verschiedenen Phasen sollen innerstädtische und außerstädtische Fahrweisen mit hohen Geschwindigkeiten getrennt erfasst werden. Der US06 ist insbesondere geprägt durch sehr starke Beschleunigungen auch bei hohen Geschwindigkeiten, was für viele Fahrzeuge bedeutet, dass der Motor stellenweise unter Volllast laufen muss, um der Fahrkurve folgen zu können.

SC03 Air Conditioning Der SC03 (Abb. 7.15) wurde entwickelt, um der Tatsache Rechnung zu tragen, dass im praktischen Fahrbetrieb mittlerweile überwiegend mit eingeschalteter Klimaanlage gefahren wird, auch wenn es aus Temperaturgründen nicht unbedingt notwendig ist. Besonders im städtischen Fahrbetrieb mit relativ geringer Durchschnittsgeschwindigkeit ist der streckenbezogene Mehrverbrauch durch eine eingeschaltete Klimaanlage vergleichsweise hoch. Bei Hybridfahrzeugen oder Fahrzeugen mit Start/Stopp-Systemen kann der Klimaanlagenbetrieb dazu führen, dass die Motoren in den Leerlaufphasen

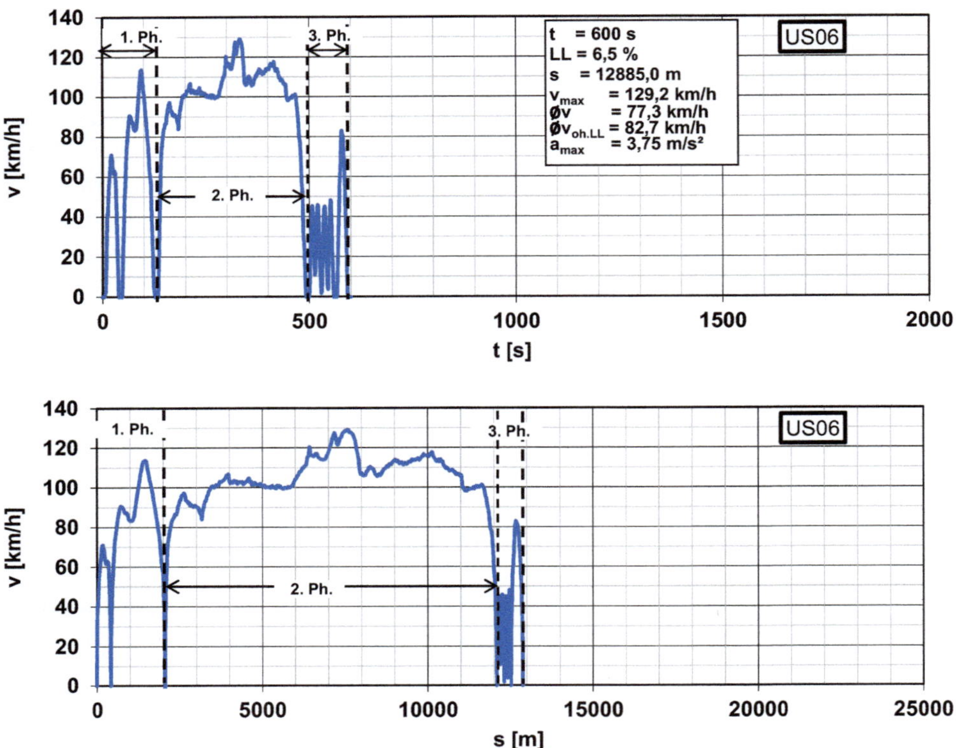

Abb. 7.14 US06, US-Hochgeschwindigkeitszyklus (v über Zeit und Weg)

weiterlaufen müssen und so ein überproportionaler Mehrverbrauch gegenüber konventionellen Fahrzeugen eintritt.

Der SC03 ist mit knapp 6 km der kürzeste aller US-Zyklen und circa 1,5 mal so lang wie der innerorts-Zyklus im NEFZ. Die Messung wird mit dem betriebswarmen Fahrzeug in einer Prüfstandsumgebung von 95 °F (35 °C) mit eingeschalteter Klimaanlage gefahren. Zusätzlich wird das Fahrzeug einer simulierten Sonneneinstrahlung ausgesetzt, um eine hohe Klimaanlagenleistung zu provozieren. Der SC03 ist geprägt von relativ starken Beschleunigungen im städtischen Geschwindigkeitsbereich (mit Ausnahme einer Spitze bei 88 km/h) und von einem relativ hohen Leerlaufanteil. Damit sind die Voraussetzungen für einen hohen Verbrauchswert gegeben.

FTP-75 Cold Temperature Für den Tieftemperaturtest wird das Fahrprofil des FTP-75 benutzt. Die Konditionierungstemperatur des Prüfraumes beträgt 20 °F (circa –7 °C). Mit diesem Test soll der typischerweise hohe Mehrverbrauch bei niedrigen Temperaturen Berücksichtigung in der Verbrauchsinformation für den Kunden finden.

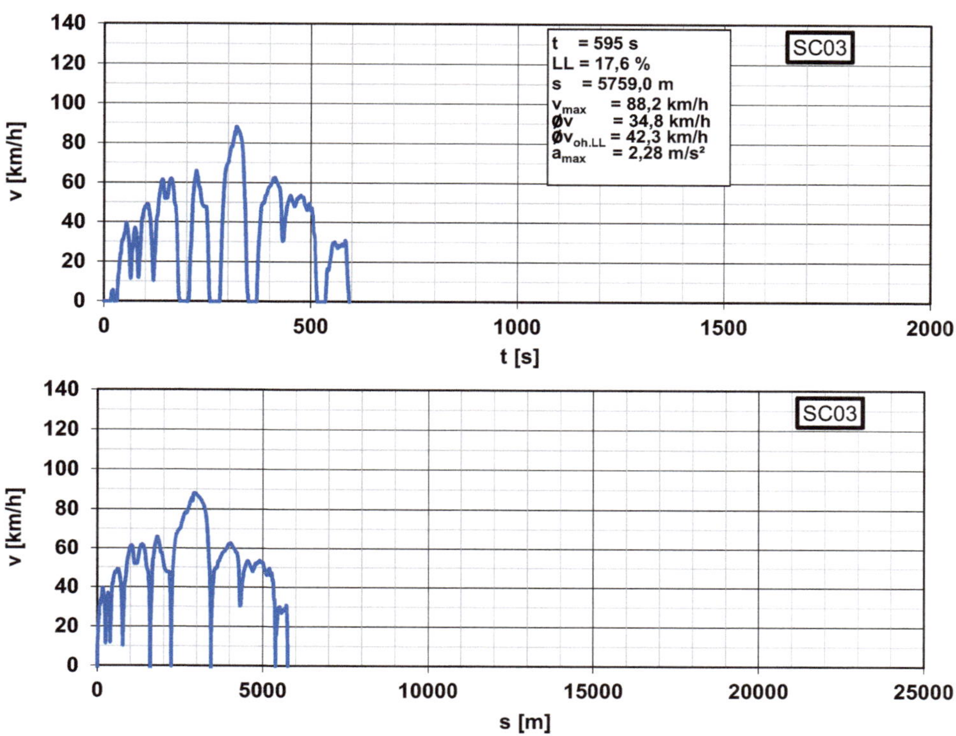

Abb. 7.15 SC03 Air Conditioning, US Klimaanlagen-Zyklus (v über Zeit und über Weg)

Label-Wert für die Kundeninformation gemäß 5-cycle-test In einer Übergangszeit ab 2008 wurde weiterhin das alte Label (siehe Abb. 7.12) verwendet, die Angaben darin waren jedoch bereits nach dem neuen 5-cycle-Test ermittelt. Lagen noch keine 5-cycle-Angaben vor, wurden die 2-cycle-Angaben mit einer empirisch ermittelten Formel auf das Verbrauchsniveau des neuen Verfahrens hochgerechnet. Diese Umrechnung wird von der EPA auch für ältere Fahrzeuge durchgeführt. Für ältere Fahrzeuge ab dem Modelljahr 1986 findet man auf der offiziellen Internetseite www.fueleconomy.gov die direkte Gegenüberstellung der alten und neuen Reichweitenangaben. Ab dem Modelljahr 2012 gibt es ein neu gestaltetes Verbrauchslabel, das in wesentlichen Punkten überarbeitet wurde, Abb. 7.16.

Besonders bedauerlich ist die Abkehr vom gezielten Hinweis auf die Verbrauchsspanne. Wie in Europa wird nun der kombinierte Verbrauchswert durch große Schrift in den Fokus gerückt und die Angaben für City und Highway erfahren klein gedruckt weniger Beachtung. Möglicherweise liegt der Beweggrund für diese Änderung darin, dass der combined-Wert durch die 5-cycle-Prozedur nun einen so hohen Verbrauchswert erreicht hat, dass der Fokus auf die Spanne nicht mehr eine so wichtige Rolle spielt. Wenn die einzelne Label-Verbrauchsangabe nur hoch genug ist, ist die Wahrscheinlichkeit einer Beanstandung über zu

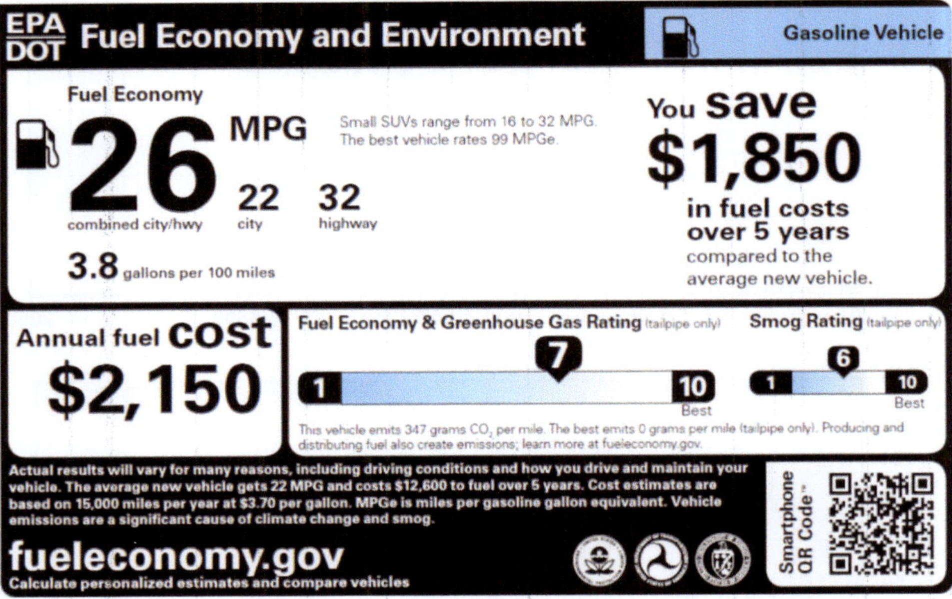

Abb. 7.16 US-Verbrauchslabel zur Kundeninformation ab Modelljahr 2012

hohe Verbräuche vor Kunde natürlich deutlich geringer. Für die vielen Kunden, die aber deshalb im Alltagsbetrieb deutlich weniger verbrauchen verliert diese Information jedoch an Wert.

Neu in diesem Label sind auch die Angaben zu einer Kraftstoffkosteneinsparung im Vergleich zum „mittleren Neuwagen“, Angaben zur Einordnung auf einer Skala zur Smog- und Greenhouse Gas-Bewertung, sowie eine Reichweiten-Umrechnung der combined-Angabe in eine Verbrauchsangabe der Form „gallons per 100 miles“. Dieses Label gibt es in den verschiedensten Ausführungen für die alternativen Antriebsarten. Bei den elektrifizierten Fahrzeugen wird auch eine Abschätzung der Stromkosten vorgenommen und für alle Fahrzeuge wird ein Äquivalenz-Wert zur Fuel Economy des konventionellen Fahrzeugs berechnet, um die relative Umweltbelastung vergleichen zu können.

Vergleich von 2-cycle- und 5-cycle-Verbräuchen Mit Einführung des 5-cycle-Tests wurde der Versuchsaufwand für die Zertifizierung um ein Vielfaches erhöht. Während die Verbrauchswerte nach dem alten Verfahren in einer zusammenhängenden Messung an einem Tag ermittelt werden konnten, sind heute mindestens drei Messtage erforderlich allein wegen der verschiedenen Fahrzeugkonditionierungen bei –7, 20 bis 30 und 35 °C. Dieser hohe zeitliche und energetische Aufwand nährt für viele Menschen die Hoffnung, dass die Verbrauchsangaben nun alle Bedürfnisse bezüglich der Realitätsnähe erfüllen mögen. Bei näherer Betrachtung des zugehörigen komplexen Formelwerks zur Verbrauchswertermittlung aus dem neuen 5-cycle-Test drängt sich jedoch die Befürchtung auf, dass sich diese

Hoffnung für die Mitarbeiter der verantwortlichen Behörde leider nicht erfüllt hat. Das ist das Ergebnis eines direkten Vergleichs des „alten" mit dem „neuen" Verfahren. Dazu wurden Vergleichsmessungen mit einem 2,0 Liter-Otto-SUV in den verschiedenen Zyklen gefahren. Die tabellarische Zusammenstellung der Ergebnisse zeigt Abb. 7.17.

Für diesen Vergleich wurden mit dem identischen Fahrzeug alle fünf US-Zyklen gefahren. Die unkorrigierten Ergebnisse der Einzelzyklen sind im oberen Teil der Tabelle sowohl in der Reichweitendimension [mpg] als auch in der Verbrauchsdimension [l/1100 km] angegeben. Beim Vergleich der Messwerte fällt auf, dass sich die Verbräuche bei den Zyklen SC03 und HFET um den Faktor 1,75 unterscheiden (11,49 zu 6,55 l/100 km). Das entspricht ungefähr dem Faktor Zwei, den man als Spannweite im praktischen Verbrauch auf der Straße vor Kunde wiederfindet. Von der reinen Spannweite her haben die 5-cycle-Verfahren-Messwerte damit das Realitätskriterium sicherlich erfüllt.

Der Gesamtverbrauch über alle fünf Zyklen mit der natürlichen Wichtung durch die einzelnen Streckenanteile beträgt 9,27 l/100 km. Das ist der unkorrigierte kombinierte Verbrauch im 5-cycle-Test, der aber offiziell keine Berücksichtigung findet und hier nur für Vergleichszwecke ermittelt wurde. Dieser Wert ist 18 % größer als der combined 2-cycle-CAFE-Wert. Er ist damit aber nur genauso groß wie der „alte" combined 2-cycle-Label-Wert, bei dem die Reichweiten für City und Highway mit den Faktoren 0,9 und 0,78 mathematisch verringert wurden. Ein gleich großer combined Verbrauch nach altem und neuem Verfahren hätte sicherlich die Frage nach dem Sinn einer neuen Verbrauchsprozedur aufgeworfen. So wurde ein komplexes Formelgebilde entworfen, mit dem die Zyklen und Teilabschnitte davon einer von außen nicht nachvollziehbaren Wichtungsprozedur unterworfen werden. Mit dieser aufwendigen mathematischen Nachbehandlung der Messergebnisse entsteht ein combined-Verbrauchswert der nun 35 % höher liegt als der 2-cycle-CAFE-Wert und auch circa 17 % höher als der alte 2-cycle-Label-Wert.

Für die Übergangsphase zur Einführung der neuen Label-Verbräuche und für die Umrechnung der Verbrauchsdaten von älteren Bestandsfahrzeugen im Markt wurde auch eine empirische Formel entwickelt, die den Verbrauchseinfluss der neuen Zusatzzyklen grob abschätzt. Die Anwendung dieser Formel führt bei diesem Beispiel zu circa 32 % höherem combined-Verbrauch im Vergleich zum 2-cycle-CAFE-Wert und erreicht damit relativ gut das Niveau des offiziellen 5-cycle-Verfahrens.

Die dem offiziellen Verfahren zu Grunde liegenden Korrekturformeln sind einem Dokument auf der Homepage der amerikanischen Umweltbehörde EPA zu entnehmen [2]. In dieser 179-seitigen Ausarbeitung wird über langjährige Studien und Versuche berichtet, die zur endgültigen Definition der 5-cycle-Prozedur führten. Selbst eine kurze Zusammenfassung würde den geplanten Umfang dieses Buches sprengen. Einen Eindruck von der undurchschaubaren Komplexität und von der Menge der (auf den ersten Blick nicht überschaubaren) Wichtungsfaktoren vermittelt die Abb. 7.18. Diese Abbildung ist ein Auszug aus dem genannten Dokument und zeigt die Berechnungsvorschrift für die City-Fuel Economy gemäß dem 5-cycle-Test. Eine gleichartige Berechnungsvorschrift gibt es auch für die Highway-Fuel Economy. Aus beiden wird dann wieder mit der altbekannten Formel der combined-Wert berechnet.

Vergleich der Verbrauchsangaben im 2-cycle- und 5-cycle-test Messergebnisse an einem 2,0 l Otto-SUV				
		Messwerte		
Zyklen		mpg	l/100 km	
FTP-75	City	26,46	8,89	unkorrigierte Messwerte
HFET	Highway	35,93	6,55	
US06	High-Speed	23,36	10,07	
SC03	Air Conditioning	20,48	11,49	
FTP-75 -7 °C	Cold Temperature	21,59	10,90	

		mpg	l/100 km	Vergleich zu 2-cycle-Label
5-cycle mit natürlicher Streckenwichtung		25,37	9,27	118%
2-cycle CAFE	City	26,46	8,89	100%
	Highway	35,93	6,55	100%
	combined	30,02	7,84	100%
2-cycle Label	City	23,81	9,88	111%
	Highway	28,02	8,40	128%
	combined	25,54	9,21	118%
5-cycle-Label empirische Ermittlung für Übergang und alte Fahrzeuge	City	20,89	11,26	127%
	Highway	25,73	9,14	140%
	combined	22,82	10,31	132%
5-cycle-Label aktuelle Gesetzgebung	City	20,45	11,50	129%
	Highway	24,78	9,49	145%
	combined	22,20	10,60	135%

Abb. 7.17 Vergleich von Verbrauchswerten im 2-cycle- und 5-cycle-Test, Messwerte

Wie diesem Formelauszug zu entnehmen ist, werden aus Einzelzyklen und einzelnen Phasen von Zyklen Verbrauchsbestandteile separat berechnet, die besonders von Motorstarts geprägt sind (Start) und andere, die mehr mit betriebswarmem Motor gefahren werden (Running). Diese Bestandteile sind gespickt mit Wichtungsfaktoren und ergeben dann mit einem weiteren Wichtungsfaktor die City-Fuel Economy. Die Einführung der 5-cycle-Prozedur hat dazu geführt, dass der Weg von den Verbrauchsmesswerten zu den Verbrauchswerten für die Kundeninformation nicht mehr verstanden, sondern nur noch berechnet werden kann. Diese Berechnungen sollten möglichst nur noch von den erfahrenen Zulassungsspezialisten in den einzelnen Häusern durchgeführt werden, um Fehler zu vermeiden.

Dieses Verfahren trägt den Beweis in sich, dass es nicht zielführend ist, sich auf die Suche nach einem oder mehreren idealen Fahrzyklen zu begeben, die alle Bedürfnisse an die Realitätsnähe von Verbrauchsangaben erfüllen. Ein einzelner Wert für den Verbrauch kann überhaupt nicht in der Lage sein, den Verbrauchs-Informationsbedarf eines Kunden zu decken. Wie allein die Streubreite der Verbräuche bei den fünf Zyklen zeigt, ist die Angabe einer möglichen Verbrauchsspanne notwendig. Der kombinierte Wert sollte so hoch liegen, dass nicht nur eine Minderheit diesen Wert mit sparsamster Fahrweise im Alltag schaffen kann. Zusammen mit einer sinnvollen Verbrauchsspanne, die mindestens eine Spreizung von circa 1,5 haben sollte, wäre so eine belastbare Kundeninformation gegeben. Es darf die Frage gestellt werden, ob diese Forderung nicht auch mit der 2-cycle-Prozedur zu erfüllen gewesen wäre, in dem lediglich die Korrekturfaktoren angepasst worden wären. Bei

$$City\ FE = 0.905 \times \frac{1}{Start\ FC + Running\ FC}$$

$$StartFC\ (gallons\ per\ mile) = 0.33 \times \left(\frac{(0.76 \times StartFuel_{75}) + (0.24 \times StartFuel_{20})}{4.1} \right)$$

$$Start\ Fuel_x = 3.6 \times \left[\frac{1}{Bag\,1\,FE_x} - \frac{1}{Bag\,3\,FE_x} \right]$$

$$Running\ FC =$$

$$0.82 \times \left[\frac{0.48}{Bag2_{75}FE} + \frac{0.41}{Bag3_{75}FE} + \frac{0.11}{US06\,City\ FE} \right] + 0.18 \times \left[\frac{0.5}{Bag2_{20}FE} + \frac{0.5}{Bag3_{20}FE} \right]$$

$$+ 0.133 \times 1.083 \times \left[\frac{1}{SC03\,FE} - \left(\frac{0.61}{Bag3_{75}FE} + \frac{0.39}{Bag2_{75}FE} \right) \right]$$

Abb. 7.18 Formel zur Berechnung der City Fuel Economy im 5-cycle-Test

der großen Erfahrung der amerikanischen Behörden mit Korrekturfaktoren hätte sich sicher auch ein Faktor finden lassen, der den besonderen Praxis-Verbrauchsaufschlag von Hybridfahrzeugen genügend genau abschätzt.

Das Monitoring der Verbräuche für die Ermittlung des Hersteller-Flottenverbrauchs und für die Greenhouse Gas-Gesetzgebung erfolgt weiterhin auf der Basis der alten 2-cycle-CAFE-Werte. Wohl wissend, dass damit nicht die mittleren Verbräuche im Feld getroffen werden, hat man sich in den USA zu diesem Vorgehen bekannt, weil anderenfalls der Maßstab für Vergleiche mit der Vergangenheit verloren ginge.

Besonderheiten zur Verbrauchsangabe bei Plug-In-Hybrid-Fahrzeugen (PHEV) Für Plug-In-Hybrid-Fahrzeuge gilt in den USA ein eigenes Label mit zwei groß geschriebenen Verbrauchswerten für den rein elektrischen Betrieb und für die Fahrt mit leerer Batterie, Abb. 7.19. Im Gegensatz zu Europa wird kein sehr niedriger kombinierter Wert aus Elektro- und Benzinbetrieb veröffentlicht. Der elektrische Energieverbrauch wird in Form einer benzinäquivalenten Reichweite MPGe angegeben. Diese wird mit einem vorgegebenen Umrechnungsfaktor aus dem elektrischen Energieverbrauch berechnet. Der elektrische Energieverbrauch wird in der Einheit kWh/100 miles auf dem Label klein gedruckt separat angegeben. Durch die Angabe der äquivalenten Reichweite wird auch dem unerfahrenen Kunden anschaulich deutlich gemacht, dass der Elektrobetrieb um ein Mehrfaches effizienter ist als der Benzinbetrieb. Der elektrische Verbrauch wird nach dem 2-cycle-Verfahren ermittelt. Dabei werden City und Highway jeweils getrennt gemessen. Zum Ausgleich der üblichen 5-cycle-Verschlechterung werden die gemessenen Werte für Verbrauch und Reichweite um 30 % pauschal verschlechtert, bevor daraus dann mit der bekannten

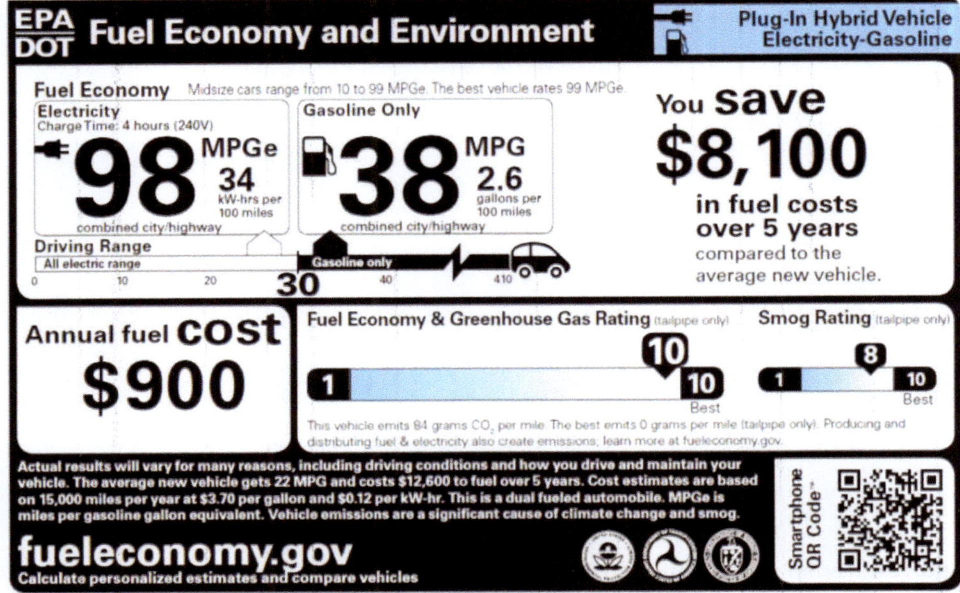

Abb. 7.19 US-Verbrauchslabel zur Kundeninformation für Plug In Hybrid-Fahrzeuge

55/45 %-Wichtung der combined-Wert ermittelt wird. Der Verbrauch im Benzinbetrieb mit leerer Batterie wird dagegen im 5-cycle-Verfahren bestimmt, aber nur als alleiniger kombinierter Verbrauch angegeben.

Zusammen mit den weiteren Angaben für die Energiekosten und die visuelle Einordnung in die Greenhouse Gas- und Smog-Skala erhält der Plug-In-Hybrid-Kunde eine umfassende Verbrauchsinformation. In diesem Label fehlt lediglich die getrennte Information zum City- und Highway-Verbrauch für den Betrieb mit leerer Batterie. Sie liegt aber vor und kann unter der im Sticker angegebenen Internetadresse für jedes Fahrzeug abgerufen werden.

Besonderheiten zur Verbrauchsangabe bei Elektrofahrzeugen Das US-Verbrauchslabel für Elektrofahrzeuge enthält, ähnlich wie bei konventionellen Fahrzeugen, drei Angaben für City, Highway und combined, Abb. 7.20. Alle drei Angaben sind äquivalente Reichweiten zum Benzinbetrieb. Basis für diese MPGe-Werte sind die jeweils im FTP-75 und im HFET ermittelten Reichweiten in Meilen. Über die Wiederaufladung wir daraus ein Verbrauch in der Einheit kWh/mi bestimmt. Dieser Verbrauch enthält die typischen Aufladeverluste von der Steckdose bis zur Batterie. Über den vorgegebenen Umrechnungsfaktor für das Benzinäquivalent von 33,705 kWh/gal wird aus dem elektrischen Verbrauch ein Kraftstoffverbrauch berechnet, der in eine Reichweitenangabe umgerechnet wird. Von dieser Reichweitenangabe wird zum Ausgleich der Differenzen zwischen dem 2-cycle- und dem 5-cycle-Verfahren pauschal 30 % abgezogen. Diese korrigierten Reichweiten erschei-

Abb. 7.20 US Verbrauchslabel zur Kundeninformation für Elektrofahrzeuge

nen als Fuel Economy-Wert im Verbrauchslabel. Zusätzlich wird in kleiner Schrift auch der elektrische Verbrauch in kW-hours per 100 miles angegeben. Auch diese Angabe enthält die pauschale Verschlechterung der Messwerte um 30 %.

Elektrofahrzeuge werden auch in den USA als Zero Emission-Fahrzeuge behandelt, obwohl die Stromerzeugung nicht CO_2-frei erfolgt. Deshalb erhalten diese Fahrzeuge die höchste Bewertung auf der Greenhouse Gas- und Smog-Skala. Mit den Zusatzinformationen zu den Verbrauchskosten, zur Reichweite und zur Einordnung in den Wettbewerb dieser Klasse erhält der Kunde verständliche und umfassende Informationen zum Thema Verbrauch.

7.3.3 Japan: JC08-Zyklus

Seit 2011 wird in Japan ausschließlich der JC08-Zyklus für PKW verwendet. Der Zyklus stellt im ersten Teil einen reinen Stadtfahrzyklus dar, der bei Geschwindigkeiten bis zu circa 60 km/h gefahren wird. Am Ende des Zyklus folgt noch eine Beschleunigung auf circa 80 km/h. Entsprechend den japanischen Verhältnissen in Großstädten ist der Leerlaufanteil relativ hoch. Mit einer Gesamtlänge von ungefähr acht Kilometern ist er der kürzeste Gesamtzyklus aller Märkte, Abb. 7.21.

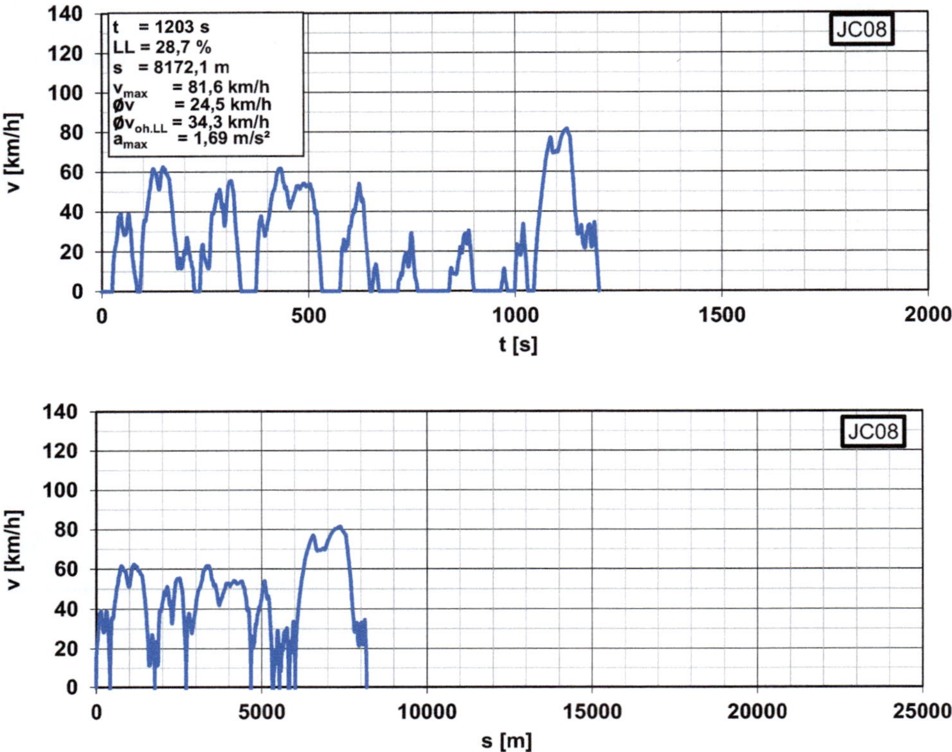

Abb. 7.21 JC08, Japan-Fahrzyklus

Ähnlich wie in den USA wird auch in Japan kein Verbrauch, sondern eine Reichweite in der Einheit km/l angegeben. Der Zyklus wird je einmal als Kalt- und als Warm-Zyklus gefahren. Aus den beiden Messungen wird mit einer Wichtung von 25 % für den Kalttest und 75 % für den Warmtest ein einzelner Reichweitenwert berechnet. Dieser Wert wird für sowohl für die gesetzlichen Verbrauchsvorgaben als auch für die Kundeninformation verwendet. CO_2-Angaben spielen in der japanischen Verbrauchsgesetzgebung keine Rolle.

Besonderheiten zur Verbrauchsangabe bei Plug-In-Hybrid-Fahrzeugen (PHEV) Elektrische Verbräuche werden in Japan in äquivalente Kraftstoffverbräuche umgerechnet. Für die Ermittlung von Verbrauch und Reichweite gelten verschiedene Vorgaben. Der Verbrauch wird in drei Teilen ermittelt:

1. Verbrauch der elektrischen Fahrt,
2. Verbrauch mit leerer Batterie im Kalttest,
3. Verbrauch mit leerer Batterie im Warmtest.

Aus diesen drei Teilen wird ein Verbrauchswert für die elektrische Fahrt ermittelt und ein weiterer Verbrauchswert als gewichteter Verbrauch aus dem Kalt- und Warmtest. Aus diesen beiden Verbrauchswerten wird der endgültige Verbrauchswert unter Verwendung von sogenannten Utility-Faktoren berechnet. Die Utility-Faktoren sind abhängig von der elektrischen Reichweite des Fahrzeugs. Im Ergebnis entsteht in Japan damit ein ähnlich niedriger Gesamtverbrauchswert eines PHEV-Fahrzeugs wie in Europa.

Zur Bestimmung der elektrischen Reichweite fährt das vollgeladene Fahrzeug mehrere JC08 hintereinander bis zum ersten Mal der Motor anspringt. Die nachgeladene elektrische Energie wird in ein Kraftstoffäquivalent umgerechnet, woraus sich dann die äquivalente Reichweite in der Einheit km/l ergibt.

Für diverse Sonderfälle im Verhalten von PHEV-Fahrzeugen gibt es eine Reihe von abweichenden umfangreichen Vorschriften zur Berechnung von Verbrauch und Reichweite, auf deren Vorstellung hier verzichtet wird.

Besonderheiten zur Verbrauchsangabe bei Elektrofahrzeugen Auch bei Elektrofahrzeugen erfolgt die Verbrauchsangabe in der Form der äquivalenten Reichweite von Benzinfahrzeugen. Das voll geladene Fahrzeug durchfährt so lange mehrere JC08 bis das Abbruchkriterium erreicht ist und somit die Reichweite feststeht. Der elektrische Verbrauch wird durch Aufladen der Batterie ermittelt und in ein Benzinäquivalent umgerechnet. Der Quotient aus Reichweite und äquivalentem Kraftstoffverbrauch dokumentiert die offizielle Reichweitenangabe.

7.3.4 Ausblick auf WLTP

Im Herbst 2007 wurde unter dem Dach der UNO der Auftrag erteilt, eine Roadmap zur Entwicklung einer „Worldwide harmonized Light vehicles Test Procedure" (WLTP) zu erarbeiten. Beteiligte an diesem Vorhaben sind neben einer EU-Kommission Vertreter aus Deutschland, England, Niederlande, Frankreich, Schweden, Indien, USA, Japan und verschiedene weltweite Automobilverbände. Triebfeder für dieses Vorhaben war einerseits der Wunsch einiger Länder, die Zulassungsvorschriften weltweit zu vereinheitlichen, andererseits der Druck der EU-Kommission, endlich zu „realistischeren" Kraftstoffverbräuchen zu kommen. Gleichzeitig wird erwartet, dass mit dieser neuen Prozedur auch Komfortverbraucher und neue Technologien im Verbrauch Berücksichtigung finden. Zum Inkrafttreten dieser neuen Prozedur gibt es zeitliche Vorschläge, die in der Vergangenheit schon mehrfach korrigiert wurden. Wegen der großen Unsicherheiten und der vielen offenen Fragen ist wahrscheinlich nicht mit einem Einsatz vor 2017 zu rechnen.

Der Verbrauch ist nicht die alleinige Triebfeder für die Entwicklung des WLTP. Auch für die Messung der Abgasemissionen fordert der Gesetzgeber einen neuen Zyklus, der den Antriebsmotor in einem größeren Arbeitsbereich fordert, als es der heutige NEFZ tut. Auf die Besonderheiten und Anforderungen zum Thema Abgasemission im Rahmen WLTP wird hier nicht eingegangen, da dieses Thema ein eigenes Buch füllen könnte.

Im Herbst 2013 wurde der erste offizielle Entwurf zum WLTP vorgestellt [4]. Dieser Entwurf beinhaltet neben dem Vorschlag zu neuen Fahrzyklen auch einen Entwurf zur Neufassung der Testrandbedingungen für die Durchführung der Messungen. Im Sprachgebrauch unter den deutschen Technikern hat sich die Benennung „der WLTP" etabliert. Korrekterweise müsste in deutscher Sprache die Benennung jedoch „die WLTP" sein, weil es sich um die Prozedur zur Verbrauchs- und Abgasmessung handelt. Der Fahrzyklus ist ein Unterpunkt der Prozedur und wird auch offiziell mit WLTC für „Worldwide harmonized Light vehicles Test Cycle" bezeichnet. Häufig wird jedoch von „dem WLTP" gesprochen, wenn „der WLTC" gemeint ist.

Auf die Besonderheiten der Prozedur wird an dieser Stelle nicht weiter eingegangen, da noch Änderungen zu erwarten sind. An dieser Stelle sollen lediglich die Fahrzyklen vorgestellt werden, die aus einer intensiven Analyse von weltweit eingesammelten Fahrdaten entstanden sind. Die Reife dieser Zyklen wird in Fachkreisen als sehr hoch eingestuft. Dennoch muss an dieser Stelle darauf hingewiesen werden, dass der Entwurf noch nicht verabschiedet ist und sich daher auch bei den Fahrzyklen noch Änderungen ergeben könnten. Es ist aber sehr unwahrscheinlich, dass noch größere grundlegende Änderungen vorgenommen werden. Daher kann man davon ausgehen, dass der jetzige Vergleich zum NEFZ schon einen realistischen Eindruck davon vermittelt, was allein über die Zyklen an Veränderungen auf die Fahrzeughersteller zukommt.

Am Anfang der WLTP-Aktivitäten ging man noch davon aus, dass man einen einzelnen Gesamtzyklus finden würde, der aus unterschiedlichen Phasen zusammengesetzt ist. Leider enthält der jetzige Entwurf eine Vielzahl von Fahrzyklen für verschiedene gewichtsbezogene Leistungen (pmr = power to mass ratio):

WLTC Class 1: $pmr \leq 22$ kW/t
WLTC Class 2: $22 < pmr \leq 34$ kW/t
WLTC Class 3a: $pmr > 34$ kW/t, $v_{max} < 120$ km/h Höchstgeschwindigkeit
WLTC Class 3b: $pmr > 34$ kW/t, $v_{max} \geq 120$ km/h Höchstgeschwindigkeit

Im Folgenden werden die verschiedenen Zyklen mit den wesentlichen Besonderheiten vorgestellt. Die Vorgaben zur Festlegung eines Verbrauchswertes für die Kundeninformation aus diesen neuen Zyklen liegen noch nicht vor. Mit den jeweils vier Phasen beim WLTC Class 2 und Class 3 besteht die Chance zur Angabe einer Verbrauchsspanne neben einem kombinierten Gesamtwert. Im Sinne einer auch physikalisch plausiblen Kundeninformation zum Verbrauch (siehe Abschn. 7.4 und 7.5) sollte sie genutzt werden.

WLTC Class 1 Dieser Zyklus ist vorgesehen für Märkte mit sehr schwach motorisierten Fahrzeugen (kleiner gleich 22 kW/t) wie zum Beispiel Indien, Abb. 7.22. Er besteht aus drei Phasen in der Folge Low, Middle, Low. Das Fahrprofil deckt für die meisten Länder eher rein städtische Geschwindigkeiten ab. Im Vergleich zum NEFZ erfordert dieser Zyklus einen sehr niedrigeren Antriebsenergie-Bedarf. Für Europa wird dieser Zyklus vermutlich keine Rolle spielen.

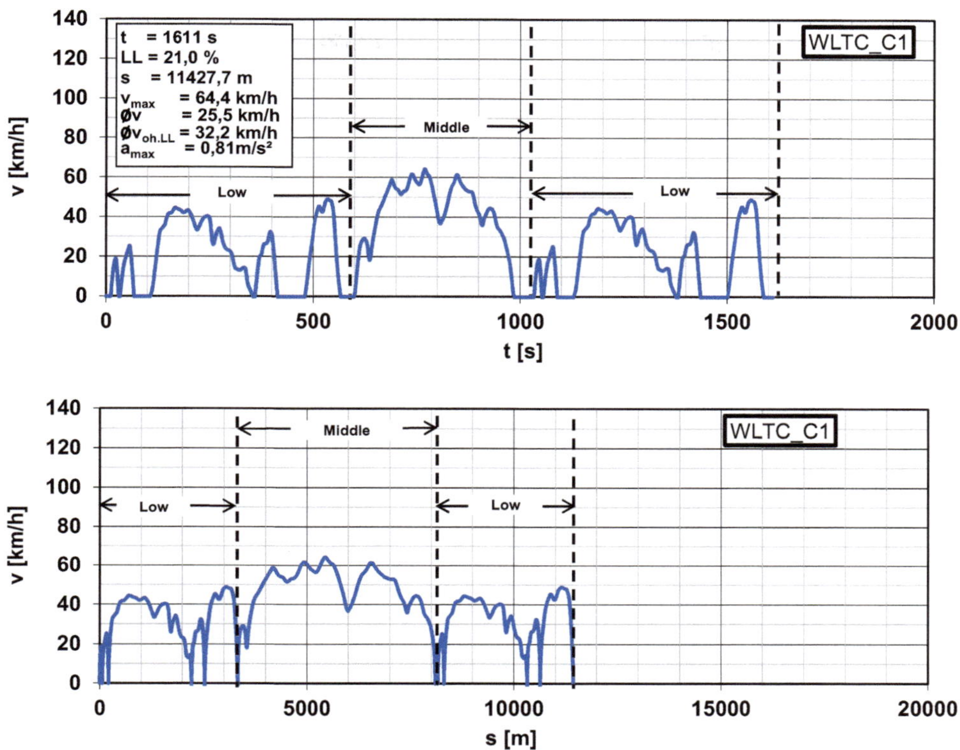

Abb. 7.22 WLTC Class 1, erster offizieller Zyklusentwurf aus 2012

WLTP Class 2 Dieser Fahrzyklus gilt für Fahrzeuge bis zu einer gewichtsbezogenen Leistung von kleiner oder gleich 34 kW/t. Die meisten in Europa zugelassenen PKW liegen darüber, Abb. 7.23. Eventuell könnten schwere Großraumlimousinen mit einer Basismotorisierung in diese Klasse fallen. Die vier Teilzyklen und die Dauer von 1800 Sekunden entsprechen dem gleichen Prinzip wie beim WLTC Class 3. Die Maximalgeschwindigkeit beträgt in der Extra-High-Phase 123,1 km/h und ist damit nur unwesentlich höher als beim NEFZ mit 120 km/h. Die Durchschnittsgeschwindigkeit ist dagegen mit 45,3 km/h deutlich höher als beim NEFZ mit 33,6 km/h.

WLTC Class 3a Der WLTC Class 3a gilt für Fahrzeuge mit einer gewichtsgezogenen Leistung von größer als 34 kW/t, Abb. 7.24. Allerdings nur für Fahrzeuge mit einer Höchstgeschwindigkeit von kleiner als 120 km/h. Dennoch beträgt die höchste Geschwindigkeitsvorgabe in der Extra-High-Phase 131,3 km/h. Für diesen Fall darf die Geschwindigkeitsvorgabe nach einem festgelegten Verfahren auf 120 km/herunterskaliert werden. Trotz des gleichen Prinzips wie beim WLTC Class 2 unterscheiden sich die Geschwindigkeitsverläufe der Einzelphasen teilweise deutlich. Insbesondere die Beschleunigungen sind stärker und führen zu einem deutlich höheren Bedarf an Antriebsenergie.

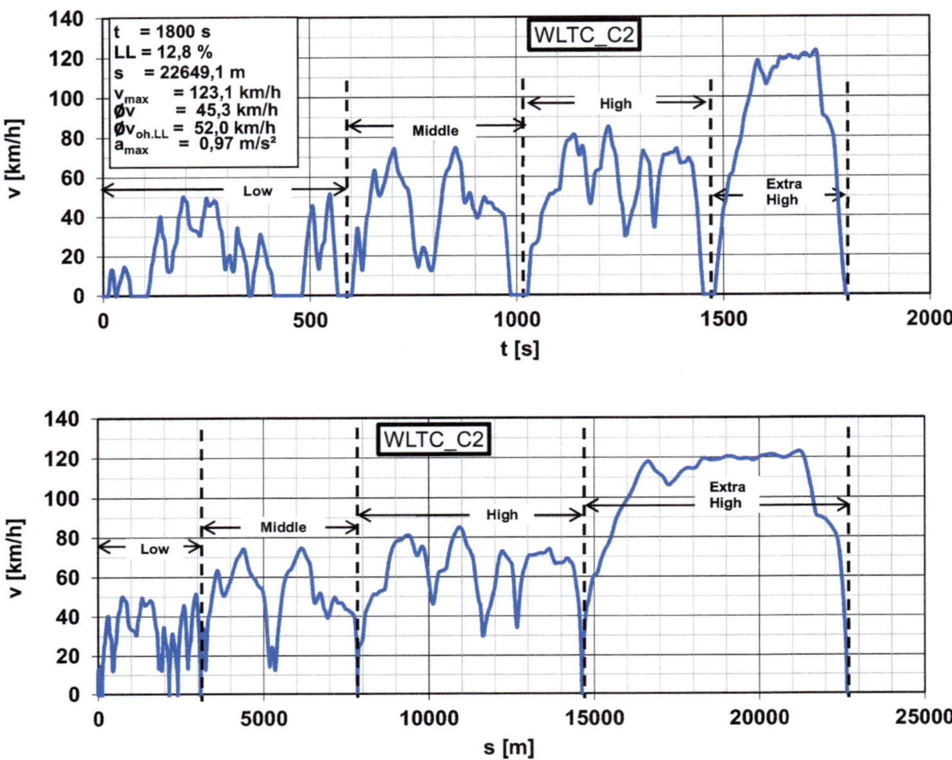

Abb. 7.23 WLTC Class 2, erster offizieller Zyklusentwurf aus 2012

WLTC Class 3b Dieser Zyklus gilt für Fahrzeuge mit einer gewichtsbezogenen Leistung von größer als 34 kW/t, Abb. 7.24, und mit einer Höchstgeschwindigkeit von größer als 120 km/h. Daher wird er der meist verwendete Zyklus bei PKW-Herstellern sein, Abb. 7.25. Die Phasen Low und Extra High sind identisch mit dem WLTC Class 3a. Unterschiede gibt es lediglich in der Middle- und High-Phase. Diese Unterschiede sind jedoch so gering, dass man sie beim Vergleich der getrennten Bilder nicht auf den ersten Blick erkennen kann. Der Vollständigkeit halber wird dennoch der komplette Zyklus in der bekannten Darstellung gezeigt. In den Detaildaten in Abschn. 7.3.5 wird ersichtlich, dass die Unterschiede nur zu marginalen Änderungen in den Zykluskennwerten führen.

Nur beim direkten Vergleich der Middle- und High-Phasen beider Zyklen in einer Darstellung werden die marginalen Unterschiede deutlich, Abb. 7.26. In einigen wenigen Phasen stärkerer Beschleunigung ist das Profil des WLTC 3b aggressiver. Das führt einer erhöhten Beschleunigungsarbeit. Der detaillierte Datenvergleich in den Tabellen der Zyklenkennzahlen in Abschn. 7.3.5 zeigt, dass der Mehrbedarf an Antriebsenergie bei 3b teilweise durch eine höhere natürliche Rekuperation wieder aufgebraucht wird. So werden diese Unterschiede in den beiden Fahrkurven wohl eher zu größeren Änderungen bei den Schadstoffemissionen führen als beim Verbrauch.

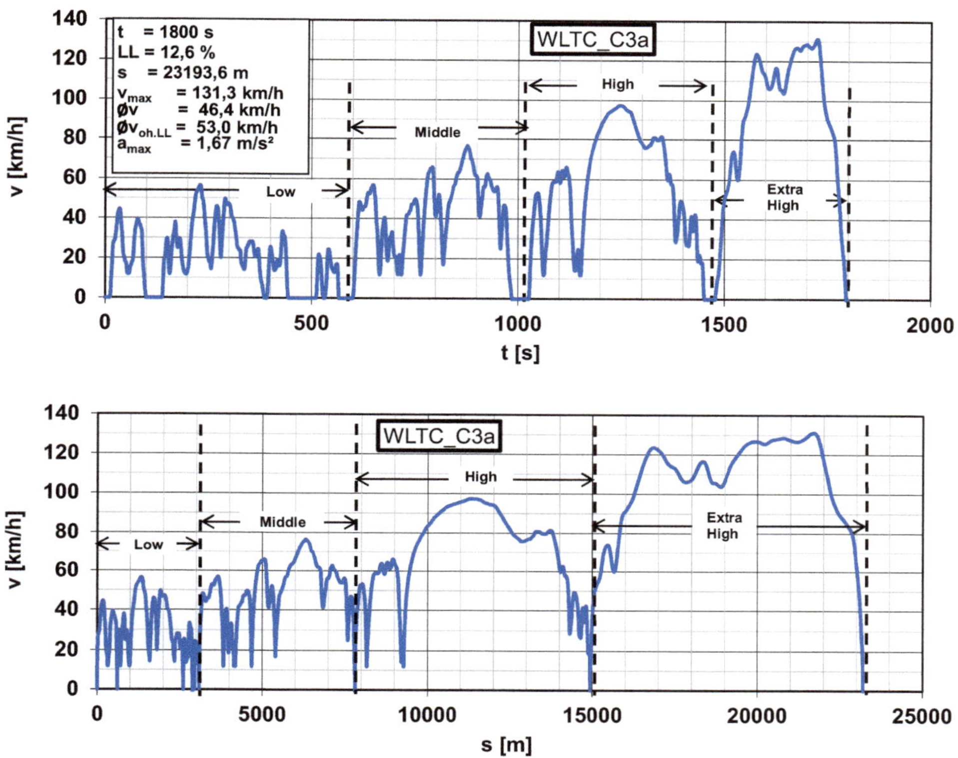

Abb. 7.24 WLTC Class 3a, erster offizieller Zyklusentwurf aus 2012

Anmerkungen zum WLTP Die ersten offiziellen Entwürfe der neuen Fahrzyklen im Rahmen der WLTP-Entwicklung liegen nun vor und machen schon durch ihre Vielzahl deutlich, dass es ein äußerst schwieriges Unterfangen ist, einen Vorschlag für eine weltweit gültige Testprozedur für Abgas und Verbrauch zu erarbeiten. Vertreter vieler Nationen sitzen in den Arbeitsgruppen und haben alle ihre eigenen Vorstellungen und berechtigten Anliegen, die gehört werden müssen und sollen. Allein die verschiedenen Ansichten zur Höchstgeschwindigkeit im Fahrzyklus haben eine Spannweite, die die Spannweite bei den Kraftstoffverbräuchen in Kundenhand bei weitem übertrifft. So gibt es Vertreter von asiatischen Staaten, die einfach nur den Kopf darüber schütteln, dass überhaupt an Geschwindigkeiten in der Größenordnung von 120 km/h im Zyklus gedacht wird. Sie wären mit circa 80 km/h mehr als zufrieden. Europäische Behördenvertreter erwecken dagegen manchmal den Eindruck, als könnte die maximale Geschwindigkeit im Fahrzyklus gar nicht hoch genug liegen. Und viele der Vertreter vertrauen auf die Statistik und glauben, wenn man nur lange genug Daten sammelt und auswertet, dann wird schon ein realistischer Zyklus herauskommen, der alle Bedürfnisse befriedigt. Es wird dabei oft vergessen, dass durch eine statistische Mittelwertbildung von sehr stark streuenden Einzelwerten eben

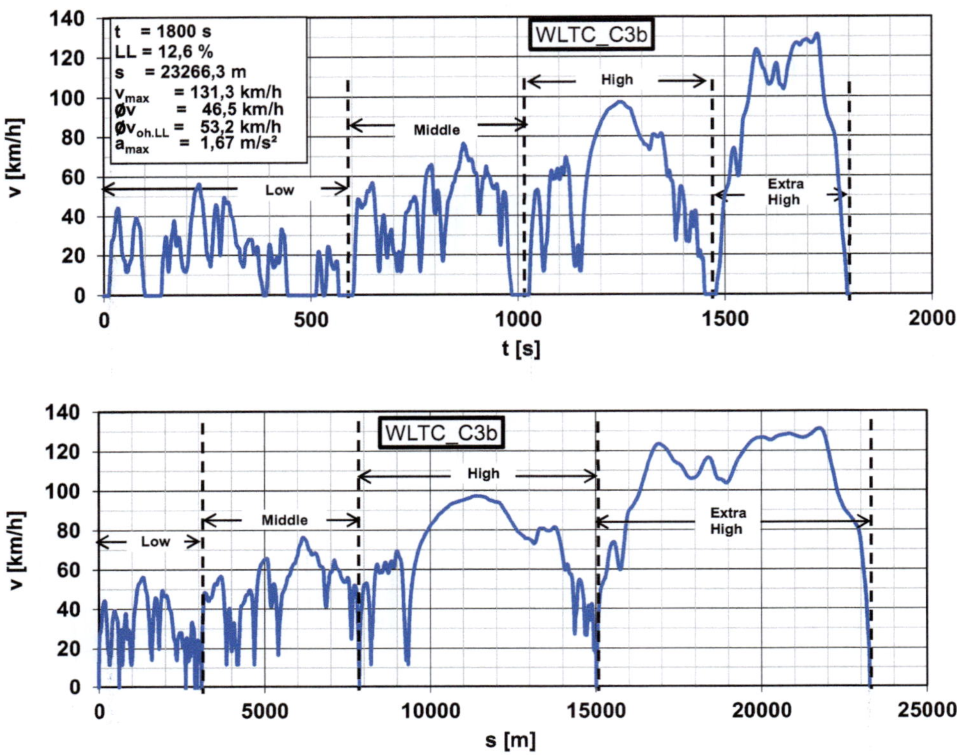

Abb. 7.25 WLTC Class 3b, erster offizieller Zyklusentwurf aus 2012

auch nur ein statistischer Mittelwert erzeugt wird und kein realer Mittelwert. Es ist sogar möglich, dass kein einziger der Einzelwerte auf dem Mittelwert liegt. Und so ist es auch beim Verbrauch.

Bei einem einzelnen Kunden streuen die Einzelwerte von Verbräuchen über eine Tankfüllung schon durchaus um den Faktor zwei, siehe Abschn. 7.5. Schaut man in die Vielzahl der Kunden findet man „Wenigverbraucher" und „Vielverbraucher", zwischen denen die Einzelverbräuche nochmals stärker abweichen. Die Zufriedenheit dieser extrem verschiedenen „Verbrauchstypen" wird man nicht dadurch steigern können, dass man zum Beispiel die kombinierte NEFZ-Verbrauchsangabe für den Kunden um 20 % hochsetzt. In diesem Beispiel wäre der „Wenigverbraucher" vielleicht etwas stolzer, weil er die Herstellerangabe noch mehr unterschreitet. Der „Vielverbraucher" läge aber weiterhin soweit über der Katalogangabe, dass er die Veränderung wiederum nur belächeln würde.

Das zweifelsfrei vorhandene Problem der zu niedrigen NEFZ-Verbrauchsangaben hat seine Ursache nicht im dazugehörigen Fahrzyklus, sondern in dem Verfahren, wie aus den Messungen die Verbrauchswerte für die Kundeninformation generiert werden. Wie das Beispiel USA zeigt (siehe Abschn. 7.3.2), kann man auch mit sehr pragmatischen Hilfsmit-

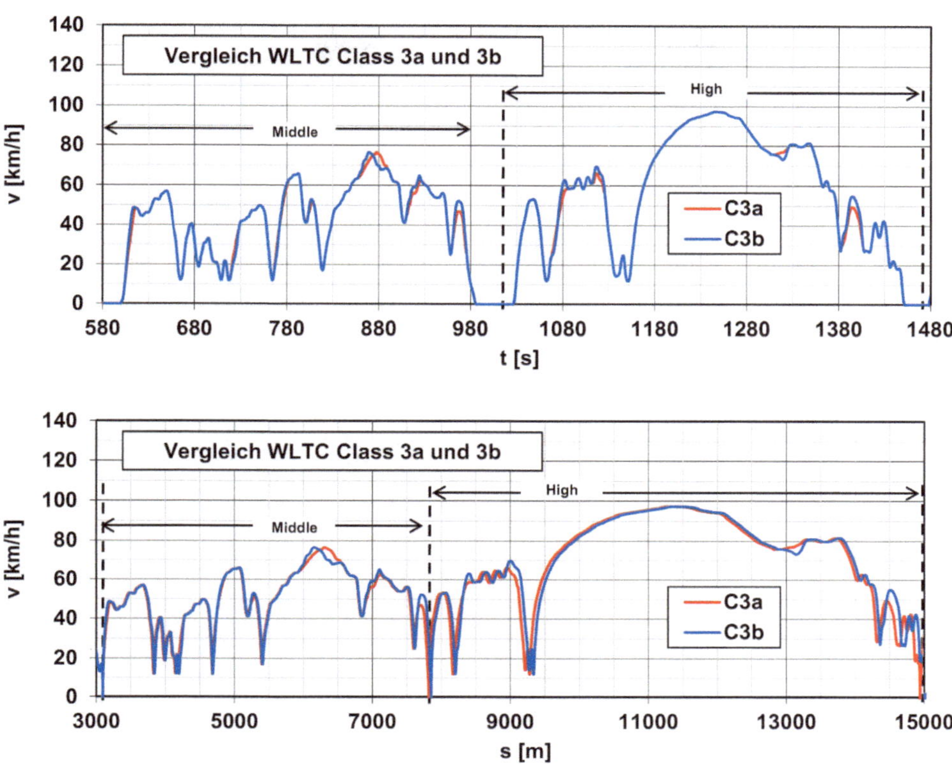

Abb. 7.26 WLTC Class 3a und 3b, Vergleich der Middle- und High-Phase

teln dafür sorgen, dass aus einem niedrigen Zyklusverbrauch „realistische" Kundeninformationen zum Verbrauch erzeugt werden. So könnte zum Beispiel auch aus dem heutigen NEFZ eine Verbrauchsangabe für den Kunden erzeugt werden, die mit einem ca. 20 % höheren kombinierten Verbrauch und einer gleichwertig kommunizierten Verbrauchsspanne mit einer Spreizung von circa 1,5 die Kundenzufriedenheit deutlich steigern würde. Die Werte ließen sich so „einstellen", dass 40 bis 50 % der Autobesitzer die Chance hätten, den kombinierten Verbrauch zu treffen und 80 bis 90 % der Kunden sich in der Spanne wiederfinden könnten. Dieses Vorgehen macht auf jeden Fall mehr Sinn, als den kombinierten Verbrauch so hoch zu legen, dass 80 % der Kunden diesen Wert auch erreichen.

Von den Zyklen WLTC Class 2 bis Class 3 wird erwartet, dass sie die bestehende Unzufriedenheit der Kunden mit dem zu niedrigen NEFZ-Verbrauch beenden. Ob die Zyklen das allein aufgrund des Fahrprofils schaffen, darf bezweifelt werden. Zu viele Eigenschaften der neuen Fahrkurven deuten darauf hin, dass der Verbrauch möglicherweise nicht wie gewünscht steigen wird. Allein die verdoppelte Testlänge führt dazu, dass beim WLTC der Kalt-Mehrverbrauch nicht mehr so stark auf das Verbrauchsergebnis durchschlägt, weil ein größerer Streckenanteil nun mit betriebswarmem Fahrzeug zurückgelegt wird.

Der Leerlauf- oder Standanteil sinkt von 24 % beim NEFZ auf 13 % beim WLTC, was allerdings nur bei konventionellen Fahrzeugen ohne Start/Stopp-System den Verbrauch verringert. Den größten Einfluss wird vermutlich die geplante neue Schaltvorschrift haben. Beim NEFZ haben die festen Gangvorgaben beim Handschaltgetriebe den Verbrauch über Gebühr erhöht. So musste beispielsweise innerorts bei 50 km/h im dritten Gang gefahren werden, unabhängig von der Motor- und Fahrzeuggröße. Beim WLTC wird das entfallen, um die Schaltvorgaben realistischer zu gestalten. So werden die Fahranteile in den höheren Gängen steigen, was verbrauchsmindernd wirkt. Und schließlich sind die Fahrkurven so gestaltet, dass es mehr Verzögerungsphasen ohne Bremsung gibt. Das führt zu einer Verdopplung der natürlichen Rekuperation, bei der die kinetische Fahrzeugenergie genutzt wird, um Roll- und Luftwiderstand zu überwinden.

Es wird sich zeigen, ob der Mehrverbrauch durch die erhöhte Antriebsenergie beim WLTC so hoch ist, dass nach Abzug der genannten gegenläufigen Effekte noch ein genügender Mehrverbrauch für die Prospektangabe übrig bleibt. Sollte das auch unter Einbeziehung der verschärften neugefassten Prüfrandbedingungen nicht der Fall sein, muss dringend angeraten werden, über den pragmatischen Weg eines Korrekturfaktors nachzudenken.

Wie die verschiedenen Versionen des WLTC zeigen, ist das große Ziel der weltweiten Vereinheitlichung auf einen Zyklus und auf eine Prüfprozedur zur Messung von Abgas und Verbrauch wohl nur schwer zu erreichen. Allen Beteiligten an diesem Projekt ist deshalb bei der weiteren Arbeit bis zur Umsetzung viel Erfolg zu wünschen, denn nichts wäre schlimmer, als dass am Ende des Projektes weltweit noch mehr Zyklen gefahren werden müssten als heute schon.

7.3.5 Kennzahlen für Zyklenvergleich

Zyklen-Kennwerte Aus den vorgestellten weltweiten Fahrzyklen wurden charakteristische Kennwerte ermittelt und in einer Tabelle zusammengestellt, Abb. 7.27. Es handelt sich um Kennwerte, die direkt aus dem Geschwindigkeitsverlauf über der Zeit ermittelt werden können:

t_{ges} Dauer des Zyklus
t_{LL} Leerlaufdauer
$t_{o.LL}$ Dauer des Zyklus ohne Leerlaufdauer, Fahrzeit
s Gesamtlänge des Zyklus
$\varnothing\, v$ Durchschnittsgeschwindigkeit
$\varnothing\, v_{o.LL}$ Durchschnittsgeschwindigkeit (ohne Leerlaufdauer)
v_{max} Höchste Geschwindigkeit im Zyklus
a_{max} Maximale Beschleunigung im Zyklus
a_{min} Minimale Beschleunigung im Test
t_{a+} Anzahl der Sekunden mit positiver Beschleunigung
$\%{-}t_{a+}$ Zeitanteil der positiven Beschleunigung

	t_{ges}	t_{LL}	$t_{(o.\,LL)}$	s	Ø v	Ø $v_{ohne\,LL}$	v_{max}	a_{max}	a_{min}	t_{a+}	%-t_{a+}	Ø a+(t)	$n_{LL\text{-}Ph.}$	%-LL
	[s]	[s]	[s]	[m]	[km/h]	[km/h]	[km/h]	[m/s²]	[m/s²]	[s]	[%]	[m/s²]	[-]	[%]
FTP_1	505	94	411	5777,6	41,2	50,6	91,2	1,50	-1,50	195	39	0,53	5	19
FTP_2	867	150	717	6209,1	25,8	31,2	55,2	1,61	-1,50	349	40	0,49	11	17
FTP_3	505	94	411	5777,6	41,2	50,6	91,2	1,50	-1,50	195	39	0,53	5	19
FTP	**1877**	**338**	**1539**	**17764,3**	**34,1**	**41,6**	**91,2**	**1,61**	**-1,50**	**739**	**39**	**0,51**	**20**	**18**
HFET	**765**	**4**	**761**	**16505,7**	**77,7**	**78,1**	**96,4**	**1,44**	**-1,47**	**338**	**44**	**0,19**	**2**	**1**
Comb. ungewichtet	**2642**	**342**	**2300**	**34270,0**	**46,7**	**53,6**	**96,4**	**1,61**	**-1,50**	**1077**	**41**	**0,41**	**22**	**13**
SC03	**595**	**105**	**490**	**5759,0**	**34,8**	**42,3**	**88,2**	**2,28**	**-2,72**	**255**	**43**	**0,50**	**7**	**18**
US06_1	130	14	116	2058,6	57,0	63,9	113,8	3,75	-2,58	55	42	0,99	3	11
US06_2	365	7	358	10033,4	99,0	100,9	129,2	3,08	-3,08	179	49	0,34	2	2
US06_3	105	18	87	793,0	27,2	32,8	83,0	3,00	-3,00	41	39	1,70	3	17
US06	**600**	**39**	**561**	**12885,0**	**77,3**	**82,7**	**129,2**	**3,75**	**-3,08**	**275**	**46**	**0,67**	**6**	**7**
5-cycle ungewichtet	**5714**	**824**	**4890**	**70678,2**	**44,5**	**52,0**	**129,2**	**3,75**	**-3,08**	**2346**	**41**	**0,48**	**55**	**14**
JC08	**1203**	**345**	**858**	**8172,1**	**24,5**	**34,3**	**81,6**	**1,69**	**-1,19**	**432**	**36**	**0,42**	**11**	**29**
ECE_innerorts	780	240	540	4058,3	18,7	27,1	50,0	1,04	-0,93	144	18	0,75	13	31
ausserorts	400	40	360	6954,9	62,6	69,5	120,0	0,83	-1,39	103	26	0,38	2	10
NEFZ kombiniert	**1180**	**280**	**900**	**11013,2**	**33,6**	**44,1**	**120,0**	**1,04**	**-1,39**	**247**	**21**	**0,59**	**14**	**24**
WLTC_1_Low	589	146	443	3330,1	20,4	27,1	49,1	0,81	-1,11	230	39	0,23	6	25
WLTC_1_Middle	433	46	387	4767,4	39,6	44,3	64,4	0,75	-0,53	174	40	0,19	2	11
WLTC_1_Low	589	146	443	3330,1	20,4	27,1	49,1	0,81	-1,11	230	39	0,23	6	25
WLTC_1	**1611**	**338**	**1273**	**11427,7**	**25,5**	**32,3**	**64,4**	**0,81**	**-1,11**	**634**	**39**	**0,22**	**12**	**21**
WLTC_2_Low	589	149	440	3100,6	19,0	25,4	51,4	0,94	-0,94	215	37	0,35	6	25
WLTC_2_Middle	433	47	386	4737,3	39,4	44,2	74,7	0,97	-0,97	180	42	0,30	2	11
WLTC_2_High	455	29	426	6791,8	53,7	57,4	85,2	0,86	-1,11	254	56	0,23	2	6
WLTC_2_Extra High	323	5	318	8019,4	89,4	90,8	123,1	0,72	-1,06	176	54	0,22	1	2
WLTC_2	**1800**	**231**	**1569**	**22649,1**	**45,3**	**52,0**	**123,1**	**0,97**	**-1,11**	**825**	**46**	**0,28**	**9**	**13**
WLTC_3ab_Low	589	144	445	3094,5	18,9	25,0	56,5	1,61	-1,50	204	35	0,48	6	24
WLTC_3a_Middle	433	47	386	4721,0	39,3	44,0	76,6	1,39	-1,50	215	50	0,42	2	11
WLTC_3a_High	455	29	426	7123,9	56,4	60,2	97,4	1,67	-1,50	223	49	0,34	2	6
WLTC_3ab_Extra High	323	6	317	8254,1	92,0	93,7	131,3	1,06	-1,44	164	51	0,30	2	2
WLTC_3a	**1800**	**226**	**1574**	**23193,6**	**46,4**	**53,0**	**131,3**	**1,67**	**-1,50**	**806**	**45**	**0,39**	**9**	**13**
WLTC_3ab_Low	589	144	445	3094,5	18,9	25,0	56,5	1,61	-1,50	204	35	0,48	6	24
WLTC_3b_Middle	433	47	386	4755,9	39,5	44,4	76,6	1,61	-1,50	207	48	0,44	2	11
WLTC_3b_High	455	29	426	7161,7	56,7	60,5	97,4	1,67	-1,50	214	47	0,37	2	6
WLTC_3ab_Extra High	323	6	317	8254,1	92,0	93,7	131,3	1,06	-1,44	164	51	0,30	2	2
WLTC_3b	**1800**	**226**	**1574**	**23266,3**	**46,5**	**53,2**	**131,3**	**1,67**	**-1,50**	**789**	**44**	**0,41**	**9**	**13**

Abb. 7.27 Zyklen-Kennwerte

$\varnothing\, a_+(t)$ Arithmetischer Mittelwert aller sekündlichen positiven Beschleunigungswerte
$n_{\text{LL-Ph}}$ Anzahl der Leerlaufphasen
%–LL Zeitanteil der Leerlaufphasen

Zyklen-Konstanten und -Kennzahlen Im Abschn. 6.1.3.1 wurden für den NEFZ die Zykluskonstanten C_{WR}, C_{WL} und C_{Wa} für die drei Hauptfahrwiderstände hergeleitet. Das jeweilige Produkt aus diesen Konstanten und den zugehörigen Fahrzeugparametern ergibt den Energiebedarf im Test:

$$W_{\text{R}} = m \cdot g \cdot f_{\text{R}} \cdot C_{\text{WR}} \tag{7.3}$$

$$W_{\text{L}} = \frac{\rho}{2} \cdot c_{\text{W}} \cdot A \cdot C_{\text{WL}} \tag{7.4}$$

$$W_{\text{a}} = m \cdot f_{\text{Rot}} \cdot C_{\text{Wa}} \tag{7.5}$$

In der nachfolgenden Tabelle Abb. 7.28 finden sich diese Zykluskonstanten für alle vorgestellten Fahrzyklen. Das Ergebnis dieser Gleichungen ist der Energiebedarf für die Überwindung der Fahrwiderstände in der Einheit Joule. Der Energiebedarf bezieht sich auf die jeweilige Länge des Zyklus. Entsprechend unterschiedlich sind daher auch die errechneten Energien. Für direkte Zyklenvergleiche ist ein Bezug auf dieselbe Strecke von 100 km erforderlich. Dazu werden die Zykluskonstanten C_{WR}, C_{WL} und C_{Wa} mit folgender Formel in die Zykluskonstanten $C_{\mathrm{WR},100}$, $C_{\mathrm{WL},100}$ und $C_{\mathrm{Wa},100}$ umgerechnet:

$$C_{x,100} = C_x \cdot \frac{100.000}{s}; \quad s = \text{individuelle Zyklenlänge} \tag{7.6}$$

Anhand dieser Konstanten kann schon direkt auf die typischen Unterschiede der verschiedenen Zyklen geschlossen werden. Im später noch folgenden Beispiel mit den Daten des Beispielfahrzeugs 2 wird das aber noch anschaulicher möglich sein.

Zusätzlich sind noch die fünf folgenden Zykluskennwerte in der Tabelle vorhanden:

∅ a + (t) Arithmetischer Mittelwert aller sekündlichen positiven Beschleunigungswerte
∅ a + (s) Mittlere positive Beschleunigung, die sich wie folgt berechnet:

$$W_a = m \cdot f_{\mathrm{Rot}} \cdot \int a \cdot \mathrm{ds} = m \cdot f_{\mathrm{Rot}} \cdot C_{\mathrm{Wa}} = m \cdot f_{\mathrm{Rot}} \cdot a_{\mathrm{mittel}} \cdot s \tag{7.7}$$

$$a + (s) = a_{\mathrm{mittel}} = \frac{c_{\mathrm{Wa}}}{s} \tag{7.8}$$

$\varnothing\, v$ Durchschnittsgeschwindigkeit
$\varnothing\, v_{\mathrm{o.LL}}$ Durchschnittsgeschwindigkeit (ohne Leerlaufdauer)
$\varnothing\, v_{\text{äquiv.}}$ Äqivalente Durchschnittsgeschwindigkeit für den Luftwiderstand

Die äquivalente Durchschnittsgeschwindigkeit berechnet sich wie folgt:

$$W_{\mathrm{L}} = \frac{\rho}{2} \cdot c_{\mathrm{W}} \cdot A \cdot \int v^2 \cdot \mathrm{ds} = \frac{\rho}{2} \cdot c_{\mathrm{W}} \cdot A \cdot C_{\mathrm{WL}} = \frac{\rho}{2} \cdot c_{\mathrm{W}} \cdot A \cdot v^2{}_{\text{äquiv.}} \cdot s \tag{7.9}$$

$$v^2_{\text{äquiv.}} = \frac{C_{\mathrm{WL}}}{s} \quad \rightarrow \quad v_{\text{äquiv.}} = \sqrt{\frac{C_{\mathrm{WL}}}{s}} \tag{7.10}$$

In dieser Berechnung hat die äquivalente Durchschnittsgeschwindigkeit die Dimension [m/s]. Der Wert wurde für die Tabelle wurde in die Dimension [km/h] umgerechnet.

Fahrwiderstandsarbeiten für Beispielfahrzeug 2 Mit den Zyklen-Konstanten lassen sich mit bekannten Fahrzeugdaten, wie bereits beschrieben, die absoluten Arbeiten für die Fahrwiderstände eines individuellen Fahrzeugs im Test berechnen. Diese Fahrwiderstands-Arbeiten müssen aber nicht alle zu 100 % vom Antriebsaggregat verrichtet werden. Wie in Abschn. 6.1.4 beschrieben wird in Verzögerungsphasen die notwendige Antriebsenergie für Roll- und Luftwiderstand teilweise aus der kinetischen Energie des Fahrzeugs bedient. Damit wird die kinetische Energie auf natürliche Weise rekuperiert. Mit den Daten des

	t_{ges}	Testkonstanten über Zyklus C_{WR}	C_{WL}	C_{wa}	Testkonstanten über 100 km $C_{WR,100}$	$C_{WL,100}$	$C_{wa,100}$	Beschleunigung Ø a+(t)	Ø a+(s)	Geschwindigkeit Ø v	Ø $v_{ohne\ LL}$	Ø $v_{äquiv.}$
	[s]	[m]	[m³/s²]	[m²/s²]	[m]	[m³/s²]	[m²/s²]	[m/s²]	[m/s²]	[km/h]	[km/h]	[km/h]
FTP_1	505	5778	1917340	991	100000	33185853	17147	0,53	0,17	41,2	50,6	65,6
FTP_2	867	6209	709216	1105	100000	11422137	17803	0,49	0,18	25,8	31,2	38,5
FTP_3	505	5778	1917340	991	100000	33185853	17147	0,53	0,17	41,2	50,6	65,6
FTP	**1877**	**17764**	**4543897**	**3087**	**100000**	**25578805**	**17376**	**0,51**	**0,17**	**34,1**	**41,6**	**57,6**
HFET	**765**	**16506**	**8538390**	**1163**	**100000**	**51730055**	**7043**	**0,19**	**0,07**	**77,7**	**78,1**	**81,9**
Combined ungewichtet	**2642**	**34270**	**13082288**	**4249**	**100000**	**38174199**	**12400**	**0,42**	**0,12**	**46,7**	**53,6**	**70,3**
SC03	**595**	**5759**	**1340372**	**1189**	**100000**	**23274501**	**20638**	**0,50**	**0,21**	**34,8**	**42,3**	**54,9**
US06_1	130	2059	1098831	757	100000	53376556	36777	0,99	0,37	57,0	63,9	83,2
US06_2	365	10033	8653868	1364	100000	86250940	13590	0,34	0,14	99,0	100,9	105,7
US06_3	105	793	164297	590	100000	20719163	74350	1,70	0,74	27,2	32,8	51,8
US06	**600**	**12885**	**9916996**	**2710**	**100000**	**76965599**	**21034**	**0,67**	**0,21**	**77,3**	**82,7**	**99,9**
5-cycle ungewichtet	**5714**	**70678**	**28883553**	**11235**	**100000**	**40866269**	**15896**	**0,48**	**0,16**	**44,5**	**52,0**	**72,8**
JC08	**1203**	**8172**	**1560872**	**1442**	**100000**	**19100115**	**17651**	**0,42**	**0,18**	**24,5**	**34,3**	**49,8**
ECE_innerorts	780	4058	406683	579	100000	10020948	14256	0,75	0,14	18,7	27,1	36,0
ausserorts	400	6955	3582958	648	100000	51517316	9319	0,38	0,09	62,6	69,5	81,7
NEFZ kombiniert	**1180**	**11013**	**3989641**	**1227**	**100000**	**36226013**	**11138**	**0,59**	**0,11**	**33,6**	**44,1**	**68,5**
WLTC_1_Low	589	3330	330175	303	100000	9914827	9101	0,23	0,09	20,4	27,1	35,8
WLTC_1_Middle	433	4767	932983	355	100000	19569878	7451	0,19	0,07	39,6	44,3	50,4
WLTC_1_Low	589	3330	330175	303	100000	9914827	9101	0,23	0,09	20,4	27,1	35,8
WLTC_1	**1611**	**11428**	**1593333**	**961**	**100000**	**13942764**	**8413**	**0,22**	**0,08**	**25,5**	**32,3**	**42,5**
WLTC_2_Low	589	3101	294857	500	100000	9509654	16134	0,35	0,16	19,0	25,4	35,1
WLTC_2_Middle	433	4737	1056869	589	100000	22309499	12429	0,30	0,12	39,4	44,2	53,8
WLTC_2_High	455	6792	2198618	830	100000	32371494	12225	0,23	0,12	53,7	57,4	64,8
WLTC_2_Extra High	323	8019	6970883	734	100000	86925358	9150	0,22	0,09	89,4	90,8	106,1
WLTC_2	**1800**	**22649**	**10521227**	**2653**	**100000**	**46453099**	**11714**	**0,28**	**0,12**	**45,3**	**52,0**	**77,6**
WLTC_3ab_Low	589	3095	281924	640	100000	9110398	20666	0,48	0,21	18,9	25,0	34,4
WLTC_3a_Middle	433	4721	1023287	905	100000	21675082	19161	0,42	0,19	39,3	44,0	53,0
WLTC_3a_High	455	7124	3090242	881	100000	43378589	12360	0,34	0,12	56,4	60,2	75,0
WLTC_3ab_Extra High	323	8254	7540783	1034	100000	91357603	12532	0,30	0,13	92,0	93,7	108,8
WLTC_3a	**1800**	**23194**	**11936236**	**3459**	**100000**	**51463528**	**14914**	**0,39**	**0,15**	**46,4**	**53,0**	**81,7**
WLTC_3ab_Low	589	3095	281924	640	100000	9110398	20666	0,48	0,21	18,9	25,0	34,4
WLTC_3b_Middle	433	4756	1041361	945	100000	21896234	19867	0,44	0,20	39,5	44,4	53,3
WLTC_3b_High	455	7162	3111620	959	100000	43447933	13396	0,37	0,13	56,7	60,5	75,0
WLTC_3ab_Extra High	323	8254	7540783	1034	100000	91357603	12532	0,30	0,13	92,0	93,7	108,8
WLTC_3b	**1800**	**23266**	**11975688**	**3578**	**100000**	**51472299**	**15379**	**0,41**	**0,15**	**46,5**	**53,2**	**81,7**

Abb. 7.28 Zyklen-Konstanten und -Kennzahlen

Beispielfahrzeugs 2 wurde eine Berechnung der individuellen Fahrwiderstandsarbeiten für alle Zyklen durchgeführt, Abb. 7.29.

Zusätzlich zu den Energien für W_R, W_L und W_a sind die jeweils natürlich rekuperierten Energien für den Roll- und Luftwiderstand $W_{nR,R}$ und $W_{nR,L}$ aufgeführt. Die absoluten Beträge der Arbeiten unterscheiden sich in den Zyklen stark, weil sie sich auf die zyklenindividuellen Streckenlängen beziehen. Die positive Beschleunigungsenergie, die bei jeder Fahrt aufgebracht werden muss, wird im Fahrzeug als kinetische Energie gespeichert. Wenn das Fahrzeug am Ende der Fahrt wieder zum Stand kommt, muss eine gleichgroße Verzögerungsenergie aufgebracht worden sein, denn sonst würde das Fahrzeug nicht stehen. Diese Verzögerungsenergie wird einerseits durch Roll- und Luftwiderstand aufgebracht und andererseits durch die Bremse (W_B). Je nach Zyklusgestaltung gibt es längere oder kürzere Verzögerungsphasen und somit auch größere oder kleinere Phasen natürlicher Rekuperation und entsprechend kleinere oder größere Bremsenergien. Zur leichteren Bewertung der natürlichen Rekuperation sind die jeweiligen prozentualen Anteile mit aufgeführt. Wie bereits in Abschn. 7.3.4 erwähnt, unterscheiden sich NEFZ und WLTC Class 3a/3b gerade bei der natürlichen Rekuperation stark. Beim WLTC Class 3a/3b ist die prozentuale natürliche Rekuperation beim Rollwiderstand doppelt so groß und beim Luftwiderstand steigt sie von 13 % beim auf 22 %.

Die nach Abzug der natürlichen Reparation verbleibende kinetische Energie muss von der Bremse in Wärme umgewandelt werden. Die Summe aus den Einzelenergien der natürlichen Rekuperation und der Bremsenergie entspricht vom Betrag her genau der Beschleunigungsenergie:

$$W_{\mathrm{nR,R}} + W_{\mathrm{nR,L}} + W_{\mathrm{B}} = -W_a \tag{7.11}$$

Die Bremsenergie W_{B} stellt das Potenzial für eine weitere Rekuperation dar. Genau diese Energiemenge könnte zum Beispiel ein Hybridfahrzeug für die weitere Rekuperation nutzen, in dem ein Elektromotor sie als elektrische Energie in die Batterie zurückgespeist. Zyklen mit einem hohen Potenzial an natürlicher Rekuperation bieten daher für elektrifizierte Fahrzeuge weniger Verbrauchsvorteil durch Energierückgewinnung.

Die erforderlichen Antriebsenergien für die drei Hauptfahrwiderstände werden durch die natürliche Rekuperation deutlich reduziert. Die vom Antriebsaggregat aufzubringende verbleibende Bedarfsenergie W_{ges} errechnet sich wie folgt:

$$W_{\mathrm{ges}} = W_{\mathrm{R}} + W_{\mathrm{L}} + W_{\mathrm{a}} + W_{\mathrm{nR,R}} + W_{\mathrm{nR,L}} \tag{7.12}$$

Die Einsparung an Gesamt-Antriebsenergie durch die natürliche Rekuperation beträgt bei allen Zyklen circa 15 bis 20 %. Das muss bei Verbrauchsabschätzungen unbedingt berücksichtigt werden.

Die absoluten Arbeiten im Test erlauben keinen direkten Vergleich unter den Zyklen, da die Streckenlänge individuell ist. Wird die absolute Arbeit in der Einheit [kJ] durch Multiplikation mit 1000 in die Einheit [J] umgerechnet und durch die jeweilige Streckenlänge in der Einheit [m] geteilt, so erhält man die auf einen Meter Wegstrecke bezogene spezifische Arbeit in der Einheit [J/m]. An der spezifischen Arbeit lassen sich jetzt direkt die Zyklenunterschiede ablesen. Die Einheit [J] steht für die gleichwertige Einheit [Nm], so dass die spezifische Arbeit mit einer Zugkraft gleichgesetzt werden kann (Nm/m = N). Im Allgemeinen kann man sich unter einer Zugkraft mehr vorstellen als unter einer spezifischen Arbeit. Am Beispiel der spezifischen Gesamtarbeit für NEFZ kombiniert soll das erläutert werden. Die mittlere spezifische Gesamt-Antriebsarbeit für dieses Beispielfahrzeug beträgt 389 J/m, was zunächst wenig anschaulich ist. Versteht man diesen Zahlenwert jedoch als Zugkraft, so kann man auf einfache Art ausrechnen, dass circa 39,7 Liter Wasser (389 N/9,81 m/s^2 = 39,7 kg) genügen, um eine Gewichtskraft von 389 N auszuüben. Würde man also theoretisch über eine masselose Seilkonstruktion diese Zugkraft auf das Fahrzeug übertragen können, so würde die Gewichtskraft von 39,7 Litern Wasser im Mittel ausreichen, um mit diesem Beispielfahrzeug 2 einen NEFZ zu durchfahren.

Die Prozentangaben für die natürliche Rekuperation können sich bei bei Fahrzeugen mit abweichenden Parametern für Rollwiderstand, Luftwiderstand und Masse ändern. Solange sich die Parameter-Änderungen nur im Bereich um 10 % bewegen, sind Auswirkungen auf den Prozentsatz der natürlichen Rekuperation jedoch vernachlässigbar gering.

Fahrwiderstandsarbeiten des Beispielfahrzeug 2 in Kilowattstunden Beim konventionellen PKW ist der Fahrer gewohnt, seine Antriebsenergie in der Form eines Flüssigkeits-

	Absolute Arbeiten im Test									Spezifische Arbeit = Mittlere Zugkraft						
	W_R	W_L	W_a	$W_{nR,R}$		$W_{nR,L}$		W_B	W_{ges}	W_R	W_L	W_a	$W_{nR,R}$	$W_{nR,L}$	W_B	W_{ges}
	[kJ]	[kJ]	[kJ]	[kJ]	[%]	[kJ]	[%]	[kJ]	[kJ]	[J/m]	[J/m]	[J/m]	[J/m]	[J/m]	[J/m]	[J/m]
FTP_1	737	798	1327	-233	-32	-213	-27	-880	2415	128	138	230	-40	-37	-152	418
FTP_2	792	295	1480	-274	-35	-94	-32	-1111	2198	128	48	238	-44	-15	-179	354
FTP_3	737	798	1327	-233	-32	-213	-27	-880	2415	128	138	230	-40	-37	-152	418
FTP	**2265**	**1891**	**4133**	**-741**	**-33**	**-521**	**-28**	**-2871**	**7028**	**128**	**106**	**233**	**-42**	**-29**	**-162**	**396**
HFET	**2105**	**3554**	**1557**	**-392**	**-19**	**-595**	**-17**	**-570**	**6229**	**128**	**215**	**94**	**-24**	**-36**	**-35**	**377**
Comb. ungewichtet	**4370**	**5445**	**5690**	**-1133**	**-26**	**-1116**	**-20**	**-3441**	**13257**	**128**	**159**	**166**	**-33**	**-33**	**-100**	**387**
SC03	**734**	**558**	**1591**	**-266**	**-36**	**-189**	**-34**	**-1136**	**2429**	**128**	**97**	**276**	**-46**	**-33**	**-197**	**422**
US06_1	263	457	1014	-118	-45	-192	-42	-703	1423	128	222	492	-57	-93	-341	691
US06_2	1280	3602	1826	-307	-24	-823	-23	-695	5577	128	359	182	-31	-82	-69	556
US06_3	101	68	789	-54	-54	-37	-54	-699	868	128	86	996	-68	-46	-881	1095
US06	**1643**	**4128**	**3629**	**-480**	**-29**	**-1052**	**-25**	**-2097**	**7868**	**128**	**320**	**282**	**-37**	**-82**	**-163**	**611**
5-cycle ungewichtet	**9014**	**12022**	**15044**	**-2619**	**-29**	**-2878**	**-24**	**-9546**	**30582**	**128**	**170**	**213**	**-37**	**-41**	**-135**	**433**
JC08	**1042**	**650**	**1931**	**-399**	**-38**	**-208**	**-32**	**-1324**	**3016**	**128**	**80**	**236**	**-49**	**-25**	**-162**	**369**
ECE_innerorts	518	169	775	-112	-22	-30	-18	-633	1319	128	42	191	-28	-7	-156	325
ausserorts	887	1491	868	-101	-11	-182	-12	-585	2963	128	214	125	-15	-26	-84	426
NEFZ kombiniert	**1405**	**1661**	**1643**	**-213**	**-15**	**-212**	**-13**	**-1218**	**4283**	**128**	**151**	**149**	**-19**	**-19**	**-111**	**389**
WLTC_1_Low	425	137	406	-127	-30	-36	-26	-243	805	128	41	122	-38	-11	-73	242
WLTC_1_Middle	608	388	476	-220	-36	-129	-33	-126	1123	128	81	100	-46	-27	-27	235
WLTC_1_Low	425	137	406	-127	-30	-36	-26	-243	805	128	41	122	-38	-11	-73	242
WLTC_1	**1457**	**663**	**1287**	**-473**	**-32**	**-201**	**-30**	**-613**	**2734**	**128**	**58**	**113**	**-41**	**-18**	**-54**	**239**
WLTC_2_Low	395	123	670	-167	-42	-47	-38	-456	974	128	40	216	-54	-15	-147	314
WLTC_2_Middle	604	440	788	-232	-38	-157	-36	-400	1444	128	93	166	-49	-33	-84	305
WLTC_2_High	866	915	1112	-248	-29	-258	-28	-607	2388	128	135	164	-36	-38	-89	352
WLTC_2_Extra High	1023	2902	983	-174	-17	-409	-14	-399	4324	128	362	123	-22	-51	-50	539
WLTC_2	**2888**	**4379**	**3553**	**-821**	**-28**	**-870**	**-20**	**-1862**	**9130**	**128**	**193**	**157**	**-36**	**-38**	**-82**	**403**
WLTC_3ab_Low	395	117	856	-180	-46	-48	-41	-628	1140	128	38	277	-58	-16	-203	368
WLTC_3a_Middle	602	426	1211	-195	-32	-127	-30	-889	1917	128	90	257	-41	-27	-188	406
WLTC_3a_High	909	1286	1179	-233	-26	-250	-19	-695	2890	128	181	166	-33	-35	-98	406
WLTC_3ab_Extra High	1053	3139	1385	-268	-25	-660	-21	-457	4648	128	380	168	-33	-80	-55	563
WLTC_3a	**2958**	**4968**	**4632**	**-877**	**-30**	**-1085**	**-22**	**-2669**	**10596**	**128**	**214**	**200**	**-38**	**-47**	**-115**	**457**
WLTC_3ab_Low	395	117	856	-180	-46	-48	-41	-628	1140	128	38	277	-58	-16	-203	368
WLTC_3b_Middle	607	433	1265	-206	-34	-137	-32	-922	1962	128	91	266	-43	-29	-194	413
WLTC_3b_High	913	1295	1285	-251	-28	-274	-21	-760	2968	128	181	179	-35	-38	-106	414
WLTC_3ab_Extra High	1053	3139	1385	-268	-25	-660	-21	-457	4648	128	380	168	-33	-80	-55	563
WLTC_3b	**2967**	**4985**	**4791**	**-906**	**-31**	**-1119**	**-22**	**-2767**	**10718**	**128**	**214**	**206**	**-39**	**-48**	**-119**	**461**

Abb. 7.29 Fahrwiderstandsarbeiten des Beispielfahrzeugs 2 in den Fahrzyklen

volumens zu kaufen. Er tankt eine bestimmte Anzahl an Litern flüssigen Kraftstoffs. Dabei wird im Allgemeinen keinerlei Bezug zur enthaltenen Energie hergestellt. Bei einem Elektrofahrzeug wird der Verbrauch in der Einheit [kWh/100 km] angegeben, was unmittelbar den Energieverbrauch beschreibt (1 kWh = 3600 kJ). Es bietet sich daher an, die spezifischen Arbeiten aus Abb. 7.29 von der Einheit [J/m] in die Einheit [kWh/100 km] umzurechnen, Abb. 7.30.

Auf diese Weise können die notwendigen Antriebsenergien direkt ins Verhältnis zum elektrischen Energieverbrauch gesetzt werden, was unmittelbar dem Gesamtfahrzeugwirkungsgrad entspricht. Rechnet man den Kraftstoffverbrauch von konventionellen Fahrzeugen in den Energieverbrauch um, ist ebenfalls eine schnelle Abschätzung des Gesamtfahrzeugwirkungsgrades möglich. So würde bei diesem Beispielfahrzeug 2 ein Verbrauch von 6 l/100 km einem Energieverbrauch von circa 53,4 kWh (bei der Annahme von 8,9 kWh pro Liter) pro 100 km entsprechen. Daraus lässt sich mit dem Fahrwiderstandsbedarf von 10,8 kWh pro 100 km ein Gesamtfahrzeugwirkungsgrad von 20 % ermitteln. Bei diesen überschlägigen Abschätzungen ist jedoch zu beachten, dass in diesen Fahrwiderstandsenergien keine Zuschläge für den Antriebsstrang enthalten sind. Bei Bedarf kann hier mit einem Erfahrungswert von 10 % als Zuschlag gearbeitet werden.

	Fahrwiderstands-Arbeiten über 100 km						
	W_R	W_L	W_a	$W_{nR,R}$	$W_{nR,L}$	W_B	W_{ges}
	[kWh/100 km]	[kWh/100 km]	[kWh/100 km]	[kWh/100 km]	[kWh/100 km]	[kWh/100 km]	[kWh/100 km]
FTP_1	3,54	3,84	6,38	-1,12	-1,03	-4,23	11,61
FTP_2	3,54	1,32	6,62	-1,23	-0,42	-4,97	9,83
FTP_3	3,54	3,84	6,38	-1,12	-1,03	-4,23	11,61
FTP	**3,54**	**2,96**	**6,46**	**-1,16**	**-0,81**	**-4,49**	**10,99**
HFET	**3,54**	**5,98**	**2,62**	**-0,66**	**-1,00**	**-0,96**	**10,48**
Comb. ungewichtet	**3,54**	**4,41**	**4,61**	**-0,92**	**-0,90**	**-2,79**	**10,75**
SC03	**3,54**	**2,69**	**7,68**	**-1,28**	**-0,91**	**-5,48**	**11,72**
US06_1	3,54	6,17	13,68	-1,60	-2,60	-9,49	19,20
US06_2	3,54	9,97	5,05	-0,85	-2,28	-1,93	15,44
US06_3	3,54	2,40	27,65	-1,90	-1,28	-24,47	30,41
US06	**3,54**	**8,90**	**7,82**	**-1,03**	**-2,27**	**-4,52**	**16,96**
5-cycle ungewichtet	**3,54**	**4,72**	**5,91**	**-1,03**	**-1,13**	**-3,75**	**12,02**
JC08	**3,54**	**2,21**	**6,57**	**-1,35**	**-0,71**	**-4,50**	**10,25**
ECE_innerorts	3,54	1,16	5,30	-0,77	-0,20	-4,33	9,03
ausserorts	3,54	5,96	3,47	-0,40	-0,73	-2,34	11,84
NEFZ kombiniert	**3,54**	**4,19**	**4,14**	**-0,54**	**-0,53**	**-3,07**	**10,80**
WLTC_1_Low	3,54	1,15	3,39	-1,06	-0,30	-2,03	6,72
WLTC_1_Middle	3,54	2,26	2,77	-1,28	-0,75	-0,74	6,54
WLTC_1_Low	3,54	1,15	3,39	-1,06	-0,30	-2,03	6,72
WLTC_1	**3,54**	**1,61**	**3,13**	**-1,15**	**-0,49**	**-1,49**	**6,64**
WLTC_2_Low	3,54	1,10	6,00	-1,50	-0,42	-4,09	8,73
WLTC_2_Middle	3,54	2,58	4,62	-1,36	-0,92	-2,35	8,47
WLTC_2_High	3,54	3,74	4,55	-1,01	-1,05	-2,48	9,77
WLTC_2_Extra High	3,54	10,05	3,40	-0,60	-1,42	-1,38	14,98
WLTC_2	**3,54**	**5,37**	**4,36**	**-1,01**	**-1,07**	**-2,28**	**11,20**
WLTC_3ab_Low	3,54	1,05	7,69	-1,62	-0,43	-5,63	10,23
WLTC_3a_Middle	3,54	2,51	7,13	-1,15	-0,74	-5,23	11,28
WLTC_3a_High	3,54	5,02	4,60	-0,91	-0,98	-2,71	11,27
WLTC_3ab_Extra High	3,54	10,56	4,66	-0,90	-2,22	-1,54	15,64
WLTC_3a	**3,54**	**5,95**	**5,55**	**-1,05**	**-1,30**	**-3,20**	**12,69**
WLTC_3ab_Low	3,54	1,05	7,69	-1,62	-0,43	-5,63	10,23
WLTC_3b_Middle	3,54	2,53	7,39	-1,20	-0,80	-5,39	11,46
WLTC_3b_High	3,54	5,02	4,98	-0,97	-1,06	-2,95	11,51
WLTC_3ab_Extra High	3,54	10,56	4,66	-0,90	-2,22	-1,54	15,64
WLTC_3b	**3,54**	**5,95**	**5,72**	**-1,08**	**-1,34**	**-3,30**	**12,80**

Abb. 7.30 Fahrwiderstandsarbeiten des Beispielfahrzeugs 2 in der Einheit [kWh]

7.4 Einflussparameter auf den Verbrauch im Realverkehr

Der Kraftstoffverbrauch von PKW hat und hatte für die Kunden schon immer einen besonderen Stellenwert. War der Verbrauch früher in Zeiten steigender Kraftstoffpreise noch vorwiegend ein wirtschaftliches Argument bei der Kaufentscheidung, so kommt heute verstärkt der Umweltschutzgedanke hinzu. Nach einer langen Phase des Zweifels und der Unsicherheit über die Ursachen und die Auswirkungen des Klimawandels ist es heute endlich unstrittig, dass mit aller Kraft an der Reduktion der CO_2-Emission und an der Ressourcenschonung gearbeitet werden muss. Selbst für den letzten Zweifler an der CO_2-Verantwortlichkeit für die Klimaveränderungen sollte allein die Tatsache der zur Neige gehenden fossilen Ressourcen schon ein ausreichendes Argument dafür sein, den Prozess der CO_2-Emissionsminderung mit der höchsten Priorität und dem höchsten Einsatz zu unterstützen.

Aufgrund dieses gestiegenen Umweltbewusstseins und der allgegenwärtigen weltweiten Probleme mit steigender CO_2-Emission stehen die Verbrauchsangaben von Fahrzeugen in den letzten Jahren vermehrt im Fokus der Medien. In Testberichten von Fachzeitschriften oder in anderen Medien werden immer wieder höhere Verbräuche ermittelt als der erwartete Verbrauch, der mit dem kombinierten Wert des NEFZ in den Verkaufsunterlagen kommuniziert wird. Das führt häufig zum Vorwurf, die Hersteller würden absichtlich zu niedrige Verbräuche ausweisen, die mit der Wirklichkeit nichts zu tun hätten.

Insbesondere der NEFZ mit seinen geringen und konstanten Beschleunigungen und dem hohen Anteil an konstanten Geschwindigkeiten wird als Ursache dafür gesehen, dass ein nicht genau definierter Durchschnitt von Kunden Kraftstoffverbräuche erzielt, die den Katalogverbrauch deutlich übertreffen. Gerne wird dabei auf die US-Zyklen verwiesen, die wegen ihres augenscheinlich realistischeren Fahrprofils auch zu angeblich realistischeren und damit höheren Verbräuchen führen. Wie in Abschn. 7.3.2 ausgeführt, liegt die Ursache für die tatsächlich höheren Verbrauchsangaben vor Kunde in den USA jedoch nicht an den Fahrzyklen selbst, sondern in der Anwendung von Korrekturfaktoren zur Erhöhung der gemessenen Verbräuche.

Viele Beiträge zu diesem Thema in Presse, Fernsehen und Internet sind leider auch durch mangelnden technischen Sachverstand zum Thema Verbrauch gekennzeichnet. All dies hat dazu beigetragen, ein Spannungsfeld zum Thema Verbrauch zwischen Hersteller und Verbraucher zu erzeugen, das vielfach sehr emotional und teilweise unsachlich diskutiert wird.

Die folgende Untersuchung von verschiedenen Einflussgrößen auf den Kraftstoffverbrauch eines PKW und der jeweilige Vergleich zu den NEFZ-Verbrauchsangaben sollen eine Hilfestellung geben für die Beantwortung der Frage, wie groß denn dieses Spannungsfeld zwischen der Theorie des Normverbrauchs und der Praxis des Verbrauchs vor Kunde wirklich ist. Außerdem wird der Frage nachgegangen, ob es überhaupt möglich ist, mit einer einzigen Verbrauchsangabe die Erwartungen aller Kunden an die Übereinstimmung des selbst ermittelten Verbrauchs mit den Herstellerangaben zu erfüllen. Der Kraftstoffverbrauch wird von sehr vielen Parametern beeinflusst. Um nur die wichtigsten zu nennen, seien genannt:

- Streckenlänge,
- Außentemperatur,
- Fahrereinfluss (Geschwindigkeit, Dynamik, Gangwahl),
- Eingeschaltete Verbraucher (Klima, Entertainment, elektr. Heizungen, usw.),
- Zusatzlasten (Personen, Gepäck, Dachgepäck, Anhänger usw.),
- Verkehrsfluss, Streckenpofil.

Zum Einfluss einiger dieser Parameter auf den Verbrauch werden Messungen oder Berechnungen vorgestellt. Zum Verkehrsfluss und Streckenprofil erfolgt keine Aussage, da diese Einflüsse zu individuell in ihrer Größe zu schwankend sind für eine allgemeine Betrachtung.

7.4.1 Verbrauchseinfluss durch Streckenlänge und Temperatur

Die Streckenlänge beeinflusst auf zwei grundsätzlich verschiedene Arten den Verbrauch. Die erste könnte man als rechentechnische Einflussgröße bezeichnen. Bei Fahrzeugen mit Verbrennungsmotor ist vor der Abfahrt immer ein Startvorgang erforderlich, dem dann eine gewisse Zeit Leerlaufbetrieb folgt. In dieser Zeit wird die Startkraftstoffmenge für den Hochlauf auf die Leerlaufdrehzahl und anschließend die Leerlauf-Kraftstoffmenge verbraucht. Es wird aber dabei noch kein Weg zurückgelegt und so wird bei der Berechnung des streckenbezogenen Verbrauchs bis zum Beginn der Fahrzeugbewegung immer ein Verbrauchswert von unendlich (∞) herauskommen, weil der Nenner den Wert Null hat. Erst nach dem Losfahren kann der Verbrauch in der Einheit l/100 km mit jedem gefahrenen Meter allmählich abnehmen.

Die zweite Art der Beeinflussung des Verbrauchs durch die Streckenlänge ist die mit zunehmender Streckenlänge einhergehende Erwärmung des Aggregates und des kompletten Antriebsstrangs. Mit zunehmender Erwärmung sinkt der Verbrauch infolge abnehmender Reibungsverluste. In vielen NEFZ-Vergleichsmessungen mit verschiedensten Fahrzeugen, die jeweils sowohl mit 20 °C-Kaltstart als auch betriebswarm gefahren wurden, hat sich ein Verbrauchsvorteil von circa 10 % für das betriebswarme Fahrzeug herausgestellt.

Bei den folgenden Messungen im Realverkehr wurde die Starttemperatur protokolliert, so dass die Messwerte in Temperaturklassen eingeteilt werden konnten. So lässt sich ein eindeutiger Einfluss der Außentemperatur auf den Verbrauch vor Kunde nachweisen.

Einfluss der Streckenlänge im NEFZ Der Einfluss der Streckenlänge auf den Verbrauch im NEFZ wird am konventionellen Beispielfahrzeug 2 mit einem 1,4 Liter-Ottomotor (ohne Start/Stopp-System) analysiert, Abb. 7.31. Während üblicherweise im NEFZ nur die Gesamt-Ergebnisse für innerorts und außerorts vorliegen, wird in dieser Abbildung das Augenmerk auf die Entwicklung des Durchschnittsverbrauchs vom Start bis zum Testende nach 11 km gelegt.

Der NEFZ ist hierfür nicht über der Zeit, sondern über dem Weg aufgetragen. Das entspricht auch der Wahrnehmung eines Fahrers, der einen Blick auf die Durchschnitts-Verbrauchsanzeige seines Fahrzeugs wirft. Wie bereits oben ausgeführt, beginnt der streckenbezogene Verbrauch dieses Fahrzeugs mit dem Wert ∞, weil im Startvorgang und in der ersten Leerlaufphase von 11 Sekunden vor dem Losfahren zwar Kraftstoff verbraucht wird, aber keine Strecke zurückgelegt wird. Erst mit dem Losrollen des Fahrzeugs verringert sich der Durchschnittsverbrauch allmählich.

Die NEFZ-Angaben für dieses Beispielfahrzeug lauten für innerorts 8,2 l/100 km, außerorts 5,1 l/100 km und kombiniert 6,2 l/1100 km. Mit diesen drei Verbrauchsangaben gibt der Hersteller auch eine mögliche Verbrauchsspanne an. In diesem Beispiel liegt der innerorts-Wert 32 % über dem kombinierten Wert von 6,2 l/100 km und der außerorts-Wert 18 % darunter. Das entspricht einer Spreizung von circa 1,6 (8,2/5,1). Leider findet diese Wahrnehmung in der Realität vor Kunde kaum statt.

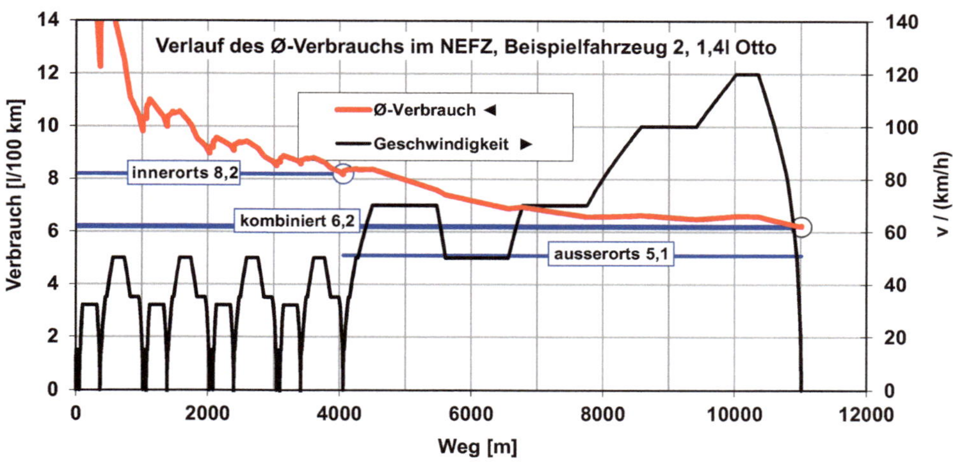

Abb. 7.31 Durchschnittsverbrauchs-Verlauf im NEFZ, Beispielfahrzeug 2

Der dargestellte Verlauf des Durchschnittsverbrauchs im NEFZ macht deutlich, dass ein Kunde durchaus auch Verbräuche erzielen kann, die nochmals deutlich über dem Wert für innerorts liegen. Bei Kurzstreckenfahrten von weniger als zwei km ist bei diesem Fahrzeug mit einem Verbrauch von über 10 l/1100 km zu rechnen. Also selbst in dem Fahrprofil des NEFZ, das häufig als zu wenig dynamisch und realitätsfremd kritisiert wird, treten im Kurzstreckenverkehr Verbräuche auf, die um den Faktor zwei vom kombinierten Verbrauch nach oben abweichen. Wenn dann noch berücksichtigt wird, dass der NEFZ bei einer Starttemperatur von 20 bis 30 °C gefahren wird, so sind im winterlichen Kurzstreckenverkehr praktische Abweichungen von deutlich über dem Faktor zwei zum kombinierten Verbrauch wahrscheinlich, realistisch und physikalisch plausibel. Das darf schon als Indiz dafür gewertet werden, dass es nicht das Fahrprofil des NEFZ selbst ist, welches zu einem geringen Normverbrauch und damit zu einer möglichen Unzufriedenheit des Kunden führt. Ursache ist vielmehr die Vorschrift darüber, wie die Katalogwerte aus den gemessenen Verbräuchen zu erzeugen sind, siehe auch Abschn. 7.3.2.

Einfluss der Streckenlänge und der Außentemperatur auf individueller Kundenstrecke
In einem weiteren Beispiel wird der Einfluss der Streckenlänge und der Außentemperatur in praktischen Fahrversuchen im Realverkehr für eine individuelle Kundenstrecke ermittelt. Es handelt sich dabei um den Weg zur Arbeitsstätte des Autors von circa 27 km Länge. Zwischen Hin- und Rückweg gab es immer signifikante Unterschiede im Verbrauch, deren Ursachen vorwiegend in der Verkehrsdichte und in der Fahrzeugkonditionierung lagen. Es wurde daher nur bei den morgendlichen Fahrten der Verbrauch gemessen. So war sichergestellt, dass die Fahrzeuge immer ähnliche Konditionierzeiten erfuhren.

Auf den ersten 2,5 Kilometern wurde der Verbrauch alle 500 m gemessen, anschließend alle 2,5 km. Folgende Vorgaben wurden bei jeder Fahrt strikt eingehalten:

- Messung der Starttemperatur,
- Normale Fahrweise mit:
  - Hochschalt-Drehzahl bei 2000 1/min,
  - Fahrlicht eingeschaltet,
  - Klimaanlage aus,
  - vorletzter Gang in der Ortschaft,
- Soll-Geschwindigkeit = Tempolimit.

Verwertbare Messergebnisse von Verbrauchsfahrten auf öffentlicher Straße erhält man nur, wenn die genannte Fahrprozedur äußerst akribisch eingehalten wird. Es wurden daher nur Messergebnisse von Fahrten gespeichert, bei denen dies auch gelang. Es genügte bereits eine einzige ungeplante Vollastbeschleunigung zum Beispiel zur Entschärfung einer Gefahrensituation, um den Durchschnittsverbrauch über die gesamte Strecke von 27 km so massiv zu beeinflussen, dass die Verwendung der Daten für die Ermittlung des Temperatureinflusses nicht mehr zulässig war.

Diese Messreihe wurde über mehrere Jahre mit verschiedensten Handschalt-Fahrzeugen durchgeführt. Jedes Fahrzeug wurde circa ein halbes Jahr betrieben. So entstanden Hunderte von individuellen Verbrauchsverläufen von Otto- und Dieselfahrzeugen. Da die Messfahrten das ganze Jahr über erfolgten, fielen Messwerte im Temperaturbereich von circa –10 °C bis 15 °C an. Für die Auswertung der Verläufe wurden bei jedem Fahrzeug die gleichen 5 °C-Klassen für die Starttemperatur gebildet. Aus allen Messungen einer Temperaturklasse wurde ein Mittelwertverlauf gebildet. Das führte zu qualitativ sehr ähnlichen Verbrauchsverläufen über der Fahrstrecke, die sich aber aufgrund der unterschiedlichen Fahrzeuge (Polo bis Phaeton), Motoren (3-Zyl. bis 12-Zyl.) und Kraftstoffarten (Otto/Diesel) quantitativ stark unterschieden. Bei weiterer Auswertung stellte sich jedoch eine vereinfachende Besonderheit heraus. Unabhängig vom gemessenen Fahrzeug entsprach der Durchschnittsverbrauch in der Temperaturklasse 1 bis 5 °C am 10 km-Messpunkt immer ungefähr der kombinierten NEFZ-Verbrauchsangabe. Deshalb wurde zur übersichtlicheren Darstellung eine relative Verbrauchskurve zum kombinierten NEFZ-Wert erzeugt, deren 100 %-Bezugspunkt durch den Verbrauch in der 1 bis 5 °C-Klasse bei 10 km definiert ist.

Beim Vergleich dieser relativen Darstellungen fiel wiederum auf, dass die Verbrauchsverläufe über dem Weg und auch die Verbrauchs-Spreizung über die Temperaturklassen sehr ähnlich waren. Diese Ähnlichkeit bestand nicht nur innerhalb der Fahrzeuge mit Ottomotoren, sondern sogar die Fahrzeuge mit Dieselmotor hatten nun in der relativen Darstellung auch quantitativ die gleichen Verbrauchsverläufe wie die Fahrzeuge mit Ottomotoren. Die Abweichungen in der relativen Darstellung waren so gering, dass es möglich war, die Messwerte als Mittelwert aller Fahrzeuge darzustellen, ohne dass die generelle qualitative und quantitative Aussagekraft zu leiden hatte, Abb. 7.32.

Drei Kernaussagen kann man dieser Darstellung der Fahrten im realen Verkehr entnehmen. Die erste ist der enorme Verbrauchsanstieg im Kurzstreckenverkehr, der auch hier wieder den Faktor zwei zum kombinierten NEFZ-Verbrauch aufweist, wenn nur extreme Kurzstrecken von circa einem Kilometer gefahren werden.

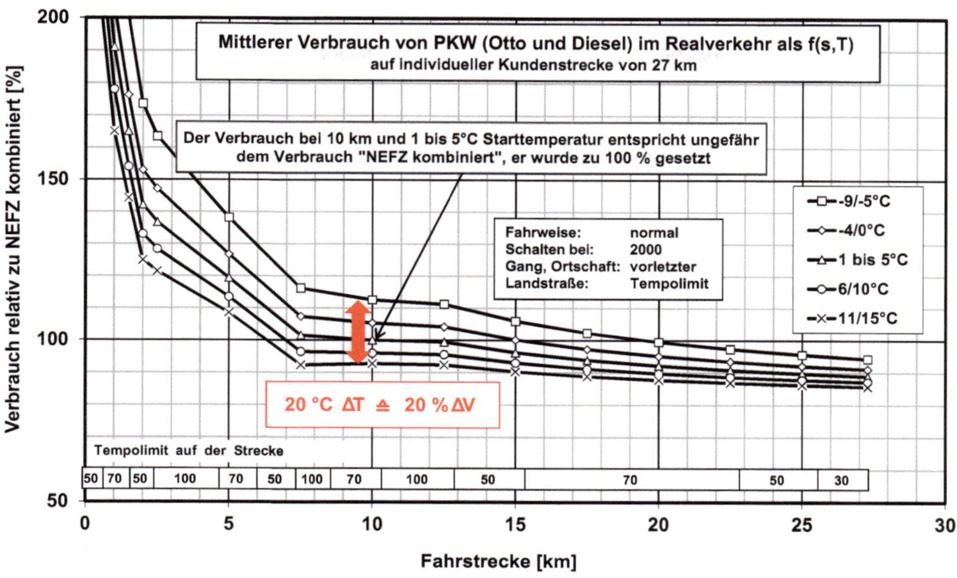

Abb. 7.32 Einfluss der Streckenlänge und der Außentemperatur auf den Verbrauch

Die zweite Kernaussage ist die Bestätigung, dass man auch im realen Verkehr mit einem Verbrauch fahren kann, der auf dem Niveau der kombinierten NEFZ-Angabe oder sogar leicht darunter liegt. Dabei muss die Betonung auf „kann" liegen, denn selbstverständlich ist dieses Verbrauchsergebnis geprägt durch die individuellen Eigenheiten der Fahrstrecke. Würde beispielsweise ab 15 km nicht eine 70 km/h-Strecke, sondern eine Autobahnetappe folgen, so würde der Verbrauch am Ende der Fahrt ganz sicher oberhalb der kombinierten NEFZ-Angabe enden. Dieser Versuch lässt auch die Vermutung zu, dass es bei einem Weg zur Arbeit von nur 5 km Länge wohl gänzlich unmöglich wäre, einen Verbrauch auf NEFZ-kombiniert-Niveau zu erreichen.

Die dritte Kernaussage für den 10 km-Messpunkt in diesem Kundenbeispiel lautet, dass eine Änderung der Außentemperatur um 20 °C zu einer Verbrauchsveränderung von circa 20 % führt. Die Ursache für den starken Verbrauchsanstieg bei niedrigen Temperaturen ist sicher nicht allein im Warmlaufverhalten des Motors zu suchen. Auch das Getriebe, das Achsgetriebe, die Antriebsgelenke, die Radlager und natürlich der Rollwiderstand der Reifen haben ein ausgeprägtes Warmlaufverhalten. Bei allen geschmierten Reibpaarungen liegt die Ursache in dem Viskositätsverhalten des Schmiermittels. Bei sinkender Temperatur nimmt die Viskosität überproportional zu und erhöht entsprechend die Reibkräfte. Beim Reifen führt bei tiefen Temperaturen die zunehmend schlechtere Elastizität des Reifenwerkstoffs zu einem Anstieg des Rollwiderstandes. Eine weitere Ursache für den höheren Verbrauch bei niedrigeren Temperaturen ist der Anstieg der Luftdichte, wodurch sich der Luftwiderstand erhöht.

Bei tiefen Temperaturen im Winter arbeiten alle reibungsbehafteten Komponenten im Fahrzeug auch im betriebswarmen Zustand auf einem niedrigeren Temperaturniveau als im Sommer. Zusammen mit dem erhöhten Luftwiderstand verbraucht deshalb auch ein warm gefahrenes Fahrzeug im Winter immer deutlich mehr Kraftstoff als im Sommer.

Allein die im Jahresmittel deutlich geringere Starttemperatur ist folglich auch an dem Spannungsfeld zwischen NEFZ-Verbrauch und Realverbrauch beteiligt. Das darf aber nicht als Plädoyer für eine niedrigere Konditionierungstemperatur in der Typprüfung verstanden werden, denn das würde einen erheblichen energetischen Klimatisierungsaufwand für die Prüfstände dieser Welt bedeuten. Es würde damit nur viel Energie verschwendet, ohne dass ein Fahrzeug deshalb im Feld weniger verbrauchen würde. Ein pragmatisch gewählter Korrekturwert für die Verbrauchsangabe in der Kundeninformation wäre der klimafreundlichere Weg, um diesen Einfluss im Verbrauchslabel abzubilden.

7.4.2 Fahrereinfluss (Geschwindigkeit, Gangwahl, Dynamik)

Im Rahmen der Messfahrten wurden mit jedem Fahrzeug auch zwei Sondermessungen mit einer forschen und einer sparsamen Fahrweise in der Temperaturklasse 6–10 °C gefahren. Unter forscher Fahrweise ist dabei zu verstehen, dass die Schaltdrehzahl auf 4000 1/min angehoben und stärker beschleunigt wurde. Beim Verzögern wurde später vom Gas gegangen und deshalb mehr gebremst und weniger die natürliche Rekuperation ausgenutzt (siehe Abschn. 6.1.4). In der Höchstgeschwindigkeit wurden die Toleranzen nach oben maximal ausgereizt, Abb. 7.33.

Unter sparsamer Fahrweise werden ein bewusst frühes Hochschalten (1500 1/min), die Verwendung des höchsten Gangs auch in der Ortschaft und eine maximale Geschwindigkeit von 90 km/h verstanden. Der Verbrauchsunterschied zwischen diesen beiden Fahrstilen betrug beim 10 km-Messpunkt circa 25 %. Ursachen für den Verbrauchsunterschied sind vorwiegend die geringere Bedarfsleistung des Fahrzeugs durch die geringere Geschwindigkeit und der geringere Nullleistungsverbrauch (siehe Abschn. 6.1.1) durch niedrigere Drehzahlen.

In der Summe aus dem Temperaturunterschied von 20 °C zwischen Sommer und Winter und den unterschiedlichen Fahrweisen ergibt sich auf dieser individuellen Kundenstrecke am 10 km-Messpunkt ein Verbrauchsunterschied von circa 45 %. Da kein Testzyklus alle Temperaturen oder die verschiedenen Kunden-Fahrweisen simulieren kann, wird diese Verbrauchsdifferenz bei jeder Art von Testzyklus zwangsläufig zu einer Abweichung zwischen Katalogangaben und Realverbrauch führen.

7.4.3 Einfluss von Komfortverbrauchern

In modernen Kraftfahrzeugen nimmt die Anzahl von Komfortverbrauchern stetig zu. Insbesondere wächst die Anzahl der elektrischen Komforverbraucher. Noch vor circa

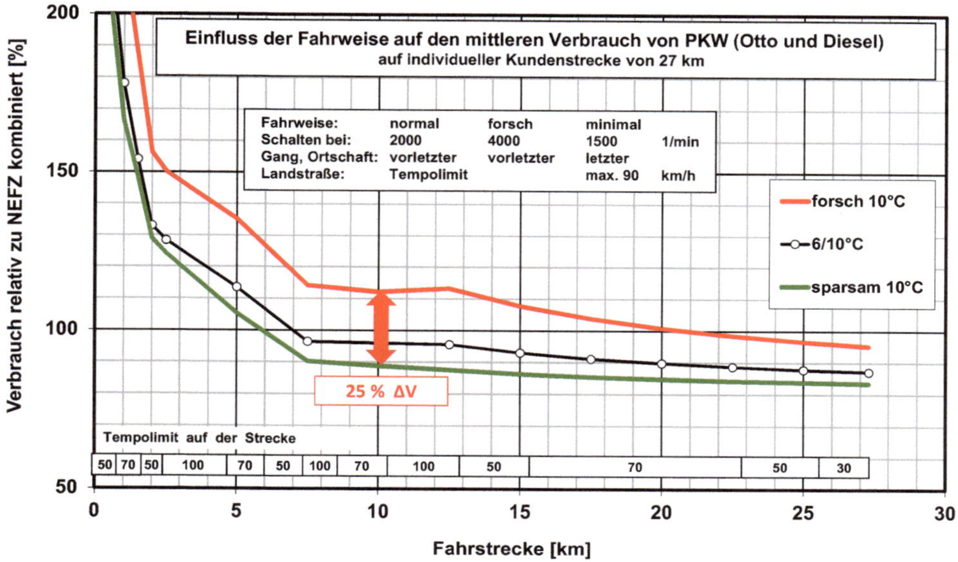

Abb. 7.33 Einfluss der Fahrweise auf den Verbrauch im Realverkehr

10 Jahren wurden die hydraulische Lenkhilfepumpe und der Klimakompressor fast ausschließlich mechanisch über einen Riementrieb angetrieben. Heute dominiert bis zur Mittelklasse schon die elektrische Lenkunterstützung. Der steigende Marktanteil von Hybrid- oder Plug-In-Hybridfahrzeugen sorgt dafür, dass die elektrische Lenkhilfe schon vereinzelt in die Oberklasse Einzug hält. Auch der Klimakompressor muss bei den elektrifizierten Fahrzeugen elektrisch angetrieben werden, um die durchgehende Klimatisierung sicher zu stellen. Der Teil-Verbrauch für die Lenkhilfe ist mit der Einführung der elektrischen Servolenkung soweit gesunken, dass man ihn fast vernachlässigen kann. Anders hingegen der Klimakompressor, der weiterhin einen der größten Nebenverbraucher darstellt. Der Antriebswirkungsgrad ist beim elektrischen Antrieb des Kompressors zwar schlechter, doch die freie Drehzahlwahl hilft bei der Kompensation der Reibverluste, in dem unnötig hohe Drehzahlen vermieden werden.

Zu den weiteren Komfortverbrauchern zählen verschiedenste Heizfunktionen für Heck- und Frontscheibe, Spiegel, Lenkrad, Sitze und Scheibenwaschdüsen, die unter Umständen eine recht hohe Einschaltdauer haben und somit den Verbrauch signifikant nach oben treiben können. Darüber hinaus steigt die Anzahl an Sensoren, Schalterbeleuchtungen und Elektroventilen im Motorraum. Den Fahrer unterstützen Fahrhilfen wie ESP, Spurhalteassistent, Abstandsregelung, aktive Achsdifferenziale usw.. All diese Bauteile und Funktionen erfordern eine elektrische Antriebsleistung, die in ihrer Höhe nur schwer zu abzuschätzen ist. In Abschn. 6.1.3.5 und 6.1.3.6 wurde ein möglicher Bereich für den mechanischen Leistungsbedarf eines Kompressors und für den elektrischen Leistungsbedarf genannt. In Abschn. 11.3.3.4 und 11.3.3.5 kann dazu ein möglicher Teil-Verbrauch abgelesen werden. Eine genauere Angabe zum Mehrverbrauch durch die Komfortverbraucher ist nicht möglich, weil die Fahrprofile und das Fahrerverhalten zu individuell verschieden sind. In modernen Fahrzeugen finden sich jedoch immer mehr Bordcomputer mit Funktionen, die den Fahrer über den momentanen Mehrverbrauch von eingeschalteten Nebenverbrauchern informieren.

7.4.4 Weitere Einflussgrößen auf den Realverbrauch

Einen weiteren Einflussparameter auf den Verbrauch im Realverkehr stellt die Gruppe der möglichen Zusatzlasten dar. Dabei kann es sich um Personen, Gepäck, Dachgepäck oder auch Anhänger handeln. In den Ferienzeiten sieht man auf den Autobahnen die vielfältigsten Kombinationen dieser Lasten, für deren Mehrverbrauch im Realverkehr es keine eindeutige Antwort geben kann. Dennoch sollen hier Wege aufgezeigt werden, wie man zumindest die Größenordnung bestimmen kann.

Für alle Zusatzlasten, die im Inneren des Fahrzeugs transportiert werden, kann im ersten Ansatz mit der Verbrauchskennzahl FRVm aus Abschn. 6.2.3 gerechnet werden. Das gilt zumindest für moderate Zuladungen. Wird das Fahrzeug jedoch bis zum zulässigen Gesamtgewicht beladen, so ist die Wahrscheinlichkeit hoch, dass vermehrt in einem niedrigeren Gang gefahren wird, damit akzeptable Fahrleistungen erreicht werden. Das führt zu einem weiteren Mehrverbrauch, weil auf gleicher Strecke eine größere Motor-Reibarbeit durch die höhere Anzahl von Motorumdrehungen verrichtet werden muss. Für die Fahrt mit konstanter Geschwindigkeit kann der dadurch verursachte Mehrverbrauch im Abschn. 11.3.3.1 abgeschätzt werden.

Für Zusatzlasten, die außerhalb des Fahrzeugs angebracht sind, kommt zum Zusatzverbrauch der Differenzmasse noch ein weiterer Mehrverbrauch durch erhöhten Luftwiderstand hinzu. Der Luftwiderstand erhöht sich durch zwei Effekte. Die projizierte Fläche des Fahrzeugs wird zum Beispiel durch einen Dachträger oder Fahrradträger vergrößert und der c_W-Wert des Gesamtfahrzeugs verschlechtert sich. Beide Effekte zusammen können den absoluten Luftwiderstand eines PKW durchaus verdoppeln. Wird ein größerer Anhänger mit sehr großer Stirnfläche gezogen, kann sich der Luftwiderstand des Gespanns auch um den Faktor drei oder vier im Vergleich zum Solo-Fahrzeug erhöhen. Der Mehrverbrauch für erhöhten Luftwiderstand kann gemäß Abschn. 11.3.3.3 grob abgeschätzt werden.

7.5 NEFZ-Verbrauch ist Real-Verbrauch

Für die meisten Leser wird der Titel dieses Kapitels eine Provokation darstellen, denn zu präsent ist die Kritik in allen Medien und Internetforen, die besagt, dass die zu niedrigen NEFZ-Verbrauchswerte von Kunden im Realverkehr nicht erreichbar seien. Die Ursache wird im NEFZ selbst als einem zu wenig dynamischen Zyklus gesehen oder es werden

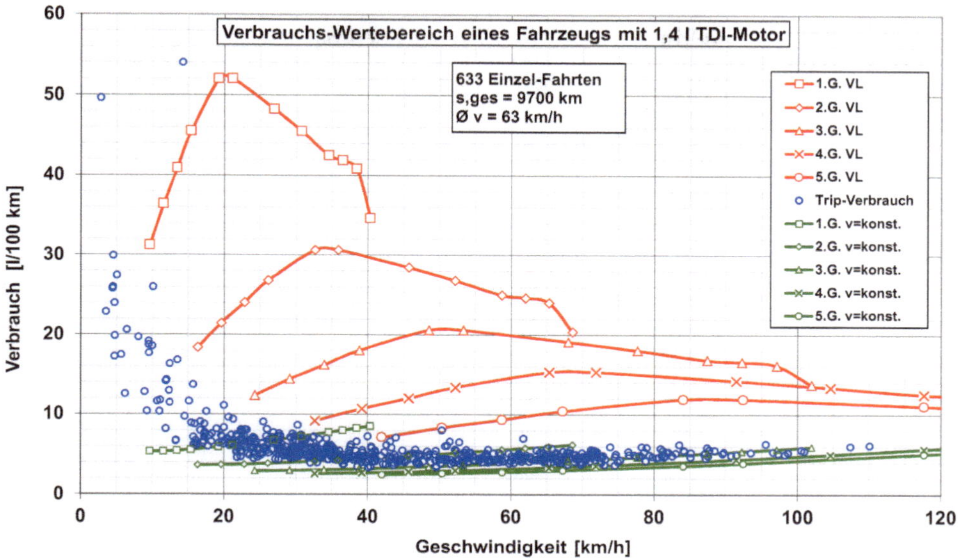

Abb. 7.34 Wertebereich des Verbrauchs, Kleinwagen mit 1,4 Liter-TDI-Motor

auch indirekt die Hersteller beschimpft. Im Abschn. 7.3 wurde bereits in einem Vergleich zwischen USA und Europa gezeigt, dass es eben nicht am Zyklus liegt, dass so geringe Verbrauchswerte gemessen werden. Es liegt vielmehr daran, dass in Europa vom Gesetzgeber versäumt wurde, die Verbrauchsvorschrift so zu gestalten, dass aus den Messergebnissen eine kundenorientierte Verbrauchsangabe erzeugt wird. Der Titel ist als Provokation gedacht und doch ist er wahr. Man kann jedes Fahrzeug mit dem NEFZ-Verbrauch bewegen, es gelingt jedoch nur einer viel zu kleinen Anzahl von Fahrern viel zu selten.

In diesem Kapitel werden Untersuchungsergebnisse vorgestellt, die helfen sollen, ein tieferes Verständnis für die große Verbrauchs-Streubreite eines Fahrzeugs mit Verbrennungsmotor zu bekommen. Daraus sollten die richtigen Schlüsse für die Einführung der neuen Verbrauchsprozedur WLTP gezogen werden.

Wertebereich des Verbrauchs in l/100 km Der Kunde in Europa orientiert sich beim Verbrauch seines Fahrzeugs am kombinierten Verbrauch. Leider finden die Angaben für innerorts und außerorts keinerlei Beachtung. Von dem einen einzelnen Verbrauchswert für kombiniert wird erwartet, dass er das Verbrauchsverhalten eines Fahrzeugs für jeden Kunden genügend beschreibt. Bevor die Frage „Kann ein einzelner Verbrauchswert diese Erwartung erfüllen?" beantwortet wird, soll zunächst einmal der Wertebereich des Verbrauchs beispielhaft an einem realen Fahrzeug ermittelt werden. Mit einem 1,4 Liter-TDI-Kleinwagen wurden dazu über eine Gesamtfahrstrecke von 9700 km die Verbrauchs- und Fahrdaten über sämtliche 633 Einzelfahrten aufgezeichnet, Abb. 7.34.

Jedes blaue Symbol im Diagramm entspricht einem sogenannten Trip. Ein Trip beginnt mit „Zündung ein" und endet mit „Zündung aus", ist also eine abgeschlossene Fahrt. Zusätzlich sind die Volllastverbräuche als obere Einhüllende und die Konstantfahrverbräuche als untere Einhüllende eingetragen. Die theoretisch mögliche Verbrauchsspanne reicht somit von circa 2,4 l/100 km bei Konstantfahrt im letzten Gang bis hin zu 52 l/100 km bei einer Vollastbeschleunigung im ersten Gang.

Die Vollastverbräuche treten immer nur kurzfristig auf, so dass die Gesamtverbräuche über einen Trip im Allgemeinen immer deutlich darunter liegen. Ausnahmen stellen die zwei Messwerte mit circa 50 l/100 km bei kleiner Durchschnittsgeschwindigkeit dar, bei denen es sich um eine Rangierfahrt und um eine kurze Vollastbeschleunigung mit schleifender Kupplung und sofortigem Stopp handelt. Aber auch die untere Einhüllende der Konstantfahrverbräuche kann in einem Trip-Verbrauch nicht erreicht werden. Der hohe Verbrauch für die Beschleunigung auf die Konstantfahrgeschwindigkeit führt immer dazu, dass der Trip-Durchschnittsverbrauch höher ist als der Konstantfahrverbrauch. Die Gesamtheit aller Einzelverbräuche liegt im unteren Bereich des Wertebereichs, weist aber eine relativ große Streubreite aus.

In der relativen Darstellung der Trip-Verbräuche in Abb. 7.35 ist der Wert von 4,5 l/100 km für den kombinierten Verbrauch dieses Fahrzeugs zu 100 % gesetzt. Alle drei Verbrauchsangaben für innerorts, außerorts und kombiniert liegen in diesem Beispiel ungefähr auf einer gedachten unteren Einhüllenden. Sie werden im realen Kundenbetrieb auch manchmal getroffen oder gar unterboten. Die NEFZ-Verbräuche sind also tatsächlich real fahrbar, nur leider mit einer sehr geringen Häufigkeit.

Wegen der Testrandbedingungen des NEFZ mit einer Starttemperatur von 20 bis 30 °C und ausgeschalteten Verbrauchern ist es nicht anders zu erwarten, als dass die NEFZ-Angaben das untere mögliche Verbrauchsniveau eines Fahrzeugs markieren. Das ist physikalisch korrekt, aber auch gleichzeitig ein Hinweis darauf, dass diese drei Werte (und ein einzelner Wert erst recht) nicht geeignet sein können, die Mehrheit aller Fahrzeugnutzer mit einer befriedigenden Verbrauchsinformation auszustatten.

Der reale Kunden-Durchschnittsverbrauch über alle 633 Trips beträgt in diesem Beispiel 5,1 l/100 km. Trotz der hohen Varianz der Trip-Verbräuche und der Durchschnittsgeschwindigkeit liegt der Kunden-Durchschnittsverbrauch nur circa 13 % über der „kombiniert"-Angabe. Er liegt damit sicher in der Spanne der Herstellerangaben, die im Diagramm durch das graue Feld markiert ist. Würden die Angaben für innerorts und außerorts in den offiziellen Verbrauchsinformationen mehr in den Fokus gerückt und vom Kunden wirklich wahrgenommen, gäbe die hier vorhandene Abweichung des Kunden-Durchschnittsverbrauchs von der NEFZ-kombiniert-Angabe keinen Anlass zur Kritik.

Die Messfahrten wurden vorwiegend im Sommer-Halbjahr gefahren, so dass Verbrauchsaufschläge für winterliche Fahrbedingungen in den Messwerten fehlen. Ob der dieser Durchschnittsverbrauch dadurch beeinflusst worden wäre, lässt sich nicht zwingend vorhersagen. Möglicherweise wären die hohen Autobahnverbräuche (gekennzeichnet durch hohe Durchschnittsgeschwindigkeiten) mit ihren hohen Streckenanteilen deutlich niedriger ausgefallen und hätten die höheren Kurzstreckenverbräuche kompensiert. Auf

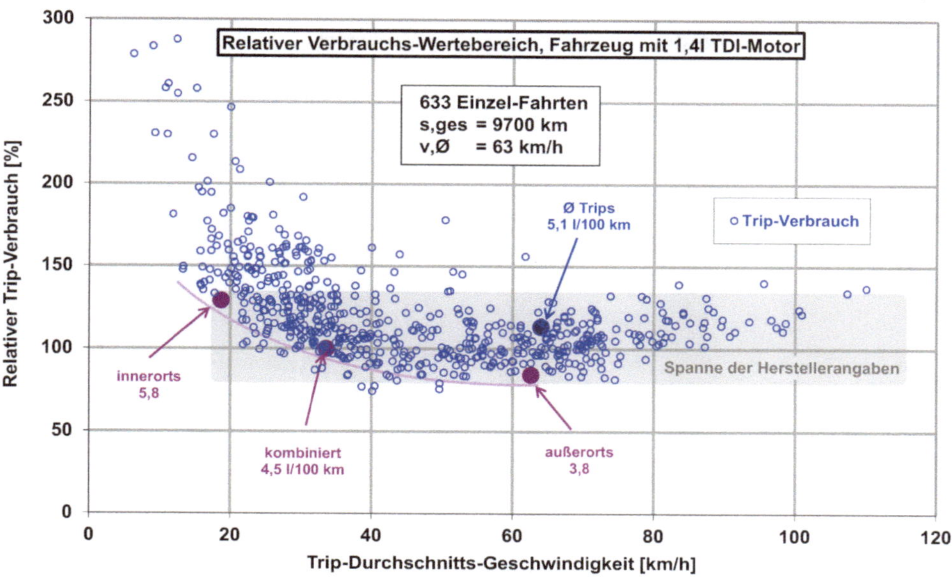

Abb. 7.35 Relativer Wertebereich des Verbrauchs, Kleinwagen mit 1,4 Liter-TDI-Motor

jeden Fall aber wäre die Varianz der Trip-Verbräuche größer und die gedachte obere Einhüllende für die Trip-Verbräuche wäre nach oben verschoben.

Da die hier gezeigte Varianz der Trip-Verbräuche ist sehr kundenindividuell und durch die individuellen Schwerpunkte der Fahrten (mehr Kurzstrecke oder mehr Autobahn) wird es für jeden Kunden auch einen individuellen Durchschnittsverbrauch geben. Die Verbrauchsunterschiede von Kunde zu Kunde können sich dabei durchaus um den Faktor Zwei unterscheiden. Es kann daher auch keinen genormten Fahrzyklus geben, der den Kundenverbrauch genau vorhersagt. Es gibt weder „den" richtigen Fahrzyklus, noch kann es „den" Kundenverbrauch geben. Diese Messergebnisse sind lediglich ein deutlicher Beweis dafür, dass offizielle Verbrauchsmessungen unbedingt auf einem festgelegten Normzyklus basieren müssen, um vergleichbare Ergebnisse zu liefern.

Verbrauchspanne in Automobil-Zeitschriften Auch Automobil-Zeitschriften üben häufig Kritik an der zu geringen NEFZ-Verbrauchsangabe und beziehen sich dabei ausschließlich auf die kombinierte Angabe für den NEFZ. In den Fahrzeugtests werden eigene Testverbräuche ermittelt und als vermeintlich richtiger Verbrauchswert bezeichnet. In [5] wurde eine Analyse von Verbrauchswerten in der Zeitschrift auto, motor & sport durchgeführt, deren Ergebnis in Abb. 7.36 dargestellt ist. Diese Zeitschrift eignet sich besonders, weil nur in dieser Zeitschrift bei jedem Test drei Verbrauchsangaben gemacht werden. Neben dem mittleren „Testverbrauch" wird auch ein „Minimalverbrauch" für sparsame Fahrweise in einer definierten Normrunde ermittelt und außerdem wird ein „Maximalverbrauch" ausgewiesen.

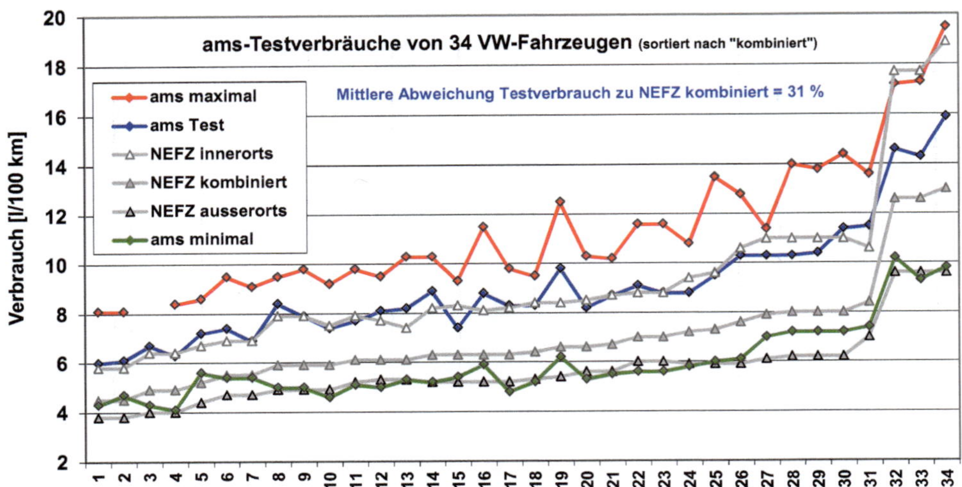

Abb. 7.36 Vergleich von Testverbräuchen mit NEFZ-Verbräuchen

Bei dem Vergleich handelt es sich um 34 VW-Fahrzeuge mit Otto- oder Dieselmotor mit verschiedensten Getrieben vom Polo bis zum Touareg. Neben den drei Testverbrauchsangaben sind auch die zugehörigen drei NEFZ-Angaben dargestellt. Die Daten sind aufsteigend sortiert nach der Herstellerangabe für „kombiniert". Es fällt auf, dass die Spanne zwischen Testverbrauch und minimalem Verbrauch ungefähr deckungsgleich ist mit der Spanne zwischen NEFZ innerorts NEFZ außerorts. Lediglich die Maximalverbräuche fallen aus der NEFZ-Spanne nach oben heraus. Die mittlere Abweichung des Testverbrauchs zu NEFZ-kombiniert beträgt in diesem Beispiel 31 %. Gäbe es nur die Herstellerangabe für „kombiniert", so wäre die Kritik an der geringen Hersteller-Verbrauchsangabe nachvollziehbar. Jedoch wird bei Beachtung der Spanne von „außerorts" bis „innerorts" deutlich, dass die NEFZ-Angaben einen großen Teil der Realverbräuche abdecken. Die große Differenz zwischen dem minimalen und dem maximalen Verbrauch ist ein erneuter Beweis dafür, dass der Verbrauch vor Kunde sich um den Faktor Zwei unterscheiden kann.

Das Vorgehen des Magazins entspricht mit der Angabe seiner drei Verbrauchsangaben genau dem Prinzip des NEFZ mit seinen drei Verbrauchsangaben. Bei Kritik am NEFZ-Verbrauch wird jedoch der Fokus nur auf den kombinierten Verbrauch gelegt und den innerorts- und außerorts-Werten wird keine Beachtung geschenkt. Für die zukünftige neue Verbrauchsprozedur zum WLTP (siehe Abschn. 7.3.4) sollte die Erkenntnis genutzt werden, dass eine Verbrauchsangabe ohne eine dazugehörige sinnvolle Spanne keine befriedigende Verbrauchsinformation für den Kunden darstellen kann. Dabei muss die Spanne in der Kommunikation in den Vordergrund treten und nicht ein einzelner kombinierter Wert. Sollte es aus Felderfahrungen heraus notwendig sein, die Verbrauchsangaben im Niveau zu verändern, so lässt sich das mit pragmatischen Korrekturfaktoren erreichen, siehe Abschn. 7.3.2.

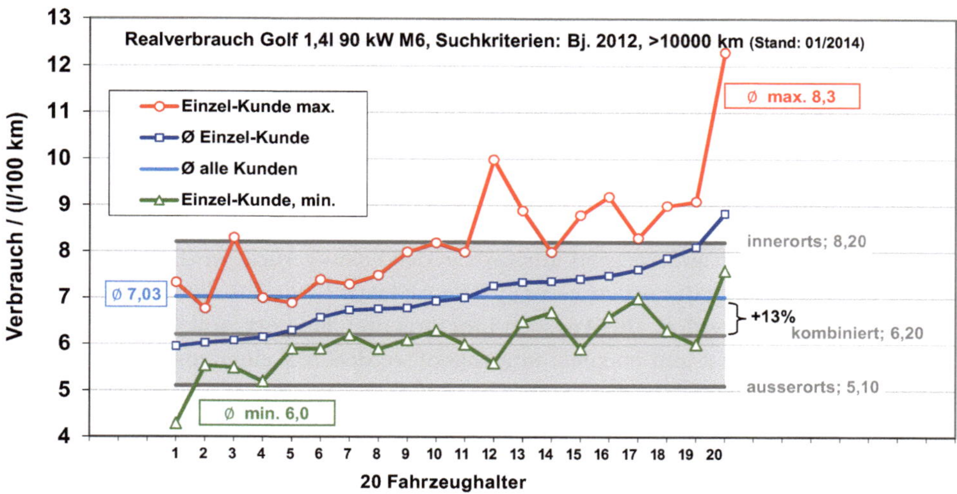

Abb. 7.37 Realverbrauchsdaten eines Golf 1,4 Liter 90 kW aus spritmonitor.de

Realverbrauchsdaten im Internet Eine weitere Quelle für „realistische Kundenverbräuche" ist das Internet. Unter „spritmonitor.de" dokumentieren viele Fahrzeughalter ihre Verbräuche. Über verschiedene Filterfunktionen kann man für eine Vielzahl von Fahrzeugen Verbrauchsinformationen erhalten. Natürlich muss man bei der Interpretation von solchen Internet-Daten immer eine große Sorgfalt walten lassen und die Daten auf mögliche Fehler und auf Plausibilität prüfen. Aus der Vielzahl der Daten lassen sich dennoch verwertbare Tendenzen ablesen. Ähnlich wie in [5] wurde für den Golf 1,4 Liter 90 kW Handschalter im Januar 2014 eine aktuelle Abfrage nach Haltern gestartet, die für ihr Fahrzeug mit Baujahr 2012 mindestens über 10.000 km die Verbräuche erfasst haben. Die Verbrauchsdaten von 20 gefundenen Haltern sind in der Abb. 7.37 dargestellt. Für jede einzelne Tankfüllung liegt in der Datenbank der gerechnete Durchschnittsverbrauch vor. Im Diagramm ist von jedem Halter der Durchschnittsverbrauch über alle Tankfüllungen angegeben (blau), der geringste Verbrauch über eine Tankfüllung (grün) und der höchste Verbrauch über eine Tankfüllung (rot).

Die jeweiligen Durchschnittsverbräuche der einzelnen Halter liegen zwischen 5,9 und 8,8 l/100 km und unterscheiden sich damit um circa 34 % voneinander. Der Mittelwert aller 20 Kunden liegt bei 7,03 l/100 km und weicht damit um 13 % vom kombinierten NEFZ-Verbrauch ab.

Bei den einzelnen Kunden beträgt die Spreizung der Verbräuche zwischen 1,2 und 1,8. Wird der absolut höchste Verbrauch eines Kunden (Nr. 20) ins Verhältnis zum absolut niedrigsten Verbrauch eines anderen Kunden (Nr. 1) gesetzt, so errechnet sich sogar eine Spreizung von 2,9. Allein der Blick in diese kleine statistische Gruppe von nur 20 Haltern belegt erneut die bereits mehrfach gezeigte große Verbrauchsspreizung vor Kunde, die durch keine einzelne Verbrauchsangabe kundengerecht repräsentiert werden kann. Dennoch zeigt dieses Diagramm erneut, dass die heute bestehenden drei NEFZ-Verbrauchsangaben auch diese große Spreizung zum überwiegenden Teil genügend abdecken.

Fazit: Bei Beachtung der Verbrauchsspanne von außerorts bis innerorts decken die NEFZ-Verbrauchsangaben auch heute schon viele Realverbräuche ab. Für eine erhöhte Kundenzufriedenheit ist es erforderlich, dass für die Kunden-Wahrnehmung die schon existierende Verbrauchsspanne von außerorts bis innerorts in den Fokus gerückt wird.

Für die Entwicklung der neuen Verbrauchsprozedur WLTP sollte die Angabe von drei Werten beibehalten werden. Die Angaben innerorts und außerorts sollten zum besseren Verständnis in minimal und maximal umbenannt werden. Mit einer zusätzlichen Anhebung der Verbrauchswerte für den kombinierten und den maximalen Verbrauch um circa 10 bis 20 % über das heutige NEFZ-Niveau wäre eine physikalisch plausible Kundeninformation gegeben, in der sich mit großer Wahrscheinlichkeit über 90 % aller Kunden wiederfinden würden. Mehr kann von keiner Kundeninformation erwartet werden. Ein einzelner Verbrauchswert, der so hoch wäre, dass 90 % aller Kunden mit ihrem Verbrauch darunter lägen, würde die Verbrauchsangabe zur Farce degradieren, weil die Mehrheit der Kunden sie ständig unterschreiten würde.

Literatur

[1] Schweinle, G., Graf, A.: Interaktion von Testverfahren und Fahrzyklen bei PKW-Abgasmessungen 3. Internationales Forum Abgas und Partikelemissionen, Sinsheim, September 2004

[2] http://www.epa.gov/carlabel/documents/420r06017.pdf, Final Technical Support Document, Fuel Economy Labeling of Motor Vehicles: Revisions to improve Calculation of Fuel Economy Estimates, offizielle Homepage der amerikanischen Umweltbehörde EPA

[3] http://www.fueleconomy.gov, offizielle Quelle der Behörden in den USA für die Kundeninformation zu Kraftstoffverbräuchen

[4] Proposal for a new UN Global Technical Regulation on Worldwide harmonized Light vehicles Test Procedures (WLTP), ECE/TRANS/WP.29/GRPE/2013/13; Sixty-seventh session, Geneva, 14 November 2013

[5] Rohde-Brandenburger, Klaus: Typprüfverbrauch vs. Verbrauch vor Kunde – Spannungsfeld zwischen Theorie und Praxis, ATZ/MTZ-Konferenz CO_2 – Die Herausforderung für unsere Zukunft. München, 26./27. Januar 2010

8 Energieeffizientes Fahren

Matthias Lederer

Viele Erkenntnisse aus der langjährigen Arbeit im Bereich Energiemanagement von Kraftfahrzeugen lassen sich übertragen auf die Optimierung des Kraftstoffverbrauchs im täglichen Fahrbetrieb. Im Gegensatz zu den Fahrzyklen, die Grundlage für die Effizienzsteigerung von Pkw im Produktentstehungsprozess sind, ist hierbei allerdings die Situation insofern verändert, als dass die Betriebsstrategie des Fahrzeugs weitestgehend feststeht und das große Potenzial zur Verbrauchsreduzierung durch die Fahrstrategie kommt.

Vergleichsfahrten und Wettbewerbe wie beispielsweise die Challenge Bibendum [1] haben gezeigt, dass über die Fahrstrategie bei vergleichbaren mittleren Geschwindigkeiten der Verbrauch sogar halbiert werden kann. Die dabei angewandten extremen Betriebsstrategien lassen sich zwar aufgrund von Komforteinbußen nicht vollständig auf den allgemeinen Fahrbetrieb im Straßenverkehr übertragen – zumal auch eine hohe Aufmerksamkeit des Fahrers gefordert ist – aber einzelne Teilstrategien können auch von weniger geübten Fahrern aufgegriffen werden, um den Verbrauch im Alltag zu reduzieren. Darüber hinaus können die Erkenntnisse aus dem folgenden Kapitel auch genutzt werden, um die Entwicklung von Effizienzsteigerungsmaßnahmen und dabei insbesondere Fahrerassistenzsysteme zur Verbrauchsreduzierung zu unterstützen.

8.1 Grundlagen

Es gibt eine Vielzahl von Quellen, die Fahrhinweise zur Reduzierung des Kraftstoffverbrauchs geben [2–5]. Darüber hinaus besteht die Möglichkeit, über Fahrtrainings die Grundlagen zum Effizienten Fahren zu erlernen. Die wichtigsten allgemeinen Hinweise sind im Folgenden stichpunktartig zusammengefasst.

Matthias Lederer ✉
Energiemanagement Gesamtfahrzeug, Dr.-Ing. h.c. F. Porsche AG, Porschestraße,
71287 Weissach, Deutschland
e-mail: matthias.lederer@porsche.de

J. Liebl et al., *Energiemanagement im Kraftfahrzeug*, ATZ/MTZ-Fachbuch,
DOI 10.1007/978-3-658-04451-0_8, © Springer Fachmedien Wiesbaden 2014

- Bremsen vermeiden
  Jeder Bremsvorgang wandelt kinetische Energie in Wärme, anschließend muss für die Beschleunigung des Fahrzeugs wieder Kraftstoff aufgewandt werden.
- Zügig Beschleunigen
  Der Verbrennungsmotor sollte unter hoher Last betrieben werden. Bei ca. 90 % Fahrpedal wird der Motor mit in etwa minimalen Drosselverlusten betrieben und trotzdem unnötiges Anfetten des Motors vermieden (Betriebspunkte mit Kraftstoffüberschuss zur Kühlung des Motors).
- Frühes Hochschalten
  Fahren im höchstmöglichen Gang führt zu den günstigsten weil effizientesten Betriebspunkten des Motors.
- Fahrwiderstände optimieren
  Unnötiges Gewicht im Fahrzeug sollte vermieden werden. Zur Vermeidung von Zusatzverbrauch sollte beispielsweise ein Dachgepäckträger nur kurzzeitig montiert werden, wenn er benötigt wird. Hoher Reifenfülldruck führt zu geringerem Rollwiderstand. Man sollte darauf achten, dass das Fahrzeug gut gewartet ist.
- Hohe Geschwindigkeiten vermeiden
  Der Fahrwiderstand steigt mit zunehmender Geschwindigkeit überproportional an. Geschwindigkeiten über 120 km/h führen zu deutlichem Mehrverbrauch.
- Klimaanlage und sonstige Nebenverbraucher reduzieren
  Die Nutzung der Klimaanlage kann zu wesentlichem Mehrverbrauch führen [6]. Zur Verbrauchsreduzierung sollte die Nutzung von Klimaanlage, Heckscheiben- und Sitzheizung auf das Notwendigste reduziert werden.

Die nachfolgenden Abschnitte sollen neben diesen allgemeineren Hinweisen noch einen detaillierteren Einblick in die Verbrauchsreduzierung mit Hilfe verbesserter Fahrstrategien geben. Die beschriebenen Optimierungen von einzelnen Fahrsituationen sind im Rahmen der Entwicklung von optimalen Betriebsstrategien entstanden und in vielen Erprobungsfahrten und nicht zuletzt im Rahmen der erfolgreichen Teilnahme an der Challenge Bibendum als wirksam bestätigt worden [1].

8.2 Optimierung Fahrsituationen

Geschwindigkeitswahl Ein wesentlicher Beitrag zur Verbesserung des Kraftstoffverbrauchs kommt durch die Wahl der richtigen Fahrzeuggeschwindigkeit. Naheliegend ist, dass bei hohen Geschwindigkeiten der zunehmende Einfluss des Luftwiderstands zur Erhöhung des Verbrauchs führt. Aber auch bei niedrigen Geschwindigkeiten steigt der Energieverbrauch durch den streckenunabhängigen Leistungsbedarf von Bordnetz und Klimatisierung sowie dem weniger effizienten Betrieb des Verbrennungsmotors an.

Abbildung 8.1 zeigt diesen Zusammenhang am Beispiel von Kundenverbrauchsmessungen für ein Oberklassefahrzeug beispielhaft. Die sogenannte „Badewannenkurve“ steigt

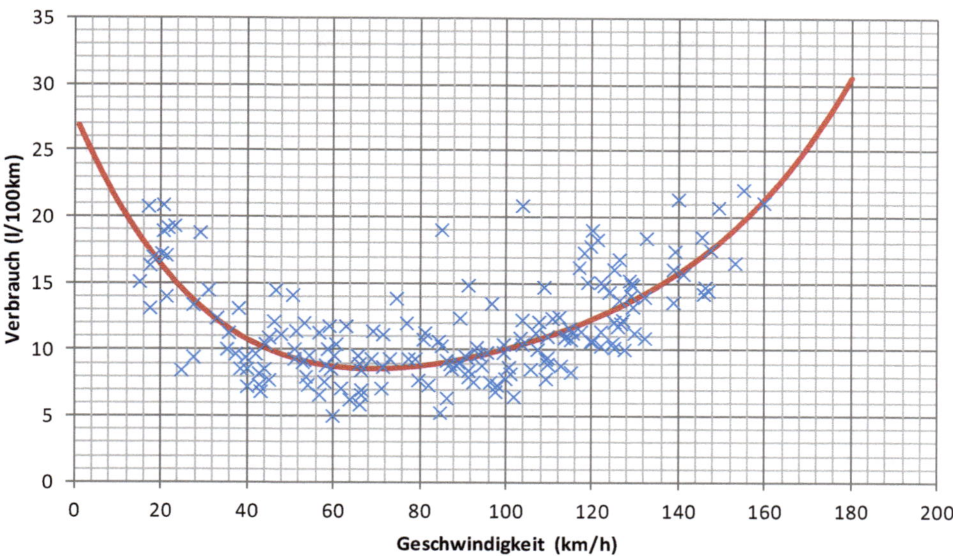

Abb. 8.1 Durchschnittsverbräuche in Abhängigkeit der Fahrzeuggeschwindigkeit. Beispiel Kundenverbrauch einer Oberklasselimousine mit V6 Turbo-Diesel Motor

bei niedrigen Geschwindigkeiten stark an und wird bei reinem Fahrzeugstillstand konsequenterweise asymptotisch in Richtung unendlich gehen. Bei hohen Geschwindigkeiten bildet die Kurve näherungsweise die quadratische Abhängigkeit des Luftwiderstands von der Fahrzeuggeschwindigkeit ab.

Optimierung Konstantfahrt Durch Minimierung des Gesamtfahrzeugwirkungsgrades lassen sich für jedes Fahrzeug diejenigen Betriebspunkte ermitteln, die bei Konstantfahrt zu geringstem Verbrauch führen.

Üblicherweise ist dabei wichtig, möglichst geringe Drehzahlen zu fahren. Nur extrem niedrige Drehzahlen führen zu einem erneuten Anstieg des Verbrauchs, weil dort häufig der Leerlaufregler in der Motorsteuerung wirksam wird. Da diese Funktion sicherstellen soll, dass das Stehenbleiben des Motors verhindert wird, werden in diesem Bereich wenig effiziente, späte Zündwinkel gefahren, die es der Motorregelung jedoch ermöglichen, kurzfristig das Motormoment zu erhöhen um eine weitere Reduzierung der Drehzahl und damit das Ausgehen des Motors zu verhindern. Abbildung 8.2 zeigt anhand der Linie optimalen Wirkungsgrades, dass sehr frühes Hochschalten lohnenswert ist, weil die höchsten Triebstrangwirkungsgrade für die Konstantfahrt bereits bei sehr niedrigen Geschwindigkeiten im höchsten Gang erreicht werden.

Beschleunigung Während des Beschleunigens wird der Überschuss an Drehmoment des Motors, welcher nicht zur Überwindung der Fahrwiderstände erforderlich ist, genutzt, um

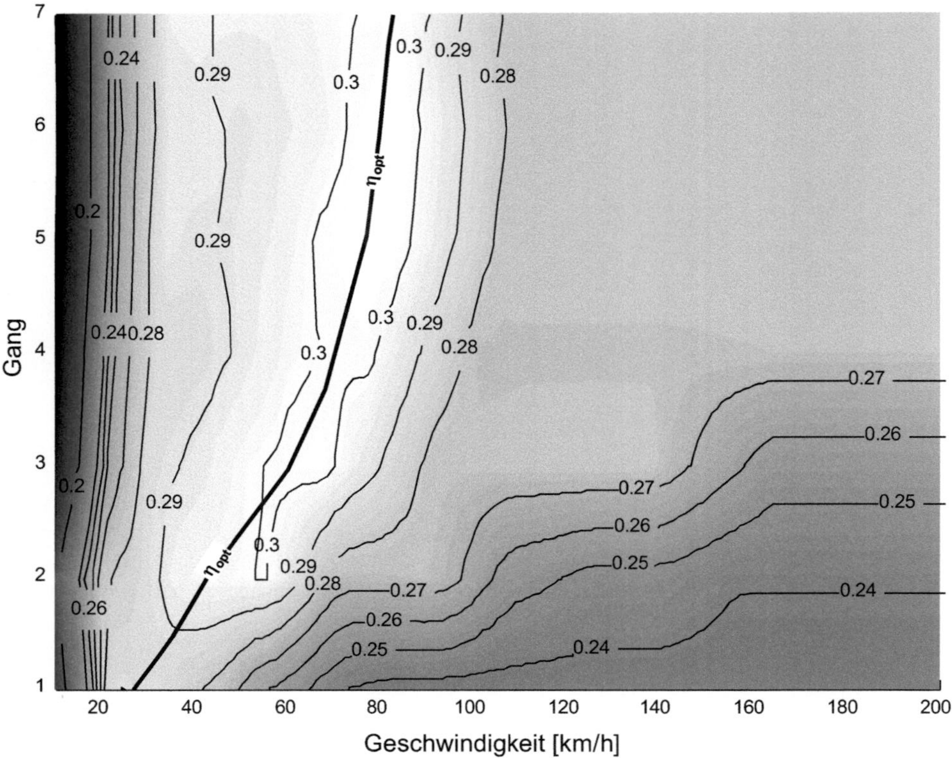

Abb. 8.2 Beispiel für Triebstrangwirkungsgrad abhängig von Gang und Fahrzeuggeschwindigkeit bei Konstantfahrt mit Linie des optimalen Wirkungsgrades

die kinetische Energie des Fahrzeugs zu erhöhen. An dieser Stelle soll betont werden, dass es keinen generell optimalen Betriebspunkt des Motors gibt, der allgemein für die Beschleunigung des Fahrzeugs zu niedrigsten Verbräuchen führt, sondern dass der Bestpunkt davon abhängt, wie der Pkw in der Folge verzögert wird.

Im Prinzip kann die Beschleunigung des Fahrzeugs verglichen werden mit einer Investition in kinetische Energie. Wenn diese kinetische Energie dann effizient genutzt wird, beispielsweise durch natürliche Rekuperation, lohnt es sich, rascher zu beschleunigen, um mehr von natürlicher Rekuperation profitieren zu können. Wird jedoch stärker und häufiger gebremst, was die kinetische Energie weniger effizient in Strecke wandelt, dann ist die Investition weniger lohnenswert und dementsprechend sollte zur Verbrauchsoptimierung weniger stark beschleunigt werden.

Dieser Zusammenhang macht deutlich, dass es für die Optimierung der Beschleunigung von zentraler Bedeutung ist, den zukünftigen Streckenverlauf und den daraus resultierenden und zusätzlich durch Verkehrseinfluss bedingten Fahrverlauf zu kennen.

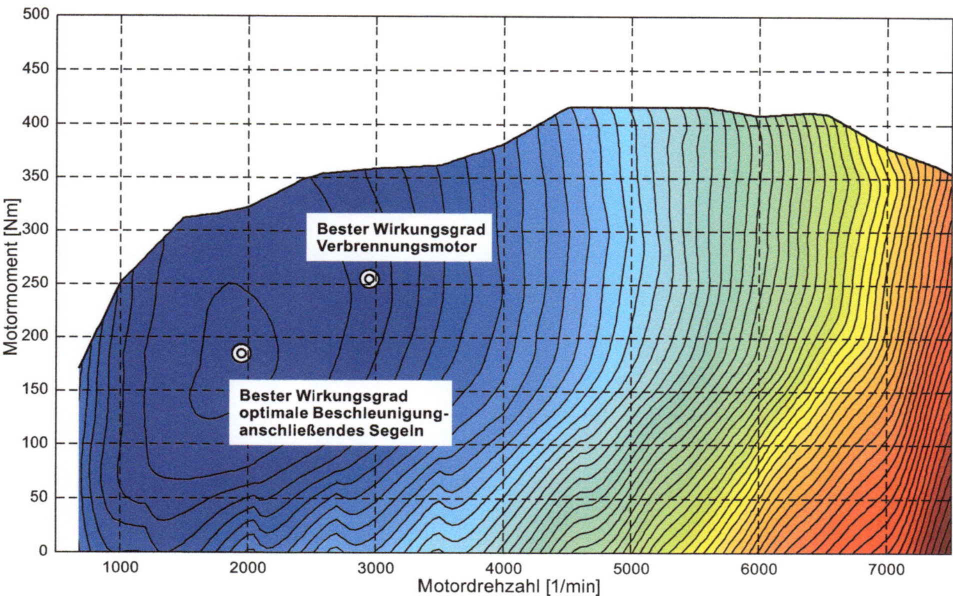

Abb. 8.3 Beispielkennfeld – Wirkungsgrad für Beschleunigung mit anschließendem Segeln im Vergleich zu bestem Wirkungsgrad Verbrennungsmotor [7]

Abbildung 8.3 zeigt beispielhaft den optimalen Betriebspunkt für eine Beschleunigung mit anschließendem Segeln im Vergleich zum Betriebspunkt mit höchstem Motorwirkungsgrad eingetragen in ein Motorkennfeld. Hier wird deutlich, dass es günstiger ist, bei geringerer Drehzahl und Last zu beschleunigen als der Bestpunkt des Motors vorgibt, sofern anschließend die kinetische Energie des Fahrzeugs effizient in Form von Segeln genutzt wird.

Optimierung nach „Minimalen Umdrehungen pro Strecke“ Eine einfache aber wirksame Möglichkeit zur Verbrauchsreduzierung ist das Streben nach möglichst wenig Motorumdrehungen pro Strecke. Nach dem in Abschn. 6.1.1 beschriebenen Prinzip des Willans Ansatzes fallen die Nulllastverbräuche bei jeder Umdrehung des Motors in Form von Reibung an. Die lastabhängigen Verluste sind in erster Näherung proportional der abgegebenen Leistung und hängen damit von den Fahrwiderständen ab. Da die Fahrwiderstände bei vorgegebener Strecke und durch den Fahrer beziehungsweise durch den Verkehr vorgegebener Geschwindigkeit festgelegt sind, hängt der Verbrauch davon ab, mit wievielen Motorumdrehungen diese Strecke zurückgelegt wird.

Gelingt es, die Anzahl der Motorumdrehungen pro Strecke zu minimieren führt dies auch zu geringsten Verbräuchen.

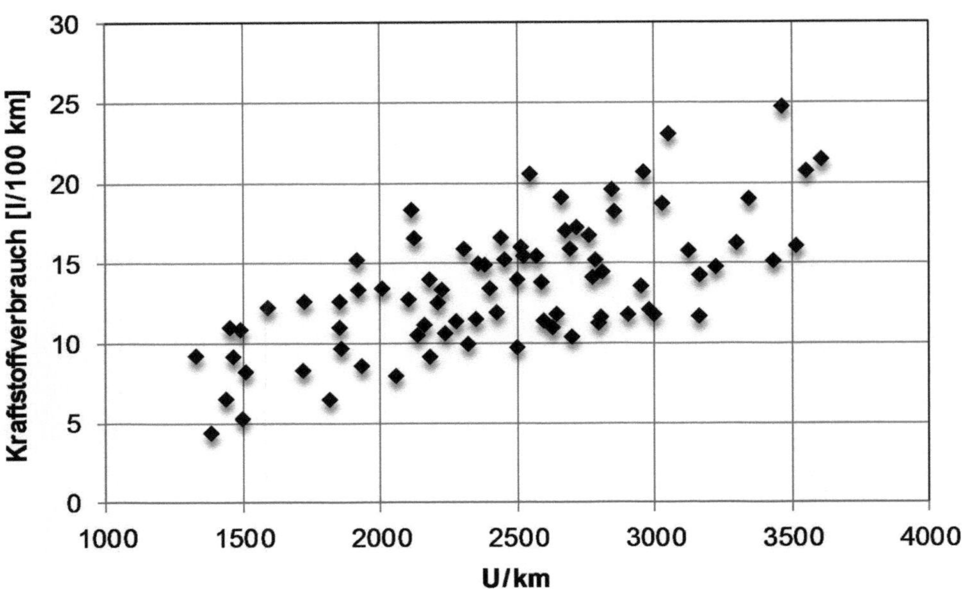

Abb. 8.4 Abhängigkeit zwischen Umdrehungen pro km und Streckenverbrauch. Messfahrten hier beispielhaft mit D-Segment Sportwagen

Abbildung 8.4 zeigt diesen Zusammenhang am Beispiel von Verbrauchsmessungen über gleicher Strecke bei in etwa gleicher Durchschnittsgeschwindigkeit. Hier wird der proportionale Zusammenhang zwischen Verbrauch und Umdrehungen pro Kilometer sichtbar.

Im Weiteren werden einige Fahrhinweise erläutert, die diese Optimierung nach minimalen Umdrehungen pro Strecke unterstützen.

Vorausschauendes Fahren Da beim Bremsen die zuvor aufgebaute kinetische Energie bei konventionellen Fahrzeugen in Reibungswärme in den Bremsen gewandelt wird, wirkt eine gebremste Verzögerung mit anschließender Beschleunigung auf die ursprüngliche Geschwindigkeit deutlich verbrauchserhöhend im Vergleich zur Konstantfahrt. Dabei steigen auch die Motorumdrehungen pro Kilometer, da bei der Beschleunigung aus niedrigen Geschwindigkeiten beziehungsweise aus dem Fahrzeugstillstand niedrigere Gänge erforderlich sind und damit auf gleicher Strecke wie bei der Konstantfahrt mehr Motorumdrehungen erforderlich sind.

Dieser Zusammenhang gilt übrigens auch für Hybridfahrzeuge. Dort wird die Bremsenergie zwar zu weiten Teilen nicht in die Bremse geführt sondern elektrisch rekuperiert. Allerdings ist diese Rekuperation aufgrund der Wirkungsgradketten durchaus verlustbehaftet, so dass nur noch ungefähr die Hälfte der rekuperierten Energie bei anschließendem elektrischen Fahren wieder zur Traktion genutzt werden kann.

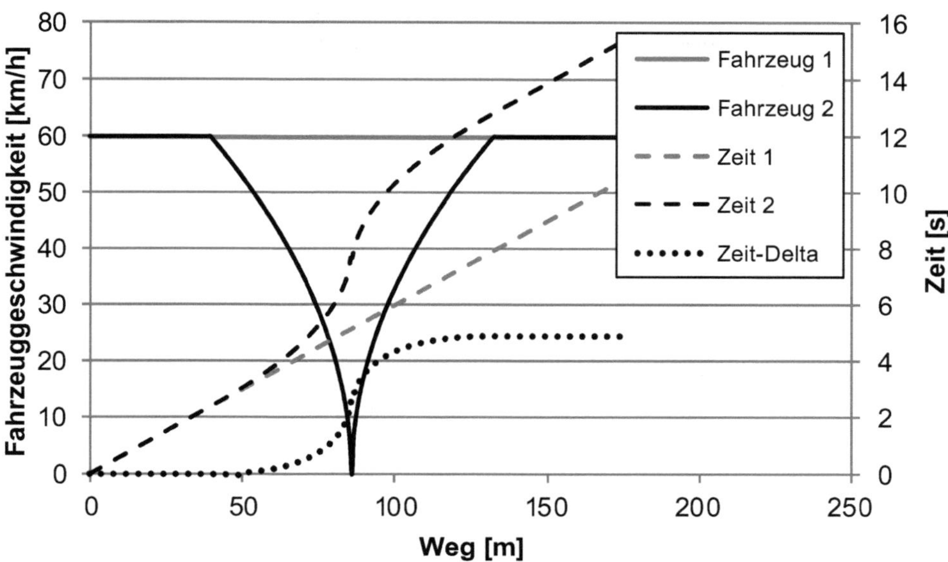

Abb. 8.5 Geschwindigkeitsverlauf Fahrzeugstopp gegenüber Konstantfahrt (Beispiel bei 60 km/h)

Gelingt es dem Fahrer durch vorausschauende Fahrweise soweit wie möglich Fahrzeugstopps zu vermeiden, so ist dies ein wesentlicher Beitrag zur verbrauchsoptimalen Fahrstrategie.

Abbildung 8.5 zeigt den Vergleich zweier vergleichbarer Fahrverläufe beispielhaft. Während Fahrer 2 verkehrsbedingt zum Beispiel aufgrund einer roten Ampel sein Fahrzeug stoppen muss, ist es Fahrer 1 gelungen, durch vorausschauendes Fahren nicht zu verzögern, weil er beispielsweise eine „grüne Welle" erreicht hat. Im Fahrzeug 2 wird während der Verzögerung die kinetische Energie in Bremsenergie gewandelt, also ohne weiteren Nutzen in Wärme gewandelt. In der Darstellung wird exemplarisch eine Verzögerung von 3 m/s^2 angenommen. In der darauf folgenden Beschleunigungsphase muss dann die kinetische Energie wieder aus Motorleistung und damit aus Kraftstoff gewonnen werden. Hier ist in der Grafik eine Beschleunigung von 3 m/s^2 angenommen. Auch wenn die Beschleunigung durch Optimierung der Betriebspunktwahl wie oben beschrieben erfolgen sollte, ist der Vorgang bei Fahrzeug 2 wesentlich unvorteilhafter als die Konstantfahrt von Fahrzeug 1.

Abbildung 8.6 zeigt die Größenordnung von Verbrauchseinsparungen durch vermiedene Stopps abhängig von der Geschwindigkeit. Dabei wurden die generischen Geschwindigkeitsverläufe aus Abb. 8.5 zugrunde gelegt.

Der Mehrverbrauch in Milliliter mag auf den ersten Blick relativ gering erscheinen. Allerdings ist hier natürlich entscheidend wie häufig auf der gesamten Fahrstrecke ein solches Ereignis eintritt. Beispielsweise führt ein zusätzlicher Stopp aus 50 km/h im ge-

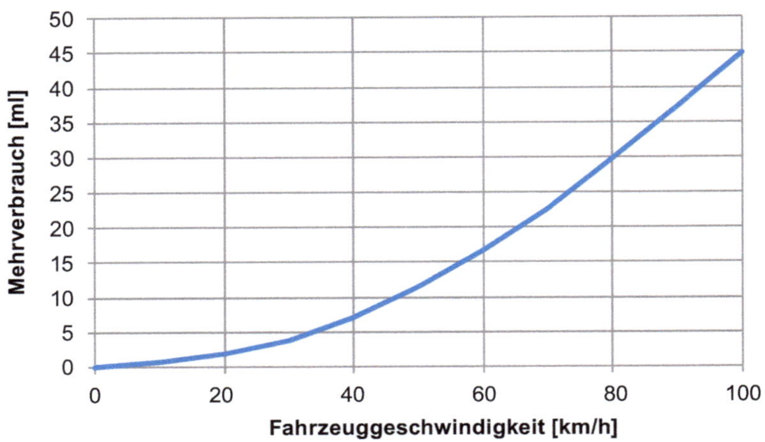

Abb. 8.6 Mehrverbrauch aufgrund Fahrzeugstopp am Beispiel D-Segment Sportwagen

wählten Beispiel bei einer Gesamtstrecke von 100 km nur zu einer Verbrauchserhöhung von 0,012 l/100 km. Tritt dieser zusätzliche Stopp allerdings einmal pro Kilometer auf, was bei einer Fahrt durch die Stadt durchaus realistisch ist, dann beträgt der Mehrverbrauch bereits 1,2 l/100 km.

Und da hier angenommen wurde, dass die auf den Stopp folgende Beschleunigung effizienzoptimal erfolgt und diese Annahme in den meisten Fällen vermutlich zu optimistisch ist, wird der Mehrverbrauch eher höher ausfallen als im Diagramm dargestellt.

Optimierung Ampelanfahrt Die Anfahrt an eine rote Ampel oder eine mit stehenden Fahrzeugen blockierte Kreuzung kann durch eine geeignete Fahrstrategie optimiert werden. Ziel ist zum einen wie vorher geschildert, so weit wie möglich das Stoppen des Fahrzeugs zu verhindern. Darüber hinaus ist es weiterhin anzustreben, die Zeit in der der Verbrennungsmotor in Schubabschaltung keinen Kraftstoffverbrauch hat zu verlängern.

Das Prinzip kann gut durch die beiden in Abb. 8.7 dargestellten Strategievarianten erklärt werden. Fahrer 1 bremst vorausschauend früh von 60 km/h auf 40 km/h, sobald er erkennt, dass eine rote Ampel die Weiterfahrt behindert. Anschließend verzögert er im Schub bis er die Ampelstelle erreicht und das Fahrzeug zum Stillstand bringt.

Im Gegensatz dazu geht Fahrer 2 bei Erkennen der Ampel zum gleichen Zeitpunkt wie Fahrer 1 vom Gas, bremst jedoch nicht, sondern verzögert im Schub. Bei Erreichen der Ampelstelle muss er etwas früher mit dem Bremsen beginnen und bringt das Fahrzeug 2 dann ebenfalls zum Stillstand.

Der Unterschied zwischen beiden Strategien wird deutlich, wenn man die resultierenden Zeitverläufe betrachtet. Fahrzeug 1 benötigt mehr Zeit bis zum Erreichen der Ampel. Über der Strecke sind dabei die Schubphasen (inklusive Bremsen) zwar gleich lang, aber

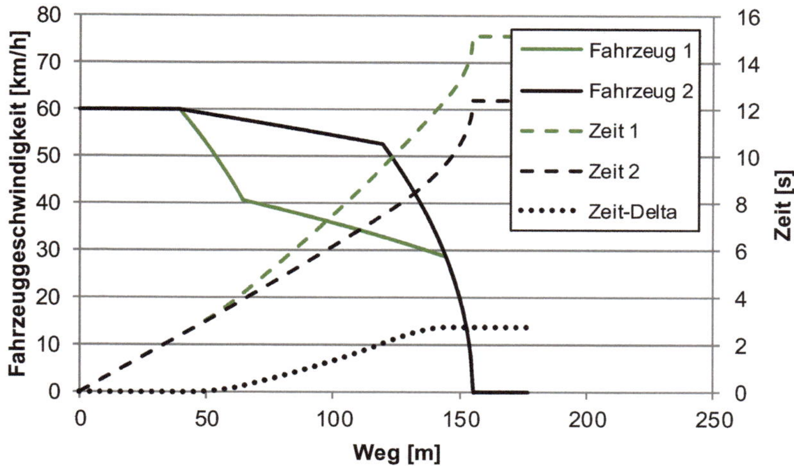

Abb. 8.7 Optimierung Fahrstrategie bei Anfahrt an eine Ampel

bezogen auf die Zeit, dauert die Schubphase bei Fahrzeug 1 länger. Die Zeitdifferenz beträgt in diesem Beispiel 2,8 s.

Daraus ergibt sich zum einen der Vorteil, dass über längere Zeit bei Fahrzeug 1 das Bordnetz und weitere Nebenverbraucher über den Fahrzeugschub abgedeckt werden können und damit nicht zu einem Mehrverbrauch führen. Zum anderen muss Fahrzeug 2 länger an der Ampel stehen und hat dabei bei im Leerlauf betriebenem Motor einen entsprechenden Mehrverbrauch. Mit Start-Stopp Funktion entfällt diese Leerlaufphase zwar, allerdings wird die Batterie während des Fahrzeugstillstands entladen und muss später mit zusätzlichem Kraftstoff wieder geladen werden.

Es ist also günstiger, durch Bremsen das Geschwindigkeitsniveau zu senken, um im Anschluss daran länger im Schub verzögern zu können. Die Strategie von Fahrer 1 ist außerdem noch vorteilhafter, weil die Wahrscheinlichkeit steigt, dass in der zusätzlich gewonnenen Zeit die Ampel auf Grün schalten kann beziehungsweise die stehenden Fahrzeuge bereits wieder losfahren. Das würde dann dazu führen, dass Fahrzeug 2 gar nicht vollständig abgebremst werden muss. Der daraus resultierende Vorteil wurde bereits oben beschrieben.

Abbildung 8.8 zeigt das gleiche Szenario wie bei Abb. 8.7. Nun ist unterstellt, dass nach 12 Sekunden zu dem Zeitpunkt, an dem Fahrer 2 sein Fahrzeug zum Stillstand gebracht hat, die Ampel von rot auf grün wechselt. Zu diesem Zeitpunkt hat Fahrzeug 1 noch 30 km/h Restgeschwindigkeit und hat die Ampel noch nicht erreicht. Er kann wieder beschleunigen mit hier angenommenen 2 m/s^2 und die verbliebene kinetische Energie des Fahrzeugs weiter nutzen. Fahrer 2 muss aus dem Stillstand beschleunigen, was zu Mehrverbrauch führt. Würden beide Fahrer zum Beispiel bei einer mehrspurigen Fahrbahn diese beiden Strategien parallel fahren, hätte Fahrer 1 bereits zwei Sekunden nach umspringen der Ampel das

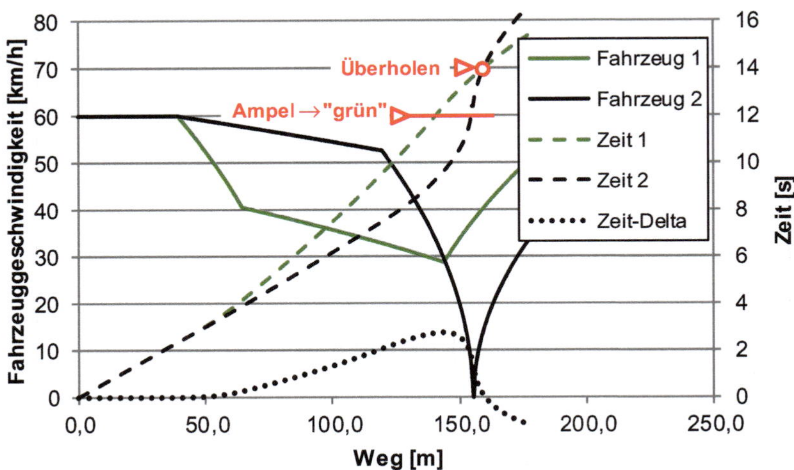

Abb. 8.8 Optimierung Fahrstrategie bei Anfahrt an eine Ampel – Vorteil durch Zeitversatz

Fahrzeug 2 eingeholt. In Abb. 8.8 ist das der Zeitpunkt, an dem sich die beiden Zeitverläufe bei $t = 14$ s schneiden.

Segelstrategie Die Kennzahl Motorumdrehungen pro Strecke lässt sich deutlich beeinflussen, wenn während der Fahrt der Motor ausgekuppelt wird (Segeln). Idealerweise kann der Motor dabei sogar abgestellt werden, was in der Literatur häufig als „Segeln mit Motoraus" oder „Stop-on-the-move" bezeichnet wird. Dies erfolgt beispielsweise bei Full- oder Mildhybridfahrzeugen automatisch. Aber auch bei Segeln mit Motor im Leerlauf werden deutlich geringere durchschnittliche Motorumdrehungen pro Strecke erreicht als wenn der Motor im Schub betrieben wird.

Dementsprechend sollten in einer optimalen Fahrstrategie die Segelphasen maximiert werden. Wie oben zum optimalen Beschleunigen beschrieben darf dafür stärker beschleunigt werden, um so rasch wie möglich anschließend Segeln einzuleiten.

Vorausschauendes Fahren mit ausreichend Abstand zum vorausfahrenden Fahrzeug hilft dabei, die Bremsphasen-Anteile so weit wie möglich zu reduzieren.

Um den Verbrauchsvorteil von Segeln gegenüber konventionellem Fahrbetrieb auszuweisen, bietet sich die Betrachtung von Fahrten mit gleicher mittlerer Geschwindigkeit an [7]. Der Bezugsverbrauch (Basis) ist die jeweilige Konstantfahrt im jeweils effizientesten Gang. Dem wird eine „Sägezahnfahrt" mit Beschleunigung und anschließendem Segeln gegenübergestellt. Abbildung 8.9 zeigt am Beispiel einer Fahrt bei 95 km/h den Vergleich zwischen Konstantfahrt und Sägezahnfahrt. Bei Sägezahnfahrt sinken die Motorumdrehungen pro Strecke von 1000 U/km auf 650 U/km. Daraus ergibt sich ein Verbrauchsvorteil von 5 % im Vergleich zur Konstantfahrt.

Der dargestellte Fall ist allerdings ein sehr theoretischer, der zu Vergleichszwecken geeignet ist, aber im realen Straßenverkehr eine untergeordnete Rolle spielt. Nur bei seltenen

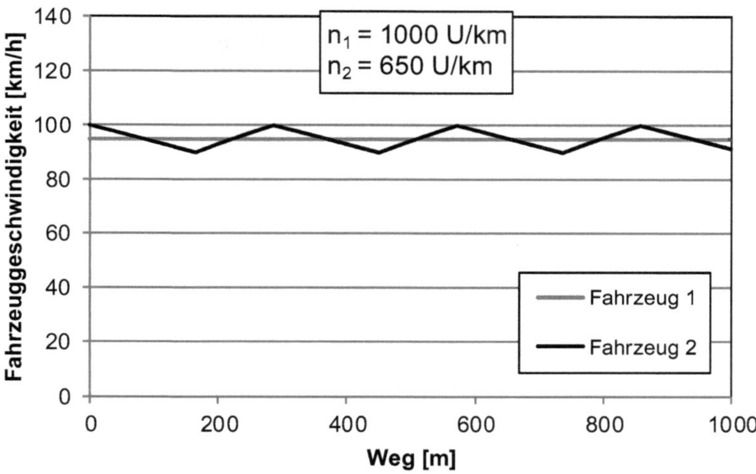

Abb. 8.9 Segelstrategie „Sägezahn" im Vergleich zu Konstantfahrt

Gelegenheiten wie einer Autobahnfahrt bei geringer Verkehrsdichte kann die Strategie einer kontinuierlichen „Sägezahnfahrt" verfolgt werden. Im Übrigen wird die vorausschauende Segelstrategie stark von Verkehrseinfluss, Straßenführung und Geländetopologie beeinflusst.

Verzögerungen wie beispielsweise die Anfahrt auf eine Kurve oder ein langsameres vorausfahrendes Fahrzeug sollten frühzeitig eingeleitet werden und ohne Bremsen vollständig im Segelbetrieb erfolgen. Bei Bergabfahrten ist bei leichtem Gefälle das Segeln dann vorteilhaft, wenn alternativ mit geschlossener Kupplung eine ungewollte Verzögerung des Fahrzeugs durch das Motorschleppmoment entstehen würde. Eine Besonderheit ist dabei die Strategie der „negativen Sägezahnfahrt". Ab einer gewissen Fahrbahnneigung, bei der das Fahrzeug im Segeln beschleunigt, gibt es einen vorteilhaften Bereich mit „negativem Sägezahn". Die Beschleunigungsphasen im Segeln werden unterbrochen durch Verzögerungsphasen im Schub. Auch hier ergibt sich ein nennenswerter Verbrauchsvorteil, weil die alternative Konstantfahrt mit geringer Fahrpedalbetätigung zu höherem Verbrauch führt.

Besonderheiten bei Hybridfahrzeugen Prinzipiell gelten die oben vorgestellten Strategien auch für Hybridfahrzeuge. Zusätzlich zu den genannten Funktionen von konventionellen Fahrzeugen können Full-Hybrid Fahrzeuge die Segel-Funktion noch effizienter darstellen, da üblicherweise über einen weiten Betriebsbereich das Segeln mit Motor-aus möglich ist. Darüber hinaus ermöglicht die Rekuperation, die Bremsenergieverluste weniger hoch ausfallen zu lassen. Und schließlich ist das elektrische Fahren und die dazu gehörige Betriebsstrategie noch eine wichtige Erweiterung der Funktionalitäten zur Verbrauchsreduzierung. Im Folgenden werden noch einige Hinweise mit speziellem Bezug zu Full-Hybrid Fahrzeugen gemacht.

- Segelstrategie
Im Vergleich zu konventionellen Fahrzeugen ist das Segeln bei Full-Hybrid Fahrzeugen noch effizienter, da während der Segelphase kein Kraftstoffverbrauch anfällt. Überträgt man die Strategie der Reduzierung von Motorumdrehungen auf diesen Anwendungsfall, dann folgt daraus, dass die Segelphasen noch stärker gegenüber den Beschleunigungsphasen priorisiert werden sollen. Das heißt, es ist vorteilhaft, im Vorfeld noch stärker zu beschleunigen, um schneller die Segelphase zu erreichen.
- Rekuperation
Genauso wie beim konventionellen Fahrzeug gilt auch bei Hybridfahrzeugen, dass so wenig wie möglich gebremst werden sollte. Wie oben bereits beschrieben kann die Rekuperationsfunktion bei Hybridfahrzeugen die Bremsenergie in elektrische Energie wandeln, welche wieder zum Antrieb genutzt werden kann. Allerdings ist diese Bremsenergierückgewinnung verlustbehaftet. Es wird etwa die Hälfte der Bremsenergie für die anschließende elektrische Traktion verbleiben. Dies bedeutet, dass elektrisches Bremsen zwar günstiger ist als mechanisches Bremsen. Trotzdem bleibt die effizienteste Strategie diejenige, welche Bremsen so weit möglich vermeidet.
Wenn in einer Fahrsituation beim Hybridfahrzeug das Bremsen unvermeidbar ist, sollte frühzeitig so schwach wie möglich gebremst werden. Je geringer die Bremsleistung desto geringer die daraus resultierenden Ohm'schen Verluste beim Laden der Batterie. Außerdem wird über längere Zeit das Bordnetz mit der rekuperierten Energie direkt versorgt, was günstiger ist, als das Zwischenspeichern in der HV-Batterie. Insbesondere sollte darauf geachtet werden, dass die maximal mögliche elektrische Bremsleistung nicht überschritten wird, weil sonst auch beim Hybridfahrzeug die mechanischen Bremsen genutzt werden. Diese Grenze der maximal möglichen Rekuperationsleistung wird insbesondere bei hohen Geschwindigkeiten sehr schnell erreicht. Hier kann man die meist verfügbare zusätzliche Anzeige der Rekuperationsleistung in der Instrumententafel nutzen, um die Bremsleistung optimal zu dosieren.
- Elektrisches Fahren
Die Abb. 9.5 im Kapitel Betriebsstrategie zeigt den Bereich, in welchem das elektrische Fahren vorteilhaft ist im Vergleich zum verbrennungsmotorischen Betrieb. Da mit zunehmender Beschleunigung und höherer Geschwindigkeit der Bedarf an elektrischer Energie steigt, ist es wichtig, die begrenzte elektrische Energie in der HV-Batterie optimal einzusetzen.
Man sollte darauf achten, insbesondere die niedrigsten Geschwindigkeiten und Beschleunigungen auf alle Fälle elektrisch zu absolvieren. Bei Full-Hybrid Fahrzeugen mit beschränkter elektrischer Reichweite (meist unter 5 km) sollten deshalb vorausschauend bereits Fahrten über 50 km/h zum Laden der Batterie genutzt werden, wenn anschließend eine längere Fahrt bei niedrigen Geschwindigkeiten beispielsweise in einer „30 km/h Zone" ansteht.
Plug-in Fahrzeuge bieten inzwischen einen deutlich erweiterten elektrischen Fahrbereich in Geschwindigkeitsbereiche bis zu 140 km/h [10, 11]. Da die elektrische Energie durch Nachladen extern zugeführt werden kann, ist es zur Reduzierung des Kraftstoff-

verbrauchs immer günstig, die elektrische Energie bis zur nächsten Lademöglichkeit auch „auszugeben", das heißt durch elektrisches Fahren die Batterie zu entladen. Wenn dafür eine ausreichend große Strecke zur Verfügung steht, gelten aber auch hier die gleichen Zusammenhänge bezüglich effizienten elektrischen Fahrens. Dann sollte bevorzugt bei Geschwindigkeiten unter 60 km/h beziehungsweise wie oben beschrieben bei niedrigen Lasten und Geschwindigkeiten elektrisch gefahren werden. Einige Plug-in Fahrzeuge bieten auch die Möglichkeit, während des Fahrens die Batterie durch Lastpunktverschiebung des Motors wieder aufzuladen. Wenn die Batterie auf diesem Weg geladen wurde kann diese elektrische Energie zur Verbrauchssenkung genutzt werden, wenn dann wieder im Bereich niedriger Lasten/Geschwindigkeiten elektrisch gefahren wird.

Gesamtpotenzial, Maximalstrategie Mehr als eine Halbierung des Verbrauchs kann erreicht werden, wenn die oben genannten Hinweise zu einer „Maximalstrategie" verknüpft werden. Dafür müssen gleichzeitig Komfortaspekte deutlich herunter priorisiert werden. Im Rahmen der Challenge Bibendum 2011 in Berlin konnte gezeigt werden, dass diese Halbierung des Verbrauchs auch mit einem Sportwagen erreicht werden kann. Verbunden mit der gleichzeitig hohen Performance der Fahrzeuge war der Sieg in einem derartigen Effizienzwettbewerb möglich [1]. Im Folgenden wird diese Strategie beispielhaft für ein konventionelles Fahrzeug mit manuellem Getriebe beschrieben.

Nach erfolgter Beschleunigung bei niedrigen Drehzahlen und hoher Last wird bei Erreichen der Zielgeschwindigkeit sofort ausgekuppelt und der Motor abgestellt. Dabei muss beachtet werden, dass die Lenkunterstützung bei den meisten Fahrzeugen wegfällt. In diesem Zustand wird so weit wie möglich und bei minimalem Bremseinsatz gesegelt. Um keine elektrische Energie dafür aufzuwenden erfolgt das anschließende Wiederstarten des Motors bei Zündung an mit Anreißen des Motors durch Einkuppeln bei eingelegtem Gang.

Geschwindigkeiten über 100 km/h sollten vermieden werden. Idealerweise bewegt man das Fahrzeug im Geschwindigkeitsbereich zwischen etwa 50 und 90 km/h. Bremsen muss so weit wie möglich vermieden werden. Um die Betriebsstrategie optimal auf die Fahrstrecke zu adaptieren ist es günstig, die Strecke vorab zu besichtigen, um so die kritischen Stellen (Kreuzungen, Ampeln, Geschwindigkeitsbegrenzungen) in die Vorausschau mit einbeziehen zu können. Nebenverbraucher müssen grundsätzlich so weit möglich ausgeschaltet werden.

Mit einer so maximal ausgereizten Betriebsstrategie gelingt es üblicherweise auch bei konventionellen Fahrzeugen, den Motor nur 10 bis 20 % der Fahrzeit zu betreiben und die restliche Fahrt ohne Motorbetrieb auszukommen. So ist es dann möglich, den Verbrauchswert laut Katalog sogar mehr als zu halbieren.

8.3 Effiziente Routenwahl

Neben der Optimierung des Verbrauchs bei vorgegebener Strecke durch die oben beschriebenen Strategien ist es auch ausschlaggebend, welche Strecke zwischen Start und Ziel einer Fahrt gewählt wird. Bei der effizienten Routenwahl wird neben der Zeit, welche so niedrig wie möglich sein soll, auch die Effizienz, das heißt der Kraftstoffverbrauch über die Strecke als weiteres Optimierungskriterium gewählt.

Aus den im Kapitel Optimierung Fahrsituationen beschriebenen Hinweisen lassen sich einige Kriterien zur Auswahl der optimalen Route herleiten.

- Schnelle Route
  Prinzipiell ist die schnellste Route nahe an der optimalen Route hinsichtlich Effizienz. Autobahnfahrten lassen sich bezüglich Verbrauch gut optimieren indem keine zu hohen Geschwindigkeiten gefahren werden und soweit möglich gesegelt wird. Da Autobahnfahrten bei der schnellsten Route priorisiert werden, ist die schnellste Route per se schon relativ günstig.
- Keine Ortsdurchfahrten
  Ortsdurchfahrten sind aufgrund der hohen Anzahl an unbeeinflussbaren Stopps ungünstig. Hier können Umwege von 20 % bis 30 % der Strecke in Kauf genommen werden, um die Ortsdurchfahrt zu vermeiden.
- Bergfahrten mit großen Steigungen vermeiden
  Soweit möglich sollten Bergfahrten mit Steigungen über 5 % vermieden werden, da für diese Steigungen zum einen teilweise niedrigere Gänge für die Bergfahrten notwendig werden und zum anderen die Verzögerung bei der Talfahrt nicht allein durch Motorschub ausreicht sondern zusätzlich gebremst werden muss.
- Hohe Verkehrsdichte und Stau vermeiden
  Es ist naheliegend, dass hohe Verkehrsdichte und Stau dazu führt, dass eine vorausschauende Fahrstrategie nicht umgesetzt werden kann beziehungsweise vermehrt gebremst und wieder beschleunigt werden muss. Deshalb sollten Strecken mit hoher Verkehrsdichte und Stau ähnlich wie Ortsdurchfahrten vermieden werden.

Literatur

[1] Michelin: 2011 Report Challenge Bibendum, http://www.michelinchallengebibendum.com/eng/content/download/1303/17854/Berlin%202011%20Report.pdf

[2] Benzinsparen 24: www.benzinsparen24.eu

[3] Spritmonitor – Sprit sparen: http://www.spritmonitor.de/de/benzin_sparen_rico_klein.html

[4] ADAC: Sprit sparen http://www.adac.de/infotestrat/tanken-kraftstoffe-und-antrieb/spritsparen/

[5] Ecodrive.org: the golden rules of eco driving http://www.ecodrive.org/en/what_is_ecodriving-/the_golden_rules_of_ecodriving

[6] Weilenmann, M., Alvarez, R., Keller, M.: Fuel consumption and CO2/pollutant emissions of mobile air conditioning at fleet level – new data and model comparison. Environmental Science & Technology, 44(13), pp. 5277–5282. American Chemical Society (2010)

[7] Roth, M., Radke, T., Lederer, M., Gauterin, F., et al.: Porsche InnoDrive – An Innovative Approach for the Future of Driving 20. Aachener Kolloquium „Fahrzeug- und Motorentechnik". Aachen (2011)

[8] Eco-Drive – Clever Fahren: www.eco-drive.ch

[9] http://www.spritbremse.de/spritsparen.html

[10] Dr. Ing. h.c. F. Porsche AG: „Panamera S E-Hybrid – Technische Daten." http://www.porsche.com/germany/models/panamera/panamera-s-e-hybrid/featuresandspecs/

[11] Hybridautos-info.de: Golf VII Plug-in Hybrid – Moderne Hybridtechnologie für den Massenmarkt http://www.hybrid-autos.info/News/Presse-Meldungen/golf-7-plugin-hybrid-moderne-hybrid-technologie-fuer-den-massenmarkt.html

[12] Reed, T., Das, A.: Handbook of Biomass Downdraft Gasifier Engine Systems. The Biomass Energy Foundation Press, Golden (CO) (1988)

[13] Frühauf K., Sobisch J., Herrmann R.: Touchpoints beim Autokauf – Auf der Überholspur zum Vertriebserfolg http://www.progenium.com/Publikationen/DE/data/upload/publikation/1347891003.pdf.

9 Betriebsstrategie

Martin Roth

Der Begriff Betriebsstrategie ist noch relativ jung. In meinem 24-bändigen Brockhaus kann man den Begriff noch nicht nachschlagen (Band BED-BRN von 1987). Auch im eigentlich sehr aktuellen Online-Lexikon Wikipedia kann man diesen Begriff in der deutschen Version noch nicht recherchieren (Stand 02.01.2014). Selbst in der englischen Version ist der Begriff in der üblichen Übersetzung „operation strategy" ebenfalls nicht vorhanden.

Gibt man den Begriff „Betriebsstrategie" in der Internet-Suchmaschine Google ein (Stand 02.01.2014), behandeln die ersten 16 Treffer alle eine Thematik: Betriebsstrategien für Hybrid- oder Elektrofahrzeuge. Erst der 17. Treffer behandelt einen anderen Bereich. Damit liegt die Vermutung nahe, dass dieser Begriff erst in den letzten Jahren durch die zunehmenden wissenschaftlichen Aktivitäten und durch die Entwicklungen bei Automobilherstellern und -Zulieferern häufigere Verwendung fand.

Warum benötigt man eine Betriebsstrategie? Meist sind für einen Anwendungsfall bei komplexen Systemen mehrere Betriebspunkte möglich, indem das System zu betreiben wäre. Welcher der möglichen Betriebspunkte ist nun sinnvoll? Welcher ist effizient? Welcher ist für den Fahrer angebracht? Wo ist die Bauteilbelastung akzeptabel?

Die Betriebsstrategie hat die Aufgabe, nach übergeordneten Zielen die sinnvollsten Betriebsmöglichkeiten auszuwählen und das System zu steuern.

Eine Betriebsstrategie steuert und regelt somit komplexe Systeme oder mehrere Systeme mit Wechselwirkungen, da der Fahrer selbst damit überfordert wäre oder sich nicht mit dieser Aufgabe belasten möchte.

In diesem Kapitel wird ein Überblick über Betriebsstrategien in modernen KFZ gegeben. Im Vordergrund steht die Energieeffizienz. Aber andere Kriterien wie Fahrbarkeit, Nachvollziehbarkeit und Bauteilschutz werden berücksichtigt. Die Ausführung startet mit

Martin Roth ✉
Vorentwicklung/Konzepte funktional, Dr.-Ing. h.c.F. Porsche AG, Weissach, Deutschland
e-mail: martin.roth2@porsche.de

J. Liebl et al., *Energiemanagement im Kraftfahrzeug*, ATZ/MTZ-Fachbuch,
DOI 10.1007/978-3-658-04451-0_9, © Springer Fachmedien Wiesbaden 2014

einfachen Anwendungen und endet bei prädiktiven Gesamtfahrzeug-Betriebsstrategien, die zukünftige Ereignisse prognostizieren und berücksichtigen.

9.1 Standardbetriebsstrategien und lernende Betriebsstrategien

Die Standardbetriebsstrategien steuern oder regeln ein System auf Basis der aktuellen Zustände der Einflussparameter. Als Beispiel hierzu kann eine einfache Betriebsstrategie für eine Innenraumklimatisierung dienen: Die Heiz- oder Kühlleistung wird in Abhängigkeit der *aktuellen* Innenraumtemperatur, beziehungsweise von der Abweichung zwischen Ist- und Soll-Temperatur, geregelt.

Lernende Betriebsstrategien nutzen zusätzlich Zustände der Einflussparameter aus der Vergangenheit.

9.1.1 Betriebsstrategie für die Wahl der Gänge eines Getriebes

Die Betriebsstrategie für ein Automatgetriebe ist ein einfaches Beispiel für eine Standardbetriebsstrategie.

9.1.1.1 Beeinflussbare Eigenschaften

Der gewählte Gang eines Getriebes hat erheblichen Einfluss auf die Effizienz einer Autofahrt (siehe Abschn. 8.2). Die Wahl eines Ganges beziehungsweise der Zeitpunkt eines Gangwechsels wird jedoch nicht nur von der Energieeffizienz bestimmt. Ein Gang oder Gangwechsel bestimmt weitere wichtige Eigenschaften einer Fahrt oder eines Fahrabschnittes:

- Zugkraft am Rad und damit das Beschleunigungs- oder Steigvermögen des Fahrzeugs
- Geräusch innerhalb und außerhalb des Fahrzeugs
- Verschleiß des Motors
- Emissionen des Verbrennungsmotors
- Längsruck des Fahrzeugs durch Schaltvorgang (abhängig von Getriebeart und Ausprägung der Schaltung bezüglich Sportlichkeit)
- Zugkraftverlauf an den Antriebsrädern (ein Zugkraftsprung kann bei einer Kurvenfahrt mit hoher Nutzung des Reibschlusspotenzials der Reifen und Fahrbahn zu einem Ausbrechen des Fahrzeugs führen)
- Häufige Gangwechsel, insbesondere wenn diese deutlich zu erkennen sind, können die Insassen stören

9.1.1.2 Bedienelemente

Eine gute Betriebsstrategie berücksichtigt alle beeinflussbare Eigenschaften und ermöglicht dem Fahrer, die wirksame Antriebsleistung einfach mit dem Fahrpedal (entspricht dem

„Gaspedal") zu steuern. Damit übernimmt das Fahrpedal neben dem Steuern des Motormoments auch die Steuerung der Schaltvorgänge. Weitere Bedienelemente wie Wählhebel oder Schalttasten am Lenkrad dienen der Moduswahl (rückwärts oder sportlich) oder ermöglichen einen temporären oder dauerhaften manuellen Betrieb. Im Standardmodus „D" wie „Drive" für die Vorwärtsfahrt ist ein automatischer Gangwechsel bei ausschließlicher Bedienung über das Fahrpedal etabliert.

Damit ergeben sich für die Betriebsstrategie folgende Bedienelemente:

- Fahrpedal für Beschleunigungs- beziehungsweise Geschwindigkeitswunsch des Fahrers
- Wählhebel für manuelle Gangwechsel
- Schiebeschalter/Wippen am Lenkrad für manuelle Gangwechsel
- Wählhebel für Modus (Parken/Neutral/Rückwärtsfahrt/Vorwärtsfahrt, evtl. Sport/Manuell)

9.1.1.3 Hoch-/Rückschaltkennfelder

Ein erfahrener Autofahrer mit einem Fahrzeug mit Schaltgetriebe schaltet aus Erfahrung oder mit Kenntnis des Leistungsvermögens des Antriebs früh hoch, wenn er nur geringe Beschleunigung benötigt, eine Steigung abnimmt oder wenn er nun mit gleicher Geschwindigkeit fahren möchte. Zum starken Beschleunigen oder bei großen Steigungen oder mit großer Zuladung beziehungsweise mit schwerem Anhänger wird er höhere Motordrehzahlen wählen und erst spät hochschalten.

Um ein fahrerwunsch-bezogenes Hoch- und Rückschalten über die Betriebsstrategie abzubilden, werden üblicherweise Schaltkennlinien pro Gangwechsel definiert. Diese Schaltkennlinien werden zu einem Schaltkennfeld (Abb. 9.1) zusammengefasst.

Im Schaltkennfeld ist für jede Geschwindigkeit in Abhängigkeit der Fahrpedalstellung festgelegt, wann eine Hoch- oder Rückschaltung erfolgt. Dabei ist für jedes Hochschalt- und Rückschalt-Gangpaar eine Schaltlinie definiert.

In konstanten Fahrsituationen wie zum Beispiel in einer leichten Steigung, kann ein wechselndes Hoch- und Rückschalten, sogenanntes Pendelschalten, auftreten. Die Ursache ist, dass sich der Betriebspunkt sehr nahe oder direkt auf einer Schaltkennlinie befindet. Um dies zu vermeiden, werden die Hochschalt- und die Rückschalt-Kennlinien eines Gangpaares versetzt. um eine Hysterese zu erzeugen. Dieses Verschieben der Kennlinie vom Wunschverhalten erzeugt eine Verschlechterung des Hochschalt- oder des Rückschaltzeitpunktes, je nachdem, welche Kennlinie verschoben wird.

9.1.1.4 Zusatzkennfelder

In Fahrsituationen mit hohem Zugkraftbedarf wie Steigungen oder Anhängerbetrieb, muss der Fahrer das Fahrpedal stärker durchtreten. Um hier ein agileren Fahreindruck zu vermitteln und um schneller erforderliche Rückschaltungen einzuleiten, wird in diesen Situationen auf alternative Kennfelder umgeschaltet. Dabei sind die Schaltkennlinien so verschoben, dass bereits bei geringerem Durchtreten des Fahrpedals Rückschaltungen ausge-

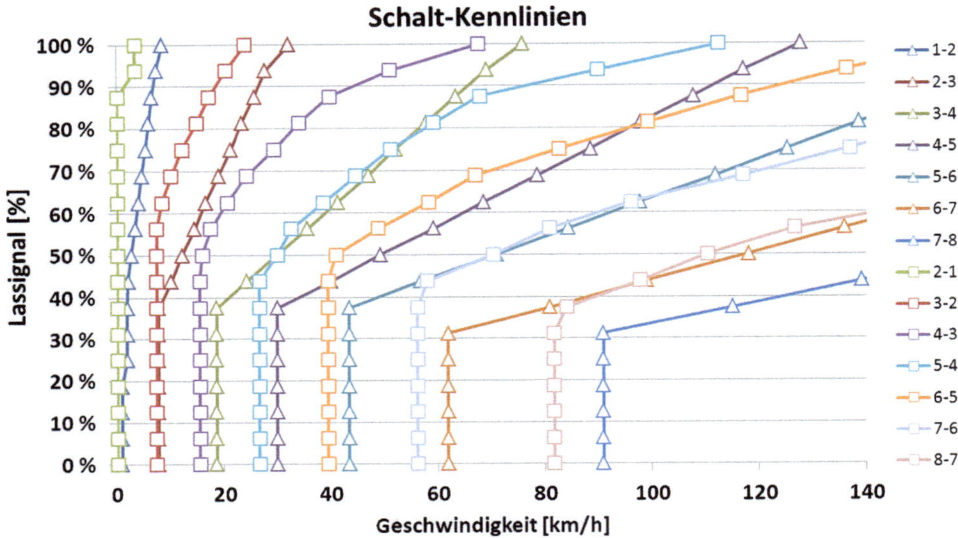

Abb. 9.1 Schaltkennfeld

löst werden und damit mehr Zugkraft durch die höhere Motordrehzahl und höhere Untersetzung durch die Räder abgegeben werden kann.

Weitere Kennfelder für einen oder mehrere zusätzliche Modi wie Sport oder Eco sind ebenfalls verbreitet. Damit kann gegenüber dem Standardkennfeld ein früheres oder deutlich späteres Hoch- beziehungsweise Rückschalten definiert werden. Damit wird indirekt ein niedriges oder hohes Motordrehzahlniveau erzeugt. Ein niedriges Drehzahlniveau bewirkt bei Konstantfahrten einen geringeren Verbrauch, ein hohes Niveau hält ein höheres Reservemoment vor. Das Reservemoment ermöglicht die Steigerung der Zugkraft in einer Situation, bei der der Fahrer etwas mehr das Fahrpedal durchtritt ohne Rückschaltung, sondern durch die Erhöhung des Motormoments. Ist das Reservemoment zu gering, muss eine Rückschaltung eingeleitet werden. Je höher die fahrdynamischen Ansprüche an eine fein-dosierbare Zugkraft ist, desto größer muss das Reservemoment gewählt werden. Allerdings leidet durch das einhergehende erhöhte Drehzahlniveau die Effizienz.

9.1.1.5 Zusatzfunktionen

Hochschaltverhinderung Bei sportlicher Fahrweise ist es in Kurven oft erforderlich, die Zugkraft zu reduzieren um mehr Querkraftpotenzial zu ermöglichen. Daher wird das Fahrpedal weniger durchgetreten. Auf Basis der Schaltkennlinien führt dies i. d. R. zu einer Hochschaltung. Wird am Ende der Kurve wieder mehr Zugkraft abgerufen, was bei sportlicher Fahrweise zu erwarten ist, wäre eine Rückschaltung in den gleichen Gang wie vor der Kurve erforderlich. Um diese Hoch- und anschließende Rückschaltung zu vermeiden, kann mit einer Zusatzfunktion, die diese Situation erkennt, die Hochschaltung unterdrückt werden.

Bremsrückschaltungen Beim Verzögern muss mindestens knapp oberhalb der Leerlaufdrehzahl zurückgeschaltet werden, um ein Abwürgen des VKMs zu vermeiden. Dies reicht jedoch im Fahrbetrieb nicht aus, um ein harmonisches Fahren zu ermöglichen. Wird beispielsweise ein Kreisverkehr angefahren ist meist ein Bremsvorgang erforderlich, danach eine Doppel-S-Kurve mit ungefähr konstanter Geschwindigkeit und anschließend ein Beschleunigen. Wird dabei beim Anfahren des Kreisverkehrs erst oberhalb der Leerlaufdrehzahl zurückgeschaltet, fährt das Fahrzeug mit hohem Gang und sehr tiefer Drehzahl nahe Leerlauf durch die Doppel-S-Kurve. Beim anschließenden Beschleunigungsvorgang reicht die Zugkraft nicht und ein bis zwei Rückschaltungen sind erforderlich. Die Verzögerung des Beschleunigungsvorgangs durch den Zeitbedarf der Rückschaltungen wird als störend empfunden.

Als Lösung wird in Abhängigkeit der Verzögerungsstärke ein Drehzahlniveau angestrebt und durch entsprechende Rückschaltungen sichergestellt. Bei schwacher Verzögerung, was auf eine ruhige Fahrweise hinweist, wird ein niedriges Drehzahlniveau angestrebt. Bei starken Bremsungen ein höheres Niveau. Durch die beschriebene Hochschaltverhinderung wird beim Durchfahren der Doppel-S-Kurve der Gang gehalten und zum Beschleunigung steht ein ausreichendes (Reserve-)Moment zur Verfügung.

Manuelle Eingriffe Es treten Fahrsituationen auf, bei denen die Betriebsstrategie nicht optimal agiert oder eine Situation besteht, die nicht erkannt werden kann. Zum Beispiel kann vor einem Überholmanöver, bei dem noch das vorbeifahren eines Fahrzeugs auf der entgegenkommenden Fahrbahn abgeartet wird, bereits genutzt werden um Rückschaltungen vorzunehmen (um das Reservemoment zu erhöhen). Hierzu kann manuelles Schalte durch Tippen am Wählhebel oder entsprechenden Bedienelementen am Lenkrad sinnvoll sein. Je nach Strategie kann dann im manuellen Modus verblieben werden oder nach wenigen Sekunden wieder in den Automatmodus zurückgewechselt werden.

9.1.1.6 Zugkraftansatz

Der verbreitete Ansatz zum Schalten mit Schaltkennlinien für die Beziehung Fahrpedalwert über Geschwindigkeit scheint im ersten Moment sehr naheliegend zu sein. Damit ist die Definition aller Schaltvorgänge über den gesamten Geschwindigkeitsbereich des Fahrzeugs für alle Werte des primären Parameters Fahrpedal möglich. Allerdings ist die Applikation der Kennlinien sehr aufwendig, da die Eigenschaften des Motors (Drehmomentverlauf) und der Gangabstufung nicht direkt berücksichtigt werden können.

Der modernere und fahrphysikalisch klarere Ansatz orientiert sich an der Zugkraft des Rades. Im sogenannten Zugkraftdiagramm (Abb. 9.2) ist die maximal mögliche Zugkraft des Fahrzeugs in allen Gängen über die Geschwindigkeit dargestellt. Die daraus abgeleitete Linie maximaler Zugkraft stellt dabei 100 % Fahrpedalwert dar.

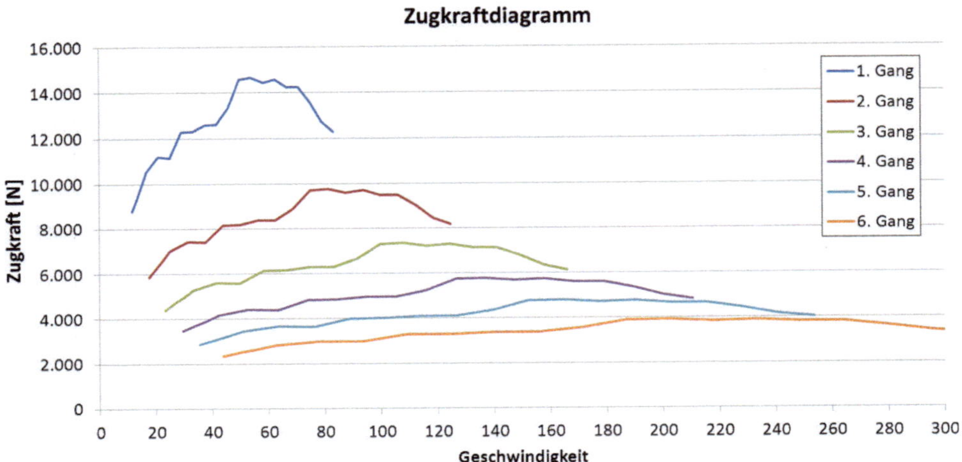

Abb. 9.2 Zugkraftdiagramm

Durch einmalige Festlegung des Zusammenhangs von Soll-Zugkraftanteil von maximal möglicher Zugkraft bezogen zu aktuellem Fahrpedalwert lässt sich bei jeder Geschwindigkeit die Sollzugkraft in Abhängigkeit des Fahrpedalwerts bestimmen. Wird nun noch ein relatives Reservemoment definiert, kann direkt im Zugkraftdiagramm der Sollgang als höchst-möglicher, der diese Zugkraft darstellen kann, ermittelt werden.

Vorteile sind neben der geringen Komplexität der geringe Aufwand zur Applikation:

Nur der Motormomentenverlauf und die Übersetzungen sind in den Algorithmus einzutragen, die Hysterese ist zu definieren und das Drehzahlniveau der Bremsrückschaltungen ist als Kennlinie über die Verzögerung festzulegen.

9.1.2 Betriebsstrategie für „Segeln"

Das Ansteuern der einfachen Funktion „Segeln" erfordert eine nachvollziehbare und möglichst reproduzierbare Betriebsstrategie. Hierzu sind eine Vielzahl von möglichen Ansätzen bekannt und patentrechtlich geschützt (zum Beispiel [1–7]).

Im Folgenden wird die „Segel-Betriebsstrategie" nach [4] erläutert. Diese Betriebsstrategie ist in ähnlicher Form in allen Porsche-Fahrzeugen mit PDK-Getrieben ab Markteinführung des 911 Carrera Modell 991 serienmäßig verbaut, inkl. Boxster und Panamera.

Was ist „Segeln"? Wann sollte es aktiviert werden?

Es sollte immer dann aktiv sein, wenn:

1. der Verbrennungsmotor nicht antreiben soll, und
2. wenn kein Motorschubbetrieb gewünscht ist.

9.1.2.1 Einfachster Betriebsstrategie-Ansatz

Einfache Strategien lösen das Segeln immer bei Fahrpedalwert = null aus, also wenn der Fahrer den Fuß vom Fahrpedal genommen hat.

Vorteile dieser Einfach-Strategie:

- Strategie ist für den Fahrer einfach zu verstehen und nachzuvollziehen
- Das Segeln kann immer durch die vorgegebene Handlung ausgelöst werden und erreicht damit höchste Reproduzierbarkeit

Nachteile dieser Einfach-Strategie

- Nicht in allen Situationen, bei denen gesegelt werden sollte, wird das Segeln ausgelöst
- Nicht in allen Situationen, bei denen das Segeln ausgelöst wird, ist das Segeln gewünscht

Zusammengefasst bedeutet dies, die Strategie löst reproduzierbar aus, allerdings nicht immer passend. Beispielsweise wenn man auf eine rote Ampel oder Stopp-Stelle zufährt, wird gesegelt, obwohl hier Schub mit Schubabschaltung sinnvoll wäre. Auf der anderen Seite wird beispielsweise auf einer leichten Gefällstrecke, die ein Segeln mit konstanter Geschwindigkeit erlaubt, nicht gesegelt, wenn der Fahrer nicht vom Fahrpedal geht. Der Normalfahrer würde hier kein Segel-Modus nutzen können.

9.1.2.2 Verbesserter Betriebsstrategieansatz

Der verbesserte Betriebsstrategieansatz ist in mehreren Patenten beschrieben: [4–7].

1. Segeln soll nur aktiv sein, wenn der Motor nicht antreiben soll Das Segeln soll wie beschrieben ausgelöst werden, wenn der Motor nicht antreiben soll. Dies ist gegeben, wenn das *Antriebsmoment am Rad <= null* ist. Also wenn der Fahrer das Fahrpedal so einstellt, dass der Motor die eigenen Reibungsverluste überwindet, aber kein positives Antriebsmoment abgibt. Dies ist die bereits beschriebene Situation in leichtem Gefälle oder wenn die Geschwindigkeit leicht reduziert werden soll. Der Fahrer erkennt diese Situationen meist selbst nicht als sinnvoll und möglich für das Segeln. Die Strategie muss daher dies erkennen und Segeln auslösen. Dies ist über die Abfrage des Antriebsmoments möglich.

In Umkehrung, wenn das Fahrpedal während der Segelphase weiter betätigt bleibt, muss das daraus resultierende Radmoment einer potentiellen Zugphase hochgerechnet werden. Falls nun das Moment über null steigt, muss das Segeln verlassen und wieder in die Zugphase übergegangen werden. Um im Übergangsbereich ein Hin- und Herwechseln zwischen Segeln und Zug zu vermeiden, sind die beiden Momentenschwellen mit einer Hysterese zu versehen.

2. Segeln soll nur ausgelöst werden, wenn kein Schub mit Schubabschaltung gewollt ist Das Segeln soll nicht ausgelöst werden, wenn Schub mit Schubabschaltung gewollt ist. Dieses Ziel ist umzusetzen:

- mit Sensoren, die die Fahrsituation und die vorausliegende Strecke kennen – oder
- wenn am Fahrerverhalten der Fahrerwunsch erkannt wird.

Das Ziel ist es, zunächst ohne zusätzliche Sensoren über das Fahrerverhalten den Fahrerwunsch zu ermitteln. Unter der Annahme, dass eine ruhige Fahrweise mit behutsamen Fahrpedaländerungen eher Segeln ansteuern sollte und eine eher sportliche Fahrweise mit raschen Fahrpedaländerungen eher Schub mit Schubabschaltung auslösen sollte, kann dies für die Strategie genutzt werden:

Die Bewertung der Größe der „Sportlichkeit" der Fahrweise und insbesondere die Änderungsgeschwindigkeit der Fahrpedalwerte wird bei der verbesserten Strategie genutzt. Das zügige Fahren im Schwarzwald führt zu Schub nach dem Gaswegnehmen vor Kurven, genauso wie das zügige Gaswegnehmen, wenn eine vorausliegende Ampel plötzlich von grün auf gelb oder rot gewechselt hat. Dagegen führt ein ruhiger Fahrstil in Situation mit Radmoment <= null zum Segeln. Damit wäre das zweite Ziel erreicht, dass nur in den gewünschten Situationen Segeln aktiviert wird, wenn es nicht die Übergangsbereiche gäbe. Im Übergang zwischen ruhiger und sportlicher Fahrweise kann es unklar sein, ob segeln ausgelöst werden soll oder nicht. Damit treten unabhängig von der umgesetzten Applikation zwangsläufig Situationen auf, bei denen der Fahrer genau das umgekehrte bekommt, also Segeln statt Schub oder Schub statt Segeln. Der Fahrer wird daher diese Bereiche als nicht nachvollziehbar empfinden. Ist die Erkennung der Sportlichen Fahrweise zudem komplexer aus mehreren Faktoren aggregiert, kann es für den Fahrer auch wenig reproduzierbar erscheinen. Daher sollte dies eher einfach und reproduzierbar sein. Je schmaler dieser Übergangsbereich ausgebildet ist, desto besser wird die gesamte Strategie als stimmig und nachvollziehbar beurteilt.

Gangwahl nach des Segelns In der Einfachstrategie wird der höchstmögliche Gang, der bei der aktuellen Geschwindigkeit fahrbar ist, eingelegt. Dies führt zu einer Phlegmatisierung oder zu vielen und störenden Rückschaltvorgängen, die ebenfalls die gewollte Beschleunigung verzögern. Daher ist die richtige Gangwahl von hoher Bedeutung für die Fahrerzufriedenheit.

Bei kurzen Segelphasen, bei denen sich die Geschwindigkeit vor und nach dem Segeln nicht unterscheidet sowie durch das Segeln sich auch der Dynamikanspruch nach dem Segeln eher gleichbleibend ist, bietet sich an, den gleichen Gang, wie vor dem Segeln zu nutzen.

Bei sehr langen Segelphasen, i. d. R. auf Bergabstrecken, kann die Situation nach dem Segeln deutlich von der Situation vor dem Segeln abweichen. Der Geschwindigkeitsbereich kann höher oder niedriger sein. Der Dynamikanspruch kann ebenfalls höher sein, als vor dem Segelbeginn. Um hier den besten Gang anzubieten, ist zu bedenken, dass bei hohem Dynamikwunsch kaum Zeit für eine Rückschaltung bleibt. Wohingegen bei niedrigem Dynamikwusch während dem Wiedereinkuppeln ein Hochschalten zeitlich unauffällig integriert werden kann. Daher bietet es sich an, eher einen niedrigen Gang für eher hohen Dynamikwunsch vorzuhalten. Bei Getrieben, bei denen mehr als einen Gang vorgehalten werden kann, wie zum Beispiel bei Doppelkupplungsgetrieben, können neben dem „normalen" Gang ein „dynamischer" Gang vorgehalten werden. Zum Zeitpunkt des Wiederankuppelns ist auf Basis des Fahrerwunsches (beispielsweise abgeleitet aus dem Fahrpedaländerungsgradienten) oder der vor dem Segeln genutzten Zugkraft beziehungsweise des Drehzahlniveaus im Vergleich zum Zugkraft-/Drehzahlangebot der vorgewählten Gänge der am ehesten passende Gang auszuwählen [7].

Bremsvorgang während des Segelns Bei der Einfachstrategie führt ein Betätigen der Bremse im Segelvorgang sofort zum Abbruch des Segelns und der Übergang zum Motorschubbetrieb wird eingeleitet. Dies ist in vielen Situationen sinnvoll, beispielsweise wenn eine vorausliegende Ampel auf Rot wechselt und der Segelbetrieb weit über die Ampel hinausführen würde. Allerdings gibt es auch öfters die Situation, dass nur eine leichte Betätigung der Bremse erforderlich ist, um nicht zu nahe auf das vorausfahrende Fahrzeug aufzuschließen. Danach kann das Segeln meist noch weiter fortgesetzt werden. Ein ungewollter Abbruch des Segelns durch das leichte Bremsen führt zu erneutem Gasgeben durch den Fahrer und danach wieder zum Segeln. Diese unnötigen Moduswechsel sollte die verbesserte Strategie vermeiden.

Dies wird erreicht, indem eine Verzögerungsschwelle beim Betätigen der Bremse, beispielsweise zwei m/s^2, in einer Segelphase zulässig ist. Erst bei Überschreitung dieser Schwelle wird das Segeln abgebrochen. Damit ist das Anpassen des Abstandes zum vorausfahrenden Fahrzeug, zum Beispiel auf einer leichten Gefällstrecke, in einer Segelphase möglich.

Bergabfahrt Die Bergabfahrt, insbesondere der Übergang von einer in der Ebene begonnenen Segelphase in eine Gefällstrecke, führt zu einer möglicherweise unerwarteten Beschleunigung des Fahrzeugs. Dies sollte durch die Betriebsstrategie erkannt und verhindert werden. Durch eine Schwelle für Gefälle kann die Eingriffsgrenze definiert werden. Die Verzögerung kann durch Motorschub erfolgen. Bei steilen Gefällen kann zusätzlich noch eine Rückschaltung erfolgen. Allerdings sollte der Eingriff eher spät erfolgen, da das Nutzen des Segel-Modus besonders Bergab zu großen Einsparungen führt und z. T. hier auch Schwung für die nächste Steigung gespeichert werden kann.

Segeln im Bremsvorgang Wird im Segelvorgang die Bremse betätigt und die Verzögerungsschwelle zum Übergang in den Schub überschritten, wird der Übergang zum Schub eingeleitet. Allerdings kann bei niedrigen Verzögerungsschwellen in Folge der Schubbetrieb verlassen werden und der Motor erneut gefeuert betrieben werden, da die Drehzahl auf ein zu niedriges Niveau fällt oder weil die Verzögerung durch den Motor zu groß wäre. In diesen Fällen wird ein Wechsel in den Schub verhindert und weiter die Segelphase aufrecht erhalten, um mehr Kraftstoff zu sparen [5]. Hintergrund: Im gefeuerten Schubbetrieb wird mehr Kraftstoff verbraucht als im Leerlauf, da mehr Luft durch den Motor umgesetzt wird und zur Abgasnachbehandlung weiterhin Lambda = 1 erforderlich ist.

9.1.3 Regelbasierte Betriebsstrategie für den Antriebsstrang eines Voll-Hybridfahrzeugs

Das Hybridfahrzeug stellt an die Betriebsstrategie besondere Herausforderungen. Zum einen existiert der Hybridantriebsstrang nur, um den Kraftstoffverbrauch zu senken. Daher muss die Betriebsstrategie genau dieses sicherstellen: Höchste Effizienz. Zum anderen ist der Antriebsstrang eines Hybridfahrzeugs deutlich komplexer als bei einem konventionellen Fahrzeug:

Ein automatisiertes Getriebe muss den richtigen Gang einlegen. Ergänzend zum Verbrennungsmotor ist eine zweite Momentenquelle vorhanden, die EM. Die Vorgabe, ob elektrisch gefahren wird beziehungsweise welche Momentenquelle welches Moment erzeugt ist zu definieren. Wann soll die Batterie (ES) wie stark geladen werden? Ab welcher Temperatur ist die Batterie belastbar? Wieviel Energiedurchsatz ist für den ES verträglich? Außerdem müssen in Echtzeit weitere Randbedingungen wie beispielsweise EM- und ES-Temperatur, ES-Belastung berücksichtigt werden, die zu Einschränkungen der Betriebsstrategie führen können.

All diese und weitere Fragestellungen sind von der Betriebsstrategie in Echtzeit zu beantworten.

Um das folgende Kapitel verstehen zu können, wird vorausgesetzt, dass die Kapitel über Voll-Hybridsysteme in diesem Buch intensiv gelesen wurden. Nur darauf aufbauend kann die Auslegung einer Hybridbetriebsstrategie erklärt und nachvollzogen werden. Die folgende Ausführung bezieht sich auf ein Parallel-Hybridsystem mit einer EM zwischen VKM und Getriebe, einer Trennkupplung K0, die die VKM von der EM abkoppeln kann.

9.1.3.1 Relevante Fahrmodi und Fahrzustände

Die Betriebsstrategie steuert primär, welcher interne Fahrmodus genutzt wird. Zur Auswahl stehen aus Sicht der Betriebsstrategie:

1. VKM-Betrieb
2. VKM-Betrieb mit Lastpunktanhebung zum Betreiben der EM als Generator und Laden der Batterie
3. VKM-Betrieb mit Lastpunktabsenkung (Assist), also Unterstützung durch die EM
4. VKM-Betrieb mit Boost durch EM zur Steigerung der Längsperformance
5. Elektrischer Betrieb mit reinem Antrieb über die EM und abgeschalteter und abgekoppelter VKM
6. Segel-Betrieb mit Antrieb durch die potenzielle und kinetische Energie des Gesamtfahrzeugs und abgeschalteter und abgekoppelter VKM

Zusätzlich ergeben sich weitere neue oder angepasste Fahrzustände, die mit einer entsprechenden Strategie durchgeführt werden müssen:

7. Rekuperatives Bremsen mit generatorischem Betrieb der EM und Laden der Batterie mit und ohne VKM
8. Rein elektrisches Anfahren
9. ESP-Momenten-Regeleingriffe im rein elektrischen oder kombinierten Betrieb
10. Anreißstart des VKM über EM und schleifender Trennkupplung K0
11. Spülen des Aktivkohlebehälters durch VKM-Betrieb zur Vermeidung des Durchbrechens von Kohlenwasserstoffen
12. Heizen der Batterie durch wechselndes Laden und Entladen
13. Aufheizen der Aggregate zur Sicherstellung Innenraumheizung und Verschleißarmut
14. Aufheizen des Katalysators zur Sicherstellung minimaler Emissionen
15. Durchführen von Diagnosen mit bevorzugtem Entfall von Leerlauf, unter Verwendung der EM, um Lastpunkte gezielt einzustellen

Die Punkte eins und zwei können zu einem Punkt zusammengefasst werden, da der reine VKM-Betrieb der Sonderfall von zwei mit EM-Moment = null darstellt.

Genauso können die Punkte fünf und sechs zusammengefasst werden, da das Segeln den rein elektrischen Betrieb mit Moment = null darstellt.

Damit ergeben sich als primäre Fahrmodi:

1. VKM-Betrieb mit Lastpunktanhebung zum Betreiben der EM als Generator und Laden der Batterie
2. VKM-Betrieb mit Lastpunktabsenkung der EM
3. Elektrischer Betrieb mit reinem Antrieb über die EM und abgeschalteter und abgekoppelter VKM

9.1.3.2 Energetische Rahmenbedingungen

Die Betriebsstrategie muss die Effizienz des Fahrzeugs erhöhen. Dabei darf die Fahrbarkeit, die reaktionsschnelle und erwartungsgemäße Antwort des Antriebssystems auf die Änderung des Fahrerwunsches, nicht leiden.

Elektrischer Speicher Die Ladung wird als SoC, State of Charge, bezeichnet. Da zur Lebensdauersteigerung der Batterie nicht der gesamte Entladehub genutzt werden kann (absolute SoC-Lade-/Entladehub), wird der nutzbare Ladehub (relative SoC-Lade-/Entladehub) für das nutzbare Fenster von 0 % bis 100 % definiert.

Der nutzbare elektrische Speicher hat bei einem Hybrid-Fahrzeug einen sehr geringen Energieinhalt, in etwa nur entsprechend einem Schnapsglas Kraftstoff. Damit ist nur eine kurze rein elektrische Fahrt möglich, circa ein bis drei Kilometer. Damit dies jederzeit möglich ist, sollte der elektrische Speicher immer möglichst voll sein. Um jedoch beim regenerativen Bremsen möglichst viel Energie aufnehmen zu können, insbesondere bei

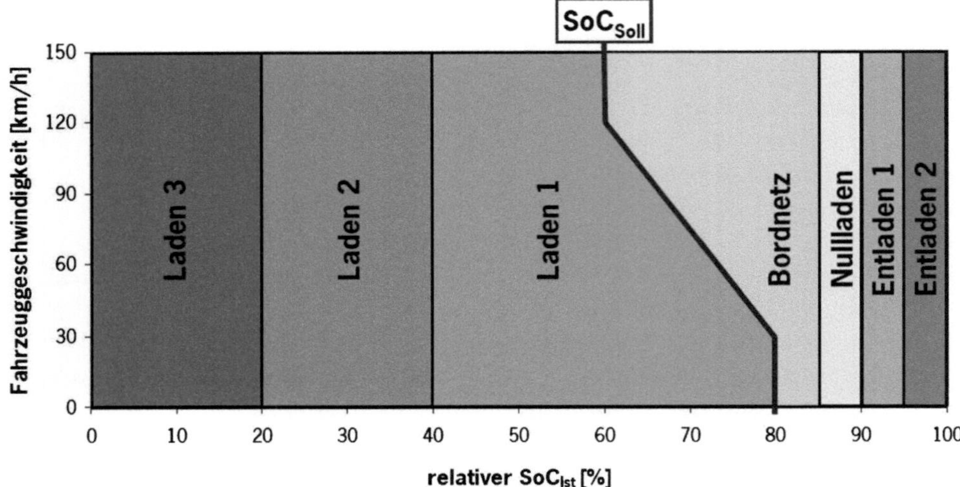

Abb. 9.3 Soll-SoC des elektrischen Energiespeichers und Lademodi über die Geschwindigkeit [8] (Quelle: Dr. Marco Fleckner, Diss. Abb. 6-4 S. 81)

längeren Bergabfahrten, sollte der Speicher möglichst immer leer sein. Damit ergibt sich der erste Zielkonflikt. Um beides vorzuhalten, elektrisches Fahren und Rekuperation, wird eine mittlere Ladung des el. Energiespeichers angestrebt. Da beim Fahren mit hoher Geschwindigkeit eine große Menge an kinetischer Energie im Gesamtfahrzeug gespeichert wird, die z. T. beim Bremsen rekuperiert werden kann, macht eine Differenzierung des Soll-SoC in Abhängigkeit der Geschwindigkeit Sinn. Da bei kleinen Geschwindigkeiten nur wenig Energie rekuperiert werden kann, ist es vorteilhaft hier den Soll-SoC für mehr el. Fahren anzuheben.

Aufladen der Batterie durch Lastpunktverschiebung des VKMs und generatorischem Betrieb der EM Die primäre Fragestellung ist, wann soll wie stark geladen werden?

Die Strategie muss immer anstreben, den Soll-SoC einzustellen, um die Hybrid-Fahrmodi möglichst immer bereit zu stellen. Bei kleinen Abweichungen besteht geringer Handlungsbedarf, bei großer Abweichung vom Soll-SoC besteht jedoch die Gefahr, dass bei der nächsten el. Fahrt nur eine kurze Strecke möglich ist. Daher soll prinzipiell stärker geladen werden, wenn die Abweichung vom Soll-SoC größer ist und weniger bei kleinen Abweichungen. Daher ist in Abb. 9.3 „Laden 3" ein deutlich stärkeres Laden als „Laden 1".

Ist der Soll-SoC erreicht, ist kein Laden über Lastpunktanhebung erforderlich. Jedoch muss die EM weiter als Generator betrieben werden, um das el. Bordnetz mit Energie zu versorgen, da eine Speisung aus der Batterie sofort zu einer Soll-SoC-Abweichung führen würde. Ist der SoC deutlich über dem Soll-SoC, besteht wiederum die Gefahr, dass nicht genug Rekuperationsenergie aufgenommen werden kann. Daher muss der SoC abgesenkt werden. In der ersten Stufe wird dies durch die Versorgung des el. Bordnetzes ohne Laden durch den Generator erreicht. Bei noch höherem SoC wird die überschüssige Energie zusätzlich genutzt, um sie über Lastpunktabsenkung in der EM in einen Teil des Fahrerwunschmomentes umzuwandeln und die VKM mit geringerem Moment zu betrieben.

Bei welchen Betriebspunkten des VKM ist das Laden besonders effizient? Hier ist nicht das Gesamtwirkungsgradkennfeld mit dem η_{opt} heranzuziehen, sondern der relative Wirkungsgrad. Dies ist die Änderung der Effizienz beim gegebenen Betriebspunkt durch die Lastpunktverschiebung. In der Teillast aller VKMs variiert dieser relative Wirkungsgrad kaum. Dies ist am linearen Anstieg der Willans-Linien bei gleicher Steigung abzulesen (siehe Abschn. 6.1.1, Abb. 6.2). Damit kann über weite Bereiche mit einem Wirkungsgrad der ES geladen werden, der höher als der Gesamtwirkungsgrad der VKM ist.

Ein weiterer Aspekt, der für ein häufiges, jedoch schwaches Laden über einen großen Drehzahl-Lastbereich des VKMs spricht, ist das ohmsche Gesetz:

Da die ohmschen Verluste quadratisch mit den Ladeströmen steigen, würde ein starkes Laden mit hohen el. Strömen zu höheren Verlusten in der EM und im ES führen. Das Laden in einem großen Betriebsbereich ermöglicht ein zeitlich längeres und schwächeres Laden mit kleineren Strömen.

Die Abb. 9.4 zeigt exemplarisch den Gesamtwirkungsgrad VKM-EM-LE-ES mit Lastpunktverschiebung bei 100 Nm Fahrerwunschmoment und 1.250 W Bordnetzlast. Der Wirkungsgrad ergibt sich nach:

$$\eta_{\text{LPV,Laden}} = \frac{P_{\text{ES.Laden}}}{\left(P_{\text{Chem}} - P_{\text{Chem,FW}}\right) \times \left(1 - \frac{P_{\text{BN}}}{P_{\text{EM,Elek}}}\right)} \tag{9.1}$$

Der Wirkungsgrad ist die Nutzleistung im ES bezogen zum Aufwand an Kraftstoffleistung. Dabei wird die Nutzleistung gewertet, die tatsächlich im ES als Änderung des Ladezustands ankommt. Als Aufwand wird die zusätzliche Kraftstoffleistung für das Laden gewertet, die über den Bedarf zur Erfüllung des Fahrerwunsches hinausgeht. Dabei wird die Bordnetzlast berücksichtigt, die ja gleichzeitig durch LPV vom System erbracht wird.

Um eine bedarfsgerechte Abstufung zwischen Ladeeffizienz und Ladeintensität zu erreichen, kann nach Abb. 9.3 die Lastpunktanhebung in drei Ladestufen klassiert werden. Bei geringen Abweichungen vom Soll-SoC, werden in „Laden 1" nur energetisch sinnvolle Betriebspunkte mit den höchsten Ladewirkungsgraden genutzt. Mit Steigender Abweichung zum Soll-SoC steigt der Soll-Ladestrom und es werden zunehmend weniger gute Ladewirkungsgrade zugelassen. Bei „Laden 3" ergeben sich somit die höchsten Ladeströme und geringsten Wirkungsgrade beziehungsweise der höchste Kraftstoffbedarf je geladene Energiemenge.

Rein-elektrisches Fahren – Start und Stopp des VKM Das rein-elektrische Fahren wird bei einer effizienz-orientierten Betriebsstrategie nur genutzt, wenn sich damit der Kraftstoffverbrauch insgesamt reduziert. Daher ist zu bewerten, bis zu welcher Geschwindigkeit

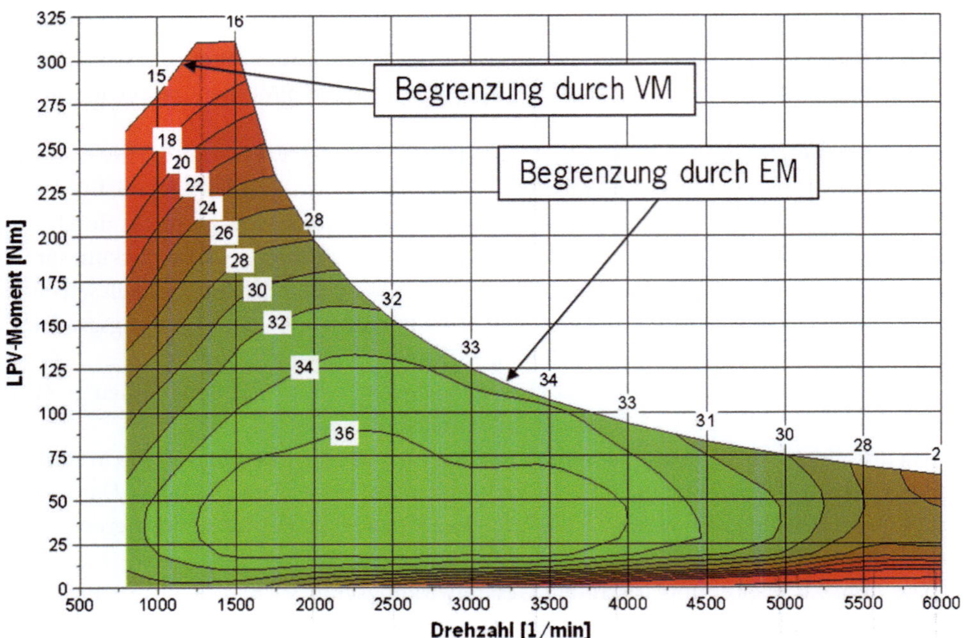

Abb. 9.4 Ladewirkungsgrad für Lastpunktverschiebung bei Fahrerwunschmoment 100 Nm [8] (Quelle: Dr. Marco Fleckner, Diss. Abb. 6-9 S. 87)

oder Antriebsleistung ein elektrisches Fahren günstiger ist als das Fahren mit VKM. Das Ergebnis ist davon abhängig, wie die elektrische Energie erzeugt wurde. Die Energieerzeugung durch die Wirkungsgradkette VKM-EM-LE-ES ist teurer als durch nicht vermeidbare rekuperative Bremsungen. Zudem ist starkes Laden mit schlechteren Wirkungsgraden teurer beziehungsweise mit mehr Einsatz von Kraftstoff verbunden als schwaches Laden mit guten Wirkungsgraden. Als Bewertungsgröße für die Kosten der el. Energie im ES kann der Energie-Kosten-Indikator (EKI) herangezogen werden [8].

Führt man einen Vergleich der Konstantfahrverbräuche von VKM-Betrieb mit Varianten von rein-elektrischem Betrieb mit unterschiedlich günstig geladener el. Energie durch, also mit unterschiedlichem EKI, ergibt sich zum Beispiel bei einem hybridisierten SUV (siehe Abb. 9.5) immer einen Vorteil für Fahren mit VKM ab circa 80 km/h in der Ebene. Mit effizientem Laden, aber ohne Rekuperation, ist maximal ein EKI von 0,35 L/kWh zu erreichen. Damit lohnt sich el. Fahren bis rund 58 km/h. Wurde die el. Energie bei ungünstiger Lastpunktanhebung gewonnen, senkt sich diese Grenze weiter ab, im Extremfall bis auf 20 km/h.

Damit ist EKI ein wichtiger Indikator, wann ein el. Fahren energetisch sinnvoll ist oder nicht.

Für die Betriebsstrategie ergeben sich zum Steuern des Starts und Stopps des VKMs zwei grundlegende Fragestellungen:

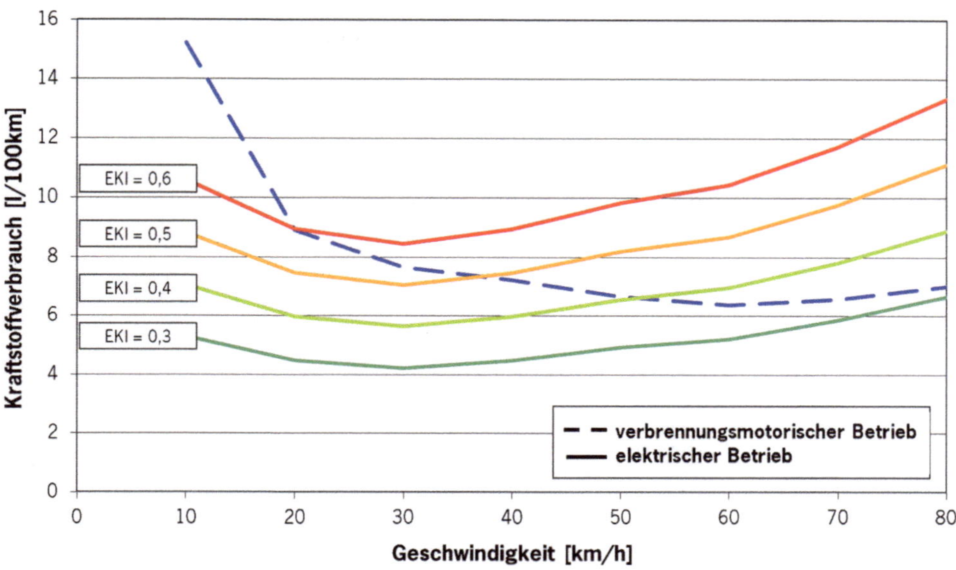

Abb. 9.5 Grenzgeschwindigkeiten für effizientes elektrisches Fahrens auf Basis Kraftstoffverbrauch (EKI) [8] (Quelle: Dr. Marco Fleckner, Diss. Abb. 6-15 S. 96)

Tab. 9.1 Bewertung der Strategievarianten zur Steuerung VKM-Start-Stopp für HEV

Varianten	Vorteile
(A) Leistungsgrenze	Für die meisten Strecken niedrigerer Verbrauch Bei großen Steigungen bessere Fahrbarkeit Segeln bis in hohe Geschwindigkeitsbereiche möglich
(B) Geschwindigkeitsgrenze	– Keine –
(1) Feste Grenze (A oder B)	Hohe Nachvollziehbarkeit der el. Fahrgrenze für den Fahrer, da sie unabhängig vom Ladezustand des ES ist
(2) SoC-abhängige Grenze (A oder B)	Im Durchschnitt günstigerer Verbrauch

Sinnvolle Kombinationen sind: 1A: Feste Leistungsgrenze oder 2A: SoC-abhängige Leistungsgrenze

1. Feste oder variable Grenze (SoC-abhängig)?
2. Geschwindigkeits- oder Leistungsgrenze?

Die Ableitung dieser Fragestellungen und die Festlegung der Strategie haben enormen Einfluss auf die Verbrauchseinsparung, den Charakter des Antriebs und die Fahrbarkeit. Aus eins und zwei sind insgesamt vier Kombinationen möglich. In Tab. 9.1 sind die Vorteile dargestellt. Danach ergeben sich zwei sinnvolle Kombinationen.

In Abb. 9.6 ist die Umsetzung einer SoC-abhängigen Leistungsgrenze dargestellt. Dabei ist zu erkennen, dass im mittleren SoC-Bereich die Leistungsgrenze eher flach abgebildet ist und einem Verhalten mit fester Grenze näher kommt.

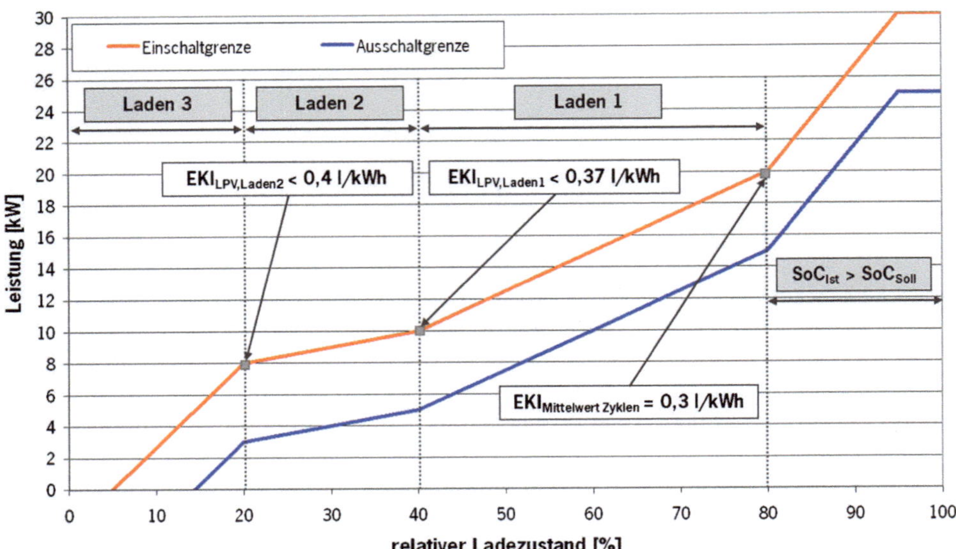

Abb. 9.6 SoC-abhängige Leistungsgrenze zum Start- und Stopp des VKM in HEV [8] (Quelle: Dr. Marco Fleckner, Diss. Abb. 6-15 S. 105)

Um ein ungewolltes Ein- und Ausschalten im Bereich der Leistungsgrenze zu vermeiden ist eine Einschalt- und Ausschaltgrenze des VKM mit Hysterese definiert.

Zu hoher SoC Ist der SoC über dem Soll-SoC, bestehen grundsätzlich drei Alternativen:

1. Die Energie durch Lastpunkt-Absenkung des VKM zum Vortrieb nutzen und Kraftstoff einzusparen
2. Die Energie zu speichern und zur Versorgung der Bordnetzverbraucher zu nutzen und damit weniger Energie über den Generator zu erzeugen
3. Die Energie zu speichern und bei einer hohen Lastanforderung, beispielsweise Volllast, zusätzlich über die EM zum Vortrieb ergänzend zum VKM zu nutzen (Boost)

Variante 1.: Dies ist energetisch nur sinnvoll, wenn zu viel regenerative Energie gespeichert ist. Da in diesem Fall genau dies aufgetreten ist, ist eine Lastpunktabsenkung ergänzend zur Bordnetzversorgung bei deutlicher Überschreitung des Soll-SoC sinnvoll.

Variante 2.: Die Bordnetzversorgung aus dem ES ist sinnvoll. Zusätzlich kann die zwölf Volt Bordnetzbatterie geladen werden. Jedoch kann bei dynamischer Fahrweise mit hoher Rekuperationsleistung, zum Beispiel bei höherer Geschwindigkeit, dies nicht alleine ausreichen, um die den SoC zu senken.

Variante 3.: Diese Variante ist nicht sinnvoll, da bei hohen Lastanforderungen der Boost unabhängig vom SoC genutzt wird, um damit eine hohe Reproduzierbarkeit zu ermöglichen. Die Speicherung über dem Soll-SoC würde das Speichervermögen für weiteres rekuperatives Bremsen reduzieren.

In Abb. 9.3 ist eine Strategie mit vier Stufen dargestellt:

1. Geringe Überschreitung des Soll-SoC :
   - Bordnetz über Generator versorgen
   - kein Laden ES
2. Überschreitung des Soll-SoC
   - Versorgung Bordnetz aus ES
   - kein Laden ES
3. Deutliche Überschreitung Soll-SoC
   - Versorgung Bordnetz aus ES
   - Schwache Lastpunktabsenkung des VKM und Momentenausgleich durch EM
   - kein Laden ES
4. Starke Überschreitung Soll-SoC
   - Versorgung Bordnetz aus ES
   - Starke Lastpunktabsenkung des VKM und Momentenausgleich durch EM
   - kein Laden ES

Betriebsgrenzen und Betriebsstrategiedetails In der Betriebsstrategie sind weitere Details wie Temperaturgrenzen für el. Kaltabfahrt, Emissionierungsstrategie, Verhalten beim Übergang vom Fahren in der Ebene in ein Gefälle und vieles mehr in einen ausgewogenen Kompromiss für Effizienz, minimale Emissionen, Sicherheit, Fahrbarkeit und Bauteilschutz etc. zu überführen. Die Darstellung ist in diesem Rahmen nicht möglich.

9.2 Prädiktive Betriebsstrategie

Betriebsstrategien steuern und regeln Systeme auf Basis aktueller oder aufgezeichneter Sensordaten. Durch die Weiterentwicklung von Navigationssystemen ist es nun möglich, die vorausliegende Fahrstrecke mit vielen Details im Voraus zu kennen. Dies eröffnet die Möglichkeit für völlig neue Betriebsstrategieansätze.

9.2.1 Prädiktiver Betriebsstrategieansatz mit Optimierung für konventionelles Fahren

Der im Folgenden beschriebene Ansatz für eine prädiktive Betriebsstrategie zielt darauf ab, die Informationen der vorausliegenden Strecke zu nutzen, um die Effizienz des Fahrzeugs zu steigern. Dabei werden die Daten nicht nur für den Antrieb genutzt, sondern auch zur Optimierung der Strategie der Komfortsysteme. Der Ansatz ist neuartig und dem Autor ist eine Umsetzung eines gleichen oder ähnlichen Ansatzes bisher noch nicht bekannt.

Die Beschreibung der Betriebsstrategie erfolgt analog einem Flussdiagramm für einen Algorithmus, der diese Strategie ausführt. Die wichtigsten Module werden dabei durchlaufen und ihre Aufgaben beschrieben.

9.2.1.1 Ermittlung aktueller Fahrerwunsch und Fahrertyp

Bezogen auf den Antrieb ist der Fahrerwunsch aus der Fahrpedalstellung und -änderung zu interpretieren:

Möchte der Fahrer mehr Antriebsleistung (er möchte schneller weiter fahren oder stärker beschleunigen), keine Änderung oder weniger bis keine Antriebsleistung (er möchte langsamer weiter fahren oder schwächer beschleunigen)?

Ermittlung Wunschzugkraft Zunächst wird die Interpretation des Fahrerwunsches auf Basis des Zugkraftansatzes analog Abschn. 9.1.1.6 durchgeführt. Auf Basis des Fahrpedalwertes und der aktuellen Geschwindigkeit wird die Wunschzugkraft abgeleitet.

Modellbasierte Interpretation der Zugkraft Auf Basis der ermittelten Wunschzugkraft und einem Fahrzeugmodell mit aktueller Fahrzeugmasse inkl. Zuladung wird über eine Simulation berechnet, ob und wie stark der Fahrer beschleunigen oder verzögern möchte beziehungsweise ob er mit konstanter Geschwindigkeit weiter fahren möchte.

Ermittlung des Fahrertyps Jeder Fahrer fährt unterschiedlich dynamisch oder vorausschauend, beschleunigt stark oder weniger stark am Ortsausgang, fährt eine Kurve mit geringer oder mit hoher Querbeschleunigung. Zudem fährt derselbe Fahrer zu unterschiedlichen Zeitpunkten und Gemütszuständen oder auf unterschiedlichen Strecken ebenfalls unterschiedlich. Zu wissen, wie der Fahrer die vorausliegende Strecke fahren wird, würde den Fahrzeugsystemen helfen ihre Strategie darauf vorzubereiten.

Auf der unmittelbar zurückliegenden Strecke hat der Fahrer einen Art „Fingerabdruck" seines Fahrertyps bereits hinterlassen. Dies kann genutzt werden, um den aktuellen Fahrertyp zu ermitteln.

Unterteilt man eine Fahrroute in charakteristische Teile, die Aufschluss über spezifisches Verhalten geben, beispielsweise Konstantfahrt mit Geschwindigkeitslimitierung, Kurven, Verzögerungsbereiche etc. und setzt man die von vielen Fahrern gefahrenen Werte ein, lassen sich über statistische Verfahren repräsentative Fahrertypen definieren. Ermittelt man die vom aktuellen Fahrer gefahrenen charakteristischen Werte, kann dieser einem bekannten Fahrertyp zugeordnet werden. Damit ist später eine Prognose zu seiner zukünftigen Fahrweise für die vorausliegende Strecke möglich.

9.2.1.2 Auswertung der Fahrzeug-Sensordaten

Für die Betriebsstrategie ist es hilfreich, den Zustand der Fahrzeugsysteme zu kennen. Insbesondere, ob Abweichungen zum Normalzustand vorhanden sind:

Fahrzeuginterne Systeme Zu niedriger Luftdruck und kalte Reifen sind erkennbar und führen zu erhöhtem Rollwiderstand. Kaltes Öl, da die Aggregate noch nicht aufgewärmt sind, erhöht die Verlustmomente und kann ebenfalls den Rollwiderstand erhöhen. Noch kalte Aggregate können auch zu zusätzlichen Nachteilen bei hoher Motor- und Getriebe-Drehzahlen führen.

Fahrzeugumfeld Zunehmend befinden sich Radarsensoren und Umfeld-Kameras in den Fahrzeugen. Damit ist erkennbar, ob im Bereich bis circa 300 Meter ein oder mehrere vorausfahrende Fahrzeuge vorhanden sind. Zusätzlich ist der Abstand zum Fahrzeug, dessen Geschwindigkeit und die Geschwindigkeitsänderung ermittelbar.

Weitere Daten sind Außentemperatur, Sonneneinstrahlung und Witterung für die Fahrstrategie und die spätere Optimierung der Klimatisierung.

9.2.1.3 Ermittlung voraussichtliche Fahrstrecke inkl. Streckeninformationen

Die vorausliegende Fahrstrecke kann über die Fahrtroute ermittelt werden. Aus den Kartendaten kann für mehrere Kilometer der Straßentyp (innerorts, außerorts, BAB, etc.) die Geschwindigkeitsbegrenzung, der Kurvenradius, die Steigung oder das Gefälle, die Höhe und weitere Informationen ermittelt werden.

Ermittlung der Fahrroute Die Fahrroute kann bei aktiver Zielführung durch das Navigationssystem mit hoher Wahrscheinlichkeit anhand des eingegeben Ziels und der vom Navigationsgerät ermittelten Route angenommen werden. Bei einer Fahrt ohne Zielführung kann über die aktuelle Straße, die aktuelle Fahrtrichtung, statistische Daten zur Streckennutzung der möglichen Straßen bei vorausliegenden Abzweigungen die wahrscheinliche Fahrroute ermittelt werden.

Optional kann durch im Fahrzeug aufgezeichnete statistische Daten zu gefahrenen Straßen aus der Vergangenheit eine fahrzeugbezogene oder noch präziser anhand des erkannten Fahrertyps eine bessere, fahrerbezogene Route prognostiziert werden.

Ermittlung von zusätzlichen Streckeninformationen Zusätzliche Streckeninformationen können deutlich die Treffsicherheit der Prädiktion verbessern. Daher ist es sehr vorteilhaft zusätzliche Informationen rechtzeitig zu ermitteln und in die Prognosen zu integrieren.

Aktuelle Änderungen der Streckenführung oder Geschwindigkeitsbegrenzungen infolge temporärer Ereignisse wie Baustellen, Krötenwanderung, Veranstaltungen etc. beeinflussen die Fahrstrategie massiv. Informationen dazu können zukünftig über Dienstanbieter oder über Car2X abgerufen werden.

Ein weiterer wichtiger Parameter der Fahrstrecke ist die aktuelle Witterung. Es macht einen deutlichen Unterschied, ob es trocken und warm ist oder ob dichter Schneefall oder Nebel die Fahrmöglichkeiten einschränkt. Diese Daten sind ebenfalls für den aktuellen Zustand zu ermitteln. Neben den fahrzeug-internen Sensordaten inkl. Sensorfusion sind über externe Dienstanbieter oder Car2X zukünftig diese Informationen verfügbar.

9.2.1.4 Abschätzung Einfluss anderer Verkehrsteilnehmer

Da die vorausliegende Fahrroute auch von anderen Verkehrsteilnehmern benutzt wird, ist es zu erwarten, dass es zu Einflüssen durch andere Verkehrsteilnehmer kommt. Die Häufigkeit und die Stärke der Einflüsse dieser Kontakte zu anderen Verkehrsteilnehmer kann auf Basis der den Streckendaten hinterlegten statistischen tages- und tageszeit-abhängigen Daten prognostiziert werden.

Eine konkrete Prognose könnte beispielhaft sein, dass auf einer vorausliegenden Landstraße zu der aktuellen Zeit statt der zulässigen 100 km/h nur ein verkehrsbedingtes Fahren mit rund 82 km/h zu erwarten ist. Zudem, dass eine vorausliegende Kurve statt auf Basis der dem Fahrertyp zugeordneten Fahrweise mit 88 km/h nur mit verkehrsbedingten 61 km/h gefahren werden kann.

Optional könnten aktuellere Verkehrsinformationen über Service-Dienstleister ermittelt und in die Prognose einbezogen werden.

9.2.1.5 Generierung eines möglichen „Fahrschlauches" der voraussichtlichen Geschwindigkeit über der vorausliegenden Fahrroute

Mit den bereits vorliegenden Daten kann eine Fahrgeschwindigkeits-Prognose für die vorausliegende Strecke erstellt werden, Dabei ist unter den aktuellen Rahmenbedingungen eine Prognose für die Bandbreite von maximal zügig bis gemütlich zu ermitteln.

Geschwindigkeits-Fahrschlauch auf Basis der reinen Strecke Die Prognose nutzt die Daten der voraussichtlichen Fahrstrecke, der dazu bezogenen Streckeninformationen wie Geschwindigkeitsbegrenzungen, Kurvenradien, Steigungen und Gefälle sowie Straßenarten. Dabei wird, wie in Abb. 9.7 dargestellt, über der Fahrstrecke (x-Achse) zum Beispiel in fünf Meter Schritten die jeweils maximale und minimale Geschwindigkeit ermittelt. Die obere und untere Geschwindigkeitsprognose stellt damit den möglichen Geschwindigkeits-Korridor dar, der vom eigenen Fahrzeug, dem sogenannten Ego-Fahrzeug, gefahren werden könnte. Daher wird dieser Korridor „Fahrschlauch" genannt.

Anpassung des Fahrschlauches aufgrund der Witterungsverhältnisse Mit den Daten zu den Witterungsverhältnissen über interne Sensoren oder extern ermittelte Informationen ist der Fahrschlauch anzupassen. Liegen gegenüber einer trockenen Fahrbahn verminderte Reibverhältnisse für die Kraftübertragung zwischen Reifen und Fahrbahn vor, sind Beschleunigungen, Bremsen und Kurvenfahren auf diese Verhältnisse anzupassen. Eine Anpassung durch verschlechterte Sichtverhältnisse durch Nacht, Regen oder Nebel ist ebenfalls durchzuführen.

Anpassung des Fahrschlauches aufgrund Verkehrseinfluss Werden die Daten des Einflusses der anderen Verkehrsteilnehmer ergänzt, ist der Fahrschlauch anzupassen. Da der bisherige Fahrschlauch eine leere Straße annimmt und durch Verkehrseinfluss keine Steigerung der Geschwindigkeit möglich ist, sondern nur eine Verringerung, ist der prognostizierte Fahrschlauch in Richtung geringeren Geschwindigkeiten anzupassen.

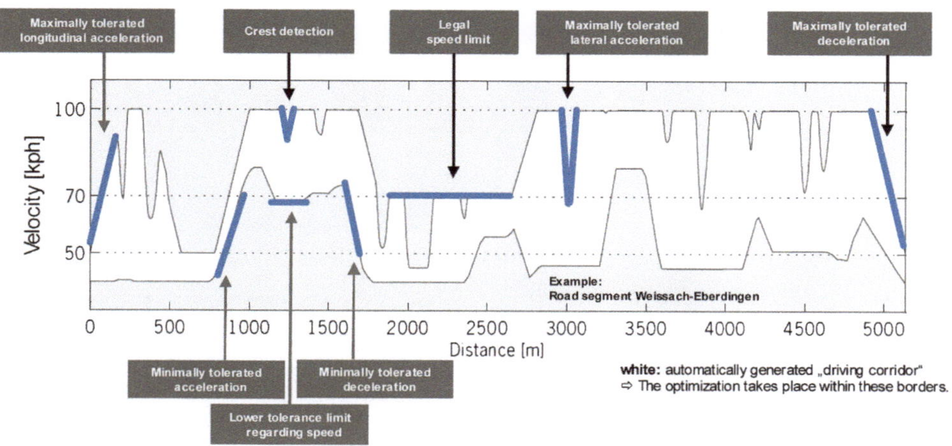

Abb. 9.7 Fahrschlauch für mögliche Geschwindigkeitsprofile auf der vorausliegenden Strecke [9]

9.2.1.6 Abschätzung zukünftiger Fahrerwunsch

Der aktuelle Fahrertyp ist bereits erkannt. Darin sind Verhaltensweisen für charakteristische Streckenteile hinterlegt. Der ebenfalls vorliegende prognostizierte Fahrschlauch, der den oberen und unteren Verlauf der möglichen Geschwindigkeit darstellt, kann nun genutzt werden, um die Prognose für das Ego-Fahrzeug zu erstellen.

Für die Prognose des Geschwindigkeitsverlaufs des Ego-Fahrzeugs auf der vorausliegenden Strecke sind der aktuelle Fahrerwunsch und der ermittelte Fahrertyp zugrunde zu legen. Die im Fahrertyp hinterlegten charakteristischen streckentyp-bezogenen Längsbeschleunigungen, Längsverzögerungen, Querbeschleunigungen und Geschwindigkeiten sind dabei für die Prognose mit den strecken-bezogenen Daten der vorausliegenden Strecke zu kombinieren und zu einem Geschwindigkeitsverlauf zu integrieren. Dieser Verlauf darf dabei den Fahrschlauch an keiner Stelle verlassen. In Abb. 9.8 sind exemplarisch in den Fahrschlauch zwei unterschiedliche Geschwindigkeitsverläufe integriert. Der hellere Verlauf ist von einem dynamischeren Fahrertyp abgleitet. Dieser Fahrertyp nutzt den Fahrschlauch für höhere Beschleunigungen und Geschwindigkeiten. Der dunklere Fahrschlauch hingegen ist aus einem Fahrertyp mit einem gemütlicheren Fahrstil abgleitet. Hier wird nicht jede Gelegenheit zur Beschleunigung genutzt und insgesamt defensiver gefahren.

9.2.1.7 Abschätzung Einfluss Verkehrsleitsysteme

Neben anderen Verkehrsteilnehmern können Verkehrsleitsysteme wie Signalanlagen ebenfalls das Fahren auf der vorausliegenden Strecke beeinflussen. Sind die zukünftigen Zustände beispielsweise einer Signalanlage zu ermitteln, beispielsweise über Car2X, kann damit der Fahrschlauch mit der zu erwartenden Ampelphase aktualisiert werden: ZUM BEISPIEL bei einer Rot-Phase ein Anhaltevorgang, eine Stoppphase und eine Anfahrphase.

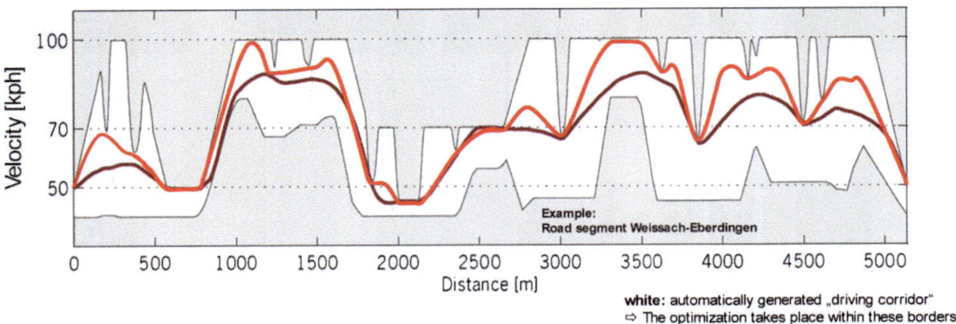

Abb. 9.8 Fahrschlauch mit zwei Varianten prognostizierter Geschwindigkeitsverläufe des Ego-Fahrzeugs auf der vorausliegenden Strecke

Der prognostizierte Geschwindigkeitsverlauf des Ego-Fahrzeugs ist nach der Anpassung des Fahrschlauchs ebenfalls für den neuen Fahrschlauch zu aktualisieren.

9.2.1.8 Ermittlung optimale Betriebspunkte

Zunächst rekapitulieren wir, welche Informationen und Daten nun vorliegen:

- Detaillierte Daten zur Fahrstrecke für mehrere Kilometer
- Evtl. Fahrdaten über ein vorausfahrendes Fahrzeug
- Daten über zu erwartenden Verkehr auf der vorausliegenden Strecke
- Evtl. Daten zu Phasen der vorausliegenden Verkehrsleitsysteme
- Ein prognostizierter, unter den Rahmenbedingungen fahrbarer Fahrschlauch (Geschwindigkeitsbereich) über der vorausliegenden Strecke
- Der aktuelle und zukünftige Fahrerwunsch
- Ein prognostizierter Geschwindigkeitsverlauf über der vorausliegenden Strecke auf Basis des möglichen Fahrschlauchs und des Fahrerwunsches durch den erkannten Fahrertyp

Auf Basis dieser Daten kann nun eine Optimierung der Systeme im Fahrzeug erfolgen.

Optimierung der Betriebspunkte des Antriebssystems Der mit Abstand größte Energieumsatz im Fahrzeug erfolgt im Antriebssystem. Durch eine Verbesserung der Betriebspunktwahl können hier die größten Einsparungen erreicht werden. Daher wird die Optimierung zunächst im Antriebssystem durchgeführt.

Als Basis einer Optimierung wird der Geschwindigkeitsverlauf als feste Randbedingung definiert, die eingehalten werden muss. Das Optimierungsziel ist die Minimierung des Verbrauchs in der vorausliegenden Strecke. Die variablen Parameter werden dabei für jedes Streckensegment definiert. Je kürzer ein Streckensegments ist, desto genauer kann die Optimierung erfolgen, jedoch steigt damit die Rechenzeit. In Abschn. 9.2.4 wird auf mögliche Optimierungsverfahren eingegangen.

Als Variablen sind folgende Parameter durch die Optimierung änderbar oder wählbar:

1. Gang des Getriebes,
2. Motormoment,
3. Bremsmoment,
4. Aktivierung Segelmodus oder Motorschub,
5. Deaktivierung Schubabschaltung (Emissionsbedingt).

Das Fahrzeug kann den Gang des Getriebes auf Basis der Optimierung steuern und so das Ergebnis der Optimierung abbilden. Das Motormoment hingegen wird vom Fahrer durch das Fahrpedal vorgegeben. Durch die zyklische Optimierung wird ein auseinanderlaufen der prädiktiv-optimierten Betriebspunkte gegenüber der Fahrer-Vorgaben vermieden. Dies betrifft in gleicher Weise das Bremsmoment, das vom Fahrer mit dem Bremspedal vorgegeben wird.

Die Aktivierung des Segelmodus und die Steuerung der Schubabschaltung hingegen kann vom Fahrzeug bei Radmoment <= null beziehungsweise bei Fahrpedal = null und nach dem Ergebnis der Optimierung aktiviert werden.

Einsparpotenziale der Betriebspunktoptimierung Ein konventionelles Schaltprogramm muss einen Momenten- oder Zugkraftvorhalt bereitstellen, damit nicht geringe Erhöhungen des Fahrpedalwerts zu Rückschaltungen führen. Diese Vorhalte führen zu höheren Drehzahlen und ungünstigeren Betriebspunkten. In anderen Situationen erfolgen Rückschaltungen zu spät. Da die Optimierung bereits auf mehrere Kilometer vorausschauen kann und die Limitierungen der Strecke und der Rahmenbedingungen kennt, ist es möglich, für den Geschwindigkeitsverlauf optimale Betriebspunkte zu wählen.

Ein weiteres beträchtliches Potenzial ist, gezielt Motorschub mit Schubabschaltung oder Segeln einzusetzen. Durch die Strecken- und Umfeld-Kenntnisse erfolgt dies ebenfalls optimal und erhöht das Einsparpotenzial. Sehr lange Schubabschaltphasen sind aus Emissionsgründen nicht möglich. Auch hier kann eine Optimierung das maximale Verbrauchspotenzial ermöglichen.

Zusätzliche Potenziale für Hybridfahrzeuge Bei einem Hybridfahrzeug kann die Optimierung die Hybridbetriebsstrategie ersetzen. Wie beim konventionellen Fahrzeug werden die Gänge und Momente optimiert und die optimalen Zeitpunkte für Start und Stopp der VKM ermittelt sowie die Höhe der Lastpunktanhebung und damit wann mit wie viel Energie der ES geladen wird. Die Definition eines Soll-SoC entfällt genauso wie die Definition von Ladekennfeldern etc., da der Optimierungsalgorithmus für die gegebenen Randbedingungen das optimale Lademanagement ermittelt.

Optimierung der Klimatisierung des Fahrzeuginnenraums Die Klimatisierung des Fahrzeuginnenraums stellt nach dem Antrieb das System dar, das den zweit-größten Energieumsatz besitzt.

Sind die Betriebspunkte für die nächsten Kilometer bekannt und sind zudem Motorstopp-Phasen planbar, so kann die Klimatisierung durch gezieltes Vorbereiten auf eine Stopp-Phase die Verdampfertemperatur vorab absenken und so den Motorstopp etwas verlängern. Dies funktioniert mit einem Speicherverdampfer noch etwas besser, da dieser längere Zeit konstante Temperatur halten kann.

Ein weiteres Potenzial ist die gezielte Nutzung von Brems- oder Verzögerungsphasen zum Betreiben des Klimakompressors mit höherer Last, um danach in einer Zugphase die VKM weniger zu belasten und Kraftstoff zu sparen.

Durch den Optimierungsalgorithmus kann eine optimale Strategie ermittelt werden, die als einzuhaltende Randbedingung die Sicherstellung des Innenraumkomforts als Vorgabe besitzt. Dies kann beispielsweise durch Vorgaben für die Verdampfertemperatur sichergestellt werden.

Vorbereitung von weiteren Systemen Durch die Kenntnis der vorausliegenden Strecke, Geschwindigkeiten, Querbeschleunigungen, Motordrehzahlen, Betriebspunkten etc. können viele Weitere Systeme ihre Betriebsstrategie anpassen, auch ohne Optimierung. Folgende Systeme sind besonders geeignet

1. El. Bordnetzversorgung,
2. Bremssystem,
3. Federung/Dämpfung,
4. Wankstabilisierung,
5. Kraftstoffpumpe,
6. Motorkühlsystem inkl. Kühlluftjalousien,
7. Getriebekühlsystem,
8. ES-Kühlung HEV/PHEV/EV,
9. Adaptive Spoiler,
10. Sonstige adaptive Systeme.

Durch die Bereitstellung der optimierten Fahrstrategie im Fahrzeuginformationssystem können alle anderen Systeme in Folge ihre eigene Strategie darauf anpassen und verbessern.

9.2.1.9 Ermittlung Abweichung der umgesetzten Betriebspunkte

Seit dem ersten Schritt in dem Gesamtablauf der prädiktiven Optimierung der Betriebspunkte sind nun circa 100 bis 300 ms vergangen. Alle relevanten Systeme besitzen nun einen Plan für die nächsten Sekunden bis Minuten. Jedoch kann es zu Änderungen kommen. Der Fahrer kann sich etwas anders verhalten als prognostiziert und etwas stärker oder schwächer beschleunigen, ein Fahrzeug kann unvorhergesehen vor dem Ego-Fahrzeug in die Straße einbiegen etc. Daher ist eine zyklische Neuoptimierung mit den aktualisierten Daten laufend erforderlich.

Nicht alle Daten müssen alle 300 ms neu erhoben werden. So ändern sich Temperaturen und Strecke nicht in so kurzen Sequenzen. Daher kann für die zyklische Neuoptimierung in Teilen ein verkürztes Abarbeiten der Punkte möglich sein. Je schneller und häufiger die zyklische Neuoptimierung erfolgen kann, desto besser stellt sich das Fahrzeug auf den Fahrer und die Rahmenbedingungen ein, desto geringer ist die Wahrscheinlichkeit großer Abweichungen von der Strategie und desto besser ist die Fahrbarkeit, der Komfort und desto höher ist das Verbrauchseinsparpotenzial.

9.2.2 Porsche Innodrive

Die prädiktive Betriebsstrategie aus dem vorigen Kapitel nutzt Routeninformationen und Umfelddaten, um das Fahrzeug optimal auf die Strecke und den Fahrer einzustellen – und dies individuell für fast jeden Meter der Strecke. Der Fahrer fährt dabei das Fahrzeug konventionell, er lenkt, betätigt das Fahr- und Bremspedal zum Beschleunigen und Bremsen. Lediglich die Gänge werden automatisch gewählt. Damit ist man dem „optimal effizienten Fahren" näher gekommen, kann aber wegen des Fahrereinflusses nicht alle Potenziale nutzen.

Um eine Strecke unter den gegebenen Randbedingungen optimal effizient zurückzulegen, muss die „optimale Fahrstrategie" ermittelt und Mithilfe einer Längsregelung, statt vom Fahrer, umgesetzt werden. Für die Fahrstrategie ist die richtige Wahl der Geschwindigkeit, der Gänge, der Motormomente, der Modi Segeln, Schub oder Bremsen erforderlich. Dies ist nur mit einer prädiktiven Betriebsstrategie möglich.

Die Porsche AG hat im Juni 2011 drei Vorentwicklungsfahrzeuge des Typs Panamera mit dem System Porsche Innodrive der Presse vorgestellt [10–12]. Dieses System nutzt eine prädiktive Betriebsstrategie mit einer automatischen Längsregelung zur möglichst präzisen Umsetzung der optimalen Fahrstrategie. In Abb. 9.9 ist der Aufbau des Systems dargestellt.

9.2.2.1 Generischer Betriebsstrategieansatz für längsgeregeltes Fahren

Der Betriebsstrategieansatz wird als generischer Ansatz bezeichnet, da er nicht auf bisherigen Betriebsstrategien aufbaut sondern gesamthaft, ohne Vorgängerstrategie oder -system als neues Assistenzsystem entwickelt wurde.

Ermittlung Fahrerwunschverhalten Unterschiedliche Fahrer fahren unterschiedlich und ein bestimmter Fahrer fährt ebenfalls je nach Strecke, Gemütszustand, Tageszeit und Umweltbedingungen sowie Mitfahrer unterschiedlich. Daraus kann der Schluss gezogen werden, dass ein Assistenzsystem, das selbstständig beschleunigt und verzögert, die Querbeschleunigung in der Kurve wählt, mehrere Varianten für Ausprägungen der Fahrt bereitstellen muss. Dabei sollten ausgehend von einer mittleren Dynamik weitere Ausprägungen mit weniger und mehr Dynamik zur Verfügung stehen. Fahrversuche haben gezeigt, dass

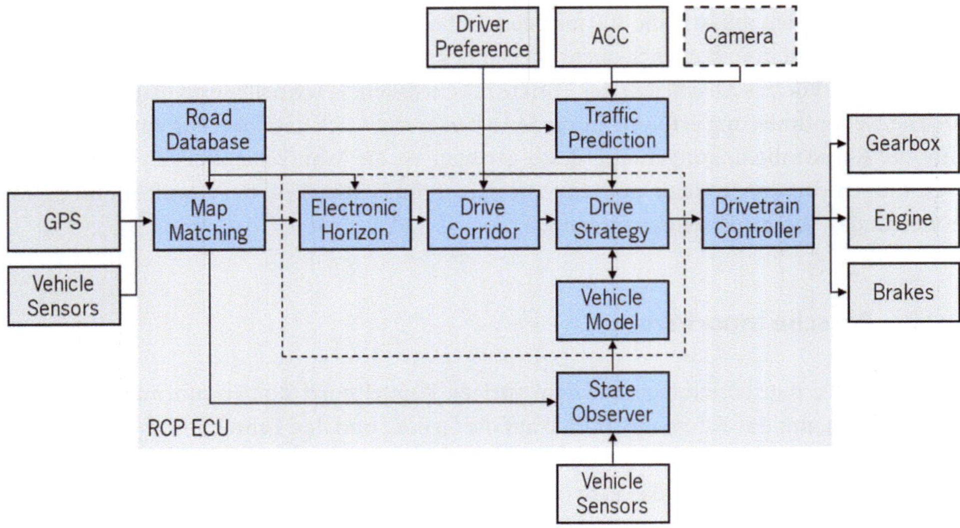

Abb. 9.9 Modulaufbau des Porsche Innodrive [9]

mit drei unterschiedlichen, wählbaren Ausprägungen bereits eine gute Übereinstimmung von Fahrerwunsch und umgesetzter Fahrstrategie erreicht werden kann.

Als weitere Option könnten die gelernten und abgespeicherten Fahrertypen aus dem jeweiligen Fahrzeug genutzt werden, siehe auch Abschn. 9.2.1.1. Dabei könnte der zur Tageszeit und/oder Wochentag häufig auftretende Fahrertyp oder der Letzte aus der letzten Fahrt ermittelt werden und als Vorgabe für die anstehende Fahrt mit Innodrive gelten.

Relevante Parameter sind dabei:

- Längsdynamik,
- Querdynamik,
- Verhalten an spezifischen Streckenelementen.

Ermittlung voraussichtliche Fahrstrecke inkl. Streckeninformationen Die Ermittlung der vorausliegenden Strecke erfolgt analog Abschn. 9.2.1.3. Dabei wird die vorausliegende Route für mehrere Kilometer detailliert an das System übertragen.

Die Strecke liegt dem System weg-basiert vor und enthält je Streckenpunkt:

a) Straßentyp,
b) Steigung,
c) Höhe,
d) Kurvenradius,
e) Gesetzliche Geschwindigkeitsbegrenzung.

Abschätzung Einfluss anderer Verkehrsteilnehmer Mit den im Fahrzeug integrierten Sensoren eines ACC-Systems können auf den vorausliegenden 300 Meter Strecke vorausfahrende Fahrzeuge ermittelt werden. Dabei werden folgende Parameter des vorausfahrenden Fahrzeugs erfasst:

a) Geschwindigkeit,
b) Längsbeschleunigung,

Der vorausfahrende Fahrer kann noch weitergehend interpretiert und damit prognostiziert werden, wenn man seinen Fahrertyp herausfindet. Das erforderliche Vorgehen ist in Abschn. 9.2.1.1 beschrieben. Wenn der Fahrertyp des vorausfahrenden Fahrzeugs bekannt ist, kann sein Verhalten, zum Beispiel wie stark er an welcher Stelle der Strecke beschleunigen oder bremsen wird oder wie schnell er durch die Kurve fährt, sehr genau vorhergesagt werden und damit die eigene Fahrstrategie dazu optimal ausgerichtet werden.

Die genaue Kenntnis der aktuellen Fahrzeugposition ist dazu jederzeit erforderlich. Dazu ist nicht nur die konkrete Straße und der metergenaue Streckenpunkt erforderlich, sondern bei mehreren Fahrspuren auch die Fahrspur des eigenen Fahrzeugs sowie des vorausfahrenden Fahrzeugs. Somit kann erkannt werden, ob das vorausfahrende Fahrzeug in der eigenen Fahrstrategie mit entsprechendem Abstand berücksichtigt werden muss oder ob ein Passieren auf der Parallelspur möglich ist.

Fahrschlauch Der Fahrschlauch spannt damit einen 2-dimensionalen Optimierungsraum für die Ermittlung der Fahrstrategie auf. Die erste Dimension ist die vorausliegende Wegstrecke, die zweite Dimension ist die Fahrgeschwindigkeit. Der Fahrschlauch wird dabei von zwei Grenzlinien gebildet: von einer unteren Grenzlinie, die nicht unterschritten werden darf, und einer oberen Grenzlinie, die nicht überschritten werden darf.

Die Generierung eines Fahrschlauches erfolgt analog Abschn. 9.2.1.5.

Ermittlung variable Fahrzeugparameter Bevor der Optimierer beginnt die richtige Fahrstrategie zu ermitteln, benötigt er aktuelle Werte für wichtige Parameter des Ego-Fahrzeugs:

- Gesamtfahrzeug-Gewicht,
- Temperaturen von Motor und Getriebe, Außentemperatur und Reifentemperatur,
- Luftwiderstand, da durch Aufbauten wie Dachständer dieser erhöht sein kann,
- Rollwiderstand beziehungsweise einen Korrekturfaktor für die aktuelle Abweichung durch beispielsweise kaltes Getriebe oder Reifen, anderer Reifentyp, schleifende Bremsbeläge oder durch widrige Straßenverhältnisse.

Diese aktuellen Werte helfen, das Fahrzeugverhalten genauer vorhersagen zu können, insbesondere den Fahrwiderstand auf der Geraden und in der Kurve, in der Ebene, im Gefälle und in der Steigung. Nur mit Kenntnis des genauen Verhaltens des Ego-Fahrzeugs kann das echte Optimum gefunden werden. Bei falscher Einschätzung des Verhaltens, wird das reale Verhalten vom prognostizierten und auch vom Optimum abweichen. Zudem besitzt ein Fahrzeug mit anderem Verhalten eine andere optimale Fahrstrategie.

9.2.2.2 Optimale Fahrstrategie

Zunächst folgender Überblick über die nun vorhanden Daten und Informationen:

- Detaillierte Daten zur Fahrstrecke für mehrere Kilometer
- Evtl. Fahrdaten über ein vorausfahrendes Fahrzeug
- Daten über zu erwartenden Verkehr auf der vorausliegenden Strecke
- Evtl. Daten zu Phasen der vorausliegenden Verkehrsleitsysteme
- Ein prognostizierter, unter den Rahmenbedingungen fahrbarer Fahrschlauch (Geschwindigkeitsbereich) über der vorausliegenden Strecke
- Der kategorisierte Fahrerwunsch

Auf Basis dieser Daten kann nun eine Optimierung der Systeme im Fahrzeug erfolgen.

Ermittlung der Fahrstrategie Für die Ermittlung der Fahrstrategie liegt der vorbereitete 2-dimensionale Fahrschlauch als möglicher Optimierungsraum vor. Für jedes Wegsegment ist nun die richtige Geschwindigkeit und die dazugehörigen Betriebspunkte zu finden. Es kann nun sinnvoll sein, zunächst zügig zu beschleunigen und danach eine Passage eher ruhig zu fahren oder umgekehrt, zunächst weniger zügig zu beschleunigen und später eine Passage etwas zügiger zu fahren. Gleichzeitig kann eine Beschleunigung, ob zügig oder nicht, mit unterschiedlichen Gängen und damit Drehzahlen und Motormomenten erfolgen. Damit sind alle möglichen Geschwindigkeiten zu jedem Wegpunkt mit vielen unterschiedlichen Betriebspunkten variierbar.

Die Suche der optimalen Fahrstrategie durch den Fahrschlauch kann nur mit einem dafür geeigneten mathematischen Optimierer erfolgen. In Abschn. 9.2.4.2 wird der gewählte Ansatz nach dem US-amerikanischen Mathematiker Dr. Richard Bellman dargestellt. Mit diesem Ansatz, in Kombination mit einem Gesamtfahrzeug-Simulationsmodell für die Berechnung des Verbrauchs und des Fahrwegs je Teilschritt, ist das globale Optimum der Fahrstrategie mit den dazu optimalen Betriebspunkten berechenbar. Der dazu erforderliche Rechenaufwand ist allerdings immens. Für die Berechnung sind pro Kilometer Fahrstrecke, je nach angestrebter Genauigkeit, mehrere Hunderttausend bis Millionen Verbrauchssimulationen erforderlich.

Ergebnis der Fahrstrategieoptimierung Nach der Optimierung liegt die Fahrstrategie für jedes Wegsegment mit folgenden Werten vor:

1. Fahrgeschwindigkeit
2. Gang des Getriebes

3. Fahrmodus
   1. Zugmodus
   2. Segelmodus
   3. Motorschub
      (1) Mit Schubabschaltung
      (2) Deaktivierter Schubabschaltung (Emissionsbedingt)
4. Motormoment
5. Bremsmoment

9.2.2.3 Längsregelung

Das Assistenzsystem umfasst eine Längsregelung zur Umsetzung der Fahrstrategie. Die Hauptgründe sind:

1. Entlastung des Fahrers
2. Maximale Verbrauchseinsparung durch präzises „Nachfahren" der voroptimierten Fahrstrategie

Zu 1.:

Der Fahrer führt die Fahraufgabe mit Beobachtung des Verkehrsgeschehens, des Straßenverlaufs, der Straßenbedingungen, anderer Verkehrsteilnehmer und Geschwindigkeitslimitierungen sowie die Steuerung des Fahrzeugs mit Lenken, Bremsen, Beschleunigen durch. Durch zusätzliche Vorgaben für das Beschleunigen und Bremsen würde die Fahraufgabe zusätzlich komplexer.

Eine Probandenuntersuchung mit einer Konzeptvariante des Innodrive mit Vorgaben für den Fahrer, um die Fahrstrategie selbst zu „fahren", zeigte hierbei eine deutliche Zunahme der Fahrerbeanspruchung. Diese führt zu einer schnelleren Ermüdung des Fahrers. Dies führt auch dazu, dass die Fahrer dies nicht möchten und auch nicht nutzen würden.

Ein automatisches „Nachfahren" der voroptimierten Fahrstrategie entlastet den Fahrer hingegen, da er sich auf die Umfeldbeobachtung und das reine Lenken konzentrieren kann. Durch die Entlastung ist es angenehm, das System zu nutzen. Dies wiederum führt zur häufigen Nutzung des Systems und zur Kraftstoffreduzierung

Zu 2.:

Die Verbrauchsreduzierung ist nur möglich, wenn die Fahrstrategie mit den dafür geplanten Betriebspunkten nachgefahren wird. Abweichungen von den Betriebspunkten reduzieren den Verbrauchsvorteil und können sogar ein Nachteil im Verbrauch erzeugen. Insbesondere könnte durch eine längere Abweichung von der Sollbeschleunigung eine größere Abweichung in der Geschwindigkeit resultieren. Wird nun diese kurzfristig wieder abgebaut, können die dabei genutzten Betriebspunkte den Verbrauchsvorteil in einen Nachteil verwandeln.

Daher ist ein möglichst genaues reproduzieren der Fahrstrategie erforderlich. Fahrversuche mit dem Konzeptsystem haben gezeigt, dass eine automatisierte Längsregelung die voroptimierte Fahrstrategie mit einer Abweichung von weniger als ± 1 km/h mit den geplanten Betriebspunkten nachfahren kann.

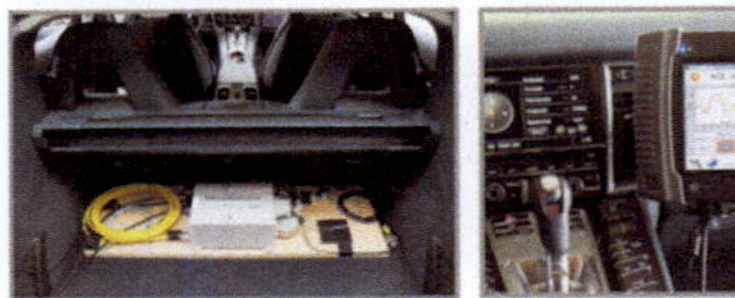

Porsche Panamera S Technical Specifications	
Engine layout	Front engine, rear-wheel drive
Cylinder layout	V8
Engine displacement	4.8 liters
Horsepower	400 hp
Transmission	PDK 7-speed
Acceleration 0-100 kph	5.4s
Top speed	283 kph

Abb. 9.10 Testfahrzeug für Porsche Innodrive [9]

Die hohen Anforderungen an präzises Einhalten der Betriebspunkte erfordern einen geeigneten Längsregler. Dieser setzt direkt die Betriebspunkte und Fahrvorgaben aus der mathematischen Optimierung durch Regelung von Motormoment, Gang und Bremse um.

9.2.2.4 Verbrauchseinsparung

Um die mögliche Verbrauchseinsparung des Innodrive zu beziffern, wurde ein Testfahrzeug, siehe Abb. 9.10, mit dem Assistenzsystem aufgebaut. Bei dem Fahrzeug handelte es sich um ein Serienfahrzeug mit zusätzlicher Schnittstelle für das Versuchssteuergerät mit Innodrive im Kofferraum. Des Weiteren wurde ein Bildschirm zur Visualisierung des Fahrschlauchs und der Linie der geplanten Fahrgeschwindigkeit angebracht und durch das Innodrive-Versuchssteuergerät mit Daten versorgt.

Die Teststrecke ist eine Runde mit 23 km Länge mit Start und Ende am Porsche-Entwicklungszentrum bei Weissach. Die Runde führt über fünf Landstraßenstrecken und durch fünf Ortschaften, siehe Abb. 9.11.

Auf der Runde ist die Fahrgeschwindigkeit durch den Gesetzgeber auf Geschwindigkeiten zwischen 30 km/h und 100 km/h begrenzt. Die Fahrstrecke ist für ein Assistenzsystem zur automatischen Längsführung sehr anspruchsvoll, da sie sehr viele Kurven, z. T. mit engen Radien und sehr viele Steigungs- und Gefällstrecken besitzt. Der Höhenunterschied auf der Runde zwischen dem höchsten und tiefsten Streckenabschnitt beträgt 220 m (Abb. 9.12). An die Straßen grenzen Landwirtschaftsflächen, Wälder und kleine Ortschaften.

Die Runde wurde von 18 Probanden mit dem Testfahrzeug befahren. Ziel war es, den Kraftstoffverbrauch auf der Runde in Abhängigkeit der Durchschnittsgeschwindigkeit für das Testfahrzeug bei selbstfahrenden Probanden zu ermitteln. Die Fahraufgabe war, die Runde mit dem eigenen Fahrstil möglichst gewöhnlich zu befahren. Die Geschwindigkeits-

Abb. 9.11 Teststrecke „Weissach-Runde" für Probandenversuche Porsche Innodrive [9] (Quelle: Urheberrecht beim Autor, Google Inc.)

grenzen waren jedoch zwingend einzuhalten, also auf keinen Fall zu überschreiten. Die Probanden befuhren die Strecke im Standard-Fahrmodus, der nach Start des Fahrzeugs als Default-Modus eingestellt ist und gewöhnlich einen geringeren Kraftstoffverbrauch als zum Beispiel im Sport-Modus ermöglicht.

Die Probanden fuhren alle mit einem identischen Fahrzeug. Das Fahrzeug war bei jeder Fahrt bereits betriebswarm um Effekte durch Warmlauf zu vermeiden. Die Strecke ist gewöhnlich wenig befahren, jedoch traten durch andere Verkehrsteilnehmer geringe, jedoch übliche Einschränkungen auf. Die Probanden sind dabei auf andere Verkehrsteilnehmer gestoßen und anschließend deren Geschwindigkeitsprofil gefolgt. In der Regel wären die Probanden mit ihrem Fahrzeug ohne Verkehr etwas zügiger gefahren.

Das identische Fahrzeug wurde unter ähnlichen Bedingungen auf der Runde mit dem Konzeptstand des Porsche Innodrive gefahren. Damit konnte der Verbrauchsvorteil von Innodrive ermittelt werden.

Innodrive setzt vordefinierte Dynamik-Einstellungen um und erreicht bei freier Strecke ohne Verkehrsbehinderung immer die gleiche Durchschnittsgeschwindigkeit. Um ei-

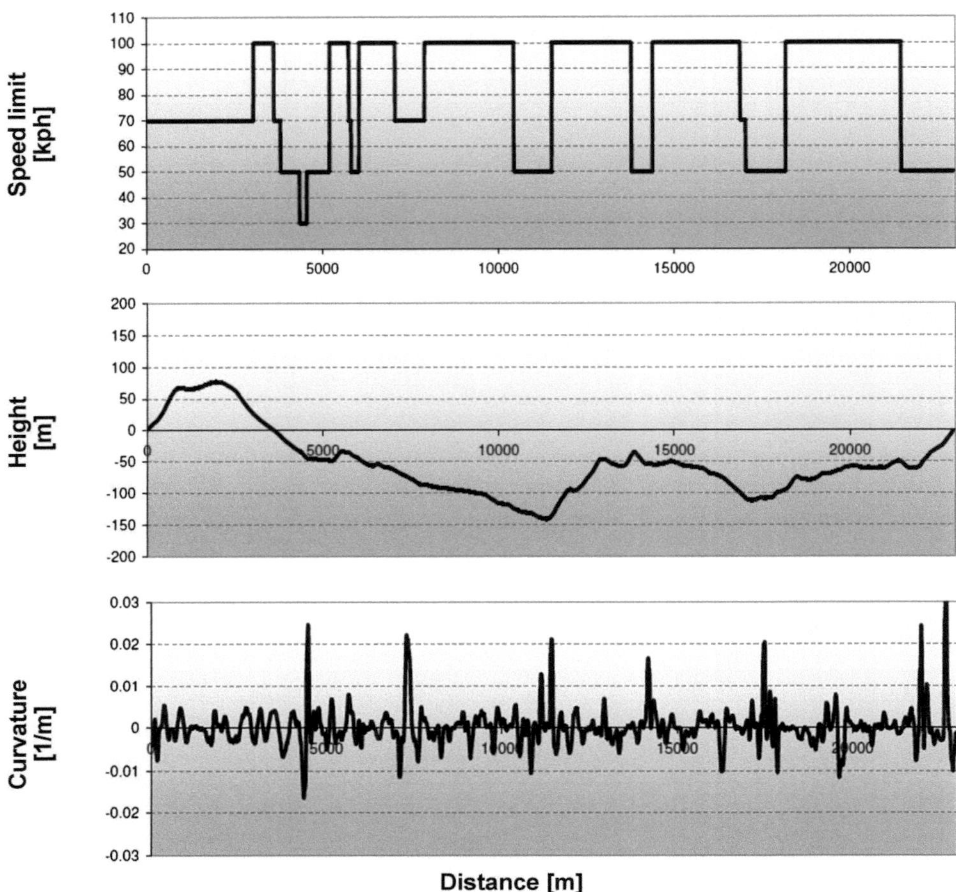

Abb. 9.12 Geschwindigkeitslimits, Höhenprofil und Kurvenradien der Teststrecke „Weissach-Runde" [9]

ne Grenzkurve für den minimal möglichen Verbrauch mit Innodrive darstellen zu können und nicht alle Dynamik-Einstellungen im Fahrzeug verfügbar waren wurde in der Simulation von Innodrive mit Fahrzeug und Weissachrunde die Dynamik variiert und die Resultierenden Verbräuche ermittelt. Die Simulation wurde dabei mit den Innodrive-Verbräuchen des Testfahrzeugs abgeglichen und eine Korrelation hergestellt, so dass die Grenzkurve als präzise eingestuft werden kann (siehe Abb. 9.13).

Die Innodrive-Grenzkuve zeigt bis 76 km/h einen sehr flachen Verlauf. Ein Anstieg der Durchschnittsgeschwindigkeit bedeutet bis dahin nur geringfügigen Anstieg des Verbrauchs. Dabei ist zu berücksichtigen, dass dies nur für die Weissachrunde und nur für den Panamera S Gültigkeit besitzt.

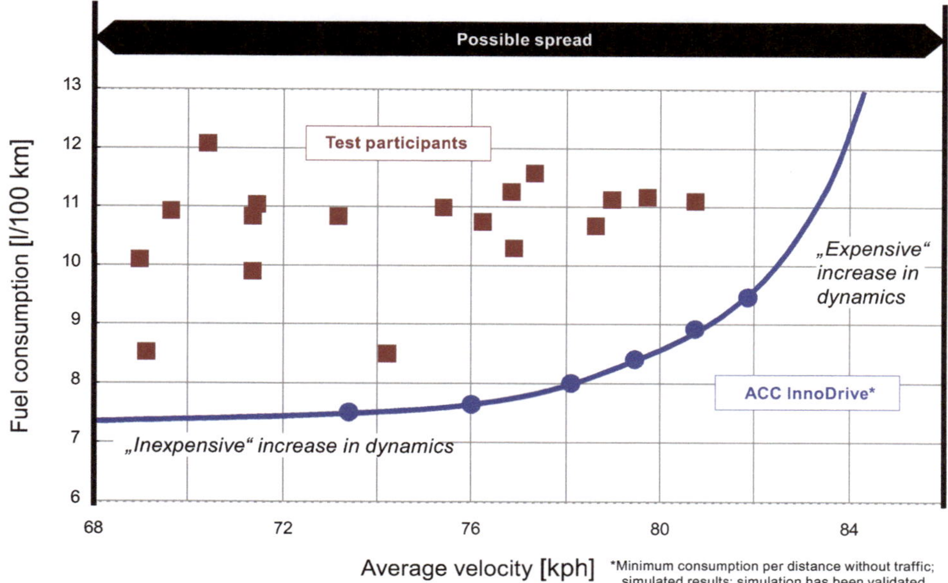

Abb. 9.13 Verbrauch über Durchschnittsgeschwindigkeit Porsche Innodrive auf der Weissach-Runde [9]

Zwischen 76 km/h und 82 km/h wird eine Erhöhung der Durchschnittsgeschwindigkeit zunehmend mit mehr Kraftstoffverbrauch erkauft. Eine weitere Steigerung der Durchschnittsgeschwindigkeit über 82 km/h ist auch mit einer optimalen Fahrstrategie via Innodrive nur mit deutlichem Kraftstoffmehreinsatz erreichbar. Dies ist plausibel, da diese hohe Durchschnittsgeschwindigkeit bedeutet, annähernd durchgängig am Geschwindigkeitslimit zu fahren, sämtlich Beschleunigungen sehr stark durchzuführen und statt vor einem Ortseingang zu segeln, muss scharf gebremst werden.

Betrachtet man die Verbräuche der 18 Probanden, so weichen zwei Ergebnisse mit Verbräuchen um circa 8,5 L/100 km aus den restlichen Werten heraus. Sie sind im unteren Geschwindigkeitsbereich und liegen circa 1 L/100 km über Innodrive.

Die restlichen 16 Probanden hatten einen Durchschnittsverbrauch von rund elf L/100 km mit einer Toleranz von circa +/− 1 L/100 km. Damit lag ihr Verbrauch zwei bis drei L/100 km über Innodrive. Dies zeigt eindrucksvoll das Verbrauchsreduzierungspotenzial einer prädiktiven Fahrstrategie.

9.2.3 Prädiktive Gesamtfahrzeugbetriebsstrategie

Mit Porsche Innodrive wurde im vorigen Kapitel aufgezeigt, welche großen Potenziale durch Nutzung prädiktiver Informationen für eine optimale Fahrstrategie möglich werden.

Neben den Energieflüssen für den Antrieb sind im Fahrzeug viele weitere Energieflüsse für Komfort und Fahrwerkssysteme vorhanden. Einzelne Betriebsstrategien zur Steuerung dieser Energieflüsse, gestützt durch prädiktive Informationen, könnten durch einen geeigneten Optimierungsalgorithmus optimiert werden und würden zur weiteren Reduzierung des Energie- und Kraftstoff-Verbrauchs führen.

Dieser generische Ansatz für eine Gesamtfahrzeugbetriebsstrategie nutzt prädiktive Informationen für die Fahrstrategie und zusätzlich für alle Systeme mit hohem Energiedurchsatz oder Einfluss auf den Fahrwiderstand. Die dafür erforderlichen Elemente sind z. T. in den vorigen Kapiteln erläutert und im Folgenden daher verkürzt dargestellt.

9.2.3.1 Prädiktive Fahrstrategie für längsgeregeltes Fahren

Das in Abschn. 9.2.2 vorgestellte Porsche Innodrive ist der Prototyp für eine prädiktive Betriebsstrategie für eine optimale Fahrstrategie. Sie enthält:

1. Ermittlung Fahrerwunschverhalten
   a) Längsdynamik
   b) Querdynamik
   c) Verhalten an spezifischen Streckenelementen
2. Ermittlung voraussichtliche Fahrstrecke inkl. Streckeninformationen
3. Abschätzung Einfluss anderer Verkehrsteilnehmer
4. Abschätzung Einfluss Verkehrsleitsysteme und Straßenkreuzungen

Die Optimierung der Fahrstrategie ist in Abschn. 9.2.2.2 beschrieben. Als Ergebnis liegen für die zu fahrende Route für jeden Meter der Strecke für ein Vorschaufenster im Bereich bis zwei km aus reiner Sicht Fahrstrategie folgende Informationen vor:

1. Fahrgeschwindigkeit
2. Längsbeschleunigung
3. Querbeschleunigung
4. Bremseingriffe
5. Motorschubphasen
6. Segelphasen
7. Zugphasen
8. Motordrehzahlen
9. Motormomente
10. Gänge

Diese Ergebnisse aus einer ersten Optimierung der Fahrstrategie dienen als Grundlage zur Optimierung weiterer Systeme.

9.2.3.2 Prädiktiv-optimierte Betriebsstrategie der Komfort- und Fahrwerkssysteme

Neben dem Antrieb ist die Innenraumkühlung der zweitgrößte Energieverbraucher in einem Fahrzeug. Andere Systeme benötigen streckenabhängig oder zeitweise große Energiemengen. Hier eine kleine Auswahl:

- Klimaanlage
- Kühlerlüfter
- Luftfederung (Druckluftkompressor)
- Aufbaustabilisierung

Durch Kenntnis der vorausliegenden Betriebspunkte des Fahrzeugs, siehe Abschn. 9.2.3.1, kann darauf basierend eine Optimierung der Betriebspunkte beispielsweise der Klimatisierung erfolgen:

Würde das Fahrzeug beispielsweise bei warmer Umgebung fahren, wäre ein hoher Energieaufwand durch die Klimaanlage erforderlich. Hätte das Klimasystem jedoch die Kenntnis, dass in Kürze über eine längere Gefällstrecke gefahren wird, bei der überschüssige Energie durch Bremsen vernichtet wird, könnte eine vorteilhafte Betriebsstrategie gewählt werden:

Reduziertes Kühlen vor dem Gefälle und verstärktes Kühlen im Gefälle im Schubbetrieb, alles innerhalb der Wahrnehmungsgrenzen der Passagiere für Temperatur und Luftfeuchte. Die Möglichkeit, bei günstigen Fahrsituationen die Klimaanlage vorgezogen zu betreiben, erhöht sich durch einen Speicherverdampfer. Dieser kann über längeren Zeitraum ohne oder mit reduzierter Leistung des Klimakompressors die erforderliche Temperatur im Fahrgastraum sicherstellen.

Ein weiteres Beispiel für die Klimaanlage tritt auch ohne größere Gefälle auf. Im unteren Lastbereich sind die Willanslinien des Verbrennungsmotors meist fast parallel, womit der relative Wirkungsgrad und damit der Energiebedarf für eine definierte Klimaleistung bei diesen Betriebspunkten identisch wären. Jedoch ist im Straßenverkehr die Motorlast und -drehzahl nicht immer im unteren Lastbereich. Unterschiedliche Geschwindigkeiten, Beschleunigen und Verzögern, leichte Steigungen und das Anhalten an Kreuzungen oder Ampeln erfordern auch andere Betriebspunkte mit meist ungünstigeren relativen Wirkungsgraden. Sind diese im Voraus bekannt, können sie durch definierte Wahl der Antriebsleistung für den Klimakompressor ohne negative Auswirkungen für die Klimatisierung vermieden werden.

Für andere Systeme mit Energiebedarf stellt es sich analog dar. Sind die günstigen und ungünstigen Zeitpunkte zur Entnahme von Energie im Voraus bekannt, kann insgesamt eine günstigere Betriebsstrategie gewählt werden.

Prädiktive Subbetriebsstrategie Verbraucher Nach erfolgter Optimierung der Fahrstrategie kann diese Fahrstrategie als Basis für einen weiteren Optimierungslauf für die Komfort-Verbraucher genutzt werden.

Der Optimierer kann dabei für Systeme ohne Wechselwirkungen zu anderen Systemen einen einzelnen Optimierungslauf durchführen, um die Komplexität und die Rechenzeit gering zu halten.

Optimierungsziel ist, einen möglichst geringen Zusatzkraftstoffbedarf zu generieren. Als einzuhaltende Grenzbedingungen sind in der Regel:

- Bauteilschutz, zum Beispiel Vermeidung Über- oder Unterschreitung von Betriebstemperaturen/-drücken, etc.
- Einhaltung von gegebenen Funktionswerten, beispielsweise Innenraumtemperaturen

Zur Optimierung ist für jedes System ein Simulationsmodell erforderlich. Das Simulationsmodell, beispielsweise für die Klimatisierung, berechnet die Entwicklung der Innenraumtemperatur für die vom Optimierer gewählten Parameter, wie Kompressor-Leistung. Im Zusammenspiel von Optimierer und Modell wird die verbrauchsgünstigste Betriebsstrategie für die gegebenen Randbedingungen auf der vorausliegenden Fahrstrecke mit der prädiktiv optimierten Fahrstrategie ermittelt und danach angewendet.

9.2.3.3 Wechselwirkungen bei Hochleistungsverbrauchern

Bei Systemen mit zeitweise hohem Leistungsbedarf wie die Klimaanlage entstehen deutliche Wechselwirkungen mit dem Antriebssystem. Der Leistungsbedarf für den Kompressor kann zeitweise über dem Bedarf für Traktion liegen und damit den Betriebspunkt des Antriebs deutlich beeinflussen. Ein hoher Leistungsbedarf für den Klimakompressor kann zum Beispiel an Steigungen einen niedrigeren Gang und eine höhere Motordrehzahl erfordern. Somit können also gänzlich andere Betriebspunkte erforderlich werden.

Eine Optimierung in zwei Schritten, also zunächst die Fahrstrategie und anschließend die Betriebsstrategie der Klimaanlage, ist mit solchen deutlichen Wechselwirkungen nicht sinnvoll. Vielmehr ist eine gemeinsame Optimierung der Fahrstrategie mit dem oder den Systemen mit hohem Leistungsbedarf erforderlich. Dabei sind Simulationsmodelle des Gesamtfahrzeugs und der Systeme mit hohem Leistungsbedarf erforderlich.

Mit einer Optimierung mehrerer Systeme in einem Optimierungslauf steigen die Komplexität und der Rechenzeitbedarf stark an. Die Simulationsmodelle der Subsysteme sind daher möglichst einfach auszuführen.

9.2.4 Ansätze für Optimierungsalgorithmen

Es ist eine große Zahl von Optimierungsverfahren bekannt. Meist ist für die Problemstellung eine mathematische Beschreibung erforderlich. Die Verluste und Wirkungsgrade eines Fahrzeugs lassen sich leider nicht mit mathematischen Gleichungen mit ausreichender Genauigkeit abbilden. Viele Versuche scheiterten. Der Verbrennungsmotor in Kombination mit einem Wechselgetriebe stellt dabei schon eine Quelle für Nichtlinearitäten dar.

Daher sind mit den üblichen Verfahren nur mit sehr großem Aufwand Optimierungen möglich.

Die folgenden zwei Verfahren haben in der Theorie und Praxis die Funktionsfähigkeit bei vertretbarem Berechnungsaufwand bewiesen und sind daher für die beschriebenen Problemstellungen prinzipiell geeignet.

9.2.4.1 Betriebspunktedatenbank

Dieses Optimierungsverfahren ist grundsätzlich fähig, eine prädiktive Betriebsstrategie analog Abschn. 9.2.1 zu unterstützen. Bei prädiktiven Assistenzsystemen wie Abschn. 9.2.2 wären jedoch wegen des zusätzlichen Freiheitsgrades der Geschwindigkeitswahl zusätzliche Optimierungsalgorithmen zur Unterstützung erforderlich.

Der Optimierungsansatz auf Basis einer Betriebspunktedatenbank ist im Grunde sehr einfach:

Alle Betriebspunkte, die das Gesamtfahrzeug einnehmen könnte, werden simulatorisch ermittelt und diskretisiert. Die diskreten Betriebspunkte werden in einer Datenbank abgespeichert. Zur Optimierung vorgegebener Fahrsituationen werden alle diskreten Betriebspunkte selektiert, die prinzipiell die Fahrsituation darstellen können. Nach den Kriterien des Optimierungsziels wird die selektierte Menge an Betriebspunkten sortiert. Der Betriebspunkt mit Rang eins wird gewählt, falls damit nicht gleichzeitig ein Schaltung erforderlich ist und Zusatzkriterien bezüglich Schaltungen nicht verletzt werden, wie die Vermeidung von Pendelschaltungen. Bei einer Nichteignung von Betriebspunkten werden nachrangige Betriebspunkte selektiert.

Betriebspunktermittlung Für die Diskretisierung aller Betriebspunkte eines Gesamtfahrzeugs bietet sich an, die Betriebspunkte an die Diskretisierung des Fahrschlauchs abzustimmen. Damit sind die Punkte auf eine definierte Fahrstrecke auszudehnen, beispielsweise fünf Meter. Bezüglich der Geschwindigkeit sind die Punkte ebenfalls auf das Raster der Geschwindigkeiten, zum Beispiel 0,1 km/h abzustimmen.

Ein möglichst genaues Gesamtfahrzeug Fahrleistungs- und Verbrauchsmodell ist zu modellieren und in allen Getriebegängen sind vom steilen Gefälle in diskreten Stufen bis in massive Steigungen jeweils in diskreten Stufen alle Laststufen zu durchfahren. Jeweils pro Parametersatz sind über den gesamten möglichen Geschwindigkeitsbereich, orientiert an dem Geschwindigkeitsraster, Wegabschnitte im Raster des Fahrschlauchs in der Datenbank zu speichern. Pro Wegabschnitt sind alle relevanten Daten ebenfalls in der Datenbank abzulegen:

- Anfangs- und Endgeschwindigkeit,
- Anfangs- und Enddrehzahl,
- Mittleres Motormoment,
- Streckenverbrauch,
- Steigung,
- Zusatzfahrwiderstände.

Je nach Schrittweite bei der Diskretisierung erhält man für ein Gesamtfahrzeug mehrere Millionen Datensätze.

Auswahl der Betriebspunkte für einen gegebenen Beschleunigungsvorgang Die Beschleunigung wird von einem Ausgangspunkt, beispielsweise am Ortsausgang mit 50 km/h gestartet. Zunächst werden alle Betriebspunkte gesucht, die von 50 km/h ausgehend die geforderte Beschleunigung unter Berücksichtigung der Rahmenbedingungen wie Zuladung, Steigung, Kurvenfahrt etc. darstellen können. Die selektierten Betriebspunkte werden aufsteigend nach dem Streckenverbrauch sortiert. Der Betriebspunkt auf Rang eins mit dem geringsten Streckenverbrauch wird ausgewählt und der Vorgang für den nächsten Wegabschnitt wiederholt.

Würden sich für die gesamte Beschleunigung mehrere Schaltungen ergeben, insbesondere innerhalb zu kurzer Zeit oder gar Pendelschaltungen, so ist der Gang oder der Schaltpunkt zu wählen, der ausreichend lange Ganghaltephasen bei günstigstem Verbrauch ermöglicht.

Auswahl der Betriebspunkte für einen gegebenen Verzögerungsvorgang Analog der Beschleunigung wird die Verzögerung Wegsegmentweise durch Selektion von Betriebspunkten optimiert, die die gegebene Verzögerung ermöglicht. Je nach Fahrzuständen, die das Fahrzeug ermöglicht ist Schub mit und ohne Schubabschaltung und mit oder ohne zusätzliches Bremsen, Segeln im Leerlauf oder mit abgestelltem Motor und mit oder ohne zusätzliches Bremsen möglich.

Optional kann für den Bremsenverschleiß ein Kraftstoffäquivalent ermittelt werden. Damit kann der Optimierer die günstigste Betriebsweise bezogen auf Kraftstoffkosten und Bremsenkosten ermitteln. Allerdings sind die Preise länder- und zeitabhängig und die Kraftstoffkosten dominieren, so dass hier nur wenig Mehrwert entsteht.

9.2.4.2 Dynamische Programmierung nach Bellman

Die Dynamische Programmierung ist ein Optimierungsverfahren des US-amerikanischen Mathematikers Dr. Richard Bellman aus dem Jahre 1953. Im Gegensatz zu den meisten anderen Optimierungsverfahren ermöglicht die Dynamische Programmierung die Ermittlung des globalen Optimums. Grundlage ist das von Bellman formulierte Optimalitätsprinzip, das besagt, dass sich jede Optimallösung aus optimalen Teillösungen zusammensetzt. Denn wäre zum Beispiel eine Teillösung nicht optimal, gäbe es ja noch eine optimalere Optimallösung.

Der Algorithmus ist daher so ausgelegt, dass er prinzipiell alle möglichen Lösungsvarianten sucht und die beste Lösung ermittelt. Da die Optimallösung nach dem Optimalitätsprinzip jedoch Lösungen mit nicht optimalen Teillösungen ausschließt, können während der Optimierung viele Lösungsvarianten früh ausgeschlossen werden und damit Rechenzeit eingespart werden. Damit ist dieser Ansatz für eine Optimierung in Echtzeit im Fahrzeug einsetzbar.

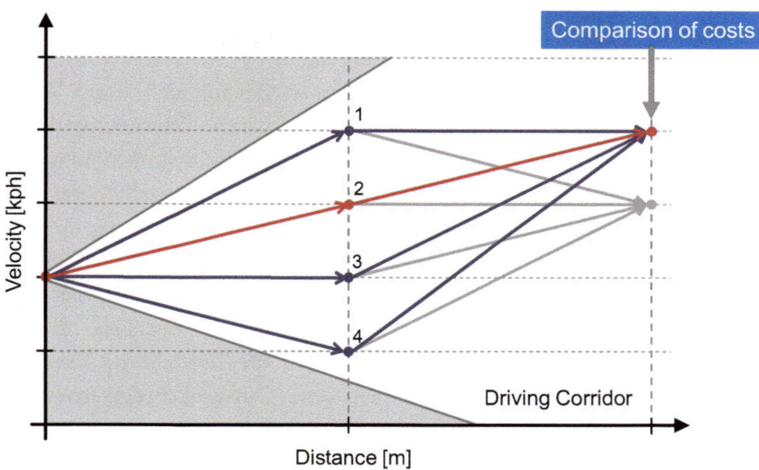

Abb. 9.14 Optimierungsansatz Dynamische Programmierung zur Ermittlung des optimalen Geschwindigkeitsverlaufs und den optimalen Betriebspunkten [9]

Optimierungsansatz für Porsche Innodrive Im Porsche Innodrive besteht neben den optimalen Betriebspunkten zusätzlich eine weitere Dimension als Freiheitsgrad: Die Wahl der Geschwindigkeit für jedes Wegsegment. Dies stellt eine zusätzliche Herausforderung für den Optimierungsansatz dar [13].

Das Ziel der Optimierung ist ein Geschwindigkeitsverlauf mit Motormomenten, Gängen, Bremsmomenten, Steuerung der Segel- und Schubphasen. Im Raster des Fahrschlauches, beispielsweise in fünf m-/0,05 km/h-Schritten wird der optimale Geschwindigkeitsverlauf ermittelt. Eine Teillösung im Sinne Bellman stellt dabei die Fahrt von einem Wegsegment zum nächsten dar, bei dem von beispielsweise 75,65 km/h auf 75,75 km/h beschleunigt wird. Dabei wird über eine Verbrauchssimulation der Verbrauch für diese Beschleunigung in unterschiedlichen Gängen mit dem entsprechend erforderlichen Motormoment ermittelt. Die Variante mit dem geringsten Verbrauch ist die optimale Teillösung. Gleichzeitig werden andere optimale Möglichkeiten (Teillösungen) für dieses Wegsegment mit anderen Endgeschwindigkeiten berechnet und Zwischengespeichert, siehe Abb. 9.14. Wird nun vom Startpunkt über zwei Wegsegmente Bilanz gezogen, können mehrere optimale Teillösungen des ersten Wegsegments mit unterschiedlicher Endgeschwindigkeit mit optimalen Teillösungen des zweiten Wegsegmentes kombiniert werden. Diese Kombinationen ergeben beispielsweise in Abb. 9.14 genau vier neue kombinierte Teillösungen die über unterschiedliche Zwischenverläufe bei der gleichen Ausgangsgeschwindigkeit enden. Wird hier der Kraftstoffverbrauch verglichen, gibt es eine optimale Variante, zum Beispiel die Teillösung zwei. Damit müssen die Teillösungen 1/3/4 nicht mehr weiter verfolgt werden, da sie nicht optimal sind.

Gleichzeitig gibt es aber zum zweiten Wegsegment noch weitere Teillösungen, die bei anderen Geschwindigkeiten enden. Diese bilden eigene optimale Teillösungen. Mit weiterer Betrachtung vom 3.-ten bis n.-ten Wegsegment wiederholt sich dieser Vorgang. Neue Verkettungen von Teillösungen führen zu allen erreichbaren Gitternetzpunkten im Fahrschlauch. Dabei werden nicht-optimale Verkettungen von Teillösungen ausgeschlossen.

An einem definierten Endpunkt werden die Varianten der verketteten Teillösungen verglichen, die jeweils unterschiedliche Geschwindigkeitsverläufe repräsentieren. Die Variante mit dem geringsten Verbrauch ist die Optimallösung innerhalb des gegebenen Optimierungsbereiches, der durch den Fahrschlauch und die Systemgrenzen des Fahrzeugs definiert ist. Alternativ können anstatt des Optimierungsziels „niedriger Kraftstoffverbrauch" weitere Ziele ergänzt werden. Werden alle Teilziele mit Kosten hinterlegt und mit Gewichtungsfaktoren belegt, beispielsweise Fahrzeit, Bremsenverschleiß, Reifenverschleiß, etc. kann das Optimierungsziel je nach Schwerpunkt der Optimierung im Charakter beeinflusst werden.

Da die Zwischenergebnisse gespeichert werden, sind für die Optimallösung alle erforderlichen Daten je Gitternetzpunkt vorhanden: Strecke, Geschwindigkeit, Motormoment, Gang/Segeln, Bremsmoment. Das Assistenzsystem kann auf Basis dieser Daten eine Längsführung durchführen.

9.2.5 Ausblick – zukünftige Assistenzsysteme mit prädiktiver Betriebsstrategie zur Erhöhung der Energieeffizienz

Welchen Beitrag können zukünftig Systeme mit prädiktiven Betriebsstrategien zur Erhöhung der Energieeffizienz leisten? Schauen wir uns zunächst den heutigen Stand der Technik und der resultierenden Situation an:

Der Fahrer fährt individuell, wählt selbstständig die Geschwindigkeit, ist meist von vorausfahrenden Verkehrsteilnehmern eingeschränkt, steht durchschnittlich 65 Stunden im Stau, nutzt vereinzelt teilautonome Abstands- oder Geschwindigkeitsassistenten, nutzt zunehmend automatisierte Gangwahl von automatisierten Getrieben, die Route wird vom Fahrer gewählt, unzuverlässige Stauwarnungen werden vereinzelt genutzt, auf langen Strecken vermehrte Nutzung von Navigationssystemen.

Die Infrastruktur ist für Schnellstraßen mit kreuzungsfreier Verkehrsführung organisiert, in städtischen Bereich dominiert eine Verkehrsführung mit Kreuzungen und Ampeln, Ampelschaltungen sind z. T. an das Verkehrsaufkommen angepasst, eine Vernetzung der Systeme der Infrastruktur untereinander und mit den Fahrzeugen ist angedacht aber noch nicht umgesetzt.

9.2.5.1 Potenziale durch die Infrastruktur

Die Infrastruktur für Autos beeinflusst maßgeblich die Energieeffizienz, die sich beim Fahren einstellt.

Kreuzungsfreie Verkehrsführung Das Anhalten an einer roten Ampel ist sehr ineffizient und sollte zukünftig aus energetischer Sicht vermieden werden: Das Fahrzeug muss abbremsen und kinetische Energie geht verloren, die beim anschließenden Anfahren wieder erbracht werden muss. Im Fahrzeug wird über die gesamte Fahrzeit Energie für Heizung/Kühlung, Infotainment, Beleuchtung etc. benötigt. Wird die Fahrzeit durch den Stillstand verlängert, wird zusätzlich Energie benötigt und reduziert die Effizienz.

Gleichmäßige Geschwindigkeit Eine Fahrt gewinnt an Effizienz, wenn möglichst durchgängig mit der angestrebten Reisegeschwindigkeit gefahren werden kann. Ein Abbremsen wegen Verkehrsbeeinflussungsmaßnahmen, enge Kurven, langsamere Verkehrsteilnehmer reduziert die Effizienz.

Planbare Ampelphasen bei nicht vermeidbaren Kreuzungsampeln Sind Kreuzungen mit Ampeln nicht zu vermeiden, muss das Ziel sein, ein möglichst geringes Anhalten von Fahrzeuge zu erzeugen. Die Vision muss sein, dass an der roten Ampel kein Fahrzeug steht. Um dies zu ermöglichen, müssen die Ampelphasen aller Kreuzungen so gestaltet werden, dass für die Hauptverkehrsströme stabile „grüne Wellen" ermöglicht werden. Die Ampelphasenlagen und -Frequenzen müssen dabei im Voraus für mehrere Minuten planbar sein, damit prädiktive Systeme eine optimierte Route und Fahrstrategie ermitteln können.

Standardisierte und aktuelle Bereitstellung von Infrastrukturinformationen Die Ampelphasenlagen und -frequenzen, Verkehrsdichte, Durchschnittsgeschwindigkeiten und weitere Informationen, die eine Routenplanung unterstützen, sind in einem standardisierten Format laufend bereitzustellen. Dies ermöglicht zukünftig eine fahrzeug-individuelle und prädiktive Planung.

9.2.5.2 Potenziale durch fahrzeugbezogene Systeme

Eine zentrale Planung der Routen und Fahrten aller Fahrzeuge zur Steigerung des Verkehrsflusses und der Energieeffizienz ist bei Individualverkehr nicht möglich. Jedoch kann eine Planung individuell im Fahrzeug durch Nutzung der vorhandenen Umfeld-, Verkehrs- und Infrastruktur-Informationen erfolgen.

Bei Nutzung der vorhandenen Informationen durch Optimierungssysteme im Fahrzeug, wäre die bestmögliche Nutzung der vorhandenen Infrastruktur und eine Verbesserung der Energieeffizienz sichergestellt.

Einbindung des Fahrzeugs in die persönliche Tagesplanung des Fahrers Basis für eine Optimierung der Fahrroute ist die Kenntnis des geplanten Fahrziels (Ort und Zeitpunkt). Daher ist eine Vernetzung des Fahrzeugs mit den Systemen der Tagesplanung nützlich (PC, Smartphone). Ziel muss die komfortable und einfache Unterstützung des Fahrers sein. Zusätzliche oder doppelte Eingaben sind zu vermeiden, da damit die Gefahr der Nicht-Nutzung steigt.

Prädiktive Optimierung der Fahrroute mit aktuellen Randbedingungen Mit Kenntnis des Fahrziels und der aktuellen Verkehrsdichte kann die optimale Route ermittelt werden. Wichtig ist die Aktualität der Daten, um je nach Verkehrssituation die richtige Route zu wählen.

Würden alle Fahrzeuge die Fahrroute optimieren, dürfte es keine gravierenden Staus mehr geben. Die Fahrzeugsysteme würden eine alternative Route ohne Staus vorschlagen. Nur wenn alle sinnvollen Alternativrouten durch hohes Verkehrsaufkommen durch Stau beaufschlagt sind, würde diese „Schwarmintelligenz" ebenfalls versagen. Wäre der Zeitpunkt der Fahrt variabel, so könnte damit noch eine optimale Routen-Fahrzeitpunkt-Kombination gefunden werden.

Prädiktive Optimierung der Fahrstrategie Ist die Route definiert und die Ampelphasenlagen und -frequenzen sowie das Verkehrsaufkommen bekannt, kann die optimale Fahrstrategie ermittelt werden. Alle Geschwindigkeiten, Beschleunigungen und Verzögerungen würden, wie für das System Innodrive beschrieben, energie-optimal gewählt werden. Das System würde zudem versuchen, immer nur bei grüner Ampel auf eine Kreuzung zu treffen, um Energieverschwendung zu vermeiden.

Nutzung Car2Car Durch die Nutzung von Car2Car-Kommunikation könnte die Informationsbasis während der Fahrt weiter verbessert werden. Dies würde zu weniger kurzfristigem Korrekturbedarf der Fahrstrategie, zum Beispiel durch geändertes Verkehrsaufkommen, führen.

Ein weiteres Potenzial wäre die Kommunikation mit dem vorausfahrenden Fahrzeug und der Austausch Fahrstrategie. Dadurch entsteht die Möglichkeit der besseren Optimierung der Fahrroute auf die gegebene Situation.

Autopiloten Mit einem Autopiloten, einem Assistenzsystem für autonomes Fahren, könnten über die reine Längsregelung hinaus Potenziale erschlossen werden. Beispielsweise könnte durch Kommunikation zum vorausfahrenden Fahrzeug für die gemeinsame Teilroute eine virtuelle Kopplung der Fahrzeuge mit sehr geringem Abstand erfolgen. Dabei könnte der Windschatten des ersten Fahrzeugs genutzt werden. Diese virtuelle Kopplung könnte auf mehr als zwei Fahrzeuge ausgedehnt werden.

Der Nutzen wäre eine Steigerung der Energieeffizienz und des Verkehrsflusses. Durch den geringeren Fahrzeugabstand könnten mehr Fahrzeuge pro Stunde eine Straße bei gleicher Geschwindigkeit befahren. Zusätzlich entstehen für die Fahrer Freiräume durch Entlastung von Routineaufgaben.

Literatur

[1] Kuenzner, H., Bayrische Motorenwerke AG: Verfahren zum Einstellen des sog. „Segelmodus" bei einem Kraftfahrzeug DE 10 2008 029 453 A1. Deutsches Patent- und Markenamt, München (2008)

[2] Jacobi, S., Hofmann, R., Dr. Ing h.c. F. Porsche AG: Kraftfahrzeug, Anzeigeeinrichtung und Betriebsverfahren DE 10 2007 035 426 A1. Deutsches Patent- und Markenamt, München (2007)

[3] Meiners, W.: Verfahren zur Kraftstoffeinsparung bei KFZ mit Verbrennungsmotor durch zyklische Betriebsweise DE 10 2008 005 644 A1. Deutsches Patent- und Markenamt, München (2008)

[4] Bastian, K., Roth, M., Scheu, M., Hoffmeister, J.-P., Dr. Ing. h.c. F. Porsche AG: Verfahren zum Betreiben eines Antriebsstrangs in einem Kraftfahrzeug DE 10 2009 057 551 A1. Deutsches Patent- und Markenamt, München (2009)

[5] Bastian, K., Roth, M., Dr. Ing. h.c. F. Porsche AG: Verfahren zur Steuerung eines Schubbetriebes eines Kraftfahrzeugs DE 10 2010 061 383 A1. Deutsches Patent- und Markenamt, München (2010)

[6] Roth, M., Bastian, K., Hoffmeister, J.-P., Scheu, M., Dr. Ing. h.c. F. Porsche AG: Verfahren zum Steuern eines Antriebsstrangs eines Kraftfahrzeugs mit automatischer Kupplung DE 10 2010 011 887 A1. Deutsches Patent- und Markenamt, München (2010)

[7] Roth, M., Dr. Ing. h.c. F. Porsche AG: Verfahren für eine Gangwahl eines automatischen Getriebes für eine Zugphase nach einer Segelphase eines Kraftfahrzeuges DE 10 2010 024 045 A1. Deutsches Patent- und Markenamt, München (2010)

[8] Fleckner, M.: Strategien zur Reduzierung des Kraftstoffverbrauchs für ein Vollhybridfahrzeug. fka RWTH Aachen (2010). Dissertation

[9] Roth, M., Radke, T., Lederer, M., Gauterin, F., et al.: Porsche InnoDrive – An Innovative Approach for the Future of Driving 20. Aachener Kolloquium „Fahrzeug- und Motorentechnik", Aachen. (2011)

[10] Autozeitung.de Porsche ACC Innodrive – Tempomat mit Weitblick, Presseartikel zu Porsche Innodrive; http://www.autozeitung.de/technik/porsche-acc-innodrive-tempomat-mit-weitblick (2011)

[11] Spiegel.de Neuer Assistent: Porsche automatisiert den Gasfuß, Presseartikel zu Porsche Innodrive; http://www.spiegel.de/auto/aktuell/neuer-assistent-porsche-automatisiert-den-gasfuss-a-768618.html (2011)

[12] Autoblog.com 2014 Porsche ACC InnoDrive tested … hello, Big Brother?, englischer Presseartikel zu Porsche Innodrive; http://www.autoblog.com/2011/06/28/2014-porsche-acc-innodrive-tested-hello-big-brother/ (2011)

[13] Radke, T.: Energieoptimale vorausschauende Längsführung von Kraftfahrzeugen (2013). Dissertation, FAST

Simulation

10

Martin Roth

In diesem Kapitel wird eine kurze Einführung in die Simulation im Allgemeinen gegeben und der Aufbau von Energie-Management-Simulationen zur Fahrleistungs- und Verbrauchssimulation erläutert.

Maßnahmen im Zielkonflikt von Fahr-Performance und Verbrauch, die eine bessere Fahr-Performance ohne Verschlechterung des Verbrauchs bewirken, steigern die Gesamtfahrzeugeffizienz. Daher sind diese Maßnahmen auch dem Energie-Management zuzuordnen. Die Herleitung der Theorie zur Rennstart-Simulation wird als Beispiel im Themenfeld Fahr-Performance dargestellt.

Zum Abschluss werden verschiedene Beispiele zu Energie-Management-Simulationen vorgestellt.

10.1 Grundlagen

Die Simulation ermöglicht das vereinfachte Nachbilden eines gesamten Systems oder von Teilen eines Systems. Zudem ist die Umgebung im Modell definierbar. Dadurch ist das Systemverhalten reproduzierbar, und damit einfacher, analysierbar.

Zunächst wird in diesem kurzen Kapitel auf die verschiedenen Arten der Simulation eingegangen, bevor allgemeine Anwendungsbeispiele die Vielseitigkeit und die Bereiche der Simulation zeigen. Danach steht die Frage im Mittelpunkt, warum die Simulation für das Energie-Management so wichtig ist.

Martin Roth ✉
Vorentwicklung/Konzepte funktional, Dr.-Ing. h.c.F. Porsche AG, Weissach, Deutschland
e-mail: martin.roth2@porsche.de

J. Liebl et al., *Energiemanagement im Kraftfahrzeug*, ATZ/MTZ-Fachbuch,
DOI 10.1007/978-3-658-04451-0_10, © Springer Fachmedien Wiesbaden 2014

10.1.1 Varianten der Simulation

Man kann die Simulation nach unterschiedlichen Kategorien einteilen:

Prüfstands- vs. Computersimulation Die Durchführung eines Crash-Testes stellt die Simulation eines Unfalls dar. Zur Reproduzierbarkeit des Unfalls werden die Ausgangsbedingungen des Fahrzeugs, wie Beladung, Insassen, Temperatur, etc. sowie die Parameter des Unfalls, wie Fahrzeuggeschwindigkeit, Barrierengeschwindigkeit, Aufprallbereich, Barrierenbeschaffenheit, etc. , definiert. Neben Crash-Tests werden in der Automobilentwicklung auf Prüfständen viele Simulationen am Gesamtfahrzeug (Verbrauch, Aerodynamik, Betriebsfestigkeit, Klimatisierung, Funktionen bei extremen Witterungsbedingungen, etc.) und zusätzlich an Komponenten durchgeführt.

Dem gegenüber werden viele Simulationen mit einem virtuellen Modell am Computer durchgeführt. Diese Computer-Simulationen stehen in diesem Kapitel im Mittelpunkt.

Stochastische Mathematik vs. deterministische Algorithmen In der Computer-Simulation werden zum einen stochastische Prozesse wie radioaktive Prozesse oder die Wirkung einer technischen Maßnahme in einer repräsentativen Bevölkerungsgruppe (beispielsweise die mögliche Verbrauchsreduzierung eines Solardaches bei Fahrzeugen in Europa [1]) simuliert. Methoden sind zum Beispiel die Monte-Carlo-Simulation.

Zum anderen werden Prozesse simuliert, die rein nach dem Prinzip der Ursache und Wirkung ablaufen. Die Wirkmechanismen werden mit deterministischen Algorithmen abgebildet. Dadurch erhält man bei jeder erneuten Simulation mit denselben Ausgangsdaten immer das gleiche Ergebnis. Die Verbrauchs- und Fahr-Performance-Simulationen basieren auf diesem Simulations-Prinzip.

10.1.2 Allgemeine Anwendungsbeispiele

Gestalt (Design) Bei der Simulation in Gestaltung des Produkt-Designs liegt der Schwerpunkt auf der möglichst authentischen Darstellung von virtuell erzeugten Körpern und ihrer Oberflächen bei unterschiedlichen Lichtverhältnissen und in unterschiedlicher Umgebung.

Digitale Fabrik Dazu gehört die virtuelle Produktion und die virtuelle Logistik. Die Simulation von Fabrik- und Logistikprozessen unterstützt die optimierte Auslegung von Produktions- und Logistikanlagen und dient zur virtuellen Überprüfung einer Fabrik, bevor die Investition getätigt wird.

Wettersimulation Die Wettersimulation ist sicherlich die meist nachgefragteste und gleichzeitig die am meisten kritisierte Simulation. Die Wetterprognosen beschränken sich auf wenige Tage in die Zukunft.

Integrationserprobung (HIL/SIL/MIL) Zum Funktionstest und zur Integrationsprüfung eingebetteter Systeme erfolgt eine Simulation der Umgebung. Die aufwendigste Simulation stellt am Ende der Integrationserprobung „Hardware in the Loop" (HIL) dar. Dabei wird beispielsweise die komplette elektronische Ausrüstung betriebsfähig in einem Labor aufgebaut. Einfacher, daher in der Entwicklung vorgeschaltet, erfolgt bei „Software in the Loop" (SIL) und „Model in the Loop" (MIL) die Simulation der Umgebung virtuell in einer Entwicklungsumgebung.

Festkörpersimulation Die Finit Element Method (FEM) bildet die mathematische Basis zur Modellbildung bei der Simulation von Festkörpern bezüglich Steifigkeit (Verformung) und Festigkeit (Beanspruchung).

Strömungssimulation Die Strömungssimulation (CFD: Computational Fluid Dynamics) nutzt die numerische Strömungsmechanik auf Basis verschiedener mathematischer Methoden, zum Beispiel FEM.

Mehrkörpersimulation (MKS) Die MKS stellt die Simulation von mehreren starren oder auch elastischen Körpern dar, die mit definierten Gelenken (Bewegungsfreiheitsgraden) verbunden sind. Genutzt wird MKS beispielsweise zur Simulation einer Achskinematik eines Fahrzeugs.

10.1.3 Warum ist Simulation im Energie-Management sinnvoll?

Allgemeine Vorteile Die Computer-Simulation hat viele allgemeine Vorteile gegenüber den klassischen Versuchen. Diese Vorteile werden auch beim Energie-Management genutzt:

- Exakte Reproduzierbarkeit der Versuche, da sich das Versuchsfahrzeug (Verschleiß) und die Rahmenbedingungen (Wetter, Verkehr) nicht ändern.
- Die Analyse von Modifikationen oder Varianten sowie das Verhalten bei anderen Rahmenbedingungen sind einfacher realisierbar.
- Der Modellaufbau, die Simulation und die Auswertung sind in der Regel schneller durchgeführt als der Aufbau eines Versuchsfahrzeugs, die Durchführung eines Versuchs und die Versuchsauswertung, insbesondere bei Modifikationen gegenüber einem vorherigen Stand. Dies erschließt Potenziale für eine Entwicklungszeitverkürzung.
- Das Risiko für Versuchsfahrzeug und Fahrer entfällt in der Simulation.
- Kein realer Prototyp oder eine Versuchsstrecke/Prüfstand müssen verfügbar sein, um eine Simulation durchzuführen.
- Durch die Modellerstellung und die Simulationen von Varianten und Modifikationen kann ein besseres technisches Verständnis für die Wirkmechanismen einer Maßnahme oder einer Komponente erlangt werden.

- Gereifte Simulationsmodelle, die mehrfach mit Versuchen abgeglichen wurden, können genauer als Versuche Ergebnisse von Maßnahmen oder leicht abgewandelten Varianten erzeugen. Zudem sind Detailgrößen oft besser und genauer zu bestimmen als im Versuch.
- Die Kosten der Simulation sind meist deutlich geringer als für die Durchführung von Versuchen mit realen Modellen.

Zusammenführung von Komponentensimulationen zur Gesamtfahrzeugsimulation In der Automobilentwicklung und im Energie-Management wurden schon sehr früh Simulationen durchgeführt. Oft wurden Komponenten analysiert und bewertet. Beispielsweise wurden unterschiedliche Reifen oder Servolenkungen auf ihre Verluste bewertet und eine Hochrechnung auf die Verbrauchsauswirkung erstellt. Der Motorwarmlauf wurde aus Messungen mit einem Faktor angenommen oder mit vereinfachtem Kennwert abgeleitet.

Die Komplexität der Fahrzeuge und die Vielzahl von Maßnahmen mit gegenseitigen Abschwächungen oder Verstärkungen haben inzwischen einen so hohen Grad erreicht, dass ohne eine übergreifende Gesamtfahrzeug-Simulation keine sinnvollen Aussagen im Energie-Management mehr möglich sind.

Im Folgenden wird der generelle Aufbau einer Gesamtfahrzeugsimulation erläutert.

10.2 Beispiele Gesamtfahrzeug-Verbrauchssimulation

Die größten Anstrengungen im Bereich Energie-Management zielen auf direkte Reduzierung des Kraftstoffverbrauchs und bei hybridischen und rein elektrischen Fahrzeugen auf die Reduzierung des elektrischen Verbrauchs hin. Im Folgenden werden Simulationen dargestellt, die bei diesem Vorhaben analytische Unterstützung leisten.

10.2.1 Modellaufbau und Rahmenbedingungen

Das Modell und die Rahmenbedingungen sollten so einfach wie möglich und gleichzeitig so detailliert wie erforderlich im Simulationsmodell abgebildet sein. Um bei wechselnden Ansprüchen und Anforderungen diesem Ideal möglichst nahe zu kommen, empfiehlt es sich, die Modelle modular und systematisch aufzubauen. Dadurch können einzelne Module durch andere, die den Anforderungen besser angepasst sind, ausgetauscht werden.

10.2.1.1 Fahrzeugmodell

Das Fahrzeugmodell stellt ein Gesamtfahrzeug mit allen wesentlichen Komponenten dar, die für eine Verbrauchssimulation erforderlich sind.

Grundsätzlich ist das Modell ein kinetisches System mit translatorischer und rotatorischer Trägheitsmasse. Es besitzt mindestens eine Momentenquelle, die Energie in das kinetische System einspeist. Diese Energie beschleunigt das Fahrzeug und die rotierenden

Massen. Dabei wird zeitweise in den Massen Energie zwischengespeichert. Die Energie wird über den Antriebsstrang geleitet, durch Luft-, Rollwiderstand, Bremsvorgänge und andere Verluste entlang des Antriebsstrangs dem System entzogen.

Die Momentenquelle erhält bei einem konventionellen Fahrzeug die Energie durch Umwandlung des Kraftstoffs im Verbrennungsmotor in kinetische Energie. Dabei entstehen in Abhängigkeit des Betriebspunktes last- und lastunabhängige Verluste.

Nebenaggregate sind an der Momentenquelle installiert und entnehmen dieser Energie zur Nutzung für das elektrische Bordnetz oder für hydraulische Systeme wie Kraftstoffpumpen, Klimatisierung, Servounterstützung, Wankstabilisierung, etc. Die entnommene Energie steht nicht dem Antriebsstrang zur Verfügung und muss zusätzlich von der Momentenquelle bereit gestellt werden. Die Detaillierung der Nebenaggregatesysteme ist in der Regel nicht erforderlich, da über vereinfachte Kennlinien der Energiebedarf ausreichend genau dargestellt werden kann. In spezifischen Zyklen und bei entsprechender Fragestellung kann allerdings eine detaillierte Modellierung erforderlich sein.

Der gewandelte Kraftstoff zählt als verbraucht. Bei Fahrzeugen mit Hybridantriebssystemen existieren weitere Momentenquellen (Energiewandler) mit eigenen Energiespeichern. Diesen Energiespeichern kann in der Regel durch rekuperatives Bremsen über den Antriebsstrang wieder Energie zugeführt werden.

Für jede Komponente im Modell sind folgende Informationen erforderlich:

- Bauteilspezifikationen (stark abhängig von der Komponente)
  - Last-/lastunabhängige Verluste über Drehzahl und Modus – und/oder
  - Drehzahl- und lastabhängige Wirkungsgrade – und/oder
  - Energiebedarf in Abhängigkeit definierter Parameter – und/oder
  - Verlust oder Widerstand in Abhängigkeit definierter Parameter
  - Gewicht oder rotatorisches Trägheitsmoment – und/oder
  - Spezifische physikalische Kennfelder, beispielsweise Reibbeiwert
- Einsatzbereiche und Bereichsgrenzen der Bauteile
  - Minimal- und Maximal-Temperatur – und/oder
  - Maximal-Drehzahl – und/oder
  - Spezifische physikalische oder definierte Grenzen
- Betriebsstrategie
  - Umschaltpunkte (zum Beispiel Hochschaltpunkt des Getriebes) – und/oder
  - Anwählbare Bereichsgrenzen oder Kennfelder (beispielsweise Momentenkennfeld für „Sport-Modus“) – und/oder
  - Anwählbare Umschaltpunkte (zum Beispiel Schaltpunkte für „Sport-Modus“)

10.2.1.2 Testspezifikation

Die Testspezifikation limitiert in der Regel die Umweltbedingungen auf ein definiertes toleriertes Umwelt-„Fenster“ oder fordert eine entsprechende rechnerische Normierung auf die definierte Umweltbedingungen. Zusätzlich werden die Startbedingungen des Probandenfahrzeugs, der Kraftstoff, die Strecke beziehungsweise die Geschwindigkeiten vorgegeben. Hier eine entsprechende Übersicht:

Umweltbedingungen Die Umweltbedingungen, beispielsweise die Außentemperatur oder die Höhe des Testgeländes, wirken sich auf die Messergebnisse nennenswert aus. Daher sind sie für eine hohe Reproduzierbarkeit genau zu definieren:

1. Lufttemperatur
   - Beeinflusst Luftdichte und damit Luftwiderstand (und damit Verbrauch und v_{max}) und max. Motorleistung (insbesondere bei Saugmotoren-VKM)
   - Beeinflusst Kühlung und Bauteiltemperaturen, damit Verluste und z. T. die Betriebsstrategie
2. Höhe über Normalhöhennull (NHN)
   - Beeinflusst Luftdruck und -Temperatur
3. Luftdruck
   - Beeinflusst Luftdichte und damit Luftwiderstand (und damit Verbrauch und v_{max}) und max. Motorleistung (insbesondere bei Saugmotoren-VKM)
4. Luftfeuchte
   - Beeinflusst Luftdichte und damit Luftwiderstand (und damit Verbrauch und v_{max}) und max. Motorleistung (insbesondere bei Saugmotoren-VKM)
5. Windrichtung und -geschwindigkeit
   - Beeinflusst Luftwiderstand und damit Verbrauch und v_{max}
   - In der Regel ist kein Wind definiert
6. Niederschlag (Regen, Schnee, etc.)
   - Beeinflusst Fahrwiderstand und damit Verbrauch und v_{max}
   - In der Regel ist kein Niederschlag definiert
7. Sonneneinstrahlung (Wärmestrahlung)
   - Beeinflusst Leistungsbedarf der Innenraumklimatisierung
   - Bei verbauten Solarzellen kann Energie evtl. aufgenommen werden
   - In der Regel ist keine Sonneneinstrahlung definiert

Startbedingungen des Fahrzeugs

1. Zuladung
   - Definierte Zuladung beispielsweise zwei Personen
2. Bauteiltemperaturen
   - Kaltstart mit definierter Temperatur – oder
   - Warmstart – oder
   - Anwendungsspezifisch
3. Fahrmodi
   - Default – oder
   - Sport – oder

  - Hybrid – oder
  - e-Power (elektrisch) – oder
  - spezifisch
4. Luftdrücke der Reifen
5. Ladezustände von Speichern
6. Weitere spezifische Zustände oder Funktionen

Kraftstoff-Eigenschaften

1. Dichte
2. Evtl. zus. Heizwert und Oktanzahl

Streckenprofil

1. Steigung, Gefälle oder Höhenverlauf
2. Kurvenradien oder ähnliche Angaben
3. Straßenart und Zustand
4. (Querneigung Fahrbahn)

Geschwindigkeitsvorgabe

1. Geschwindigkeitsverlauf mit Toleranzband als maximale und minimale Geschwindigkeit über die Fahrzeit oder Fahrstrecke
2. Maximale Geschwindigkeit über die Fahrzeit oder Fahrstrecke und Zusatzvorgaben, bei Unterschreitung der Geschwindigkeitsvorgabe, beispielsweise „mit Volllast zu beschleunigen“

Test Der Test beinhaltet in der Regel alle Vorgaben für die Rahmenbedingungen, wie aufgeführt. Die bekanntesten sind der NEFZ und der FTP.

Fahrer Wie bei einem realen Test wird auch in der Simulation ein Fahrer benötigt. Er wird als Fahrermodell abgebildet und führt die gleichen Aktionen wie im Realfahrzeug durch. Sein Verhalten, zum Beispiel wie „sportlich“ oder ruhig er das Fahrpedal betätigt, ist im Fahrermodell hinterlegt.

10.2.2 Energieflussanalysen am Beispiel NEFZ

Um an einem Fahrzeug effektiv den Verbrauch reduzieren zu können, ist es essenziell wichtig, die Energieflüsse zu kennen und ihre Wirkmechanismen zu verstehen. Dabei ist die Simulation ein effizientes Werkzeug. Im Folgenden wird die Analyse eines PHEV im NEFZ dargestellt.

10.2.2.1 Modellaufbau

Das Gesamtfahrzeug- und Antriebsmodell, die Umgebungsbedingungen, das Fahrermodell und die Strecke mit Zyklusvorgaben sind in einem AVL-Cruise-Modell abgebildet. Die Betriebsstrategie des Hybridantriebsstrangs ist in MATLAB/Simulink modelliert und als Co-Simulation mit dem AVL-Cruise-Modell verbunden.

Das Gesamtfahrzeugmodell umfasst alle parasitären Verluste wie Fahrwiderstände, Komfortsysteme und Bordnetzverbrauch.

Das Antriebsmodell berücksichtigt die Reib- und Kühlverluste der VKM, Zusatzkraftstoffmengen für das Aufwärmen des Katalysators zur Sicherstellung des schnellen Anspringens der Abgasreinigung, last-abhängige und last-unabhängige Verluste des Haupt- und Achsgetriebes, die ohmschen, magnetischen und reib-induzierten Verluste der EM sowie die ohmschen und elektro-chemischen Verluste der Traktionsbatterie.

10.2.2.2 Hybridischer Betrieb im NEFZ

Im NEFZ haben konventionelle Fahrzeuge mit einer VKM einen Anteil der Nutzenergie von circa 15 % bis 30 %. Je kleiner die VKM bei gleichem Fahrzeug, desto höher ist der Anteil der Nutzenergie, da die VKM bei spezifisch günstigeren Betriebspunkten betrieben wird. Das Fahrzeug der Analyse ist ein PHEV mit einem Parallel-Hybridsystem. Die EM sitzt zwischen VKM und Hauptgetriebe, mit einer Kupplung zwischen VKM und EM abkoppelbar.

Die VKM wandelt 29 % seiner chemischen Kraftstoffenergie in mechanische Nutzenergie um, siehe Abb. 10.1. Ohne den Hybridantriebsstrang würde sich ein Anteil der Nutzenergie von rund 21 % einstellen, womit sich für den Hybrid eine Verbesserung des Kraftstoffverbrauchs von circa 28 % ergibt. Die Verbesserung des Hybridantriebstrangs wird durch Entfall der ungünstigen Betriebspunkte und durch Lastpunktverschiebung zu günstigeren Betriebspunkten bewirkt.

Nach Betrachtung der konventionellen Antriebsseite beim Wandeln der chemischen Energie in mechanische Energie werden nun die Verluste näher analysiert, die im Gesamtfahrzeug beim Durchfahren des Zyklus entstehen. Dabei sind die Verluste des elektrischen Antriebssystems enthalten.

Die 29 % mechanische Nutzenergie aus Abb. 10.1 werden in Abb. 10.2 als 100 % Basis gesetzt und die weitere Energieflussverteilung aufgezeigt:

Der Luftwiderstand (29 %) und Rollwiderstand (25 %) nehmen dabei zusammen 54 % ein. Die restlichen 46 % der motorischen Nutzenergie werden innerhalb des Fahrzeugs benötigt oder fallen als Verluste an. Der größte Anteil von 19 % (oder 41 % vom Rest (46 %) ohne Fahrwiderstand) sind Verluste im Hauptgetriebe, wobei zusätzlich im Drehmoment-Wandler weitere 4 % Verluste entstehen (oder 9 % vom Rest), somit in Summe 23 % (oder 50 % vom Rest) im Hauptgetriebe.

In der EM werden 11 % (oder 24 % vom Rest) beim elektrischen Fahren oder im generatorischen Betrieb als Verluste in Wärme umgewandelt. In der Batterie entstehen 3 % Lade- und Entladeverluste (oder 6,5 % vom Rest). In der gleichen Höhe mit 3 % entnimmt das el. Bordnetz elektrische Energie.

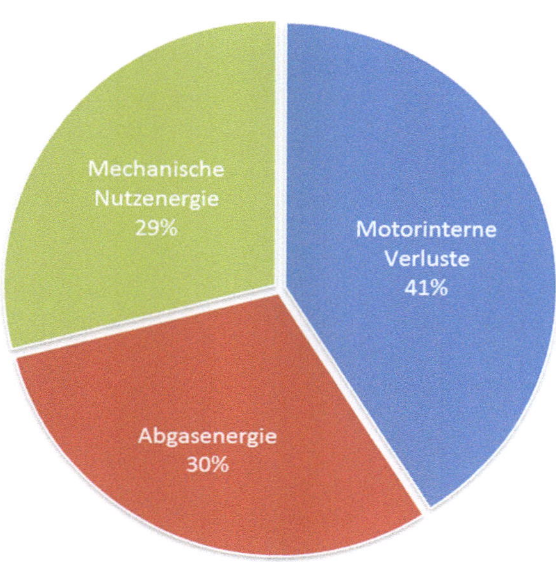

Abb. 10.1 Energiefluss: VKM-Verluste eines PHEV-Fahrzeugs im hybridischen Betrieb im NEFZ

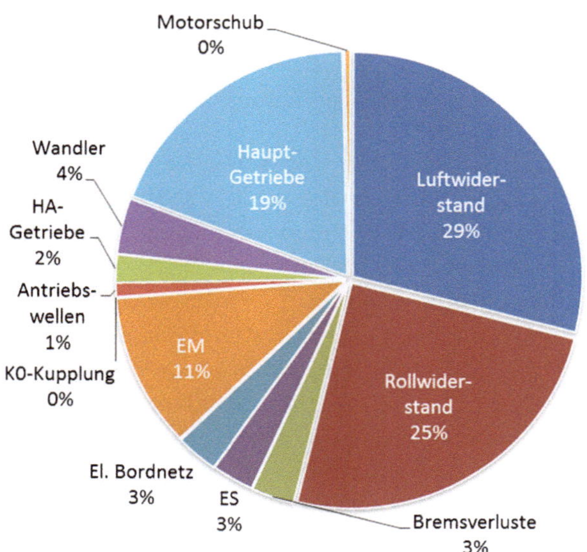

Abb. 10.2 Energiefluss: Verluste des kinetischen Systems eines PHEV-Fahrzeugs im hybridischen Betrieb im NEFZ

Einige Leser werden die „Beschleunigungsarbeit" vermissen. Ursache für das Fehlen ist, dass in der Analyse die „Energiesenken" dargestellt werden, also die Anteile Energie, die das

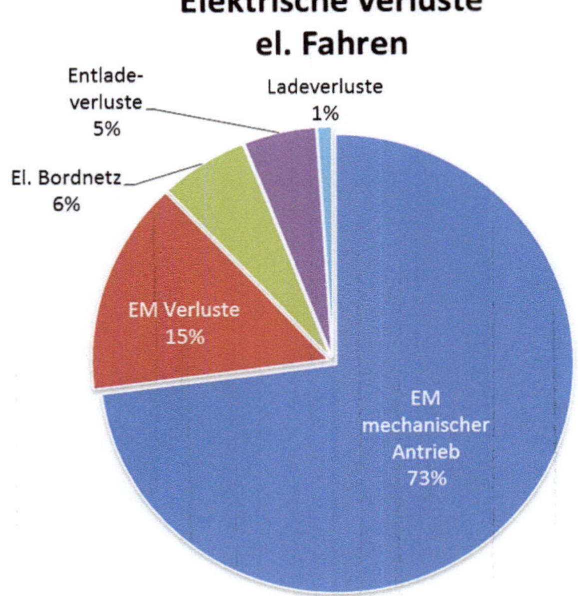

Abb. 10.3 Energiefluss: Elektrische Verluste und nutzbare mechanische Antriebsenergie eines PHEV-Fahrzeugs im rein elektrischen Betrieb im NEFZ

kinetische System des Fahrzeugs verlassen. Die Beschleunigungsarbeit ist zwar temporär eine Energiesenke, jedoch wird sie als kinetische Energie zwischengespeichert. Beim Schub, Segeln oder Bremsen wird sie wieder vom kinetischen System abgegeben. Außer dem el. Bordnetz sind alle dargestellten Energieanteile letztlich Verluste des kinetischen Fahrzeug-Systems, die in Form von Wärme auftreten.

10.2.2.3 Elektrischer Betrieb im NEFZ

Im rein elektrischen Betrieb ist die VKM nicht im Betrieb. Der gesamte Vortrieb erfolgt über die EM, die aus dem ES gespeist wird. Beim Bremsen wird möglichst die gesamte Verzögerung über die EM im generatorischen Betrieb erbracht und die Energie durch Laden des ES zwischengespeichert.

In Abb. 10.3 sind die elektrischen Verluste dargestellt. Von den 100 % im ES zur Nutzung gespeicherten Energie entfallen beim elektrischen Fahren und beim Rekuperieren auf die EM 15 % Verluste. Weitere 6 % entfallen auf den ES durch Lade- und Entladeverluste. Das elektrische Bordnetz entnimmt dem ES weitere 6 % zur Versorgung der elektrischen Verbraucher und Steuergeräte.

Mechanisch nutzbar verbleiben 73 % der im ES eingespeicherten Energie.

Die nutzbaren 73 % mechanische Energie sind in Abb. 10.4 als 100 % Basis gesetzt. Davon werden 69 % zur Überwindung des Fahrwiderstands (37 % Luft-, 32 % Rollwiderstand) benötigt. Von den restlichen 31 % der Energie werden 28 %-Punkte (90 % der restlichen

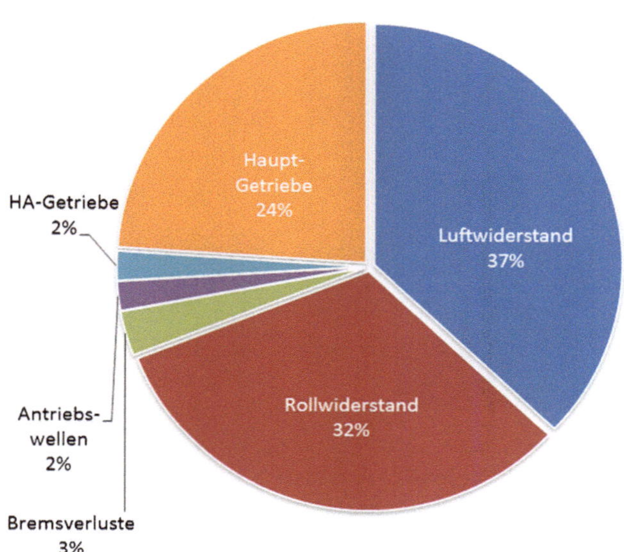

Abb. 10.4 Energiefluss: Antriebsstrang-Verluste und Fahrwiderstand eines PHEV-Fahrzeugs im rein elektrischen Betrieb im NEFZ

Energie) im Antriebsstrang in Wärme verwandelt, 24 % (77 % der restlichen Energie) davon im Hauptgetriebe.

10.2.2.4 Erkenntnisse der Energieflussanalyse

Diese Energieflussanalyse am Beispiel eines PHEV zeigt die Potenziale für weitere Optimierungen einer PHEV-Topologie auf und ist somit eine wertvolle Methode bei der Optimierung der Fahrzeuge.

Die Analyse zeigt beispielsweise im rein elektrischen Betrieb Verluste im Hauptgetriebe in der Größenordnung des Rollwiderstands. Diese Verluste entstehen, da die EM ihre Energie durch das Hauptgetriebe leiten muss. Eine alternative Topologie mit einer achsnahen EM könnte diese Verluste deutlich reduzieren.

10.2.3 Simulationsanalyse für eine Verbrauchsoptimierung

Mit dem folgenden Beispiel soll dargestellt werden, wie eine Komponente in Bezug auf Betriebspunkte analysiert werden kann. Als Beispiel dient hier die VKM eines konventionellen Fahrzeugs ohne Hybridantrieb. Als Ergebnis der Analyse ist transparent, welche Betriebsbereiche für eine Optimierung am relevantesten sind.

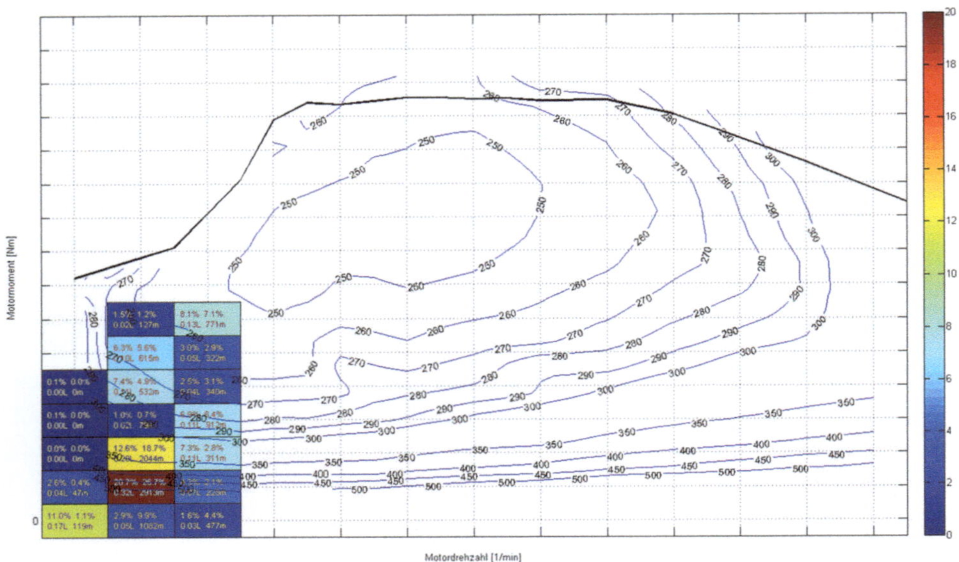

Abb. 10.5 Teilverbrauchsanalyse nach Betriebspunkten für VKM konventionelles Fahrzeug mit AT im NEFZ (Quelle: Porsche AG)

10.2.3.1 Teilverbrauchsanalyse NEFZ

Die Teilverbrauchsanalyse ist eine spezifische Auswertung einer oder mehrerer Verbrauchssimulationen. Zunächst wird am Beispielzyklus NEFZ und einem großem Fahrzeug mit hohem Gewicht, großer Querschnittsfläche und mit einem großen aufgeladenen Verbrennungsmotor ohne Hybridantrieb die Analyse durchgeführt.

Die Abb. 10.5 zeigt ein Diagramm mit dem Motorantriebsmoment über der Motordrehzahl. Im Diagramm sind die Linien mit gleichem spezifischen Verbrauch als Isolinien dargestellt. Zusätzlich ist der Betriebsbereich des Motors in 13 Motormomenten-Klassen sowie in 13 Motordrehzahl-Klassen eingeteilt. Diese 13 × 13 Klassen ergeben theoretisch 169 Betriebspunkt-Klassen, wobei 16 außerhalb des Betriebsbereichs des Motors liegen. Daher sind 153 Betriebspunktklassen praktisch fahrbar. Für jede Klasse wurden der Verbrauch und die jeweils gefahrene Strecke im Zyklus aggregiert. Zusätzlich wurde der Verbrauchsanteil sowie der Streckenanteil pro Klasse ermittelt und je Klasse dargestellt. Der Verbrauchsanteil der Klasse definiert die Einfärbung der Klasse. Im Diagramm bedeutet beispielsweise „rot“ 20 % Verbrauchsanteil.

Im Diagramm ist zu erkennen, dass im NEFZ nur 19 von 153 Betriebspunkte-Klassen mit Verbrauch existieren. Drehzahlen über circa 25 % der Nenndrehzahl treten nicht auf. Daran ist zu erkennen, dass hier nicht der Beginn einer Verbrauchsoptimierung, sondern das Ende einer Optimierung vorliegt. Dennoch lohnt ein intensiver Blick auf die Klassen in Abb. 10.6.

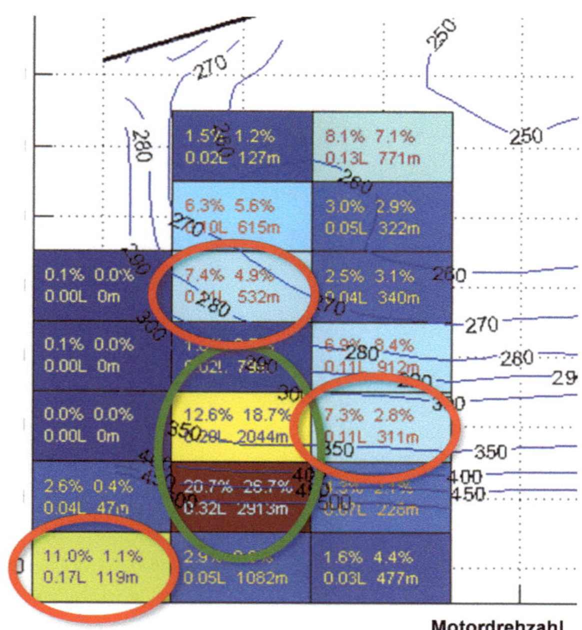

Abb. 10.6 Detail in Teilverbrauchsanalyse nach Betriebspunkten für VKM konventionelles Fahrzeug mit AT im NEFZ (Quelle: Porsche AG)

Die „grüne" Ellipse um die beiden Klassen mit höchstem Verbrauchsanteil sind die wichtigsten im Diagramm beziehungsweise im Zyklus. Diese zwei Klassen von 19 beziehungsweise von 153 besitzen zusammen einen Verbrauchsanteil von 33,3 %, also genau einem Drittel und sind damit sehr wichtig. Positiv ist bei diesen zwei Klassen, dass hier ein sehr großer Streckenanteil zurückgelegt wird: 45,4 % der Zyklusstrecke. Damit wird die Wichtigkeit dieser zwei Klassen noch erhöht: Fast die Hälfte der Strecke wird in diesen beiden Klassen zurückgelegt. Die Ellipse hat eine „grüne" Umrandung bekommen, da der Streckenanteil größer ist als der Verbrauchsanteil. Das heißt, dass im Mittel in diesen beiden Klassen für den eingesetzten Kraftstoff überdurchschnittlich viel Fahrstrecke zurückgelegt wurde, was sehr positiv ist. Das mag verwundern, da die Motorbetriebspunkte in diesen beiden Klassen spezifisch zu den schlechtesten im gesamten Kennfeld gehören. Jedoch muss daran erinnert werden, dass zum einen die Fahrwiderstände je Klasse unterschiedlich sind, zum anderen der Motor nicht isoliert betrachtet werden darf, sondern die gesamte Wirkungsgradkette von Motor bis Rad, inkl. parasitärer Verbraucher, relevant ist.

Betrachtet man die Klasse mit der „roten" Ellipse mit kleinstem Moment und kleinster Drehzahl, so erkennt man, dass es die Klasse mit dem dritt-höchsten Verbrauchsanteil ist. Hier werden 11 % des Kraftstoffs auf nur 1,1 % der Fahrstrecke verbraucht. Damit fordert diese Klasse gravierende Verbesserungspotenziale.

Die Betriebspunkte dieser Klasse umfassen alle Leerlaufphasen mit den Betriebspunkten knapp davor und danach mit dem Beginn des Anfahrens. Die Simulation erfolgte ohne das Start-Stopp-System, das dieses Fahrzeug jedoch besitzt. Damit ist auch die entscheidende Maßnahme benannt, die diese extrem schlechte Klasse deutlich verbessert. Mit Start-Stopp-System reduziert sich der Verbrauch in der Klasse von 0,17 Liter auf 0,09 Liter. Damit sinkt der Verbrauchsanteil von 11,0 % auf 6,0 %.

Die beiden anderen „roten" Ellipsen zeigen die Klassen mit 5.- und 6.-höchstem Verbrauchsanteil. Beide Klassen haben deutlich höheren Verbrauchsanteil als Fahrstreckenanteil. Die Ursache ist hier nicht unmittelbar erkennbar und bedarf weiterer Analyse, beispielsweise einer Teilverbrauchsanalyse des Getriebes in den einzelnen Gangstufen oder eine Detailbetrachtung der Fahrbereiche dieser Klasse.

10.2.3.2 Teilverbrauchsanalyse Hochlastzyklus

Das identische Fahrzeug beziehungsweise Modell wird alternativ zum Zyklus NEFZ aus dem vorigen Kapitel in einem für Deutschland relevanten Hochlastzyklus analysiert. Dieser Zyklus setzt sich aus mehreren gewichteten Teilzyklen zusammen und wird aggregiert dargestellt. Die Darstellung ist identisch mit dem Diagramm aus dem vorigen Kapitel mit 169 theoretisch und mit 153 praktisch fahrbaren Drehmoment-Drehzahl-Klassen.

Eine Unterscheidung findet bei der Darstellung der Klassen statt. Bei diesem Beispiel sind nur die Klassen dargestellt, die in Summe 80 % des Verbrauchs ergeben, im Gegensatz zu 100 % im vorigen Beispiel. Diese Änderung wurde vorgenommen, um nicht den Fokus auf die relevanten Klassen zu verlieren, da trotz dieser Maßnahme die Anzahl der Klassen mit Verbrauch von 19 auf 24 gestiegen ist.

Das Diagramm Abb. 10.7 zeigt im unteren Drehzahlbereich ähnliche Klassen wie im NEFZ. Dies deutet auf die Bereiche im Stadtverkehr und im weniger dynamischen Überlandverkehr hin. Das dynamische Fahren auf Landstraßen und auf Autobahnen erzeugt Betriebspunkte, insbesondere bis zu drei Drehzahl-Klassen und sechs Drehmoment-Klassen über dem Bereich des NEFZ. Da der Hochlastzyklus auch lange Volllastbeschleunigungen, z. T. bis ungefähr Höchstgeschwindigkeit enthält, ist auch eine Drehzahl-Klasse vorhanden, die acht Klassen über dem Bereich des NEFZ liegt.

Die Teilverbrauchsanalyse in Abb. 10.7 zeigt mit Kenntnis des Zyklus folgendes auf:

- Fehlendes Start-Stopp-System, siehe Klasse Motormoment 0, Drehzahl LL.
- Niedrige Lasten sind nur bei niedrigen Drehzahlen, trotz vorgegebener Konstantgeschwindigkeiten. Dies zeigt eine gute Nutzung einer großen Übersetzungsspreizung.
- Alle Autobahn-Konstant-Geschwindigkeiten bis > 180 km/h werden bei mittleren Drehzahlen und günstigen Motorwirkungsgraden gefahren, ermöglicht durch lange Overdrive-Übersetzungen und hohes verfügbares Motormoment.
- Stärkere Beschleunigungen werden mit hohen Momenten und mittleren Drehzahlen bei günstigen Wirkungsgraden umgesetzt.
- Ungünstige Betriebspunkte mit hohen Drehzahlen und mittleren oder niedrigen Momenten werden vermieden.

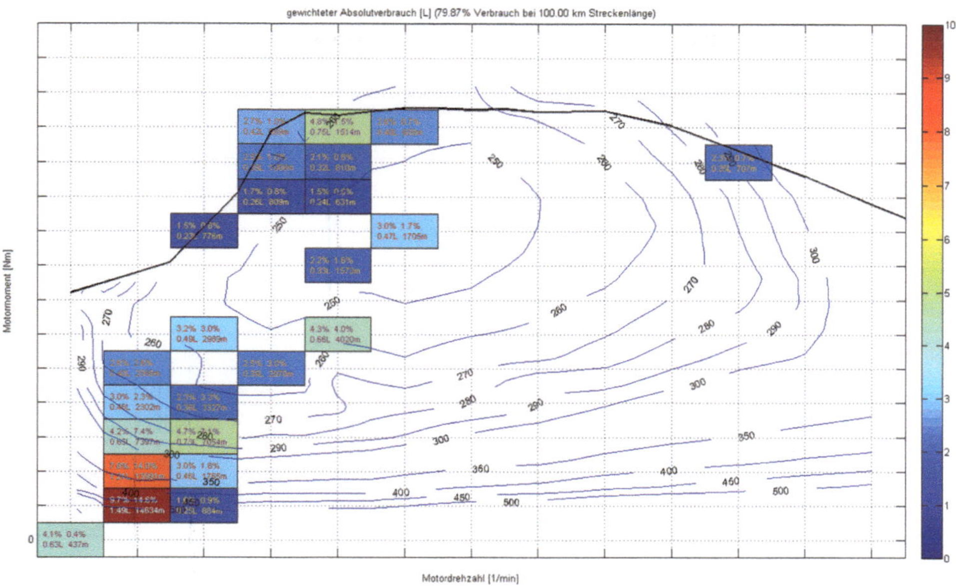

Abb. 10.7 Teilverbrauchsanalyse nach Betriebspunkten für VKM konventionelles Fahrzeug mit AT im Hochlastzyklus (Quelle: Porsche AG)

Somit zeigt die Analyse einen ebenfalls gut optimierten Stand für den gegebenen Hochlast-Zyklus. Die einzige Ausnahme ist das fehlende Start-Stopp-System, das jedoch im Fahrzeug vorhanden ist, lediglich bei dieser Simulation nicht berücksichtigt ist.

10.3 Simulation im Ziel-Konflikt zwischen Fahr-Performance und Verbrauch

In den folgenden Kapiteln werden Beispiele für Simulationen im Zielkonflikt zwischen Fahr-Performance und Verbrauch dargestellt. Einige Leser werden sich nun fragen, warum in einem Buch über Energie-Management das Thema Fahr-Performance behandelt wird? Warum reicht es nicht, nur Verbrauchs-Simulationen zu behandeln?

Betrachtet man einen modernen Sportwagen, wie beispielsweise einen Porsche Carrera S (Modell 997 II, PDK, 2008 bis 2012), erreicht dieser 0–100 km/h in 4,5 Sekunden und eine Höchstgeschwindigkeit von 300 km/h. Gleichzeitig kann er durchaus mit unter acht l/100 km zügig bewegt werden. Im gesetzlichen EU-Zyklus erreicht dieser Sportwagen 10,1 l/100 km oder 240 g/km CO_2. Damit ist er Bester in seiner Klasse, jedoch weit über den zukünftigen Vorgaben der EU für Herstellerflotten [2]. Wird bei unverändertem Fahrzeug mit gegebenem Innenraum, aktiver und passiver Sicherheit, Komfort, Infotainment, Luft- und Rollwiderstand der Antrieb verkleinert, mindern sich die Motorleistung und die

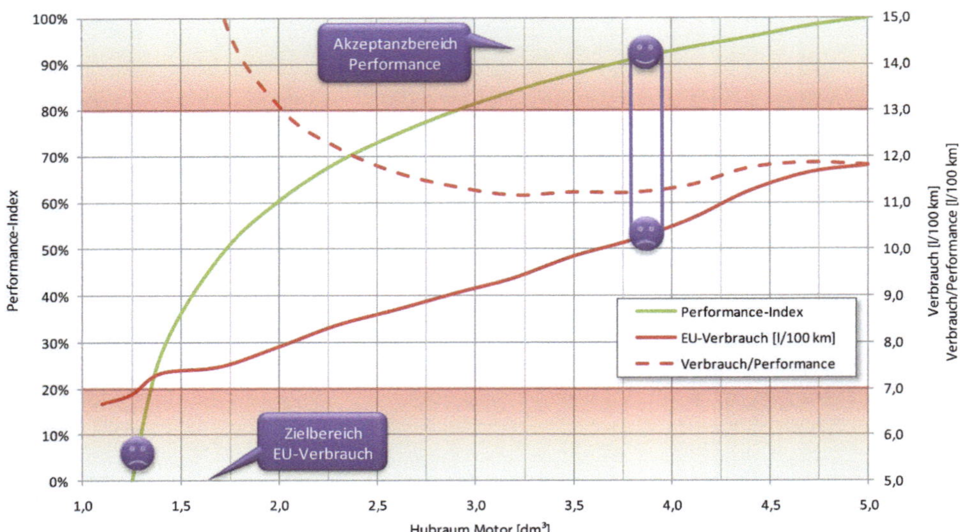

Abb. 10.8 Zusammenhang von Verbrauch und Performance mit Dimensionierung des Antriebs nach [3] (lineare Skalierung von Motorleistung, Motorverlusten mit Motorhubraum; Achsübersetzung jeweils angepasst)

Verluste im Antriebsstrang. Als Resultat verringert sich der EU-Verbrauch, jedoch auch die Performance des Fahrzeugs. In Abb. 10.8 ist dieser Zusammenhang dargestellt. Der Akzeptanzbereich für die gewünschte Performance eines Kunden aus diesem Fahrzeugsegment ist ebenfalls eingezeichnet. Der Performance-Index wird dabei aus drei Beschleunigungs-Kriterien und der Höchstgeschwindigkeit gebildet. Die jeweils besten Werte ergeben 100 %, die schlechtesten 0 %. Alle vier Kriterien werden gleichwertig gewichtet. Diese Methode wird in [3] genauer beschrieben.

An der Grenze der Performance-(nicht-)Akzeptanz besteht noch eine große Ziellücke zur Erreichung des EU-Flottenverbrauchsziel[1]. Selbst bei radikaler Verkleinerung des Antriebs auf circa 1,0 dm^3 Hubraum wäre bei unverändertem Fahrzeug eine Zielerfüllung nicht möglich. Zudem wäre die Akzeptanz beim Kunden nicht gegeben.

Alle Maßnahmen, die die Fahr-Performance günstig beeinflussen, idealerweise ohne Mehrverbrauch, können somit die Gesamtfahrzeugeffizienz erhöhen. Ziel ist es, durch die Unterstützung der Simulation Maßnahmen zur Steigerung der Gesamtfahrzeugeffizienz zu entwickeln.

Daher werden neben Maßnahmen zur Reduzierung des Verbrauchs auch Maßnahmen zur Steigerung der Fahr-Performance analysiert und bewertet.

[1] Ziel für 2015: 130 g/km CO2 entspricht 5,6 L/100 km bei Verwendung von Ottokraftstoff.

10.3.1 Rennstart-Simulation mit „Launch Control"

Bei der schnellstmöglichen Beschleunigung aus dem Stand wird ein „Rennstart" durchgeführt. Dabei wird bei Handschaltgetrieben der Motor auf einer erhöhten Drehzahl gehalten und beim Start durch ein seitliches „Abrutschen" des Fußes vom Kupplungspedal schlagartig eingekuppelt (in rund 0,08 s). Ein Einkuppeln durch „Fuß-Zurückziehen" ist deutlich zu langsam und erhöht dadurch die Wärmebelastung der Kupplung massiv.

Die Verbesserung des Rennstarts durch eine Launch Control bewirkt die Optimierung der Gesamtfahrzeugeffizienz durch gesteigerte Fahr-Performance ohne Verschlechterung des Verbrauchs.

10.3.1.1 Grundlagen Rennstart

Ein Anfahrvorgang beginnt mit $i = \infty$, da das Fahrzeug und die Getriebewelle noch steht, die Kurbelwelle sich bereits dreht. Bei kundennahen Anfahrvorgängen wird auf einen Rennstart verzichtet. Üblich sind hier Anfahrdrehzahlen zwischen 1000 und 2000/min. Mit Übertragung eines Moments durch die Kupplung setzt sich das Fahrzeug in Bewegung. Mit sinkender Differenzdrehzahl in der Kupplung nähert sich die Übersetzung an die durch das Getriebe vorgegebene an.

Ein Rennstart erfolgt mit deutlich höheren Drehzahlen. Bei einem **Handschaltgetriebe** ergeben sich folgende Unterschiede zur normalen Anfahrt:

1. Anfahrdrehzahlen: >> 2000/min bis n_{max}.
2. Kupplungspedal wird durch seitliches Abrutschen vom Pedal gelöst.
3. Synchronisationszeit der Kupplung ($n_{Motor} = n_{GEW}$): ≤ 0,1 Sekunden.
4. Großer Radschlupf, je nach Motormoment und Traktion.

Bei **Automat-Getrieben** erfolgt ein Rennstart durch „**Festbremsen**". Hier ergeben sich folgende Unterschiede zur normalen Anfahrt:

1. Gleichzeitige Betätigung von Fahr- und Bremspedal, Fahrzeug steht.
2. Der Motor dreht hoch auf „Festbremsdrehzahl" (abhängig von Bauart und Regelstrategie des Getriebes, die vom Motor abgegebene Leistung wird im Anfahrelement des Getriebes in Wärme verwandelt. Daher kann dieser Zustand nur wenige Sekunden eingestellt werden).
3. Der gesamte Antriebsstrang ist mit den resultierenden Momenten beaufschlagt und spannt sich vor.
4. Auslösung des Starts durch Lösen des Bremspedals.

Bei regelbaren Anfahrelementen kann der Radschlupf bei einem Rennstart z. T. damit geregelt werden. Dies ist in begrenztem Umfang auch über den Motor möglich. Damit ergeben sich folgende Varianten des Rennstarts (siehe Tab. 10.1):

Tab. 10.1 Mögliche Durchführungsarten des Rennstarts

Rennstart	Handschaltgetriebe	Autom. Getriebe mit Drehmomentwandler	Autom. Getriebe mit Reibkupplung
Ungeregelt mit	„Kupplungsschnalzen“	„Festbremsen“	„Festbremsen“
Radschlupfregelung über	„Zündpfad“ des Motors	„Zündpfad“ des Motors	Kupplungsschlupf/ „Zündpfad“ des Motors

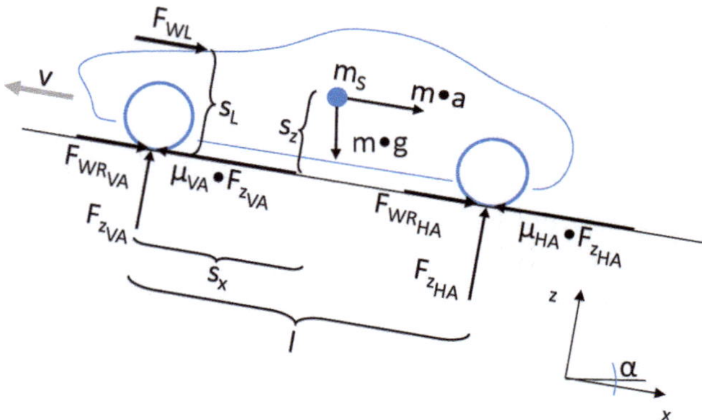

Abb. 10.9 Kräfte beim Beschleunigungsvorgang

10.3.1.2 Simulationsmodell Rennstart

Zur Untersuchung technischer Ansatzpunkte eignet sich eine Simulation sehr gut. Dabei ist darauf zu achten, dass der richtige Detaillierungsgrad bei der Modellierung der physikalischen Zusammenhänge gewählt wird. Die Grundlagen für ein Simulationsmodell für den Rennstart in ungeregelter und geregelter Form sowie die Schaltvorgänge in einem Doppelkupplungsgetriebe mit Beeinflussung der Schaltparameter, werden beschrieben. Im Modell werden alle relevanten kraftfahrzeugspezifischen Effekte berücksichtigt und modelliert [4–7]. Im Folgenden sind die wichtigsten Abhängigkeiten dargestellt (Abb. 10.9):

Die Längsbeschleunigung:

$$a = \frac{\sum F_x}{m} = \frac{\mu_{VA} \cdot F_{z_{VA}} + \mu_{HA} \cdot F_{z_{HA}} - F_{WL} - F_{WR_{VA}} - F_{WR_{HA}}}{m} \tag{10.1}$$

Reibbeiwert (reifen-spezifisches Kennfeld):

$$\mu = f(S, F_z) \tag{10.2}$$

Vorderachslast in der Beschleunigung:

$$F_{z_{VA}} = m \cdot g \cdot \frac{(l - s_x)}{l} \cdot \cos\alpha - m \cdot a \cdot \frac{s_z}{l} - F_{WL} \cdot \frac{s_1}{l} \tag{10.3}$$

Hinterachslast in der Beschleunigung:

$$F_{z_{HA}} = m \cdot g \cdot \frac{s_x}{l} \cdot \cos\alpha + m \cdot a \cdot \frac{s_z}{l} + F_{WL} \cdot \frac{s_1}{l} \tag{10.4}$$

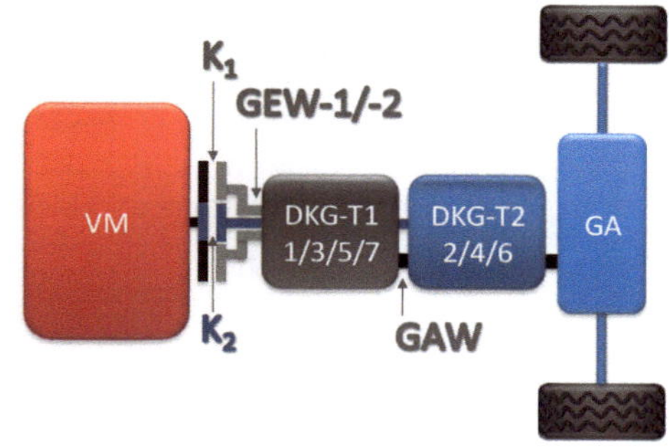

Abb. 10.10 Antriebseinheit mit DKG (K1: Kupplung eins für DKG-T1: Teilgetriebe eins mit den ungeraden Gängen; K2: Kupplung 2 für DKG-T2: Teilgetriebe 2 mit den geraden Gängen; GAW: Gemeinsame Getriebe-Ausgangswelle; GA: Achsgetriebe)

Die Längsbeschleunigung a ist der Quotient aus der Summe aller am Gesamtfahrzeug wirkenden Längskräfte und der Masse (10.1). Bei niedrigen Geschwindigkeiten und im Stand werden die antreibenden Kräfte durch die Übertragbarkeit der Antriebsräder limitiert und sind vom Reibbeiwert und von der variablen Normalkraft der Antriebsräder abhängig. Durch die Beschleunigung und durch Fahrtwindkräfte entsteht eine dynamische Achslastverlagerung. Diese ist wiederum von der Beschleunigung abhängig (10.3, 10.4). Der Reibbeiwert ist ebenfalls von der Normalkraft der Räder und dem Schlupf abhängig (10.5). Der stark von der Radgeschwindigkeit beeinflusste Schlupf ist abhängig vom am Rad bereitgestellten Antriebsmoment. Dabei sind die Massenträgheiten der rotierenden Komponenten, insbesondere der Räder, zu berücksichtigen und in die Radgeschwindigkeits- und Schlupfberechnung zu integrieren (10.24).

Der Motor stellt den Energiewandler dar, der die im Fahrzeug mitgeführte chemische Energie zu mechanischer Energie wandelt. Diese mechanische Energie schwankt stark in Abhängigkeit der Motordrehzahl. Das maximal mögliche Motormoment über Motordrehzahl und die resultierende Leistung bilden daher die Hauptkenngrößen des Motors. Als weitere Größe ist das Trägheitsmoment der rotierenden Motorbauteile zur Abbildung der dynamischen Vorgänge notwendig. Im Beispiel wird ein Doppelkupplungsgetriebe verwendet, siehe Abb. 10.10. Daher werden zwei einzelne Kupplungen integriert. Kupplung eins (K1) für die ungeraden Gänge, Kupplung zwei (K2) für die geraden Gänge. Angefahren wird im ersten Gang und K1. Im ersten Zeitabschnitt des Schaltvorgangs, in der Momenten-Übergabe, übertragen beide Kupplungen gleichzeitig Momente, wodurch zu berücksichtigende Verluste entstehen (10.6).

Das Getriebe ist in der Basis als 6 + 1-Gang-Doppelkupplungsgetriebe modelliert. Die Höchstgeschwindigkeit wird im sechsten Gang erreicht, der siebte Gang dient bei Konstantfahrten zur Drehzahlabsenkung. Die Verluste teilen sich in lastabhängige und lastunabhängige Verluste auf. Die Übersetzungen wurden mit ganzen Zähnezahlen vorgegeben und sind real darstellbar. Die Modellierung der Schaltvorgänge wird detailliert ausgeführt. Diese sind in Abschn. 10.3.1.3 beschrieben.

Die Reifen sind Bestandteil der Räder und besitzen einen Rollwiderstand. Die gesamten Fahrwiderstände sind in der Widerstandskurve zusammengefasst. Für das Beschleunigungsverhalten und die Simulation sind die Reibschlusskennwerte des Reifens höchst

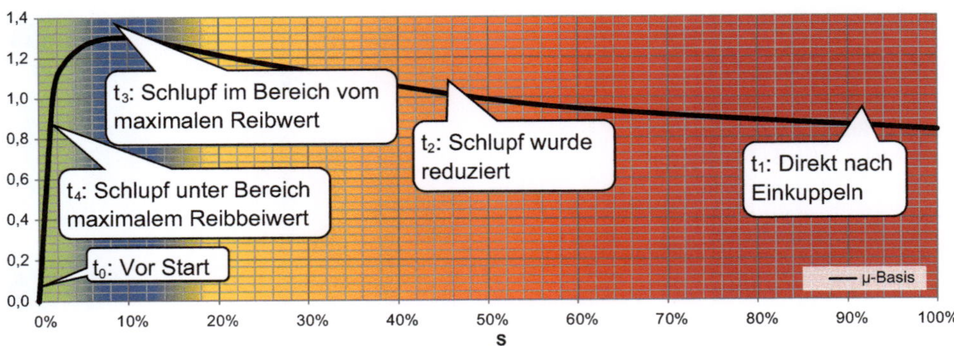

Abb. 10.11 Fahrzeugkennwerte: Reifenschlupf mit fünf Zeitpunkten t_0 bis t_4 in einem Rennstart (Prinzipdarstellung)

einflussreich. Diese Kennwerte wurden als Kraftschlussbeiwert über Normalschlupf definiert. Bei einem Rennstart wird direkt nach dem Start (t_1) zuerst ein sehr hoher und ungünstiger (rot) Schlupfwert erreicht, der in Folge (t_2 bis t_4) abnimmt (Abb. 10.11). Im Bereich t_3 (blau) ist der optimale Regelbereich für maximale Beschleunigung. Der geringste Verlust ist im Bereich t_4 (grün). Der Rennstart ist in Abschn. 10.3 detailliert beschrieben.

Definition des Reifenschlupfes:

$$S = \frac{v_{\mathrm{Rad}} - v_{\mathrm{Fzg}}}{v_{\mathrm{Rad}}} \tag{10.5}$$

Der dynamische Halbmesser stellt den wirksamen Radius des Rades während der Fahrt dar. Durch die enorme Zentripetalbeschleunigung (bis über 2000-fache Erdbeschleunigung bei hohen Geschwindigkeiten) wird der wirksame Abrollradius des Reifens in Abhängigkeit der Winkelgeschwindigkeit größer.

10.3.1.3 Hauptfunktionen des Simulationsmodells

Zur Simulation von „Rennstarts“ in hoher Qualität sind die einzelnen Vorgänge wie Anfahren, Radschlupf und Schalten zu analysieren. Dazu sind diese Vorgänge in einzelne Funktionen zu zerlegen und in der Simulation hinreichend genau abzubilden und zu steuern, siehe Abb. 10.12:

- Phase „Einkuppeln Rennstart“
- Phase „Zug im ersten Gang“ mit z. T. hohem Anfahrschlupf
- Phasen der Volllasthochschaltvorgänge
  - Überwachung Motordrehzahl
  - Phase „Momenten-Übergabe“
  - Drehzahl-Übergabe
- Phase „Zug im zweiten Gang“

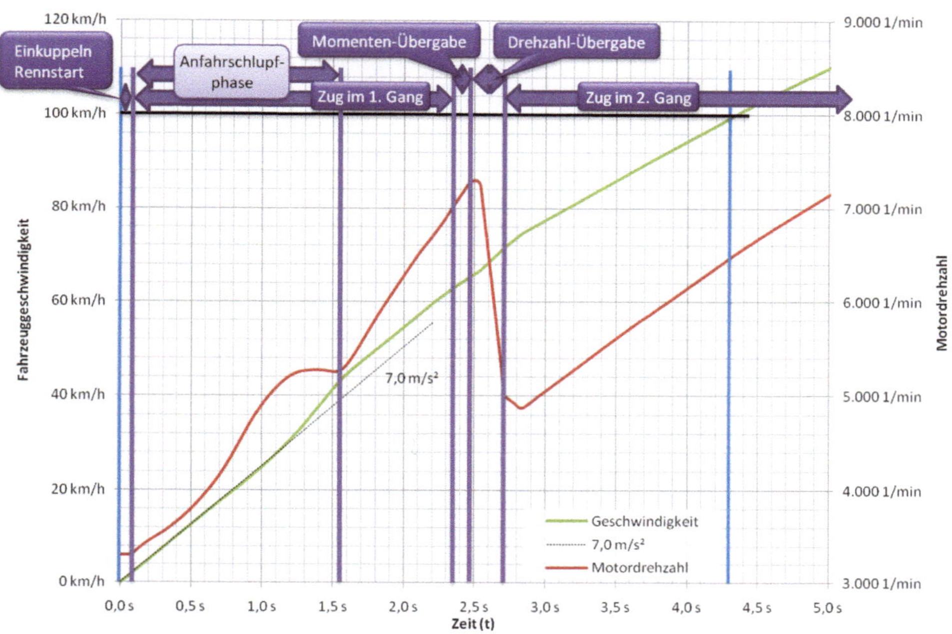

Abb. 10.12 Hauptphasen einer Beschleunigung 0–100 km/h mit Rennstart

Phase „Einkuppeln Rennstart" Direkt vor einem Rennstart wird der Motor auf einer definierten Drehzahl „festgebremst". Beim Start wird die Kupplung in t_{Kuppl1} geschlossen. In dieser Kupplungszeit ist in der Simulation ein linearer Drehzahlanstieg der Getriebeeingangswelle bis zur Motordrehzahl modelliert. Die Motordrehzahl wird dabei konstant gehalten. Die Räder werden in Abhängigkeit der Gesamtübersetzung beschleunigt. Auf Basis der Schlupfdefinition bildet sich ein hoher Radschlupf aus. Nach der Reibschlusskennlinie wird eine Zugkraft an den Rädern erzeugt, die das Fahrzeug gegen die Massenträgheit beschleunigt, siehe Abb. 10.12.

Phase „Zug im ersten Gang" Direkt an die Phase „Einkuppeln" schließt sich die Phase „Zug im definierten Gang" an. In der Simulation ist diese Funktion so zu modellieren, dass die Motordrehzahl in Abhängigkeit aller wichtigen physikalischen Effekte für jeden Zeitschritt korrekt ermittelt wird. Dazu gehören die einzelnen rotatorischen Trägheiten, Verluste im Getriebe, die von den Reifen übertragbare Kraft und daraus abgeleitet das noch verfügbare Überschussmoment ($M_{\omega\text{-Mot}}$). Bei positivem $M_{\omega\text{-Mot}}$ erhöht sich die Motordrehzahl, bei negativem $M_{\omega\text{-Mot}}$ wird die Motordrehzahl entsprechend gedrückt. Weitere, z. T. nicht abgebildete Effekte sind ebenfalls zu berücksichtigen, wie die dynamische Achslastverlagerung auf die Antriebsräder in Abhängigkeit der aktuellen Längsbeschleunigung, wodurch sich die übertragbare Zugkraft des Reifens verändert.

Phasen der DGK-Volllasthochschaltvorgänge Die Schaltvorgänge stellen mit dem Radschlupf die wichtigsten Details dar, die abzubilden sind. Der Schaltvorgang beeinflusst mit seiner Dauer, den Kupplungsverlusten, dem Maß der Momenten-Rücknahme und der Schaltdrehzahl maßgeblich das Beschleunigungsverhalten. Der Vorgang einer Volllasthochschaltung kann in drei Phasen eingeteilt werden:

1. „Überwachung Motordrehzahl“ zum Auslösen „Momenten-Übergabe“
2. „Momenten-Übergabe“
3. „Drehzahl-Übergabe“

Die drei Phasen der DKG-Volllasthochschaltung sind im Folgenden beschrieben.

1. Überwachung Motordrehzahl Die Momenten-Übergabe erfolgt noch beim „Hochdrehen“ des Motors im Zug und muss abgeschlossen sein, wenn die Drehzahl-Übergabe beginnt. Daher ist eine genaue Zeitsteuerung notwendig. Die Momenten-Übergabe erfolgt durch gleichzeitiges Öffnen der Kupplung des „gehenden“ Ganges und Schließen des „kommenden“ Ganges. Diese Funktion ist also unabhängig vom Drehzahlsprung und kann in einer konstanten Zeit im Falle von Volllasthochschaltungen ablaufen. Im vorliegenden Fall wurde aus Erfahrungswerten eine konstante Zeit von $t_{\mathrm{Kuppl2}} = 0{,}11$ s angenommen. Die aktuelle Motordrehzahl wird für $t + t_{\mathrm{Kuppl2}}$ hochgerechnet. Dazu wird in jedem Zeitschritt der aktuelle Drehzahlgradient berücksichtigt. Überschreitet die prädiktive Motordrehzahl die Schaltdrehzahl, wird die Momenten-Übergabe eingeleitet.

2. Phase „Momenten-Übergabe“ Die Momenten-Übergabe wird am Beispiel der aus Performance-Sicht wichtigsten und schwierigsten Schaltung beschrieben, der 1-2-Volllasthochschaltung. Sie ist wegen des großen Einflusses auf die 0–100 km/h-Beschleunigung wichtig und wegen der hohen Momente und des großen Drehzahlsprungs am schwierigsten zu regeln. Die relevanten Momente und Drehzahlen sind über die Zeit auf Basis der Simulation in Abb. 10.13 dargestellt.

Zu Beginn der Momenten-Übergabe ist K_1 geschlossen, der erste Gang ist im Teilgetriebe eins eingelegt, der Motor dreht mit hohem Gradienten hoch. Für die Überwindung der rotatorischen Trägheitsmomente von Motor bis Antriebsräder ($M_{\mathrm{rot}} = J_{\mathrm{Mot,red}} \cdot \dot{\omega}_{\mathrm{Mot}}$) werden beim Basis-Sportwagen rund ¼ des induzierten Motormoments, abzüglich der Motorreibungsverluste, benötigt. Dies ist in Abb. 10.13 an der Differenz von M_{d} und M_{K1} um $t = 2{,}3$ s zu erkennen. Der zweite Gang ist im zweiten Teilgetriebe eingelegt, K_2 ist geöffnet. Mit Start der Momenten-Übergabe wird K_1 definiert geöffnet und K_2 definiert geschlossen, womit eine Überschneidung des Ganges eins und zwei entsteht und das M_{GA} bis $t = 2{,}42$ s um circa 35 % einbricht. Im Detail betrachtet, wird M_{K1} mit Öffnen von K_1 sprunghaft reduziert. Gleichzeitig setzt M_{K2} mit einem kleinen Sprung beim Schließen der Kupplung ein. Die Überschneidung der beiden Kupplungsmomente M_{K1} und M_{K2} erzeugt folgende Effekte:

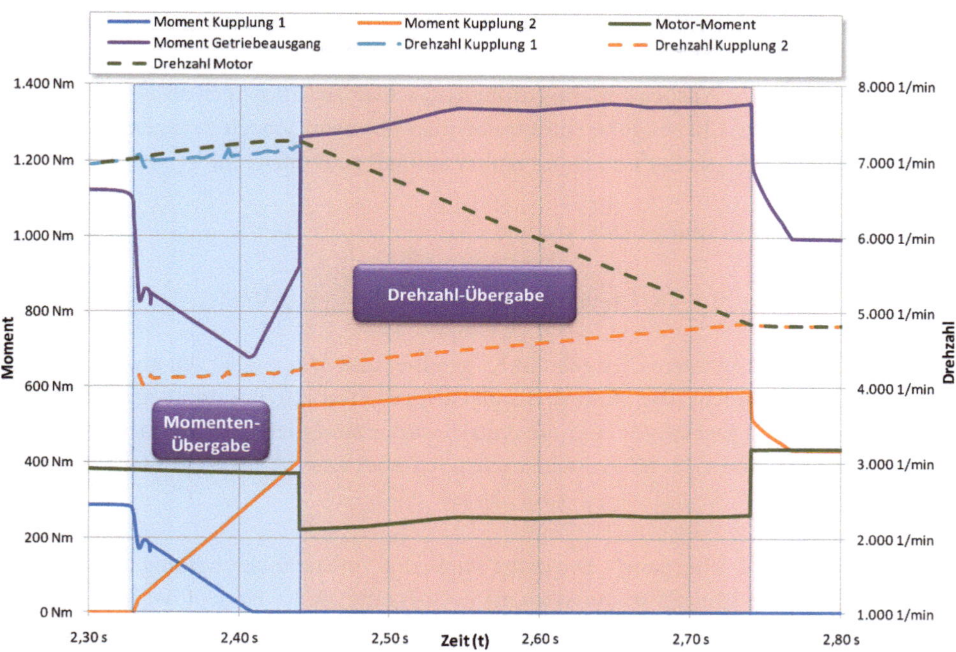

Abb. 10.13 Simulation Schaltvorgang (1-2-Volllast) mit Momenten- und Drehzahl-Übergabe eines DKG

- Durch Schlupf an K_1 wird die starre Verbindung von Motor zu Antriebsrädern mit der Übersetzung des ersten Ganges und der Achse gelöst.
- Der Anstieg der Geschwindigkeit der Antriebsräder $v_{\text{Rad-A}}$ ist nicht mehr an den Anstieg von n_{Mot} gekoppelt, sondern an das verfügbare M_{GA}.
- Der Anstieg $v_{\text{Rad-A}}$ zu v_{Fzg} beeinflusst den Radschlupf S, dieser die übertragbare Zugkraft.
- Eine Differenz von übertragbarer Zugkraft und bereitgestelltem Radmoment erzeugt eine Beschleunigung oder Abbremsung der Antriebsräder. Dies wird über die beiden eingelegten Gänge direkt auf n_{K1} und n_{K2} übertragen (vgl. $t = 2{,}44$ s)
- Das Hochdrehen des Motors durch das überschüssige Motormoment wird nicht mehr durch J_{ges} (Motor bis Antriebsräder), sondern nur noch durch J_{Motor} gebremst.
- M_{K1} wirkt mit der kürzeren Übersetzung und daher dominant auf M_{GA}.
- Entsprechend wirkt M_{K2} mit der längeren Übersetzung und daher untergeordnet auf M_{GA}.
- Proportional zu den Drehzahldifferenzen der Kupplungen und Momente entsteht eine Verlustleistung P_{v}.
- P_{V} ist am Ende der Momenten-Übergabe am größten, da hier die Drehzahldifferenz n_{Mot} zu n_{K2} bei hohem Moment am größten ist, siehe (10.6).

- Zur Reduzierung des Einbruchs M_{GA} durch P_V kann in Vorbereitung der Drehzahl-Übergabe M_{K2} über M_d gesteigert werden.
- Durch den starken Anstieg von M_{K2} droht n_{Mot} schwächer zu steigen als n_{K1}. Ein Drehzahlgefälle ist zur Übertragung eines treibenden Moments jedoch zwingend. Daher ist es angebracht, M_{K1} steiler und damit früher auf null zu reduzieren.

Kupplungsverlustleistung beim Schalten:

$$P_V = 2\pi\left[\left(n_{Mot} - n_{K1}\right) M_{K1} + \left(n_{Mot} - n_{K2}\right) M_{K2}\right] \tag{10.6}$$

Am Ende der Momenten-Übergabe ist K_1 geöffnet und $M_{K1} = 0$, K_2 hat großen Schlupf mit sehr hohem Moment. Die Motordrehzahl entspricht fast n_{K1}. n_{K2} dreht circa 2900/min langsamer als n_{Mot}. Der Motor und die Antriebsräder sind nicht mehr „starr" mit einer Übersetzung verbunden, sondern stehen nur noch über eine Momenten-Bilanz in Beziehung.

3. Phase „Drehzahl-Übergabe" Die dritte Phase der Volllasthochschaltung ist die Drehzahl-Übergabe. Sie schließt an die Momenten-Übergabe an. K_1 ist geöffnet und ist ohne Einfluss. K_2 schleift mit hoher Drehzahl und hohem Moment. Das M_{GA} ist das Produkt aus M_{K2} und der geringeren Übersetzung des zweiten Ganges abzüglich der Verluste. In Abb. 10.7 beginnt diese dritte Phase ab $t = 2{,}44$ s.

Zu Beginn wird M_d zur Verringerung der Kupplungsbelastung hier um 40 % reduziert. Gleichzeitig wird die Schließkraft von K_2 weiter erhöht und ein zusätzliches Kupplungsmoment eingestellt, um die Motordrehzahl rasch auf n_{K2} zu drücken. Die Größe des zusätzlich notwendigen Kupplungsmoments hängt von dem gewünschten Drehzahlgradienten der Motordrehzahlabsenkung ab. Im Beispiel sind $\dot{n}_{Mot\text{-}Soll} = -8000$/min pro Sekunde (= $-837{,}8$ rad/s^2) vorgegeben. Das notwendige Kupplungsmoment wird in Abhängigkeit des Drehzahlgradienten und des Trägheitsmoments ermittelt.

Kupplungsmoment für Drehzahl-Übergabe:

$$M_{K2} = M_d + M_{Zusatz} = M_d - 2\pi\, J_{Mot}\dot{n}_{Mot\text{-}Soll} \tag{10.7}$$

Im Beispiel erzeugt das Zusatzmoment einen deutlichen Anstieg des Kupplungsmoments und Getriebeausgangsmoments. Dieser Anstieg erzeugt in der Raddrehzahl ebenfalls eine Erhöhung und führt zur Vergrößerung des Radschlupfes und damit zu einer Erhöhung der übertragbaren Zugkraft an den Rädern. Bei Schaltungen in Teillast oder in höheren Gängen sind diese Effekte deutlich geringer ausgeprägt. Die Energie für das Zusatzmoment ist in der rotatorischen Trägheitsmasse des Motors gespeichert und wird durch die Drehzahlabsenkung frei. Am Ende der Drehzahl-Übergabe bei $t = 2{,}73$ s ist K_2 geschlossen und n_{Mot1} und n_{K2} synchron. Dennoch bleibt M_{K2} größer als M_d. Ursache dafür ist der noch vorhandene hohe Radschlupf und die daraus resultierende hohe Zugkraft. Der darin bedingte Momenten-Bedarf übersteigt das aktuelle M_d des Motors. Durch das

Ungleichgewicht zwischen Momenten-Angebot und Momenten-Bedarf wird die rotatorische Trägheit von Motor, Triebstrang und Antriebsrädern als Energiequelle genutzt und die Motor und Raddrehzahl „gedrückt". Dadurch reduzieren sich der Radschlupf und die Zugkraft, bis wieder ein Gleichgewicht eingetreten ist, circa bei $t = 2{,}77$ s.

Validierung der Rennstart-Simulation mittels Reibwertverlauf Zur Entwicklung und Überprüfung der Simulation mit den sehr dynamischen Vorgängen des Rennstarts und der DKG-Volllasthochschaltung werden mit Messungen des Basis-Sportwagens Vergleiche und Analysen durchgeführt. Die effektivste und anspruchsvollste Validierung ist dabei ein Vergleich der Reibwertverläufe von Simulation und Messung.

Im Rennstart und in der 1-2-Volllasthochschaltung besteht zwischen Straße und Antriebsstrang keine starre Verbindung. Vielmehr stellt sich ein Kräftegleichgewicht zwischen der antriebsstranginduzierten Zugkraft und den Fahr- und Beschleunigungswiderständen ein. Der Reifen, mit seinem nichtlinearen Reibwertverhalten, überträgt dabei die Zugkraft in Abhängigkeit von Schlupf und Normalkraft der Antriebsräder. Die Radgeschwindigkeit wird von der Radkräftebilanz und damit vom Momentenangebot des Antriebsstrangs stark beeinflusst. In der Schaltung sind zusätzlich die beschriebenen Vorgänge vorhanden, die ebenfalls starken Einfluss im Reibwertverlauf erzeugen. Bereits geringe Unterschiede in der Simulation führen zu völlig unterschiedlichen Verläufen des Reibwertes, Radschlupfes und sonstigen Simulationsergebnissen.

Der Reibwert ist während eines Rennstarts nur indirekt messbar. Eine Möglichkeit ist die Messung von Kräften innerhalb der Antriebsachse und ein Vergleich mit einer MKS-Simulation. Bei steifen Achskonstruktionen mit ausgeglichenem Anti-Dive, also kein starkes „Eintauchen" der Antriebsachse, ist eine Alternative möglich. Da die Zugkraft und die Änderung der Radlast von der Längsbeschleunigung abhängt, kann aus dem Längsbeschleunigungsverlauf der Reibwert berechnet werden. Hier beispielhaft für Heckantrieb durch Gleichsetzen von (10.12)und (10.21) erhält man:

Reibwert für Heckantrieb mit starrer Achsanbindung:

$$\mu_{\mathrm{HA}} = \frac{a + g \cdot \sin\alpha + \frac{F_{\mathrm{WL}} + F_{\mathrm{WR_{VA}}}}{m}}{f_s \cdot (a + g \cdot \sin\alpha) + f_g \cdot g \cdot \cos\alpha + f_l \cdot \frac{F_{\mathrm{WL}}}{m}} \tag{10.8}$$

Mit:

Faktor Schwerpunkthöhe nach Abb. 10.9:

$$f_{\mathrm{s}} = \frac{s_z}{l} \tag{10.9}$$

Faktor Gewichtsverteilung nach Abb. 10.9:

$$f_{\mathrm{g}} = \frac{s_x}{l} \tag{10.10}$$

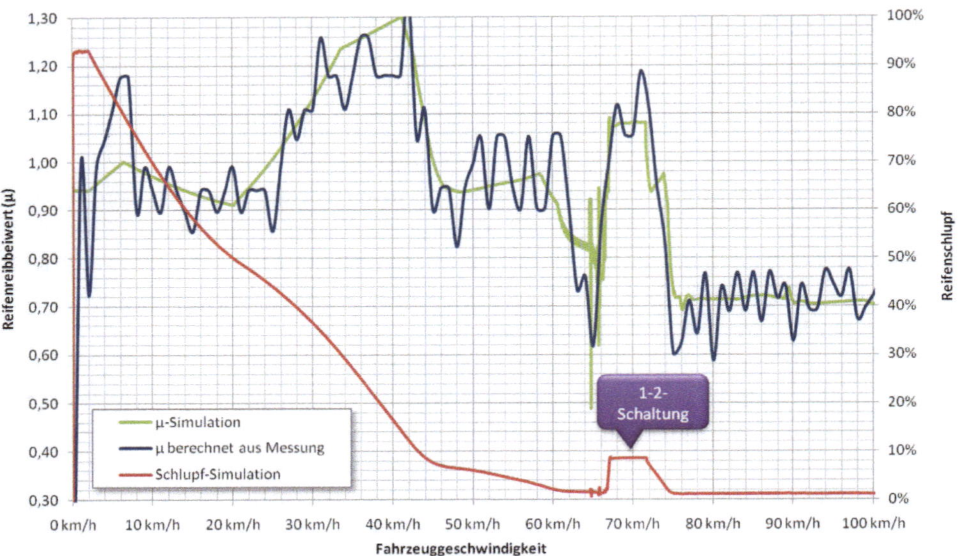

Abb. 10.14 Gegenüberstellung Reibbeiwerte von Messung und Simulation eines Rennstarts des Basis-Sportwagens

Faktor Luftwiderstandshebel nach Abb. 10.9:

$$f_L = \frac{s_L}{l} \tag{10.11}$$

Aus der gemessenen Fahrgeschwindigkeit wird die Längsbeschleunigung gerechnet. In Abb. 10.14 ist das Ergebnis der Reibwertberechnung auf Basis dieser Längsbeschleunigung aufgetragen. Der Reibbeiwert zeigt kleine, stetige Schwankungen aufgrund der Auflösung des Geschwindigkeitssignals. Das Ergebnis der Simulation zeigt eine sehr gute Nachbildung des Verlaufs inkl. der Volllasthochschaltung. Die Gegenüberstellung Geschwindigkeitsverläufe ist in Abb. 10.15 dargestellt.

10.3.2 Optimale Schlupfregelung einer Launch Control

Durch das geringe Leistungsgewicht bei Sportwagen ist die erste Beschleunigungsphase aus dem Stand bei einem Rennstart von sehr großem Radschlupf geprägt. Bei diesen hohen Radschlupfwerten ist die übertragbare Zugkraft des Reifens deutlich geringer als im Bereich des Maximal-Wertes. Ein Regeln des Radschlupfes durch den Fahrer mit dem Gasfuß ist durch die steilen Gradienten vor dem Optimalwert nicht möglich. Eine automatische Radschlupfregelung durch eine regelbare Anfahrkupplung ist hingegen möglich. Zur Erweiterung von Analysemöglichkeiten der Wirksamkeit von Maßnahmen wurde neben dem Rennstart ein schlupfgeregelter Start im Simulationsprogramm modelliert.

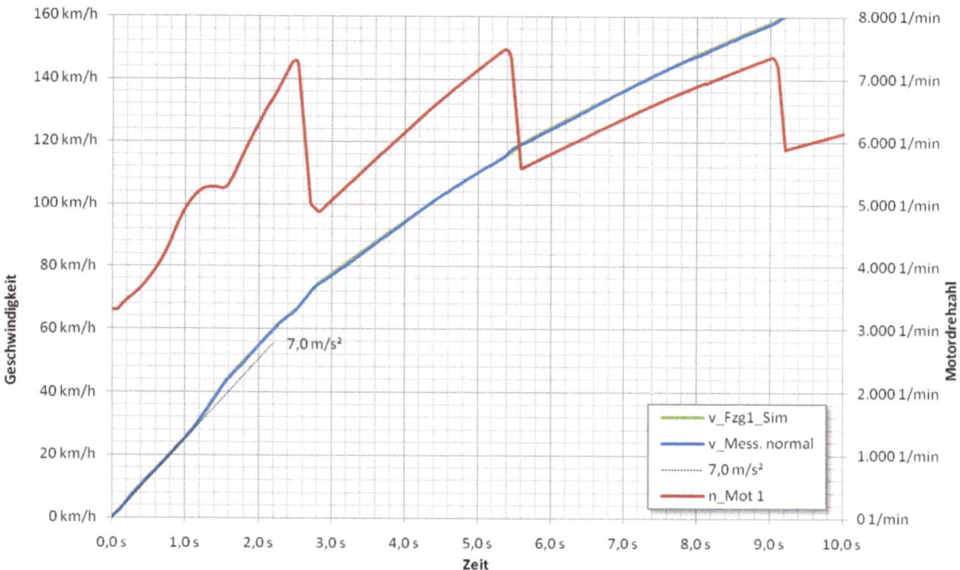

Abb. 10.15 Gegenüberstellung Geschwindigkeitsverläufe von Messung und Simulation eines Rennstarts des Basis-Sportwagens

10.3.2.1 Optimale Schlupfregelung – Grundstrategie

Beim Anfahren aus dem Stillstand mit Rennstart dreht das Rad bereits, wenn das Fahrzeug nur geringfügig an Geschwindigkeit gewonnen hat. Die resultierenden Schlupfwerte sind nahe 100 %. Die Regelung des Radschlupfes aus diesem Startwert auf den Optimalschlupf stellt sehr hohe Ansprüche an einen Regler und kann erfahrungsgemäß nur unzureichend sichergestellt werden. Durch sechs Maßnahmen kann eine sichere Regelung mit absolut maximal möglicher Performance dargestellt werden:

1. Vorausbestimmung des nominalen Momentenbedarfs für Optimalschlupf als Basisgröße.
2. Regelung des Motors beim Start auf Schaltdrehzahl und Unterdrückung der Schaltung bei großem Schlupf.
3. Anfahrstrategie mit einer Geschwindigkeitsregelung.
4. Ab einer Grenzgeschwindigkeit Umschaltung auf Schlupfregelung.
5. Festlegung einer unteren Grenzdrehzahl, mit der noch das optimale Kupplungsmoment erreicht wird.
6. Reduzierung des Schlupfes im Bereich der unteren Grenzdrehzahl zur Sicherung eines ausreichenden Motor-Drehmoments.

Im Folgenden werden die einzelnen Maßnahmen im Detail beleuchtet.

10.3.2.2 Optimale Schlupfregelung – Vorausbestimmung des nominalen Momentenbedarfs

Zur Regelung des Schlupfes ist eine genaue Einstellung des Kupplungsmomentes notwendig. Abweichungen von drei bis 4 % im Moment bewirken bereits spürbare Abweichungen im Schlupf. Da das notwendige Motormoment vorausberechnet werden kann, ist es sinnvoll, diese Größe für den Regler zu ermitteln und als Basisgröße zu nutzen. Im Folgenden ist die Herleitung für ein Fahrzeug mit Allradantrieb beschrieben. Basis ist die Kräftedefinition nach Abb. 10.9.

Da nicht alle Allradantriebe eine optimale Momentenverteilung stellen können, wird dies in den Gleichungen berücksichtigt. Pro Achse wird ein Faktor k eingeführt, der Werte von 0 %–100 % einnehmen kann. Nehmen k_{VA} und k_{HA} den Wert 100 % ein, dann entspricht dies einem idealen Allradsystem, das jeweils an Vorder- und Hinterachse ein Moment einstellt, mit welchem eine optimale Reibwertausnutzung an beiden Achsen erreicht wird.

Bestimmung der Kräfte und Momente: Kräftegleichgewicht in z-Richtung:

$$m \cdot g \cdot \sin\alpha + m \cdot a + F_{\mathrm{WR_{VA}}} + F_{\mathrm{WR_{HA}}} + F_{\mathrm{WL}} = \mu_{\mathrm{VA}} \cdot k_{\mathrm{VA}} \cdot F_{z_{\mathrm{VA}}} + \mu_{\mathrm{HA}} \cdot k_{\mathrm{HA}} \cdot F_{z_{\mathrm{VA}}} = F_{x_A} \quad (10.12)$$

Kräftegleichgewicht in x-Richtung

$$m \cdot g \cdot \cos\alpha = F_{z_{\mathrm{VA}}} + F_{z_{\mathrm{VA}}} \quad (10.13)$$

Momentenbilanz um Radaufstandspunkt vorne:

$$m \cdot a \cdot s_z + m \cdot g \cdot \sin\alpha \cdot s_z + m \cdot g \cdot \cos\alpha \cdot s_x + F_{\mathrm{WL}} \cdot s_{\mathrm{L}} = F_{z_{\mathrm{VA}}} \cdot l \quad (10.14)$$

Momentenbilanz um Radaufstandspunkt hinten:

$$m \cdot a \cdot s_z + m \cdot g \cdot \sin\alpha \cdot s_z + F_{z_{\mathrm{VA}}} \cdot l + F_{\mathrm{WL}} \cdot s_{\mathrm{L}} = m \cdot g \cdot \cos\alpha \cdot (l - s_x) \quad (10.15)$$

Mit Umstellen von (10.13) erhält man:
Beschleunigung aus Kräftebilanz x:

$$a = \frac{F_{x_A} - F_{\mathrm{WL}} - m \cdot g \cdot \sin\alpha}{m} \quad (10.16)$$

Hinterachslast aus Kräftebilanz x:

$$F_{z_{\mathrm{HA}}} = \frac{F_{x_A} - \mu_{\mathrm{VA}} \cdot k_{\mathrm{VA}} \cdot F_{z_{\mathrm{VA}}}}{\mu_{\mathrm{HA}} \cdot k_{\mathrm{HA}}} \quad (10.17)$$

Mit Einsetzen von (10.17) und (10.18) in (10.14) erhält man:

Dynamische Hinterachslast

$$F_{z_{\mathrm{HA}}} = \frac{F_{x_A} - m \cdot g \cdot \cos\alpha \cdot \mu_{\mathrm{VA}} \cdot k_{\mathrm{VA}}}{\mu_{\mathrm{HA}} \cdot k_{\mathrm{HA}} - \mu_{\mathrm{VA}} \cdot k_{\mathrm{VA}}} \tag{10.18}$$

Mit Einsetzen von (10.17), (10.19) in (10.15) und Umstellung nach $F_{\mathrm{x,A}}$ sowie der Einführung spezifischer Größen für die Schwerpunkt-Position und des aerodynamischen Angriffspunkts erhält man die maximale Zugkraft. Da bei Allradantrieb der Reifenrollwiderstand direkt vom antriebsseitigen Moment überwunden wird, wird dazu kein Reibschlussbedarf benötigt. Daher entfallen hier die Glieder F_{WR}.

Maximale Antriebskraft: Maximale Antriebskraft Allradantrieb:

$$F_{x_{\mathrm{A,max}}} = \frac{\begin{array}{l}(\mu_{\mathrm{HA_{max}}} \cdot k_{\mathrm{HA}} - \mu_{\mathrm{VA_{max}}} \cdot k_{\mathrm{VA}}) \cdot \left[f_g \cdot m \cdot g \cdot \cos\alpha - (f_s - f_{\mathrm{L}}) \cdot F_{\mathrm{WL}}\right] \\ + \mu_{\mathrm{VA_{max}}} \cdot k_{\mathrm{VA}} \cdot m \cdot g \cdot \cos\alpha\end{array}}{1 - f_s \cdot (\mu_{HA_{\mathrm{max}}} \cdot k_{\mathrm{HA}} - \mu_{\mathrm{VA_{max}}} \cdot k_{\mathrm{VA}})} \tag{10.19}$$

Analog aus den Kräfte- und Momentenbilanzen hergeleitet, erhält man die maximale Zugkraft für den reinen Frontantrieb. Da die hinteren Räder gezogen werden, muss hier ihr Rollwiderstand betrachtet werden, der Einfluss ist allerdings gering:
Maximale Antriebskraft Frontantrieb:

$$f \cdot F_{x_{\mathrm{A,max}}} = \mu_{\mathrm{VA_{max}}} \cdot \frac{m \cdot g \cdot (1 - f_g) \cdot \cos\alpha + [f_s \cdot F_{\mathrm{WR_{HA}}} + (f_s - f_{\mathrm{L}}) \cdot F_{\mathrm{WL}}]}{1 + f_s \cdot \mu_{\mathrm{VA_{max}}}} \tag{10.20}$$

In Analogie die maximale Zugkraft für den reinen Heckantrieb:

$$F_{x_{\mathrm{A,max}}} = \mu_{\mathrm{HA_{max}}} \cdot \frac{m \cdot g \cdot f_g \cdot \cos\alpha - [f_s \cdot F_{\mathrm{WR_{VA}}} + (f_s - f_{\mathrm{L}}) \cdot F_{\mathrm{WL}}]}{1 - f_s \cdot \mu_{\mathrm{HA_{max}}}} \tag{10.21}$$

Das notwendige Kupplungsmoment setzt sich aus dem Radmoment für die Zugkraft, dem Rollwiderstand der angetriebenen Räder und dem Moment zur Überwindung der Radträgheit zusammen:
Kupplungsmoment (I):

$$M_{\mathrm{K}} = \frac{1}{\eta_{\mathrm{Antr}} \cdot i_{\mathrm{ges}}} \left((F_{x_A} + F_{\mathrm{WR_{treib}}}) \cdot r_{\mathrm{dyn}} + M_{\mathrm{rot}}\right) \tag{10.22}$$

Zur Berechnung des Moments zur Überwindung der Radträgheit ist zunächst die Radbeschleunigung zu bestimmen. Mit (10.13) ergibt sich:
Radbeschleunigung:

$$\dot{\omega}_{\mathrm{Rad}} = \frac{a}{r_{\mathrm{dyn}}} = \frac{F_{x_A} - F_{\mathrm{WR_{roll}}} - F_{\mathrm{WL}} - m \cdot g \cdot \sin\alpha}{m \cdot r_{\mathrm{dyn}}} \tag{10.23}$$

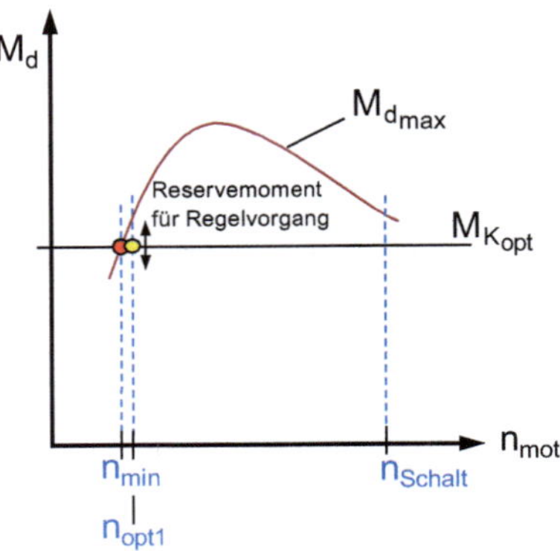

Abb. 10.16 Schlupfregelung Fall 1: $M_{\text{K,opt}} < M_{\text{d}}$ bei nSchalt : geringe Traktion beziehungsweise sehr hohe Antriebsmomente

Mit (10.24) erhält man das Moment zur Überwindung der Trägheitsmomente:
Moment zur Überwindung der Trägheitsmomente der Räder:

$$M_{\text{rot}} = J_{\text{Rad}} \cdot \dot{\omega}_{\text{Rad}} = J_{\text{Rad}} \cdot \frac{F_{x_A} - F_{\text{WR}_{\text{roll}}} - F_{\text{WL}} - m \cdot g \cdot \sin\alpha}{m \cdot r_{\text{dyn}}} \tag{10.24}$$

- Mit Einsetzen in Formel (10.23) und Umstellen erhält man das optimale Kupplungsmoment:
  Optimales Kupplungsmoment zur Schlupfregelung für Fahrzeuge mit Allrad-/Front- und Heckantrieb:

$$M_{K_{\text{opt}}} = \frac{r_{\text{dyn}}}{\eta_{\text{Antr}} \cdot i_{\text{ges}}} \left[F_{\text{WR}_{\text{treib}}} + F_{x_{\text{A,max}}} \left(1 + \left(1 - \frac{F_{\text{WR}_{\text{roll}}} + F_{\text{WL}} + m \cdot g \cdot \sin\alpha}{F_{x_{\text{A,max}}}} \right) \frac{J_{\text{Rad}}}{m \cdot r_{\text{dyn}}^2} \right) \right] \tag{10.25}$$

In die Gleichung für das optimale Kupplungsmoment ist je nach Antriebsart die maximale Antriebskraft $F_{\text{x,A,max}}$ aus (10.20, 10.21) oder (10.22) einzusetzen. Bei Allradantrieb entfällt das $F_{\text{WR,roll}}$-Glied, da keine rollende Achse, sondern nur angetriebene Achsen vorhanden sind.

10.3.2.3 Optimale Schlupfregelung – Regelfälle

Im vorigen Abschnitt wurde das optimale Anfahrmoment ermittelt. Es ist besonders von μ_{max}, m, i_{ges} und der Schwerpunktposition abhängig. Je nach Fahrzeugauslegung ergibt sich somit ein unterschiedliches $M_{\text{K,opt}}$. Je nach Fahrzeugkonzept und Auslegung ergeben sich jedoch unterschiedliche Grundfälle. Hier sind die drei Hauptfälle dargestellt:

Fall 1: $M_{\text{K,opt}} < M_{\text{d}}$ bei nSchalt Der Fall eins tritt auf, wenn das verfügbare Motormoment bezogen auf die Traktion hoch ist. Dies ist bei sehr hoher Leistung oder bei geringer Traktion des Fahrzeugs möglich (siehe Abb. 10.16).

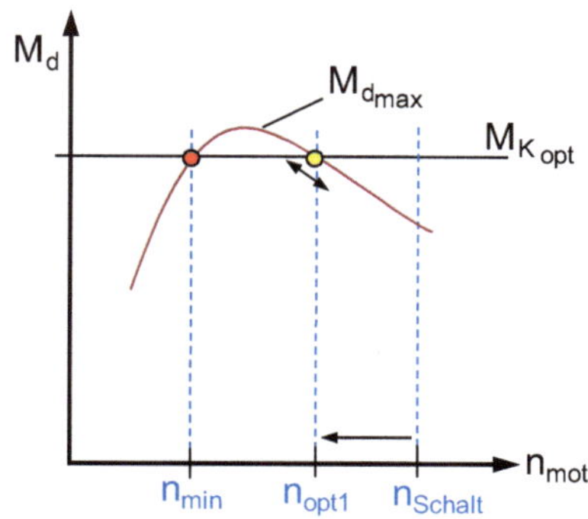

Abb. 10.17 Schlupfregelung
Fall 2: $M_{K,opt} > M_d$ bei nSchalt : $M_{K,opt} < M_{d,max}$

Die Linie des $M_{K,opt}$ schneidet hier die M_d-Kurve nur einmal: vor dem maximalen Motormoment. Damit liegt der Schnittpunkt auf einem steigenden Drehmomentast. Würde man genau diesen Schnittpunkt in einer Regelung als Vorsteuerwert verwenden, könnte n_{Mot} stark sinken, wenn kurzzeitig ein etwas höheres Moment notwendig sein würde. In dieser Situation würde sich ein negativer Drehzahlgradient einstellen, siehe (10.26). Da bei der niedrigeren Motordrehzahl nur ein noch geringeres M_d verfügbar ist, würde sich der negative Drehzahlgradient steigern, die Motordrehzahl schneller weiter fallen, bis keine Differenzdrehzahl in der Kupplung vorhanden ist.

Kupplungsmoment bei steigender Motordrehzahl:

$$M_K = M_d - 2\pi \, J_{Mot} \dot{n}_{Mot} \tag{10.26}$$

Eine mögliche Basis-Anfahrstrategie für die Schlupfregelung kann hier eine Festbremsdrehzahl etwas über dem Schnittpunkt von $M_{K,opt}$ und der M_d-Kurve sein. Da hier der Motor ein höheres Moment abgeben kann, steht ein Reservemoment zur Verfügung.

Fall 2: $M_{K,opt} > M_d$ bei nSchalt ; $M_{K,opt} < M_{d,max}$ Im Fall zwei ergeben sich durch $M_{K,opt}$ in der M_d-Kurve zwei Schnittpunkte (siehe Abb. 10.17). Analog Fall eins könnte man den ersten Schnittpunkt (beziehungsweise eine etwas höhere Drehzahl, siehe Fall 1) im steigenden Ast der M_d-Kurve nehmen. Dies hätte den Vorteil der geringeren Kupplungsbelastung durch die geringere Differenzdrehzahl und somit geringere Verlustleistung. Der zweite Schnittpunkt (n_{opt1}) hat den Vorteil der besseren Regelfähigkeit.

Nach (10.26) ergibt sich bei einem höheren Momentenbedarf ein negativer Drehzahlgradient, d. h., die Motordrehzahl fällt. Bei niedrigerer Drehzahl kann ein höheres Moment abgegeben werden. Ist die M_d-Kurve am Regelpunkt steil genug, ist das Moment höher als benötigt, und die Motordrehzahl steigt wieder.

Fall 3: $M_{K,opt} > M_{d,max}$ Im Fall drei schneidet $M_{K,opt}$ die M_d-Kurve nicht, da bei der vorhandenen Übersetzung ein höheres Moment benötigt wird, als der Motor in irgendeinem statischen Betriebspunkt liefern kann. In diesem Fall ist für die Traktion zu wenig Antriebsmoment verfügbar. Bei einem Festbremsen und Start aus der Drehzahl des maximalen

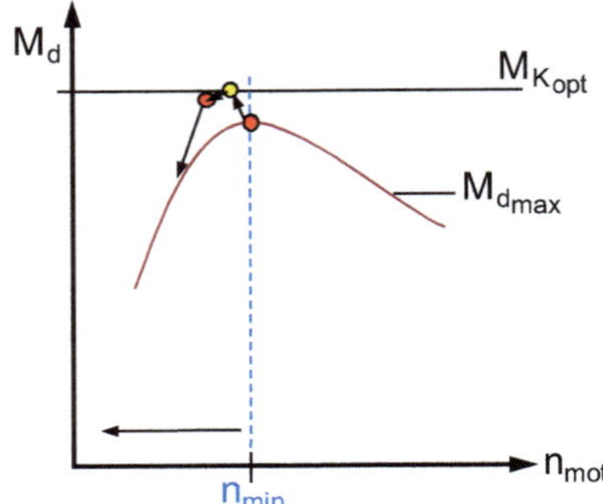

Abb. 10.18 Unzureichende Schlupfregelung Fall 3: $M_{K,opt} > M_{d,max}$

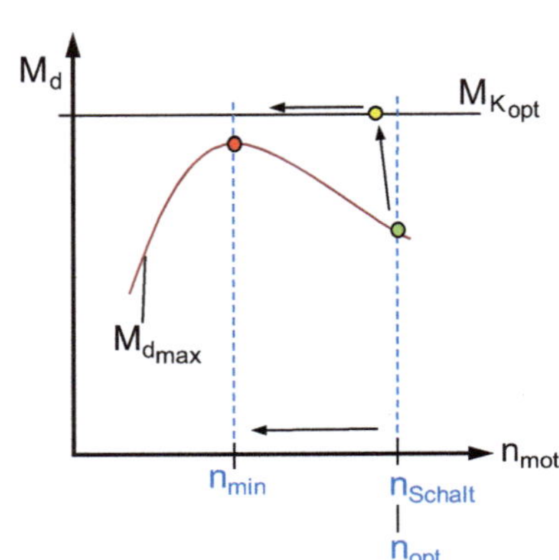

Abb. 10.19 Schlupfregelung optimiert Fall 3: $M_{K,opt} > M_{d,max}$

Moments würde die Motordrehzahl sofort stark abfallen (10.26). Da sich bei niedrigeren Drehzahlen die Momenten-Lücke weiter vergrößert, würde die Drehzahl zunehmend fallen. Dieser Start wäre nicht optimal (siehe Abb. 10.18). Eine bessere Alternative ist im Folgenden beschrieben.

Regelung des Motors auf Schaltdrehzahl Das Kupplungsmoment kann größer als das statische Motormoment sein, da die gespeicherte, rotatorische Energie des Motors bei einem Drehzahlabfall genutzt werden kann, siehe (10.26). Dadurch ist auch bei Fahrzeugen mit einer Auslegung, in der sich Fall drei ergibt, eine Schlupfregelung darstellbar.

Bei einer maximal hohen Startdrehzahl wird das maximal verfügbare kinetische Energiepotenzial genutzt (siehe Abb. 10.19). Je nach Größe der Momentenlücke, die durch die kinetische Energie des Motors gespeist werden muss, und in Abhängigkeit des Motorträgheitsmoments, fällt die Drehzahl mit einem niedrigen oder hohen Drehzahlgradienten. In den Fällen zwei und eins ergibt diese Strategie ebenfalls eine bessere Beschleunigung, obwohl bereits der Motor statisch $M_{K,opt}$ liefern kann (siehe Abb. 10.20). Der Grund dafür ist die Möglichkeit einer längeren geregelten Schlupfphase bei Start mit maximaler Drehzahl. Je länger die geregelte Schlupfphase dauert, desto besser ist die Beschleunigung des Sportwagens, da nur hier die maximale Antriebskraft übertragen werden kann. Bei Start

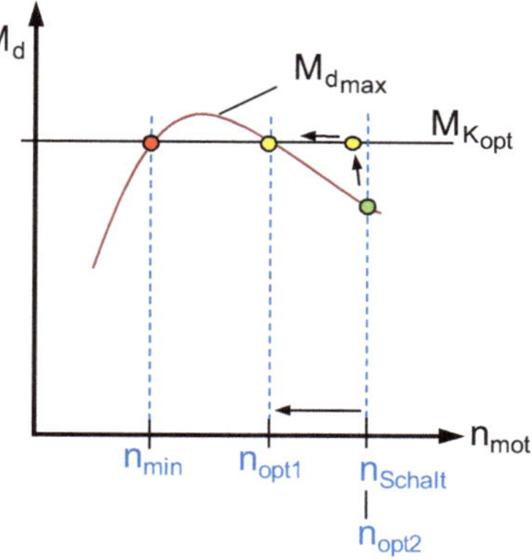

Abb. 10.20 Schlupfregelung optimiert Fall 2: $M_{K\text{-}opt} > M_d$ bei n_{Schalt};$M_{K,opt} < M_{d,max}$

im Schnittpunkt von $M_{K,opt}$ und der M_d-Kurve bleibt die Drehzahl die gesamte Schlupfphase konstant, bis keine Differenzdrehzahl in der Kupplung vorhanden ist, die Kupplung geschlossen wird und mit starrem Durchtrieb bis Schaltdrehzahl weiterbeschleunigt wird. Das Ende der geregelten Schlupfphase ergibt sich, wenn die maximal mögliche Geschwindigkeit mit der Startdrehzahl im ersten Gang erreicht ist. Beim optimierten Start aus der höchstmöglichen Drehzahl kann die Schlupfphase zu einer höheren Geschwindigkeit beziehungsweise Drehzahl ausgedehnt werden, da meist der Drehzahlabfall nicht bis zum beschriebenen Schnittpunkt erfolgt. Dabei entstehen durch die hohen Differenzdrehzahlen jedoch hohe Verluste in der Kupplung mit entsprechender Wärmeentwicklung. Wie weit und wie schnell die Drehzahl abfällt, ist abhängig von der Momentenkurve des Motors und natürlich von allen Parametern der Gleichungen (10.20) bis (10.26).

Anfahrstrategie mit einer Geschwindigkeitsregelung Der Start aus dem Stand ist bei einer Schlupfregelung der am schwierigsten zu regelnde Zeitabschnitt. Der Schlupf ist zu diesem Zeitpunkt nahe 100 %, der Zielwert im Beispiel 16 %. Ein Regler muss so eingestellt sein, dass er im eingeregelten Zustand nur kleine Abweichungen vom Zielwert ausregelt. Eine geeignete Reglerauslegung für beide Zustände gleichzeitig zu entwickeln ist sehr anspruchsvoll. Eine Alternative ist, für den Anfahrvorgang einen ersten Regler zu entwickeln und für den eingeregelten Zustand auf einen zweiten Regler umzuschalten.

Für die Anfahrphase wird eine geringe Zielgeschwindigkeit festgelegt. Für diese Geschwindigkeit kann die optimale Soll-Radgeschwindigkeit nach 7 ermittelt werden:

Soll-Radgeschwindigkeit aus Soll-Schlupf:

$$v_{Rad_{A,Soll}} = \frac{v_{Fzg_{Soll}}}{1 - S_{opt}} \tag{10.27}$$

Der erste Regler, der Anfahrregler, wird nun so parametrisiert, dass er für die Antriebsräder $v_{Rad,A,Soll}$ einregelt. v_{Fzg} nimmt dabei ständig zu, womit der Schlupf rapide sinkt. Im Beispiel ist nach circa 0,1 Sekunden die $v_{Fzg\text{-}Soll}$ erreicht. Der Schlupf befindet sich dabei

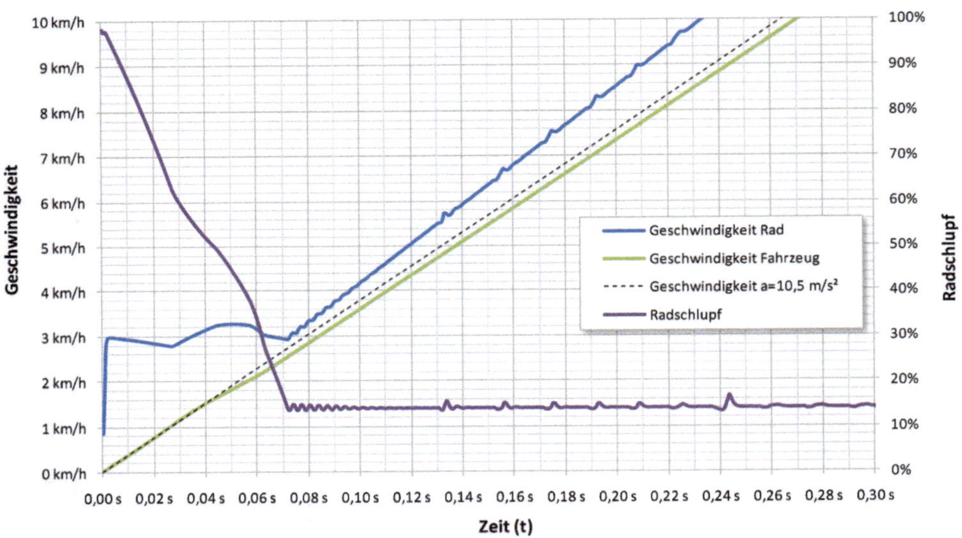

Abb. 10.21 Schlupfregelung: Anfahrstrategie

nahe dem Zielbereich, idealerweise noch darüber, siehe Abb. 10.21. Nun wird auf den zweiten Regler, den Schlupfregler, umgeschaltet. Da er nur kleine Abweichungen regeln muss, kann er ohne große Abweichungen bis zum Ende der Schlupfphase den Optimalschlupf sicherstellen.

10.4 Gekoppelte Simulationen

Simulationen bestehen in der Regel aus einem Modell. Bei komplexen oder spezifischen Problemstellungen gibt es meist spezialisierte Simulationslösungen. Um nun ein gesamthaftes System zu simulieren, ist es erforderlich, zwei oder mehrere spezielle Simulationsprogramme zu koppeln.

Im Folgenden wird ein Beispiel für eine gekoppelte Simulation vorgestellt. Zunächst wird ein PHEV-Sportwagen mit hohem Elektrifizierungsgrad mit vier E-Maschinen modellbasiert beschrieben. Hierbei kann es sich zum Beispiel um eine von mehreren Konzeptvarianten innerhalb einer Konzeptanalyse handeln.

Die Antriebskomponenten und das Gesamtfahrzeug werden dabei auf Basis von Erkenntnissen aus Antriebstopologie- und anderen Fahrzeugkonzept-Analysen, Erfahrungswerten aus der laufenden Fahrzeugentwicklung und aus Vorgaben für die gewünschte Positionierung des Fahrzeugs ausgelegt.

Simuliert wird ein PHEV-Supersportwagen auf der anspruchsvollsten Rennstrecke, auf der Nürburgring-Nordschleife. Neben der erzielbaren schnellsten Rundenzeit werden Geschwindigkeits-, Längsbeschleunigungs-, Querbeschleunigungsverläufe des Gesamtfahrzeugs sowie Drehzahl-, Momenten-, Ladezustands- und Temperaturverläufe des Hybridantriebssystems ermittelt.

Die Simulationen erfolgen zum einen in Co-Simulation und zum anderen in einer Off-Line-Kopplung. Am Beispiel dieser Simulation wird in den folgenden Kapiteln die Kopplung von Simulationen beispielhaft beschrieben.

10.4.1 Co-Simulation am Beispiel PHEV-Supersportwagen auf Nürburgring-Nordschleife

Fahrzeugbeschreibung Der Supersportwagen besitzt einen Mittelmotor als VKM mit einem 7-Gang-Doppelkupplungsgetriebe. Zusätzlich sind pro Rad jeweils eine E-Maschine für Antrieb oder Bremsen, inkl. Einspeisung der rekuperierten Energie in den ES, angeordnet.

10.4.1.1 Beschreibung der Co-Simulation

Die Co-Simulation besteht im Kern aus einer Gesamtfahrzeug-Simulation in AVL Cruise für reine beschleunigende Längsdynamik. Das Modell ist für Verbrauchs- und Längsdynamiksimulation sehr gut geeignet, kann aber komplexe Betriebsstrategien eines Hybridsystems nicht ausreichend abbilden. Zudem ist kein rennstrecken-typisches Bremsen in eine Kurve hinein oder die Querdynamik damit abbildbar.

Die Simulationssoftware der Gesamtfahrzeug-Simulation ermöglicht jedoch die direkte Kopplung gebräuchlicher Simulationswerkzeuge, wie beispielsweise MATLAB/Simulink. Daher besteht die Möglichkeit, fehlende Simulationsbereiche mit Simulink darzustellen.

Hybridsystemsteuerung Die Steuerung des Hybridsystems kontrolliert:

1. Fahrmodi
   a) Elektrisches Fahren
   b) Hybridisches Fahren
   c) Elektrischer Boost
2. Motorantriebsmomente der E-Maschinen in den einzelnen Fahrmodi
3. Rekuperationsmomente der E-Maschinen
4. Lastpunktverschiebung und Ladestrategie der VKM

Abbildung 10.22 zeigt vereinfacht die Co-Simulation zwischen Gesamtfahrzeugmodell mit dem Antriebsstrang und Hybridsystem und der Steuerung des Hybridsystems.

Fahrdynamik-Simulation Die Fahrdynamiksimulation besitzt ein eigenes Modell des Gesamtfahrzeugs, in dem die für die Fahrdynamik relevanten Eigenschaften abgebildet sind, beispielsweise:

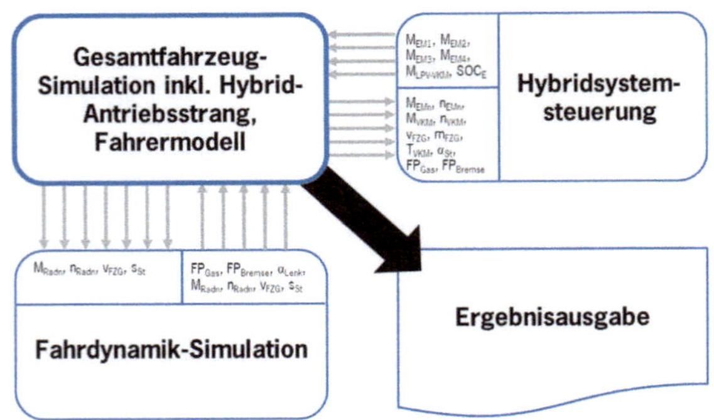

Abb. 10.22 Co-Simulation am Beispiel PHEV-Supersportwagen-Fahrdynamiksimulation

- Masse
- Aerodynamik (c_w, c_{av}, c_{ah})
- Radstand und Spurweite
- Masseverteilung und Massen-Trägheitsmomente im Gesamtfahrzeug
- Massenträgheitsmomente der Räder
- Reibbeiwert-Eigenschaften der Räder
- Kinematische Eigenschaften der Achsen inkl. Federung und Dämpfung

Zudem ist die Test-Strecke ebenfalls als Modell hinterlegt:

- Steigung oder Gefälle je Wegpunkt
- Querneigung je Wegpunkt
- Reibbeiwert-Eigenschaften je Wegpunkt
- Streckenbreite je Wegpunkt
- Kurvenradius je Wegpunkt

Die Gesamtfahrzeug-Fahrdynamik-Simulation ist quasi mechanisch an den Radnaben mit der Gesamtfahrzeug-Antriebstrang-Simulation gekoppelt. Zudem bildet sie in jedem Simulationsschritt die Reib- und Kräftesituation an jedem Rad-Straßen-Kontakt ab. Daraus wird zusätzlich jeweils die Situation des Fahrdynamik-Gesamtfahrzeugs berechnet:

- Schwimmwinkel
- Geschwindigkeit und Beschleunigungen
- Beschleunigungs-, Lenk- und Bremswunsch

Abbildung 10.22 zeigt vereinfacht die Kopplung der Simulations-Systeme.

10.4.1.2 Ergebnisse Simulation Fahrdynamik PHEV-Supersportwagen auf Nürburgring-Nordschleife

Die Simulationsstrecke ist die Nürburgring-Nordschleife mit einer Streckenlänge von 20.772,3 m. Erzielt wurde eine Rundenzeit von 446 Sekunden (07:26 Minuten). Die höchs-

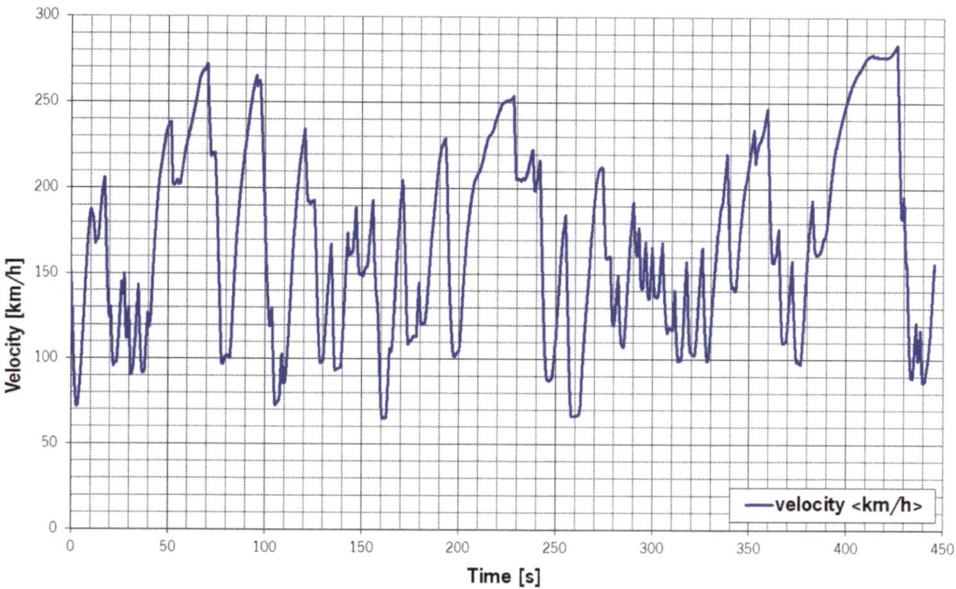

Abb. 10.23 Simulation PHEV-Sportwagen auf Nürburgring-Nordschleife – Geschwindigkeitsverlauf

te Geschwindigkeit wird auf der Döttinger-Höhe vor dem Bremspunkt mit 284 km/h erreicht. Die Mittlere Geschwindigkeit beträgt 167,8 km/h, siehe Abb. 10.23.

Die Simulation ermöglicht unterschiedliche Betriebsstrategien für den Einsatz der EM zu analysieren. Wichtig ist dabei, dass nur die Menge an elektrischer Energie für den Antrieb durch die EM eingesetzt wird, die in der jeweiligen Runde auch durch Lastpunktverschiebung mit der VKM und durch rekuperatives Bremsen zur Verfügung steht, abzüglich der Verluste entlang der Wirkungsgradkette zum Speicher und zurück zur E-Maschine. Die Lastpunktverschiebung ist nur an Streckenabschnitten möglich, bei denen die VKM nicht bereits mit Volllast betrieben wird. Das sind Bremsvorgänge und Kurvenabschnitte. Laden durch Lastpunktverschiebung ist aus Sicht EM nur möglich, wenn der Energiespeicher nicht bereits voll ist und nicht bereits das gesamte EM-Potenzial durch rekuperatives Bremsen benutzt wird. Damit reduziert sich das Laden über VKM auf die Kurvenabschnitte. Daher ist es hilfreich, wenn eine hohe elektrische Peak-Leistung für rekuperatives Bremsen vorhanden ist. Im vorliegenden Fall ist das Verhältnis von $P_{\text{Peak-VKM}}$ zu $P_{\text{Peak-EM}} = 1/1{,}6$ und somit stellt das Konzept einen hohen Elektrifizierungsgrad dar.

Die mittlere Leistung der VKM zum Radantrieb beträgt 55,9 % der Peak-Leistung. Zusätzlich werden 10,1 % der Peak-Leistung zum Laden des E-Speichers genutzt. Somit wird die VKM zu rund 2/3 leistungsbezogen genutzt.

Die vier EM werden im Mittel zum Boosten mit 15,1 % ihrer Peak-Leistung mechanisch genutzt. Zusätzlich werden durchschnittlich 18,3 % der Peak-Leistung mechanisch

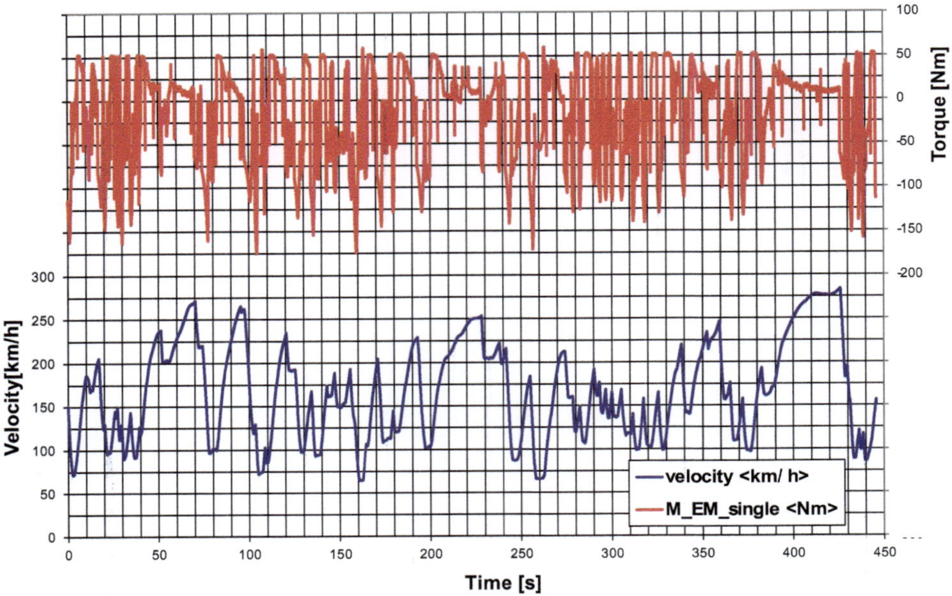

Abb. 10.24 Simulation PHEV-Sportwagen auf Nürburgring-Nordschleife – Geschwindigkeits-, Momentenverlauf Einzel-EM

zum Bremsen benutzt und abzüglich Verluste in den E-Speicher eingespeist. Dabei wurde ein optimales Rekuperationsbremssystem mit Vorrang regeneratives Bremsen bis zur Maximalverzögerung vorausgesetzt. Weitere 5,9 % der Peak-Leistung werden im Mittel zum Laden mit der VKM mechanisch aufgebracht. Somit ergibt sich eine Ausnutzung der Peak-Leistung der EM von 39,4 %. Auffällig ist, dass die mittlere mechanische Antriebsleistung der EM von 15,1 % der Peak-Leistung deutlich geringer ist als die eingespeiste mechanische Ladeleistung von 18,3 % + 5,9 % = 24,2 %. Das Verhältnis der eingespeisten mechanischen zur genutzten mechanischen Leistung ist damit 1,6 zu eins. Somit werden 38 % der Ladeenergie in der elektrischen Wirkungsgradkette nicht mechanisch genutzt und sind Verluste, die als Wärme abgeführt werden müssen. Die Abb. 10.24 zeigt das Moment einer der vier EM über die gesamte Runde.

Die erforderliche Speichergröße des elektrischen Energiespeichers kann in Abhängigkeit von der Strecke, der Peak-Rekuperations-Leistung des Hybridsystems und der Rekuperationsfähigkeit des Bremssystems ermittelt werden:

1. Lange Geraden und der große Höhenunterschied vom höchsten bis zum tiefsten Streckenteil von 290 Meter auf dem Nürburgring erhöhen den Speicherbedarf
2. Hohe Peak-Leistung ermöglicht viel Bremsenergie einzuspeichern und damit energiereichere beziehungsweise stärkere Boost-Phasen und erfordert damit einen größeren Speicherbedarf

3. Ein optimales Bremssystem erhöht den Speicherbedarf durch die Fähigkeit, bis zur Maximalverzögerung im ABS-Regelbereich primär regenerativ zu bremsen und nur die über die Leistungsfähigkeit der EM zusätzliche Bremsleistung durch die Reibbremse zu erbringen

Beim PHEV-Supersportwagen ist eine Speichergröße erforderlich, die ein Minuten-Äquivalent des Speicherbedarfs zur Peakleistung der E-Maschinen von 0,23 Minuten besitzt. Dabei sind die Verluste in der elektrischen Wirkungsgradkette noch nicht berücksichtigt. Bei Berücksichtigung der Verluste ergibt sich ein Minuten-Äquivalent von 0,18 Minuten oder elf Sekunden für einen theoretisch elektrischen Antrieb mit Peak-Leistung. Für ein theoretisches Rekuperieren mit Peak-Leistung ergeben sich 0,3 Minuten oder 17,9 Sekunden. Auch hier ergibt sich ein Verhältnis von eins zu 1,6 (11 Sekunden zu 17,9 Sekunden) der Minuten-Äquivalente für Antreiben und Rekuperieren, was einem Verlust von circa 38 % entspricht.

In Abb. 10.25 ist der Ladezustand des elektrischen Speichers als „State of Charge“ relativ dargestellt. Es ist zu erkennen, dass ein Geschwindigkeitsanstieg durch Entnahme der Boost-Energie ein Sinken des SOCs und umgekehrt die Geschwindigkeitsabnahme durch Rekuperation ein Steigen des SOCs bewirkt. Zudem ist bis zur tiefsten Stelle der Rennstrecke bei circa 180 Sekunden ein Trend zum SOC-Anstieg und im anschließenden Bergaufstück bis nach 250 Sekunden im Trend ein SOC-Abfall erkennbar. Ursache ist, dass bergauf mehr elektrische Energie durch Boost verbraucht wird, als durch Rekuperation und Lastpunktverschiebung wieder dem Speicher und den Energiesenken (Verluste) zugeführt werden.

Lange Geraden mit entsprechenden längeren Boost-Phasen führen zu deutlich stärkeren SOC-Amplituden als kurze Geraden. Extremes Beispiel ist die Gerade zur Döttinger-Höhe (circa 390 Sekunden bis circa 430 s). Hier ergibt sich ein Entlade-SOC-Hub, der 2/3 des maximalen SOC-Hubs darstellt.

10.4.2 Off-Line-Kopplung am Beispiel PHEV-Supersportwagen auf Nürburgring-Nordschleife

Ergänzend und aufbauend auf der Rundenzeitsimulation des PHEV-Supersportwagens wird im Folgenden die Kühlung der E-Maschinen simulatorisch bewertet und eine mögliche Grundauslegung analysiert.

Hierzu ist keine Co-Simulation erforderlich, da für das Fahrzeug die Prämisse gilt, dass die Kühlung so dimensioniert wird, dass auf der Rundstrecke keine Leistungsdegradation erforderlich wird. Daher ist die vorige Rundstreckensimulation ohne Rücksicht auf die Kühlung – und damit ohne Co-Simulation zur Kühlsimulation – erfolgt. Im Weiteren wird die erforderliche Kühlung bewertet.

Die erforderliche Kühlung für eine EM ist durch den deutlich besseren Wirkungsgrad gegenüber einer VKM deutlich geringer. Bei einer VKM mit im Durchschnitt 33 % Wir-

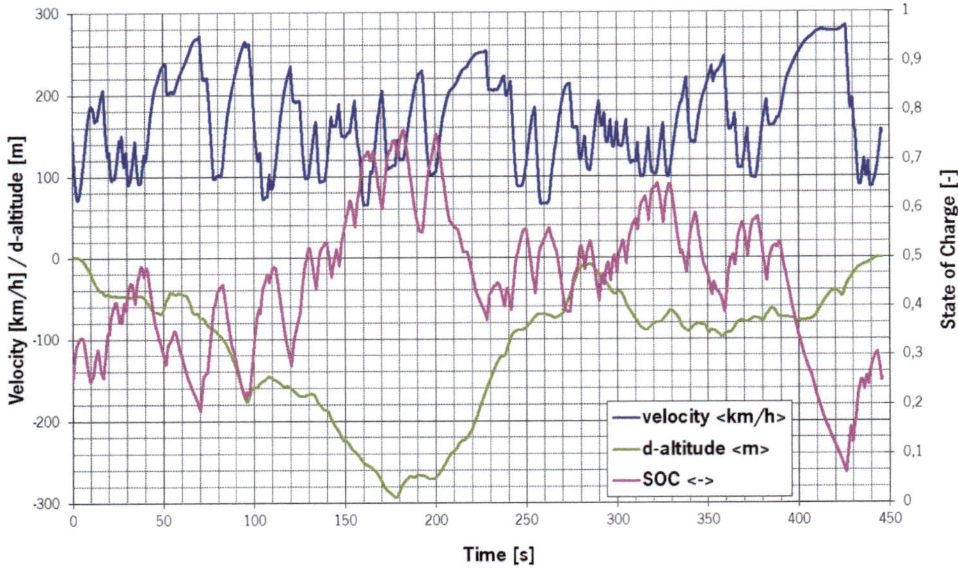

Abb. 10.25 Simulation PHEV-Sportwagen auf Nürburgring-Nordschleife – Geschwindigkeits-, SOC-Verlauf

kungsgrad muss in etwa die gleiche Leistung mit dem Kühlwasser abgeführt werden, wie mechanisch für den Vortrieb genutzt wird. Zusätzlich wird ungefähr nochmal die gleiche Leistung über das Abgas abgeführt.

Bei einer EM ist das Verhältnis der Nutzenergie zur Verlustenergie, die über das Kühlsystem gekühlt werden muss, circa eins zu 0,15 bei einem mittleren Wirkungsgrad von 87 %. Damit muss nur 15 % der mechanischen Leistung gegenüber rund 100 % beim VKM gekühlt werden.

10.4.2.1 Aufbau Simulationsmodell Kühlung EM

Für das vorliegende Beispiel wurde eine einfache 1D-Simulation mit Excel erstellt. Das Modell besitzt folgende Teilbereiche:

1. Wärmequelle – EM
    1. Stator
    2. Rotor
2. Wärmespeicher
    1. Stator
    2. Rotor
    3. Kühlmedium und Kühlkanäle
    4. Gehäuse

3. Wärmetransport
   1. Komponenten
   2. Kühlmedium
   3. Kühlmittelbewegung
4. Wärmetauscher
   1. Kühlmedium
   2. Kühlluftein- und austritt
5. Streckenabhängige Betriebsdaten aus Gesamtfahrzeugsimulation Rundstrecke
   1. Fahrzeuggeschwindigkeit
   2. EM-Leistung

Wärmequelle – EM Im Beispiel ist ein Innenläufer PSM angesetzt. Rund 95 % der Verluste fallen im Stator und circa 5 % im Rotor. Allerdings kann der Rotor nur unzureichend gekühlt werden.

Die Verluste sind abhängig von der jeweiligen abgegebenen Leistung und dem Wirkungsgrad.

Wärmespeicher Alle Einzelmassen in der EM sind mit ihren Wärmekapazitäten als Wärmespeicher berücksichtigt. Fällt mehr Verlustwärme an als gerade abgeführt werden kann, wird diese Wärme in der EM-Masse aufgenommen und die EM-Temperatur steigt an. Umgekehrt fällt die Temperatur bei geringer Beanspruchung der EM.

Wärmetransport Zwischen den einzelnen Komponenten in der EM wird bei unterschiedlichem Temperaturniveau Wärmeenergie von den wärmeren Bauteilen zu den kühleren Bauteilen geleitet. Dabei sind die Wärmeleitfähigkeiten der Komponenten in Abhängigkeit der Werkstoffe und des geometrischen Aufbaus zu berücksichtigen.

An Fügestellen und am Übergang zum Kühlmedium sind Wärmeübergangsfaktoren zu berücksichtigen. Von diesen Faktoren hängt die Verteilung der Teilwärmeströme im System ab.

Die theoretische Herleitung der jeweiligen Faktoren ist in der Regel schwierig und fehlerhaft, da die genauen Randbedingungen an den Bauteilen unklar sind. Hilfreich ist die messtechnische Aufnahme von Bauteiltemperaturverläufen an einem Referenzbauteil (hier EM) bei definierten Ausgangsbedingungen und definiertem Belastungsfall. Diese Ausgangsbedingungen und der Belastungsfall werden dann mit dem Simulationsmodell nachgebildet und durch Anpassung der Wärmeübergangsfaktoren kann die Übereinstimmung der Teilwärmeströme und die resultierenden Komponententemperaturen nachjustiert werden.

Das Kühlmedium strömt durch die EM und wird danach weiter zum Wärmetauscher transportiert. Die im Kühlmedium gespeicherte Wärmeenergie führt durch die Transportbewegung zu einem Energiestrom und damit zu einer abgeführten Wärmeleistung, abhängig von Massenstrom und Kühlmitteltemperatur.

Wärmetauscher Der Wärmetauscher wird von zwei Medien durchströmt:

- Kühlmedium aus der EM, abhängig von der Kühlmittelpumpe
- Umgebungsluft, abhängig von der Fahrzeuggeschwindigkeit

Je nach Temperaturen, Geschwindigkeit und Querschnitt der beiden Medienströme können sich zwei unterschiedliche Fälle ergeben, die unterschiedlich simuliert werden:

1. Der Kühlluftstrom ist größer als erforderlich:
   Das Kühlmedium nähert sich zum Kühlertaustritt in Abhängigkeit der Medienströme an die Kühlluft-Eintrittstemperatur an.
2. Der Kühlluftstrom ist kleiner als erforderlich:
   Die Kühlluft nähert sich zum Kühlertaustritt in Abhängigkeit der Medienströme an die Kühlmedium-Eintrittstemperatur an.

Streckenabhängige Betriebsdaten Die Fahrzeuggeschwindigkeit sowie die Leistungen sind vorgegeben aus der Gesamtfahrzeugsimulation PHEV-Supersportwagen auf der Nürburgring-Nordschleife. Diese Daten werden statisch in die Simulation als Vorgabe übernommen.

10.4.2.2 Lastfall mit konstanter Belastung

Zur Überprüfung des Modells und der Simulation sowie zum Abgleich mit Messdaten sind Lastfälle mit konstanter Belastung vorteilhaft. Das Modell wird dabei mit Volllast mit einer Ausgangstemperatur von 25 °C aller Komponenten und der Kühlluft simuliert. Diese Simulation dient als Vorbereitung zur Kopplung und stellt selbst noch keine Kopplung dar.

Das Diagramm Abb. 10.26 zeigt Kühlmediumtemperaturen unter 80 °C und eine Statortemperatur unter 100 °C. Dies deutet auf ausreichende Wärmeabführung in der EM hin sowie auf ausreichende Abkühlung des Kühlmediums im Kühler bei Höchstgeschwindigkeit.

Die Rotortemperatur steigt auch nach 500 Sekunden weiter stark an, was auf eine nicht ausreichende Kühlung bei dieser Leistung hindeutet.

Wird der gleiche Lastfall, 85 kW Konstantleistung, bei Höchstgeschwindigkeit mit einer Bauteiltemperatur von 90 °C gestartet und die Umgebungsluft beträgt 45 °C, steigt das Temperaturniveau deutlich an. Jedoch bleiben die Kühlmitteltemperaturen unter 100 °C. Der Stator erreicht circa 120 °C und der Rotor fast 140 °C siehe Abb. 10.27.

10.4.2.3 Lastfall Nürburgring-Nordschleife

Die Simulation mit dem Lastfall Nürburgring stellt die Kopplung zur Gesamtfahrzeugsimulation dar. Dabei werden die Geschwindigkeiten und die Leistungsanforderungen an die EM1 als Basis verwendet. Die mittlere mechanische Leistung der EM1 beträgt 32 kW. Als Umgebungstemperatur sind belastende 45 °C definiert.

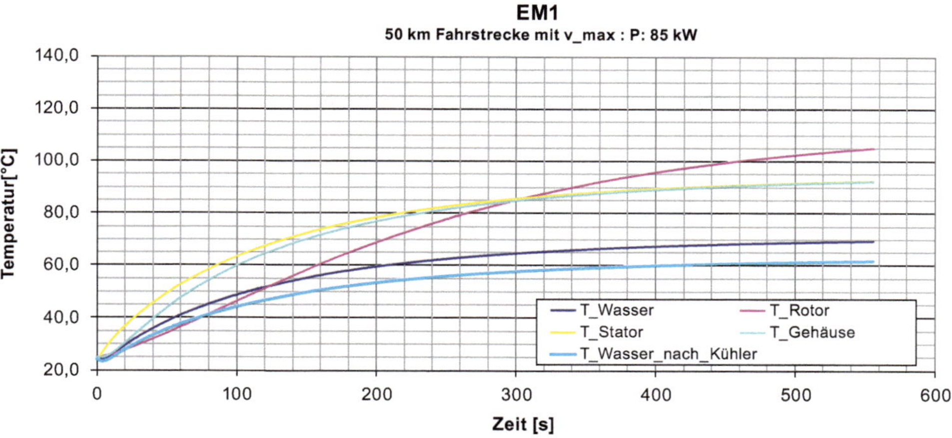

Abb. 10.26 Aufheizung EM PHEV-Supersportwagen mit T-Start: 25° C und Umgebungstemperatur 20 °C bei Höchstgeschwindigkeit über eine Strecke von 50 km

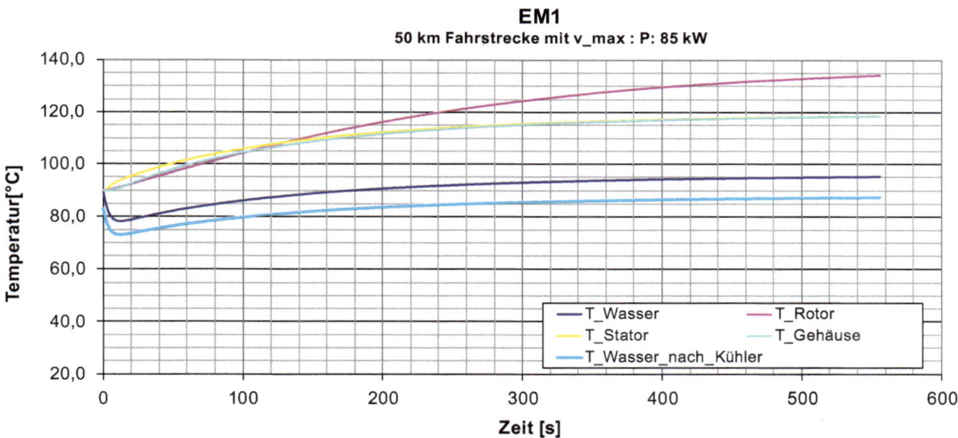

Abb. 10.27 Aufheizung EM PHEV-Supersportwagen mit T-Start: 90° C und Umgebungstemperatur 45 °C bei Höchstgeschwindigkeit über eine Strecke von 50 km

Der Lastfall stellt auf Basis der gewählten Kühlauslegung keinen kritischen Fall dar, da alle Temperaturen innerhalb der vorgegebenen Grenzen liegen.

In Abb. 10.28 ist zu erkennen, dass die Kühlmitteltemperatur (T_Wasser an EM1-Austritt) bei der Beschleunigung auf der Geraden sinkt. Zum einen ist die Leistung der EM1 hier nicht bei Volllast, zum anderen wird das Kühlmedium bei den hohen Geschwindigkeiten sehr gut gekühlt.

Beim Bremsvorgang hingegen wird die maximale Leistung abgefordert. Hier steigt die Temperatur des Kühlmediums an.

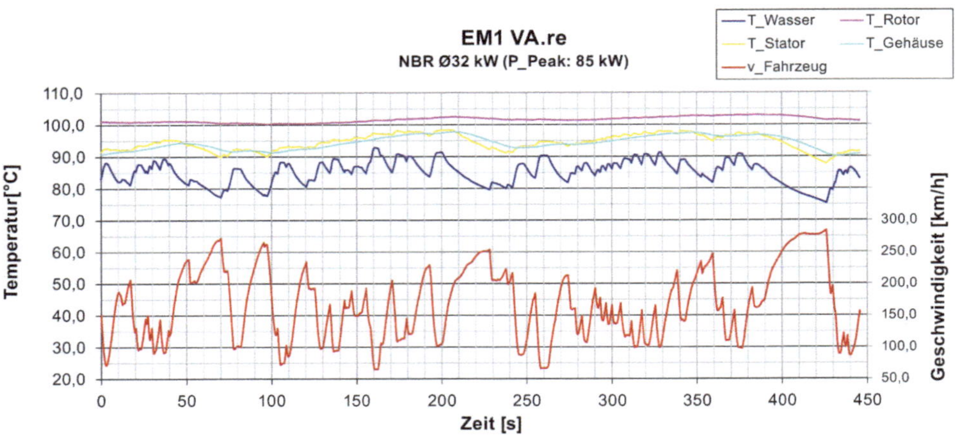

Abb. 10.28 Kühlung EM1 mit Lastfall Nürburgring-Nordschleife mit 45 °C Umgebungstemperatur

10.4.2.4 Auslegungssimulation für Kühlmittelstrom

Unter Energiemanagement-Gesichtspunkten sind alle parasitären Verbraucher zu reduzieren oder mit einer bedarfsgerechten Betriebsstrategie zu steuern. Die Ergebnisse der Simulation im Lastfall Nürburgring-Nordschleife zeigen, dass die Kühlung ausreichend dimensioniert ist und es evtl. Möglichkeiten zur Verbrauchsreduktion bestehen. Daher wird die Größe des Kühlmittelstroms durch die Kühlmittelpumpe simulatorisch bewertet. Bei den Simulationen wurden die Anfangstemperaturen der Bauteile am Start der Runde auf die gleiche Temperatur wie am Ende der Runde gesetzt und so viele Iterationsschleifen durchgeführt, bis sich die Unterschiede zwischen Anfang und Endtemperatur < 0,5 ° beliefen.

Die Ergebnisse der Simulation in Abb. 10.29 zeigen bei höherem Kühlmittelstrom nur geringe Absenkungen der Bauteiltemperaturen. Selbst bei Erhöhung über den doppelten Massenstrom hinaus waren nur sehr geringe Absenkungen der Bauteiltemperaturen um bis 6 ° und leichte Erhöhung der maximalen Wärmeleistung des Kühlmittelstromes zu ermitteln. Dies zeigt, dass eine Steigerung des Kühlmittelstroms wenig Vorteile für die Kühlung bieten würde, jedoch einen deutlich höheren Energiebedarf für die Kühlmittelpumpe bedeuten könnte.

Bei Absenkung des Kühlmittelstroms um 33 % ergeben sich Erhöhungen der maximalen Temperaturen von bis zu 5 °, zum Beispiel am Rotor. Dies entspricht den 5 ° Absenkung bei Verdoppelung des Kühlmittelstroms. Eine weitere Absenkung des Kühlmittelstroms um 50 % auf 33 % des Ursprungwertes ergibt am Rotor eine weitere Erhöhung um 14 °.

Das Beispiel zeigt, dass die Auslegung der Kühlmittelstroms viel Potenzial zur Einsparung von Energie bietet, da bei niedrigen Außentemperaturen natürlich niedrigere Temperaturen am Bauteil auftreten. Eine bedarfsgerechte Regelung bietet hier Chancen auf Energieeffizienz und Bauteilschutz.

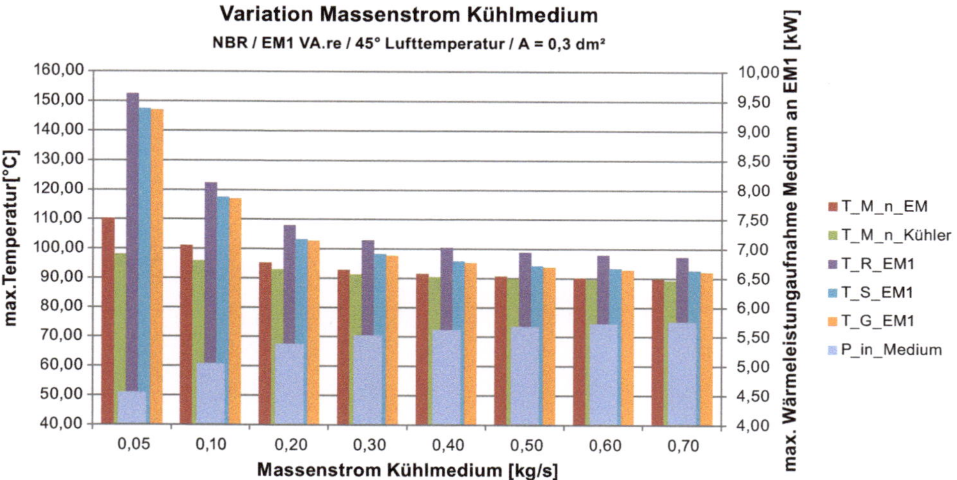

Abb. 10.29 Variation Kühlmittelstrom EM1 mit Lastfall Nürburgring-Nordschleife mit 45 °C Umgebungstemperatur und 0,3 dm^2 Lufteinlass

10.4.2.5 Auslegungssimulation für Kühllufteinlass

Gute Kühlleistung erfordert meist hohe Kühlluftdurchsätze durch den Wärmetauscher (Kühler). Als Antrieb für die Kühlluftströmung wird die Druckdifferenz zwischen Kühllufteein- und -auslass, die während der Fahrt auftritt genutzt. Diese Antriebsenergie erhöht den Luftwiderstand des Fahrzeugs. Daher ist ein möglichst kleiner, aber ausreichender, Kühlluftstrom anzustreben. In der folgenden Simulation wurde für den Lastfall Nürburgring-Nordschleife bei 45 °C Außentemperaturen die Größe des Kühllufteinlasses variiert.

Bei den Simulationen wurden ebenfalls die Anfangstemperaturen der Bauteile am Start der Runde auf die gleiche Temperatur wie am Ende der Runde gesetzt und so viele Iterationsschleifen durchgeführt, bis sich die Unterschiede zwischen Anfang und Endtemperatur < 0,5° beliefen.

Die Ergebnisse Abb. 10.30 zeigen bei Verkleinerung des Kühlluft-Einlassquerschnitts einen starken Anstieg aber auch einen Abfall der Temperaturen bei Vergrößerung bis zum doppelten Querschnitt. Bei Verkleinerung besteht fast ein linearer Zusammenhang bis zur Halbierung der Fläche.

Die Temperaturverläufe über eine Runde bei Halbierung der Kühllufteinlassfläche zeigt Abb. 10.31. Diese Verläufe sind sehr ähnlich der Situation mit Ausgangsfläche, allerdings um fast 40 ° höher. Somit kann abhängig von den Bauteiltemperaturen und den gegebenen Außentemperaturen jeweils ein spezifischer Querschnitt gewählt werden. Da die Schwankungsbreite der Bauteiltemperaturen bei gegebenem Einlassquerschnitt circa 10 ° beträgt, lohnt sich ein in der Runde variabler Kühllufteinlass aus Sicht Kühlung nicht. Dieser könnte evtl. die Höchstgeschwindigkeit verbessern und Vorteile auf die Rundenzeit ermöglichen. Diese Fragestellung wäre wiederum simulatorisch zu analysieren.

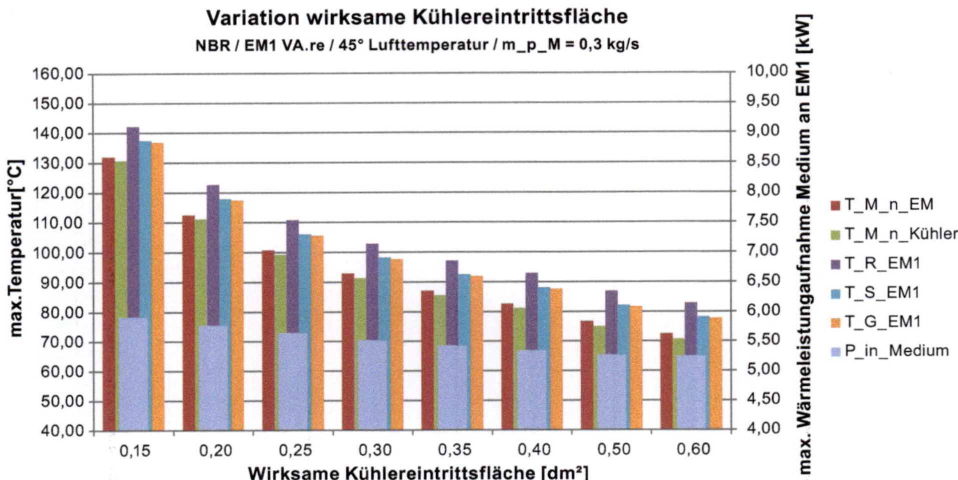

Abb. 10.30 Variation Kühlluft-Einlassquerschnitt Kühler EM1 mit Lastfall Nürburgring-Nordschleife mit 45 °C Umgebungstemperatur und 0,3 kg/s Kühlmittelstrom

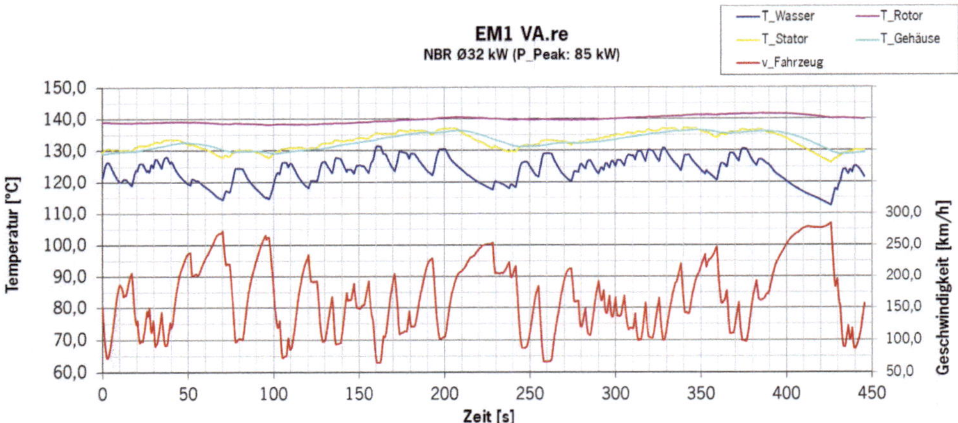

Abb. 10.31 Halbierung Kühlluft-Einlassquerschnitt Kühler EM1 ($A = 0{,}15\,\text{dm}^2$) mit Lastfall Nürburgring-Nordschleife mit 45 °C Umgebungstemperatur und 0,3 kg/s Kühlmittelstrom

Literatur

[1] Megyesi, P., Roth, M.: Solar roof panel application to support the vehicle power supply and reduce fuel consumption. Tagung: International scientific conference on hybrid and electric vehicles RHEVE 2011, Rueil-Malmaison, France (2011). RHEVE

[2] Pöttering, H.-G., Nečas, P.: (EG) Nr. 443/2009 des Europäischen Parlaments und des Rates zur Festsetzung von Emissionsnormen für neue Personenkraftwagen im Rahmen des Gesamtkonzepts

der Gemeinschaft zur Verringerung der CO_2-Emissionen von Personenkraftwagen und leichten Nutzfahrzeugen. Amtsblatt der Europäischen Union: Verordnung des Europäischen Parlaments und des Rates, Strasbourg (2009)

[3] Roth, M.: Ein Beitrag zur Lösung des Zielkonflikts zwischen Performance und Kraftstoffverbrauch bei modernen Sportwagen (2010). Dissertation

[4] Jante, A.: Zur Theorie des Kraftwagens. Akademie-Verlag, Berlin (1978)

[5] Lechner, G., Naunheimer, H.: Fahrzeuggetriebe. Springer-Verlag, Berlin (1994)

[6] Looman, J.: Zahnradgetriebe. Springer-Verlag, Berlin (1996)

[7] Mitschke, M.: Dynamik der Kraftfahrzeuge. Springer-Verlag, Berlin (1997)

Formeln, Tabellen und Diagramme für die Praxis 11

Klaus Rohde-Brandenburger

Neben der Definition der drei häufig verwendeten Beispielfahrzeuge enthält dieser Anhang Formeln, Tabellen und Diagramme, die für die tägliche Praxis in einer Fahrzeugentwicklung hilfreich sein können. Alle Verbrauchswerte wurden mit dem vereinfachten Motormodell aus Abschn. 6.1.1 ermittelt, dass sich in der Praxis als genügend genaues Werkzeug für Verbrauchsabschätzungen in der frühen Entwicklungsphase bewährt hat. Exakte individuelle Verbrauchswerte sind nur mit den tatsächlichen Fahrzeug- und Motorkennwerten von Serienbauständen zu ermitteln.

11.1 Definition von drei Beispielfahrzeugen für Kap. 6

Im Kap. 6 wurden Berechnungen anhand von praktischen Beispielfahrzeugen durchgeführt. In Anlehnung an den VW Up!, den VW Golf und den VW T5 wurden dafür drei Beispiel-Fahrzeugtypen definiert, die stellvertretend für die Klassen Kleinwagen, „Golf"-Klasse und Großraumlimousine stehen. Die Abb. 11.1 zeigt die zugehörigen fahrzeugtechnischen Kenndaten, mit denen die Beispielrechnungen durchgeführt wurden. Diese Daten sind nicht zwingend identisch mit realen Fahrzeugen, sondern es handelt sich um gerundete Daten. Diese Beispielwerte stellen sicher, dass die Unterschiede in den Berechnungen zu diesen drei Fahrzeugklassen in einer realen Größenordnung liegen. Die Erläuterung der verschiedenen Angaben zur Fahrzeugmasse findet sich in Abschn. 7.2.1.

Klaus Rohde-Brandenburger ✉
Isenbüttel, Deutschland
e-mail: klaus.rohde-brandenburger@gmx.de

J. Liebl et al., *Energiemanagement im Kraftfahrzeug*, ATZ/MTZ-Fachbuch, DOI 10.1007/978-3-658-04451-0_11,

Name	Abkürzung	Einheit	Beispielfahrzeug-Nr. 1	2	3
Fzg.-Typ ähnlich zu:	-		VW Up!	VW Golf	VW T5
Leermasse DIN	m_{DIN}	kg	900	1200	2000
Leermasse EU	m_{EU}	kg	975	1275	2075
Bezugsmasse	m_{Bezug}	kg	1000	1300	2100
Fahrleistungmasse	m_{FL}	kg	1100	1400	2200
Luftwiderstand	c_W * A	m²	0,65	0,7	1,15
Rollwiderstand	f_R	‰	0,8	1,0	1,0

Abb. 11.1 Definition der verwendeten Beispielfahrzeuge

11.2 Formeln

Für einige ausgewählte Themenfelder und Kenngrößen, die immer wieder in der Praxis der Verbrauchsentwicklung an Fahrzeugen vorkommen, werden die Berechnungsformeln hergeleitet. Der effektive Mitteldruck eines Verbrennungsmotors ist eine sehr spezielle Kenngröße aus der Lehre der Verbrennungskraftmaschinen. In der Zusammenarbeit mit Aggregateentwicklern kann es jedoch auch für einen Fahrzeugentwickler sehr hilfreich sein, den effektiven Mitteldruck zu verstehen.

Mit den Kenngrößen v_{1000}-Wert und n/v-Wert stehen zwei Hilfsmittel zu Verfügung, die einen Fahrzeugbeurteiler in die Lage versetzen, eine effektive Gesamtübersetzung auf einfache Weise im Fahrversuch prüfen zu können. Schließlich wird noch der Zusammenhang zwischen dem Verbrauch in der Dimension [l/100 km] und der Reichweitenangabe in den USA in der Dimension [mpg] (miles per gallon) dargestellt.

11.2.1 Effektiver Mitteldruck p_{me}

Der sogenannte effektive Mitteldruck p_{me} ist ein Fachbegriff aus der Lehre der Verbrennungsmotoren. Die Bezeichnung p_{me} stammt aus dem Englischen und bedeutet mean effective pressure. Der effektive Mitteldruck ist ein Maß für das spezifische Arbeitsvermögen des Hubraumes. Er ist eine fiktive Größe, die so definiert ist, als würde das abgegebene Drehmoment eines Motors durch das Wirken eines konstanten Druckes auf den Kolben während des Arbeitstaktes erzeugt. Berechnungsgrundlage ist die Gleichung, in der die Volumenänderungsarbeit als Produkt aus Druck und Volumen über einen Arbeitstakt der der Arbeit aus Drehmoment und Drehwinkel über 2 Umdrehungen gleichgesetzt wird, Abb. 11.2.

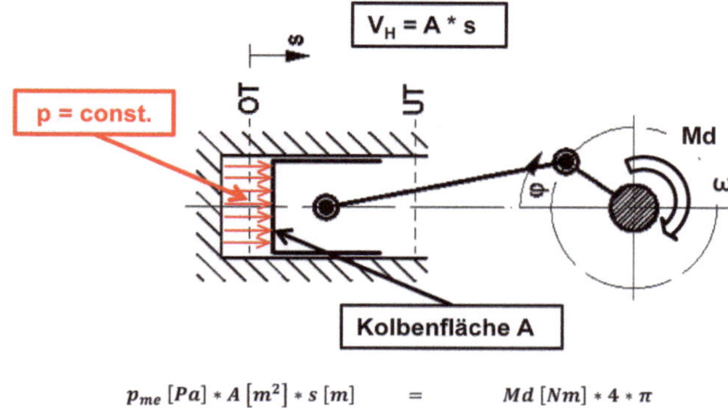

Abb. 11.2 Herleitung des effektiven Mitteldruckes beim Viertaktmotor

$$p_{me}\,[Pa] * A\,[m^2] * s\,[m] \quad = \quad Md\,[Nm] * 4 * \pi$$

Beim Viertaktmotor wird die Volumenänderungsarbeit nur alle zwei Umdrehungen verrichtet, so dass das daraus resultierende mittlere abgegebene Drehmoment über einen Drehwinkel von zwei Umdrehungen (4π) wirken muss.

Die jeweils erste Berechnungsgleichung für p_{me} ist an den SI-Einheiten orientiert. In der zweiten Gleichung werden die in der Praxis geläufigen Einheiten [bar] für den effektiven Mitteldruck, [cm^3] für den Hubraum und [kW] für die Leistung verwendet, um die Anwendung zu erleichtern.

Mit $A[m^2] \times s[m] = V_{\text{H}}[m^3]$ folgt für die Berechnung des $\boldsymbol{p}_{\text{me}}$ **aus den bekannten Größen Drehmoment und Hubraum:**

$$p_{\text{me}}\,[\text{Pa}] = \frac{Md\,[\text{Nm}] \times 4\pi}{V_{\text{H}}\,[\text{m}^3]} \quad \text{oder} \quad p_{\text{me}}\,[\text{bar}] = \frac{Md\,[\text{Nm}] \times 40\pi}{V_{\text{H}}\,[\text{cm}^3]} \tag{11.1}$$

Mit $Md\,[\text{Nm}] = \frac{P[\text{W}]}{\omega\left[\frac{\text{rad}}{\text{s}}\right]} = \frac{P[\text{W}]}{2\times\pi\times n\left[\frac{1}{\text{s}}\right]}$ folgt für die Berechnung des $\boldsymbol{p}_{\text{me}}$ **aus den bekannten Größen Leistung, Hubraum und Drehzahl:**

$$p_{\text{me}}\,[\text{Pa}] = \frac{P\,[\text{W}] \times 2}{n\left[\frac{1}{\text{s}}\right] \times V_{\text{H}}\,[\text{m}^3]} \quad \text{oder} \quad p_{\text{me}}\,[\text{bar}] = \frac{P\,[kW] \times 1{,}2 \times 10^6}{n\left[\frac{1}{\text{min}}\right] \times V_{\text{H}}\,[\text{cm}^3]} \tag{11.2}$$

Für Techniker außerhalb der Aggregatewelt ist der Begriff des effektiven Mitteldrucks in Verbindung mit einem Verbrennungsmotor eher verwirrend. Es handelt sich dabei nämlich ganz und gar nicht um einen effektiv wirkenden Druck. Der reale Druck im Brennraum schwankt sehr stark während der Arbeitsspiele. Während des Ansaugens tritt sogar Unterdruck im Brennraum auf und während des Verdichtens treten schon Verdichtungsenddrücke auf, die beim Saugmotor deutlich über den Zahlenwerten für den Mitteldruck liegen. Nach der Entflammung steigt der Druck dann kurz nach dem oberen Totpunkt sogar auf einen vielfachen Wert des effektiven Mitteldruckes. Der Mitteldruck ist also lediglich eine rechnerische Ersatzgröße für das Arbeitsvermögen des Hubraumes. Die Vermutung liegt nahe, dass es sich bei diesem Kennwert um eine Überlieferung aus der Zeit der Dampfmaschinen handelt, weil deren Kolben tatsächlich mit einem konstanten Druck beaufschlagt wurden. Trotz des Namens „effektiver Mitteldruck" darf man sich unter diesem

Begriff deshalb keinen real wirkenden Druck vorstellen, sondern nur einen Zahlenwert, der die Ausnutzung des Hubraumes zur Drehmomenterzeugung quantifiziert.

In Veröffentlichungen wird zunehmend der Begriff spezifische Arbeit oder Arbeit pro Hubvolumen verwendet. Dadurch wird eher deutlich gemacht, dass es sich bei dem Verbrennungsmotor um eine Arbeitskraftmaschine handelt, deren Arbeit aus einer Volumenänderungsarbeit resultiert. Die physikalische Vorstellung wird hierbei nicht mehr in die falsche Richtung eines konstant anstehenden Druckes gelenkt. Die Umrechnung des effektiven Mitteldruckes von 1 Pa oder 1 bar in die äquivalente effektive spezifische Arbeit w_e erfolgt durch die Erweiterung des Druckes mit [m/m]:

$$w_e\,(1\,\mathrm{Pa}) = 1\,\mathrm{Pa} \times \frac{\mathrm{m}}{\mathrm{m}} = 1\frac{\mathrm{N}}{\mathrm{m}^2} \times \frac{\mathrm{m}}{\mathrm{m}} = 1\frac{\mathrm{Nm}}{\mathrm{m}^3} = 1\,\frac{\mathrm{J}}{\mathrm{m}^3} \tag{11.3}$$

$$w_e\,(1\,\mathrm{bar}) = 1\,\mathrm{bar} \times \frac{\mathrm{m}}{\mathrm{m}} = 10^5\,\mathrm{Pa} \times \frac{\mathrm{m}}{\mathrm{m}} = 10^5\,\frac{\mathrm{Nm}}{\mathrm{m}^3} = 10^5\,\frac{\mathrm{J}}{\mathrm{m}^3} = 0{,}1\frac{\mathrm{J}}{\mathrm{cm}^3} = 0{,}1\,\frac{\mathrm{kJ}}{\mathrm{l}} \tag{11.4}$$

Eine weitere anschaulichere Größe als der effektive Mitteldruck ist das spezifische Drehmoment als Quotient aus Drehmoment und Hubvolumen in der Einheit [Nm/l]. Zur Umrechnung des effektiven Mitteldrucks in das spezifische Drehmoment wird (11.1) so umgestellt, dass sich der Quotient in den Einheiten [Nm/m^3] oder [Nm/cm^3] ergibt:

$$\frac{Md\,[\mathrm{Nm}]}{V_\mathrm{H}\,[\mathrm{m}^3]} = \frac{p_{me}\,[\mathrm{Pa}]}{4\pi} \quad \text{oder} \quad \frac{Md\,[\mathrm{Nm}]}{V_\mathrm{H}\,[\mathrm{cm}^3]} = \frac{p_{me}\,[\mathrm{bar}]}{40\pi} \tag{11.5}$$

Mit der Umrechnung des Hubvolumens auf 1 Liter (1 m^3 = 10^3 l und 1 cm^3 = 10^{-3} l) berechnet sich das spezifische Drehmoment wie folgt:

$$Md_\mathrm{spezifisch} = \frac{Md\,[\mathrm{Nm}]}{V_\mathrm{H}\,[\mathrm{l}]} = \frac{p_{me}\,[\mathrm{Pa}]}{4\pi \times 10^3} \quad \text{oder} \quad Md_\mathrm{spezifisch} = \frac{Md\,[\mathrm{Nm}]}{V_\mathrm{H}\,[\mathrm{l}]} = \frac{p_{me}\,[\mathrm{bar}] \times 10^3}{40\pi} \tag{11.6}$$

Daraus errechnet sich der Zusammenhang zwischen Mitteldruck und spezifischem Drehmoment zu:

$$10^5\,\mathrm{Pa} = 1\,\mathrm{bar} \mathrel{\hat{=}} 7{,}958\,\mathrm{Nm/l}$$

Für eine schnelle zahlenmäßige Orientierung bei der Umrechnung von Mitteldruck in Drehmoment oder Leistung finden sich entsprechende Tabellen und Diagramme in Abschn. 11.3.1.

11.2.2 Berechnung des v_{1000}-Wertes

Die Übersetzung im Antriebsstrang eines Fahrzeugs ist von großer Bedeutung für die Steigfähigkeit und für die Fahrleistungswerte wie Beschleunigung, Durchzugsvermögen/Elastizität und Höchstgeschwindigkeit. Man unterscheidet bei der Angabe der Übersetzung zwischen der Getriebeübersetzung und der Achsübersetzung. Das Produkt aus

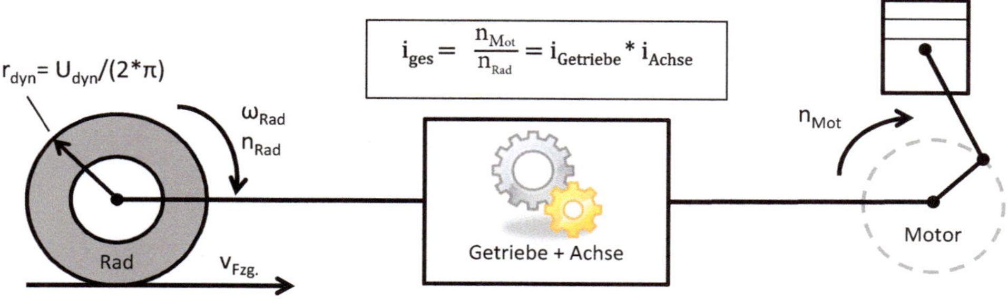

Abb. 11.3 Schematischer Antriebsstrang für die Herleitung des v_{1000}-Wertes

beiden ist die Gesamtübersetzung, die das Drehzahlverhältnis zwischen dem Motor und dem angetriebenen Rad definiert. Die Werte dieser Übersetzungen liegen dem Fahrzeughalter nicht direkt vor, aber sie stehen über die Vertragswerkstatt sicherlich zur Verfügung. Aber selbst wenn sie denn vorliegen, kann man sie als Fahrzeughalter nicht „erfahren" oder überprüfen, weil die Übersetzung selbst keine hinreichende Aussage über das Verhältnis von Fahrgeschwindigkeit zu Motordrehzahl macht. Selbst ein erfahrener Fahrzeugbeurteiler ist nicht in der Lage, aufgrund der Übersetzungsangaben zu überprüfen, ob denn das richtige Getriebe auch im Fahrzeug verbaut ist. Dazu müssten mindestens aufwendige Messungen des Drehzahlverhältnisses zwischen Motor und Antriebsrad gemacht werden. Aber selbst das wäre noch nicht hinreichend, um die effektive Gesamtübersetzung zu beurteilen. Die effektive Gesamtübersetzung stellt den tatsächlichen Zusammenhang zwischen der Motordrehzahl und der Fahrgeschwindigkeit (und nicht nur Raddrehzahl) her. Hier ist auch das Rad als letztes Glied in der Kette der Gesamtübersetzung enthalten, das mit seinem Abrollumfang einen maßgeblichen Einfluss darauf hat, mit welchem Geschwindigkeits-/Motordrehzahl-Verhältnis sich das Fahrzeug tatsächlich bewegt.

Eine sehr verbreitete Angabe der effektiven Gesamtübersetzung ist der v_{1000}-Wert. Er besagt, mit welcher Geschwindigkeit das Fahrzeug fährt, wenn der Motor sich mit einer Drehzahl von 1000 1/min dreht. Unter Einbeziehung der individuellen Tachoabweichung lässt sich so während der Fahrt bei allen Tausender-Drehzahlen in jedem Gang sehr einfach feststellen, ob die Ist-Geschwindigkeit der Sollgeschwindigkeit entspricht. Ist das der Fall, so kann man sicher sein, dass das Getriebe dem Soll-Baustand entspricht. Die Herleitung der Formel zur Bestimmung des v_{1000}-Wertes aus den Übersetzungsdaten und dem dynamischen Abrollumfang erfolgt anhand der Abb. 11.3.

Den dynamischen Abrollradius oder Reifenumfang des verbauten Reifens kann man den technischen Informationen der Reifenhersteller entnehmen.

$$v_{Fzg}\left[\frac{m}{s}\right] = \omega_{Rad}\left[\frac{rad}{s}\right] \times r_{dyn}\,[m] = n_{Rad}\left[\frac{1}{s}\right] \times 2 \times \pi \times r_{dyn}\,[m] = n_{Rad}\left[\frac{1}{s}\right] \times U_{dyn}\,[m] \tag{11.7}$$

Mit $n_{Rad} = n_{Mot}/i_{ges}$ folgt:

$$v_{Fzg}\left[\frac{m}{s}\right] = \frac{n_{Mot}\left[\frac{1}{s}\right]}{i_{ges}} \times U_{dyn}[m] \tag{11.8}$$

Für die praktische Anwendung ist es sinnvoll, die Geschwindigkeit in die Einheit [km/h] und die Drehzahl des Motors in die Einheit [1/min] umzurechnen:

$$\begin{aligned} v_{Fzg}\left[\frac{km}{h}\right] &= \frac{n_{Mot}\left[\frac{1}{min}\right] \times U_{dyn}\,[m]}{60\left[\frac{s}{min}\right] \times i_{ges}} \times \frac{3600\left[\frac{s}{h}\right]}{1000\left[\frac{m}{km}\right]} \\ &= \frac{n_{Mot}\left[\frac{1}{min}\right] \times U_{dyn}\,[m]}{\times i_{ges}} \times 0{,}06\left[\frac{min \times km}{h \times m}\right] \end{aligned} \tag{11.9}$$

Wird $n_{Mot} = 1000$ 1/min gesetzt, so errechnet sich der v_{1000}-Wert wie folgt:

$$v_{1000}\left[\frac{km}{h}\right] = \frac{1000\left[\frac{1}{min}\right] \times U_{dyn}[m]}{i_{ges}} \times 0{,}06\left[\frac{min \times km}{h \times m}\right] = \frac{U_{dyn}\,[m]}{i_{ges}} \times 60\left[\frac{km}{h \times m}\right] \tag{11.10}$$

Die Anwendung des v_{1000}-Wertes soll an folgendem Beispiel gezeigt werden. Von einem Fahrzeug ist bekannt, dass es im letzten Gang eine Gesamtübersetzung von 2,6 haben soll. Die Reifen der Größe 195/65 R15 haben einen dynamischen Abrollumfang von 1,937 m. Aus (11.10) errechnet sich mit diesen Daten ein v_{1000}-Wert von 44,7 km/h. Nach Abzug der Tachovoreilung müssen sich nun bei den vollen Tausender-Drehzahlen immer entsprechende Vielfache von 44,7 km/h einstellen. Im realen Verkehr auf der Straße ist es im Allgemeinen immer möglich irgendeine Tausender-Drehzahl zu fahren und die Berechnung des Vielfachen des v_{1000}-Wertes gelingt auch ohne Taschenrechner. Dadurch ist dieses Verfahren sehr unkompliziert.

11.2.3 Berechnung des *n*/*v*-Wertes

Neben dem v_{1000}-Wert gibt es mit dem n/v-Verhältnis eine zweite Form für die Angabe der effektiven Gesamtübersetzung. Bei diesem Wert wird das Zahlenverhältnis der Motordrehzahl in der Einheit [1/min] zur Fahrgeschwindigkeit in der Einheit [km/h] gebildet. Durch Umstellung von (11.9) lässt sich das n/v-Verhältnis wie folgt berechnen:

$$\frac{n}{v} = \frac{n_{Mot}\left[\frac{1}{min}\right]}{v_{Fzg}\left[\frac{km}{h}\right]} = \frac{i_{ges}}{U_{dyn}\,[m] \times 0{,}06\left[\frac{min \times km}{h \times m}\right]} \tag{11.11}$$

Ist der v_{1000}-Wert bekannt, so kann er in den n/v-Wert umgerechnet werden:

$$\frac{n}{v} = \frac{1000\left[\frac{1}{min}\right]}{v_{1000}\left[\frac{km}{h}\right]} \tag{11.12}$$

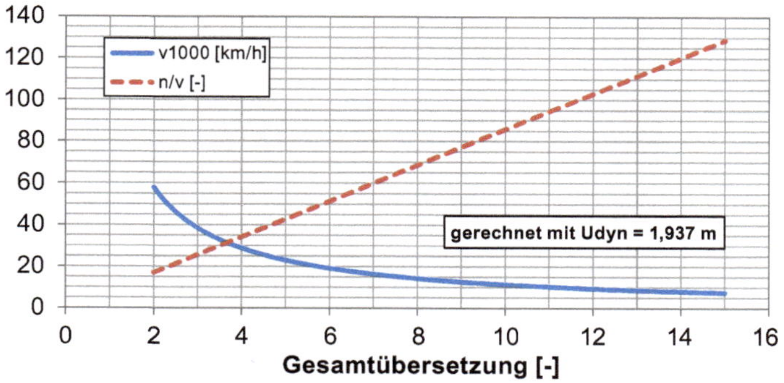

Abb. 11.4 Vergleich n/v- gegen v_{1000}-Wert

Der n/v-Wert ist proportional zum Kehrwert des v_{1000}-Wertes. Den Vergleich beider Werte für einen Beispielreifen mit einem dynamischen Abrollumfang von $U_{\text{dyn}} = 1{,}937\,\text{m}$ zeigt Abb. 11.4.

Der Unterschied in der Anwendung liegt darin, dass man bei Verwendung des v_{1000}-Wertes drehzahlorientiert bei Tausender-Drehzahlen fährt und den v_{1000}-Wert beziehungsweise das Vielfache davon am Tachometer abliest. Bei der Verwendung des n/v-Wertes fährt man (ebenfalls nach Abzug der Tachovoreilung) sinnvollerweise eine passende „Zehner-Geschwindigkeit" und liest den n/v-fachen Wert der Geschwindigkeit am Drehzahlmesser ab.

11.2.4 Umrechnung des Verbrauchs von mpg in l/100 km

In Europa ist es üblich, den Kraftstoffverbrauch anzugeben. Dazu wird der Quotient aus dem verbrauchten Kraftstoffvolumen in [l] und der gefahrenen Strecke [km] gebildet und auf eine Strecke von 100 km hochgerechnet. Der Verbrauch (V_{100}) wird in der Einheit [l/100 km] angegeben:

$$V_{100} = \frac{V \times 100}{s} \left[\frac{1}{100\,\text{km}}\right] \tag{11.13}$$

In den USA und einigen anderen Ländern wird dagegen die Reichweite angegeben. Dazu wird der Quotient aus der Fahrstrecke s in der Einheit [mi] und dem verbrauchten Kraftstoffvolumen in der Einheit [gal] berechnet. Dieser Quotient entspricht der Reichweite FE (Fuel Economy), die in der Einheit [mpg] als Kurzform für [mi/gal] angegeben wird:

$$FE = \frac{s\,[\text{mi}]}{V\,[\text{gal}]} = \frac{s}{V}\,[\text{mpg}] \tag{11.14}$$

Da der Verbrauch und die Fahrstrecke als Zähler und Nenner nur vertauscht sind, gibt es zwischen den Zahlenwerten zu Verbrauch und Reichweite einen umgekehrt proportionalen Zusammenhang. Mit den Umrechnungsfaktoren für den Weg von 1,60934 km/mi und

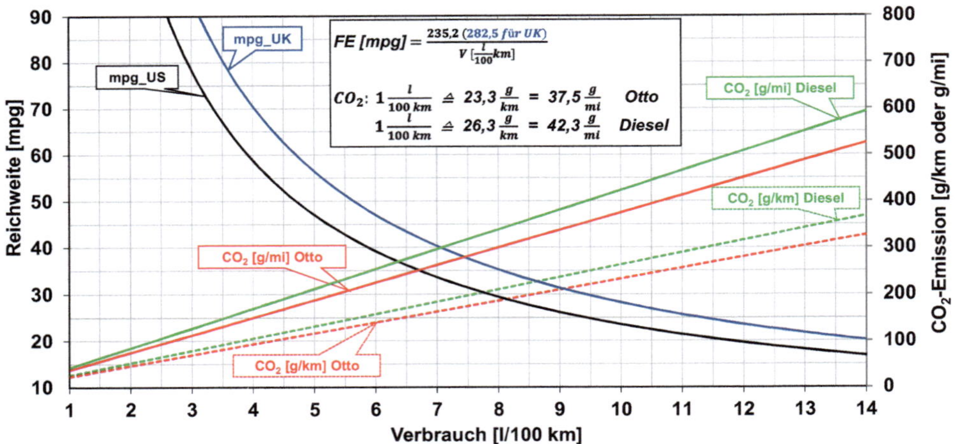

Abb. 11.5 Zusammenhang zwischen Verbrauch in l/100 km und der Reichweite in mpg

für das Volumen der US-Gallone von 3,78541 l/gal lautet die Umrechnung von Verbrauch V_{100} in die Reichweite FE oder umgekehrt wie folgt:

$$FE\,[\text{mpg}] = \frac{3{,}78541 \times 100}{V_{100}\left[\frac{1}{100\,\text{km}}\right] \times 1{,}60934} = \frac{235{,}22}{V_{100}\left[\frac{1}{100\text{km}}\right]} \tag{11.15}$$

In England wird ebenfalls die Reichweite in der Einheit [mpg] angegeben, aber die Gallone im United Kingdom hat ein größeres Volumen von 4,54609 l. Die zugehörige Umrechnung lautet:

$$FE_{\text{UK}}\,[\text{mpg}] = \frac{4{,}54609 \times 100}{V_{100}\left[\frac{1}{100\text{km}}\right] \times 1{,}60934} = \frac{282{,}48}{V_{100}\left[\frac{1}{100\text{km}}\right]} \tag{11.16}$$

Eine Zusammenfassung der Umrechnungen von Verbrauch in Reichweite und der zugehörigen CO_2-Emissionen zeigt Abb. 11.5.

11.3 Tabellen und Diagramme

Dieses Kapitel enthält Tabellen und Diagramme zum schnellen Nachschlagen von Kennwerten und von Leistungs- und Verbrauchsdaten.

11.3.1 Zusammenhang zwischen Drehmoment und effektivem Mitteldruck

Die Tabellenwerte in der Abb. 11.6 für das Drehmoment sind gemäß (11.1) und (11.4) aus Abschn. 11.2.1 gerechnet. Zwischenwerte können linear interpoliert werden.

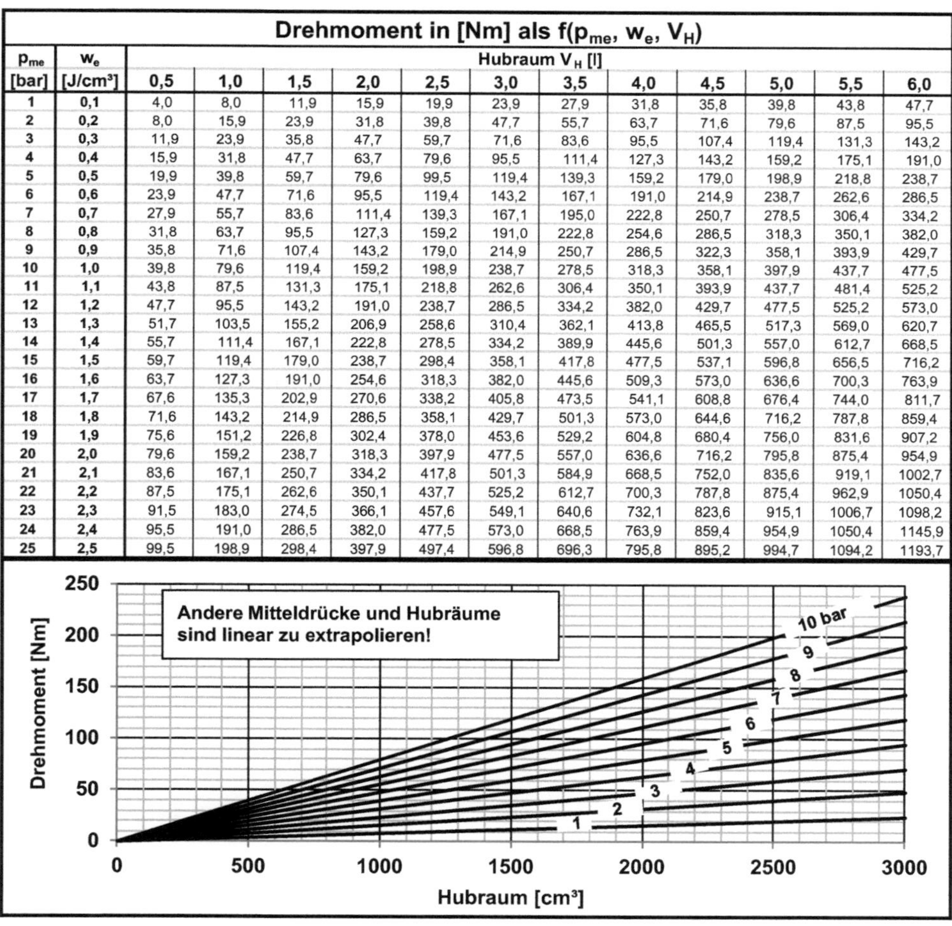

Drehmoment in [Nm] als f(p_{me}, w_e, V_H)

p_{me}	w_e	Hubraum V_H [l]											
[bar]	[J/cm³]	0,5	1,0	1,5	2,0	2,5	3,0	3,5	4,0	4,5	5,0	5,5	6,0
1	0,1	4,0	8,0	11,9	15,9	19,9	23,9	27,9	31,8	35,8	39,8	43,8	47,7
2	0,2	8,0	15,9	23,9	31,8	39,8	47,7	55,7	63,7	71,6	79,6	87,5	95,5
3	0,3	11,9	23,9	35,8	47,7	59,7	71,6	83,6	95,5	107,4	119,4	131,3	143,2
4	0,4	15,9	31,8	47,7	63,7	79,6	95,5	111,4	127,3	143,2	159,2	175,1	191,0
5	0,5	19,9	39,8	59,7	79,6	99,5	119,4	139,3	159,2	179,0	198,9	218,8	238,7
6	0,6	23,9	47,7	71,6	95,5	119,4	143,2	167,1	191,0	214,9	238,7	262,6	286,5
7	0,7	27,9	55,7	83,6	111,4	139,3	167,1	195,0	222,8	250,7	278,5	306,4	334,2
8	0,8	31,8	63,7	95,5	127,3	159,2	191,0	222,8	254,6	286,5	318,3	350,1	382,0
9	0,9	35,8	71,6	107,4	143,2	179,0	214,9	250,7	286,5	322,3	358,1	393,9	429,7
10	1,0	39,8	79,6	119,4	159,2	198,9	238,7	278,5	318,3	358,1	397,9	437,7	477,5
11	1,1	43,8	87,5	131,3	175,1	218,8	262,6	306,4	350,1	393,9	437,7	481,4	525,2
12	1,2	47,7	95,5	143,2	191,0	238,7	286,5	334,2	382,0	429,7	477,5	525,2	573,0
13	1,3	51,7	103,5	155,2	206,9	258,6	310,4	362,1	413,8	465,5	517,3	569,0	620,7
14	1,4	55,7	111,4	167,1	222,8	278,5	334,2	389,9	445,6	501,3	557,0	612,7	668,5
15	1,5	59,7	119,4	179,0	238,7	298,4	358,1	417,8	477,5	537,1	596,8	656,5	716,2
16	1,6	63,7	127,3	191,0	254,6	318,3	382,0	445,6	509,3	573,0	636,6	700,3	763,9
17	1,7	67,6	135,3	202,9	270,6	338,2	405,8	473,5	541,1	608,8	676,4	744,0	811,7
18	1,8	71,6	143,2	214,9	286,5	358,1	429,7	501,3	573,0	644,6	716,2	787,8	859,4
19	1,9	75,6	151,2	226,8	302,4	378,0	453,6	529,2	604,8	680,4	756,0	831,6	907,2
20	2,0	79,6	159,2	238,7	318,3	397,9	477,5	557,0	636,6	716,2	795,8	875,4	954,9
21	2,1	83,6	167,1	250,7	334,2	417,8	501,3	584,9	668,5	752,0	835,6	919,1	1002,7
22	2,2	87,5	175,1	262,6	350,1	437,7	525,2	612,7	700,3	787,8	875,4	962,9	1050,4
23	2,3	91,5	183,0	274,5	366,1	457,6	549,1	640,6	732,1	823,6	915,1	1006,7	1098,2
24	2,4	95,5	191,0	286,5	382,0	477,5	573,0	668,5	763,9	859,4	954,9	1050,4	1145,9
25	2,5	99,5	198,9	298,4	397,9	497,4	596,8	696,3	795,8	895,2	994,7	1094,2	1193,7

Abb. 11.6 Zusammenhang zwischen Drehmoment und effektivem Mitteldruck

Ein spezieller Auslegungs- und Beurteilungspunkt für Motorenentwickler ist der Betriebspunkt bei einer Drehzahl von 2000 1/min und einem Mitteldruck von 2 bar. Er steht stellvertretend für einen Schwachlastbetriebspunkt. Für diese Drehzahl zeigt die Abb. 11.7 die zugehörigen Leistungen in Abhängigkeit vom Mitteldruck und vom Hubraum: (Berechnet nach (11.2))

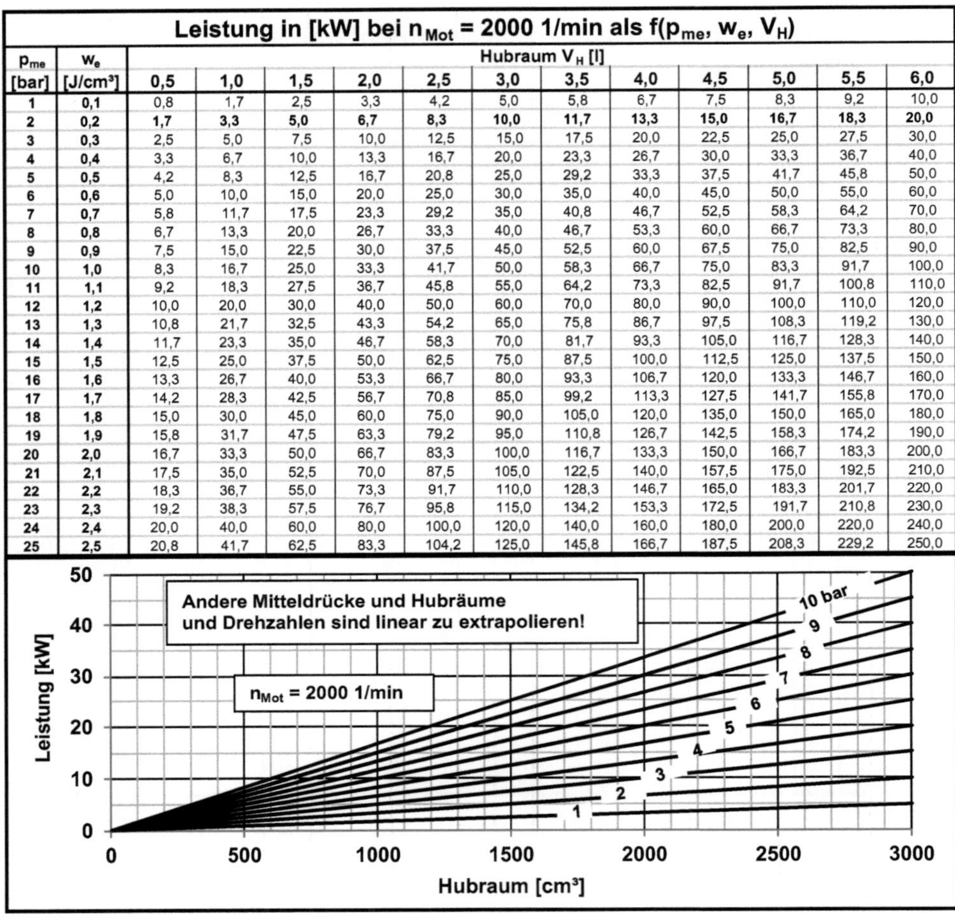

Leistung in [kW] bei n_{Mot} = 2000 1/min als f(p_{me}, w_e, V_H)

p_{me}	w_e	Hubraum V_H [l]											
[bar]	[J/cm³]	0,5	1,0	1,5	2,0	2,5	3,0	3,5	4,0	4,5	5,0	5,5	6,0
1	0,1	0,8	1,7	2,5	3,3	4,2	5,0	5,8	6,7	7,5	8,3	9,2	10,0
2	**0,2**	**1,7**	**3,3**	**5,0**	**6,7**	**8,3**	**10,0**	**11,7**	**13,3**	**15,0**	**16,7**	**18,3**	**20,0**
3	0,3	2,5	5,0	7,5	10,0	12,5	15,0	17,5	20,0	22,5	25,0	27,5	30,0
4	0,4	3,3	6,7	10,0	13,3	16,7	20,0	23,3	26,7	30,0	33,3	36,7	40,0
5	0,5	4,2	8,3	12,5	16,7	20,8	25,0	29,2	33,3	37,5	41,7	45,8	50,0
6	0,6	5,0	10,0	15,0	20,0	25,0	30,0	35,0	40,0	45,0	50,0	55,0	60,0
7	0,7	5,8	11,7	17,5	23,3	29,2	35,0	40,8	46,7	52,5	58,3	64,2	70,0
8	0,8	6,7	13,3	20,0	26,7	33,3	40,0	46,7	53,3	60,0	66,7	73,3	80,0
9	0,9	7,5	15,0	22,5	30,0	37,5	45,0	52,5	60,0	67,5	75,0	82,5	90,0
10	1,0	8,3	16,7	25,0	33,3	41,7	50,0	58,3	66,7	75,0	83,3	91,7	100,0
11	1,1	9,2	18,3	27,5	36,7	45,8	55,0	64,2	73,3	82,5	91,7	100,8	110,0
12	1,2	10,0	20,0	30,0	40,0	50,0	60,0	70,0	80,0	90,0	100,0	110,0	120,0
13	1,3	10,8	21,7	32,5	43,3	54,2	65,0	75,8	86,7	97,5	108,3	119,2	130,0
14	1,4	11,7	23,3	35,0	46,7	58,3	70,0	81,7	93,3	105,0	116,7	128,3	140,0
15	1,5	12,5	25,0	37,5	50,0	62,5	75,0	87,5	100,0	112,5	125,0	137,5	150,0
16	1,6	13,3	26,7	40,0	53,3	66,7	80,0	93,3	106,7	120,0	133,3	146,7	160,0
17	1,7	14,2	28,3	42,5	56,7	70,8	85,0	99,2	113,3	127,5	141,7	155,8	170,0
18	1,8	15,0	30,0	45,0	60,0	75,0	90,0	105,0	120,0	135,0	150,0	165,0	180,0
19	1,9	15,8	31,7	47,5	63,3	79,2	95,0	110,8	126,7	142,5	158,3	174,2	190,0
20	2,0	16,7	33,3	50,0	66,7	83,3	100,0	116,7	133,3	150,0	166,7	183,3	200,0
21	2,1	17,5	35,0	52,5	70,0	87,5	105,0	122,5	140,0	157,5	175,0	192,5	210,0
22	2,2	18,3	36,7	55,0	73,3	91,7	110,0	128,3	146,7	165,0	183,3	201,7	220,0
23	2,3	19,2	38,3	57,5	76,7	95,8	115,0	134,2	153,3	172,5	191,7	210,8	230,0
24	2,4	20,0	40,0	60,0	80,0	100,0	120,0	140,0	160,0	180,0	200,0	220,0	240,0
25	2,5	20,8	41,7	62,5	83,3	104,2	125,0	145,8	166,7	187,5	208,3	229,2	250,0

Abb. 11.7 Zusammenhang zwischen effektivem Mitteldruck und Leistung bei 2000 1/min

11.3.2 Leistungs-Tabellen und -Diagramme

In den folgenden Tabellen und Diagrammen sind die erforderlichen Fahrwiderstandsleistungen für die einzelnen Fahrwiderstände aufgelistet (für die Konstantfahrt). Mit diesen Daten kann unter Zuhilfenahme der Interpolation für jedes beliebige Fahrzeug die Fahrwiderstandsleistung für eine gegebene Geschwindigkeit ermittelt werden. Wo keine allgemein gültige Berechnung möglich ist, erfolgt die Berechnung anhand der drei Beispielfahrzeuge, siehe Abschn. 11.1.

11.3.2.1 Luftwiderstandsleistung bei Konstantfahrt

Die Luftwiderstandsleistung in Abb. 11.8 wird mit folgender Gleichung berechnet:

$$P_{\text{Luft}}\,[\text{kW}] = \rho_{\text{Luft}}/2 \times c_W \times A \times v^3/1000 \;(\text{mit } \rho_{\text{Luft}} = 1{,}19\,\text{kg/m}^3) \tag{11.17}$$

Die $c_W \times A$-Werte der drei Beispielfahrzeuge sind fett gedruckt.

Luftwiderstandsleistung [kW] als f(c_W*A)														
		c_W * A [m²]												
v [km/h]	v[m/s]	0,55	0,60	**0,65**	**0,70**	0,75	0,80	0,85	0,90	0,95	1,00	1,05	1,10	**1,15**
0	0,0	0,00	0,00	**0,00**	**0,00**	0,00	0,00	0,00	0,00	0,00	0,00	0,00	0,00	**0,00**
10	2,8	0,01	0,01	**0,01**	**0,01**	0,01	0,01	0,01	0,01	0,01	0,01	0,01	0,01	**0,01**
20	5,6	0,06	0,06	**0,07**	**0,07**	0,08	0,08	0,09	0,09	0,10	0,10	0,11	0,11	**0,12**
30	8,3	0,19	0,21	**0,22**	**0,24**	0,26	0,28	0,29	0,31	0,33	0,34	0,36	0,38	**0,40**
40	11,1	0,45	0,49	**0,53**	**0,57**	0,61	0,65	0,69	0,73	0,78	0,82	0,86	0,90	**0,94**
50	13,9	0,88	0,96	**1,04**	**1,12**	1,20	1,28	1,35	1,43	1,51	1,59	1,67	1,75	**1,83**
60	16,7	1,52	1,65	**1,79**	**1,93**	2,07	2,20	2,34	2,48	2,62	2,75	2,89	3,03	**3,17**
70	19,4	2,41	2,62	**2,84**	**3,06**	3,28	3,50	3,72	3,94	4,16	4,37	4,59	4,81	**5,03**
80	22,2	3,59	3,92	**4,24**	**4,57**	4,90	5,22	5,55	5,88	6,20	6,53	6,86	7,18	**7,51**
90	25,0	5,11	5,58	**6,04**	**6,51**	6,97	7,44	7,90	8,37	8,83	9,30	9,76	10,23	**10,69**
100	27,8	7,01	7,65	**8,29**	**8,93**	9,56	10,20	10,84	11,48	12,12	12,75	13,39	14,03	**14,67**
110	30,6	9,34	10,18	**11,03**	**11,88**	12,73	13,58	14,43	15,28	16,13	16,97	17,82	18,67	**19,52**
120	33,3	12,12	13,22	**14,32**	**15,43**	16,53	17,63	18,73	19,83	20,94	22,04	23,14	24,24	**25,34**
130	36,1	15,41	16,81	**18,21**	**19,61**	21,01	22,41	23,82	25,22	26,62	28,02	29,42	30,82	**32,22**
140	38,9	19,25	21,00	**22,75**	**24,50**	26,25	28,00	29,74	31,49	33,24	34,99	36,74	38,49	**40,24**
150	41,7	23,67	25,82	**27,98**	**30,13**	32,28	34,43	36,58	38,74	40,89	43,04	45,19	47,35	**49,50**
160	44,4	28,73	31,34	**33,95**	**36,57**	39,18	41,79	44,40	47,01	49,62	52,24	54,85	57,46	**60,07**
170	47,2	34,46	37,59	**40,73**	**43,86**	46,99	50,12	53,26	56,39	59,52	62,66	65,79	68,92	**72,05**
180	50,0	40,91	44,63	**48,34**	**52,06**	55,78	59,50	63,22	66,94	70,66	74,38	78,09	81,81	**85,53**
190	52,8	48,11	52,48	**56,86**	**61,23**	65,60	69,98	74,35	78,73	83,10	87,47	91,85	96,22	**100,59**
200	55,6	56,11	61,21	**66,32**	**71,42**	76,52	81,62	86,72	91,82	96,92	102,02	107,12	112,23	**117,33**
210	58,3	64,96	70,86	**76,77**	**82,67**	88,58	94,48	100,39	106,29	112,20	118,10	124,01	129,92	**135,82**
220	61,1	74,69	81,48	**88,27**	**95,06**	101,84	108,63	115,42	122,21	129,00	135,79	142,58	149,37	**156,16**
230	63,9	85,34	93,10	**100,86**	**108,62**	116,37	124,13	131,89	139,65	147,41	155,16	162,92	170,68	**178,44**
240	66,7	96,96	105,78	**114,59**	**123,41**	132,22	141,04	149,85	158,67	167,48	176,30	185,11	193,93	**202,74**
250	69,4	109,60	119,56	**129,52**	**139,49**	149,45	159,41	169,37	179,34	189,30	199,26	209,23	219,19	**229,15**

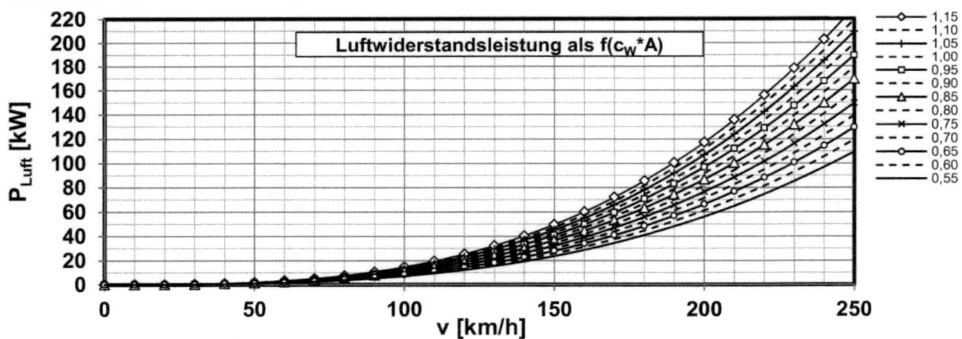

Abb. 11.8 Luftwiderstandsleistung für verschiedene $c_W \times A$

11.3.2.2 Rollwiderstandsleistung bei Konstantfahrt

Die Rollwiderstandsleistung für die drei Beispielfahrzeuge wurde in Abb. 11.9 mit folgender Gleichung berechnet:

$$P_{\text{Roll}}\ [\text{kW}] = m_{\text{FL}} \times g \times f_{\text{R}} \times \frac{v}{1000} \quad \text{Annahmen: } f_{\text{R}} = \text{const. und } m = m_{\text{FL}} \tag{11.18}$$

Die angenommenen f_{R}-Werte für die drei Beispielfahrzeuge sind fett gedruckt.

Rollwiderstandsleistung [kW] über v als f(f_R, m_{FL})													
		$m_{FL,1}$ = **1100** kg				$m_{FL,2}$ = **1400** kg				$m_{FL,3}$ = **2200** kg			
		f_R				f_R				f_R			
v [km/h]	v[m/s]	0,006	**0,008**	0,010	0,012	0,006	0,008	**0,010**	0,012	0,006	0,008	**0,010**	0,012
0	0,0	0,00	**0,00**	0,00	0,00	0,00	0,00	**0,00**	0,00	0,00	0,00	**0,00**	0,00
10	2,8	0,18	**0,24**	0,30	0,36	0,23	0,31	**0,38**	0,46	0,36	0,48	**0,60**	0,72
20	5,6	0,36	**0,48**	0,60	0,72	0,46	0,61	**0,76**	0,92	0,72	0,96	**1,20**	1,44
30	8,3	0,54	**0,72**	0,90	1,08	0,69	0,92	**1,14**	1,37	1,08	1,44	**1,80**	2,16
40	11,1	0,72	**0,96**	1,20	1,44	0,92	1,22	**1,53**	1,83	1,44	1,92	**2,40**	2,88
50	13,9	0,90	**1,20**	1,50	1,80	1,14	1,53	**1,91**	2,29	1,80	2,40	**3,00**	3,60
60	16,7	1,08	**1,44**	1,80	2,16	1,37	1,83	**2,29**	2,75	2,16	2,88	**3,60**	4,32
70	19,4	1,26	**1,68**	2,10	2,52	1,60	2,14	**2,67**	3,20	2,52	3,36	**4,20**	5,04
80	22,2	1,44	**1,92**	2,40	2,88	1,83	2,44	**3,05**	3,66	2,88	3,84	**4,80**	5,76
90	25,0	1,62	**2,16**	2,70	3,24	2,06	2,75	**3,43**	4,12	3,24	4,32	**5,40**	6,47
100	27,8	1,80	**2,40**	3,00	3,60	2,29	3,05	**3,82**	4,58	3,60	4,80	**6,00**	7,19
110	30,6	1,98	**2,64**	3,30	3,96	2,52	3,36	**4,20**	5,04	3,96	5,28	**6,59**	7,91
120	33,3	2,16	**2,88**	3,60	4,32	2,75	3,66	**4,58**	5,49	4,32	5,76	**7,19**	8,63
130	36,1	2,34	**3,12**	3,90	4,68	2,98	3,97	**4,96**	5,95	4,68	6,23	**7,79**	9,35
140	38,9	2,52	**3,36**	4,20	5,04	3,20	4,27	**5,34**	6,41	5,04	6,71	**8,39**	10,07
150	41,7	2,70	**3,60**	4,50	5,40	3,43	4,58	**5,72**	6,87	5,40	7,19	**8,99**	10,79
160	44,4	2,88	**3,84**	4,80	5,76	3,66	4,88	**6,10**	7,32	5,76	7,67	**9,59**	11,51
170	47,2	3,06	**4,08**	5,10	6,11	3,89	5,19	**6,49**	7,78	6,11	8,15	**10,19**	12,23
180	50,0	3,24	**4,32**	5,40	6,47	4,12	5,49	**6,87**	8,24	6,47	8,63	**10,79**	12,95
190	52,8	3,42	**4,56**	5,70	6,83	4,35	5,80	**7,25**	8,70	6,83	9,11	**11,39**	13,67
200	55,6	3,60	**4,80**	6,00	7,19	4,58	6,10	**7,63**	9,16	7,19	9,59	**11,99**	14,39
210	58,3	3,78	**5,04**	6,29	7,55	4,81	6,41	**8,01**	9,61	7,55	10,07	**12,59**	15,11
220	61,1	3,96	**5,28**	6,59	7,91	5,04	6,71	**8,39**	10,07	7,91	10,55	**13,19**	15,83
230	63,9	4,14	**5,52**	6,89	8,27	5,26	7,02	**8,77**	10,53	8,27	11,03	**13,79**	16,55
240	66,7	4,32	**5,76**	7,19	8,63	5,49	7,32	**9,16**	10,99	8,63	11,51	**14,39**	17,27
250	69,4	4,50	**6,00**	7,49	8,99	5,72	7,63	**9,54**	11,45	8,99	11,99	**14,99**	17,99

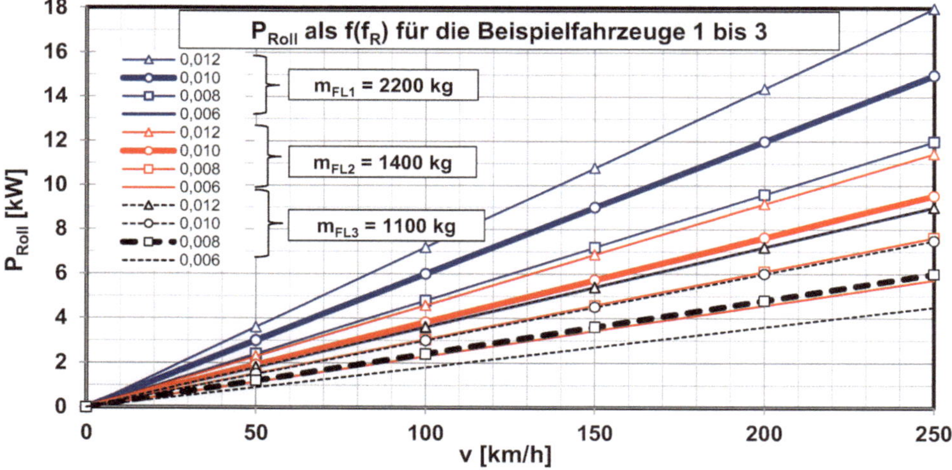

Abb. 11.9 Rollwiderstandsleitung der Beispielfahrzeuge 1 bis 3

11.3.2.3 Fahrwiderstandsleistung der Beispielfahrzeuge bei Konstantfahrt

Die gesamte Fahrwiderstandsleistung für eine Fahrt in der Ebene setzt sich zusammen aus der Rollwiderstandsleistung und der Luftwiderstandsleistung. Für die Fahrwiderstandsleistung der Beispielfahrzeuge 1 bis 3 in Abb. 11.10 wurde noch kein Antriebsstrangwirkungsgrad berücksichtigt. Die Berechnungsgleichung lautet:

$$P_{\text{Fahrwiderstand}} = P_{\text{Roll}} + P_{\text{Luft}} \quad \text{Annahme: } f_R = \text{const. über } v \tag{11.19}$$

Fahrwiderstandsleistung [kW] bei Konstantfahrt										
Beispielfahrzeug			1			2			3	
f_R =			0,008			0,01			0,01	
m_{FL} [kg] =			1100			1400			2200	
c_W * A [m²] =			0,65			0,70			1,15	
v [km/h]	v[m/s]	$P_{Roll,1}$	$P_{Luft,1}$	$P_{FW,1}$	$P_{Roll,2}$	$P_{Luft,1}$	$P_{FW,2}$	$P_{Roll,3}$	$P_{Luft,1}$	$P_{FW,3}$
0	0,0	0,00	0,00	0,00	0,00	0,00	0,00	0,00	0,00	0,00
10	2,8	0,24	0,01	0,25	0,38	0,01	0,39	0,60	0,01	0,61
20	5,6	0,48	0,07	0,55	0,76	0,07	0,83	1,20	0,12	1,32
30	8,3	0,72	0,22	0,94	1,14	0,24	1,39	1,80	0,40	2,19
40	11,1	0,96	0,53	1,49	1,53	0,57	2,10	2,40	0,94	3,34
50	13,9	1,20	1,04	2,24	1,91	1,12	3,02	3,00	1,83	4,83
60	16,7	1,44	1,79	3,23	2,29	1,93	4,22	3,60	3,17	6,76
70	19,4	1,68	2,84	4,52	2,67	3,06	5,73	4,20	5,03	9,23
80	22,2	1,92	4,24	6,16	3,05	4,57	7,62	4,80	7,51	12,30
90	25,0	2,16	6,04	8,20	3,43	6,51	9,94	5,40	10,69	16,09
100	27,8	2,40	8,29	10,69	3,82	8,93	12,74	6,00	14,67	20,66
110	30,6	2,64	11,03	13,67	4,20	11,88	16,08	6,59	19,52	26,11
120	33,3	2,88	14,32	17,20	4,58	15,43	20,00	7,19	25,34	32,54
130	36,1	3,12	18,21	21,33	4,96	19,61	24,57	7,79	32,22	40,01
140	38,9	3,36	22,75	26,10	5,34	24,50	29,84	8,39	40,24	48,64
150	41,7	3,60	27,98	31,57	5,72	30,13	35,85	8,99	49,50	58,49
160	44,4	3,84	33,95	37,79	6,10	36,57	42,67	9,59	60,07	69,66
170	47,2	4,08	40,73	44,80	6,49	43,86	50,34	10,19	72,05	82,24
180	50,0	4,32	48,34	52,66	6,87	52,06	58,93	10,79	85,53	96,32
190	52,8	4,56	56,86	61,41	7,25	61,23	68,48	11,39	100,59	111,98
200	55,6	4,80	66,32	71,11	7,63	71,42	79,05	11,99	117,33	129,32
210	58,3	5,04	76,77	81,80	8,01	82,67	90,68	12,59	135,82	148,41
220	61,1	5,28	88,27	93,54	8,39	95,06	103,45	13,19	156,16	169,35
230	63,9	5,52	100,86	106,37	8,77	108,62	117,39	13,79	178,44	192,23
240	66,7	5,76	114,59	120,35	9,16	123,41	132,56	14,39	202,74	217,13
250	69,4	6,00	129,52	135,52	9,54	139,49	149,02	14,99	229,15	244,14

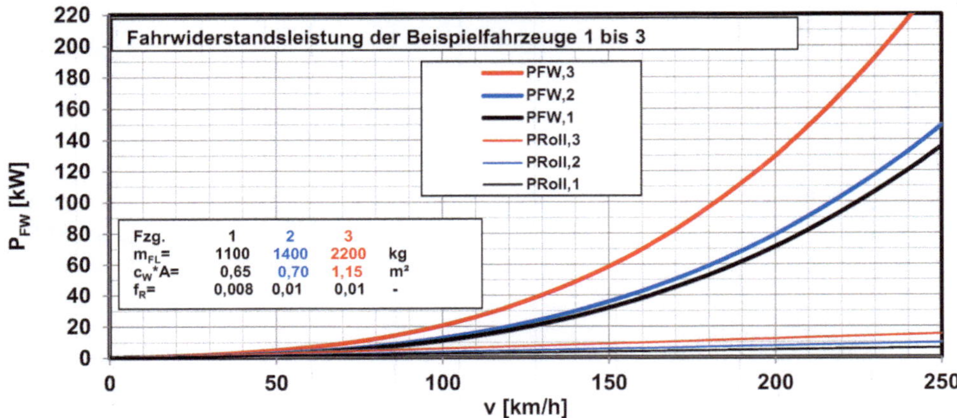

Abb. 11.10 Fahrwiderstandsleistung der Beispielfahrzeuge 1 bis 3 für Konstantfahrt

11.3.2.4 Antriebsleistung für die drei Beispielfahrzeuge bei Konstantfahrt

Für die Bestimmung der erforderlichen Antriebsleistung für die Fahrwiderstände muss der Triebstrangwirkungsgrad mit berücksichtigt werden. Für Handschaltfahrzeuge kann überschlägig mit dem praxisbewährten Wert von $\eta T = 0{,}9$ gerechnet werden. Bei Wandlerautomat- und Allradfahrzeugen liegt dieser Wert im Bereich zwischen 0,8 und 0,9. In der Abb. 11.11 ist der Triebstrangwirkungsgrad jeweils in P_{Roll} und P_{Luft} eingerechnet:

$$P_{\text{Antrieb}} = P_{\text{Roll}} + P_{\text{Luft}}(\eta_{\text{T}} = 0{,}9\,\text{eingerechnet}) \quad \text{Annahme: } f_{\text{R}} = \text{const.} \tag{11.20}$$

Antriebsleistung [kW] mit η_T = 0,9 bei Konstantfahrt										
Beispielfahrzeug		1			2			3		
f_R =		0,008			0,01			0,01		
m_{FL} [kg] =		1100			1400			2200		
c_W * A [m²] =		0,65			0,70			1,15		
v [km/h]	v[m/s]	$P_{Roll,1}$	$P_{Luft,1}$	$P_{Antrieb,1}$	$P_{Roll,2}$	$P_{Luft,1}$	$P_{Antrieb,2}$	$P_{Roll,3}$	$P_{Luft,1}$	$P_{Antrieb,3}$
0	0,0	0,00	0,00	0,00	0,00	0,00	0,00	0,00	0,00	0,00
10	2,8	0,27	0,01	0,28	0,42	0,01	0,43	0,67	0,02	0,68
20	5,6	0,53	0,07	0,61	0,85	0,08	0,93	1,33	0,13	1,46
30	8,3	0,80	0,25	1,05	1,27	0,27	1,54	2,00	0,44	2,44
40	11,1	1,07	0,59	1,66	1,70	0,63	2,33	2,66	1,04	3,71
50	13,9	1,33	1,15	2,48	2,12	1,24	3,36	3,33	2,04	5,37
60	16,7	1,60	1,99	3,59	2,54	2,14	4,69	4,00	3,52	7,52
70	19,4	1,87	3,16	5,02	2,97	3,40	6,37	4,66	5,59	10,25
80	22,2	2,13	4,72	6,85	3,39	5,08	8,47	5,33	8,34	13,67
90	25,0	2,40	6,71	9,11	3,82	7,23	11,05	6,00	11,88	17,87
100	27,8	2,66	9,21	11,87	4,24	9,92	14,16	6,66	16,30	22,96
110	30,6	2,93	12,26	15,19	4,66	13,20	17,86	7,33	21,69	29,02
120	33,3	3,20	15,92	19,11	5,09	17,14	22,23	7,99	28,16	36,15
130	36,1	3,46	20,24	23,70	5,51	21,79	27,30	8,66	35,80	44,46
140	38,9	3,73	25,27	29,00	5,93	27,22	33,15	9,33	44,71	54,04
150	41,7	4,00	31,09	35,08	6,36	33,48	39,83	9,99	55,00	64,99
160	44,4	4,26	37,73	41,99	6,78	40,63	47,41	10,66	66,75	77,40
170	47,2	4,53	45,25	49,78	7,21	48,73	55,94	11,32	80,06	91,38
180	50,0	4,80	53,72	58,51	7,63	57,85	65,48	11,99	95,03	107,02
190	52,8	5,06	63,17	68,24	8,05	68,03	76,09	12,66	111,77	124,43
200	55,6	5,33	73,68	79,01	8,48	79,35	87,83	13,32	130,36	143,69
210	58,3	5,60	85,30	90,89	8,90	91,86	100,76	13,99	150,91	164,90
220	61,1	5,86	98,07	103,93	9,33	105,62	114,94	14,65	173,51	188,17
230	63,9	6,13	112,06	118,19	9,75	120,68	130,43	15,32	198,27	213,59
240	66,7	6,39	127,33	133,72	10,17	137,12	147,29	15,99	225,27	241,25
250	69,4	6,66	143,91	150,57	10,60	154,98	165,58	16,65	254,62	271,27

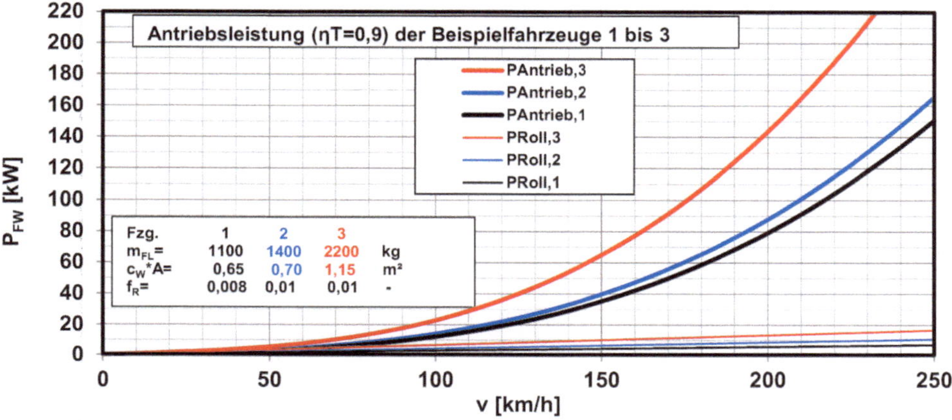

Abb. 11.11 Erforderliche Antriebsleistung für die Beispielfahrzeuge 1 bis 3

11.3.2.5 Antriebs-Leistungsbedarf für Steigungswiderstand

Beim Befahren einer Steigung übt die Fahrzeugmasse eine Hangabtriebskraft aus, die vom Antriebsaggregat zu kompensieren ist. Für die drei Beispielfahrzeuge sind für verschiedene Steigungswerte die Zusatzleistungen angegeben, die das Antriebsaggregat zur Einhaltung einer konstanten Geschwindigkeit aufbringen muss, Abb. 11.12. Bei einer Zusatzleistung wird im Antriebsstrang nur der Differenzwirkungsgrad der Kraftübertragung wirksam, der in den angegebenen Werten mit $\eta_{T,Diff} = 0{,}98$ enthalten ist. Die Abbildung enthält Steigungswerte bis 5 % und Geschwindigkeiten bis 140 km/h. Andere Fahrzeuggewichte, Steigungen oder Geschwindigkeiten können mit linearer Interpolation auf einfache Weise bestimmt werden. Die Gleichung für die Berechnung der Steigungswiderstandsleistung lautet:

$$P_{St}\,[\mathrm{kW}] = m_{FL} \times g \times \sin(\arctan(p)) \times v / (\eta_{T,Diff} \times 1000) \quad \text{Annahme: } \eta_{T,Diff} = 0{,}98 \quad (11.21)$$

Steigungswiderstandsleistung [kW] für die Beispielfahrzeuge 1 bis 3 als f(p)

$\eta_{T,Diff}$ = 0,98		$m_{FL,1}$ = 1100 kg					$m_{FL,2}$ = 1400 kg					$m_{FL,3}$ = 2200 kg				
		Steigung p in %					Steigung p in %					Steigung p in %				
v [km/h]	v[m/s]	1%	2%	3%	4%	5%	1%	2%	3%	4%	5%	1%	2%	3%	4%	5%
0	0,0	0,00	0,00	0,00	0,00	0,00	0,00	0,00	0,00	0,00	0,00	0,00	0,00	0,00	0,00	0,00
10	2,8	0,31	0,61	0,92	1,22	1,53	0,39	0,78	1,17	1,56	1,94	0,61	1,22	1,83	2,44	3,05
20	5,6	0,61	1,22	1,83	2,44	3,05	0,78	1,56	2,33	3,11	3,89	1,22	2,45	3,67	4,89	6,11
30	8,3	0,92	1,83	2,75	3,67	4,58	1,17	2,34	3,50	4,67	5,83	1,84	3,67	5,50	7,33	9,16
40	11,1	1,22	2,45	3,67	4,89	6,11	1,56	3,11	4,67	6,22	7,78	2,45	4,89	7,34	9,78	12,22
50	13,9	1,53	3,06	4,59	6,11	7,64	1,95	3,89	5,84	7,78	9,72	3,06	6,12	9,17	12,22	15,27
60	16,7	1,84	3,67	5,50	7,33	9,16	2,34	4,67	7,00	9,34	11,66	3,67	7,34	11,01	14,67	18,33
70	19,4	2,14	4,28	6,42	8,56	10,69	2,72	5,45	8,17	10,89	13,61	4,28	8,56	12,84	17,11	21,38
80	22,2	2,45	4,89	7,34	9,78	12,22	3,11	6,23	9,34	12,45	15,55	4,89	9,79	14,68	19,56	24,44
90	25,0	2,75	5,50	8,25	11,00	13,75	3,50	7,01	10,51	14,00	17,50	5,51	11,01	16,51	22,00	27,49
100	27,8	3,06	6,12	9,17	12,22	15,27	3,89	7,78	11,67	15,56	19,44	6,12	12,23	18,34	24,45	30,55
110	30,6	3,36	6,73	10,09	13,45	16,80	4,28	8,56	12,84	17,11	21,38	6,73	13,46	20,18	26,89	33,60
120	33,3	3,67	7,34	11,01	14,67	18,33	4,67	9,34	14,01	18,67	23,33	7,34	14,68	22,01	29,34	36,66
130	36,1	3,98	7,95	11,92	15,89	19,86	5,06	10,12	15,18	20,23	25,27	7,95	15,90	23,85	31,78	39,71
140	38,9	4,28	8,56	12,84	17,11	21,38	5,45	10,90	16,34	21,78	27,22	8,56	17,13	25,68	34,23	42,77

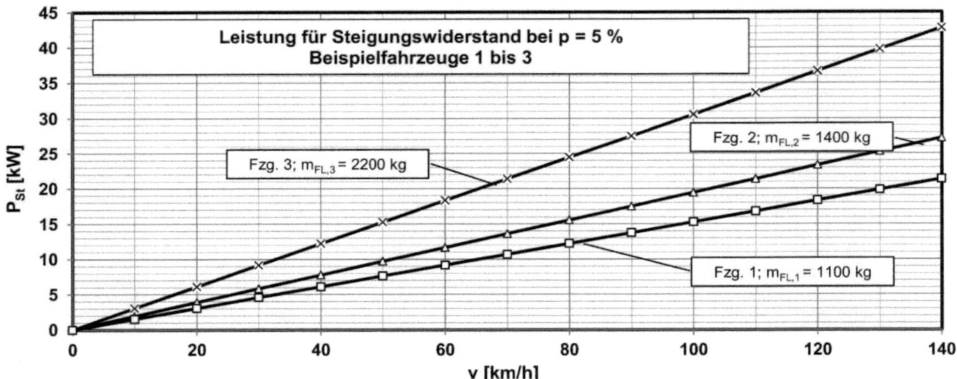

Abb. 11.12 Zusatz-Antriebsleistung für eine Steigung von 5 %

11.3.2.6 Antriebs-Leistungsbedarf für Gegenwind

Die angegebene Höchstgeschwindigkeit eines Fahrzeugs gilt für die Fahrt bei Windstille. Gegenwind erhöht den Leistungsbedarf und verringert damit die Höchstgeschwindigkeit. Die erforderliche Zusatz-Antriebsleistung für die drei Beispielfahrzeuge wird für drei verschiedene Gegenwind-Geschwindigkeiten angegeben, Abb. 11.13. Die drei Gegenwind-Geschwindigkeiten von 10, 30 und 50 km/h entsprechen der Einstufung Windstärke 2 (schwacher Wind), 5 (frischer Wind) und 7 (starker Wind). Der Differenzwirkungsgrad für den Antriebsstrang von 0,98 ist eingerechnet:

$$P_{GW}\,[\mathrm{kW}] = \frac{\rho}{2} \times c_W \times A \times \left((v + v_{GW})^2 - v^2 \right) \times v / (\eta_{T,Diff} \times 1000) \quad \text{Annahme: } \eta_{T,Diff} = 0{,}98 \tag{11.22}$$

Delta-Antriebsleistung für Gegenwind [kW] (mit $\eta_{T,Diff}$ = 0,98)

Beispielfahrzeug		1			2			3		
c_W * A [m²] =		0,65			0,70			1,15		
$\eta_{T,Diff}$=	0,98	Gegenwind [km/h]			Gegenwind [km/h]			Gegenwind [km/h]		
v [km/h]	v[m/s]	10	30	50	10	30	50	10	30	50
0	0,0	0,00	0,00	0,00	0,00	0,00	0,00	0,00	0,00	0,00
10	2,8	0,03	0,13	0,30	0,03	0,14	0,32	0,04	0,22	0,52
20	5,6	0,08	0,36	0,76	0,09	0,38	0,82	0,15	0,63	1,35
30	8,3	0,18	0,69	1,40	0,19	0,74	1,50	0,31	1,21	2,47
40	11,1	0,30	1,12	2,20	0,33	1,20	2,37	0,54	1,98	3,89
50	13,9	0,47	1,65	3,17	0,50	1,78	3,42	0,82	2,92	5,61
60	16,7	0,66	2,28	4,31	0,71	2,46	4,65	1,17	4,04	7,63
70	19,4	0,89	3,02	5,62	0,96	3,25	6,06	1,57	5,34	9,95
80	22,2	1,15	3,86	7,11	1,24	4,15	7,65	2,04	6,82	12,57
90	25,0	1,45	4,80	8,75	1,56	5,16	9,43	2,56	8,49	15,49
100	27,8	1,78	5,84	10,57	1,91	6,29	11,39	3,14	10,33	18,71
110	30,6	2,14	6,98	12,56	2,30	7,52	13,53	3,79	12,35	22,22
120	33,3	2,54	8,22	14,72	2,73	8,85	15,85	4,49	14,55	26,04
130	36,1	2,97	9,57	17,04	3,20	10,30	18,36	5,25	16,93	30,15
140	38,9	3,43	11,01	19,54	3,70	11,86	21,04	6,08	19,48	34,57
150	41,7	3,93	12,56	22,20	4,24	13,53	23,91	6,96	22,22	39,28
160	44,4	4,47	14,21	25,04	4,81	15,30	26,96	7,90	25,14	44,30
170	47,2	5,03	15,96	28,04	5,42	17,19	30,20	8,90	28,24	49,61
180	50,0	5,63	17,81	31,21	6,07	19,18	33,61	9,97	31,52	55,22
190	52,8	6,27	19,77	34,55	6,75	21,29	37,21	11,09	34,97	61,13
200	55,6	6,94	21,82	38,06	7,47	23,50	40,99	12,27	38,61	67,34
210	58,3	7,64	23,98	41,74	8,23	25,82	44,95	13,51	42,43	73,85
220	61,1	8,37	26,24	45,59	9,02	28,26	49,10	14,82	46,42	80,66
230	63,9	9,14	28,60	49,61	9,85	30,80	53,43	16,18	50,60	87,77
240	66,7	9,95	31,06	53,80	10,71	33,45	57,93	17,60	54,95	95,18
250	69,4	10,78	33,62	58,15	11,61	36,21	62,63	19,08	59,49	102,89

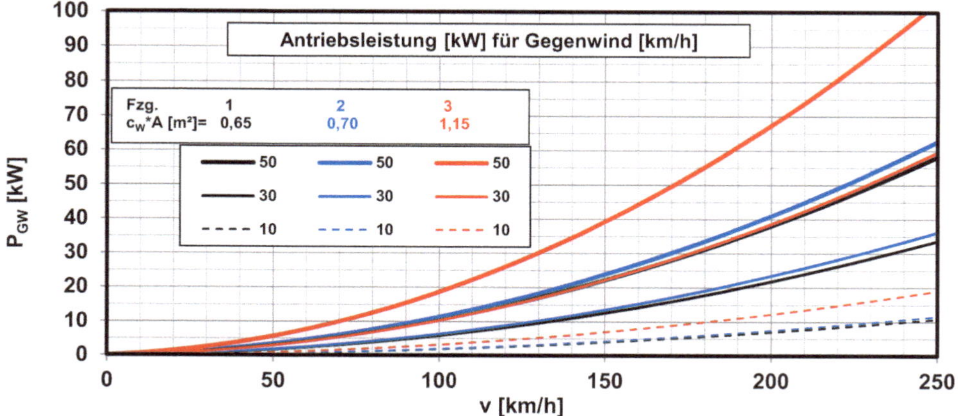

Abb. 11.13 Zusatz-Antriebsleistungsbedarf für Gegenwind

11.3.3 Teil-Verbrauchs-Tabellen und -Diagramme

Mit Hilfe des vereinfachten Motormodells aus Abschn. 6.1.1 ist es möglich, jedem Teil-Widerstand im Fahrzeug auch seinen Teil-Verbrauch zuzuweisen. Da das Modell des konstanten Differenzleistungs-Verbrauchs vorwiegend im unteren Lastbereich des Motors gültig ist, werden alle folgenden Verbrauchs-Diagramme auf den Geschwindigkeitsbereich bis 140 km/h begrenzt.

Mit den folgenden drei Teilverbräuchen für Nullleistungsverbrauch, Rollwiderstand und Luftwiderstand soll der Leser in die Lage versetzt werden, für Fahrzeuge mit Verbrennungsmotor die Größenordnung des Konstantfahr-Verbrauchs einfach und schnell abschätzen zu können. Wie bereits in Abschn. 6.1.1 erwähnt gilt dieses Modell für die üblichen Dieselmotoren und für Ottomotoren mit Lambda = 1-Regelung. Bei Motoren mit Zylinderabschaltung, Magerbetrieb oder ähnlichem kann es zu Abweichungen im Ergebnis kommen.

Die drei bestimmenden Verbrauchsanteile für die Konstantfahrt sind der Nullleistungsverbrauch des Motors (für das Halten seiner Drehzahl ohne Leistungsabgabe), der Verbrauch für den Rollwiderstand und der Verbrauch für den Luftwiderstand. Diese drei Teilverbräuche können den nachfolgenden Abbildungen entnommen werden. Zur Berechnung des absoluten Nullleistungsverbrauchs muss die auf einen Liter Hubraum bezogene Angabe mit dem tatsächlichen Hubraum multipliziert werden:

$$V_{\mathrm{Null}} = V_{\mathrm{Null,1\,l}} \times V_{\mathrm{H}} \tag{11.23}$$

Bei der Summe der Verbräuche für die Fahrwiderstände muss noch ein Anteil für den Triebstrangwirkungsgrad berücksichtigt werden. In der Praxis hat sich ein Wert von $\eta_{\mathrm{T}} = 0{,}9$ (für Handschalter) bewährt. Eine Beispielrechnung für die Abschätzung eines Konstantfahrverbrauchs zeigt die Abb. 11.14.

Der Triebstrangwirkungsgrad von $\eta_{\mathrm{T}} = 0{,}9$ gilt für die Berechnung eines Gesamtverbrauchs. Wird nur ein kleiner Differenzverbrauch betrachtet, so muss auch nur der Differenz-Antriebsstrangwirkungsgrad beachtet werden, der circa $\eta_{\mathrm{T}} = 0{,}98$ beträgt.

Motor:	Art	Ottomotor	**Gesucht:**					
	V_H	2,0 Liter	**Konstantfahrverbrauch bei 90 km/h**					
Fahrzeug:	m=	1500 kg	**für gegebene Fahrzeugdaten**					
	f_R=	0,01						
	c_W*A=	0,8 m²						
	n(90 km/h)=	2500 1/min						
Abb. 11.15:	$V_{Null(2500\ 1/min)}$ =	1,10	(l/100 km)/l	*	2,0 l	=	2,20	l/100 km
Abb. 11.17:	$V_{Roll(1500\ kg)}$ =	1,08	l/100 km	=			3,26	l/100 km
Abb. 11.19:	$V_{Luft(0,8\ m^2)}$ =	2,18	l/100 km					
	$V(\eta_T$=0,9)=	3,26	l/100 km	*	(1/0,9 - 1)	=	0,36	l/100 km
			Verbrauch bei 90 km/h:				**5,82**	**l/100 km**

Abb. 11.14 Beispiel für Abschätzung eines Konstantfahrverbrauchs aus Teilverbräuchen

11.3.3.1 Teil-Verbrauch für die Motorreibung (Nullleistungsverbrauch)

Der Nullleistungsverbrauch stellt den Eigenverbrauch des Motors dar, mit dem er sich ohne Leistungsabgabe auf der gegebenen Drehzahl hält. Gemäß dem Motormodell in Abschn. 6.1.1 werden alle weiteren Verbräuche für eine abgegebene effektive Leistung mit den konstanten Differenzverbrauchswirkungsgraden aus Abb. 6.6 gerechnet.

Ottomotor Die Tabellenwerte gelten für einen Hubraum von einem Liter. Andere Hubräume sind linear zu extrapolieren. Den Werten für den Ottomotor in Abb. 11.15 liegt die Gleichung für einen Motor mit geringer Reibung zugrunde, siehe Abb. 6.8. Zwischenwerte können interpoliert werden.

Die Berechnungsgleichung lautet:

$$V_{\mathrm{Null},1\,\mathrm{l}}\left[\frac{1}{100\,\mathrm{km}}\right] = \left(5{,}86 \times 10^{-8} \times n^2 + 1{,}97 \times 10^{-4} \times n + 1{,}29 \times 10^{-1}\right) \times \frac{100\,[\mathrm{km}]}{v\left[\frac{\mathrm{km}}{\mathrm{h}}\right]} \quad (11.24)$$

Nullleistungsverbrauch (Ottomotor) [l/100 km]														
		Motordrehzahl[1/min]												
v [km/h]	v[m/s]	1000	1250	1500	1750	2000	2250	2500	2750	3000	3250	3500	3750	4000
0	0,0													
10	2,8	3,85	4,67	5,57	6,54	7,58	8,69	9,88	11,15	12,48	13,89	15,37	16,93	18,56
20	5,6	1,92	2,34	2,78	3,27	3,79	4,35	4,94	5,57	6,24	6,95	7,69	8,46	9,28
30	8,3	1,28	1,56	1,86	2,18	2,53	2,90	3,29	3,72	4,16	4,63	5,12	5,64	6,19
40	11,1	0,96	1,17	1,39	1,63	1,89	2,17	2,47	2,79	3,12	3,47	3,84	4,23	4,64
50	13,9	0,77	0,93	1,11	1,31	1,52	1,74	1,98	2,23	2,50	2,78	3,07	3,39	3,71
60	16,7	0,64	0,78	0,93	1,09	1,26	1,45	1,65	1,86	2,08	2,32	2,56	2,82	3,09
70	19,4		0,67	0,80	0,93	1,08	1,24	1,41	1,59	1,78	1,98	2,20	2,42	2,65
80	22,2			0,70	0,82	0,95	1,09	1,24	1,39	1,56	1,74	1,92	2,12	2,32
90	25,0			0,62	0,73	0,84	0,97	1,10	1,24	1,39	1,54	1,71	1,88	2,06
100	27,8				0,65	0,76	0,87	0,99	1,11	1,25	1,39	1,54	1,69	1,86
110	30,6					0,69	0,79	0,90	1,01	1,13	1,26	1,40	1,54	1,69
120	33,3					0,63	0,72	0,82	0,93	1,04	1,16	1,28	1,41	1,55
130	36,1						0,67	0,76	0,86	0,96	1,07	1,18	1,30	1,43
140	38,9							0,71	0,80	0,89	0,99	1,10	1,21	1,33

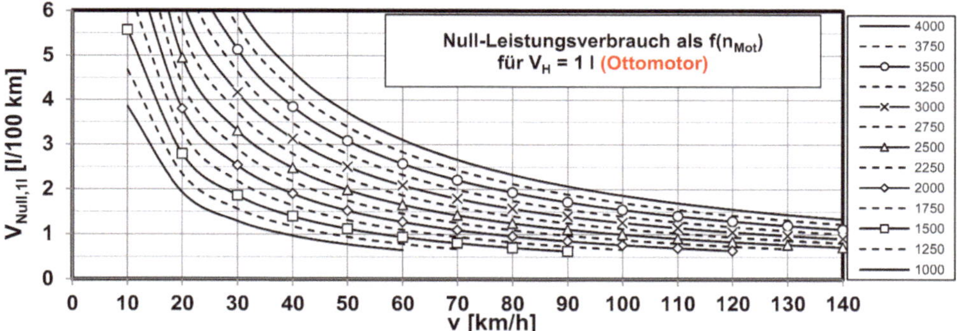

Abb. 11.15 Nullleistungsverbrauch pro Liter Hubraum (Ottomotor)

Dieselmotor Die Tabellenwerte gelten für einen Hubraum von einem Liter. Andere Hubräume sind linear zu extrapolieren. Den Werten für den Dieselmotor in Abb. 11.16 liegt die Gleichung aus Abb. 6.8 zugrunde. Zwischenwerte können interpoliert werden.

Die Berechnungsgleichung lautet:

$$V_{\text{Null},1\,\text{l}}\left[\frac{\text{l}}{100\,\text{km}}\right] = \left(8{,}0 \times 10^{-8} \times n^2 + 7{,}50 \times 10^{-5} \times n + 1{,}00 \times 10^{-1}\right) \times \frac{100\,\text{km}}{v\left[\frac{\text{km}}{\text{h}}\right]} \quad (11.25)$$

Nullleistungsverbrauch (Dieselmotor) [l/100 km]

		Motordrehzahl[1/min]								
v [km/h]	v[m/s]	1000	1250	1500	1750	2000	2250	2500	2750	3000
0	0,0									
10	2,8	2,55	3,19	3,93	4,76	5,70	6,74	7,88	9,11	10,45
20	5,6	1,28	1,59	1,96	2,38	2,85	3,37	3,94	4,56	5,23
30	8,3	0,85	1,06	1,31	1,59	1,90	2,25	2,63	3,04	3,48
40	11,1	0,64	0,80	0,98	1,19	1,43	1,68	1,97	2,28	2,61
50	13,9	0,51	0,64	0,79	0,95	1,14	1,35	1,58	1,82	2,09
60	16,7	0,43	0,53	0,65	0,79	0,95	1,12	1,31	1,52	1,74
70	19,4		0,46	0,56	0,68	0,81	0,96	1,13	1,30	1,49
80	22,2			0,49	0,60	0,71	0,84	0,98	1,14	1,31
90	25,0			0,44	0,53	0,63	0,75	0,88	1,01	1,16
100	27,8				0,48	0,57	0,67	0,79	0,91	1,05
110	30,6					0,52	0,61	0,72	0,83	0,95
120	33,3					0,48	0,56	0,66	0,76	0,87
130	36,1						0,52	0,61	0,70	0,80
140	38,9							0,56	0,65	0,75

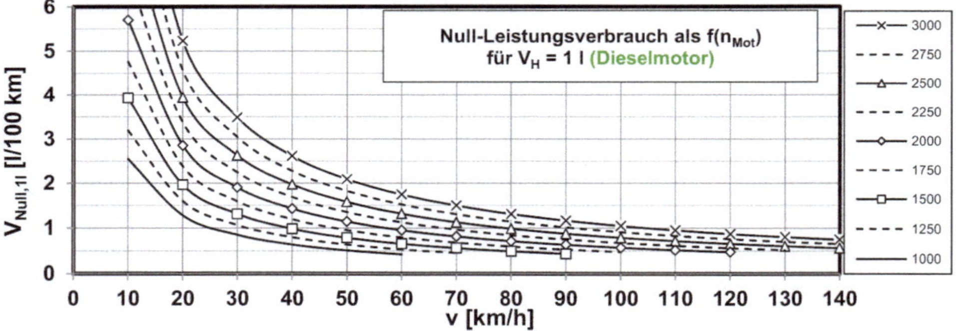

Abb. 11.16 Nullleistungsverbrauch pro Liter Hubraum (Dieselmotor)

11.3.3.2 Teil-Verbrauch für Rollwiderstand

Die Rollwiderstandsleistung wird mit dem vereinfachten Motormodell aus Abschn. 6.1.1 in den zugehörigen Teil-Kraftstoffverbrauch umgerechnet. Der Verlustanteil des Triebstrangs ist in den folgenden Tabellenwerten nicht enthalten. Für Gesamtverbrauchsberechnungen ist ein Antriebsstrangwirkungsgrad von $\eta_T = 0{,}9$ zu berücksichtigen. Für Differenzbetrachtungen ist lediglich der Differenz-Antriebsstrangwirkungsgrad von $\eta_T = 0{,}98$ zu berücksichtigen.

Ottomotor Die Verbrauchswerte sind mit dem Differenz-Verbrauchs-Wirkungsgrad von $v_{Pe} = 0{,}264$ l/kWh für den Otto-Saugmotor berechnet worden, siehe Abb. 6.6. Die Berechnungsgleichung für die Werte in Abb. 11.17 lautet:

$$V_{Roll}\left[\frac{\mathrm{l}}{100\,\mathrm{km}}\right] = m \times g \times f_R \times \frac{100}{3600} \times 0{,}264 \tag{11.26}$$

Teil-Verbrauch [l/100 km] für Rollwiderstandsleistung (Ottomotor)

	Rollwiderstandsbeiwert f_R [-]								
m [kg]	0,006	0,007	0,008	0,009	0,010	0,011	0,012	0,013	0,014
500	0,22	0,25	0,29	0,32	0,36	0,40	0,43	0,47	0,50
600	0,26	0,30	0,35	0,39	0,43	0,47	0,52	0,56	0,60
700	0,30	0,35	0,40	0,45	0,50	0,55	0,60	0,65	0,71
800	0,35	0,40	0,46	0,52	0,58	0,63	0,69	0,75	0,81
900	0,39	0,45	0,52	0,58	0,65	0,71	0,78	0,84	0,91
1000	0,43	0,50	0,58	0,65	0,72	0,79	0,86	0,94	1,01
1100	0,47	0,55	0,63	0,71	0,79	0,87	0,95	1,03	1,11
1200	0,52	0,60	0,69	0,78	0,86	0,95	1,04	1,12	1,21
1300	0,56	0,65	0,75	0,84	0,94	1,03	1,12	1,22	1,31
1400	0,60	0,71	0,81	0,91	1,01	1,11	1,21	1,31	1,41
1500	0,65	0,76	0,86	0,97	1,08	1,19	1,29	1,40	1,51
1600	0,69	0,81	0,92	1,04	1,15	1,27	1,38	1,50	1,61
1700	0,73	0,86	0,98	1,10	1,22	1,35	1,47	1,59	1,71
1800	0,78	0,91	1,04	1,17	1,29	1,42	1,55	1,68	1,81
1900	0,82	0,96	1,09	1,23	1,37	1,50	1,64	1,78	1,91
2000	0,86	1,01	1,15	1,29	1,44	1,58	1,73	1,87	2,01
2100	0,91	1,06	1,21	1,36	1,51	1,66	1,81	1,96	2,12
2200	0,95	1,11	1,27	1,42	1,58	1,74	1,90	2,06	2,22
2300	0,99	1,16	1,32	1,49	1,65	1,82	1,99	2,15	2,32
2400	1,04	1,21	1,38	1,55	1,73	1,90	2,07	2,24	2,42
2500	1,08	1,26	1,44	1,62	1,80	1,98	2,16	2,34	2,52

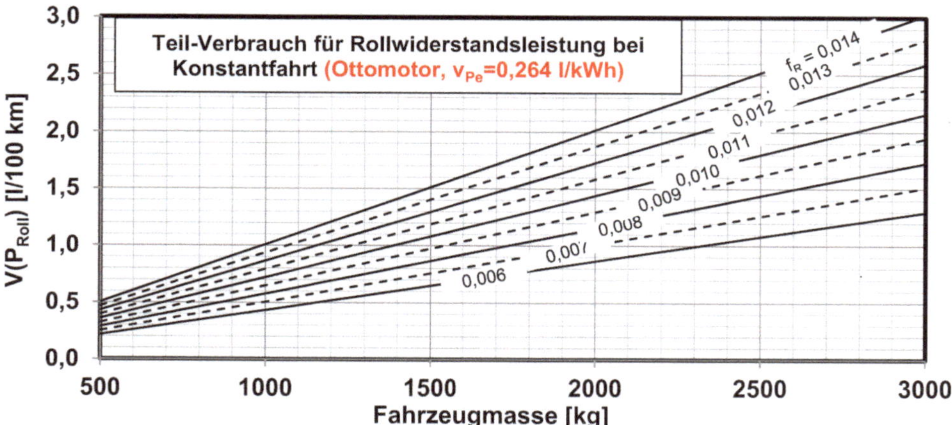

Abb. 11.17 Teilverbrauch für Rollwiderstand (Ottomotor)

Dieselmotor Die Verbrauchswerte sind mit dem Differenz-Verbrauchs-Wirkungsgrad von $v_{Pe} = 0{,}22\,\text{l/kWh}$ für den Dieselmotor berechnet worden, siehe Abb. 6.6. Die Berechnungsgleichung für die Werte in Abb. 11.18 lautet:

$$V_{\text{Roll}}\left[\frac{1}{100\text{km}}\right] = m \times g \times f_{\text{R}} \times \frac{100}{3600} \times 0{,}22 \tag{11.27}$$

Teil-Verbrauch [l/100 km] für Rollwiderstandsleistung (Dieselmotor)

m [kg]	Rollwiderstandsbeiwert f_R [-]								
	0,006	0,007	0,008	0,009	0,010	0,011	0,012	0,013	0,014
500	0,18	0,21	0,24	0,27	0,30	0,33	0,36	0,39	0,42
600	0,22	0,25	0,29	0,32	0,36	0,40	0,43	0,47	0,50
700	0,25	0,29	0,34	0,38	0,42	0,46	0,50	0,55	0,59
800	0,29	0,34	0,38	0,43	0,48	0,53	0,58	0,62	0,67
900	0,32	0,38	0,43	0,49	0,54	0,59	0,65	0,70	0,76
1000	0,36	0,42	0,48	0,54	0,60	0,66	0,72	0,78	0,84
1100	0,40	0,46	0,53	0,59	0,66	0,73	0,79	0,86	0,92
1200	0,43	0,50	0,58	0,65	0,72	0,79	0,86	0,94	1,01
1300	0,47	0,55	0,62	0,70	0,78	0,86	0,94	1,01	1,09
1400	0,50	0,59	0,67	0,76	0,84	0,92	1,01	1,09	1,18
1500	0,54	0,63	0,72	0,81	0,90	0,99	1,08	1,17	1,26
1600	0,58	0,67	0,77	0,86	0,96	1,06	1,15	1,25	1,34
1700	0,61	0,71	0,82	0,92	1,02	1,12	1,22	1,32	1,43
1800	0,65	0,76	0,86	0,97	1,08	1,19	1,29	1,40	1,51
1900	0,68	0,80	0,91	1,03	1,14	1,25	1,37	1,48	1,59
2000	0,72	0,84	0,96	1,08	1,20	1,32	1,44	1,56	1,68
2100	0,76	0,88	1,01	1,13	1,26	1,38	1,51	1,64	1,76
2200	0,79	0,92	1,06	1,19	1,32	1,45	1,58	1,71	1,85
2300	0,83	0,97	1,10	1,24	1,38	1,52	1,65	1,79	1,93
2400	0,86	1,01	1,15	1,29	1,44	1,58	1,73	1,87	2,01
2500	0,90	1,05	1,20	1,35	1,50	1,65	1,80	1,95	2,10

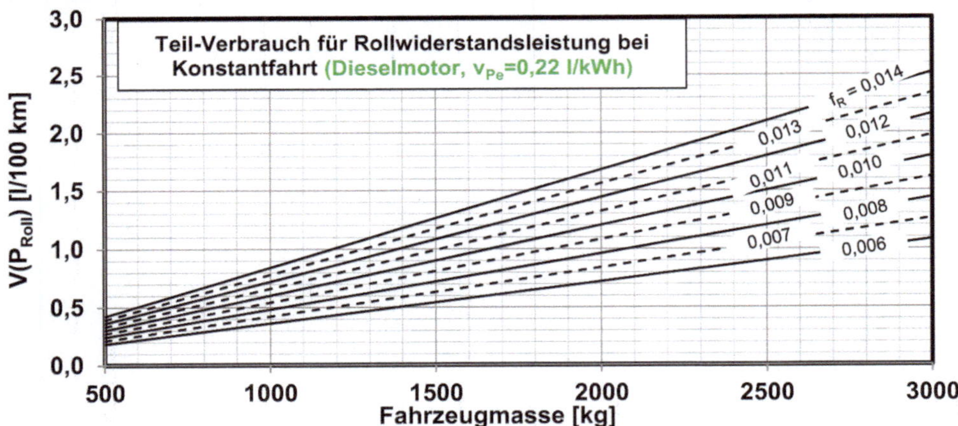

Abb. 11.18 Teilverbrauch für Rollwiderstand (Dieselmotor)

11.3.3.3 Teil-Verbrauch für Luftwiderstand

Die Luftwiderstandsleistung wird mit dem vereinfachten Motormodell aus Abschn. 6.1.1 in den zugehörigen Teil-Kraftstoffverbrauch umgerechnet. Der Verlustanteil des Triebstrangs ist in den folgenden Tabellenwerten nicht enthalten. Für Gesamtverbrauchsberechnungen ist ein Antriebsstrangwirkungsgrad von $\eta_T = 0{,}9$ zu berücksichtigen. Für Differenzbetrachtungen ist lediglich der Differenz-Antriebsstrangwirkungsgrad von $\eta_T = 0{,}98$ zu berücksichtigen.

Ottomotor Die Verbrauchswerte sind mit dem Differenz-Verbrauchs-Wirkungsgrad von $\nu_{Pe} = 0{,}264$ l/kWh für den Otto-Saugmotor berechnet worden, siehe Abb. 6.6. Die Berechnungsgleichung für die Werte in Abb. 11.19 lautet:

$$V_{\text{Luft}}\left[\frac{\text{l}}{100\,\text{km}}\right] = \frac{\rho_{\text{Luft}}}{2} \times c_W \times A \times \frac{v^3\left[\frac{\text{m}}{\text{s}}\right]}{1000} \times 0{,}264 \times \frac{100[\text{km}]}{v\left[\frac{\text{km}}{\text{h}}\right]} \left(\text{mit } \rho_{\text{Luft}} = 1{,}19\,\frac{\text{kg}}{\text{m}^3}\right) \quad (11.28)$$

Teil-Verbrauch [l/100 km] für Luftwiderstandsleistung (Ottomotor)

		c_W * A [m²]												
v [km/h]	v[m/s]	0,55	0,60	0,65	0,70	0,75	0,80	0,85	0,90	0,95	1,00	1,05	1,10	1,15
0	0,0	0,00	0,00	0,00	0,00	0,00	0,00	0,00	0,00	0,00	0,00	0,00	0,00	0,00
10	2,8	0,02	0,02	0,02	0,02	0,03	0,03	0,03	0,03	0,03	0,03	0,04	0,04	0,04
20	5,6	0,07	0,08	0,09	0,09	0,10	0,11	0,11	0,12	0,13	0,13	0,14	0,15	0,15
30	8,3	0,17	0,18	0,20	0,21	0,23	0,24	0,26	0,27	0,29	0,30	0,32	0,33	0,35
40	11,1	0,30	0,32	0,35	0,38	0,40	0,43	0,46	0,48	0,51	0,54	0,57	0,59	0,62
50	13,9	0,46	0,51	0,55	0,59	0,63	0,67	0,72	0,76	0,80	0,84	0,88	0,93	0,97
60	16,7	0,67	0,73	0,79	0,85	0,91	0,97	1,03	1,09	1,15	1,21	1,27	1,33	1,39
70	19,4	0,91	0,99	1,07	1,15	1,24	1,32	1,40	1,48	1,57	1,65	1,73	1,81	1,90
80	22,2	1,19	1,29	1,40	1,51	1,62	1,72	1,83	1,94	2,05	2,15	2,26	2,37	2,48
90	25,0	1,50	1,64	1,77	1,91	2,05	2,18	2,32	2,45	2,59	2,73	2,86	3,00	3,14
100	27,8	1,85	2,02	2,19	2,36	2,53	2,69	2,86	3,03	3,20	3,37	3,54	3,70	3,87
110	30,6	2,24	2,44	2,65	2,85	3,06	3,26	3,46	3,67	3,87	4,07	4,28	4,48	4,68
120	33,3	2,67	2,91	3,15	3,39	3,64	3,88	4,12	4,36	4,61	4,85	5,09	5,33	5,58
130	36,1	3,13	3,41	3,70	3,98	4,27	4,55	4,84	5,12	5,41	5,69	5,97	6,26	6,54
140	38,9	3,63	3,96	4,29	4,62	4,95	5,28	5,61	5,94	6,27	6,60	6,93	7,26	7,59

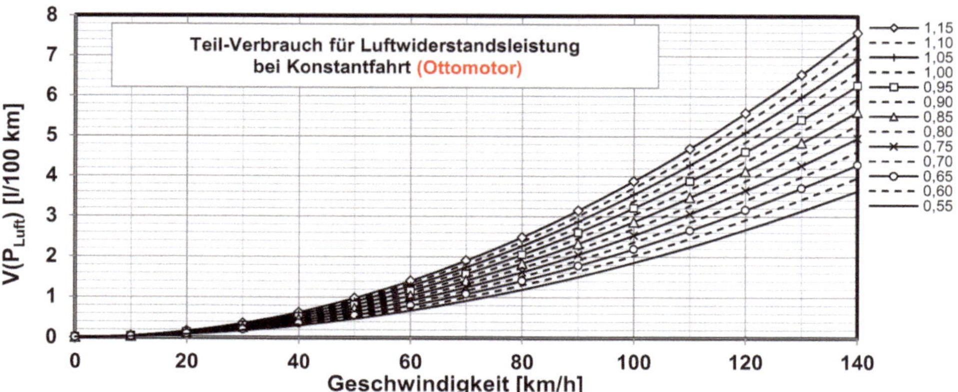

Abb. 11.19 Teilverbrauch für Luftwiderstand (Ottomotor)

Dieselmotor Die Verbrauchswerte sind mit dem Differenz-Verbrauchs-Wirkungsgrad von $v_{\mathrm{Pe}} = 0{,}22\,\mathrm{l/kWh}$ für den Dieselmotor berechnet worden, siehe Abb. 6.6. Die Berechnungsgleichung für die Werte in Abb. 11.20 lautet:

$$V_{\mathrm{Luft}}\left[\frac{\mathrm{l}}{100\,\mathrm{km}}\right] = \frac{\rho_{\mathrm{Luft}}}{2} \times c_{\mathrm{W}} \times A \times \frac{v^3\left[\frac{\mathrm{m}}{\mathrm{s}}\right]}{1000} \times 0{,}22 \times \frac{100[\mathrm{km}]}{v\left[\frac{\mathrm{km}}{\mathrm{h}}\right]} \left(\text{mit } \rho_{\mathrm{Luft}} = 1{,}19\,\frac{\mathrm{kg}}{\mathrm{m}^3}\right) \quad (11.29)$$

Teil-Verbrauch [l/100 km] für Luftwiderstandsleistung (Dieselmotor)

		c_W * A [m²]												
v [km/h]	v[m/s]	0,55	0,60	0,65	0,70	0,75	0,80	0,85	0,90	0,95	1,00	1,05	1,10	1,15
0	0,0	0,00	0,00	0,00	0,00	0,00	0,00	0,00	0,00	0,00	0,00	0,00	0,00	0,00
10	2,8	0,02	0,02	0,02	0,02	0,02	0,02	0,02	0,03	0,03	0,03	0,03	0,03	0,03
20	5,6	0,06	0,07	0,07	0,08	0,08	0,09	0,10	0,10	0,11	0,11	0,12	0,12	0,13
30	8,3	0,14	0,15	0,16	0,18	0,19	0,20	0,21	0,23	0,24	0,25	0,27	0,28	0,29
40	11,1	0,25	0,27	0,29	0,31	0,34	0,36	0,38	0,40	0,43	0,45	0,47	0,49	0,52
50	13,9	0,39	0,42	0,46	0,49	0,53	0,56	0,60	0,63	0,67	0,70	0,74	0,77	0,81
60	16,7	0,56	0,61	0,66	0,71	0,76	0,81	0,86	0,91	0,96	1,01	1,06	1,11	1,16
70	19,4	0,76	0,82	0,89	0,96	1,03	1,10	1,17	1,24	1,31	1,37	1,44	1,51	1,58
80	22,2	0,99	1,08	1,17	1,26	1,35	1,44	1,53	1,62	1,71	1,80	1,89	1,98	2,06
90	25,0	1,25	1,36	1,48	1,59	1,70	1,82	1,93	2,05	2,16	2,27	2,39	2,50	2,61
100	27,8	1,54	1,68	1,82	1,96	2,10	2,24	2,38	2,53	2,67	2,81	2,95	3,09	3,23
110	30,6	1,87	2,04	2,21	2,38	2,55	2,72	2,89	3,06	3,23	3,39	3,56	3,73	3,90
120	33,3	2,22	2,42	2,63	2,83	3,03	3,23	3,43	3,64	3,84	4,04	4,24	4,44	4,65
130	36,1	2,61	2,84	3,08	3,32	3,56	3,79	4,03	4,27	4,50	4,74	4,98	5,22	5,45
140	38,9	3,02	3,30	3,57	3,85	4,12	4,40	4,67	4,95	5,22	5,50	5,77	6,05	6,32

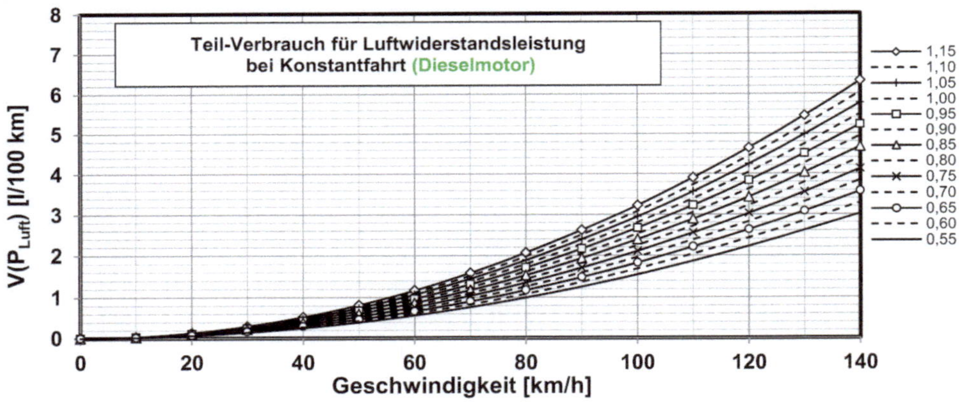

Abb. 11.20 Teilverbrauch für Luftwiderstand (Dieselmotor)

11.3.3.4 Teil-Verbrauch für elektrische Leistung

Die elektrische Leistung wird mit dem vereinfachten Motormodell aus Abschn. 6.1.1 in den zugehörigen Teil-Kraftstoffverbrauch umgerechnet. Für den Generatorwirkungsgrad wird 70 % angenommen, wie in Abschn. 6.1.3.5 hergeleitet.

Die Verbrauchswerte sind mit dem Differenz-Verbrauchs-Wirkungsgrad von $\nu_{\mathrm{Pe}} = 0{,}264$ l/kWh für den Otto-Saugmotor und $\nu_{\mathrm{Pe}} = 0{,}22$ l/kWh für den Dieselmotor berechnet worden, siehe Abb. 6.6. Die Berechnungsgleichung für die Werte in Abb. 11.21 lautet:

$$V_{\mathrm{El}}\left[\frac{\mathrm{l}}{100\,\mathrm{km}}\right] = P_{\mathrm{El}}/(\eta_{\mathrm{Gen}} \times 1000) \times \nu_{\mathrm{Pe}} \times \frac{100\,\mathrm{km}}{v\left[\frac{\mathrm{km}}{\mathrm{h}}\right]} \tag{11.30}$$

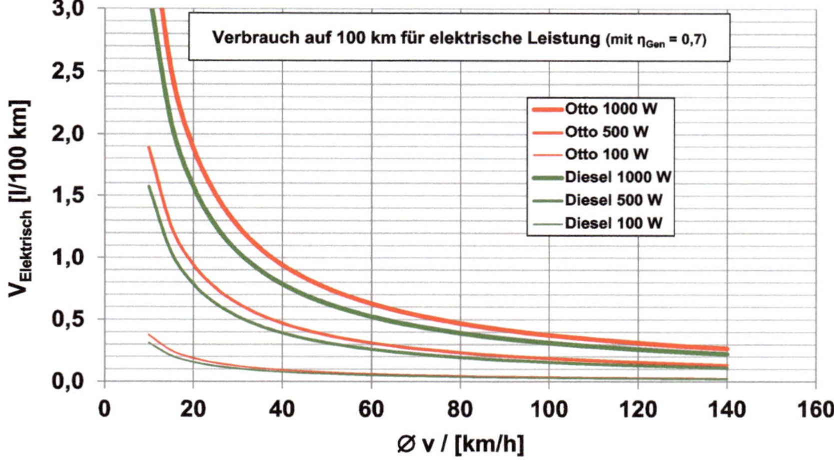

Abb. 11.21 Verbrauch für elektrische Leistung

11.3.3.5 Teil-Verbrauch für mechanische Leistung

Ein Klimakompressor steht stellvertretend für einen Verbraucher, der mechanische Antriebsleistung verzehrt. Bei den Leistungsbeispielen mit 1 kW und 2 kW handelt es sich durchaus um realistische Größenordnungen, die bei sehr hohen Außentemperaturen auch überschritten werden können. Die mechanische Leistung wird mit dem vereinfachten Motormodell aus Abschn. 6.1.1 in den zugehörigen Teil-Kraftstoffverbrauch umgerechnet.

Die Verbrauchswerte sind mit dem Differenz-Verbrauchs-Wirkungsgrad von $\nu_{Pe} = 0{,}264$ l/kWh für den Otto-Saugmotor und $\nu_{Pe} = 0{,}22$ l/kWh für den Dieselmotor berechnet worden, siehe Abb. 6.6. Die Berechnungsgleichung für die Werte in Abb. 11.22 lautet:

$$V_{\text{mech}}\left[\frac{1}{100\,\text{km}}\right] = P_{\text{mech}}/1000 \times \nu_{\text{Pe}} \times \frac{100\,\text{km}}{v\left[\frac{\text{km}}{\text{h}}\right]} \tag{11.31}$$

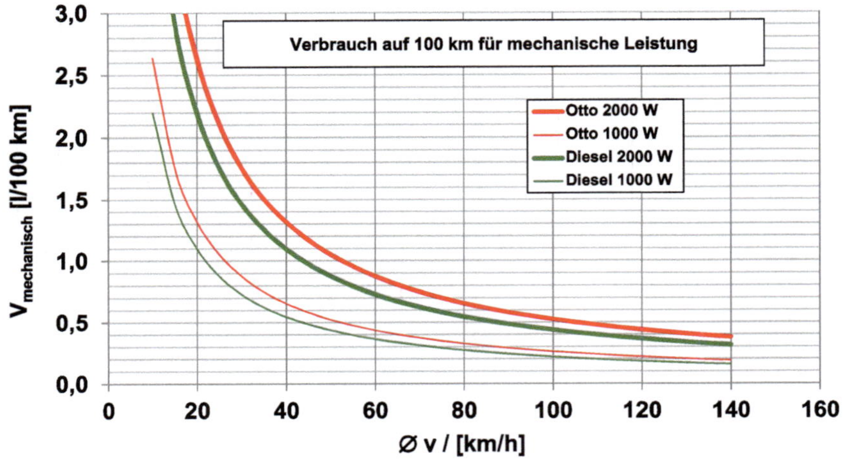

Abb. 11.22 Verbrauch für mechanische Leistung

11.3.3.6 Verbrauch für Höhendifferenz

Die Fahrt in der Ebene ist ein Sonderfall, der im realen Straßenverkehr nur selten vorkommt. Fast immer liegt eine mehr oder weniger starke Steigung oder ein Gefälle vor. Bei jeder Steigung wird im Fahrzeug über den Antriebsmotor potenzielle Energie gespeichert, welche bei Gefällefahrt wieder frei wird. Dieser Prozess des Energiespeicherns und der Energieentnahme ist nur mit geringen Verlusten verbunden, weil jeweils nur der relativ gute Differenz-Antriebsstrang-Wirkungsgrad von circa 98 % wirksam ist.

Die zusätzliche Steigungsleistung wird gemäß dem vereinfachten Motormodell (siehe Abschn. 6.1.1) mit dem relativ hohen Differenzverbrauchs-Wirkungsgrad erzeugt. Mit diesem Modell wurden die folgenden Höhen-Differenzverbräuche berechnet. Dieses Modell führt im unteren Leistungsbereich zu relativ genauen Ergebnissen. Bei schwach motorisierten Fahrzeugen oder hoher Beladung kann es sein, dass auch bei Steigungen von 2 oder 3 % Motoren schon bei hoher Last oder auch bei Volllast laufen. In diesem Fall sind die Verbräuche entsprechend höher. Dennoch wurde in den zwei folgenden Abbildungen bis zu einer Steigung von 5 % gerechnet. Eine Rückschaltung wurde nicht berücksichtigt, weil dadurch eine zusätzliche Verbrauchserhöhung durch das höhere Drehzahlniveau eintritt. Die Verbrauchswerte stellen sozusagen den Mindestverbrauch dar und definieren die Größenordnung der zu erwartenden Differenzverbräuche durch Höhendifferenzen.

Bei moderaten Steigungen und Gefällen entsteht immer dann kaum höhenbedingter Mehrverbrauch, wenn die Fahrt wieder auf dem Start-Höhenniveau endet. Voraussetzung dafür ist, dass beim Bergauffahren kein Rückschalten erfolgt und keine zu hohe Motorlast erforderlich ist. Beim Bergabfahren ist die Bedingung, dass die potenzielle Energie nicht durch Bremsen in Wärme umgewandelt wird, sondern zum Überwinden von Roll- und Luftwiderstand genutzt wird. Im realen Straßenverkehr ist das leider nur selten möglich. Daher kommt es in der Praxis allgemein doch zu höheren Verbräuchen, wenn man in bergigem Gelände unterwegs ist.

Die folgenden Höhen-Differenzverbräuche werden für eine Masse von 1000 kg berechnet. Die Verbräuche sind proportional zur Masse, so dass abweichende Massen linear extrapoliert werden können. Die Höhenangaben reichen von 500 m bis 2500 m in 250-er Schritten. Auch Höhenzwischenwerte können linear interpoliert werden.

Der Mehrverbrauch durch Höhendifferenz ist nicht von der Geschwindigkeit abhängig, sondern nur von der Steigung. Die jeweils oberen Zahlenwerte in den Tabellen lauten 3,67 beim Ottomotor und 3,06 beim Dieselmotor. Sie markieren den Mehrverbrauch für eine Steigung von 5 %. An den Werten der letzten Zeile bei $s = 100$ km können die Mehrverbräuche für die verschiedenen Steigungen in 0,5 %-Schritten von 0,5 % (500 m auf 100 km) bis 2,5 % (2500 m auf 100 km) abgelesen werden. So beträgt beispielsweise der Höhen-Mehrverbrauch für eine Steigung von 0,5 % bei einem Ottomotor immer 0,37 l/100 km pro 1000 kg.

Eine Steigung von 0,5 % ist für einen Autofahrer nur sehr schwer zu erkennen und zu spüren. Die umgebende Natur lässt den Fahrer manchmal sogar leichte Steigungen als Gefälle wahrnehmen oder umgekehrt. Noch kleinere Steigungen sind gar nicht mehr erkennbar, aber im Verbrauch immer noch signifikant spürbar. So führt selbst eine Steigung von nur 0,1 % bei einem 1,5 t-Fahrzeug noch zu einem Mehrverbrauch von circa 0,1 l/100 km (Ottomotor). Für relative Verbrauchsvergleiche verschiedener Fahrzeuge ist es deshalb nicht nur wichtig, dass unter gleichen Umweltbedingungen gefahren wird, sondern es ist auch eine zwingende Bedingung, dass die Vergleichsfahrt in gleicher Fahrtrichtung erfolgt. Für die Beurteilung der absoluten Verbrauchswerte muss die Fahrt immer am Startpunkt beziehungsweise auf exakt gleicher Höhe enden.

Ottomotor Die Verbrauchswerte sind mit dem Differenz-Verbrauchs-Wirkungsgrad von $\nu_{Pe} = 0{,}264\,\text{l/kWh}$ für den Otto-Saugmotor berechnet worden, siehe Abb. 6.6. Der Differenz-Triebstrang-Wirkungsgrad von 98 % ist in der Rechnung berücksichtigt. Die Berechnungsgleichung für die Werte in Abb. 11.23 lautet:

$$V_{\text{Höhe}}\left[\frac{\text{l}}{100\,\text{km}}\right] = m \times g \times h \times \frac{1}{1000 \times 3600} \times \nu_{Pe} \times \frac{100}{\text{s}} \times \frac{1}{0{,}98}$$
$$\left(\text{mit } \nu_{Pe} = 0{,}264\,\frac{\text{l}}{\text{kWh}} \text{ für Ottomotor}\right) \tag{11.32}$$

Höhen-Differenzverbrauch für eine Masse von 1000 kg (Ottomotor) [l/100 km]

ν_{Pe}=	0,264	Höhendifferenz [m]								
s [km]	v[m/s]	500	750	1000	1250	1500	1750	2000	2250	2500
0	0,0									
10	2,8	3,67								
15	4,2	2,45	3,67							
20	5,6	1,84	2,75	3,67						
25	6,9	1,47	2,20	2,94	3,67					
30	8,3	1,22	1,84	2,45	3,06	3,67				
35	9,7	1,05	1,57	2,10	2,62	3,15	3,67			
40	11,1	0,92	1,38	1,84	2,29	2,75	3,21	3,67		
45	12,5	0,82	1,22	1,63	2,04	2,45	2,85	3,26	3,67	
50	13,9	0,73	1,10	1,47	1,84	2,20	2,57	2,94	3,30	3,67
60	16,7	0,61	0,92	1,22	1,53	1,84	2,14	2,45	2,75	3,06
70	19,4	0,52	0,79	1,05	1,31	1,57	1,84	2,10	2,36	2,62
80	22,2	0,46	0,69	0,92	1,15	1,38	1,61	1,84	2,06	2,29
90	25,0	0,41	0,61	0,82	1,02	1,22	1,43	1,63	1,84	2,04
100	27,8	0,37	0,55	0,73	0,92	1,10	1,28	1,47	1,65	1,84

nur bis 5 % Steigung gerechnet

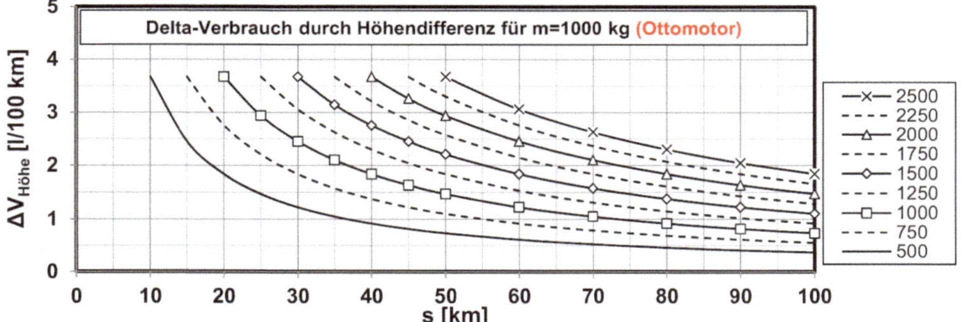

Abb. 11.23 Verbrauchseinfluss durch Höhe bei einer Masse von 1000 kg (Ottomotor)

Dieselmotor Die Verbrauchswerte sind mit dem Differenz-Verbrauchs-Wirkungsgrad von $\nu_{Pe} = 0{,}22\,\text{l/kWh}$ für den Dieselmotor berechnet worden, siehe Abb. 6.6. Der Differenz-Triebstrang-Wirkungsgrad von 98 % ist in der Rechnung berücksichtigt. Die Berechnungsgleichung für die Werte in Abb. 11.24 lautet:

$$V_{\text{Höhe}}\left[\frac{\text{l}}{100\,\text{km}}\right] = m \times g \times h \times \frac{1}{1000 \times 3600} \times \nu_{Pe} \times \frac{100}{s} \times \frac{1}{0{,}98}$$
$$\left(\text{mit } \nu_{Pe} = 0{,}22\,\frac{\text{l}}{\text{kWh}} \text{ für Dieselmotor}\right) \tag{11.33}$$

Höhen-Differenzverbrauch für eine Masse von 1000 kg (Dieselmotor) [l/100 km]

ν_{Pe}=	0,22	Höhendifferenz [m]								
s [km]	v[m/s]	500	750	1000	1250	1500	1750	2000	2250	2500
0	0,0									
10	2,8	3,06								
15	4,2	2,04	3,06							
20	5,6	1,53	2,29	3,06						
25	6,9	1,22	1,84	2,45	3,06					
30	8,3	1,02	1,53	2,04	2,55	3,06				
35	9,7	0,87	1,31	1,75	2,18	2,62	3,06			
40	11,1	0,76	1,15	1,53	1,91	2,29	2,68	3,06		
45	12,5	0,68	1,02	1,36	1,70	2,04	2,38	2,72	3,06	
50	13,9	0,61	0,92	1,22	1,53	1,84	2,14	2,45	2,75	3,06
60	16,7	0,51	0,76	1,02	1,27	1,53	1,78	2,04	2,29	2,55
70	19,4	0,44	0,66	0,87	1,09	1,31	1,53	1,75	1,97	2,18
80	22,2	0,38	0,57	0,76	0,96	1,15	1,34	1,53	1,72	1,91
90	25,0	0,34	0,51	0,68	0,85	1,02	1,19	1,36	1,53	1,70
100	27,8	0,31	0,46	0,61	0,76	0,92	1,07	1,22	1,38	1,53

nur bis 5 % Steigung gerechnet

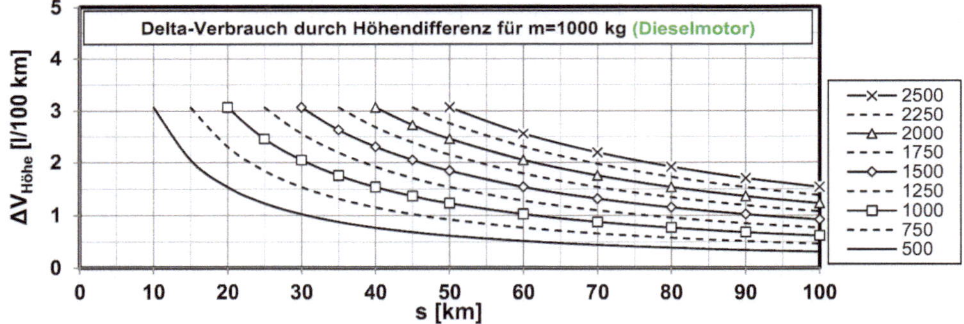

Abb. 11.24 Verbrauchseinfluss durch Höhe bei einer Masse von 1000 kg (Dieselmotor)

11.4 Formelzeichen

Formelzeichen griechisch	Bedeutung	Einheit
μ_{HA}	Reibbeiwert Hinterachse	–
μ_{VA}	Reibbeiwert Vorderachse	–
$\cos\varphi$	Leistungsfaktor	–
α	Steigungswinkel, Steigung der Straße	°
$\alpha_{max\ P}$	maximaler leistungsbedingter Steigungswinkel	°
η	Wirkungsgrad	–
η_{Diff}	Differenzwirkungsgrad	–
η_{EA}	Wirkungsgrad des elektrischen Antriebes	–
η_{EM}	Wirkungsgrad Elektrische Maschine	–
η_{ES}	Wirkungsgrad des Energiespeichers	–
η_{Gen}	Generatorwirkungsgrad	–
η_{ges}	Gesamtwirkungsgrad	–
η_{GF}	Gesamtfahrzeugwirkungsgrad	–
$\eta_{LPV,\ ES}$	Wirkungsgrad Lastpunktverschiebung beim Laden ES	–
η_{Mot}	Motorwirkungsgrad	–
η_{opt}	Betriebspunkt mit bestem Wirkungsgrad	–
η_{T}	Triebstrang-Wirkungsgrad	–
$\eta_{T,Diff}$	Differenz-Triebstrang-Wirkungsgrad	–
$\eta_{VKM,\ relativ}$	Relativer Wirkungsgrad Verbrennungskraftmaschine	–
$\Theta_{red,i}$	reduziertes Massenträgheitsmoment	kgm^2
ρ	Dichte	kg/l
ρ_L	Luftdichte	kg/m^3
ω	Winkelgeschwindigkeit	rad/s
ω_{Rad}	Winkelgeschwindigkeit Rad	rad/s

Formelzeichen lateinisch	Bedeutung	Einheit
%-LL	Zeitanteil der Leerlaufphasen	%
%-t_{a+}	Zeitanteil der positiven Beschleunigung	%
∅ a_+(s)	Mittlere positive Beschleunigung im Zyklus (wegbezogen)	m/s^2
∅ a_+(t)	Arithmetischer Mittelwert aller sekündlichen positiven Beschleunigungswerte	m/s^2
∅ v	Durchschnittsgeschwindigkeit	km/h
∅ $v_{o.LL}$	Durchschnittsgeschwindigkeit (ohne Leerlaufdauer)	km/h
A	Querspantfläche	m^2
a	Steigung der Zielwertgerade in Abhängigkeit vom Gewicht	–

Formelzeichen lateinisch	Bedeutung	Einheit
a	Beschleunigung	m/s^2
A_i	Fahrzeugaufstandsfläche ("footprint")	ft^2
a_{max}	Maximale Beschleunigung im Zyklus	m/s^2
a_{min}	Minimale Beschleunigung im Zyklus	m/s^2
a_x	Längsbeschleunigung	m/s^2
b	absolutes Glied einer Geradengleichung	
$b_{e,Diff}$	spezifischer Differenzverbrauch	g/kWh
CO_2	Kohlendioxid	
c_W	Luftwiderstandsbeiwert	–
C_{Wa}	Zykluskonstante für Beschleunigungswiderstandsarbeit über Testlänge	m^2/s^2
$C_{Wa,100}$	Zykluskonstante für Beschleunigungswiderstandsarbeit über 100 km	m^2/s^2
C_{WL}	Zykluskonstante für Luftwiderstandsarbeit über Testlänge	m^3/s^2
$C_{WL,100}$	Zykluskonstante für Luftwiderstandsarbeit über 100 km	m^3/s^2
C_{WR}	Zykluskonstante für Rollwiderstandsarbeit über Testlänge	m
$C_{WR,100}$	Zykluskonstante für Rollwiderstandsarbeit über 100km	m
DS	Zielwertüberschreitung des CO_2-Flottenzielwerts	g/km
E	Aus Energiespeicher entnehmbare Energie	Ws
e_i	Massenfaktor	–
E_{SW}	Schaltverlustenergie	Ws
F0	absolutes Glied der Fahrwiderstandsgleichung	N
F1	Lineares Glied der Fahrwiderstandsgleichung	N/(km/h)
F2	Quadratisches Glied der Fahrwiderstandsgleichung	$N/(km/h)^2$
F_a	Beschleunigungswiderstandskraft	N
F_{Bed}	Bedarfskraft	N
f_{CO2}	Umrechnungsfaktor CO_2 in Kraftstoffverbrauch	(g/km)/(l/100 km)
f_g	Faktor Gewichtsverteilung	–
f_L	Faktor Luftwiderstandshebel	–
F_L	Luftwiderstandskraft	N
F_R	Rollwiderstandskraft	N
f_R	Rollwiderstandsbeiwert	–
F_{Rad}	Widerstandskraft am Rad	N
F_{RBM}	Widerstandskraft durch Restbremsmomente	N
f_{Rot}	Faktor für die Berücksichtig der Rotationsmassen	–
FRV	Fuel Reduction Value, Verbrauchskennzahl	l/100 km
FRV_E	Fuel Reduction Value für elektrische Leistung	l/100 km
FRV_F	Fuel Reduction Value für eine Zugkraft	l/100 km

Formelzeichen lateinisch	Bedeutung	Einheit
FRV_L	Fuel Reduction Value für Luftwiderstand	l/100 km
FRV_m	Fuel Reduction Value für Masse	l/100 km
$FRV_{m,AA}$	Fuel Reduction Value für Masse, mit angepasstem Antriebsstrang	l/100 km
$FRV_{m,K}$	Fuel Reduction Value für Masse bei Konstantfahrt	l/100 km
FRV_{mech}	Fuel Reduction Value für mechanische Leistung	l/100 km
FRV_R	Fuel Reduction Value für Rollwiderstand	l/100 km
f_s	Faktor Schwerpunkthöhe	–
F_{St}	Steigungswiderstand	N
f_{SW}	Schaltfrequenz	1/s
$F_{Ü,Pmax}$	Überschusszugkraft bei max. Leistung	N
F_{WL}	Luftwiderstandskraft	N
$F_{WR, HA}$	Rollwiderstandskraft Hinterachse	N
$F_{WR. VA}$	Rollwiderstandskraft Vorderache	N
F_X	Zugkraft am Rad	N
$F_{x, A, max}$	Maximale Antriebskraft	N
$F_{X,Ü}$	Überschusszugkraft	N
$F_{z, HA}$	Hinterachslast	N
$F_{z, VA}$	Vorderachslast	N
g	Erdbeschleunigung	m/s^2
$GG_{v,max}$	Höchstgeschwindigkeits-Gütegrad	–
Hu	unterer Heizwert	kJ/kg
i	Übersetzung	–
$\hat{I}$	Scheitelwert Motorstrom	A
$i_{(t)}$	Zeitabhängiger elektrischer Strom	A
$\hat{I}_0$	Referenzstrom	A
i_{Diff}	Differentialübersetzung	–
i_G	Getriebeübersetzung	–
J_{Mot}	Trägheitmoment des Motors	$kg\ m^2$
J_{Rad}	Trägheitmoment der Räder	$kg\ m^2$
k_{HA}	Faktor Reibwertausnutzung HA durch Allradmomentenverteilung	–
k_{VA}	Faktor Reibwertausnutzung VA durch Allradmomentenverteilung	–
KV_{NEFZ}	Kraftstoffverbrauch im NEFZ	l/100 km
l	Radstand	m
m	Masse oder Fahrzeugmasse	kg
M	Moment	Nm
M	Fahrzeugmasse	kg

Formelzeichen lateinisch	Bedeutung	Einheit
m	Modulationsgrad	–
m	Steigungsfaktor einer Geradengleichung	–
M_0	Bezugswert für Fahrzeugmasse	kg
m_{Bezug}	Bezugsmasse	kg
M_d	Drehmoment	Nm
m_{DIN}	DIN-Leergewicht	kg
m_{EU}	EU-Leergewicht	kg
m_F	Fahrzeugmasse	kg
m_{FL}	Masse für Fahrleistungsmessungen	kg
M_i	Fahrzeugmasse der Einzelfahrzeuge	kg
M_K	Kupplungsmoment	Nm
$M_{K, opt}$	Optimales Kupplungsmoment zur Vorsteuerung einer Anfahrschlupfregelung	Nm
M_{max}	Maximales Moment	Nm
m_{Mess}	Messmasse	kg
M_{Mot}	Motormoment	Nm
M_N	Nabenmoment	Nm
M_n	Nettomoment des Motors	Nm
$M_{n,max}$	Moment bei Maximaldrehzahl	Nm
$M_{P,max}$	Moment bei Nennleistung	Nm
m_s	Massenschwerpunkt	–
M_{Verl}	Verlustmoment im Antriebsstrang	Nm
m_{Zul}	Zuladungsmasse	kg
n	Drehzahl	1/s oder 1/min
N	Anzahl der Neuzulassungen im Kalenderjahr	–
n_{Gen}	Generatordrehzahl	1/min
$n_{LL\text{-}Ph}$	Anzahl der Leerlaufphasen	–
$n_{M,max}$	Drehzahl bei maximalem Moment	1/s
n_{max}	Maximaldrehzahl	1/s
n_{min}	Minimaldrehzahl	1/s
n_{mot}	Motordrehzahl	1/s oder 1/min
$n_{P,max}$	Drehzahl bei maximaler Leistung	1/s
n_{zul}	Zulässige Höchstdrehzahl	1/s
p	Steigung der Straße	%
P_a	Leistung zur Überwindung des Beschleunigungswiderstands	W
P_{ab}	abgegebene Leistung	kW
P_{Bed}	Bedarfsleistung	W

Formelzeichen lateinisch	Bedeutung	Einheit
P_{BN}	Elektrische Leistung für Bordnetz	kW
P_{Chem}	Chemische Leistung des Kraftstoffs für P_{VKM}	kW
$P_{Chem, FW}$	Chemische Leistung des Kraftstoffs für $P_{VKM, FW}$	kW
P_{CO2}	Jährliche Abgabe bei Zielverfehlung der CO_2-Flottenziele	€
P_{DC}	Durchlassverluste	W
P_e	effektive Motorleistung	kW
P_{el}	elektrische Leistung	W oder kW
$P_{EM, elek}$	Elektrische Leistung der EM	kW
$P_{ES, Laden}$	Resultierende effektive Ladeleistung aus zeitlicher Änderung des Ladezustands des ES	kW
P_{GW}	Leistungsbedarf für Gegenwind	kW
$p_{H/C}$	molares H/C Verhältnis	–
$P_{in, Medium}$	Wärmeaufnahmeleistung des Kühkmediums	kW
P_L	Leistung zur Überwindung des Luftwiderstands	W
P_{max}	Nennleistung	W
p_{me}	Effektiver Mitteldruck	bar oder Pa
pmr	power to mass ratio	kW/t
P_N	Nabenleistung	W
$P_{N\,max}$	Maximale Nabenleistung	W
$p_{O/C}$	molares O/C Verhältnis	–
P_R	Leistung zur Überwindung des Rollwiderstands	W
$P_{Schlepp}$	Schleppleistung	kW
P_{St}	Leistung zur Überwindung des Steigungswiderstands	W oder kW
P_{SW}	Schaltverlustleistung	W
P_{th}	Theoretisch erforderliche Leistung	kW
$P_{Ü}$	Überschussleistung	W
P_V	Verlustleistung, Verlustleistung Kupplung	kW
P_{VKM}	Mechanische Gesamtleistung der VKM	kW
$P_{VKM, FW}$	Mechanische Leistung der VKM aus Fahrerwunsch (für Antrieb des Fahrzeugs)	kW
P_{zu}	zugeführte Leistung	kW
R_{CO2}	CO_2-Referenzwert abgeleitet aus Marktmittelwert	g/km
r_{dyn}	Dynamischer Reifenhalbmesser	m
S	Radschlupf	–
S	CO_2-Emissionswert des Einzelfahrzeugs	g/km
s	Gesamtlänge des Zyklus	m
S_0	CO_2-Zielwert laut Gesetz	g/km
S_{diff}	prozentuale Abweichung vom CO_2-Referenzwert für Einzelfahrzeug	%

Formelzeichen lateinisch	Bedeutung	Einheit
s_L	z-Abstand Straße zu Angriffspunkt Luftwiderstand	m
S_{mittel}	CO_2-Flottenmittelwert	g/km
S_{soll}	CO_2-Zielwert	g/km
$S_{soll,LDT}$	CO_2-Zielwert für Light Duty Trucks	g/km
$S_{soll,PC}$	CO_2-Zielwert für Passenger Cars	g/km
s_x	x-Abstand Vorderachse zu m_s	m
s_z	z-Abstand Straße zu m_s	m
t_{a+}	Anzahl der Sekunden mit positiver Beschleunigung	s
$T_{G,\,EM}$	Temperatur des Gehäuses der EM	° C
t_{ges}	Dauer des Zyklus	s
t_{LL}	Leerlaufdauer	s
$T_{M,\,n,\,EM}$	Temperatur des Kühlmediums nach EM	° C
$T_{M,\,n,\,Kühler}$	Temperatur des Kühlmediums nach Kühler	° C
$t_{o.LL}$	Dauer des Zyklus ohne Leerlaufdauer, Fahrzeit	s
$T_{Öl}$	Öltemperatur	°C
$T_{R,\,EM}$	Temperatur des Rotors der EM	° C
$T_{S,\,EM}$	Temperatur des Stators der EM	° C
$u_{(t)}$	Zeitabhängige elektrischen Spannung	V
$\hat{U}_0$	Referenzspannung	A
U_{dyn}	Dynamischer Abrollumfang	m
$\hat{U}_M$	Scheitelwert Motorspannung	V
U_{ZK}	Zwischenkreisspannung	V
v	Geschwindigkeit	m/s oder km/h
V	Verbrauch	l/h o. l/100 km
V_{100}	Verbrauch auf 100 km	l/100 km
v_{1000}	Fahrzeuggeschwindigkeit bei 1000 1/min Motordrehzahl	km/h
$v_{äquiv.}$	Äquivalente Durchschnittsgeschwindigkeit im Zyklus	km/h
V_{CEO}	Durchlassspannung	V
$V_{E,NEFZ,100}$	Verbrauch für elektrische Leistung von 100W über 100 km im NEFZ-Fahrprofil	l/100 km
$V_{F,NEFZ,100}$	Verbrauch für eine Zugkraft über 100 km im NEFZ-Fahrprofil	l/100 km
v_{Fzg}	Geschwindigkeit des Fahrzeugs	m/s
V_G	Verbrauch für Getriebeverluste	l/100 km
V_{ges}	Gesamtverbrauch	l/100 km
V_H	Hubraum	l oder cm^3

Formelzeichen lateinisch	Bedeutung	Einheit
$V_{L,NEFZ,100}$	Verbrauch für Luftwiderstandsarbeit auf 100 km im NEFZ-Fahrprofil	l/100 km
$V_{m,K}$	Verbrauch für Masse bei Konstantfahrt	l/100 km
$V_{m,NEFZ,100kg}$	Verbrauch für eine Masse von 100 kg im NEFZ	l/100 km
v_{max}	Maximale Geschwindigkeit	km/h
$V_{mech,NEFZ,100}$	Verbrauch für mechanische Leistung über 100 km im NEFZ-Fahrprofil	l/100 km
$V_{n,zul,z-1}$	Geschwindigkeit bei max. zulässiger Drehzahl im Gang z-1	km/h
V_{Null}	Nullleistungsverbrauch	l/h
$V_{Null,1l}$	Nullleistungsverbrauch pro Liter Hubraum	l/(h*l)
v_{Pe}	Proportionalitätskonstante für Differenzverbrauch	l/kWh
$V_{R,NEFZ,100}$	Verbrauch für Rollwiderstandsarbeit auf 100 km im NEFZ-Fahrprofil	l/100 km
v_W	Geschwindigkeit des Gegenwindes	m/s
W_a	Beschleunigungswiderstandsarbeit	J oder kJ
$W_{a,NEFZ}$	Beschleunigungswiderstandsarbeit im NEFZ	kJ
$W_{a,NEFZ,100}$	Beschleunigungswiderstandsarbeit auf 100 km im NEFZ-Fahrprofil	kJ
$W_{a,NEFZ,100kg}$	Beschleunigungswiderstandsarbeit im NEFZ für 100 kg	kJ
W_B	Bremsarbeit	J oder kJ
W_{Bremse}	Bremsarbeit	J oder kJ
w_e	Arbeit pro Hubvolumen	J/cm^3
$W_{el,100}$	Arbeit für die Erzeugung elektrischer Leistung auf 100 km	J oder kJ
$W_{El,100W}$	Arbeit für eine elektrische Leistung von 100 W über 100 km	kJ
$W_{El,100W,eff}$	Effektive Arbeit für eine elektrische Leistung von 100 W über 100 km	kJ
$W_{F,100}$	Arbeit für eine Zugkraft über 100 km	kJ
$W_{F,100,eff}$	Effiktive Arbeit für eine Zugkraft über 100 km	kJ
$W_{G,NEFZ,100}$	Getriebeverlustarbeit auf 100km im NEFZ-Fahrprofil	kJ
$W_{GW,NEFZ,100}$	Gelenkwellenverlustarbeit auf 100km im NEFZ-Fahrprofil	kJ
$W_{kraftstoff}$	Kraftstoff-Energie	kJ
W_L	Luftwiderstandsarbeit	J oder kJ
$W_{L,eff}$	Effektive Luftwiderstandsarbeit	J oder kJ
$W_{L,NEFZ}$	Luftwiderstandsarbeit im NEFZ	kJ
$W_{L,NEFZ,100}$	Luftwiderstandsarbeit auf 100km im NEFZ-Fahrprofil	kJ
$W_{L,NEFZ,100,eff}$	Effektive Luftwiderstandsarbeit auf 100 km im NEFZ-Fahrprofil	kJ
$W_{m,NEFZ,100}$	Arbeit für Masse auf 100 km im NEFZ-Fahrprofil	kJ
$W_{m,NEFZ,100kg}$	Arbeit für eine Masse von 100 kg im NEFZ	kJ
$W_{mech,100}$	Mechanische Arbeit auf 100 km	J oder kJ

Formelzeichen lateinisch	Bedeutung	Einheit
$W_{mech,100}$	Arbeit für eine mechanische Leistung über 100 km	kJ
$W_{mech,100,eff}$	Effektive Arbeit für eine mechanische Leistung über 100 km	kJ
W_{NEFZ}	Fahrwiderstandsarbeit im NEFZ	kJ
W_{nR}	Natürliche Rekuperationsarbeit	J oder kJ
$W_{nR,L}$	Natürliche Rekuperationsarbeit, Anteil für Luftwiderstand	J oder kJ
$W_{nR,R}$	Natürliche Rekuperationsarbeit, Anteil für Rollwiderstand	J oder kJ
W_{R}	Rollwiderstandsarbeit	J oder kJ
$W_{R,eff}$	Effektive Rollwiderstandsarbeit	J oder kJ
$W_{R,NEFZ}$	Rollwiderstandsarbeit im NEFZ	kJ
$W_{R,NEFZ,100}$	Rollwiderstandsarbeit auf 100 km im NEFZ-Fahrprofil	kJ
$W_{R,NEFZ,100,eff}$	Effektive Rollwiderstandsarbeit auf 100 km im NEFZ-Fahrprofil	kJ
$W_{R,NEFZ,100kg}$	Rollwiderstandsarbeit im NEFZ für 100 kg	kJ
W_{Rekup}	Rekuperationsarbeit	J oder kJ

Sachverzeichnis

J. Liebl et al., *Energiemanagement im Kraftfahrzeug*, ATZ/MTZ-Fachbuch,
DOI 10.1007/978-3-658-04451-0, © Springer Fachmedien Wiesbaden 2014

MIX
Papier aus verantwortungsvollen Quellen
Paper from responsible sources
FSC® C105338

If you have any concerns about our products,
you can contact us on
ProductSafety@springernature.com

In case Publisher is established outside the EU,
the EU authorized representative is:
Springer Nature Customer Service Center GmbH
Europaplatz 3, 69115 Heidelberg, Germany

Printed by Libri Plureos GmbH
in Hamburg, Germany